国家出版基金项目
NATIONAL PUBLICATION FOUNDATION

中国药用植物种质资源研究

药用植物种质资源保护研究 中

魏建和　王秋玲　主编

北京科学技术出版社

景天科　Crassulaceae

八宝属　*Hylotelephium*

八宝　*Hylotelephium erythrostictum*（Miq.）H. Ohba

功效主治　全草（景天）：苦，平。清热解毒，散瘀消肿，止血。用于咽喉痛，吐血，瘾疹；外用于疔疮肿毒，蛇串疮，脚癣，毒蛇咬伤，烫火伤。

濒危等级　中国植物红色名录评估为无危（LC）。

迁地栽培保存

保存地点	种质份数	个体数量	引种方式	生长状况	来源地
BJ	2	d	采集	G	山西、北京
HB	1	d	采集	A	湖北
JS1	1	a	购买	C	江苏
GX	*	f	采集	G	日本

长药八宝　*Hylotelephium spectabile*（Boreau）H. Ohba

功效主治　全草：清热解毒，消肿排脓。

濒危等级　中国植物红色名录评估为无危（LC）。

迁地栽培保存

保存地点	种质份数	个体数量	引种方式	生长状况	来源地
BJ	3	c	采集	G	江苏、山东

狭穗八宝　*Hylotelephium angustum*（Maxim.）H. Ohba

功效主治　全草（狭穗八宝）：涩，寒。清热，利肺，顺气。

濒危等级　中国特有植物，中国植物红色名录评估为无危（LC）。

种质库保存

保存地点	保存方式	种质份数	个体数量	引种方式	来源地
BJ	种子	1	a	采集	甘肃

心叶八宝 *Hylotelephium pseudospectabile* (Praeger) S. H. Fu

濒危等级 中国植物红色名录评估为无危（LC）。

迁地栽培保存

保存地点	种质份数	个体数量	引种方式	生长状况	来源地
BJ	1	b	采集	G	山西

紫花八宝 *Hylotelephium mingjinianum* (S. H. Fu) H. Ohba

功效主治 全草（石蝴蝶）：苦，凉。活血生肌，止血，解毒。用于挫伤，吐血，小儿惊风，胸胁痛，毒蛇咬伤，烫火伤。

濒危等级 中国特有植物，中国植物红色名录评估为近危（NT）。

迁地栽培保存

保存地点	种质份数	个体数量	引种方式	生长状况	来源地
BJ	1	a	采集	C	安徽

费菜属 *Phedimus*

齿叶费菜 *Phedimus odontophyllus* (Fröderström) 't Hart

功效主治 全草：酸，凉。活血散瘀，止血，消肿，止痛。用于跌打损伤，骨折扭伤，肝毒症，劳伤咳嗽，衄血；外用于痈肿疮毒。

濒危等级 中国植物红色名录评估为易危（VU）。

迁地栽培保存

保存地点	种质份数	个体数量	引种方式	生长状况	来源地
CQ	2	b	采集	B	重庆
GX	*	f	采集	G	重庆、湖北

多花费菜　*Phedimus floriferus*（Praeger）'t Hart

濒危等级　中国特有植物，中国植物红色名录评估为无危（LC）。

迁地栽培保存

保存地点	种质份数	个体数量	引种方式	生长状况	来源地
GX	*	f	采集	G	日本

费菜　*Phedimus aizoon*（L.）'t Hart

功效主治　全草（景天三七）：甘、微酸，平。散瘀止血，安神镇痛。用于吐血，衄血，牙龈出血，便血，崩漏；外用于跌打损伤，外伤出血，烫火伤。

濒危等级　中国植物红色名录评估为无危（LC）。

迁地栽培保存

保存地点	种质份数	个体数量	引种方式	生长状况	来源地
BJ	5	d	采集	G	广东、陕西、北京、山西、河北
XJ	1	a	赠送	A	北京
SH	1	b	采集	A	待确定
JS2	1	c	购买	D	湖北
JS1	1	a	采集	D	江苏
HLJ	1	c	采集	A	黑龙江
HEN	1	e	采集	A	河南
HB	1	c	采集	B	待确定
GX	*	f	采集	G	法国

种质库保存

保存地点	保存方式	种质份数	个体数量	引种方式	来源地
BJ	种子	8	b	采集	山西、甘肃

堪察加费菜　*Phedimus kamtschaticus*（Fischer & C. A. Meyer）'t Hart

功效主治　全草：甘、微酸，平。清热利肺，活血止血，镇静止痛。用于吐血，衄血，牙龈出血，便血，崩漏；外用于跌打损伤，外伤出血，烫火伤。

濒危等级　中国植物红色名录评估为无危（LC）。

迁地栽培保存

保存地点	种质份数	个体数量	引种方式	生长状况	来源地
BJ	3	d	交换	G	北京、山西、山东
XJ	1	a	赠送	A	北京
GX	*	f	采集	G	法国

宽叶费菜　*Phedimus aizoon* (L.) 't Hart var. *latifolius* (Maxim.) H. Ohba, K. T. Fu et B. M. Barthol.

濒危等级　中国植物红色名录评估为无危（LC）。

迁地栽培保存

保存地点	种质份数	个体数量	引种方式	生长状况	来源地
BJ	1	d	采集	G	山东

乳毛费菜　*Phedimus aizoon* (L.) 't Hart var. *scabrus* (Maxim.) H. Ohba, K. T. Fu et B. M. Barthol.

功效主治　全草：酸，平。活血止血，宁心，利湿，消肿解毒。

濒危等级　中国特有植物，中国植物红色名录评估为无危（LC）。

迁地栽培保存

保存地点	种质份数	个体数量	引种方式	生长状况	来源地
GX	*	f	采集	G	广西

杂交费菜　*Phedimus hybridus* (Linnaeus) 't Hart

濒危等级　中国植物红色名录评估为无危（LC）。

迁地栽培保存

保存地点	种质份数	个体数量	引种方式	生长状况	来源地
GX	*	f	采集	G	新疆

风车莲属　*Graptopetalum*

胧月　*Graptopetalum paraguayense*（N. E. Br.）E. Walther

迁地栽培保存

保存地点	种质份数	个体数量	引种方式	生长状况	来源地
GX	*	f	采集	G	广西

伽蓝菜属　*Kalanchoe*

棒叶落地生根　*Kalanchoe delagoensis* Eckl. & Zeyh.

功效主治　茎、叶：酸，凉。清热解毒。用于烫火伤，外伤出血，疮疖肿痛。

迁地栽培保存

保存地点	种质份数	个体数量	引种方式	生长状况	来源地
CQ	2	a	赠送	C	广西
HN	1	a	购买	C	待确定
SH	1	c	采集	A	待确定
GD	1	f	采集	G	待确定

匙叶伽蓝菜　*Kalanchoe spathulata* DC.

功效主治　全草：用于目赤肿痛，烫火伤。

濒危等级　中国植物红色名录评估为无危（LC）。

迁地栽培保存

保存地点	种质份数	个体数量	引种方式	生长状况	来源地
HN	1	b	采集	B	海南
BJ	1	a	采集	G	广西
GX	*	f	采集	G	广西

大叶落地生根 *Kalanchoe daigremontiana* Raym.-Hamet & H. Perrier

迁地栽培保存

保存地点	种质份数	个体数量	引种方式	生长状况	来源地
CQ	1	a	赠送	C	云南

伽蓝菜 *Kalanchoe ceratophylla* Haw.

濒危等级 中国植物红色名录评估为无危（LC）。

迁地栽培保存

保存地点	种质份数	个体数量	引种方式	生长状况	来源地
GD	1	f	采集	G	待确定

唐印 *Kalanchoe tetraphylla* H. Perrier

功效主治 根：在南非可用于孕产期疾病。

迁地栽培保存

保存地点	种质份数	个体数量	引种方式	生长状况	来源地
YN	1	a	购买	C	云南

条裂伽蓝菜 *Kalanchoe laciniata* (Linn.) DC.

功效主治 全草（伽蓝菜）：甘、微苦，凉。清热消肿，散瘀止痛。用于疮疡肿毒，湿疹，毒蛇咬伤，烫火伤，外伤出血。

迁地栽培保存

保存地点	种质份数	个体数量	引种方式	生长状况	来源地
HN	1	b	采集	B	海南
JS1	1	a	购买	D	江苏
BJ	1	a	采集	G	广东

合景天属 *Pseudosedum*

合景天 *Pseudosedum lievenii* (Ledeb.) A. Berger

濒危等级 中国植物红色名录评估为近危（NT）。

迁地栽培保存

保存地点	种质份数	个体数量	引种方式	生长状况	来源地
GX	*	f	采集	G	新疆

红景天属 *Rhodiola*

红景天 *Rhodiola rosea* L.

功效主治 全草：清热，止咳，止血，止带。用于肺热咳嗽，咯血，带下病；外用于跌打损伤。

濒危等级 国家重点保护野生植物名录（第二批）二级，中国植物红色名录评估为易危（VU）。

迁地栽培保存

保存地点	种质份数	个体数量	引种方式	生长状况	来源地
BJ	1	b	采集	G	山西
GX	*	f	采集	G	美国

种质库保存

保存地点	保存方式	种质份数	个体数量	引种方式	来源地
BJ	种子	4	a	采集	内蒙古、四川

条叶红景天 *Rhodiola linearifolia* (Royle) Fu

功效主治 根：清热解毒，祛风湿，止血。

迁地栽培保存

保存地点	种质份数	个体数量	引种方式	生长状况	来源地
GX	*	f	采集	G	法国

狭叶红景天 *Rhodiola kirilowii*（Regel）Maxim.

功效主治 根及根茎（红景天）：涩，温。止血，止痛，破坚，消积，止泻。用于跌打损伤，腰痛，吐血，崩漏，月经不调，痢疾。

濒危等级 国家重点保护野生植物名录（第二批）二级，北京市重点保护植物，中国植物红色名录评估为无危（LC）。

种质库保存

保存地点	保存方式	种质份数	个体数量	引种方式	来源地
BJ	种子	1	a	采集	甘肃

云南红景天 *Rhodiola yunnanensis*（Franch.）S. H. Fu

功效主治 全草（白三七）：苦、涩，平。理气，活血，接骨止痛，解毒消肿，止泻。用于痢疾，泄泻，跌打损伤，风湿痛，疮痈。

濒危等级 中国特有植物，国家重点保护野生植物名录（第二批）二级，中国植物红色名录评估为无危（LC）。

迁地栽培保存

保存地点	种质份数	个体数量	引种方式	生长状况	来源地
BJ	2	b	采集	G	四川
GZ	1	a	采集	C	贵州

景天属 *Sedum*

凹叶景天 *Sedum emarginatum* Migo

功效主治 全草（马牙半枝莲）：微酸，凉。清热解毒，止血，止痛，利湿。用于痢疾，疮毒，瘰疬，肝毒症，跌打损伤，吐血，衄血，崩漏，带下病；外用于痈疮疔毒，蛇串疮。

迁地栽培保存

保存地点	种质份数	个体数量	引种方式	生长状况	来源地
BJ	2	b	采集	G	湖北、北京

续表

保存地点	种质份数	个体数量	引种方式	生长状况	来源地
GZ	1	c	采集	C	贵州
SH	1	b	采集	A	待确定
JS1	1	b	采集	B	安徽
CQ	1	b	采集	B	重庆
SC	1	f	待确定	G	四川
GD	1	c	采集	D	待确定
GX	*	f	采集	G	广西

薄叶景天 *Sedum leptophyllum* Fröd.

濒危等级　中国特有植物，中国植物红色名录评估为无危（LC）。

迁地栽培保存

保存地点	种质份数	个体数量	引种方式	生长状况	来源地
BJ	*	b	采集	C	安徽

垂盆草 *Sedum sarmentosum* Bunge

功效主治　全草：甘、微酸，凉。清热解毒，消肿排脓，退黄。用于咽喉痛，口疮，黄疸，痢疾；外用于烫火伤，痈疮疔毒，蛇串疮，毒蛇咬伤。

濒危等级　中国植物红色名录评估为无危（LC）。

迁地栽培保存

保存地点	种质份数	个体数量	引种方式	生长状况	来源地
BJ	3	e	采集	C	北京、贵州、辽宁
SH	1	b	采集	A	待确定
HEN	1	e	采集	A	河南
GD	1	f	采集	G	待确定
HB	1	d	采集	A	湖北
JS1	1	d	采集	B	江苏

保存地点	种质份数	个体数量	引种方式	生长状况	来源地
JS2	1	e	购买	C	江苏
SC	1	f	待确定	G	四川
GZ	1	c	采集	C	贵州

大苞景天 *Sedum amplibracteatum* K. T. Fu

功效主治　全草：散寒理气，接骨，解毒。用于烫火伤，毒蛇咬伤，跌打损伤。

濒危等级　中国植物红色名录评估为无危（LC）。

迁地栽培保存

保存地点	种质份数	个体数量	引种方式	生长状况	来源地
GX	*	f	采集	G	湖北

大花景天 *Sedum magniflorum* K. T. Fu

濒危等级　中国特有植物，中国植物红色名录评估为无危（LC）。

迁地栽培保存

保存地点	种质份数	个体数量	引种方式	生长状况	来源地
BJ	1	a	采集	G	四川

大叶火焰草 *Sedum drymarioides* Hance

功效主治　全草（光板猫叶草）：苦，平。清热凉血，消肿解毒。用于吐血，咯血。

濒危等级　中国植物红色名录评估为无危（LC）。

迁地栽培保存

保存地点	种质份数	个体数量	引种方式	生长状况	来源地
GX	*	f	采集	G	广西

东南景天 *Sedum alfredii* Hance

功效主治　全草：清热凉血，消肿拔毒。用于口疮，肝毒症，毒蛇咬伤，烫伤。

迁地栽培保存

保存地点	种质份数	个体数量	引种方式	生长状况	来源地
GX	*	f	采集	G	湖北

对叶景天　*Sedum baileyi* Praeger

濒危等级　中国特有植物，中国植物红色名录评估为无危（LC）。

迁地栽培保存

保存地点	种质份数	个体数量	引种方式	生长状况	来源地
BJ	1	b	采集	G	北京

佛甲草　*Sedum lineare* Thunb.

功效主治　全草：甘、微酸，凉。清热解毒，消肿排脓，止痛，退黄。用于咽喉痛，肝毒症，痈肿疮毒，毒蛇咬伤，蛇串疮，烫火伤。

迁地栽培保存

保存地点	种质份数	个体数量	引种方式	生长状况	来源地
HN	1	b	赠送	B	广西
SH	1	b	采集	A	待确定
SC	1	f	待确定	G	四川
JS1	1	b	采集	C	江苏
GZ	1	b	采集	C	贵州
GD	1	f	采集	G	待确定
CQ	1	b	采集	B	重庆
BJ	1	e	采集	G	云南
JS2	1	e	购买	C	江苏

禾叶景天　*Sedum grammophyllum* Fröd

濒危等级　中国特有植物，中国植物红色名录评估为无危（LC）。

迁地栽培保存

保存地点	种质份数	个体数量	引种方式	生长状况	来源地
GX	*	f	采集	G	广西

江南景天 *Sedum kiangnanense* D. Q. Wang & Z. F. Wu

濒危等级 中国特有植物，中国植物红色名录评估为无危（LC）。

迁地栽培保存

保存地点	种质份数	个体数量	引种方式	生长状况	来源地
BJ	1	b	采集	G	安徽

宽叶景天 *Sedum fui* G. D. Rowley

濒危等级 中国特有植物，中国植物红色名录评估为无危（LC）。

迁地栽培保存

保存地点	种质份数	个体数量	引种方式	生长状况	来源地
BJ	1	b	采集	G	北京
GX	*	f	采集	G	法国

龙泉景天 *Sedum lungtsuanense* S. H. Fu

濒危等级 中国特有植物，中国植物红色名录评估为无危（LC）。

迁地栽培保存

保存地点	种质份数	个体数量	引种方式	生长状况	来源地
BJ	1	b	采集	G	湖北
HB	1	a	采集	C	待确定

山飘风 *Sedum majus* (Hemsl.) Migo

功效主治 全草：酸、涩，寒。清热解毒。用于外伤肿痛，跌打损伤，疔疮，衄血。

濒危等级　中国植物红色名录评估为无危（LC）。

迁地栽培保存

保存地点	种质份数	个体数量	引种方式	生长状况	来源地
HB	1	a	采集	C	湖北

四芒景天　*Sedum tetractinum* Fröd.

功效主治　全草：淡，平。清热凉血，补虚。用于妇女虚弱不孕，痔疮出血。

濒危等级　中国特有植物，中国植物红色名录评估为无危（LC）。

种质库保存

保存地点	保存方式	种质份数	个体数量	引种方式	来源地
BJ	种子	1	a	采集	江西

苔景天　*Sedum acre* L.

功效主治　全草：用于肝阳上亢。

迁地栽培保存

保存地点	种质份数	个体数量	引种方式	生长状况	来源地
BJ	1	a	采集	G	江苏

藓状景天　*Sedum polytrichoides* Hemsl.

功效主治　根：清热解毒，止血。用于咯血。

濒危等级　中国植物红色名录评估为无危（LC）。

迁地栽培保存

保存地点	种质份数	个体数量	引种方式	生长状况	来源地
SH	1	b	采集	A	待确定

星叶景天　*Sedum stellariifolium* Franch.

迁地栽培保存

保存地点	种质份数	个体数量	引种方式	生长状况	来源地
GX	*	f	采集	G	广西

一代宗　*Sedum verticillatum*（Hook. f. et Thomson）Raym.-Hamet

迁地栽培保存

保存地点	种质份数	个体数量	引种方式	生长状况	来源地
HB	1	a	采集	C	待确定

珠芽景天　*Sedum bulbiferum* Makino

功效主治　全草（小箭草）：辛、涩，温。散寒，理气，止痛，消肿，止血，截疟。用于食积腹痛，风湿瘫痪；外用于痈肿疮毒。

迁地栽培保存

保存地点	种质份数	个体数量	引种方式	生长状况	来源地
BJ	1	b	采集	G	安徽
GX	*	f	采集	G	广西

落地生根属　*Bryophyllum*

落地生根　*Bryophyllum pinnatum*（Lam.）Oken

功效主治　全草（落地生根）：微酸、涩，凉。消肿，活血止痛，拔毒生肌。外用于痈肿疮毒，乳痈，丹毒，耳闭，疟腮，外伤出血，跌打损伤，骨折，烫火伤。

迁地栽培保存

保存地点	种质份数	个体数量	引种方式	生长状况	来源地
YN	1	b	采集	A	云南

续表

保存地点	种质份数	个体数量	引种方式	生长状况	来源地
SH	1	b	采集	A	待确定
HN	1	d	采集	B	海南
GD	1	a	采集	D	待确定
BJ	1	b	采集	G	海南
GX	*	f	采集	G	广西

青锁龙属　*Crassula*

星乙女　*Crassula perforata* Thunb.

迁地栽培保存

保存地点	种质份数	个体数量	引种方式	生长状况	来源地
BJ	1	a	交换	G	北京

玉树　*Crassula arborescens*（Mill.）Willd.

迁地栽培保存

保存地点	种质份数	个体数量	引种方式	生长状况	来源地
CQ	1	a	赠送	C	广西
SH	1	b	采集	A	待确定

石莲花属　*Echeveria*

锦晃星　*Echeveria pulvinata* Rose

迁地栽培保存

保存地点	种质份数	个体数量	引种方式	生长状况	来源地
BJ	1	a	交换	G	北京

玉蝶 *Echeveria glauca* (Baker) E. Morren

迁地栽培保存

保存地点	种质份数	个体数量	引种方式	生长状况	来源地
SH	1	b	采集	A	待确定

石莲属　*Sinocrassula*

石莲 *Sinocrassula indica* (Decne.) A. Berger

功效主治　全草（石灯台）：苦、酸，凉。清热解毒。

濒危等级　中国植物红色名录评估为无危（LC）。

迁地栽培保存

保存地点	种质份数	个体数量	引种方式	生长状况	来源地
CQ	1	a	采集	C	重庆

种质库保存

保存地点	保存方式	种质份数	个体数量	引种方式	来源地
BJ	种子	7	a	采集	云南、贵州

瓦松属　*Orostachys*

狼爪瓦松 *Orostachys cartilaginea* V. N. Boriss.

功效主治　全草：止血，止痢，敛疮。用于泻痢，便血，痔疮出血，崩漏，痈肿疮毒。

濒危等级　中国植物红色名录评估为无危（LC）。

迁地栽培保存

保存地点	种质份数	个体数量	引种方式	生长状况	来源地
BJ	1	b	采集	G	山西
GX	*	f	采集	G	山东

瓦松　*Orostachys fimbriata*（Turcz.）A. Berger

功效主治　全草：酸，平。活血，止血，收敛，利湿，消肿。用于便血，吐血；外用于疮口久不愈合。

迁地栽培保存

保存地点	种质份数	个体数量	引种方式	生长状况	来源地
BJ	1	b	采集	G	陕西
LN	1	c	采集	B	辽宁
GX	*	f	采集	G	新疆

桔梗科　Campanulaceae

半边莲属　*Lobelia*

半边莲　*Lobelia chinensis* Lour.

功效主治　全草（半边莲）：甘，平。清热解毒，利尿消肿。用于黄疸，肝腹水，水肿，乳蛾，肠痈；外用于跌打损伤，痈疖疔疮，毒蛇咬伤。

迁地栽培保存

保存地点	种质份数	个体数量	引种方式	生长状况	来源地
BJ	3	c	采集	G	广东、四川、安徽
CQ	1	b	采集	B	重庆
GD	1	f	采集	G	待确定
HB	1	b	采集	C	湖北
HN	1	b	采集	B	海南
JS1	1	b	采集	B	江苏
JS2	1	e	购买	C	江苏
SH	1	a	采集	F	待确定
GX	*	f	采集	G	广西

北美山梗菜 *Lobelia inflata* L.

功效主治 叶、植物顶部：祛痰，解痉，镇静。用于气喘，咳嗽，百日咳。种子：祛痰，止喘。

迁地栽培保存

保存地点	种质份数	个体数量	引种方式	生长状况	来源地
BJ	2	b	采集	G	四川、上海

江南山梗菜 *Lobelia davidii* Franch.

功效主治 根：用于痈肿疮毒，胃寒痛。全草：辛，平。有小毒。宣肺化痰，清热，利尿，消肿。用于咳嗽痰喘，水肿，痈肿疔毒，胃寒痛，毒蛇咬伤，蜂螫伤，疔疮。

濒危等级 中国植物红色名录评估为无危（LC）。

迁地栽培保存

保存地点	种质份数	个体数量	引种方式	生长状况	来源地
CQ	1	a	采集	F	重庆
GX	*	f	采集	G	江西

种质库保存

保存地点	保存方式	种质份数	个体数量	引种方式	来源地
GX	种子	*	f	采集	待确定
BJ	种子	1	a	采集	江西

六倍利 *Lobelia erinus* Thunb.

功效主治 全草：解毒消炎，消肿。用于痈肿疔疮，跌打损伤。

迁地栽培保存

保存地点	种质份数	个体数量	引种方式	生长状况	来源地
BJ	1	a	采集	G	北京

卵叶半边莲 *Lobelia zeylanica* L.

功效主治 全草：用于毒蛇咬伤，狂犬咬伤，臌胀，白喉，瘰疬，疮疡肿毒，毒蛇咬伤。

迁地栽培保存

保存地点	种质份数	个体数量	引种方式	生长状况	来源地
GX	*	f	采集	G	广西

山梗菜　*Lobelia sessilifolia* Lamb.

功效主治　全草或根：甘，平。有小毒。宣肺化痰，清热解毒，利尿消肿。用于咳嗽痰喘，水肿，痈肿疔疮，毒蛇咬伤，蜂螫伤。

濒危等级　中国植物红色名录评估为无危（LC）。

迁地栽培保存

保存地点	种质份数	个体数量	引种方式	生长状况	来源地
GX	2	f	采集	G	广西，待确定

种质库保存

保存地点	保存方式	种质份数	个体数量	引种方式	来源地
GX	种子	*	f	采集	江西

铜锤玉带草　*Lobelia nummularia* Lam.

功效主治　全草（地茄子草）：苦、甘，平。清热解毒，活血，祛风利湿。用于肺虚久咳，风湿关节痛，跌打损伤，乳痈，乳蛾，无名肿毒。

迁地栽培保存

保存地点	种质份数	个体数量	引种方式	生长状况	来源地
BJ	2	d	采集	G	云南、广西
GZ	1	b	采集	C	贵州
CQ	1	b	采集	C	重庆
GD	1	f	采集	G	待确定
GX	*	f	采集	G	广西

种质库保存

保存地点	保存方式	种质份数	个体数量	引种方式	来源地
BJ	种子	8	b	采集	山西、云南

西南山梗菜 *Lobelia seguinii* H. Lévl. & Vaniot

功效主治 全草或根（野烟）：辛，凉。有剧毒。祛风，止痛，清热，解毒。用于风湿关节痛，跌打损伤，疮疡肿毒，痄腮，乳蛾。

濒危等级 中国特有植物，中国植物红色名录评估为无危（LC）。

迁地栽培保存

保存地点	种质份数	个体数量	引种方式	生长状况	来源地
GZ	1	b	采集	C	贵州
GX	*	f	采集	G	广西

种质库保存

保存地点	保存方式	种质份数	个体数量	引种方式	来源地
BJ	种子	14	b	采集	四川、甘肃、云南

线萼山梗菜 *Lobelia melliana* E. Wimm.

功效主治 全草：辛，平。宜肺化痰，清热解毒，利尿消肿。用于咳嗽痰喘，水肿，蛇毒咬伤，蜂螫伤，痈肿疔疮。

濒危等级 中国特有植物，中国植物红色名录评估为无危（LC）。

种质库保存

保存地点	保存方式	种质份数	个体数量	引种方式	来源地
BJ	种子	1	a	采集	福建

袋果草属 *Peracarpa*

袋果草 *Peracarpa carnosa* Hook. f. & Thomson

功效主治 全草（岩胁草）：用于筋骨痛，小儿惊风。

濒危等级　中国植物红色名录评估为无危（LC）。

迁地栽培保存

保存地点	种质份数	个体数量	引种方式	生长状况	来源地
GX	*	f	采集	G	美国

党参属　*Codonopsis*

川党参　*Codonopsis tangshen* Oliv.

功效主治　根（党参）：甘，平。补中益气，健脾益肺，生津。用于脾胃虚弱，气血两亏，体倦无力，食少，口渴，泄泻，脱肛。

濒危等级　中国特有植物，中国植物红色名录评估为无危（LC）。

迁地栽培保存

保存地点	种质份数	个体数量	引种方式	生长状况	来源地
BJ	3	b	采集	C	四川、陕西
CQ	1	a	采集	F	重庆
HB	1	e	采集	A	湖北
GX	*	f	采集	G	四川，待确定

种质库保存

保存地点	保存方式	种质份数	个体数量	引种方式	来源地
BJ	种子	8	d	采集	安徽、河北、河南、云南、重庆

党参　*Codonopsis pilosula* (Franch.) Nannf.

功效主治　根（党参）：苦、微甘、辛，平。止血，镇痛。用于外伤出血，内、外伤疼痛。

濒危等级　中国植物红色名录评估为无危（LC）。

迁地栽培保存

保存地点	种质份数	个体数量	引种方式	生长状况	来源地
BJ	7	d	采集	C	陕西、河北、甘肃、山西、贵州
CQ	1	a	赠送	F	贵州
HB	1	a	采集	B	湖北
HEN	1	b	采集	A	甘肃
JS2	1	b	购买	C	安徽
NMG	1	d	购买	F	内蒙古

种质库保存

保存地点	保存方式	种质份数	个体数量	引种方式	来源地
BJ	种子	155	e	采集	河北、河南、海南、重庆、云南、甘肃、四川、山西、山东、黑龙江、辽宁、内蒙古、北京、吉林、安徽

党参 （原变种） *Codonopsis pilosula* (Franch.) Nannf. var. *pilosula*

迁地栽培保存

保存地点	种质份数	个体数量	引种方式	生长状况	来源地
BJ	1	d	采集	G	甘肃
GX	*	f	采集	G	河北、甘肃

种质库保存

保存地点	保存方式	种质份数	个体数量	引种方式	来源地
BJ	种子	10	d	采集	甘肃

鸡蛋参 *Codonopsis convolvulacea* Kurz

功效主治 根：甘、苦，微温。润肺止咳，补气生津，祛瘀止痛。用于气虚自汗，肠绞痛，肺痈咳嗽，疝气，睾丸偏坠。

迁地栽培保存

保存地点	种质份数	个体数量	引种方式	生长状况	来源地
GX	*	f	采集	G	云南

种质库保存

保存地点	保存方式	种质份数	个体数量	引种方式	来源地
BJ	种子	1	a	采集	待确定

脉花党参　*Codonopsis nervosa*（Chipp）Nannf.

功效主治　根：补中益气，和胃生津。功效与党参相似。

濒危等级　中国特有植物，中国植物红色名录评估为无危（LC）。

迁地栽培保存

保存地点	种质份数	个体数量	引种方式	生长状况	来源地
GX	*	f	采集	G	法国

秦岭党参　*Codonopsis tsinlingensis* Pax & K. Hoffm.

濒危等级　中国特有植物，陕西省渐危保护植物，中国植物红色名录评估为易危（VU）。

迁地栽培保存

保存地点	种质份数	个体数量	引种方式	生长状况	来源地
BJ	1	a	采集	C	陕西

种质库保存

保存地点	保存方式	种质份数	个体数量	引种方式	来源地
BJ	种子	1	a	采集	吉林

土党参 *Codonopsis javanica*（Blume）Hook. f.

迁地栽培保存

保存地点	种质份数	个体数量	引种方式	生长状况	来源地
GX	*	f	采集	G	广西

小花金钱豹 *Codonopsis javanica*（Blume）Hook. f. subsp. *japonica*（Makino）Lammers

濒危等级 中国植物红色名录评估为无危（LC）。

迁地栽培保存

保存地点	种质份数	个体数量	引种方式	生长状况	来源地
CQ	1	a	采集	B	重庆
GX	*	f	采集	G	广西

新疆党参 *Codonopsis clematidea*（Schrenk）C. B. Clarke

功效主治 根：甘，平。补中益气，生津，健脾。用于脾胃虚弱，气血两亏，体倦无力，食少，口渴，泄泻，脱肛。

濒危等级 中国植物红色名录评估为无危（LC）。

迁地栽培保存

保存地点	种质份数	个体数量	引种方式	生长状况	来源地
GX	*	f	采集	G	波兰

种质库保存

保存地点	保存方式	种质份数	个体数量	引种方式	来源地
BJ	种子	1	a	采集	新疆

羊乳 *Codonopsis lanceolata*（Siebold & Zucc.）Benth. & Hook. f. ex Trautv.

功效主治 根（山海螺）：甘、辛，平。滋补强壮，补虚通乳，排脓解毒，祛痰。用于血虚气弱，肺痈咯血，乳汁不足，各种痈疽肿毒，瘰疬，带下病，喉蛾。

濒危等级　北京市二级保护植物、河北省重点保护植物、吉林省三级保护植物，中国植物红色名录评估为
无危（LC）。

迁地栽培保存

保存地点	种质份数	个体数量	引种方式	生长状况	来源地
BJ	4	d	采集	C	河北、安徽、湖北、江西
GX	3	f	采集	G	日本、波兰
LN	2	d	采集	B	辽宁
HB	1	a	采集	C	湖北

种质库保存

保存地点	保存方式	种质份数	个体数量	引种方式	来源地
BJ	种子	53	d	采集	河北、辽宁、吉林

风铃草属　*Campanula*

北疆风铃草　*Campanula glomerata* L.

功效主治　全草：苦，寒。清热解毒，止痛。用于咽喉肿痛，声音嘶哑，头痛。

濒危等级　中国植物红色名录评估为无危（LC）。

迁地栽培保存

保存地点	种质份数	个体数量	引种方式	生长状况	来源地
GX	*	f	采集	G	法国

种质库保存

保存地点	保存方式	种质份数	个体数量	引种方式	来源地
BJ	种子	1	a	采集	待确定

风铃草 *Campanula medium* L.

迁地栽培保存

保存地点	种质份数	个体数量	引种方式	生长状况	来源地
BJ	2	d	赠送	G	保加利亚、波兰
LN	1	d	采集	A	辽宁

种质库保存

保存地点	保存方式	种质份数	个体数量	引种方式	来源地
BJ	种子	8	b	采集	内蒙古、安徽、山西、吉林

澜沧风铃草 *Campanula mekongensis* Diels ex C. Y. Wu

濒危等级　中国特有植物，中国植物红色名录评估为濒危（EN）。

种质库保存

保存地点	保存方式	种质份数	个体数量	引种方式	来源地
BJ	种子	6	a	采集	云南

紫斑风铃草 *Campanula punctata* Lam.

功效主治　根：清热解毒，祛风除湿，止痛，平喘。全草：用于咽喉痛，头痛，难产。

濒危等级　内蒙古自治区重点保护植物，中国植物红色名录评估为无危（LC）。

迁地栽培保存

保存地点	种质份数	个体数量	引种方式	生长状况	来源地
BJ	1	d	采集	G	陕西
GX	*	f	采集	G	法国

紫斑风铃草（原变种） *Campanula punctata* Lam. var. *punctata*

迁地栽培保存

保存地点	种质份数	个体数量	引种方式	生长状况	来源地
GX	*	f	采集	G	法国

金钱豹属 *Campanumoea*

金钱豹 *Campanumoea javanica* Blume

功效主治　根：甘，平。清热，镇静，健脾补气，祛痰止咳。用于气虚乏力，泄泻，肺虚咳嗽，肾虚，小儿疳积，乳汁稀少。

濒危等级　中国植物红色名录评估为无危（LC）。

迁地栽培保存

保存地点	种质份数	个体数量	引种方式	生长状况	来源地
YN	2	a	采集	C	云南
BJ	1	d	采集	G	湖北
GZ	1	a	采集	C	贵州
HN	1	e	采集	C	海南

种质库保存

保存地点	保存方式	种质份数	个体数量	引种方式	来源地
HN	种子	2	c	采集	福建
BJ	种子	11	b	采集	云南

桔梗属 *Platycodon*

桔梗 *Platycodon grandiflorus*（Jacq.）A. DC.

功效主治　根（桔梗）：苦、辛，微温。宣肺，散寒，祛痰，排脓。用于外感咳嗽，咳痰不爽，咽喉痛，胸闷腹胀，肺痈。

濒危等级 北京市二级保护植物、内蒙古自治区重点保护植物、山西省重点保护植物、吉林省三级保护植物，中国植物红色名录评估为无危（LC）。

迁地栽培保存

保存地点	种质份数	个体数量	引种方式	生长状况	来源地
FJ	3	b	购买	B	福建、浙江
HEN	3	d	采集	A	河南
BJ	23	e	采集	G	河北、黑龙江、辽宁、内蒙古、山东、湖北、甘肃、陕西
GX	2	f	采集	G	广西、河北
HLJ	1	d	采集	A	黑龙江
NMG	1	e	购买	A	内蒙古
SC	1	f	待确定	G	四川
LN	1	d	采集	B	辽宁
JS2	1	e	购买	C	安徽
JS1	1	a	购买	C	江苏
HB	1	a	采集	C	待确定
GZ	1	b	采集	C	贵州
GD	1	f	采集	G	待确定
SH	1	b	采集	F	待确定
CQ	1	a	购买	C	重庆

种质库保存

保存地点	保存方式	种质份数	个体数量	引种方式	来源地
BJ	种子	227	e	采集	安徽、山东、陕西、河北、重庆、湖南、吉林、北京、云南、海南、广东、河南、内蒙古、辽宁、江苏、湖北

蓝花参属 *Wahlenbergia*

蓝花参 *Wahlenbergia marginata*（Thunb.）A. DC.

功效主治 全草或根：甘、微苦，平。益气补虚，祛痰，截疟。用于病后体虚，伤风咳嗽，带下病，衄血，咯血，盗汗，泄泻。

迁地栽培保存

保存地点	种质份数	个体数量	引种方式	生长状况	来源地
BJ	1	b	采集	G	湖北

种质库保存

保存地点	保存方式	种质份数	个体数量	引种方式	来源地
BJ	种子	1	a	采集	待确定
HN	种子	1	a	采集	湖南

蓝钟花属 *Cyananthus*

黄钟花 *Cyananthus flavus* C. Marquand

濒危等级 中国特有植物，中国植物红色名录评估为易危（VU）。

迁地栽培保存

保存地点	种质份数	个体数量	引种方式	生长状况	来源地
HN	2	a	赠送	C	海南
YN	1	a	采集	C	云南
GX	*	f	采集	G	法国

胀萼蓝钟花 *Cyananthus inflatus* Hook. f. & Thomson

功效主治 全草（风药）：辛、苦，凉。清热解毒，疏肝解痉。用于小儿惊风，风湿痹痛。

濒危等级 中国植物红色名录评估为无危（LC）。

迁地栽培保存

保存地点	种质份数	个体数量	引种方式	生长状况	来源地
BJ	1	b	采集	G	四川

轮钟草属 *Cyclocodon*

轮钟花 *Cyclocodon axillaris* (Oliv.) W. J. de Wilde & Duyfjes

功效主治　根（蜘蛛果）：甘、微苦，平。益气，补虚，祛痰，止痛。用于气虚乏力，跌打损伤，肠绞痛。

濒危等级　中国植物红色名录评估为无危（LC）。

迁地栽培保存

保存地点	种质份数	个体数量	引种方式	生长状况	来源地
GX	*	f	采集	G	广西

种质库保存

保存地点	保存方式	种质份数	个体数量	引种方式	来源地
BJ	种子	1	a	采集	待确定

牧根草属 *Asyneuma*

球果牧根草 *Asyneuma chinense* D. Y. Hong

功效主治　根：养阴清肺，清虚火，止咳。用于咳嗽，小儿疳积，小儿腹泻，咳嗽，肺痨咯血。

濒危等级　中国特有植物，中国植物红色名录评估为无危（LC）。

种质库保存

保存地点	保存方式	种质份数	个体数量	引种方式	来源地
BJ	种子	1	a	采集	云南

沙参属 *Adenophora*

薄叶荠苨 *Adenophora remotiflora* (Siebold & Zucc.) Miq.

功效主治　根（荠苨）：甘，凉。清热，解毒，化痰。用于疮毒，咽喉痛，消渴，咳嗽。幼苗：用于痰壅，咳嗽。

迁地栽培保存

保存地点	种质份数	个体数量	引种方式	生长状况	来源地
GX	2	f	采集	G	日本，中国北京

多歧沙参 *Adenophora wawreana Zahlbr.*

功效主治　根：养阴清肺，祛痰止咳。

濒危等级　中国特有植物，中国植物红色名录评估为无危（LC）。

迁地栽培保存

保存地点	种质份数	个体数量	引种方式	生长状况	来源地
GX	*	f	采集	G	北京

甘孜沙参 *Adenophora jasionifolia Franch.*

功效主治　根：养阴生津，润肺止咳。

迁地栽培保存

保存地点	种质份数	个体数量	引种方式	生长状况	来源地
BJ	1	c	采集	G	四川

锯齿沙参 *Adenophora tricuspidata（Fisch. ex Schult.）A. DC.*

濒危等级　中国植物红色名录评估为无危（LC）。

种质库保存

保存地点	保存方式	种质份数	个体数量	引种方式	来源地
BJ	种子	1	a	采集	待确定

轮叶沙参 *Adenophora tetraphylla（Thunb.）Fisch.*

功效主治　根（南沙参）：甘、微苦，凉。清热养阴，润肺止咳。用于肺热咳嗽，咳痰黄稠。

濒危等级　内蒙古自治区重点保护植物、吉林省三级保护植物，中国植物红色名录评估为无危（LC）。

迁地栽培保存

保存地点	种质份数	个体数量	引种方式	生长状况	来源地
BJ	11	d	采集	A	河北、黑龙江、山东、陕西、内蒙古、山西、河北
LN	1	d	采集	B	辽宁
JS1	1	a	采集	D	江苏
GX	*	f	采集	G	待确定

种质库保存

保存地点	保存方式	种质份数	个体数量	引种方式	来源地
BJ	种子	8	b	采集	陕西、四川、河北、辽宁

泡沙参 *Adenophora potaninii* Korsh.

功效主治 根：甘，凉。清热养阴，润肺止咳，祛痰。用于肺虚久咳，咳嗽痰喘。

濒危等级 中国特有植物，中国植物红色名录评估为无危（LC）。

迁地栽培保存

保存地点	种质份数	个体数量	引种方式	生长状况	来源地
BJ	1	c	采集	G	

种质库保存

保存地点	保存方式	种质份数	个体数量	引种方式	来源地
BJ	种子	9	b	采集	甘肃，待确定

荠苨 *Adenophora trachelioides* Maxim.

功效主治 根（甜桔梗）：甘，凉。清热解毒，化痰。用于肺热咳嗽，咽喉痛，消渴，疔疮肿毒。

濒危等级 中国特有植物，中国植物红色名录评估为无危（LC）。

迁地栽培保存

保存地点	种质份数	个体数量	引种方式	生长状况	来源地
SH	1	b	采集	F	待确定
BJ	*	d	采集	A	辽宁、北京

秦岭沙参 *Adenophora petiolata* Pax & K. Hoffm.

功效主治　根：养阴润肺，止咳祛痰。用于肺热燥咳，虚劳久咳，干咳无痰，口干咽痛，热病伤津之口干舌绛、心烦口渴，消渴，乳汁不下，虚火牙痛。

濒危等级　中国特有植物，中国植物红色名录评估为无危（LC）。

迁地栽培保存

保存地点	种质份数	个体数量	引种方式	生长状况	来源地
GX	*	f	采集	G	湖北

丘沙参　*Adenophora crispata*（Turcz. ex Korsh.）Kitag.

迁地栽培保存

保存地点	种质份数	个体数量	引种方式	生长状况	来源地
BJ	1	d	采集	G	内蒙古

沙参　*Adenophora stricta* Miq.

功效主治　根：甘，凉。养阴清肺，化痰，益气。用于肺热咳嗽，口燥咽干，干咳痰黏，气阴不足。

濒危等级　中国植物红色名录评估为无危（LC）。

迁地栽培保存

保存地点	种质份数	个体数量	引种方式	生长状况	来源地
JS2	1	b	购买	C	江苏
HEN	1	b	采集	B	河南
JS1	1	a	采集	D	江苏
BJ	*	d	采集	G	北京、山西

种质库保存

保存地点	保存方式	种质份数	个体数量	引种方式	来源地
BJ	种子	6	b	采集	山西、甘肃

沙参（原亚种） *Adenophora stricta* Miq. subsp. *stricta* Miq.

濒危等级 中国植物红色名录评估为无危（LC）。

迁地栽培保存

保存地点	种质份数	个体数量	引种方式	生长状况	来源地
GX	*	f	采集	G	北京

石沙参 *Adenophora polyantha* Nakai

功效主治 根：甘、微苦，凉。清热养阴，祛痰止咳。用于肺热燥咳，虚劳久咳，咽喉痛。

迁地栽培保存

保存地点	种质份数	个体数量	引种方式	生长状况	来源地
BJ	5	d	采集	A	四川、河北、陕西、内蒙古、辽宁
GX	*	f	采集	G	山东

丝裂沙参 *Adenophora capillaris* Hemsl.

功效主治 根：养阴清肺，祛痰止咳。用于顿咳，痰喘。

濒危等级 中国植物红色名录评估为无危（LC）。

迁地栽培保存

保存地点	种质份数	个体数量	引种方式	生长状况	来源地
BJ	5	c	采集	G	陕西、河北
HB	1	b	采集	C	待确定
CQ	1	a	采集	B	重庆
GX	*	f	采集	G	重庆

无柄沙参 *Adenophora stricta* Miq. subsp. *sessilifolia* Hong

濒危等级 中国特有植物，中国植物红色名录评估为无危（LC）。

迁地栽培保存

保存地点	种质份数	个体数量	引种方式	生长状况	来源地
CQ	1	a	赠送	F	贵州

细叶沙参 *Adenophora paniculata* Nannf.

功效主治　根（蓝花沙参）：清热养阴，祛痰止咳。

濒危等级　中国特有植物，中国植物红色名录评估为无危（LC）。

迁地栽培保存

保存地点	种质份数	个体数量	引种方式	生长状况	来源地
BJ	2	d	采集	G	山东

狭叶沙参 *Adenophora gmelinii* (Biehler) Fisch.

功效主治　根：清热养阴，润肺止咳，祛痰。

濒危等级　中国植物红色名录评估为无危（LC）。

迁地栽培保存

保存地点	种质份数	个体数量	引种方式	生长状况	来源地
BJ	1	d	采集	G	河北

鲜沙参 *Adenophora axilliflora* Borbás

迁地栽培保存

保存地点	种质份数	个体数量	引种方式	生长状况	来源地
GX	*	f	采集	G	北京

心叶沙参 *Adenophora cordifolia* D. Y. Hong

濒危等级　中国特有植物，中国植物红色名录评估为无危（LC）。

迁地栽培保存

保存地点	种质份数	个体数量	引种方式	生长状况	来源地
LN	1	d	采集	B	辽宁

新疆沙参 *Adenophora liliifolia*（L.）Besser

功效主治 根：养阴清肺，生津止血。

濒危等级 中国植物红色名录评估为无危（LC）。

迁地栽培保存

保存地点	种质份数	个体数量	引种方式	生长状况	来源地
GX	*	f	采集	G	瑞士

杏叶沙参 *Adenophora hunanensis* Nannf.

功效主治 根：清热养阴，润肺止咳，生津，祛痰。

濒危等级 中国特有植物，中国植物红色名录评估为无危（LC）。

迁地栽培保存

保存地点	种质份数	个体数量	引种方式	生长状况	来源地
BJ	4	e	采集	A	四川、陕西、山东
SC	1	f	待确定	G	四川
SH	1	b	采集	F	待确定
HB	1	a	采集	C	湖北
GX	*	f	采集	G	北京

种质库保存

保存地点	保存方式	种质份数	个体数量	引种方式	来源地
BJ	种子	8	b	采集	贵州、黑龙江

展枝沙参 *Adenophora divaricata* Franch. & Sav.

功效主治 根：清肺化痰，止咳。

濒危等级　中国植物红色名录评估为无危（LC）。

迁地栽培保存

保存地点	种质份数	个体数量	引种方式	生长状况	来源地
BJ	2	d	采集	A	北京、山东

中华沙参　*Adenophora sinensis* A. DC.

功效主治　根：养阴润肺，益气化痰。

濒危等级　中国特有植物，中国植物红色名录评估为无危（LC）。

迁地栽培保存

保存地点	种质份数	个体数量	引种方式	生长状况	来源地
BJ	1	b	采集	C	江西

异檐花属　*Triodanis*

异檐花　*Triodanis perfoliata* subsp. *biflora*（Ruiz & Pavon）Lammers

濒危等级　中国植物红色名录评估为无危（LC）。

迁地栽培保存

保存地点	种质份数	个体数量	引种方式	生长状况	来源地
BJ	1	b	采集	G	湖北

菊科　Asteraceae

艾纳香属　*Blumea*

艾纳香　*Blumea balsamifera*（L.）DC.

功效主治　全草（艾纳香）：辛、微苦，微温。祛风消肿，活血散瘀。用于感冒，风湿关节痛，跌打损伤，疮疖痈肿，湿疹，疮痈疥癣。叶的加工品（艾片）：甘、苦，凉。通窍，散热，明目，止痛。用于热病神昏，惊痫痰迷，目赤红痛，急性乳蛾，口疮，痈疮，带下病，烧伤。

濒危等级 中国植物红色名录评估为无危（LC）。

迁地栽培保存

保存地点	种质份数	个体数量	引种方式	生长状况	来源地
BJ	2	b	采集	C	广西、贵州
GD	1	f	采集	G	待确定
GZ	1	a	采集	C	贵州
HN	1	a	采集	B	海南
SC	1	f	待确定	G	四川
YN	1	a	采集	C	云南
GX	*	f	采集	G	广西

长圆叶艾纳香 *Blumea oblongifolia* Kitam.

功效主治 全草：苦、微辛，凉。清热解毒，利尿消肿。用于咳嗽痰喘，泄泻，水肿，小便淋痛，疖肿。

濒危等级 中国植物红色名录评估为无危（LC）。

迁地栽培保存

保存地点	种质份数	个体数量	引种方式	生长状况	来源地
GX	*	f	采集	G	广西

东风草 *Blumea megacephala* (Randeria) Chang & Y. C. Tseng

功效主治 全草（大头艾纳香）：微苦、淡，微温。祛风除湿，活血调经。用于风湿关节痛，跌打肿痛，产后血崩，月经不调，疖疮。

濒危等级 中国植物红色名录评估为无危（LC）。

迁地栽培保存

保存地点	种质份数	个体数量	引种方式	生长状况	来源地
BJ	1	b	采集	G	北京
CQ	1	a	采集	B	重庆

馥芳艾纳香　*Blumea aromatica* DC.

功效主治　全草：辛、微苦，温。祛风湿，消肿，止血，止痒。用于风湿关节痛，湿疹，皮肤瘙痒，外伤出血。

濒危等级　中国植物红色名录评估为无危（LC）。

迁地栽培保存

保存地点	种质份数	个体数量	引种方式	生长状况	来源地
CQ	1	a	采集	C	重庆
GX	*	f	采集	G	重庆

种质库保存

保存地点	保存方式	种质份数	个体数量	引种方式	来源地
BJ	种子	1	a	采集	待确定

戟叶艾纳香　*Blumea sagittata* Gagnep.

功效主治　全草：用于风湿关节痛。

濒危等级　中国植物红色名录评估为无危（LC）。

迁地栽培保存

保存地点	种质份数	个体数量	引种方式	生长状况	来源地
GX	*	f	采集	G	广西

见霜黄　*Blumea lacera* (Burm. f.) DC.

功效主治　全草（红头草）：苦，凉。清热解毒，消肿。用于小儿风热咳喘，乳蛾，疟腮，口腔破溃，痈肿疮毒，皮肤瘙痒。

迁地栽培保存

保存地点	种质份数	个体数量	引种方式	生长状况	来源地
GX	*	f	采集	G	广西

节节红 *Blumea fistulosa* (Roxb.) Kurz

功效主治 全草：用于身体虚弱。

濒危等级 中国植物红色名录评估为无危（LC）。

迁地栽培保存

保存地点	种质份数	个体数量	引种方式	生长状况	来源地
GX	*	f	采集	G	广西

六耳铃 *Blumea laciniata* (Roxb.) DC.

功效主治 全草（走马风）：辛、苦，温。祛风除湿，通经活络。用于风湿痹痛，头痛，跌打肿痛，湿疹，毒蛇咬伤。

迁地栽培保存

保存地点	种质份数	个体数量	引种方式	生长状况	来源地
HN	1	a	采集	C	海南

柔毛艾纳香 *Blumea mollis* (D. Don) Merr.

功效主治 全草（红头小仙）：微苦，平。消肿，止咳，解热。用于风热咳喘，咳嗽痰喘，乳痈。

濒危等级 中国植物红色名录评估为无危（LC）。

迁地栽培保存

保存地点	种质份数	个体数量	引种方式	生长状况	来源地
GD	1	f	采集	G	待确定
GX	*	f	采集	G	广西

白酒草属 *Eschenbachia*

白酒草 *Eschenbachia japonica* (Thunb.) J. Kost.

功效主治 全草或根：辛、微苦，平。消肿镇痛，祛风化痰。用于小儿风热咳喘，胸痛，咽喉痛，目赤，小儿惊风。

迁地栽培保存

保存地点	种质份数	个体数量	引种方式	生长状况	来源地
YN	1	a	购买	C	云南

百能葳属　*Blainvillea*

百能葳　*Blainvillea acmella* (L.) Phillipson

功效主治　全草：用于肺痨咯血，感冒，扭伤。

濒危等级　中国植物红色名录评估为无危（LC）。

迁地栽培保存

保存地点	种质份数	个体数量	引种方式	生长状况	来源地
GX	*	f	采集	G	广西

百日菊属　*Zinnia*

百日菊　*Zinnia elegans* Jacq.

功效主治　全草：清热利湿，止痢，通淋。用于痢疾，小便淋痛，乳痈。

迁地栽培保存

保存地点	种质份数	个体数量	引种方式	生长状况	来源地
BJ	1	e	购买	G	北京
CQ	1	a	购买	C	重庆
JS1	1	c	购买	B	江苏
SH	1	c	采集	A	待确定

种质库保存

保存地点	保存方式	种质份数	个体数量	引种方式	来源地
BJ	种子	7	b	采集	四川、云南、吉林、甘肃

多花百日菊 *Zinnia peruviana*（L.）L.

功效主治 全草：用于目疾。

迁地栽培保存

保存地点	种质份数	个体数量	引种方式	生长状况	来源地
GX	*	f	采集	G	法国

金纽扣属 *Acmella*

桂圆菊 *Acmella oleracea*（Linnaeus）R. K. Jansen

功效主治 花：在美洲用于牙痛，淋证。全草：用于淋证，痛风。

迁地栽培保存

保存地点	种质份数	个体数量	引种方式	生长状况	来源地
GX	*	f	采集	G	法国

金纽扣 *Acmella paniculata*（Wall. ex DC.）R. K. Jansen

功效主治 全草（天文草）：辛、苦，凉。有小毒。解毒利湿，止咳定喘，消肿止痛。用于疟疾，牙痛，泄泻，痢疾，咳嗽痰喘，顿咳，肺痈；外用于毒蛇咬伤，犬咬伤，痈疖肿毒。

迁地栽培保存

保存地点	种质份数	个体数量	引种方式	生长状况	来源地
HN	1	c	采集	B	待确定
GD	1	f	采集	G	待确定

种质库保存

保存地点	保存方式	种质份数	个体数量	引种方式	来源地
BJ	种子	24	b	采集	重庆、云南、海南、广西、上海

美形金钮扣　*Acmella calva*（DC.）R. K. Jansen

功效主治　全草（小铜锤）：辛、苦，温。有小毒。祛风除湿，散瘀止痛。用于骨折，跌打损伤，风湿关节痛，闭经，胃寒痛。

濒危等级　中国植物红色名录评估为无危（LC）。

迁地栽培保存

保存地点	种质份数	个体数量	引种方式	生长状况	来源地
BJ	1	a	采集	G	云南

种质库保存

保存地点	保存方式	种质份数	个体数量	引种方式	来源地
BJ	种子	2	a	采集	云南，待确定

斑鸠菊属　*Vernonia*

斑鸠菊　*Vernonia esculenta* Hemsl.

功效主治　根（斑鸠菊）：甘、涩，温。消肿，解毒。用于肠痈，疖疮。叶：用于烫火伤。

濒危等级　中国特有植物，中国植物红色名录评估为无危（LC）。

迁地栽培保存

保存地点	种质份数	个体数量	引种方式	生长状况	来源地
YN	1	a	采集	C	云南

种质库保存

保存地点	保存方式	种质份数	个体数量	引种方式	来源地
BJ	种子	1	a	采集	待确定

大叶斑鸠菊　*Vernonia volkameriifolia* DC.

濒危等级　中国植物红色名录评估为无危（LC）。

迁地栽培保存

保存地点	种质份数	个体数量	引种方式	生长状况	来源地
YN	1	a	采集	C	云南

种质库保存

保存地点	保存方式	种质份数	个体数量	引种方式	来源地
BJ	种子	*	a	采集	云南、辽宁

滇缅斑鸠菊 *Vernonia parishii* Hook. f.

功效主治　根：甘、苦，平。祛风散寒，益气。用于感冒发热，心悸，产后体虚，风湿关节痛，肝毒症。

濒危等级　中国植物红色名录评估为无危（LC）。

迁地栽培保存

保存地点	种质份数	个体数量	引种方式	生长状况	来源地
YN	1	a	采集	C	云南

毒根斑鸠菊 *Vernonia cumingiana* Benth.

功效主治　全株：苦，凉。有小毒。祛风解表，舒筋活络，截疟。用于风湿关节痛，腰肌劳损，四肢麻痹，感冒发热，疟疾，牙痛，目赤肿痛。

濒危等级　中国植物红色名录评估为无危（LC）。

迁地栽培保存

保存地点	种质份数	个体数量	引种方式	生长状况	来源地
YN	1	a	采集	C	云南

南川斑鸠菊 *Vernonia bockiana* Diels

濒危等级　中国特有植物，中国植物红色名录评估为无危（LC）。

迁地栽培保存

保存地点	种质份数	个体数量	引种方式	生长状况	来源地
CQ	1	a	采集	C	重庆

种质库保存

保存地点	保存方式	种质份数	个体数量	引种方式	来源地
BJ	种子	1	a	采集	重庆

咸虾花　*Vernonia patula*（Dryand.）Merr.

功效主治　全草（咸虾花）：微苦、辛，平。清热利湿，散瘀消肿。用于感冒发热，头痛，乳痈，吐泻，痢疾，疖疮，湿疹，瘾疹，跌打损伤。

迁地栽培保存

保存地点	种质份数	个体数量	引种方式	生长状况	来源地
HN	1	c	采集	A	海南
GD	1	f	采集	G	待确定

种质库保存

保存地点	保存方式	种质份数	个体数量	引种方式	来源地
BJ	种子	4	b	采集	重庆、广西

夜香牛　*Vernonia cinerea*（L.）Less.

功效主治　全草（伤寒草）：苦、微甘，凉。疏风散热，拔毒消肿，安神镇静，消积化滞。用于感冒发热，肾虚失眠，痢疾，疳积，跌打扭伤，毒蛇咬伤，乳痈，疮疖肿毒。

迁地栽培保存

保存地点	种质份数	个体数量	引种方式	生长状况	来源地
GD	1	f	采集	G	待确定
HN	1	b	采集	A	海南

种质库保存

保存地点	保存方式	种质份数	个体数量	引种方式	来源地
BJ	种子	24	b	采集	安徽、云南、贵州、海南、广西
HN	种子	1	b	采集	湖南

展枝斑鸠菊 *Vernonia extensa* (Wall.) DC.

功效主治　全草：用于疟腮，牙痛。

濒危等级　中国植物红色名录评估为无危（LC）。

种质库保存

保存地点	保存方式	种质份数	个体数量	引种方式	来源地
BJ	种子	1	a	采集	云南

半毛菊属　*Crupina*

半毛菊 *Crupina vulgaris* Pers. ex Cass.

濒危等级　中国植物红色名录评估为数据缺乏（DD）。

迁地栽培保存

保存地点	种质份数	个体数量	引种方式	生长状况	来源地
GX	*	f	采集	G	法国

杯菊属　*Cyathocline*

杯菊 *Cyathocline purpurea* (Buch.-Ham. ex D. Don) Kuntze

功效主治　全草（红蒿枝）：苦，凉。清热解毒，清肿止血，除湿利尿，杀虫。用于急性吐泻，中暑，小便淋痛，咽喉痛，口腔破溃，吐血，衄血。

濒危等级　中国植物红色名录评估为无危（LC）。

迁地栽培保存

保存地点	种质份数	个体数量	引种方式	生长状况	来源地
GX	*	f	采集	G	广西

滨菊属　*Leucanthemum*

滨菊　*Leucanthemum vulgare* Lam.

功效主治　叶：利尿。

迁地栽培保存

保存地点	种质份数	个体数量	引种方式	生长状况	来源地
GX	*	f	采集	G	法国

种质库保存

保存地点	保存方式	种质份数	个体数量	引种方式	来源地
BJ	种子	1	a	采集	河北

大滨菊　*Leucanthemum maximum*（Ramood）DC.

迁地栽培保存

保存地点	种质份数	个体数量	引种方式	生长状况	来源地
HB	1	a	采集	C	待确定

菜蓟属　*Cynara*

菜蓟　*Cynara scolymus* L.

功效主治　叶（菜蓟叶）：用于肝胆病，胃痛，肾病。

迁地栽培保存

保存地点	种质份数	个体数量	引种方式	生长状况	来源地
BJ	1	b	赠送	G	欧洲

刺苞菜蓟 *Cynara cardunculus* L.

功效主治 叶、花：助消化，护肝。

迁地栽培保存

保存地点	种质份数	个体数量	引种方式	生长状况	来源地
JS1	1	a	购买	C	江苏

苍耳属 *Xanthium*

苍耳 *Xanthium sibiricum* Patrin ex Widder

功效主治 根（苍耳根）：用于疔疮，痈疽，缠喉风，丹毒，肝阳上亢，痢疾。茎（苍耳）、叶（苍耳）：苦、辛，凉。有小毒。祛风散热，解毒杀虫。用于头风，头晕，湿痹拘挛，目赤，目翳，疔疮毒肿，崩漏，麻风。花序（苍耳花）：用于白癞顽癣，白痢。果实（苍耳子）：辛、苦，温。有毒。散风湿，通鼻窍，止痛杀虫。用于风寒头痛，鼻塞流涕，齿痛，风寒湿痹，手脚挛痛，疥癣，瘙痒。

迁地栽培保存

保存地点	种质份数	个体数量	引种方式	生长状况	来源地
BJ	3	c	采集	G	广东、四川、辽宁
SC	2	f	待确定	G	四川
SH	1	b	采集	A	待确定
CQ	1	a	采集	C	重庆
GD	1	f	采集	G	待确定
GZ	1	b	采集	C	贵州
HB	1	a	采集	B	湖北
HLJ	1	b	采集	A	黑龙江
HN	1	e	采集	A	海南
JS1	1	c	采集	B	江苏
JS2	1	d	购买	C	江苏
LN	1	d	采集	A	辽宁

种质库保存

保存地点	保存方式	种质份数	个体数量	引种方式	来源地
HN	种子	14	c	采集	海南、福建、湖南
BJ	种子	154	d	采集	山西、河北、四川、河南、海南、重庆、湖北、贵州、内蒙古、宁夏、辽宁、黑龙江、广西、吉林、江西、甘肃、云南、安徽

蒙古苍耳 *Xanthium mongolicum* Kitag.

功效主治 果实：散风止痛，祛湿杀虫，通鼻窍。

迁地栽培保存

保存地点	种质份数	个体数量	引种方式	生长状况	来源地
BJ	1	d	采集	G	广东

苍术属 *Atractylodes*

白术 *Atractylodes macrocephala* Koidz.

功效主治 根茎（白术）：苦、甘，温。健脾益气，燥湿利水，止汗，安胎。用于脾虚食少，消化不良，泄泻，水肿，自汗，胎动不安。苗叶（术苗）：利水，止汗。

濒危等级 中国植物红色名录评估为无危（LC）。

迁地栽培保存

保存地点	种质份数	个体数量	引种方式	生长状况	来源地
BJ	5	d	采集	A	浙江、安徽
SC	2	f	待确定	G	四川
FJ	1	a	赠送	A	浙江
HB	1	c	采集	A	湖北
JS2	1	d	购买	C	安徽
JS1	1	a	购买	B	江苏
HEN	1	c	赠送	A	河南

保存地点	种质份数	个体数量	引种方式	生长状况	来源地
GZ	1	f	采集	F	贵州
GD	1	f	采集	G	待确定
CQ	1	a	购买	B	重庆
GX	*	f	采集	G	广西

种质库保存

保存地点	保存方式	种质份数	个体数量	引种方式	来源地
BJ	种子	82	d	采集	河北、湖南、陕西、山西、山东、重庆、吉林、四川、安徽、河南

苍术 *Atractylodes lancea* (Thunb.) DC.

功效主治 根茎（苍术）：辛、苦，温。燥湿健脾，祛风散寒，明目，辟秽。用于脘腹胀痛，泄泻，水肿，风湿痹痛，脚气病，痿躄，风寒感冒，雀目。

迁地栽培保存

保存地点	种质份数	个体数量	引种方式	生长状况	来源地
BJ	33	c	采集	C	河北、内蒙古、北京、山东、陕西、山西、江苏、吉林、湖北
GX	2	f	采集	G	中国四川，日本
JS2	2	b	购买	C	江苏、安徽
HEN	1	c	采集	A	河南
LN	1	c	采集	B	辽宁
HLJ	1	a	购买	A	河北
HB	1	a	采集	A	待确定
FJ	1	a	购买	B	山西
CQ	1	a	购买	E	重庆

种质库保存

保存地点	保存方式	种质份数	个体数量	引种方式	来源地
BJ	种子	28	b	采集	吉林、辽宁、山西、云南
BJ	种子	50	c	采集	湖北、江苏、陕西

朝鲜苍术　*Atractylodes coreana*（Nakai）Kitam.

功效主治　根茎：健脾燥湿，祛风辟秽。

濒危等级　中国植物红色名录评估为无危（LC）。

迁地栽培保存

保存地点	种质份数	个体数量	引种方式	生长状况	来源地
BJ	2	b	采集	C	辽宁

关苍术　*Atractylodes japonica* Koidz. ex Kitam.

功效主治　根茎：补脾，益胃，燥湿，和中。用于脘腹胀痛，泄泻，水肿，风湿痹痛，脚气病，痿躄，风寒感冒，雀目。

濒危等级　吉林省三级保护植物，中国植物红色名录评估为无危（LC）。

迁地栽培保存

保存地点	种质份数	个体数量	引种方式	生长状况	来源地
BJ	3	c	采集	C	黑龙江、吉林、辽宁

种质库保存

保存地点	保存方式	种质份数	个体数量	引种方式	来源地
BJ	种子	6	b	采集	吉林

草光菊属　*Ratibida*

羽叶草光菊　*Ratibida pinnata* Barnhart

功效主治　根：用于牙痛。

种质库保存

保存地点	保存方式	种质份数	个体数量	引种方式	来源地
BJ	种子	1	a	采集	重庆

柱托草光菊　*Ratibida columnifera* (Nutt.) Woot. et Standl.

功效主治　叶、茎：止痛。外用于响尾蛇咬伤。

迁地栽培保存

保存地点	种质份数	个体数量	引种方式	生长状况	来源地
LN	1	d	采集	A	辽宁

翅膜菊属　*Alfredia*

厚叶翅膜菊　*Alfredia nivea* Kar. & Kir.

濒危等级　中国植物红色名录评估为无危（LC）。

迁地栽培保存

保存地点	种质份数	个体数量	引种方式	生长状况	来源地
HB	1	a	采集	C	待确定

雏菊属　*Bellis*

雏菊　*Bellis perennis* L.

功效主治　叶：止血消肿。花序：祛痰镇咳。

迁地栽培保存

保存地点	种质份数	个体数量	引种方式	生长状况	来源地
BJ	1	a	购买	G	北京
GX	*	f	采集	G	法国

种质库保存

保存地点	保存方式	种质份数	个体数量	引种方式	来源地
BJ	种子	1	a	采集	云南

川木香属　*Dolomiaea*

菜木香　*Dolomiaea edulis*（Franch.）C. Shih

功效主治　根（越西木香）：行气止痛，健脾消食。用于胸胁、脘腹胀痛，泻痢后重，食积不消，不思饮食。

濒危等级　中国植物红色名录评估为数据缺乏（DD）。

种质库保存

保存地点	保存方式	种质份数	个体数量	引种方式	来源地
BJ	种子	1	a	采集	甘肃

垂头菊属　*Cremanthodium*

垂头菊　*Cremanthodium reniforme*（DC.）Benth.

濒危等级　中国植物红色名录评估为无危（LC）。

种质库保存

保存地点	保存方式	种质份数	个体数量	引种方式	来源地
BJ	种子	3	b	采集	云南、甘肃

革叶垂头菊　*Cremanthodium coriaceum* S. W. Liu

濒危等级　中国特有植物，中国植物红色名录评估为无危（LC）。

迁地栽培保存

保存地点	种质份数	个体数量	引种方式	生长状况	来源地
GX	*	f	采集	G	广东

条叶垂头菊 *Cremanthodium lineare* Maxim.

功效主治 全草：苦，凉。清热消肿。用于高热引起的急性痉挛，神志昏迷。

濒危等级 中国特有植物，中国植物红色名录评估为无危（LC）。

种质库保存

保存地点	保存方式	种质份数	个体数量	引种方式	来源地
SC	DNA	1	a	采集	甘肃

春黄菊属 *Anthemis*

臭春黄菊 *Anthemis cotula* L.

功效主治 全草：镇静安神。

迁地栽培保存

保存地点	种质份数	个体数量	引种方式	生长状况	来源地
BJ	1	d	赠送	G	保加利亚
GX	*	f	采集	G	法国

春黄菊 *Anthemis tinctoria* L.

迁地栽培保存

保存地点	种质份数	个体数量	引种方式	生长状况	来源地
BJ	1	d	赠送	G	保加利亚

高春黄菊 *Anthemis altissima* L.

功效主治 地上部分：助消化。用于胃肠道疾病。

迁地栽培保存

保存地点	种质份数	个体数量	引种方式	生长状况	来源地
GX	*	f	采集	G	广西

田春黄菊 *Anthemis arvensis* L.

功效主治　花：镇静，清热。用于胃肠绞痛。

迁地栽培保存

保存地点	种质份数	个体数量	引种方式	生长状况	来源地
BJ	1	d	赠送	G	保加利亚

刺苞菊属　*Carlina*

刺苞菊　*Carlina biebersteinii* Bernh. ex Hornem.

濒危等级　中国植物红色名录评估为数据缺乏（DD）。

迁地栽培保存

保存地点	种质份数	个体数量	引种方式	生长状况	来源地
GX	2	f	采集	G	波兰、法国

翠菊属　*Callistephus*

翠菊　*Callistephus chinensis*（L.）Nees

功效主治　叶、花序：清热凉血。

濒危等级　中国植物红色名录评估为数据缺乏（DD）。

迁地栽培保存

保存地点	种质份数	个体数量	引种方式	生长状况	来源地
BJ	1	d	购买	G	北京
LN	1	d	采集	A	辽宁
GX	*	f	采集	G	澳大利亚

种质库保存

保存地点	保存方式	种质份数	个体数量	引种方式	来源地
BJ	种子	1	a	采集	待确定

大翅蓟属 *Onopordum*

大翅蓟 *Onopordum acanthium* L.

功效主治 全草：止血。

濒危等级 中国植物红色名录评估为无危（LC）。

迁地栽培保存

保存地点	种质份数	个体数量	引种方式	生长状况	来源地
BJ	1	b	采集	G	待确定
SH	1	b	采集	A	待确定
GX	*	f	采集	G	北京

种质库保存

保存地点	保存方式	种质份数	个体数量	引种方式	来源地
BJ	种子	4	b	采集	黑龙江

大丁草属 *Leibnitzia*

大丁草 *Leibnitzia anandria* (L.) Turcz.

功效主治 全草：苦，温。清热利湿，解毒消肿，止咳止血。用于风湿肢体麻木，咳嗽痰喘，疔疮，外伤出血，小儿疳积。

迁地栽培保存

保存地点	种质份数	个体数量	引种方式	生长状况	来源地
BJ	6	c	采集	G	北京、山西、陕西、辽宁
GX	*	f	采集	G	德国

种质库保存

保存地点	保存方式	种质份数	个体数量	引种方式	来源地
BJ	种子	6	b	采集	甘肃、河北

大丽花属　*Dahlia*

大丽花　*Dahlia pinnata* Cav.

功效主治　块根：用于霍乱。

迁地栽培保存

保存地点	种质份数	个体数量	引种方式	生长状况	来源地
BJ	2	d	购买、采集	C	湖北，待确定
BJ	2	c	购买	G	北京、湖北
HB	1	a	采集	C	湖北
SH	1	b	采集	A	待确定
HEN	1	b	赠送	A	河南
CQ	1	a	购买	B	重庆
GZ	1	b	采集	C	贵州
JS1	1	a	购买	D	江苏

大吴风草属　*Farfugium*

大吴风草　*Farfugium japonicum*（L.）Kitam.

功效主治　全草（莲蓬草）：辛、甘、微苦，凉。活血止血，散结消肿。用于咳嗽咯血，便血，月经不调，跌打损伤，乳痈，痈疖肿毒。

濒危等级　中国植物红色名录评估为无危（LC）。

迁地栽培保存

保存地点	种质份数	个体数量	引种方式	生长状况	来源地
BJ	2	a	采集	G	浙江

保存地点	种质份数	个体数量	引种方式	生长状况	来源地
GX	2	f	采集	G	日本，中国广西
SC	2	f	待确定	G	四川
CQ	1	b	采集	C	重庆
HB	1	a	采集	C	待确定
JS1	1	a	采集	C	江苏
SH	1	b	采集	A	待确定

戴星草属 *Sphaeranthus*

戴星草 *Sphaeranthus africanus* L.

功效主治　全草：健胃，利尿。

濒危等级　中国植物红色名录评估为无危（LC）。

迁地栽培保存

保存地点	种质份数	个体数量	引种方式	生长状况	来源地
HN	1	b	采集	A	海南

地胆草属 *Elephantopus*

白花地胆草 *Elephantopus tomentosus* L.

功效主治　全草（苦地胆）：苦、辛，凉。清热解毒，凉血利水。用于鼻衄，黄疸，淋证，脚气病，水肿，痈肿，疔疮，蛇虫咬伤。

迁地栽培保存

保存地点	种质份数	个体数量	引种方式	生长状况	来源地
GD	1	b	采集	D	待确定
HN	1	c	采集	A	海南
GX	*	f	采集	G	荷兰

种质库保存

保存地点	保存方式	种质份数	个体数量	引种方式	来源地
BJ	种子	3	b	采集	重庆

地胆草 *Elephantopus scaber* L.

功效主治 全草（地胆草）：苦，凉。清热解毒，利尿消肿。用于感冒，痢疾，吐泻，乳蛾，咽喉痛，水肿，目赤红痛，疔肿。根（苦地胆根）：苦，凉。清热，除湿，解毒。用于中暑发热，温毒发癍，赤痢，头风，风火牙痛，痈肿。

迁地栽培保存

保存地点	种质份数	个体数量	引种方式	生长状况	来源地
FJ	2	b	采集	A	福建
YN	1	c	采集	A	云南
BJ	1	a	采集	G	云南
GD	1	b	采集	D	待确定
HN	1	c	采集	A	海南

种质库保存

保存地点	保存方式	种质份数	个体数量	引种方式	来源地
BJ	种子	25	b	采集	重庆、云南、广西、福建、四川

蝶须属 *Antennaria*

蝶须 *Antennaria dioica* (L.) Gaertn.

功效主治 全草：止咳，愈伤。用于创伤出血，咳嗽。
濒危等级 中国植物红色名录评估为无危（LC）。

迁地栽培保存

保存地点	种质份数	个体数量	引种方式	生长状况	来源地
GX	*	f	采集	G	法国

多榔菊属 *Doronicum*

阿尔泰多榔菊 *Doronicum altaicum* Pall.

功效主治 全草（太白小紫菀）：甘、苦，温。祛痰止咳，宽胸利气。用于咳嗽痰喘。

濒危等级 中国植物红色名录评估为无危（LC）。

种质库保存

保存地点	保存方式	种质份数	个体数量	引种方式	来源地
BJ	种子	1	a	采集	云南

飞机草属 *Chromolaena*

飞机草 *Chromolaena odorata*（L.）R. M. King & H. Rob.

功效主治 全草（飞机草）：微辛，温。有小毒。散瘀消肿，止血，杀虫。用于跌打肿痛，外伤出血，旱蚂蝗叮咬，出血不止，疮疡肿毒。

迁地栽培保存

保存地点	种质份数	个体数量	引种方式	生长状况	来源地
HN	1	c	采集	A	海南

种质库保存

保存地点	保存方式	种质份数	个体数量	引种方式	来源地
BJ	种子	8	b	采集	内蒙古、安徽、海南、广西

飞廉属 *Carduus*

飞廉 *Carduus nutans* L.

功效主治 全草：凉血止血，清热解毒，消肿。

濒危等级 中国植物红色名录评估为无危（LC）。

迁地栽培保存

保存地点	种质份数	个体数量	引种方式	生长状况	来源地
HLJ	1	c	采集	A	黑龙江
JS1	1	d	采集	B	江苏
LN	1	c	采集	B	辽宁
GX	*	f	采集	G	德国

种质库保存

保存地点	保存方式	种质份数	个体数量	引种方式	来源地
BJ	种子	1	a	采集	云南

节毛飞廉 *Carduus nutans* L.

功效主治　全草或根（飞廉）：微苦，平。散瘀止血，清热利湿。用于吐血，鼻衄，尿血，崩漏，带下病，小便淋痛，膀胱湿热，痈疖，疔疮。果实：利胆。用于黄疸，胆绞痛。

濒危等级　中国植物红色名录评估为无危（LC）。

迁地栽培保存

保存地点	种质份数	个体数量	引种方式	生长状况	来源地
CQ	1	a	采集	E	重庆
BJ	1	c	采集	G	山西
GX	*	f	采集	G	意大利

丝毛飞廉 *Carduus acanthoides* L.

功效主治　全草或根：祛风，清热，利湿，凉血散瘀。用于风热感冒，头风眩晕，风热痹痛，皮肤刺痒，尿路感染，乳糜尿，尿血，带下病，跌打瘀肿，疔疮肿毒，烫伤。

迁地栽培保存

保存地点	种质份数	个体数量	引种方式	生长状况	来源地
GX	*	f	采集	G	法国

飞蓬属 *Erigeron*

长茎飞蓬 *Erigeron acris* subsp. *politus* (Fr.) Schinz & R. Keller

功效主治 全草（红蓝地花）：甘、微苦，平。解毒，消肿，活血。用于麻风，视物模糊。

濒危等级 中国植物红色名录评估为无危（LC）。

迁地栽培保存

保存地点	种质份数	个体数量	引种方式	生长状况	来源地
GX	*	f	采集	G	新疆

短莛飞蓬 *Erigeron elongatus* Ledeb.

功效主治 全草（灯盏细辛）：辛、微苦，温。祛风除湿，活络止痛，健脾消积。用于瘫痪，风湿痹痛，牙痛，胃痛，小儿疳积，小儿麻痹，癫痫。

迁地栽培保存

保存地点	种质份数	个体数量	引种方式	生长状况	来源地
BJ	1	e	采集	G	辽宁

种质库保存

保存地点	保存方式	种质份数	个体数量	引种方式	来源地
BJ	种子	51	c	采集	河北、云南

飞蓬 *Erigeron breviscapus* (Vant.) Hand.-Mazz.

功效主治 全草：苦、辛，凉。祛风利湿，散瘀消肿。用于风湿痹痛。

濒危等级 中国植物红色名录评估为无危（LC）。

迁地栽培保存

保存地点	种质份数	个体数量	引种方式	生长状况	来源地
GZ	1	e	采集	C	贵州

种质库保存

保存地点	保存方式	种质份数	个体数量	引种方式	来源地
BJ	种子	3	a	采集	山西、云南

假泽山飞蓬　*Erigeron acer* L.

濒危等级　中国植物红色名录评估为无危（LC）。

迁地栽培保存

保存地点	种质份数	个体数量	引种方式	生长状况	来源地
GX	*	f	采集	G	法国

苏门白酒草　*Erigeron pseudoseravschanicus* Botsch.

功效主治　全草：用于风湿痹痛，咳嗽，崩漏。

濒危等级　中国植物红色名录评估为无危（LC）。

迁地栽培保存

保存地点	种质份数	个体数量	引种方式	生长状况	来源地
GX	*	f	采集	G	新疆

种质库保存

保存地点	保存方式	种质份数	个体数量	引种方式	来源地
BJ	种子	1	a	采集	待确定

香丝草　*Erigeron bonariensis* L.

功效主治　全草（野塘蒿）：苦，凉。清热祛湿，行气止痛。用于感冒，疟疾，风湿痹痛，外伤出血。

迁地栽培保存

保存地点	种质份数	个体数量	引种方式	生长状况	来源地
HN	1	b	采集	C	待确定

小蓬草 *Erigeron canadensis* L.

功效主治　全草（祁州一枝蒿）：苦，凉。清热解毒，祛风止痒。用于口腔破溃，耳闭，目赤，风火牙痛，风湿骨痛。

迁地栽培保存

保存地点	种质份数	个体数量	引种方式	生长状况	来源地
BJ	2	e	采集	G	辽宁、甘肃
HN	1	a	采集	C	待确定
SH	1	b	采集	A	待确定
GX	*	f	采集	G	法国

种质库保存

保存地点	保存方式	种质份数	个体数量	引种方式	来源地
BJ	种子	9	b	采集	安徽、广西、江西

野蒿菜 *Erigeron linifolius* Wall.

迁地栽培保存

保存地点	种质份数	个体数量	引种方式	生长状况	来源地
SH	1	b	采集	A	待确定

一年蓬 *Erigeron linifolius* Wall.

功效主治　全草或根（一年蓬）：淡，平。凉热解毒，助消化，抗疟。用于消化不良，泄泻，胁痛，瘰疬，尿血，疟疾。

迁地栽培保存

保存地点	种质份数	个体数量	引种方式	生长状况	来源地
SC	4	f	待确定	G	四川
BJ	2	d	采集	G	四川，待确定
JS1	1	d	采集	B	江苏

续表

保存地点	种质份数	个体数量	引种方式	生长状况	来源地
SH	1	b	采集	A	待确定
JS2	1	e	采集	C	江苏
HLJ	1	c	采集	A	黑龙江
HB	1	a	采集	C	湖北
GZ	1	e	采集	C	贵州
CQ	1	b	采集	B	重庆
GX	*	f	采集	G	广西

非洲菊属　*Gerbera*

毛大丁草　*Gerbera piloselloides*（L.）Cass.

功效主治　全草（毛大丁草）：辛、苦，平。宣肺，止咳，发汗，利水，行气，活血。用于咳嗽痰喘，水肿胀满，小便不通，小儿食积，闭经，跌打损伤，痈疽疔疮。根（毛大丁草根）：苦，平。清热解毒，理气和血。用于痈肿，乳蛾，疬腮，瘰疬，胸胁痞气，疝气，痢疾，衄血。

迁地栽培保存

保存地点	种质份数	个体数量	引种方式	生长状况	来源地
BJ	1	b	采集	G	山东
GZ	1	a	采集	C	贵州

粉苞菊属　*Chondrilla*

粉苞菊　*Chondrilla piptocoma* Fisch. et Mey.

濒危等级　中国植物红色名录评估为无危（LC）。

迁地栽培保存

保存地点	种质份数	个体数量	引种方式	生长状况	来源地
GX	*	f	采集	G	新疆

风毛菊属 *Saussurea*

篦苞风毛菊 *Saussurea pectinata* Bunge

濒危等级 中国特有植物，中国植物红色名录评估为无危（LC）。

迁地栽培保存

保存地点	种质份数	个体数量	引种方式	生长状况	来源地
BJ	1	b	采集	G	河北
GX	*	f	采集	G	河北

草地风毛菊 *Saussurea amara* (Linn.) DC.

功效主治 全草（羊耳朵）：清热解毒，消肿。

迁地栽培保存

保存地点	种质份数	个体数量	引种方式	生长状况	来源地
BJ	2	b	采集、赠送	G	中国内蒙古，前苏联

长梗风毛菊 *Saussurea dolichopoda* Diels

功效主治 根茎：清热解毒，消肿散瘀。用于痈肿疮疖，湿疹，毒蛇咬伤。

濒危等级 中国特有植物，中国植物红色名录评估为无危（LC）。

迁地栽培保存

保存地点	种质份数	个体数量	引种方式	生长状况	来源地
GX	*	f	采集	G	湖北

多头风毛菊 *Saussurea polycephala* Hand.-Mazz.

功效主治 全草：祛风湿。用于风湿腰腿痛。

濒危等级 中国特有植物，中国植物红色名录评估为无危（LC）。

迁地栽培保存

保存地点	种质份数	个体数量	引种方式	生长状况	来源地
BJ	1	a	采集	G	前苏联

风毛菊 *Saussurea japonica* (Thunb.) DC.

功效主治　全草（八棱麻）：辛、苦，平。祛风活血，散瘀止痛。用于风湿痹痛，跌打损伤，麻风。

迁地栽培保存

保存地点	种质份数	个体数量	引种方式	生长状况	来源地
BJ	2	b	采集、赠送	G	前苏联，中国山西

种质库保存

保存地点	保存方式	种质份数	个体数量	引种方式	来源地
BJ	种子	7	b	采集	江西、甘肃、安徽
HN	种子	1	a	采集	湖南

黄山风毛菊 *Saussurea hwangshanensis* Ling

濒危等级　中国特有植物，中国植物红色名录评估为数据缺乏（DD）。

迁地栽培保存

保存地点	种质份数	个体数量	引种方式	生长状况	来源地
GX	*	f	采集	G	上海

尖苞风毛菊 *Saussurea subulisquama* Hand.-Mazz.

濒危等级　中国特有植物，中国植物红色名录评估为无危（LC）。

迁地栽培保存

保存地点	种质份数	个体数量	引种方式	生长状况	来源地
BJ	1	a	采集	G	甘肃

龙江风毛菊 *Saussurea amurensis* Turcz.

功效主治　全草：杀虫。

濒危等级　中国植物红色名录评估为无危（LC）。

迁地栽培保存

保存地点	种质份数	个体数量	引种方式	生长状况	来源地
LN	1	d	采集	A	辽宁

毛果风毛菊 *Saussurea pubescens* Y. L. Chen et S. Y. Liang

濒危等级　中国特有植物，中国植物红色名录评估为无危（LC）。

种质库保存

保存地点	保存方式	种质份数	个体数量	引种方式	来源地
BJ	种子	4	b	采集	吉林

心叶风毛菊 *Saussurea cordifolia* Hemsl.

功效主治　根（马蹄细辛）：辛，温。散寒，镇痛。用于关节痛，恶寒，头痛，劳伤，咳嗽。

濒危等级　中国特有植物，中国植物红色名录评估为无危（LC）。

种质库保存

保存地点	保存方式	种质份数	个体数量	引种方式	来源地
BJ	种子	6	b	采集	安徽、上海

雪莲花 *Saussurea involucrata*（Kar. et Kir.）Sch.-Bip.

功效主治　全草（雪莲花）：微苦，热。有毒。活血通经，散寒除湿，强筋助阳。用于风湿关节痛，肺寒咳嗽，小腹冷痛，闭经，胎衣不下，阳痿。

种质库保存

保存地点	保存方式	种质份数	个体数量	引种方式	来源地
BJ	种子	45	b	采集	新疆

银背风毛菊　*Saussurea nivea* Turcz.

濒危等级　中国植物红色名录评估为无危（LC）。

迁地栽培保存

保存地点	种质份数	个体数量	引种方式	生长状况	来源地
BJ	1	b	采集	G	北京

蜂斗菜属　*Petasites*

蜂斗菜　*Petasites japonicus*（Sieb. et Zucc.）Maxim.

功效主治　根茎：苦、辛，凉。解毒祛瘀，消肿止痛。用于乳蛾，痈疖肿毒，毒蛇咬伤，跌打损伤。

濒危等级　中国植物红色名录评估为无危（LC）。

迁地栽培保存

保存地点	种质份数	个体数量	引种方式	生长状况	来源地
GX	2	f	采集	G	湖北
SH	1	b	采集	A	待确定
BJ	1	d	采集	G	江西
CQ	1	a	采集	C	重庆
HB	1	c	采集	C	湖北
JS1	1	a	采集	C	江苏
SC	1	f	待确定	G	四川

芙蓉菊属　*Crossostephium*

芙蓉菊　*Crossostephium chinensis*（A. Gray ex L.）Makino

功效主治　根（芙蓉菊根）：辛、苦，微温。祛风湿。用于风湿痹痛，胃脘冷痛。叶（香菊）：辛、苦，微温。祛风湿，消肿毒。用于风寒感冒，小儿惊风，痈疽疔疮。

迁地栽培保存

保存地点	种质份数	个体数量	引种方式	生长状况	来源地
GD	1	f	采集	G	待确定
GX	*	f	采集	G	福建

种质库保存

保存地点	保存方式	种质份数	个体数量	引种方式	来源地
BJ	种子	1	a	采集	待确定

辐枝菊属 *Anacyclus*

芥菊 *Anacyclus pyrethrum* DC.

功效主治 根：用于风湿病，头痛，牙痛，胃痛，鼻渊。

迁地栽培保存

保存地点	种质份数	个体数量	引种方式	生长状况	来源地
GX	*	f	采集	G	广西

狗舌草属 *Tephroseris*

狗舌草 *Tephroseris kirilowii* (Turcz. ex DC.) Holub

功效主治 全草：苦、微甘，寒。有小毒。清热解毒，利水，杀虫。用于肺痈，小便淋痛，虚劳，热劳，口腔破溃，疔肿。

濒危等级 中国特有植物，中国植物红色名录评估为无危（LC）。

迁地栽培保存

保存地点	种质份数	个体数量	引种方式	生长状况	来源地
BJ	1	a	采集	G	陕西
LN	1	d	采集	B	辽宁

狗娃花属　*Heteropappus*

狗娃花　*Heteropappus hispidus*（Thunb.）Less.

功效主治　根：苦，凉。解毒消肿。用于疮肿，毒蛇咬伤。

迁地栽培保存

保存地点	种质份数	个体数量	引种方式	生长状况	来源地
BJ	1	b	采集	G	北京

种质库保存

保存地点	保存方式	种质份数	个体数量	引种方式	来源地
BJ	种子	8	b	采集	江西、甘肃

瓜叶菊属　*Pericallis*

瓜叶菊　*Pericallis hybrida* B. Nord.

迁地栽培保存

保存地点	种质份数	个体数量	引种方式	生长状况	来源地
GX	2	f	采集	G	新西兰，中国广西
SH	1	b	采集	A	待确定
BJ	1	b	购买	G	北京

鬼针草属　*Bidens*

矮狼杷草　*Bidens tripartita* Linn. var. *repens*（D. Don.）Sherff

迁地栽培保存

保存地点	种质份数	个体数量	引种方式	生长状况	来源地
GX	*	f	采集	G	日本

大狼杷草 *Bidens frondosa* Linn.

功效主治　全草（狼杷草）：苦，平。强壮，清热解毒。用于体虚乏力，盗汗，咯血，痢疾，疳积，丹毒。

迁地栽培保存

保存地点	种质份数	个体数量	引种方式	生长状况	来源地
SH	1	b	采集	A	待确定

种质库保存

保存地点	保存方式	种质份数	个体数量	引种方式	来源地
BJ	种子	6	b	采集	江西

鬼针草 *Bidens pilosa* Linn.

功效主治　全草（刺针草）：苦，平。清热解毒，活血祛风。用于咽喉痛，肠痈，胁痛，吐泻，消化不良，风湿关节痛，疟疾，疖疮，毒蛇咬伤，跌打肿痛。

迁地栽培保存

保存地点	种质份数	个体数量	引种方式	生长状况	来源地
FJ	4	b	采集	B	福建
HEN	2	b	采集	A	河南
BJ	2	c	采集	G	云南、北京
YN	1	e	采集	A	云南
SH	1	b	采集	A	待确定
LN	1	d	采集	B	辽宁
HN	1	a	采集	B	海南
GZ	1	e	采集	C	贵州
GD	1	b	采集	A	待确定
CQ	1	c	采集	A	重庆
HB	1	b	采集	A	待确定
GX	*	f	采集	G	日本

种质库保存

保存地点	保存方式	种质份数	个体数量	引种方式	来源地
BJ	种子	74	d	采集	河北、四川、辽宁、云南、贵州、海南、山西、安徽、福建、广西、甘肃
HN	种子	1	d	采集	海南

金盏银盘　*Bidens biternata*（Lour.）Merr. et Sherff

功效主治　全草：甘、淡，平。清热解毒，活血散瘀。用于咽喉痛，肠痈，急性黄疸，吐泻，风湿痹痛，疟疾，疖疮，毒蛇咬伤，跌打肿痛。

迁地栽培保存

保存地点	种质份数	个体数量	引种方式	生长状况	来源地
BJ	1	c	采集	G	山东
HN	1	a	采集	B	海南

种质库保存

保存地点	保存方式	种质份数	个体数量	引种方式	来源地
BJ	种子	6	b	采集	云南、四川

狼杷草　*Bidens tripartita* Linn.

功效主治　全草：清热解毒，养阴敛汗。

迁地栽培保存

保存地点	种质份数	个体数量	引种方式	生长状况	来源地
BJ	4	a	采集	G	吉林、陕西、山东、上海

种质库保存

保存地点	保存方式	种质份数	个体数量	引种方式	来源地
HN	种子	2	c	采集	湖南
BJ	种子	5	b	采集	河北、吉林、福建

柳叶鬼针草 *Bidens cernua* Linn.

功效主治 全草：清热解毒，散瘀消肿。

濒危等级 中国植物红色名录评估为无危（LC）。

迁地栽培保存

保存地点	种质份数	个体数量	引种方式	生长状况	来源地
GX	*	f	采集	G	荷兰

婆婆针 *Bidens bipinnata* Linn.

功效主治 全草（刺针草）：苦，平。清热解毒，活血祛风。用于咽喉痛，肠痈，胁痛，吐泻，消化不良，风湿关节痛，疟疾，疖疮，毒蛇咬伤，跌打肿痛。

迁地栽培保存

保存地点	种质份数	个体数量	引种方式	生长状况	来源地
BJ	3	d	采集	G	广西、山西、山东
CQ	1	a	采集	A	重庆
HN	1	b	采集	B	海南
JS1	1	d	采集	B	江苏
GX	*	f	采集	G	山东

小花鬼针草 *Bidens parviflora* Willd.

功效主治 全草（鹿角草）：苦，平。清热解毒，活血散瘀。用于感冒发热，咽喉痛，吐泻，肠痈，痔疮，跌打损伤，冻疮，毒蛇咬伤。

迁地栽培保存

保存地点	种质份数	个体数量	引种方式	生长状况	来源地
BJ	1	c	采集	G	辽宁
GX	*	f	采集	G	日本

羽叶鬼针草 *Bidens maximowicziana* Oett.

功效主治　全草：止血，止汗。

种质库保存

保存地点	保存方式	种质份数	个体数量	引种方式	来源地
BJ	种子	8	b	采集	河北、海南、云南、重庆

果香菊属　*Chamaemelum*

果香菊 *Chamaemelum nobile*（Linn.）All.

功效主治　花序：发汗，镇静。

迁地栽培保存

保存地点	种质份数	个体数量	引种方式	生长状况	来源地
BJ	*	c	购买	G	待确定

蒿属　*Artemisia*

矮蒿 *Artemisia lancea* Van.

功效主治　根：用于淋证。叶（细叶艾）：辛、苦，温。有小毒。散寒止痛，温经止血。用于小腹冷痛，月经不调，宫冷不孕，吐血，衄血，崩漏，妊娠下血，皮肤瘙痒。

迁地栽培保存

保存地点	种质份数	个体数量	引种方式	生长状况	来源地
HN	1	c	采集	B	海南
BJ	1	b	采集	G	山东
GX	*	f	采集	G	山东

种质库保存

保存地点	保存方式	种质份数	个体数量	引种方式	来源地
BJ	种子	1	a	采集	重庆

艾 *Artemisia argyi* Lévl. et Van.

功效主治 叶（艾叶）：苦、辛，温。散寒，除湿，温经，止血，安胎。用于崩漏，先兆流产，痛经，月经不调，湿疹，皮肤瘙痒；外用于关节酸痛，腹中冷痛，湿疹，疥癣。果实（艾实）：苦、辛，热。明目，壮阳，利腰膝，暖子宫。

迁地栽培保存

保存地点	种质份数	个体数量	引种方式	生长状况	来源地
FJ	7	b	赠送	A	福建、江西、湖北
BJ	3	d	采集	A	河北、江西、陕西
HLJ	1	a	采集	A	黑龙江
XJ	1	e	购买	A	河南
SH	1	c	采集	A	待确定
JS1	1	b	采集	B	江苏
JS2	1	e	购买	C	江苏
YN	1	b	采集	A	云南
HB	1	d	采集	A	湖北
GZ	1	b	采集	C	贵州
GD	1	f	采集	G	待确定
CQ	1	b	采集	B	重庆
HEN	1	e	采集	A	河南
LN	1	d	采集	B	辽宁

种质库保存

保存地点	保存方式	种质份数	个体数量	引种方式	来源地
BJ	种子	5	c	采集	山西、福建、江西

白苞蒿 *Artemisia lactiflora* Wall. ex DC.

功效主治　全草（鸭脚艾）：甘、微苦，平。理气，活血，调经，利湿，解毒，消肿。用于月经不调，闭经，胁痛，积聚，臌胀，水肿，带下病，瘭疹，腹胀，疝气。

濒危等级　中国植物红色名录评估为无危（LC）。

迁地栽培保存

保存地点	种质份数	个体数量	引种方式	生长状况	来源地
GZ	1	a	采集	C	贵州
YN	1	a	采集	A	云南
HN	1	b	购买	B	海南
GD	1	f	采集	G	待确定
CQ	1	b	采集	B	重庆
BJ	1	a	采集	G	广西
HB	1	b	采集	C	湖北
GX	*	f	采集	G	云南

种质库保存

保存地点	保存方式	种质份数	个体数量	引种方式	来源地
BJ	种子	8	b	采集	重庆、江西

白莲蒿 *Artemisia sacrorum* Ledeb.

功效主治　全草（万年蒿）：苦、辛，平。清热解毒，凉血止血。用于肝毒症，肠痈，小儿惊风，阴虚潮热，创伤出血。

濒危等级　中国植物红色名录评估为无危（LC）。

种质库保存

保存地点	保存方式	种质份数	个体数量	引种方式	来源地
HN	种子	1	c	采集	湖南
BJ	种子	3	a	采集	四川

白叶蒿 *Artemisia leucophylla* (Turcz. ex Bess.) C. B. Clarke

功效主治 叶：散寒除湿，温经止血，安胎。

濒危等级 中国植物红色名录评估为无危（LC）。

种质库保存

保存地点	保存方式	种质份数	个体数量	引种方式	来源地
BJ	种子	3	a	采集	四川

北艾 *Artemisia vulgaris* Linn.

功效主治 叶（艾叶）：苦、辛，温。理气血，驱寒湿，温经，止血，安胎。用于心腹冷痛，泄泻，月经不调，崩漏，带下病，胎动不安，痈疡，疥癣。

濒危等级 中国植物红色名录评估为无危（LC）。

迁地栽培保存

保存地点	种质份数	个体数量	引种方式	生长状况	来源地
BJ	1	e	采集	G	保加利亚
GX	*	f	采集	G	广西

朝鲜艾 *Artemisia argyi* Lévl. et Van. var. *gracilis* Pamp.

濒危等级 中国植物红色名录评估为无危（LC）。

迁地栽培保存

保存地点	种质份数	个体数量	引种方式	生长状况	来源地
FJ	5	b	采集	A	福建、安徽

臭蒿 *Artemisia hedinii* Ostenf. et Pauls.

功效主治 全草：辛、微苦，凉。清热解毒，凉血，消肿，除湿退黄，杀虫。

种质库保存

保存地点	保存方式	种质份数	个体数量	引种方式	来源地
BJ	种子	1	a	采集	广西

大籽蒿　*Artemisia sieversiana* Ehrhart ex Willd.

功效主治　全草（白蒿）或花蕾（白蒿花）：苦，凉。清热解毒，清热止痛。用于痈肿疔毒，黄水疮，皮肤湿疹，带下病。

迁地栽培保存

保存地点	种质份数	个体数量	引种方式	生长状况	来源地
BJ	1	d	采集	G	山东
CQ	1	b	采集	A	重庆
HLJ	1	c	采集	A	黑龙江

种质库保存

保存地点	保存方式	种质份数	个体数量	引种方式	来源地
BJ	种子	6	b	采集	甘肃

钝裂蒿　*Artemisia obtusiloba* Ledeb.

濒危等级　中国植物红色名录评估为无危（LC）。

迁地栽培保存

保存地点	种质份数	个体数量	引种方式	生长状况	来源地
BJ	1	b	采集	G	内蒙古

多花蒿　*Artemisia myriantha* Wall. ex Bess.

功效主治　全草：清热解毒。

濒危等级　中国植物红色名录评估为无危（LC）。

迁地栽培保存

保存地点	种质份数	个体数量	引种方式	生长状况	来源地
YN	1	b	采集	C	云南

黑沙蒿 *Artemisia ordosica* Krasch.

功效主治 根：辛、苦，微温。止血。用于鼻衄，吐血，崩漏。枝叶（黑沙蒿）、花蕾（黑沙蒿）：辛、苦，微温。祛风湿，提脓拔毒。用于风湿痹痛，感冒，咽喉痛，疮疖痈肿。种子（黑沙蒿子）：利水。用于小便淋痛不利。

种质库保存

保存地点	保存方式	种质份数	个体数量	引种方式	来源地
BJ	种子	1	a	采集	四川

红足蒿 *Artemisia rubripes* Nakai

迁地栽培保存

保存地点	种质份数	个体数量	引种方式	生长状况	来源地
GX	*	f	采集	G	山东

荒野蒿 *Artemisia campestris* Linn.

功效主治 叶、茎：用于胃痛，发冷，咳嗽，流产，风湿病，湿疹，眼睛肿痛。

濒危等级 中国植物红色名录评估为无危（LC）。

迁地栽培保存

保存地点	种质份数	个体数量	引种方式	生长状况	来源地
GX	*	f	采集	G	德国

黄花蒿 *Artemisia annua* Linn.

功效主治 全草（青蒿）：辛、苦，凉。清热凉血，截疟，退虚热，解暑。用于肺痨潮热，疟疾，伤暑低热，无汗，小儿惊风，泄泻，恶疮疥癣。根：用于劳热，骨蒸，关节酸疼，大便下血。果实：甘，凉。清热明目，杀虫。

濒危等级　中国植物红色名录评估为无危（LC）。

迁地栽培保存

保存地点	种质份数	个体数量	引种方式	生长状况	来源地
SC	2	f	待确定	G	四川
HN	1	e	赠送	A	海南
SH	1	b	采集	A	待确定
HB	1	a	采集	C	湖北
GD	1	f	采集	G	待确定
BJ	1	d	采集	G	北京
CQ	1	b	采集	A	重庆

种质库保存

保存地点	保存方式	种质份数	个体数量	引种方式	来源地
HN	种子	4	d	采集	湖南
BJ	种子	53	c	采集	江西、海南、山西、四川、重庆、云南

灰苞蒿　*Artemisia roxburghiana* Bess.

功效主治　全草：甘、苦，凉。清热解毒，除湿，止血。用于痈疽疮毒。

濒危等级　中国植物红色名录评估为无危（LC）。

种质库保存

保存地点	保存方式	种质份数	个体数量	引种方式	来源地
BJ	种子	1	a	采集	甘肃

蛔蒿 *Artemisia incana* (L.) Druce

迁地栽培保存

保存地点	种质份数	个体数量	引种方式	生长状况	来源地
BJ	1	d	采集	G	东北

魁蒿 *Artemisia princeps* Pamp.

功效主治 叶:辛、苦,温。解毒消肿,散寒除湿,温经止血。用于月经不调,闭经,腹痛,崩漏,产后腹痛,腹中寒痛,胎动不安,鼻衄,肠风出血,赤痢下血。

迁地栽培保存

保存地点	种质份数	个体数量	引种方式	生长状况	来源地
GX	*	f	采集	G	广西

种质库保存

保存地点	保存方式	种质份数	个体数量	引种方式	来源地
BJ	种子	1	a	采集	山西

柳叶蒿 *Artemisia integrifolia* Linn.

功效主治 全草:苦,凉。有小毒。清热解毒。用于痈疽疮肿,风湿痹痛。

迁地栽培保存

保存地点	种质份数	个体数量	引种方式	生长状况	来源地
GX	*	f	采集	G	广西

种质库保存

保存地点	保存方式	种质份数	个体数量	引种方式	来源地
BJ	种子	1	a	采集	山西

龙蒿 *Artemisia dracunculus* Linn.

功效主治 全草:清热凉血,退虚热,解暑。用于暑湿发热。

濒危等级 中国植物红色名录评估为无危（LC）。

迁地栽培保存

保存地点	种质份数	个体数量	引种方式	生长状况	来源地
GX	*	f	采集	G	美国

蒌蒿 *Artemisia selengensis* Turcz. ex Bess.

功效主治 全草（红陈艾）：苦、辛，温。破血行瘀，下气通络。用于黄疸，产后瘀积，小腹胀痛，跌打损伤，瘀血肿痛，内伤出血。

迁地栽培保存

保存地点	种质份数	个体数量	引种方式	生长状况	来源地
BJ	1	d	采集	G	待确定
CQ	1	b	采集	B	重庆
SC	1	f	待确定	G	四川
GX	*	f	采集	G	广西

种质库保存

保存地点	保存方式	种质份数	个体数量	引种方式	来源地
BJ	种子	3	b	采集	四川

毛莲蒿 *Artemisia vestita* Wall. ex Bess.

功效主治 全草（结血蒿）：苦，凉。清虚热，健胃，祛风止痒。用于瘟疫内热，四肢酸痛，骨蒸发热。

濒危等级 中国植物红色名录评估为无危（LC）。

种质库保存

保存地点	保存方式	种质份数	个体数量	引种方式	来源地
BJ	种子	1	a	采集	甘肃

牡蒿 *Artemisia japonica* Thunb.

功效主治 全草：苦、甘，平。清热凉血，解暑。用于感冒发热，中暑，疟疾，肺痨潮热，肝阳上亢，创伤出血，疗疮肿毒。根（牡蒿根）：苦、微甘，温。用于风湿痹痛，寒湿浮肿。

迁地栽培保存

保存地点	种质份数	个体数量	引种方式	生长状况	来源地
BJ	5	d	采集	G	陕西、山东、辽宁
CQ	1	b	采集	A	重庆
HB	1	a	采集	C	湖北
HN	1	d	赠送	A	海南
JS2	1	b	购买	C	江苏
SH	1	a	采集	A	待确定
GX	*	f	采集	G	广西

种质库保存

保存地点	保存方式	种质份数	个体数量	引种方式	来源地
BJ	种子	29	b	采集	四川、山西、江西、甘肃、重庆
HN	种子	1	b	采集	海南

南艾蒿 *Artemisia verlotorum* Lamotte

功效主治 根、叶：散寒，止痛，止血。用于淋证。

濒危等级 中国植物红色名录评估为无危（LC）。

迁地栽培保存

保存地点	种质份数	个体数量	引种方式	生长状况	来源地
SC	1	f	待确定	G	四川

种质库保存

保存地点	保存方式	种质份数	个体数量	引种方式	来源地
BJ	种子	6	a	采集	四川

南牡蒿 *Artemisia eriopoda* Bunge

功效主治 全草：苦、甘，温。祛风除湿，解毒。用于风湿关节痛，头痛，浮肿，毒蛇咬伤。

迁地栽培保存

保存地点	种质份数	个体数量	引种方式	生长状况	来源地
BJ	1	d	采集	G	山东
GX	*	f	采集	G	山东

牛尾蒿 *Artemisia dubia* Wall. ex Bess.

功效主治　全草：清热，解毒，镇咳。

濒危等级　中国植物红色名录评估为无危（LC）。

迁地栽培保存

保存地点	种质份数	个体数量	引种方式	生长状况	来源地
SH	1	b	采集	A	待确定
CQ	1	b	采集	A	重庆
GX	*	f	采集	G	广西

种质库保存

保存地点	保存方式	种质份数	个体数量	引种方式	来源地
BJ	种子	8	b	采集	待确定

奇蒿 *Artemisia anomala* S. Moore

功效主治　全草（刘寄奴）：辛、苦，平。清暑利湿，活血行瘀，通经止痛。用于中暑，头痛，泄泻，闭经，腹痛，风湿痹痛，跌打损伤，外伤出血，乳痈。

濒危等级　中国植物红色名录评估为无危（LC）。

迁地栽培保存

保存地点	种质份数	个体数量	引种方式	生长状况	来源地
BJ	1	d	采集	G	江西

种质库保存

保存地点	保存方式	种质份数	个体数量	引种方式	来源地
BJ	种子	8	c	采集	江西、安徽

青蒿 *Artemisia caruifolia* Buch.-Ham. ex Roxb.

功效主治 全草：清热解暑，祛风止痒。

迁地栽培保存

保存地点	种质份数	个体数量	引种方式	生长状况	来源地
HB	1	a	采集	C	湖北
GZ	1	b	采集	C	贵州
BJ	1	d	采集	G	辽宁
LN	1	c	采集	B	辽宁
GX	*	f	采集	G	德国

种质库保存

保存地点	保存方式	种质份数	个体数量	引种方式	来源地
BJ	种子	89	d	采集	海南、云南、重庆、山东、四川、江苏、河北、江西

驱蛔蒿 *Artemisia maritima* L.

功效主治 叶、花：驱虫。

迁地栽培保存

保存地点	种质份数	个体数量	引种方式	生长状况	来源地
BJ	1	a	采集	G	保加利亚

沙蒿（原变种） *Artemisia desertorum* Spreng.

功效主治 全草：消肿，散毒。用于疔疮，脓毒，痈疖肿痛。

迁地栽培保存

保存地点	种质份数	个体数量	引种方式	生长状况	来源地
BJ	1	d	采集	G	甘肃

山道年蒿 *Artemisia cina* Berg ex Poljakov

迁地栽培保存

保存地点	种质份数	个体数量	引种方式	生长状况	来源地
BJ	1	d	赠送	G	前苏联
GX	*	f	采集	G	德国

山地蒿 *Artemisia montana* (Nakai) Pamp.

功效主治　全草：利膈开胃。

迁地栽培保存

保存地点	种质份数	个体数量	引种方式	生长状况	来源地
GX	*	f	采集	G	日本

商南蒿 *Artemisia shangnanensis* Ling et Y. R. Ling

濒危等级　中国特有植物，中国植物红色名录评估为无危（LC）。

种质库保存

保存地点	保存方式	种质份数	个体数量	引种方式	来源地
BJ	种子	1	a	采集	山西

五月艾 *Artemisia indica* Willd.

功效主治　叶：理气血，逐寒湿，止血，温经，安胎。用于痛经，崩漏，胎动不安。全草（鸡脚蒿）：利膈，开胃，温经。用于慢性咳嗽痰喘，风湿痹痛，止血，疮毒。

濒危等级　中国植物红色名录评估为无危（LC）。

迁地栽培保存

保存地点	种质份数	个体数量	引种方式	生长状况	来源地
FJ	3	b	采集	A	福建、江西
BJ	2	e	采集	A	山东

续表

保存地点	种质份数	个体数量	引种方式	生长状况	来源地
SH	1	b	采集	A	待确定
GD	1	f	采集	G	待确定

细秆沙蒿 *Artemisia macilenta* (Maxim.) Krasch.

濒危等级 中国植物红色名录评估为数据缺乏（DD）。

种质库保存

保存地点	保存方式	种质份数	个体数量	引种方式	来源地
BJ	种子	1	a	采集	云南

细裂叶莲蒿 *Artemisia gmelinii* Web. ex Stechm.

功效主治 全草：苦、辛，平。清热解毒，凉血止血。用于泄泻，肠痈，小儿惊风，阴虚潮热，创伤出血。

迁地栽培保存

保存地点	种质份数	个体数量	引种方式	生长状况	来源地
BJ	2	d	采集	G	辽宁、山东

狭叶牡蒿 *Artemisia angustissima* Nakai

功效主治 全草：凉血，解暑。

濒危等级 中国植物红色名录评估为无危（LC）。

迁地栽培保存

保存地点	种质份数	个体数量	引种方式	生长状况	来源地
BJ	1	d	采集	G	山东

野艾蒿 *Artemisia lavandulifolia* DC.

功效主治 叶：苦、辛，温。散寒除湿，温经止血，安胎。用于崩漏，先兆流产，痛经，月经不调，湿疹，皮肤瘙痒。

迁地栽培保存

保存地点	种质份数	个体数量	引种方式	生长状况	来源地
SC	1	f	待确定	G	四川
BJ	1	a	采集	G	待确定
CQ	1	b	采集	A	重庆
GX	*	f	采集	G	山东

种质库保存

保存地点	保存方式	种质份数	个体数量	引种方式	来源地
BJ	种子	5	b	采集	四川、重庆、江西、甘肃

阴地蒿　*Artemisia sylvatica* Maxim.

功效主治　全草：用于崩漏，带下病，闭经，腹痛。

迁地栽培保存

保存地点	种质份数	个体数量	引种方式	生长状况	来源地
GX	*	f	采集	G	湖北

种质库保存

保存地点	保存方式	种质份数	个体数量	引种方式	来源地
BJ	种子	5	c	采集	江西、山西、重庆

茵陈蒿　*Artemisia capillaris* Thunb.

功效主治　幼嫩茎叶（茵陈蒿）：苦、辛，微寒。清热利湿，利胆退黄。用于黄疸尿少，湿温暑湿，湿疮瘙痒。

迁地栽培保存

保存地点	种质份数	个体数量	引种方式	生长状况	来源地
BJ	1	d	采集	G	北京
CQ	1	b	采集	A	重庆

续表

保存地点	种质份数	个体数量	引种方式	生长状况	来源地
HB	1	a	采集	C	湖北
HEN	1	b	采集	A	河南
HN	1	d	赠送	B	海南
SH	1	b	采集	F	待确定

种质库保存

保存地点	保存方式	种质份数	个体数量	引种方式	来源地
BJ	种子	17	d	采集	安徽、广西、云南、黑龙江、吉林、河南、重庆、山西、甘肃

中欧蒿子 *Artemisia × wurzellii* C. M. lames & Stace

迁地栽培保存

保存地点	种质份数	个体数量	引种方式	生长状况	来源地
SC	1	f	待确定	G	四川

中亚苦蒿 *Artemisia absinthium* Linn.

功效主治　全草：健胃，驱虫，清热，利尿。叶：温经散寒，止痛，止血，杀虫。

濒危等级　中国植物红色名录评估为无危（LC）。

迁地栽培保存

保存地点	种质份数	个体数量	引种方式	生长状况	来源地
BJ	2	c	赠送	G	保加利亚，中国新疆

种质库保存

保存地点	保存方式	种质份数	个体数量	引种方式	来源地
BJ	种子	1	a	采集	四川

猪毛蒿 *Artemisia scoparia* Waldst. et Kit.

功效主治　幼嫩茎叶（茵陈蒿）：苦、辛，微寒。清热利湿，利胆退黄。用于黄疸尿少，湿温暑湿，湿疮瘙痒。

迁地栽培保存

保存地点	种质份数	个体数量	引种方式	生长状况	来源地
BJ	2	d	采集	G	甘肃、山西
GD	1	f	采集	G	待确定
HLJ	1	c	采集	A	黑龙江

合耳菊属　*Synotis*

大苗山合耳菊 *Synotis damiaoshanica* C. Jeffrey et Y. L. Chen

濒危等级　中国特有植物，中国植物红色名录评估为无危（LC）。

迁地栽培保存

保存地点	种质份数	个体数量	引种方式	生长状况	来源地
GX	*	f	采集	G	广西

红缨合耳菊 *Synotis erythropappa* (Bur. et Franch.) C. Jeffrey et Y. L. Chen

功效主治　全草（一扫光）：苦，凉。祛风除湿，清热解毒，止痒。用于急性目赤肿痛，疖疮，疥癣，跌打损伤。

濒危等级　中国特有植物，中国植物红色名录评估为无危（LC）。

迁地栽培保存

保存地点	种质份数	个体数量	引种方式	生长状况	来源地
GX	*	f	采集	G	广东

锯叶合耳菊 *Synotis nagensium* (C. B. Clarke) C. Jeffrey et Y. L. Chen

功效主治　全草（白叶火草）或根（白叶火草）：淡，平。祛风，清热，利尿。用于感冒发热，咳嗽痰喘，水肿，小便涩痛。

濒危等级　中国植物红色名录评估为无危（LC）。

迁地栽培保存

保存地点	种质份数	个体数量	引种方式	生长状况	来源地
GX	*	f	采集	G	湖北

丽江合耳菊　*Synotis lucorum* (Franch.) C. Jeffrey et Y. L. Chen

濒危等级　中国特有植物，中国植物红色名录评估为数据缺乏（DD）。

迁地栽培保存

保存地点	种质份数	个体数量	引种方式	生长状况	来源地
GX	*	f	采集	G	广东

密花合耳菊　*Synotis cappa* (Buch.-Ham. ex D. Don) C. Jeffrey et Y. L. Chen

功效主治　全草：清热解毒，清肝明目。用于咳嗽，带下病，风湿腰痛，关节痛，产后出血，急、慢性吐泻。

濒危等级　中国植物红色名录评估为无危（LC）。

种质库保存

保存地点	保存方式	种质份数	个体数量	引种方式	来源地
BJ	种子	6	a	采集	云南

黔合耳菊　*Synotis guizhouensis* C. Jeffrey et Y. L. Chen

濒危等级　中国特有植物，中国植物红色名录评估为无危（LC）。

迁地栽培保存

保存地点	种质份数	个体数量	引种方式	生长状况	来源地
GX	*	f	采集	G	广东

腺毛合耳菊 *Synotis saluenensis*（Diels）C. Jeffrey et Y. L. Chen

濒危等级 中国植物红色名录评估为无危（LC）。

迁地栽培保存

保存地点	种质份数	个体数量	引种方式	生长状况	来源地
GX	*	f	采集	G	广西

种质库保存

保存地点	保存方式	种质份数	个体数量	引种方式	来源地
BJ	种子	1	a	采集	待确定

肇骞合耳菊 *Synotis changiana* Y. L. Chen

濒危等级 中国特有植物，中国植物红色名录评估为数据缺乏（DD）。

迁地栽培保存

保存地点	种质份数	个体数量	引种方式	生长状况	来源地
GX	*	f	采集	G	广西

和尚菜属 *Adenocaulon*

和尚菜 *Adenocaulon himalaicum* Edgew.

功效主治 根茎（葫芦叶）：苦、辛，温。止咳平喘，利水散瘀。用于咳嗽气喘，水肿，产后瘀血，腹痛，骨折。

濒危等级 中国植物红色名录评估为无危（LC）。

迁地栽培保存

保存地点	种质份数	个体数量	引种方式	生长状况	来源地
BJ	2	b	采集	G	黑龙江、辽宁
HB	1	a	采集	C	待确定
GX	*	f	采集	G	日本

种质库保存

保存地点	保存方式	种质份数	个体数量	引种方式	来源地
BJ	种子	8	b	采集	待确定

红花属 *Carthamus*

红花 *Carthamus tinctorius* Linn.

功效主治 花序（红花）：辛，温。活血通经，散瘀止痛。用于闭经，难产，产后恶露不行，痛经，心绞痛，跌打损伤，腰腿痛。种子（白平子）：解毒止痛。用于痘疹不出，产后中风。苗（红花苗）：用于浮肿。

迁地栽培保存

保存地点	种质份数	个体数量	引种方式	生长状况	来源地
BJ	5	e	采集	G	云南、陕西、四川、河北
GZ	1	b	采集	C	贵州
SH	1	b	采集	A	待确定
SC	1	f	待确定	G	四川
NMG	1	c	购买	F	内蒙古
LN	1	d	采集	A	辽宁
JS2	1	e	购买	C	江苏
HEN	1	e	赠送	A	河南
GD	1	f	采集	G	待确定
JS1	1	c	购买	B	江苏

种质库保存

保存地点	保存方式	种质份数	个体数量	引种方式	来源地
BJ	种子	1	a	采集	新疆

毛红花　*Carthamus lanatus* Linn.

迁地栽培保存

保存地点	种质份数	个体数量	引种方式	生长状况	来源地
BJ	2	b	赠送	G	保加利亚

花环菊属　*Glebionis*

南茼蒿　*Glebionis segetum*（Linn.）Fourr.

功效主治　全草或茎叶：清凉明目，和脾胃，通二便，消痰饮。用于小便淋痛不利，偏坠气痛，肠胃不适。

迁地栽培保存

保存地点	种质份数	个体数量	引种方式	生长状况	来源地
HN	1	b	采集	A	待确定
GX	*	f	采集	G	法国

茼蒿　*Glebionis coronaria*（Linn.）Cass. ex Spach

功效主治　全草（茼蒿菊）：辛、甘，平。和脾胃，通便，消痰饮，清热养心，润肺祛痰。

迁地栽培保存

保存地点	种质份数	个体数量	引种方式	生长状况	来源地
BJ	1	d	采集	G	四川
JS1	1	b	购买	D	江苏
GX	*	f	采集	G	法国

种质库保存

保存地点	保存方式	种质份数	个体数量	引种方式	来源地
BJ	种子	6	b	采集	甘肃、上海

华蟹甲属 *Sinacalia*

华蟹甲 *Sinacalia tangutica* (Maxim.) B. Nord.

功效主治 根茎（羊角天麻）：辛、微苦，平。有小毒。祛风，化痰，平肝。用于头痛眩晕，风湿痹痛，偏瘫，咳嗽痰喘。

濒危等级 中国特有植物，中国植物红色名录评估为无危（LC）。

迁地栽培保存

保存地点	种质份数	个体数量	引种方式	生长状况	来源地
BJ	4	a	采集	G	甘肃、山西、四川
HB	1	a	采集	C	湖北

双花华蟹甲 *Sinacalia davidii* (Franch.) Koyama

功效主治 根茎（红川乌）：祛风除湿，活血通络。用于风湿瘫痪，半身不遂，白秃疮。

濒危等级 中国特有植物，中国植物红色名录评估为无危（LC）。

迁地栽培保存

保存地点	种质份数	个体数量	引种方式	生长状况	来源地
BJ	1	b	采集	G	陕西

种质库保存

保存地点	保存方式	种质份数	个体数量	引种方式	来源地
BJ	种子	4	a	采集	河南、山西

还阳参属 *Crepis*

还阳参 *Crepis rigescens* Diels

功效主治 根（还阳参）：补肾阳，养气血。

濒危等级 中国植物红色名录评估为无危（LC）。

迁地栽培保存

保存地点	种质份数	个体数量	引种方式	生长状况	来源地
HLJ	1	c	采集	A	黑龙江

黄鹌菜属　*Youngia*

红果黄鹌菜　*Youngia erythrocarpa*（Vant.）Babcock et Stebbins

功效主治　全草：清热解毒，消肿止痛。

种质库保存

保存地点	保存方式	种质份数	个体数量	引种方式	来源地
BJ	种子	1	a	采集	待确定

黄鹌菜　*Youngia japonica*（Linn.）DC.

功效主治　全草（黄鹌菜）或根（黄鹌菜）：甘、微苦，凉。清热解毒，利尿消肿，止痛。用于咽喉痛，乳痛，牙痛，小便不利，肝腹水，疮疖肿毒。

迁地栽培保存

保存地点	种质份数	个体数量	引种方式	生长状况	来源地
JS1	1	b	采集	B	江苏
GD	1	f	采集	G	待确定
YN	1	a	采集	C	云南
HB	1	a	采集	C	湖北
CQ	1	a	采集	C	重庆
HN	1	b	采集	A	海南

种质库保存

保存地点	保存方式	种质份数	个体数量	引种方式	来源地
BJ	种子	4	a	采集	四川、重庆

异叶黄鹌菜 *Youngia heterophylla* (Hemsl.) Babcock et Stebbins

功效主治 全草：清热镇痛。

迁地栽培保存

保存地点	种质份数	个体数量	引种方式	生长状况	来源地
CQ	1	a	采集	C	重庆

黄矢车菊属 *Rhaponticoides*

欧亚矢车菊 *Rhaponticoides ruthenica* (Lam.) M. V. Agababjan & Greuter

濒危等级 中国植物红色名录评估为无危（LC）。

迁地栽培保存

保存地点	种质份数	个体数量	引种方式	生长状况	来源地
GX	2	f	采集	G	法国

黄缨菊属 *Xanthopappus*

黄缨菊 *Xanthopappus subacaulis* C. Winkl.

功效主治 全草：苦，凉。止血，催吐。用于吐血，崩漏，食物中毒。

濒危等级 中国特有植物，中国植物红色名录评估为数据缺乏（DD）。

种质库保存

保存地点	保存方式	种质份数	个体数量	引种方式	来源地
BJ	种子	1	a	采集	甘肃

火绒草属 *Leontopodium*

薄雪火绒草 *Leontopodium japonicum* Miq.

功效主治 全草：清热，止咳，祛痰。

濒危等级　中国植物红色名录评估为无危（LC）。
迁地栽培保存

保存地点	种质份数	个体数量	引种方式	生长状况	来源地
HEN	1	b	采集	C	河南

火绒草　*Leontopodium leontopodioides*（Willd.）Beauv.

功效主治　全草（老头草）：微苦，凉。清热凉血，益肾利水。用于水肿，尿血，淋浊。
濒危等级　中国植物红色名录评估为无危（LC）。
迁地栽培保存

保存地点	种质份数	个体数量	引种方式	生长状况	来源地
BJ	3	b	采集	G	辽宁、山西、山东
GZ	1	b	采集	C	贵州

香芸火绒草　*Leontopodium haplophylloides* Hand.-Mazz.

功效主治　全草：苦、微辛，平。润肺止咳，解毒，下乳，止血。
濒危等级　中国特有植物，中国植物红色名录评估为无危（LC）。
迁地栽培保存

保存地点	种质份数	个体数量	引种方式	生长状况	来源地
BJ	1	b	采集	G	甘肃

钻叶火绒草　*Leontopodium subulatum*（Franch.）Beauv.

功效主治　全草：清热消肿，散瘀止痛。用于咽喉肿痛，瘀血肿痛，跌打损伤，关节红肿疼痛，痈疽疮疡。
濒危等级　中国植物红色名录评估为无危（LC）。
种质库保存

保存地点	保存方式	种质份数	个体数量	引种方式	来源地
BJ	种子	1	a	采集	待确定

藿香蓟属 *Ageratum*

藿香蓟 *Ageratum conyzoides* Linn.

功效主治 全草（胜红蓟）：辛、微苦，凉。祛风清热，止痛，止血，排石。用于乳蛾，咽喉痛，泄泻，胃痛，崩漏，石淋，湿疹，鹅口疮，痈疮肿毒，下肢溃疡，耳闭，外伤出血。

迁地栽培保存

保存地点	种质份数	个体数量	引种方式	生长状况	来源地
FJ	5	a	采集	A	福建
BJ	2	d	采集	A	山东、江西
JS1	1	c	采集	B	江苏
CQ	1	b	采集	A	重庆
GD	1	f	采集	G	待确定
GZ	1	a	采集	C	贵州
HN	1	b	赠送	C	海南

种质库保存

保存地点	保存方式	种质份数	个体数量	引种方式	来源地
BJ	种子	49	c	采集	海南、福建、江西、云南、广西、重庆
HN	种子	5	e	采集	湖南

熊耳草 *Ageratum houstonianum* Mill.

功效主治 全草：微苦，凉。清热解毒。用于耳闭。

迁地栽培保存

保存地点	种质份数	个体数量	引种方式	生长状况	来源地
GX	*	f	采集	G	广西

蓟属　*Cirsium*

刺儿菜　*Cirsium arvense* (Lim.) Scop. var. *integrifolium* C. Wimm. et Grabowski

功效主治　全草（小蓟）：苦，凉。凉血，止血，行瘀消肿。用于衄血，尿血，胁痛，崩漏，外伤出血，痈疖疮疡。

濒危等级　中国植物红色名录评估为无危（LC）。

迁地栽培保存

保存地点	种质份数	个体数量	引种方式	生长状况	来源地
SH	2	b	采集	A	待确定
HLJ	1	b	采集	A	黑龙江
SC	1	f	待确定	G	四川

刺盖草　*Cirsium bracteiferum* C. Shih

功效主治　根：凉血，利水，祛风，补虚。用于吐血，下血，水肿，虚弱，跌打损伤，痈痛红肿，痒疹，疥癣。

濒危等级　中国特有植物，中国植物红色名录评估为无危（LC）。

种质库保存

保存地点	保存方式	种质份数	个体数量	引种方式	来源地
BJ	种子	1	a	采集	甘肃

大刺儿菜　*Cirsium setosum* (Willd.) M. Bieb.

濒危等级　中国植物红色名录评估为无危（LC）。

迁地栽培保存

保存地点	种质份数	个体数量	引种方式	生长状况	来源地
JS1	1	d	采集	B	江苏
BJ	1	d	采集	G	北京
GZ	1	b	采集	C	贵州

种质库保存

保存地点	保存方式	种质份数	个体数量	引种方式	来源地
BJ	种子	6	b	采集	内蒙古、四川、吉林、甘肃

大蓟 *Cirsium spicatum* (Maxim.) Matsum.

迁地栽培保存

保存地点	种质份数	个体数量	引种方式	生长状况	来源地
JS1	1	d	采集	B	江苏
HB	1	a	采集	C	待确定
BJ	1	a	采集	G	陕西，待确定

湖北蓟 *Cirsium hupehense* Pamp.

功效主治 全草或根：活血散瘀，消肿解毒。

濒危等级 中国植物红色名录评估为无危（LC）。

迁地栽培保存

保存地点	种质份数	个体数量	引种方式	生长状况	来源地
GX	*	f	采集	G	广西

蓟 *Cirsium japonicum* Fisch. ex DC.

功效主治 全草（大蓟）：甘，凉。凉血止血，散瘀消肿。用于衄血，咯血，吐血，尿血，崩漏，产后出血，肝毒症，水肿，乳痈，跌打损伤，外伤出血，痈疖肿毒。

濒危等级 中国植物红色名录评估为无危（LC）。

迁地栽培保存

保存地点	种质份数	个体数量	引种方式	生长状况	来源地
BJ	2	b	采集	G	浙江、河北
GD	1	f	采集	G	待确定

续表

保存地点	种质份数	个体数量	引种方式	生长状况	来源地
HB	1	a	采集	C	湖北
SH	1	b	采集	A	待确定
GZ	1	b	采集	C	贵州
CQ	1	a	采集	C	重庆
GX	*	f	采集	G	广西

种质库保存

保存地点	保存方式	种质份数	个体数量	引种方式	来源地
BJ	种子	14	c	采集	甘肃、吉林、云南、福建、四川、广西
HN	种子	1	b	采集	湖南

葵花大蓟 *Cirsium souliei* (Franch.) Mattf.

功效主治　全草：甘，凉。散瘀消肿，凉血止血，祛瘀生新。用于吐血，鼻衄，崩漏，黄疸，疮痈。

迁地栽培保存

保存地点	种质份数	个体数量	引种方式	生长状况	来源地
BJ	1	b	采集	G	甘肃

魁蓟 *Cirsium leo* Nakai et Kitagawa

功效主治　全草：凉血，止血，祛瘀，消肿。

种质库保存

保存地点	保存方式	种质份数	个体数量	引种方式	来源地
BJ	种子	1	a	采集	山西

丽江蓟 *Cirsium lidjiangense* Petrak ex Hand.-Mazz.

濒危等级　中国特有植物，中国植物红色名录评估为无危（LC）。

种质库保存

保存地点	保存方式	种质份数	个体数量	引种方式	来源地
BJ	种子	1	a	采集	待确定

莲座蓟 *Cirsium esculentum* (Sievers) C. A. Mey.

功效主治 全草：甘，凉。散瘀消肿，排脓托毒，止血。用于肺痈，疮痈肿毒，皮肤病，肝热，各种出血。

迁地栽培保存

保存地点	种质份数	个体数量	引种方式	生长状况	来源地
GX	*	f	采集	G	法国

绿蓟 *Cirsium chinense* Gardn. et Champ.

功效主治 全株：清热解毒，活血凉血。用于暑热烦闷，崩漏，跌打损伤，吐血，痔疮，疔疮。

濒危等级 中国特有植物，中国植物红色名录评估为无危（LC）。

迁地栽培保存

保存地点	种质份数	个体数量	引种方式	生长状况	来源地
BJ	1	b	采集	G	山东

骆蓟 *Cirsium handelii* Petrak ex Hand.-Mazz.

濒危等级 中国特有植物，中国植物红色名录评估为无危（LC）。

种质库保存

保存地点	保存方式	种质份数	个体数量	引种方式	来源地
BJ	种子	3	a	采集	贵州

丝路蓟 *Cirsium arvense* (Linn.) Scop.

功效主治 地上部分：活血，止吐。

濒危等级 中国植物红色名录评估为无危（LC）。

迁地栽培保存

保存地点	种质份数	个体数量	引种方式	生长状况	来源地
GX	2	f	采集	G	法国

线叶蓟 *Cirsium lineare* (Thunb.) Sch.-Bip.

功效主治　根、花序：酸，温。活血散瘀，消肿解毒。用于月经不调，闭经，痛经，带下病，小便淋痛，跌打损伤。全草（苦芙）：甘、苦，凉。清热解毒，凉血，活血。用于暑热烦闷，崩漏，吐血，痔疮，疔疮。

濒危等级　中国植物红色名录评估为无危（LC）。

迁地栽培保存

保存地点	种质份数	个体数量	引种方式	生长状况	来源地
GX	*	f	采集	G	广西

种质库保存

保存地点	保存方式	种质份数	个体数量	引种方式	来源地
BJ	种子	1	a	采集	江西
HN	种子	1	c	采集	湖南

小蓟 *Cirsium belingschanicum* Petr.

迁地栽培保存

保存地点	种质份数	个体数量	引种方式	生长状况	来源地
BJ	2	d	采集	G	山西、河北
SC	1	f	待确定	G	四川
CQ	1	b	采集	B	重庆
HEN	1	d	采集	A	河南
HB	1	a	采集	C	湖北

烟管蓟 *Cirsium pendulum* Fisch. ex DC.

功效主治　全草或根：凉血止血，祛瘀消肿，止痛。

濒危等级 中国植物红色名录评估为无危（LC）。

迁地栽培保存

保存地点	种质份数	个体数量	引种方式	生长状况	来源地
BJ	1	b	采集	G	辽宁

种质库保存

保存地点	保存方式	种质份数	个体数量	引种方式	来源地
BJ	种子	1	a	采集	云南

野蓟 *Cirsium maackii* Maxim.

功效主治 全草或根：凉血，行瘀，止血，破血。

迁地栽培保存

保存地点	种质份数	个体数量	引种方式	生长状况	来源地
CQ	1	a	采集	C	重庆

翼蓟 *Cirsium vulgare*（Savi）Ten.

功效主治 叶的汁液：用于淋证，下焦湿热证。根：用于胃痛，风湿病。

濒危等级 中国植物红色名录评估为无危（LC）。

迁地栽培保存

保存地点	种质份数	个体数量	引种方式	生长状况	来源地
GX	2	f	采集	G	荷兰、法国

假福王草属 *Paraprenanthes*

假福王草 *Paraprenanthes sororia*（Miq.）C. Shih

功效主治 全草：甘，平。清热解毒，止泻，止咳润肺。用于疮疖肿毒，骨痨，肺痨，外伤出血。

濒危等级 中国植物红色名录评估为无危（LC）。

种质库保存

保存地点	保存方式	种质份数	个体数量	引种方式	来源地
BJ	种子	4	a	采集	重庆

林生假福王草　*Paraprenanthes sylvicola* C. Shih

功效主治　全草：清热解毒。用于疮疖肿毒，外伤出血，蝮蛇咬伤。

濒危等级　中国植物红色名录评估为无危（LC）。

迁地栽培保存

保存地点	种质份数	个体数量	引种方式	生长状况	来源地
GX	2	f	采集	G	湖北

异叶假福王草　*Paraprenanthes prenanthoides*（Hemsl.）C. Shih

濒危等级　中国特有植物，中国植物红色名录评估为无危（LC）。

迁地栽培保存

保存地点	种质份数	个体数量	引种方式	生长状况	来源地
GX	*	f	采集	G	广西

假还阳参属　*Crepidiastrum*

黄瓜菜　*Crepidiastrum denticulatum*（Houtt.）Nakai

迁地栽培保存

保存地点	种质份数	个体数量	引种方式	生长状况	来源地
GX	2	f	采集	G	广西
HN	1	b	采集	A	海南

种质库保存

保存地点	保存方式	种质份数	个体数量	引种方式	来源地
HN	种子	2	a	采集	湖南

尖裂假还阳参 *Crepidiastrum sonchifolium*（Maximowicz）Pak & Kawano

功效主治　当年生幼草（苦碟子）：苦，凉。清热解毒，排脓，止痛。用于肠痈，痢疾，吐血，衄血，头痛，牙痛，胸腹疼痛，黄水疮，痔疮。

迁地栽培保存

保存地点	种质份数	个体数量	引种方式	生长状况	来源地
BJ	1	d	采集	G	待确定
GX	*	f	采集	G	山东

羽裂黄瓜菜 *Crepidiastrum denticulatum*（Houtt.）Pak & Kawano

濒危等级　中国植物红色名录评估为无危（LC）。

迁地栽培保存

保存地点	种质份数	个体数量	引种方式	生长状况	来源地
GX	*	f	采集	G	山东

碱菀属 *Tripolium*

碱菀 *Tripolium pannonicum*（Jacq.）Dobrocz.

迁地栽培保存

保存地点	种质份数	个体数量	引种方式	生长状况	来源地
GX	*	f	采集	G	德国

疆矢车菊属　*Centaurea*

矮小矢车菊　*Centaurea sibirica* Linn.

濒危等级　中国植物红色名录评估为无危（LC）。

迁地栽培保存

保存地点	种质份数	个体数量	引种方式	生长状况	来源地
GX	*	f	采集	G	新疆

藏掖花　*Centaurea benedicta*（L.）L.

功效主治　全草：健胃。

迁地栽培保存

保存地点	种质份数	个体数量	引种方式	生长状况	来源地
BJ	1	a	赠送	G	保加利亚
GX	*	f	采集	G	瑞士

糙叶矢车菊　*Centaurea adpressa* Ldb.

濒危等级　中国植物红色名录评估为无危（LC）。

迁地栽培保存

保存地点	种质份数	个体数量	引种方式	生长状况	来源地
GX	*	f	采集	G	法国

黑矢车菊　*Centaurea nigra* L.

迁地栽培保存

保存地点	种质份数	个体数量	引种方式	生长状况	来源地
BJ	1	e	购买	G	保加利亚

种质库保存

保存地点	保存方式	种质份数	个体数量	引种方式	来源地
BJ	种子	1	a	采集	待确定

针刺矢车菊　*Centaurea iberica* Trev.

功效主治　叶：用于创伤。

濒危等级　中国植物红色名录评估为无危（LC）。

迁地栽培保存

保存地点	种质份数	个体数量	引种方式	生长状况	来源地
GX	*	f	采集	G	广西

金光菊属　*Rudbeckia*

黑心金光菊　*Rudbeckia hirta* Linn.

功效主治　根：用于感冒，脚气病，皮癣，皮炎；外用于溃疡，毒蛇咬伤。

迁地栽培保存

保存地点	种质份数	个体数量	引种方式	生长状况	来源地
BJ	7	d	购买	G	北京、黑龙江、山东、江西
CQ	1	a	购买	C	重庆
JS2	1	c	购买	C	江苏
SH	1	b	采集	A	待确定

种质库保存

保存地点	保存方式	种质份数	个体数量	引种方式	来源地
BJ	种子	6	b	采集	广西、山西、重庆

金光菊　*Rudbeckia laciniata* Linn.

功效主治　根：用于跌打损伤。花序：用于带下病，感冒，咳嗽，头痛，目赤红痛，咽喉痛，疔疮。叶：

苦，凉。清热解毒。用于急性吐泻，痈疮。

迁地栽培保存

保存地点	种质份数	个体数量	引种方式	生长状况	来源地
CQ	1	a	购买	C	重庆
HB	1	a	采集	C	湖北
JS1	1	a	采集	C	江苏
GX	*	f	采集	G	湖北

种质库保存

保存地点	保存方式	种质份数	个体数量	引种方式	来源地
BJ	种子	1	a	采集	待确定

金鸡菊属　*Coreopsis*

大花金鸡菊　*Coreopsis grandiflora* Hogg.

迁地栽培保存

保存地点	种质份数	个体数量	引种方式	生长状况	来源地
BJ	1	e	采集	G	山东
JS2	1	d	购买	C	江苏

种质库保存

保存地点	保存方式	种质份数	个体数量	引种方式	来源地
BJ	种子	1	a	采集	云南

剑叶金鸡菊　*Coreopsis lanceolata* Linn.

功效主治　全草（大金鸡菊）：苦，凉。清热解毒，化瘀消肿。用于咳嗽，无名肿毒，外伤出血。

迁地栽培保存

保存地点	种质份数	个体数量	引种方式	生长状况	来源地
BJ	2	d	购买、赠送	G	保加利亚，中国北京
HB	1	a	采集	C	湖北
GX	*	f	采集	G	重庆

种质库保存

保存地点	保存方式	种质份数	个体数量	引种方式	来源地
BJ	种子	1	a	采集	海南

金鸡菊 *Coreopsis basalis* (A. Dietr.) S. F. Blake

迁地栽培保存

保存地点	种质份数	个体数量	引种方式	生长状况	来源地
BJ	1	e	采集	G	广西
GZ	1	b	采集	C	贵州
CQ	1	a	购买	B	重庆

种质库保存

保存地点	保存方式	种质份数	个体数量	引种方式	来源地
BJ	种子	6	b	采集	重庆、广西、上海

两色金鸡菊 *Coreopsis tinctoria* Nutt.

功效主治　全草（波斯菊）：甘，平。清热解毒，化湿。用于痢疾，目赤肿痛，痈疮肿毒。

迁地栽培保存

保存地点	种质份数	个体数量	引种方式	生长状况	来源地
BJ	3	d	购买、赠送	G	保加利亚，中国山东、江苏
SH	1	b	采集	A	待确定

种质库保存

保存地点	保存方式	种质份数	个体数量	引种方式	来源地
BJ	种子	1	a	采集	广西

金腰箭属　*Synedrella*

金腰箭　*Synedrella nodiflora*（Linn.）Gaertn.

功效主治　全草（苦草）：微辛，凉。清热解暑，凉血散毒。用于瘰疬，感冒发热；外用于疮疡肿毒，疥疮。

迁地栽培保存

保存地点	种质份数	个体数量	引种方式	生长状况	来源地
HN	1	c	采集	B	待确定
YN	1	a	采集	C	云南
GD	1	b	采集	D	待确定

种质库保存

保存地点	保存方式	种质份数	个体数量	引种方式	来源地
BJ	种子	4	a	采集	安徽

金盏花属　*Calendula*

金盏菊　*Calendula officinalis* Linn.

功效主治　全草（金盏菊）：苦，寒。清热解毒，活血调经。用于中耳炎，月经不调。

迁地栽培保存

保存地点	种质份数	个体数量	引种方式	生长状况	来源地
BJ	2	d	购买	G	北京、河北
HB	1	a	采集	C	湖北
JS1	1	b	购买	C	江苏

保存地点	种质份数	个体数量	引种方式	生长状况	来源地
JS2	1	e	购买	C	江苏
LN	1	d	采集	A	辽宁
SH	1	b	采集	A	待确定

种质库保存

保存地点	保存方式	种质份数	个体数量	引种方式	来源地
BJ	种子	6	b	采集	辽宁、黑龙江

欧洲金盏菊 *Calendula arvensis* Linn.

功效主治　全草（金盏草）：利尿，发汗，兴奋，缓下，通经。用于小便淋痛，月经不调。根（金盏草根）：用于疝气。花序（金盏草）：用于肠风下血。

迁地栽培保存

保存地点	种质份数	个体数量	引种方式	生长状况	来源地
BJ	1	b	赠送	G	保加利亚

菊蒿属　*Tanacetum*

除虫菊　*Tanacetum cinerariifolium*（Trevir.）Sch.-Bip.

功效主治　全草（除虫菊）或花序（除虫菊）：苦，凉。有毒。杀虫。外用于疥癣。

迁地栽培保存

保存地点	种质份数	个体数量	引种方式	生长状况	来源地
BJ	2	d	赠送	G	波兰、德国
GX	*	f	采集	G	美国

红花除虫菊　*Tanacetum coccineum*（Willd.）Grierson

迁地栽培保存

保存地点	种质份数	个体数量	引种方式	生长状况	来源地
BJ	2	d	赠送	G	前苏联

菊蒿　*Tanacetum vulgare* Linn.

濒危等级　中国植物红色名录评估为无危（LC）。

迁地栽培保存

保存地点	种质份数	个体数量	引种方式	生长状况	来源地
BJ	1	b	采集	G	江苏
SH	1	b	采集	A	待确定

种质库保存

保存地点	保存方式	种质份数	个体数量	引种方式	来源地
BJ	种子	1	a	采集	待确定

流香艾菊　*Tanacetum balsamita* L.

功效主治　全草：祛风，镇静，通经。用于肝胆病，厌食症。叶：用于创伤。

迁地栽培保存

保存地点	种质份数	个体数量	引种方式	生长状况	来源地
BJ	1	d	采集	G	江苏

菊苣属　*Cichorium*

菊苣　*Cichorium intybus* Linn.

功效主治　全草（菊苣）：苦，凉。清肝利胆。健胃消食，利尿消肿。用于湿热黄疸，胃痛食少，水肿尿少。

迁地栽培保存

保存地点	种质份数	个体数量	引种方式	生长状况	来源地
BJ	2	d	购买、赠送	G	四川
JS2	1	e	购买	C	江苏
SH	1	b	采集	A	待确定

种质库保存

保存地点	保存方式	种质份数	个体数量	引种方式	来源地
BJ	种子	6	b	采集	安徽、新疆
GX	种子	*	f	采集	北京

栽培菊苣　*Cichorium endivia* Linn.

迁地栽培保存

保存地点	种质份数	个体数量	引种方式	生长状况	来源地
GX	*	f	采集	G	山东

菊芹属　*Erechtites*

败酱叶菊芹　*Erechtites valerianifolius* (Link ex Wolf) Less. ex DC.

功效主治　全草：凉血，利尿。用于肝阳上亢，头痛，便秘，水肿，吐血。

濒危等级　中国植物红色名录评估为无危（LC）。

迁地栽培保存

保存地点	种质份数	个体数量	引种方式	生长状况	来源地
HN	1	a	采集	A	海南

梁子菜　*Erechtites hieraciifolius* (L.) Raf. ex DC.

功效主治　叶、茎：用于口疮，出血，脚肿。

濒危等级　中国植物红色名录评估为无危（LC）。

迁地栽培保存

保存地点	种质份数	个体数量	引种方式	生长状况	来源地
GX	*	f	采集	G	日本

菊三七属　*Gynura*

白凤菜　*Gynura formosana* Kitam.

功效主治　鲜叶：在南亚用于蝎螫伤。

濒危等级　中国特有植物，中国植物红色名录评估为无危（LC）。

迁地栽培保存

保存地点	种质份数	个体数量	引种方式	生长状况	来源地
BJ	1	b	采集	G	广西
JS1	1	b	购买	C	江苏

白子菜　*Gynura divaricata* (Linn.) DC.

功效主治　根及根茎（白背三七）：甘，凉。清热凉血，散瘀消肿。用于咳嗽痰喘，肺痈，崩漏，烫伤，跌打损伤，刀伤出血。茎叶（白背三七茎叶）：咸、微辛，凉。清热，舒筋，止血，祛瘀。用于顿咳，风湿痹痛，骨折，创伤出血，痈肿疮疖。

濒危等级　中国植物红色名录评估为无危（LC）。

迁地栽培保存

保存地点	种质份数	个体数量	引种方式	生长状况	来源地
GZ	1	b	采集	C	贵州
SH	1	c	采集	A	待确定
GX	*	f	采集	G	福建

红凤菜　*Gynura bicolor* (Roxb. ex Willd.) DC.

功效主治　根（观音苋根）：淡，温。行气活血。用于产后瘀血腹痛，血崩，疟疾。全草（观音苋）：微甘、辛，平。活血止血，解毒消肿。用于痛经，血崩，咯血，创伤出血，溃疡久不收口。

濒危等级 中国植物红色名录评估为无危（LC）。

迁地栽培保存

保存地点	种质份数	个体数量	引种方式	生长状况	来源地
CQ	1	a	购买	C	重庆
GZ	1	b	采集	C	贵州
HN	1	b	采集	A	海南
BJ	1	a	采集	G	广西

菊三七 *Gynura japonica* (Thunb.) Juel.

功效主治 根（菊三七）：甘、苦，温。破血散瘀，止血，消肿。用于跌打损伤，创伤出血，吐血，产后血气痛。茎叶（三七草）：甘，平。活血，止血，解毒。用于跌打损伤，衄血，咯血，吐血，乳痈，无名肿毒，毒虫螫伤。

濒危等级 中国植物红色名录评估为无危（LC）。

迁地栽培保存

保存地点	种质份数	个体数量	引种方式	生长状况	来源地
HB	2	a	采集	B	湖北
GX	2	f	采集	G	云南、广西
BJ	2	c	采集	G	湖北、江苏
JS1	1	a	采集	D	江苏
SC	1	f	待确定	G	四川
GZ	1	b	采集	C	贵州

木耳菜 *Gynura cusimbua* (D. Don) S. Moore

功效主治 全草（箐跌打）：甘、苦，平。接骨续筋，消肿散瘀。用于骨折，跌打扭伤，风湿痹痛。

濒危等级 中国植物红色名录评估为无危（LC）。

迁地栽培保存

保存地点	种质份数	个体数量	引种方式	生长状况	来源地
YN	1	a	购买	C	云南

平卧菊三七 *Gynura procumbens*（Lour.）Merr.

功效主治 全草（蛇接骨）：辛、甘，平。散瘀消肿，止咳，通经活络。用于跌打损伤，咳嗽痰喘，肺痈。

濒危等级 中国植物红色名录评估为无危（LC）。

迁地栽培保存

保存地点	种质份数	个体数量	引种方式	生长状况	来源地
GX	2	f	采集	G	广西，待确定
BJ	1	a	采集	G	广西
HN	1	b	采集	A	海南
GZ	1	b	采集	C	贵州

种质库保存

保存地点	保存方式	种质份数	个体数量	引种方式	来源地
BJ	种子	1	a	采集	云南

菊属 *Chrysanthemum*

甘菊 *Chrysanthemum lavandulifolium*（Fisch. ex Trautv.）Makino

功效主治 花序：苦、辛，凉。清热解毒，凉血。用于痈肿疔疮，目赤，瘰疬，天疱疮，湿疹。全草（野菊）或根（野菊）：用于咳嗽痰喘。

迁地栽培保存

保存地点	种质份数	个体数量	引种方式	生长状况	来源地
BJ	2	c	采集	G	山东、甘肃

甘菊（原变种） *Chrysanthemum lavandulifolium*（Fisch. ex Trautv.）Makino var. *lavandulifolium*

迁地栽培保存

保存地点	种质份数	个体数量	引种方式	生长状况	来源地
BJ	1	d	采集	G	辽宁

菊花 *Chrysanthemum morifolium* Ramat.

功效主治 花序（菊花）：甘、苦，凉。疏风清热，明目解毒，平肝。用于风热感冒，头痛，目赤，咽喉痛，头眩，耳鸣，疔疮肿毒。根（菊花根）：利水。用于疔肿，喉疔，喉癣。

迁地栽培保存

保存地点	种质份数	个体数量	引种方式	生长状况	来源地
BJ	7	a	采集	C	浙江、河北、安徽
FJ	5	a	采集	A	福建
HEN	3	e	赠送	A	河南、安徽、河北、浙江、江苏
CQ	2	a	采集	C	浙江、安徽
HB	2	c	采集	C	湖北
JS1	2	a	购买、赠送	C	江苏
GZ	1	b	采集	C	贵州
HN	1	b	购买	B	广西
JS2	1	e	购买	C	安徽
SH	1	b	采集	A	待确定

种质库保存

保存地点	保存方式	种质份数	个体数量	引种方式	来源地
BJ	种子	64	c	采集	云南、甘肃、辽宁

菊花脑 *Chrysanthemum indicum* 'Nankingense'

迁地栽培保存

保存地点	种质份数	个体数量	引种方式	生长状况	来源地
JS1	1	c	采集	B	江苏

毛华菊 *Chrysanthemum vestitum* (Hemsl.) Stapf

功效主治 全草：用于皮肤瘙痒。

濒危等级　中国特有植物，中国植物红色名录评估为无危（LC）。

迁地栽培保存

保存地点	种质份数	个体数量	引种方式	生长状况	来源地
BJ	1	b	采集	G	安徽
GX	*	f	采集	G	湖北

小红菊　*Chrysanthemum chanetii* H. Lévl.

功效主治　花序：清热解毒，消肿。用于外感风热，咽喉痛，疮疡肿毒。

濒危等级　中国植物红色名录评估为无危（LC）。

迁地栽培保存

保存地点	种质份数	个体数量	引种方式	生长状况	来源地
BJ	1	a	采集	G	山东

小黄菊　*Chrysanthemum morifolium* ' Xiaohuangju'

迁地栽培保存

保存地点	种质份数	个体数量	引种方式	生长状况	来源地
YN	1	a	采集	C	云南

野菊　*Chrysanthemum indicum* L.

功效主治　花序（野菊花）：苦、辛，凉。清热解毒，疏肝明目。用于感冒，肝阳上亢，胁痛，泄泻，痈疖疔疮，毒蛇咬伤，流行性脑脊髓膜炎，时行感冒。全草（野菊）或根（野菊）：苦、辛，凉。清热解毒。用于痈肿，疔疮，目赤，瘰疬，天疱疮，湿疹。

迁地栽培保存

保存地点	种质份数	个体数量	引种方式	生长状况	来源地
FJ	6	b	采集	A	福建
SC	4	f	待确定	G	四川
BJ	4	d	采集	G	陕西、江西、内蒙古

续表

保存地点	种质份数	个体数量	引种方式	生长状况	来源地
GD	2	b	采集	D	待确定
SH	1	b	采集	A	待确定
JS1	1	a	采集	C	江苏
HEN	1	c	采集	A	河南
HB	1	a	采集	C	湖北
CQ	1	a	采集	C	重庆
GZ	1	b	采集	C	贵州

种质库保存

保存地点	保存方式	种质份数	个体数量	引种方式	来源地
BJ	种子	28	b	采集	江西、山西、福建、吉林、辽宁、上海、广西

苦苣菜属 *Sonchus*

长裂苦苣菜 *Sonchus brachyotus* DC.

迁地栽培保存

保存地点	种质份数	个体数量	引种方式	生长状况	来源地
YN	1	b	采集	C	云南
HN	1	b	采集	A	海南

花叶滇苦菜 *Sonchus asper* (Linn.) Hill

功效主治 新鲜乳汁：用于创伤，跌打损伤。

迁地栽培保存

保存地点	种质份数	个体数量	引种方式	生长状况	来源地
SH	1	b	采集	A	待确定
BJ	1	b	采集	G	甘肃
GX	*	f	采集	G	法国

苣荬菜　*Sonchus wightianus* DC.

功效主治　全草：清热解毒，行瘀活血，消肿排脓。

濒危等级　中国植物红色名录评估为无危（LC）。

迁地栽培保存

保存地点	种质份数	个体数量	引种方式	生长状况	来源地
GD	1	f	采集	G	待确定
HLJ	1	c	采集	A	黑龙江

苦苣菜　*Sonchus oleraceus* Linn.

功效主治　全草：苦，凉。有小毒。清热解毒，祛风湿。用于急性黄疸，肠痈，乳痈，口腔破溃，咽喉痛，乳蛾，吐血，衄血，咯血，便血，崩漏，泄泻，痢疾。根：利小便。用于血淋。花序、果实：甘，平。安心神。

迁地栽培保存

保存地点	种质份数	个体数量	引种方式	生长状况	来源地
HLJ	1	c	采集	A	黑龙江
SH	1	b	采集	A	待确定
JS1	1	b	采集	B	江苏
GZ	1	b	采集	C	贵州
FJ	1	a	购买	D	广西
GD	1	f	采集	G	待确定
HB	1	a	采集	C	湖北

种质库保存

保存地点	保存方式	种质份数	个体数量	引种方式	来源地
HN	种子	1	b	采集	湖南

欧洲苣荬菜　*Sonchus arvensis* Linn.

功效主治　全草（牛舌头）：苦，凉。清热解毒。用于肠痈，痢疾，痔疮，遗精，白浊，乳痈，疮疖肿毒，烫火伤。

濒危等级　中国植物红色名录评估为无危（LC）。

迁地栽培保存

保存地点	种质份数	个体数量	引种方式	生长状况	来源地
BJ	1	b	采集	G	辽宁

种质库保存

保存地点	保存方式	种质份数	个体数量	引种方式	来源地
BJ	种子	6	b	采集	陕西、重庆、云南

苦荬菜属　*Ixeris*

剪刀股　*Ixeris japonica*（Burm. f.）Nakai

功效主治　全草（剪刀股）：甘、苦，凉。解热毒，消痈肿，凉血，利尿。用于天行赤眼，水肿，疔毒，淋证。

迁地栽培保存

保存地点	种质份数	个体数量	引种方式	生长状况	来源地
GX	2	f	采集	G	广西
BJ	1	b	采集	G	北京
JS2	1	d	购买	C	江苏

种质库保存

保存地点	保存方式	种质份数	个体数量	引种方式	来源地
BJ	种子	1	a	采集	重庆

苦荬菜　*Ixeris polycephala* Cass.

功效主治　全草：甘、苦，凉。清热解毒，利湿消痞。用于肺热喉痛，痞块，疔疮肿毒，乳痈，肠痈，目赤肿痛，风疹。

迁地栽培保存

保存地点	种质份数	个体数量	引种方式	生长状况	来源地
JS2	1	e	购买	C	江苏
GX	*	f	采集	G	法国

种质库保存

保存地点	保存方式	种质份数	个体数量	引种方式	来源地
BJ	种子	15	b	采集	云南、四川、吉林、重庆、贵州
HN	种子	1	b	采集	湖南

沙苦荬菜 *Ixeris repens*（L.）A. Gray

功效主治 全草：清热解毒，活血排脓。

濒危等级 中国植物红色名录评估为无危（LC）。

迁地栽培保存

保存地点	种质份数	个体数量	引种方式	生长状况	来源地
BJ	1	b	采集	G	山东
GX	*	f	采集	G	中国广西，日本

中华苦荬菜 *Ixeris chinensis*（Thunb.）Nakai

功效主治 全草：清热解毒，凉血，拔脓。

迁地栽培保存

保存地点	种质份数	个体数量	引种方式	生长状况	来源地
BJ	3	c	采集	G	北京、陕西、山东
CQ	1	a	采集	C	重庆
GX	*	f	采集	G	山东

种质库保存

保存地点	保存方式	种质份数	个体数量	引种方式	来源地
BJ	种子	1	a	采集	云南

款冬属　*Tussilago*

款冬　*Tussilago farfara* Linn.

功效主治　花蕾（款冬花）：辛、微苦，温。润肺下气，止咳化痰。用于咳嗽痰喘，肺痨。

濒危等级　吉林省二级保护植物，中国植物红色名录评估为无危（LC）。

迁地栽培保存

保存地点	种质份数	个体数量	引种方式	生长状况	来源地
BJ	4	d	采集	G	陕西、河南
XJ	1	c	赠送	A	北京
HEN	1	c	采集	A	河南
HB	1	b	采集	C	湖北

阔苞菊属　*Pluchea*

阔苞菊　*Pluchea indica*（Linn.）Less.

功效主治　叶：暖胃消积。用于小儿疳积。

濒危等级　中国植物红色名录评估为无危（LC）。

迁地栽培保存

保存地点	种质份数	个体数量	引种方式	生长状况	来源地
HN	1	b	采集	A	海南
GX	*	f	采集	G	广西

种质库保存

保存地点	保存方式	种质份数	个体数量	引种方式	来源地
BJ	种子	1	a	采集	待确定
HN	种子	92	e	采集	海南

蓝刺头属 *Echinops*

本纳蓝刺头 *Echinops banaticus* Rochel & Borza

迁地栽培保存

保存地点	种质份数	个体数量	引种方式	生长状况	来源地
BJ	1	a	赠送	G	德国

华东蓝刺头 *Echinops grijsii* Hance

功效主治　根（漏芦）：苦、咸，凉。清热解毒，消肿排脓，下乳，通筋脉。用于痈疽，乳房肿痛，乳汁不通，瘰疬恶疮，湿痹筋脉拘挛，热毒血痢，痔疮出血。花序：活血，通络。用于跌打损伤。

濒危等级　中国特有植物，中国植物红色名录评估为无危（LC）。

迁地栽培保存

保存地点	种质份数	个体数量	引种方式	生长状况	来源地
BJ	1	a	采集	G	山东、湖北
JS1	1	a	采集	D	江苏

蓝刺头 *Echinops sphaerocephalus* Linn.

功效主治　根：清热解毒，排脓通乳。

濒危等级　中国植物红色名录评估为无危（LC）。

迁地栽培保存

保存地点	种质份数	个体数量	引种方式	生长状况	来源地
GX	2	f	采集	G	法国，中国北京

续表

保存地点	种质份数	个体数量	引种方式	生长状况	来源地
BJ	2	b	采集、赠送	G	中国陕西，德国
LN	1	c	采集	B	辽宁

种质库保存

保存地点	保存方式	种质份数	个体数量	引种方式	来源地
BJ	种子	1	a	采集	待确定

驴欺口 *Echinops latifolius* Tausch.

功效主治 根（漏芦）：苦、咸，凉。清热解毒，消肿排脓，下乳，通筋脉。用于痈疽，乳房肿痛，乳汁不通，瘰疬恶疮，湿痹筋脉拘挛，筋骨疼痛，热毒血痢，痔疮出血。花序（追骨风）：活血，发散。用于跌打损伤。

濒危等级 中国植物红色名录评估为无危（LC）。

迁地栽培保存

保存地点	种质份数	个体数量	引种方式	生长状况	来源地
BJ	1	b	采集	G	陕西

种质库保存

保存地点	保存方式	种质份数	个体数量	引种方式	来源地
BJ	种子	1	a	采集	云南

砂蓝刺头 *Echinops gmelinii* Turcz.

功效主治 根（砂漏芦）：咸、苦，凉。清热解毒，排脓，通乳。用于疮痈肿痛，乳痈，乳汁不通，瘰疬，痔漏。

迁地栽培保存

保存地点	种质份数	个体数量	引种方式	生长状况	来源地
GX	*	f	采集	G	法国

种质库保存

保存地点	保存方式	种质份数	个体数量	引种方式	来源地
BJ	种子	1	b	采集	宁夏

硬叶蓝刺头　*Echinops ritro* Linn.

功效主治　根、花序、果实、种子：清热解毒，排脓止血，消痈下乳。

濒危等级　中国植物红色名录评估为无危（LC）。

迁地栽培保存

保存地点	种质份数	个体数量	引种方式	生长状况	来源地
BJ	1	a	赠送	G	德国
GX	*	f	采集	G	日本

蓝花矢车菊属　*Cyanus*

蓝花矢车菊　*Cyanus segetum* Hill

功效主治　全草：清热解毒，消肿活血。花：利尿。

迁地栽培保存

保存地点	种质份数	个体数量	引种方式	生长状况	来源地
LN	1	d	采集	A	辽宁
BJ	1	e	购买	G	北京
GX	*	f	采集	G	中国法国

种质库保存

保存地点	保存方式	种质份数	个体数量	引种方式	来源地
BJ	种子	3	b	采集	上海、甘肃

离芭果属　*Smallanthus*

雪莲果　*Smallanthus sonchifolius*（Poepp. et Endl.）H. Rob.

迁地栽培保存

保存地点	种质份数	个体数量	引种方式	生长状况	来源地
CQ	1	a	购买	C	重庆
GZ	1	b	采集	C	贵州
GX	*	f	采集	G	贵州

鳢肠属　*Eclipta*

鳢肠　*Eclipta prostrata*（Linn.）Linn.

功效主治　全草：清热解毒，凉血止血，滋补肾肝。用于肝肾阴虚，头晕目眩，吐血，咯血，衄血，尿血，便血，血痢，刀伤出血。

迁地栽培保存

保存地点	种质份数	个体数量	引种方式	生长状况	来源地
BJ	2	b	采集	G	北京、陕西
CQ	1	a	采集	B	重庆
GD	1	f	采集	G	待确定
GZ	1	b	采集	C	贵州
HN	1	c	采集	B	海南
JS1	1	c	采集	C	江苏
SH	1	b	采集	A	待确定

种质库保存

保存地点	保存方式	种质份数	个体数量	引种方式	来源地
HN	种子	1	a	采集	湖南
BJ	种子	52	c	采集	海南、四川、安徽、福建、山西、贵州、重庆、广西、湖北

联毛紫菀属　*Symphyotrichum*

荷兰菊　*Symphyotrichum novi-belgii*（L.）G. L. Nesom

迁地栽培保存

保存地点	种质份数	个体数量	引种方式	生长状况	来源地
BJ	2	b	购买	C	北京，待确定
GX	*	f	采集	G	广西

钻叶紫菀　*Symphyotrichum subulatum*（Michx.）G. L. Nesom

功效主治　全草（端连草）：苦、酸，凉。清热解毒。用于湿疹，肿毒。

迁地栽培保存

保存地点	种质份数	个体数量	引种方式	生长状况	来源地
GZ	1	c	采集	C	贵州
GX	*	f	采集	G	广西

种质库保存

保存地点	保存方式	种质份数	个体数量	引种方式	来源地
BJ	种子	1	a	采集	重庆
HN	种子	1	a	采集	湖南

刘子菊属　*Leuzea*

刘子菊　*Leuzea carthamoides*（Willd.）DC.

迁地栽培保存

保存地点	种质份数	个体数量	引种方式	生长状况	来源地
BJ	1	a	赠送	G	保加利亚

六棱菊属 *Laggera*

六棱菊 *Laggera alata* (D. Don) Sch.-Bip.

功效主治 全草（鹿耳翎）：辛，温。祛风，除湿，化滞，散瘀，消肿，解毒。用于感冒咳嗽，身痛，泄泻，风湿关节痛，闭经，跌打损伤，疔疮，瘰疬，湿毒瘙痒。根（羊毛草根）：辛，凉。调气，补虚，清热，解表。用于虚劳，闭经，感冒。

濒危等级 中国植物红色名录评估为无危（LC）。

迁地栽培保存

保存地点	种质份数	个体数量	引种方式	生长状况	来源地
GX	2	f	采集	G	广西
HN	1	b	采集	A	海南

翼齿六棱菊 *Laggera crispata* (Vahl) Hepper & J. R. I. Wood

功效主治 全草：辛、苦，凉。有小毒。清热解毒，镇痛消肿。用于乳蛾，咽喉痛，口腔破溃，咳嗽痰喘，疟疾，疮痈肿毒，毒蛇咬伤，跌打损伤。

濒危等级 中国植物红色名录评估为无危（LC）。

迁地栽培保存

保存地点	种质份数	个体数量	引种方式	生长状况	来源地
YN	1	c	采集	A	云南
GX	*	f	采集	G	广西

种质库保存

保存地点	保存方式	种质份数	个体数量	引种方式	来源地
BJ	种子	3	a	采集	待确定

漏芦属　*Rhaponticum*

顶羽菊　*Rhaponticum repens*（L.）Hidalgo

迁地栽培保存

保存地点	种质份数	个体数量	引种方式	生长状况	来源地
GX	*	f	采集	G	新疆

种质库保存

保存地点	保存方式	种质份数	个体数量	引种方式	来源地
BJ	种子	1	a	采集	安徽

漏芦　*Rhaponticum uniflorum*（L.）DC.

濒危等级　中国植物红色名录评估为无危（LC）。

迁地栽培保存

保存地点	种质份数	个体数量	引种方式	生长状况	来源地
BJ	7	c	采集	G	陕西、河北、辽宁、山西、山东
JS1	1	a	采集	C	江苏
LN	1	c	采集	B	辽宁

种质库保存

保存地点	保存方式	种质份数	个体数量	引种方式	来源地
BJ	种子	1	a	采集	待确定

栌菊木属　*Nouelia*

栌菊木　*Nouelia insignis* Franch.

濒危等级　中国特有植物，国家重点保护野生植物名录（第二批）二级，中国植物红色名录评估为易危（VU）。

种质库保存

保存地点	保存方式	种质份数	个体数量	引种方式	来源地
BJ	种子	1	a	采集	云南

裸柱菊属 *Soliva*

裸柱菊 *Soliva anthemifolia* (Juss.) R. Br.

功效主治　全草：辛，温。有小毒。化气散结，消肿解毒。

迁地栽培保存

保存地点	种质份数	个体数量	引种方式	生长状况	来源地
GD	1	f	采集	G	待确定

种质库保存

保存地点	保存方式	种质份数	个体数量	引种方式	来源地
BJ	种子	1	a	采集	待确定

马兰属 *Kalimeris*

多型马兰 *Kalimeris indica* var. *polymorpha* (Vant.) Kitam.

濒危等级　中国植物红色名录评估为无危（LC）。

迁地栽培保存

保存地点	种质份数	个体数量	引种方式	生长状况	来源地
CQ	1	a	采集	C	重庆

蚂蚱腿子属 *Myripnois*

蚂蚱腿子 *Myripnois dioica* Bunge

濒危等级　中国特有植物，河北省重点保护植物，中国植物红色名录评估为无危（LC）。

迁地栽培保存

保存地点	种质份数	个体数量	引种方式	生长状况	来源地
BJ	1	b	采集	G	北京

麦秆菊属 *Xerochrysum*

蜡菊 *Xerochrysum bracteatum*（Vent.）Tzvelev

迁地栽培保存

保存地点	种质份数	个体数量	引种方式	生长状况	来源地
CQ	2	a	购买	C	重庆
GX	*	f	采集	G	法国

脉苞菊属 *Klasea*

麻花头 *Klasea centauroides*（L.）Cass.

功效主治 全草：清热解毒，止血，止泻。用于痈肿，疔疮。

迁地栽培保存

保存地点	种质份数	个体数量	引种方式	生长状况	来源地
BJ	2	c	采集	G	北京、黑龙江
GX	*	f	采集	G	新疆

种质库保存

保存地点	保存方式	种质份数	个体数量	引种方式	来源地
BJ	种子	4	a	采集	山西

猫儿菊属 *Hypochaeris*

猫儿菊 *Hypochaeris ciliata*（Thunb.）Makino

功效主治 根（猫儿黄金菊）：利水消肿。用于臌胀。

濒危等级　中国植物红色名录评估为无危（LC）。

迁地栽培保存

保存地点	种质份数	个体数量	引种方式	生长状况	来源地
BJ	1	a	采集	G	北京

毛连菜属　*Picris*

毛连菜　*Picris hieracioides* Linn.

功效主治　花序：理肺止咳，化痰平喘，宽胸。用于咳嗽痰喘，嗳气，胸腹臌胀。

种质库保存

保存地点	保存方式	种质份数	个体数量	引种方式	来源地
BJ	种子	5	b	采集	山西、甘肃

羊下巴　*Picris hieracioides* Linn. subsp. *japonica*（Thunb.）Hand.-Mazz.

功效主治　根（枪刀菜根）：利小便。用于腹部胀满；外用于跌打损伤。全草（枪刀菜）：辛，凉。泻火，解毒，祛瘀止痛。用于无名肿毒，高热。花序：苦、咸，微温。宣肺止血，化痰平喘。

迁地栽培保存

保存地点	种质份数	个体数量	引种方式	生长状况	来源地
SH	1	b	采集	A	待确定

毛鳞菊属　*Melanoseris*

细莴苣　*Melanoseris graciliflora*（DC.）N. Kilian

濒危等级　中国植物红色名录评估为无危（LC）。

种质库保存

保存地点	保存方式	种质份数	个体数量	引种方式	来源地
BJ	种子	1	a	采集	待确定

美洲白酒草属　*Conyza*

熊胆草　*Conyza blinii* Lévl.

功效主治　全草（矮脚苦蒿）：苦，凉。清热，解毒，消肿。用于耳闭，目赤，风火牙痛，口腔破溃，咽喉痛。

迁地栽培保存

保存地点	种质份数	个体数量	引种方式	生长状况	来源地
GZ	1	b	采集	C	贵州

墨药菊属　*Melanthera*

卤地菊　*Melanthera prostrata*（Hemsl.）W. L. Wagner & H. Rob.

功效主治　全草（卤地菊）：甘、酸，平。清热解毒，祛痰止咳。用于感冒，喉蛾，喉痹，白喉，顿咳，咽喉痛，疮疡肿毒。

迁地栽培保存

保存地点	种质份数	个体数量	引种方式	生长状况	来源地
HN	1	b	采集	B	海南
GX	*	f	采集	G	日本

母菊属　*Matricaria*

母菊　*Matricaria chamomilla* L.

功效主治　全草或花序：甘，平。祛风解表。用于感冒，风热疼痛。

迁地栽培保存

保存地点	种质份数	个体数量	引种方式	生长状况	来源地
BJ	3	d	采集	G	四川、北京、山东
SH	1	b	采集	A	待确定

保存地点	种质份数	个体数量	引种方式	生长状况	来源地
JS1	1	b	采集	C	江苏
LN	1	d	采集	A	辽宁
JS2	1	e	购买	C	江苏
GX	*	f	采集	G	法国

种质库保存

保存地点	保存方式	种质份数	个体数量	引种方式	来源地
BJ	种子	3	b	采集	广西

同花母菊 *Matricaria matricarioides* （Less.）Porter ex Britton

功效主治 花序：驱虫，解表。

濒危等级 中国植物红色名录评估为无危（LC）。

迁地栽培保存

保存地点	种质份数	个体数量	引种方式	生长状况	来源地
GX	*	f	采集	G	波兰、法国

木茼蒿属 *Argyranthemum*

木茼蒿 *Argyranthemum frutescens* （L.）Sch.-Bip.

种质库保存

保存地点	保存方式	种质份数	个体数量	引种方式	来源地
BJ	种子	1	a	采集	待确定

泥胡菜属 *Hemisteptia*

泥胡菜 *Hemisteptia lyrata* （Bunge）Bunge

功效主治 全草（泥胡菜）：苦，凉。清热解毒，消肿祛痰，止血，活血。用于痔瘘，痈肿疔疮，外伤出血，骨折。

迁地栽培保存

保存地点	种质份数	个体数量	引种方式	生长状况	来源地
SH	1	b	采集	A	待确定
BJ	1	c	采集	G	陕西

种质库保存

保存地点	保存方式	种质份数	个体数量	引种方式	来源地
BJ	种子	1	a	采集	待确定

拟鼠麹草属 *Pseudognaphalium*

宽叶拟鼠麹草 *Pseudognaphalium adnatum*（Candolle）Y. S. Chen

种质库保存

保存地点	保存方式	种质份数	个体数量	引种方式	来源地
BJ	种子	3	a	采集	四川

拟鼠麹草 *Pseudognaphalium affine*（D. Don）Anderb.

功效主治 全草（鼠曲草）：甘，平。化痰，止咳，祛风寒。用于咳嗽痰喘，风寒感冒，蚕豆病，筋骨疼痛，带下病，痈疮。

迁地栽培保存

保存地点	种质份数	个体数量	引种方式	生长状况	来源地
BJ	3	c	采集	G	云南、陕西、安徽
GZ	1	b	采集	C	贵州
SH	1	b	采集	A	待确定
HN	1	a	采集	A	待确定
CQ	1	a	采集	C	重庆
JS1	1	a	采集	C	江苏

种质库保存

保存地点	保存方式	种质份数	个体数量	引种方式	来源地
BJ	种子	8	b	采集	福建、重庆

秋拟鼠麹草 *Pseudognaphalium hypoleucum*（DC.）Hilliard & B. L. Burtt

迁地栽培保存

保存地点	种质份数	个体数量	引种方式	生长状况	来源地
HB	1	a	采集	C	湖北
HN	1	a	采集	A	海南

种质库保存

保存地点	保存方式	种质份数	个体数量	引种方式	来源地
BJ	种子	1	a	采集	待确定

丝棉草 *Pseudognaphalium luteoalbum*（L.）Hilliard & B. L. Burtt

功效主治　全草：止泻，降血压，解毒，止咳平喘，祛风除湿，温肺化痰，解热，消痈肿，定痛，调中，益气。

迁地栽培保存

保存地点	种质份数	个体数量	引种方式	生长状况	来源地
GX	*	f	采集	G	法国

黏冠草属 *Myriactis*

黏冠草 *Myriactis wightii* DC.

濒危等级　中国植物红色名录评估为无危（LC）。

迁地栽培保存

保存地点	种质份数	个体数量	引种方式	生长状况	来源地
GX	*	f	采集	G	广西

圆舌黏冠草　*Myriactis nepalensis* Less.

功效主治　全草（油头草）：微辛，凉。清热解毒，止痛。用于痢疾，泄泻，耳闭，牙痛，关节痛。根：解
表透疹。

濒危等级　中国植物红色名录评估为无危（LC）。

迁地栽培保存

保存地点	种质份数	个体数量	引种方式	生长状况	来源地
GX	*	f	采集	G	广西

种质库保存

保存地点	保存方式	种质份数	个体数量	引种方式	来源地
BJ	种子	4	b	采集	四川

牛蒡属　*Arctium*

牛蒡　*Arctium lappa* Linn.

功效主治　根（牛蒡根）：苦、辛，凉。清热解毒，疏风利咽，消肿。用于风热感冒，咳嗽，咽喉痛，疮疖
肿毒，脚癣，湿疹。茎叶：甘。用于头风痛，烦闷，金疮，乳痈，皮肤风痒。果实（牛蒡子）：
辛、苦，凉。疏风散热，宣肺透疹，解毒利咽。用于风热感冒，头痛，咽喉痛，痄腮，疹出不
透，痈疖疮疡。

迁地栽培保存

保存地点	种质份数	个体数量	引种方式	生长状况	来源地
HEN	2	c	采集	A	河南
BJ	10	c	赠送、采集	A	德国，中国浙江、辽宁、河北、甘肃、陕西
GD	1	f	采集	G	待确定
SH	1	b	采集	A	待确定
LN	1	d	采集	A	辽宁
JS2	1	c	购买	C	江苏
JS1	1	b	购买	C	江苏

续表

保存地点	种质份数	个体数量	引种方式	生长状况	来源地
HLJ	1	c	购买	A	河北
HB	1	c	采集	A	湖北
CQ	1	b	采集	B	重庆

种质库保存

保存地点	保存方式	种质份数	个体数量	引种方式	来源地
BJ	种子	248	e	采集	河北、山东、安徽、吉林、内蒙古、重庆、云南、海南、四川、陕西、山西、黑龙江、辽宁、湖北、河南、江苏

小牛蒡 *Arctium minus* (Hill) Bernh.

功效主治　根（牛蒡根）、茎叶、果实（牛蒡子）功效同牛蒡。

迁地栽培保存

保存地点	种质份数	个体数量	引种方式	生长状况	来源地
BJ	1	a	赠送	F	德国

牛膝菊属　*Galinsoga*

粗毛牛膝菊 *Galinsoga quadriradiata* Ruiz et Pav.

功效主治　全草：止血，解毒。

迁地栽培保存

保存地点	种质份数	个体数量	引种方式	生长状况	来源地
GX	*	f	采集	G	荷兰

牛膝菊 *Galinsoga parviflora* Cav.

功效主治　全草（辣子草）：淡，平。消肿，止血。用于乳蛾，咽喉痛，急性黄疸，外伤出血。花序（向阳花）：腥、微苦、涩，平。清肝明目。用于雀盲症，白内障及其他眼疾。

迁地栽培保存

保存地点	种质份数	个体数量	引种方式	生长状况	来源地
SH	1	b	采集	A	待确定
BJ	1	b	采集	G	辽宁
CQ	1	a	采集	B	重庆
GZ	1	e	采集	C	贵州
HB	1	e	采集	C	湖北
HLJ	1	c	采集	A	黑龙江
SC	1	f	待确定	G	四川

女菀属　*Turczaninovia*

女菀　*Turczaninovia fastigiata* (Fisch.) DC.

功效主治　全草（女菀）或根（女菀）：辛，温。温肺化痰，和中，利尿。用于咳嗽气喘，泄泻，痢疾，小便淋痛。

迁地栽培保存

保存地点	种质份数	个体数量	引种方式	生长状况	来源地
SH	1	b	采集	A	待确定

匹菊属　*Pyrethrum*

短舌匹菊　*Pyrethrum parthenium* (Linn.) Sm.

功效主治　花序：清热解毒。用于痈疽疮疖，乳痈，肠痈，热毒泻痢，大便脓臭，目赤肿痛，视物模糊，多泪多眵，发热口苦。全草：滋补，退热，驱虫。

种质库保存

保存地点	保存方式	种质份数	个体数量	引种方式	来源地
BJ	种子	1	a	采集	甘肃

婆罗门参属　*Tragopogon*

长喙婆罗门参　*Tragopogon dubius* Scop.

功效主治　根：补肺降火，养胃生津。

迁地栽培保存

保存地点	种质份数	个体数量	引种方式	生长状况	来源地
GX	*	f	采集	G	德国

红花婆罗门参　*Tragopogon ruber* S. G. Gmél.

功效主治　根：补肺降火，养胃生津。

濒危等级　中国植物红色名录评估为无危（LC）。

迁地栽培保存

保存地点	种质份数	个体数量	引种方式	生长状况	来源地
GX	*	f	采集	G	新疆

婆罗门参　*Tragopogon pratensis* Linn.

功效主治　根：补肺降火，养胃生津。

濒危等级　中国植物红色名录评估为无危（LC）。

迁地栽培保存

保存地点	种质份数	个体数量	引种方式	生长状况	来源地
BJ	2	b	采集	G	山东、新疆

沙婆罗门参　*Tragopogon sabulosus* Krasch. et S Nikit.

功效主治　根：补肺降火，养胃生津。

濒危等级　中国植物红色名录评估为无危（LC）。

迁地栽培保存

保存地点	种质份数	个体数量	引种方式	生长状况	来源地
GX	*	f	采集	G	法国

蒜叶婆罗门参　*Tragopogon porrifolius* Linn.

功效主治　全草：补气，镇静，催眠，消肿，祛痰，镇咳，益智。

迁地栽培保存

保存地点	种质份数	个体数量	引种方式	生长状况	来源地
JS2	1	f	采集	G	待确定
JS1	1	a	赠送	C	江苏

蒲儿根属　*Sinosenecio*

川鄂蒲儿根　*Sinosenecio dryas*（Dunn）C. Jeffrey et Y. L. Chen

功效主治　全草：清热解毒，祛湿。用于肠胃病，跌打损伤，劳伤。

濒危等级　中国特有植物，中国植物红色名录评估为无危（LC）。

迁地栽培保存

保存地点	种质份数	个体数量	引种方式	生长状况	来源地
HB	1	b	采集	C	待确定
GX	*	f	采集	G	湖北

滇黔蒲儿根　*Sinosenecio bodinieri*（Vant.）B. Nord.

功效主治　全草：用于跌打损伤，吐血。

濒危等级　中国特有植物，中国植物红色名录评估为无危（LC）。

迁地栽培保存

保存地点	种质份数	个体数量	引种方式	生长状况	来源地
GZ	1	b	采集	C	贵州
GX	*	f	采集	G	湖北

耳柄蒲儿根 *Sinosenecio euosmus*（Hand.-Mazz.）B. Nord.

功效主治　花序：清热解毒，清肝明目。

濒危等级　中国植物红色名录评估为无危（LC）。

迁地栽培保存

保存地点	种质份数	个体数量	引种方式	生长状况	来源地
HB	1	a	采集	C	待确定
GX	*	f	采集	G	湖北

革叶蒲儿根 *Sinosenecio subcoriaceus* C. Jeffrey et Y. L. Chen

功效主治　花序：清热解毒，清肝明目。

濒危等级　中国特有植物，中国植物红色名录评估为无危（LC）。

迁地栽培保存

保存地点	种质份数	个体数量	引种方式	生长状况	来源地
GX	*	f	采集	G	重庆

毛柄蒲儿根 *Sinosenecio eriopodus*（Cumm.）C. Jeffrey et Y. L. Chen

功效主治　全草（一面锣）：用于瘀血腹痛，跌打损伤。

濒危等级　中国特有植物，中国植物红色名录评估为数据缺乏（DD）。

迁地栽培保存

保存地点	种质份数	个体数量	引种方式	生长状况	来源地
GX	*	f	采集	G	湖北

蒲儿根 *Sinosenecio oldhamianus*（Maxim.）B. Nord.

功效主治　全草（肥猪苗）：辛、苦，凉。有小毒。解毒，活血。用于疮疡，疮毒化脓，金疮。

迁地栽培保存

保存地点	种质份数	个体数量	引种方式	生长状况	来源地
BJ	1	b	采集	G	江西
HB	1	a	采集	C	湖北
SH	1	b	采集	A	待确定

七裂蒲儿根　*Sinosenecio septilobus* (Chang) B. Nord.

濒危等级　中国特有植物，中国植物红色名录评估为数据缺乏（DD）。

迁地栽培保存

保存地点	种质份数	个体数量	引种方式	生长状况	来源地
GX	*	f	采集	G	重庆

蒲公英属　*Taraxacum*

白缘蒲公英　*Taraxacum platypecidum* Diels

功效主治　全草：清热解毒，消肿散结，利尿通淋。
濒危等级　中国植物红色名录评估为无危（LC）。

迁地栽培保存

保存地点	种质份数	个体数量	引种方式	生长状况	来源地
BJ	1	b	采集	G	北京
CQ	1	a	购买	C	重庆

斑叶蒲公英　*Taraxacum variegatum* Kitagawa

功效主治　全草：清热解毒，通乳益精，消肿散结，利尿通淋。用于疔疮肿毒，乳痈，瘰疬，肺痈，咽痛，目赤，湿热黄疸，热淋涩痛。
濒危等级　中国特有植物，中国植物红色名录评估为无危（LC）。

迁地栽培保存

保存地点	种质份数	个体数量	引种方式	生长状况	来源地
BJ	1	b	采集	G	待确定

川甘蒲公英　*Taraxacum lugubre* Dahlst.

功效主治　全草：苦、甘，寒。用于高热，吐泻，胆胀，肝毒症，胁痛，肠痈。

濒危等级　中国特有植物，中国植物红色名录评估为无危（LC）。

种质库保存

保存地点	保存方式	种质份数	个体数量	引种方式	来源地
BJ	种子	1	a	采集	待确定

东北蒲公英　*Taraxacum ohwianum* Kitam.

功效主治　全草：苦、甘，寒。清热解毒，利尿散结。

濒危等级　中国植物红色名录评估为数据缺乏（DD）。

迁地栽培保存

保存地点	种质份数	个体数量	引种方式	生长状况	来源地
SH	1	b	采集	A	待确定

种质库保存

保存地点	保存方式	种质份数	个体数量	引种方式	来源地
BJ	种子	1	a	采集	待确定

灰果蒲公英　*Taraxacum maurocarpum* Dahlst.

濒危等级　中国植物红色名录评估为无危（LC）。

种质库保存

保存地点	保存方式	种质份数	个体数量	引种方式	来源地
BJ	种子	1	a	采集	重庆

蒲公英 *Taraxacum mongolicum* Hand.-Mazz.

功效主治 全草：甘、苦，寒。清热解毒，消肿散结，利尿通淋，止痛。用于急性乳痈，目赤，胃痛，胆胀，肝毒症，胁痛，小便淋痛，瘰疬，疔毒。

迁地栽培保存

保存地点	种质份数	个体数量	引种方式	生长状况	来源地
SC	9	f	待确定	G	四川
BJ	5	d	采集	G	北京、内蒙古、黑龙江、甘肃
FJ	4	b	采集	B	福建
HEN	2	e	采集、赠送	A	河南
GD	2	f	采集	B	待确定
JS1	1	b	采集	C	江苏
SH	1	b	采集	A	待确定
NMG	1	d	购买	C	内蒙古
LN	1	d	采集	B	辽宁
JS2	1	e	购买	C	江苏
HB	1	a	采集	C	湖北
GZ	1	e	采集	C	贵州
CQ	1	b	采集	B	江苏
HLJ	1	d	采集	A	黑龙江

种质库保存

保存地点	保存方式	种质份数	个体数量	引种方式	来源地
BJ	种子	61	c	采集	甘肃、贵州、内蒙古、山西、广西、辽宁、河北、湖北、上海、云南、安徽、四川、河南

华蒲公英 *Taraxacum borealisinense* Kitam.

功效主治 全草：性味、功效同蒲公英。

迁地栽培保存

保存地点	种质份数	个体数量	引种方式	生长状况	来源地
GX	*	f	采集	G	山东

橡胶草 *Taraxacum kok-saghyz* Rodin

濒危等级 中国植物红色名录评估为无危（LC）。

迁地栽培保存

保存地点	种质份数	个体数量	引种方式	生长状况	来源地
SH	1	b	采集	F	待确定

药用蒲公英 *Taraxacum officinale* F. H. Wigg.

功效主治 全草：利尿。用于肝胆疾病，慢性水肿，结石。根：苦。健胃，利尿，消痔。叶：用于婴幼儿肛周脓肿。

濒危等级 中国植物红色名录评估为无危（LC）。

迁地栽培保存

保存地点	种质份数	个体数量	引种方式	生长状况	来源地
BJ	1	e	采集	G	河北

种质库保存

保存地点	保存方式	种质份数	个体数量	引种方式	来源地
BJ	种子	1	a	采集	河北

千里光属 *Senecio*

多裂千里光 *Senecio multilobus* Chang

濒危等级 中国特有植物，中国植物红色名录评估为数据缺乏（DD）。

迁地栽培保存

保存地点	种质份数	个体数量	引种方式	生长状况	来源地
GX	*	f	采集	G	广东

峨眉千里光 *Senecio faberi* Hemsl.

功效主治 全草（山青菜）：苦，凉。清热解毒，清肝明目。

濒危等级 中国特有植物，中国植物红色名录评估为数据缺乏（DD）。

迁地栽培保存

保存地点	种质份数	个体数量	引种方式	生长状况	来源地
GX	*	f	采集	G	四川

额河千里光 *Senecio argunensis* Turcz.

功效主治 全草（斩龙草）：苦，凉。有毒。清热解毒。用于痢疾，瘰疬，目赤，咽喉痛，痈肿疮毒，湿疹，疥癣，毒蛇咬伤，蝎蜂螫伤。带花的地上部分：用于虚劳，温病，血虚。

濒危等级 中国植物红色名录评估为无危（LC）。

迁地栽培保存

保存地点	种质份数	个体数量	引种方式	生长状况	来源地
CQ	2	a	采集	F	重庆

种质库保存

保存地点	保存方式	种质份数	个体数量	引种方式	来源地
BJ	种子	5	b	采集	江西、云南、甘肃

翡翠珠 *Senecio rowleyanus* H. Jacobsen

迁地栽培保存

保存地点	种质份数	个体数量	引种方式	生长状况	来源地
CQ	1	a	购买	C	四川

菊状千里光 *Senecio analogus* DC.

濒危等级 中国植物红色名录评估为无危（LC）。

迁地栽培保存

保存地点	种质份数	个体数量	引种方式	生长状况	来源地
CQ	1	a	采集	F	重庆

林荫千里光 *Senecio nemorensis* Linn.

功效主治 全草（黄菀）：苦、辛，凉。清热解毒。用于热痢，目赤红痛，痈疖肿毒。

濒危等级 中国植物红色名录评估为无危（LC）。

迁地栽培保存

保存地点	种质份数	个体数量	引种方式	生长状况	来源地
BJ	5	d	采集	C	北京、四川、安徽、江西

种质库保存

保存地点	保存方式	种质份数	个体数量	引种方式	来源地
BJ	种子	4	a	采集	内蒙古、江西

麻叶千里光 *Senecio cannabifolius* Less.

功效主治 全草：止血，镇痛。用于心悸，咳嗽痰喘。

濒危等级 中国植物红色名录评估为无危（LC）。

迁地栽培保存

保存地点	种质份数	个体数量	引种方式	生长状况	来源地
BJ	1	c	采集	G	北京
GX	*	f	采集	G	日本

种质库保存

保存地点	保存方式	种质份数	个体数量	引种方式	来源地
BJ	种子	4	a	采集	内蒙古

闽粤千里光　*Senecio stauntonii* DC.

功效主治　全草：去腐生肌，清肝明目。

濒危等级　中国特有植物，中国植物红色名录评估为数据缺乏（DD）。

迁地栽培保存

保存地点	种质份数	个体数量	引种方式	生长状况	来源地
GX	*	f	采集	G	澳门

千里光　*Senecio scandens* Buch.-Ham. ex D. Don

功效主治　全草（千里光）：苦，凉。有小毒。清热解毒，凉血消肿，清肝明目。用于目赤肿痛，目翳，伤寒，痢疾，风热咳喘，乳蛾，泄泻，时行感冒，痈肿疮毒，湿疹，疥癣，痔疮。

迁地栽培保存

保存地点	种质份数	个体数量	引种方式	生长状况	来源地
FJ	6	b	采集	A	福建
SC	5	f	待确定	G	四川
BJ	2	d	采集	G	陕西、山西
HB	1	a	采集	C	湖北
SH	1	b	采集	A	待确定
JS1	1	b	采集	C	江苏
GD	1	f	采集	G	待确定
CQ	1	a	采集	C	重庆
GZ	1	c	采集	C	贵州

种质库保存

保存地点	保存方式	种质份数	个体数量	引种方式	来源地
HN	种子	3	b	采集	湖南
BJ	种子	61	b	采集	四川、山西、安徽、广西、内蒙古、贵州、重庆、湖北

缺裂千里光 *Senecio scandens* var. *incisus* Franch.

濒危等级 中国植物红色名录评估为无危（LC）。

种质库保存

保存地点	保存方式	种质份数	个体数量	引种方式	来源地
BJ	种子	1	a	采集	重庆

迁地栽培保存

保存地点	种质份数	个体数量	引种方式	生长状况	来源地
BJ	*	b	采集	G	待确定

日本千里光 *Senecio japonicus* Thunb.

迁地栽培保存

保存地点	种质份数	个体数量	引种方式	生长状况	来源地
GX	*	f	采集	G	广西

天山千里光 *Senecio thianschanicus* Regel et Schmalh.

功效主治 全草：微苦，凉。清热解毒，去腐生肌，清肝明目。

濒危等级 中国植物红色名录评估为无危（LC）。

种质库保存

保存地点	保存方式	种质份数	个体数量	引种方式	来源地
BJ	种子	1	a	采集	甘肃

西南千里光　*Senecio pseudomairei* H. Lévl.

濒危等级　中国特有植物，中国植物红色名录评估为无危（LC）。

迁地栽培保存

保存地点	种质份数	个体数量	引种方式	生长状况	来源地
GX	*	f	采集	G	广东

新疆千里光　*Senecio jacobaea* Linn.

功效主治　全草或花序：清热解毒，清肝明日。用于毒蛇咬伤，蜂蝎螫伤，疮疖肿毒，湿疹，疥癣，咽肿，红眼病。

濒危等级　中国植物红色名录评估为无危（LC）。

迁地栽培保存

保存地点	种质份数	个体数量	引种方式	生长状况	来源地
GX	3	f	采集	G	德国、荷兰

须弥千里光　*Senecio kumaonensis* Duthie ex C. Jeffrey et Y. L. Chen

濒危等级　中国植物红色名录评估为无危（LC）。

迁地栽培保存

保存地点	种质份数	个体数量	引种方式	生长状况	来源地
BJ	1	b	采集	G	北京

银叶菊　*Jacobaea maritima* (L.) Pelser & Meijden

迁地栽培保存

保存地点	种质份数	个体数量	引种方式	生长状况	来源地
JS2	1	b	购买	C	江苏
BJ	1	b	采集	G	待确定

秋英属 *Cosmos*

黄秋英 *Cosmos sulphureus* Cav.

功效主治 全草（硫磺菊）：清热解毒，明目化湿。用于咳嗽。

迁地栽培保存

保存地点	种质份数	个体数量	引种方式	生长状况	来源地
BJ	1	d	采集	G	广西
GZ	1	b	采集	C	贵州
LN	1	c	采集	A	辽宁

种质库保存

保存地点	保存方式	种质份数	个体数量	引种方式	来源地
BJ	种子	8	b	采集	泰国，中国黑龙江、上海、广西，待确定

秋英 *Cosmos bipinnatus* Cav.

功效主治 全草或花序、种子：清热解毒，明目化湿。

迁地栽培保存

保存地点	种质份数	个体数量	引种方式	生长状况	来源地
LN	2	d	采集	A	辽宁
BJ	2	d	采集	G	山东、广西
JS2	1	b	购买	C	江苏
HB	1	a	采集	C	湖北
CQ	1	a	购买	F	重庆

种质库保存

保存地点	保存方式	种质份数	个体数量	引种方式	来源地
BJ	种子	45	b	采集	河北、云南、广西、山西、黑龙江、上海、四川、甘肃

球菊属　*Epaltes*

球菊　*Epaltes australis* Less.

功效主治　全草（老鼠脚迹）：辛，温。用于风寒感冒，疟疾，跌打损伤。

濒危等级　中国植物红色名录评估为无危（LC）。

迁地栽培保存

保存地点	种质份数	个体数量	引种方式	生长状况	来源地
HN	1	a	赠送	A	海南
SH	1	b	采集	A	待确定

山黄菊属　*Anisopappus*

山黄菊　*Anisopappus chinensis*（Linn.）Hook. et Arn.

功效主治　花序：苦，凉。清热化痰。用于感冒头痛，咳嗽痰喘。叶：消肿止痛。

濒危等级　中国植物红色名录评估为无危（LC）。

迁地栽培保存

保存地点	种质份数	个体数量	引种方式	生长状况	来源地
GD	1	f	采集	G	待确定

种质库保存

保存地点	保存方式	种质份数	个体数量	引种方式	来源地
BJ	种子	1	a	采集	江苏

山柳菊属　*Hieracium*

山柳菊　*Hieracium umbellatum* Linn.

功效主治　全草（山柳菊）或根（山柳菊）：苦，凉。清热解毒，利湿消积。用于痈肿疮疖，小便淋痛，腹痛积块，痢疾。

濒危等级　中国植物红色名录评估为无危（LC）。

迁地栽培保存

保存地点	种质份数	个体数量	引种方式	生长状况	来源地
GX	2	f	采集	G	法国、德国
BJ	1	a	采集	G	甘肃

棕毛山柳菊　*Hieracium procerum* Fries

种质库保存

保存地点	保存方式	种质份数	个体数量	引种方式	来源地
BJ	种子	1	a	采集	四川

山牛蒡属　*Synurus*

山牛蒡　*Synurus deltoides*（Ait.）Nakai

功效主治　根：辛、苦，凉。有小毒。清热解毒，消肿，利水散结。用于顿咳，带下病。果实：用于瘰疬。

濒危等级　中国植物红色名录评估为无危（LC）。

迁地栽培保存

保存地点	种质份数	个体数量	引种方式	生长状况	来源地
HB	1	a	采集	C	湖北
GX	*	f	采集	G	日本

种质库保存

保存地点	保存方式	种质份数	个体数量	引种方式	来源地
BJ	种子	9	b	采集	河北、安徽、四川、重庆、江西

山芫荽属　*Cotula*

山芫荽　*Cotula hemisphaerica* Wall.

濒危等级　中国植物红色名录评估为无危（LC）。

迁地栽培保存

保存地点	种质份数	个体数量	引种方式	生长状况	来源地
YN	1	b	采集	A	云南

种质库保存

保存地点	保存方式	种质份数	个体数量	引种方式	来源地
BJ	种子	1	a	采集	上海

蛇目菊属　*Sanvitalia*

蛇目菊　*Sanvitalia procumbens* Lam.

功效主治　全草：收敛，清热。

迁地栽培保存

保存地点	种质份数	个体数量	引种方式	生长状况	来源地
JS2	1	b	购买	D	浙江

种质库保存

保存地点	保存方式	种质份数	个体数量	引种方式	来源地
BJ	种子	4	b	采集	上海、甘肃

蓍属　*Achillea*

高山蓍　*Achillea alpina* Linn.

功效主治　全草（一枝蒿）：辛、苦，平。有小毒。解毒消肿，止血，止痛。用于风湿关节痛，牙痛，闭经，腹痛，胃痛，吐泻，泄泻，毒蛇咬伤，痈疖肿毒，跌打损伤。

迁地栽培保存

保存地点	种质份数	个体数量	引种方式	生长状况	来源地
BJ	2	d	采集	A	吉林、陕西
JS1	1	a	采集	D	江苏
JS2	1	b	购买	F	江苏
SH	1	b	采集	A	待确定
GX	*	f	采集	G	法国

柳叶蓍 *Achillea salicifolia* Bess.

功效主治　全草：解毒消肿，活血祛风，止血止痛。

濒危等级　中国植物红色名录评估为无危（LC）。

迁地栽培保存

保存地点	种质份数	个体数量	引种方式	生长状况	来源地
GX	*	f	采集	G	法国

蓍 *Achillea millefolium* Linn.

功效主治　全草（洋蓍草）：辛、苦，平。有小毒。消肿，止痛，止血。用于风湿关节痛，牙痛，闭经，腹痛，泄泻，毒蛇咬伤，痈疖肿毒，跌打损伤。

迁地栽培保存

保存地点	种质份数	个体数量	引种方式	生长状况	来源地
BJ	3	d	采集	A	陕西、江苏
GZ	1	a	采集	C	贵州
HB	1	a	采集	C	湖北
HLJ	1	c	购买	A	河北
SC	1	f	待确定	G	四川

香蓍 *Achillea odorata* L.

迁地栽培保存

保存地点	种质份数	个体数量	引种方式	生长状况	来源地
BJ	1	d	采集	A	待确定

云南蓍 *Achillea wilsoniana* Heimerl ex Hand.-Mazz.

功效主治　全草（土一枝蒿）：辛、苦，平。有小毒。解毒消肿，止血，止痛。用于风湿关节痛，牙痛，闭经，腹痛，胃痛，肠痛，泄泻，毒蛇咬伤，痈疖肿毒，跌打损伤，外伤出血。

濒危等级　中国特有植物，中国植物红色名录评估为无危（LC）。

迁地栽培保存

保存地点	种质份数	个体数量	引种方式	生长状况	来源地
HB	1	a	采集	C	湖北
CQ	1	b	采集	A	重庆

珠蓍 *Achillea ptarmica* Linn.

功效主治　花序：清热，健胃，助消化。用于胃痛，恶心，口疮，目疾，感冒，心悸。

迁地栽培保存

保存地点	种质份数	个体数量	引种方式	生长状况	来源地
BJ	1	d	采集	A	保加利亚

壮观蓍 *Achillea nobilis* L.

功效主治　地上部分：用于瘰病。全草或花：用于创伤。

迁地栽培保存

保存地点	种质份数	个体数量	引种方式	生长状况	来源地
GX	*	f	采集	G	法国

石胡荽属 *Centipeda*

石胡荽 *Centipeda minima* (Linn.) A. Br. et Aschers.

功效主治 全草（鹅不食草）：辛，温。祛风，散寒，胜湿，去翳，通窍。用于感冒，喉痹，顿咳，痧气腹痛，鼻渊，目翳涩痒。

迁地栽培保存

保存地点	种质份数	个体数量	引种方式	生长状况	来源地
JS1	1	a	采集	D	江苏
CQ	1	a	采集	B	重庆
GD	1	f	采集	G	待确定
HN	1	a	赠送	C	海南

种质库保存

保存地点	保存方式	种质份数	个体数量	引种方式	来源地
HN	种子	1	c	采集	湖南

鼠麹草属 *Gnaphalium*

多茎鼠麹草 *Gnaphalium polycaulon* Pers.

功效主治 全草：祛痰，止咳，平喘，祛风湿。用于热痢，咽喉痛，小儿食积。

种质库保存

保存地点	保存方式	种质份数	个体数量	引种方式	来源地
BJ	种子	1	a	采集	待确定

水飞蓟属 *Silybum*

水飞蓟 *Silybum marianum* (Linn.) Gaertn.

功效主治 果实（水飞蓟）：苦，凉。清热解毒，保肝，利胆。用于胁痛，石淋。

迁地栽培保存

保存地点	种质份数	个体数量	引种方式	生长状况	来源地
BJ	3	c	采集	G	云南、陕西、山西
SH	1	b	采集	A	待确定
LN	1	c	采集	A	辽宁
JS2	1	c	购买	C	江苏
JS1	1	b	购买	C	江苏
CQ	1	b	购买	C	重庆

种质库保存

保存地点	保存方式	种质份数	个体数量	引种方式	来源地
BJ	种子	53	d	采集	重庆、海南、河北、四川、陕西、广西、内蒙古、辽宁、黑龙江、吉林

松果菊属　*Echinacea*

松果菊　*Echinacea purpurea*（Linn.）Moench

功效主治　根、花：清热解毒，愈合伤口。

迁地栽培保存

保存地点	种质份数	个体数量	引种方式	生长状况	来源地
LN	1	d	采集	A	辽宁
BJ	1	d	赠送	G	前苏联
JS1	1	b	赠送	C	江苏

种质库保存

保存地点	保存方式	种质份数	个体数量	引种方式	来源地
BJ	种子	6	b	采集	上海、广西

狭叶松果菊　*Echinacea angustifolia* DC.

功效主治　根：用于感冒，发热，咳嗽。

迁地栽培保存

保存地点	种质份数	个体数量	引种方式	生长状况	来源地
BJ	2	a	赠送、购买	G	波兰、美国

松香草属　*Silphium*

串叶松香草　*Silphium perfoliatum* Linn.

功效主治　根及根茎：用于感冒，风湿。

迁地栽培保存

保存地点	种质份数	个体数量	引种方式	生长状况	来源地
CQ	1	a	购买	C	重庆
HB	1	c	采集	C	待确定
JS1	1	b	采集	B	江苏
JS2	1	b	购买	C	江苏
BJ	1	b	交换	G	北京

藤菊属　*Cissampelopsis*

藤菊　*Cissampelopsis volubilis*（Bl.）Miq.

功效主治　藤茎（大叶千里光）：辛、微苦，微温。舒筋活络，祛风除湿。用于风湿痹痛，肌腱挛缩，小儿麻痹后遗症。

濒危等级　中国植物红色名录评估为无危（LC）。

迁地栽培保存

保存地点	种质份数	个体数量	引种方式	生长状况	来源地
GX	2	f	采集	G	广西

天名精属　*Carpesium*

长叶天名精　*Carpesium longifolium* Chen et C. M. Hu

功效主治　全草（马蹄草）：清热解毒。用于感冒，咽喉痛，痈肿，疮毒，毒蛇咬伤，咳嗽痰喘。
濒危等级　中国特有植物，中国植物红色名录评估为无危（LC）。
迁地栽培保存

保存地点	种质份数	个体数量	引种方式	生长状况	来源地
CQ	1	a	采集	B	重庆

大花金挖耳　*Carpesium macrocephalum* Franch. et Savat.

功效主治　全草（大烟锅草）：苦，凉。凉血，散瘀，止血。用于跌打损伤，外伤出血，吐血，衄血。
濒危等级　中国植物红色名录评估为无危（LC）。
迁地栽培保存

保存地点	种质份数	个体数量	引种方式	生长状况	来源地
BJ	1	b	采集	G	陕西
GX	*	f	采集	G	北京

高原天名精　*Carpesium lipskyi* Winkl.

功效主治　全草（挖耳子草）：苦，凉。清热解毒，祛痰，截疟。用于牙痛，疟疾，咽喉痛，疮肿，胃痛，蛇虫咬伤。果实：苦、辛，平。消积杀虫。
濒危等级　中国特有植物，中国植物红色名录评估为无危（LC）。
种质库保存

保存地点	保存方式	种质份数	个体数量	引种方式	来源地
BJ	种子	1	a	采集	江西

金挖耳　*Carpesium divaricatum* Sieb. et Zucc.

功效主治　全草（金挖耳）：苦、辛，凉。有小毒。清热解毒，消肿止痛。用于感冒发热，咽喉痛，牙痛，

泄泻，瘰疬，小便淋痛，乳痈，疰腮，疮疖肿毒，蛇串疮，毒蛇咬伤。根：用于产后气痛，泄
泻，牙痛，乳蛾。

迁地栽培保存

保存地点	种质份数	个体数量	引种方式	生长状况	来源地
BJ	1	b	采集	G	四川
GZ	1	b	采集	C	贵州

种质库保存

保存地点	保存方式	种质份数	个体数量	引种方式	来源地
BJ	种子	1	a	采集	江西

尼泊尔天名精　*Carpesium nepalense* Less.

功效主治　全草：用于感冒发热，咽喉痛，牙痛，肿毒，毒蛇咬伤。

濒危等级　中国植物红色名录评估为无危（LC）。

迁地栽培保存

保存地点	种质份数	个体数量	引种方式	生长状况	来源地
GX	*	f	采集	G	广西

天名精　*Carpesium abrotanoides* Linn.

功效主治　果实（鹤虱）：苦、辛，平。有小毒。消肿杀虫。用于蛔虫病，蛲虫病，绦虫病，虫积腹痛。全
草（天明精）：辛，凉。祛痰，清热，破血，止血，解毒，杀虫。用于乳蛾，喉痹，疟疾，胁
痛，急、慢惊风，虫积，血瘕，衄血，血淋，疔疮肿毒，皮肤痒疹。

迁地栽培保存

保存地点	种质份数	个体数量	引种方式	生长状况	来源地
BJ	2	d	采集	G	四川、安徽
HB	2	a	采集	C	湖北
SC	1	f	待确定	G	四川
SH	1	a	采集	A	待确定

续表

保存地点	种质份数	个体数量	引种方式	生长状况	来源地
JS1	1	a	采集	D	江苏
GD	1	a	采集	D	待确定
CQ	1	a	采集	B	重庆

种质库保存

保存地点	保存方式	种质份数	个体数量	引种方式	来源地
BJ	种子	10	b	采集	山西、广西、江西、河北、四川、重庆
HN	种子	11	e	采集	湖南

烟管头草　*Carpesium cernuum* Linn.

功效主治　全草（挖耳草）：苦、辛，凉。有小毒。清热解毒，消肿止痛。用于感冒发热，咽喉痛，牙痛，泄泻，小便淋痛，瘰疬，疮疖肿毒，乳痈，痄腮，毒蛇咬伤。根（挖耳草根）：苦，凉。清热解毒，消肿止痛。用于牙痛，阴挺，泄泻，喉蛾。

迁地栽培保存

保存地点	种质份数	个体数量	引种方式	生长状况	来源地
BJ	*	c	采集	C	陕西、江西

种质库保存

保存地点	保存方式	种质份数	个体数量	引种方式	来源地
BJ	种子	10	b	采集	重庆、河南、广西、云南、甘肃
HN	种子	12	e	采集	湖南

天人菊属　*Gaillardia*

宿根天人菊　*Gaillardia aristata* Pursh.

功效主治　根：用于胃肠湿热。

迁地栽培保存

保存地点	种质份数	个体数量	引种方式	生长状况	来源地
BJ	1	d	采集	G	待确定

天人菊 *Gaillardia pulchella* Foug.

迁地栽培保存

保存地点	种质份数	个体数量	引种方式	生长状况	来源地
JS2	2	d	购买	C	江苏
BJ	1	d	采集	G	陕西

种质库保存

保存地点	保存方式	种质份数	个体数量	引种方式	来源地
BJ	种子	6	b	采集	广西、山西

田基黄属 *Grangea*

田基黄 *Grangea maderaspatana* (Linn.) Poir.

功效主治 全草：清热解毒，镇痉，调经。用于耳痛，肺痈。叶：健胃，调经，止咳。

濒危等级 中国植物红色名录评估为无危（LC）。

迁地栽培保存

保存地点	种质份数	个体数量	引种方式	生长状况	来源地
HN	1	a	采集	A	海南

种质库保存

保存地点	保存方式	种质份数	个体数量	引种方式	来源地
BJ	种子	1	a	采集	四川

甜叶菊属　*Stevia*

甜叶菊　*Stevia rebaudiana*（Bertoni）Hemsl.

功效主治　全草：甘，平。生津止咳。用于消渴。

迁地栽培保存

保存地点	种质份数	个体数量	引种方式	生长状况	来源地
BJ	1	d	购买	G	待确定
YN	1	a	购买	E	云南

种质库保存

保存地点	保存方式	种质份数	个体数量	引种方式	来源地
BJ	种子	6	b	采集	山东、河北

兔儿风属　*Ainsliaea*

边地兔儿风　*Ainsliaea chapaensis* Merr.

濒危等级　中国植物红色名录评估为无危（LC）。

迁地栽培保存

保存地点	种质份数	个体数量	引种方式	生长状况	来源地
GX	*	f	采集	G	广西

长穗兔儿风　*Ainsliaea henryi* Diels

功效主治　全草：清热解毒，凉血，利湿。用于咳嗽痰喘，小儿疳积，毒蛇咬伤。

濒危等级　中国特有植物，中国植物红色名录评估为无危（LC）。

迁地栽培保存

保存地点	种质份数	个体数量	引种方式	生长状况	来源地
GZ	1	a	采集	C	贵州
GX	*	f	采集	G	广西

灯台兔儿风 *Ainsliaea kawakamii* Hayata

濒危等级　中国植物红色名录评估为无危（LC）。
迁地栽培保存

保存地点	种质份数	个体数量	引种方式	生长状况	来源地
BJ	1	b	采集	C	安徽

光叶兔儿风 *Ainsliaea glabra* Hemsl.

功效主治　全草（兔儿风）：甘，凉。养阴清肺，凉血利湿。用于风湿痛，跌打损伤，虚劳咳嗽，肺痨吐血。
濒危等级　中国特有植物，中国植物红色名录评估为数据缺乏（DD）。
迁地栽培保存

保存地点	种质份数	个体数量	引种方式	生长状况	来源地
GZ	1	b	采集	C	贵州
CQ	1	b	采集	D	重庆

种质库保存

保存地点	保存方式	种质份数	个体数量	引种方式	来源地
HN	种子	1	d	采集	湖南

华南兔儿风 *Ainsliaea walkeri* Hook. f.

功效主治　全草：苦、辛，平。清热解毒，消积散结，止咳，止血。
濒危等级　中国特有植物，中国植物红色名录评估为无危（LC）。
迁地栽培保存

保存地点	种质份数	个体数量	引种方式	生长状况	来源地
GX	*	f	采集	G	广西

莲沱兔儿风 *Ainsliaea ramosa* Hemsl.

功效主治　全草：清热解毒，润肺止咳，镇静，消肿，止血。

濒危等级 中国特有植物，中国植物红色名录评估为无危（LC）。

迁地栽培保存

保存地点	种质份数	个体数量	引种方式	生长状况	来源地
GX	*	f	采集	G	广西

槭叶兔儿风 *Ainsliaea acerifolia* var. *subapoda* Nakai

濒危等级 中国植物红色名录评估为无危（LC）。

迁地栽培保存

保存地点	种质份数	个体数量	引种方式	生长状况	来源地
GX	*	f	采集	G	日本

三脉兔儿风 *Ainsliaea trinervis* Y. C. Tseng

濒危等级 中国特有植物，中国植物红色名录评估为无危（LC）。

迁地栽培保存

保存地点	种质份数	个体数量	引种方式	生长状况	来源地
GX	*	f	采集	G	广西

杏香兔儿风 *Ainsliaea fragrans* Champ.

功效主治 全草（金边兔耳）：甘，凉。清热利湿，凉血，解毒。用于虚劳咯血，湿热黄疸，瘰疬，水肿，痈疽肿毒。

濒危等级 中国植物红色名录评估为无危（LC）。

迁地栽培保存

保存地点	种质份数	个体数量	引种方式	生长状况	来源地
GX	2	f	采集	G	广西
BJ	1	a	采集	B	湖北

兔儿伞属 *Syneilesis*

兔儿伞 *Syneilesis aconitifolia（Bunge）*Maxim.

功效主治 全草或根：祛风湿，舒筋活血，止痛。用于风湿肢体麻木，风湿关节痛，腰腿痛，骨折，月经不调，痛经。

濒危等级 中国植物红色名录评估为无危（LC）。

迁地栽培保存

保存地点	种质份数	个体数量	引种方式	生长状况	来源地
BJ	4	d	采集	G	辽宁、内蒙古、河北
LN	1	c	采集	B	辽宁
JS1	1	a	采集	D	江苏
GX	*	f	采集	G	北京
GX	*	f	采集	G	广东

种质库保存

保存地点	保存方式	种质份数	个体数量	引种方式	来源地
BJ	种子	1	a	采集	待确定

橐吾属 *Ligularia*

齿叶橐吾 *Ligularia dentata*（A. Gray）Hara

功效主治 根（马蹄黄）：辛，微温。舒筋活血，散瘀消肿。用于跌打损伤，月经不调，便血。

濒危等级 中国植物红色名录评估为无危（LC）。

迁地栽培保存

保存地点	种质份数	个体数量	引种方式	生长状况	来源地
GX	2	f	采集	G	法国
BJ	2	b	采集	G	山西、内蒙古
GZ	1	b	采集	C	贵州

川鄂橐吾 *Ligularia wilsoniana* (Hemsl.) Greenm.

功效主治　根及根茎（川紫菀）：润肺化痰，止咳。

濒危等级　中国特有植物，中国植物红色名录评估为无危（LC）。

迁地栽培保存

保存地点	种质份数	个体数量	引种方式	生长状况	来源地
HB	1	a	采集	C	待确定

种质库保存

保存地点	保存方式	种质份数	个体数量	引种方式	来源地
BJ	种子	1	a	采集	云南

大头橐吾 *Ligularia japonica* (Thunb.) Less.

功效主治　全草或根：辛，微温。舒筋活血，解毒消肿。用于跌打损伤，无名肿毒，毒蛇咬伤。

濒危等级　中国植物红色名录评估为无危（LC）。

迁地栽培保存

保存地点	种质份数	个体数量	引种方式	生长状况	来源地
GX	2	f	采集	G	广东、浙江
SH	1	a	采集	A	待确定

箭叶橐吾 *Ligularia sagitta* (Maxim.) Mattf.

功效主治　根：润肺化痰，止咳。幼叶：催吐。花序：苦，凉。清热利湿，利胆退黄。

濒危等级　中国植物红色名录评估为无危（LC）。

迁地栽培保存

保存地点	种质份数	个体数量	引种方式	生长状况	来源地
BJ	1	b	采集	G	甘肃
GX	*	f	采集	G	广东

种质库保存

保存地点	保存方式	种质份数	个体数量	引种方式	来源地
BJ	种子	1	a	采集	甘肃

离舌橐吾 *Ligularia veitchiana* (Hemsl.) Greenm.

功效主治 根及根茎：甘，凉。润肺降气，祛痰止咳，活血祛瘀。

濒危等级 中国特有植物，中国植物红色名录评估为无危（LC）。

迁地栽培保存

保存地点	种质份数	个体数量	引种方式	生长状况	来源地
GX	*	f	采集	G	重庆

种质库保存

保存地点	保存方式	种质份数	个体数量	引种方式	来源地
BJ	种子	1	a	采集	待确定

鹿蹄橐吾 *Ligularia hodgsonii* Hook.

功效主治 根及根茎（南瓜七）：淡、微辛，温。活血行瘀，润肺降气，止咳。用于劳伤咳嗽，吐血，跌打损伤。叶：用于跌打损伤。

濒危等级 中国植物红色名录评估为无危（LC）。

迁地栽培保存

保存地点	种质份数	个体数量	引种方式	生长状况	来源地
GX	3	f	采集	G	法国、日本，中国重庆
BJ	1	b	采集	G	待确定
CQ	1	a	采集	F	重庆
HB	1	a	采集	C	湖北

南川橐吾 *Ligularia nanchuanica* S. W. Liu

功效主治　根及根茎：祛痰止咳。

濒危等级　中国特有植物，中国植物红色名录评估为无危（LC）。

迁地栽培保存

保存地点	种质份数	个体数量	引种方式	生长状况	来源地
GX	*	f	采集	G	广东

种质库保存

保存地点	保存方式	种质份数	个体数量	引种方式	来源地
BJ	种子	1	a	采集	待确定

矢叶橐吾 *Ligularia fargesii* (Franch.) Diels

功效主治　根及根茎：止咳平喘。用于咳嗽。

濒危等级　中国特有植物，中国植物红色名录评估为无危（LC）。

迁地栽培保存

保存地点	种质份数	个体数量	引种方式	生长状况	来源地
GZ	1	a	采集	C	贵州

穗序橐吾 *Ligularia subspicata* (Bur. et Franch.) Hand.-Mazz.

濒危等级　中国特有植物，中国植物红色名录评估为无危（LC）。

迁地栽培保存

保存地点	种质份数	个体数量	引种方式	生长状况	来源地
GX	*	f	采集	G	广东

太白山橐吾 *Ligularia dolichobotrys* Diels

功效主治　根及根茎：止咳化痰。

濒危等级　中国特有植物，中国植物红色名录评估为无危（LC）。

迁地栽培保存

保存地点	种质份数	个体数量	引种方式	生长状况	来源地
BJ	1	b	采集	G	陕西
GX	*	f	采集	G	广东

蹄叶橐吾 *Ligularia fischeri*（Ledeb.）Turcz.

功效主治　根及根茎（葫芦七）：甘、辛，温。理气活血，止痛，止咳，祛痰。用于跌打损伤，劳伤，腰腿痛，咳嗽痰喘，顿咳，肺痨咯血。

濒危等级　中国植物红色名录评估为无危（LC）。

迁地栽培保存

保存地点	种质份数	个体数量	引种方式	生长状况	来源地
BJ	4	b	采集	C	安徽、江西、北京、山西

种质库保存

保存地点	保存方式	种质份数	个体数量	引种方式	来源地
BJ	种子	6	b	采集	安徽、河北、吉林、重庆

橐吾 *Ligularia sibirica*（Linn.）Cass.

功效主治　根及根茎：润肺，化痰，定喘，止咳，止血，止痛。用于肺痨。

濒危等级　中国植物红色名录评估为无危（LC）。

迁地栽培保存

保存地点	种质份数	个体数量	引种方式	生长状况	来源地
GX	2	f	采集	G	贵州、广西
SC	2	f	待确定	G	四川

种质库保存

保存地点	保存方式	种质份数	个体数量	引种方式	来源地
BJ	种子	6	b	采集	四川、甘肃

西域橐吾 *Ligularia thomsonii*（C. B. Clarke）Pojark.

濒危等级　中国植物红色名录评估为无危（LC）。

种质库保存

保存地点	保存方式	种质份数	个体数量	引种方式	来源地
BJ	种子	1	a	采集	新疆

细茎橐吾 *Ligularia hookeri*（C. B. Clarke）Hand.-Mazz.

功效主治　全草（太白小紫菀）：辛、苦，平。化痰止咳，宽胸利气，通窍生津。

濒危等级　中国植物红色名录评估为无危（LC）。

迁地栽培保存

保存地点	种质份数	个体数量	引种方式	生长状况	来源地
GX	*	f	采集	G	广东

狭苞橐吾 *Ligularia intermedia* Nakai

功效主治　根及根茎（山紫菀）：苦，温。润肺化痰，止咳，平喘。

濒危等级　中国植物红色名录评估为无危（LC）。

迁地栽培保存

保存地点	种质份数	个体数量	引种方式	生长状况	来源地
GX	*	f	采集	G	湖北

窄头橐吾 *Ligularia stenocephala*（Maximowicz）Matsumura & Koidzumi

功效主治　根及根茎（山紫菀）：苦，温。润肺止咳，舒筋活络。用于咳嗽痰喘，肾虚腰痛，肺痨咯血，乳痛，水肿。

濒危等级　中国植物红色名录评估为无危（LC）。

迁地栽培保存

保存地点	种质份数	个体数量	引种方式	生长状况	来源地
BJ	2	b	采集	C	安徽、江西
GX	*	f	采集	G	广东

掌叶橐吾 *Ligularia przewalskii* (Maxim.) Diels

功效主治 根：苦，温。润肺，止咳，化痰。幼叶：催吐。花序：苦，凉。清热利湿，利胆退黄。

濒危等级 中国特有植物，中国植物红色名录评估为无危（LC）。

迁地栽培保存

保存地点	种质份数	个体数量	引种方式	生长状况	来源地
BJ	1	b	采集	G	陕西
GX	*	f	采集	G	广东

舟叶橐吾 *Ligularia cymbulifera* (W. W. Smith) Hand.-Mazz.

功效主治 根及根茎：活血化瘀，止咳。幼苗：催吐，愈疮。用于赤巴病；外用于疮疡。

濒危等级 中国特有植物，中国植物红色名录评估为无危（LC）。

迁地栽培保存

保存地点	种质份数	个体数量	引种方式	生长状况	来源地
GX	*	f	采集	G	广东

总状橐吾 *Ligularia botryodes* (C. Winkl.) Hand.-Mazz.

迁地栽培保存

保存地点	种质份数	个体数量	引种方式	生长状况	来源地
BJ	1	b	采集	G	甘肃

万寿菊属　*Tagetes*

孔雀草　*Tagetes patula* Linn.

功效主治　全草：苦，平。清热利湿，止咳。用于咳嗽，痢疾，顿咳，牙痛，风火眼痛；外用于痄腮，乳痈。

迁地栽培保存

保存地点	种质份数	个体数量	引种方式	生长状况	来源地
HB	1	d	采集	A	待确定
BJ	1	e	采集	G	北京

种质库保存

保存地点	保存方式	种质份数	个体数量	引种方式	来源地
BJ	种子	10	c	采集	云南、贵州、广西

万寿菊　*Tagetes erecta* Linn.

功效主治　根：苦，凉。解毒消肿。用于痈疮肿毒。叶：甘，寒。用于痈，疮，疖，疔，无名肿毒。花序：苦，凉。平肝解热，祛风化痰。用于头晕目眩，头风眼痛，小儿惊风，感冒咳嗽，顿咳，乳痈，痄腮。

迁地栽培保存

保存地点	种质份数	个体数量	引种方式	生长状况	来源地
JS1	1	b	购买	C	江苏
HN	1	c	赠送	B	海南
HLJ	1	c	购买	A	黑龙江
HEN	1	b	赠送	A	河南
HB	1	c	采集	C	湖北
GZ	1	b	采集	C	贵州
BJ	1	d	采集	G	北京
SH	1	b	采集	A	待确定
CQ	1	b	购买	C	重庆

种质库保存

保存地点	保存方式	种质份数	个体数量	引种方式	来源地
BJ	种子	10	c	采集	云南、四川、湖北、广西、甘肃

细叶万寿菊 *Tagetes tenuifolia* Cav.

功效主治　全草：清热，利湿，止咳，止痛。

迁地栽培保存

保存地点	种质份数	个体数量	引种方式	生长状况	来源地
GX	*	f	采集	G	瑞士

伪泥胡菜属　*Serratula*

华麻花头 *Serratula chinensis* S. Moore

功效主治　根（广东升麻）：甘、辛、苦，凉。清热解毒，升阳透疹。

濒危等级　中国植物红色名录评估为无危（LC）。

种质库保存

保存地点	保存方式	种质份数	个体数量	引种方式	来源地
BJ	种子	1	a	采集	江西

伪泥胡菜 *Serratula coronata* Linn.

功效主治　根、叶：用于呕吐，淋证，疝气，无名肿毒。茎：用于咽喉痛，贫血，疟疾。

迁地栽培保存

保存地点	种质份数	个体数量	引种方式	生长状况	来源地
GX	2	f	采集	G	法国
BJ	1	b	采集	G	辽宁

缢苞麻花头　*Serratula strangulata* Iljin

功效主治　根：微苦，凉。清热解毒。

濒危等级　中国植物红色名录评估为无危（LC）。

种质库保存

保存地点	保存方式	种质份数	个体数量	引种方式	来源地
BJ	种子	1	a	采集	甘肃

苇谷草属　*Pentanema*

白背苇谷草　*Pentanema indicum* var. *hypoleucum*（Hand.-Mazz.）Ling

濒危等级　中国植物红色名录评估为无危（LC）。

迁地栽培保存

保存地点	种质份数	个体数量	引种方式	生长状况	来源地
GX	*	f	采集	G	广西

苇谷草　*Pentanema indicum*（Linn.）Ling

功效主治　全草：清热解毒，止血，利水通淋。用于感冒，疟疾，咳嗽，小儿惊风。

濒危等级　中国植物红色名录评估为无危（LC）。

迁地栽培保存

保存地点	种质份数	个体数量	引种方式	生长状况	来源地
GX	*	f	采集	G	广西

苇谷草（原变种）　*Pentanema indicum*（Linn.）Ling var. *indicum*

濒危等级　中国植物红色名录评估为无危（LC）。

迁地栽培保存

保存地点	种质份数	个体数量	引种方式	生长状况	来源地
GX	*	f	采集	G	广西

蝟菊属 *Olgaea*

刺疙瘩 *Olgaea tangutica* Iljin

功效主治 全草：苦，凉。清热解毒，消肿，止血。

濒危等级 中国特有植物，中国植物红色名录评估为无危（LC）。

迁地栽培保存

保存地点	种质份数	个体数量	引种方式	生长状况	来源地
GX	*	f	采集	G	山东

莴苣属 *Lactuca*

翅果菊 *Lactuca indica* L.

功效主治 全草或根：清热解毒，理气止血。用于暑热痧气，腹胀疼痛，带下病。

迁地栽培保存

保存地点	种质份数	个体数量	引种方式	生长状况	来源地
BJ	2	b	采集	G	山东
GD	1	f	采集	G	待确定

种质库保存

保存地点	保存方式	种质份数	个体数量	引种方式	来源地
HN	种子	1	c	采集	湖南
BJ	种子	1	a	采集	海南

毛脉翅果菊 *Lactuca raddeana* Maxim.

功效主治 根（水紫菀）：辛，平。止咳化痰，祛风。用于风寒咳嗽，肺痈。全草：清热解毒，祛风，除湿，镇痛。

濒危等级 中国植物红色名录评估为无危（LC）。

迁地栽培保存

保存地点	种质份数	个体数量	引种方式	生长状况	来源地
GX	*	f	采集	G	广西

乳苣　*Lactuca tatarica*（Linn.）C. A. Meyer

迁地栽培保存

保存地点	种质份数	个体数量	引种方式	生长状况	来源地
BJ	1	a	采集	G	甘肃

山莴苣　*Lactuca sibirica*（L.）Benth. ex Maxim.

功效主治　根：消肿止血。全草：清热解毒，理气止血。

迁地栽培保存

保存地点	种质份数	个体数量	引种方式	生长状况	来源地
HLJ	1	c	采集	A	黑龙江
CQ	1	a	采集	F	重庆

台湾翅果菊　*Lactuca formosana* Maxim.

功效主治　全草（八楞麻）或根（丁萝卜）：苦，凉。有小毒。清热解毒，祛风活血。用于疥癣，疔疮痈肿，毒蛇咬伤。

种质库保存

保存地点	保存方式	种质份数	个体数量	引种方式	来源地
BJ	种子	1	a	采集	待确定

莴苣　*Lactuca sativa* Linn.

功效主治　嫩茎：甘、苦，凉。清热解毒，利尿通乳。用于小便不利，乳汁不通，尿血。果实（莴苣子）：苦，凉。活血，祛瘀，通乳。用于阴肿，痔瘘下血，伤损作痛。

迁地栽培保存

保存地点	种质份数	个体数量	引种方式	生长状况	来源地
HLJ	1	a	购买	A	黑龙江
JS1	1	a	购买	D	江苏

种质库保存

保存地点	保存方式	种质份数	个体数量	引种方式	来源地
BJ	种子	7	b	采集	海南、云南、重庆、四川

莴笋 *Lactuca sativa* var. *angustana* Irish

种质库保存

保存地点	保存方式	种质份数	个体数量	引种方式	来源地
BJ	种子	8	b	采集	海南、云南、四川

野莴苣 *Lactuca serriola* L.

功效主治　全草：清热解毒，活血祛瘀。

迁地栽培保存

保存地点	种质份数	个体数量	引种方式	生长状况	来源地
GX	*	f	采集	G	法国

豨莶属 *Sigesbeckia*

毛梗豨莶 *Sigesbeckia glabrescens*（Makino）Makino

功效主治　全草（豨莶草）：苦，凉。祛风湿，利筋骨，平抑肝阳。用于四肢麻痹，筋骨疼痛，腰膝无力，疟疾，胁痛，肝阳上亢，疔疮肿毒，外伤出血。根（豨莶根）：用于风湿顽痹，头风，带下病，烫伤。果实（豨莶果）：用于蛔虫病。

迁地栽培保存

保存地点	种质份数	个体数量	引种方式	生长状况	来源地
BJ	1	b	采集	G	辽宁

种质库保存

保存地点	保存方式	种质份数	个体数量	引种方式	来源地
BJ	种子	7	b	采集	重庆、江西

腺梗豨莶 *Sigesbeckia pubescens*（Makino）Makino

功效主治 全草（豨莶草）、根（豨莶根）、果实（豨莶果）性味、功效同毛梗豨莶。

迁地栽培保存

保存地点	种质份数	个体数量	引种方式	生长状况	来源地
BJ	4	d	采集	G	浙江、辽宁、甘肃
GZ	1	d	采集	C	贵州
LN	1	c	采集	A	辽宁
SH	1	b	采集	A	待确定
GX	*	f	采集	G	湖北

种质库保存

保存地点	保存方式	种质份数	个体数量	引种方式	来源地
BJ	种子	8	b	采集	重庆、云南、江西、山西

豨莶 *Sigesbeckia orientalis* L.

功效主治 全草：祛风除湿，通络，平抑肝阳，解毒，镇痛。用于四肢麻痹，筋骨疼痛，腰膝无力，疟疾，胁痛，肝阳上亢，疔疮肿毒，外伤出血。

迁地栽培保存

保存地点	种质份数	个体数量	引种方式	生长状况	来源地
BJ	3	b	采集	G	广西、安徽、山东

续表

保存地点	种质份数	个体数量	引种方式	生长状况	来源地
JS1	1	d	采集	C	江苏
HN	1	b	采集	A	海南
HB	1	a	采集	C	湖北
GD	1	f	采集	G	待确定
GX	*	f	采集	G	日本

种质库保存

保存地点	保存方式	种质份数	个体数量	引种方式	来源地
BJ	种子	66	d	采集	云南、山西、安徽、四川、江西、重庆、甘肃、广西、吉林

下田菊属 *Adenostemma*

宽叶下田菊 *Adenostemma lavenia* var. *latifolium*（D. Don）Hand.-Mazz.

濒危等级　中国植物红色名录评估为无危（LC）。

迁地栽培保存

保存地点	种质份数	个体数量	引种方式	生长状况	来源地
GX	*	f	采集	G	广西

种质库保存

保存地点	保存方式	种质份数	个体数量	引种方式	来源地
BJ	种子	6	a	采集	福建、上海、湖南

下田菊 *Adenostemma lavenia*（Linn.）O. Kuntze

功效主治　全草：清热解毒，祛风消肿。用于感冒，痈肿疮疖，疟疾，五步蛇咬伤。

种质库保存

保存地点	保存方式	种质份数	个体数量	引种方式	来源地
HN	种子	1	b	采集	湖南
BJ	种子	2	b	采集	云南

仙人笔属　*Kleinia*

仙人笔　*Kleinia articulata* Haw.

迁地栽培保存

保存地点	种质份数	个体数量	引种方式	生长状况	来源地
BJ	1	a	采集	G	北京
SH	1	b	采集	A	待确定

香青属　*Anaphalis*

淡黄香青　*Anaphalis flavescens* Hand.-Mazz.

功效主治　全草：辛、苦，凉。解毒，止咳。用于疮癣。

濒危等级　中国特有植物，中国植物红色名录评估为无危（LC）。

迁地栽培保存

保存地点	种质份数	个体数量	引种方式	生长状况	来源地
BJ	1	b	采集	G	甘肃

二色香青　*Anaphalis bicolor*（Franch.）Diels

功效主治　全草（三轮蒿）：苦、辛，凉。清热，镇痛，补虚。用于中暑腹痛，痧气肚痛，肺痨。

濒危等级　中国特有植物，中国植物红色名录评估为无危（LC）。

迁地栽培保存

保存地点	种质份数	个体数量	引种方式	生长状况	来源地
BJ	1	c	采集	G	山西

黄腺香青 *Anaphalis aureopunctata* Lingelsh. et Borza

功效主治 全草：甘、淡，凉。清热解毒，利湿消肿。用于口腔破溃，小儿惊风，疮毒，泄泻，水肿，毒蛇咬伤。叶：用于感冒，泄泻，咳嗽痰喘，外伤出血。

濒危等级 中国特有植物，中国植物红色名录评估为无危（LC）。

迁地栽培保存

保存地点	种质份数	个体数量	引种方式	生长状况	来源地
GX	*	f	采集	G	广西

种质库保存

保存地点	保存方式	种质份数	个体数量	引种方式	来源地
HN	种子	1	a	采集	湖南

铃铃香青 *Anaphalis hancockii* Maxim.

功效主治 全草（灵香蒿）：苦、微辛，凉。清热解毒，杀虫。用于带下病，阴痒。

濒危等级 中国特有植物，中国植物红色名录评估为无危（LC）。

迁地栽培保存

保存地点	种质份数	个体数量	引种方式	生长状况	来源地
BJ	2	d	采集	G	陕西、江西

尼泊尔香青 *Anaphalis nepalensis*（Spreng.）Hand.-Mazz.

功效主治 全草（打火草）：甘，平。清热解毒，止咳定喘。用于感冒，咳嗽痰喘，风湿关节痛，肝阳上亢。

濒危等级 中国植物红色名录评估为无危（LC）。

迁地栽培保存

保存地点	种质份数	个体数量	引种方式	生长状况	来源地
SC	1	f	待确定	G	四川

线叶珠光香青 *Anaphalis margaritacea* var. *angustifolia*（Franch. et Sav.）Hayata

功效主治　全草：甘、淡，凉。清热化痰，补虚止痛，润肺止咳。用于肺痨咳嗽，泄泻，肝毒症。

迁地栽培保存

保存地点	种质份数	个体数量	引种方式	生长状况	来源地
GX	*	f	采集	G	法国，中国广西

香青　*Anaphalis sinica* Hance

功效主治　全草：苦，温。解表祛风，消肿止痛，镇咳平喘。用于感冒头痛，咳嗽痰喘，泄泻，吐泻。

濒危等级　中国植物红色名录评估为无危（LC）。

迁地栽培保存

保存地点	种质份数	个体数量	引种方式	生长状况	来源地
GX	2	f	采集	G	广西、山东

种质库保存

保存地点	保存方式	种质份数	个体数量	引种方式	来源地
BJ	种子	6	b	采集	江西、重庆、山西

珠光香青　*Anaphalis margaritacea*（Linn.）Benth. et Hook. f.

功效主治　全草或根（大叶白头翁）：微苦、甘，平。清热解毒，祛风通络，驱虫。用于感冒，牙痛，泄泻，风湿关节痛，蛔虫病，刀伤，跌打损伤，瘰疬。

濒危等级　中国植物红色名录评估为无危（LC）。

迁地栽培保存

保存地点	种质份数	个体数量	引种方式	生长状况	来源地
HB	1	a	采集	C	湖北
GX	*	f	采集	G	日本

蛛毛香青 *Anaphalis busua* (Ham.) DC.

功效主治　全草：用于目疾。

濒危等级　中国植物红色名录评估为无危（LC）。

迁地栽培保存

保存地点	种质份数	个体数量	引种方式	生长状况	来源地
BJ	1	b	采集	G	甘肃

向日葵属　*Helianthus*

菊芋 *Helianthus tuberosus* Linn.

功效主治　块茎（菊芋）、茎叶（菊芋）：甘，凉。清热凉血，接骨。用于热病，肠热下血，跌打骨伤，消渴。

迁地栽培保存

保存地点	种质份数	个体数量	引种方式	生长状况	来源地
HEN	2	c	赠送	A	河南
HB	1	e	采集	A	湖北
JS1	1	b	采集	B	江苏
SH	1	b	采集	A	待确定
CQ	1	a	购买	C	重庆
BJ	1	b	购买	G	北京
HLJ	1	b	采集	A	黑龙江
GZ	1	b	采集	C	贵州
GX	*	f	采集	G	河北、广西

向日葵 *Helianthus annuus* Linn.

功效主治 种子（向日葵子）：淡，平。滋阴，止痢，透疹。用于血痢，麻疹不透，痈肿。根（向日葵根）：甘，平。止痛润肠。用于胸胁、胃脘作痛，二便不通，跌打损伤。茎髓（向日葵茎髓）：淡，平。利水通淋。用于血淋，石淋，小便淋痛。叶（向日葵叶）：淡，平。清热解毒，截疟，平抑肝阳。用于肝阳上亢。花序（向日葵花）：祛风，明目，催生。用于头昏，面肿。花托（葵花托）：甘，平。养阴补肾，止痛。用于头痛，目昏，牙痛，胃痛，腹痛，痛经，疮肿。果壳（向日葵壳）：用于耳鸣。

迁地栽培保存

保存地点	种质份数	个体数量	引种方式	生长状况	来源地
GD	1	f	采集	G	待确定
HB	1	f	采集	C	湖北
NMG	1	b	购买	F	内蒙古
SH	1	b	采集	A	待确定

小苦荬属 *Ixeridium*

细叶小苦荬 *Ixeridium gracile* (DC.) C. Shih

功效主治 全草（粉苞苣）：苦，凉。清热解毒，消肿止痛。用于黄疸，目赤红痛，疖肿。

迁地栽培保存

保存地点	种质份数	个体数量	引种方式	生长状况	来源地
HN	1	b	采集	A	海南
BJ	1	b	采集	G	甘肃
FJ	1	a	采集	B	福建

小葵子属 *Guizotia*

小葵子 *Guizotia abyssinica* Cass.

迁地栽培保存

保存地点	种质份数	个体数量	引种方式	生长状况	来源地
GX	*	f	采集	G	瑞士

小舌菊属 *Microglossa*

小舌菊 *Microglossa pyrifolia* (Lam.) O. Kuntze

功效主治　全株：消肿，解毒，生肌，明目。用于疮疖，脓肿。

濒危等级　中国植物红色名录评估为无危（LC）。

迁地栽培保存

保存地点	种质份数	个体数量	引种方式	生长状况	来源地
GX	*	f	采集	G	广西

蟹甲草属 *Parasenecio*

白头蟹甲草 *Parasenecio leucocephalus* (Franch.) Y. L. Chen

功效主治　全草：利水消肿，清热。

濒危等级　中国特有植物，中国植物红色名录评估为数据缺乏（DD）。

种质库保存

保存地点	保存方式	种质份数	个体数量	引种方式	来源地
BJ	种子	1	a	采集	重庆

两似蟹甲草 *Parasenecio ambiguus* (Ling) Y. L. Chen

功效主治　全草（臭藿麻）：淡、涩，平。利尿消肿。

濒危等级　中国特有植物，中国植物红色名录评估为无危（LC）。

迁地栽培保存

保存地点	种质份数	个体数量	引种方式	生长状况	来源地
GX	*	f	采集	G	湖北

山尖子　*Parasenecio hastatus*（Linn.）H. Koyama

功效主治　全草：消肿生肌，愈合伤口。

濒危等级　中国植物红色名录评估为无危（LC）。

迁地栽培保存

保存地点	种质份数	个体数量	引种方式	生长状况	来源地
BJ	2	b	采集	G	山西、黑龙江
GX	*	f	采集	G	广东

深山蟹甲草　*Parasenecio profundorum*（Dunn）Y. L. Chen

功效主治　全草：用于无名肿毒，头癣，跌打损伤。

濒危等级　中国特有植物，中国植物红色名录评估为无危（LC）。

迁地栽培保存

保存地点	种质份数	个体数量	引种方式	生长状况	来源地
HB	1	a	采集	C	湖北

矢镞叶蟹甲草　*Parasenecio rubescens*（S. Moore）Y. L. Chen

濒危等级　中国特有植物，中国植物红色名录评估为无危（LC）。

迁地栽培保存

保存地点	种质份数	个体数量	引种方式	生长状况	来源地
GX	*	f	采集	G	江西

无毛蟹甲草　*Parasenecio subglaber*（Chang）Y. L. Chen

濒危等级　中国植物红色名录评估为无危（LC）。

迁地栽培保存

保存地点	种质份数	个体数量	引种方式	生长状况	来源地
GX	*	f	采集	G	广东

蟹甲草 *Parasenecio forrestii* W. W. Smith et Small

濒危等级　中国特有植物，中国植物红色名录评估为无危（LC）。

迁地栽培保存

保存地点	种质份数	个体数量	引种方式	生长状况	来源地
BJ	1	b	采集	G	陕西
HB	1	a	采集	C	待确定
SC	1	f	待确定	G	四川

种质库保存

保存地点	保存方式	种质份数	个体数量	引种方式	来源地
BJ	种子	2	a	采集	甘肃、江西

珠芽蟹甲草 *Parasenecio bulbiferoides* (Hand.-Mazz.) Y. L. Chen

功效主治　全草：用于风寒感冒，咽喉肿痛。
濒危等级　中国特有植物，中国植物红色名录评估为数据缺乏（DD）。

迁地栽培保存

保存地点	种质份数	个体数量	引种方式	生长状况	来源地
BJ	1	b	采集	C	湖北
HB	1	a	采集	C	待确定
GX	*	f	采集	G	广西

须弥菊属 *Himalaiella*

三角叶须弥菊 *Himalaiella deltoidea* (DC.) Raab-Straube

濒危等级　中国植物红色名录评估为无危（LC）。

种质库保存

保存地点	保存方式	种质份数	个体数量	引种方式	来源地
BJ	种子	1	a	采集	江西

絮菊属 *Filago*

絮菊 *Filago arvensis* Linn.

功效主治 地上部分：收敛，消散。

濒危等级 中国植物红色名录评估为无危（LC）。

迁地栽培保存

保存地点	种质份数	个体数量	引种方式	生长状况	来源地
GX	*	f	采集	G	德国

旋覆花属 *Inula*

柳叶旋覆花 *Inula salicina* Linn.

功效主治 花序：降气平逆，祛痰止咳，健胃。用于胸中痰结，胁下胀满，咳嗽痰喘，呃逆，唾如胶漆，嗳气不除，水肿。

濒危等级 中国植物红色名录评估为无危（LC）。

迁地栽培保存

保存地点	种质份数	个体数量	引种方式	生长状况	来源地
GX	*	f	采集	G	法国

种质库保存

保存地点	保存方式	种质份数	个体数量	引种方式	来源地
BJ	种子	3	a	采集	山西

欧亚旋覆花 *Inula britannica* L.

功效主治 花序、地上部分：祛痰止呕，降气平逆，行水，软坚消痞。用于咳喘痰黏，胁下胀痛，水肿，风湿疼痛；外用于疔疮肿毒。根：外用于刀伤，疔疮。

濒危等级　中国植物红色名录评估为无危（LC）。

迁地栽培保存

保存地点	种质份数	个体数量	引种方式	生长状况	来源地
GX	*	f	采集	G	法国

水朝阳旋覆花　*Inula helianthus-aquatilis* C. Y. Wu ex Ling

濒危等级　中国特有植物，中国植物红色名录评估为无危（LC）。

迁地栽培保存

保存地点	种质份数	个体数量	引种方式	生长状况	来源地
BJ	1	b	采集	G	甘肃

土木香　*Inula helenium* Linn.

功效主治　根（土木香）：辛、苦，温。健脾和胃，行气止痛。用于胸腹胀满疼痛，呕吐泄泻，痢疾，疟疾。

濒危等级　中国植物红色名录评估为无危（LC）。

迁地栽培保存

保存地点	种质份数	个体数量	引种方式	生长状况	来源地
BJ	2	c	采集	G	湖北、北京
LN	1	d	采集	B	辽宁
SH	1	b	采集	A	待确定
GX	*	f	采集	G	北京

种质库保存

保存地点	保存方式	种质份数	个体数量	引种方式	来源地
BJ	种子	2	a	采集	吉林，待确定

喜马旋覆花 *Inula royleana* C. B. Clarke

迁地栽培保存

保存地点	种质份数	个体数量	引种方式	生长状况	来源地
BJ	1	b	赠送	G	保加利亚

线叶旋覆花 *Inula linariifolia* Turcz.

功效主治 地上部分：降气，消痰，行水。用于风寒咳嗽；外用于疔疮肿毒。

迁地栽培保存

保存地点	种质份数	个体数量	引种方式	生长状况	来源地
BJ	1	b	采集	G	山东

旋覆花 *Inula japonica* Thunb.

功效主治 花序（旋覆花）：咸，温。消痰，降气，软坚，行水。用于胸中痰结，胁下胀满，咳嗽痰喘，呃逆，唾如胶漆，嗳气不除，水肿。茎叶（金佛草）：咸，温。散风寒，化痰软，消肿毒。用于咳嗽痰喘，胁下胀痛，疔疮，肿毒。根（旋覆花根）：平喘镇咳。用于风湿痛，刀伤，疔疮。

迁地栽培保存

保存地点	种质份数	个体数量	引种方式	生长状况	来源地
BJ	6	d	采集	G	四川、浙江、北京、陕西、辽宁
SC	2	f	待确定	G	四川
SH	1	b	采集	A	待确定
GZ	1	d	采集	C	贵州
HEN	1	c	采集	A	河南

种质库保存

保存地点	保存方式	种质份数	个体数量	引种方式	来源地
BJ	种子	7	b	采集	云南、海南、内蒙古、安徽、山西、广西

总状土木香 *Inula racemosa* Hook. f.

功效主治　根（土木香）：功效同土木香。

濒危等级　中国植物红色名录评估为无危（LC）。

迁地栽培保存

保存地点	种质份数	个体数量	引种方式	生长状况	来源地
BJ	1	b	购买	G	北京

勋章菊属　*Gazania*

勋章菊　*Gazania rigens*（L.）Gaertn.

种质库保存

保存地点	保存方式	种质份数	个体数量	引种方式	来源地
BJ	种子	1	a	采集	上海

鸦葱属　*Scorzonera*

华北鸦葱　*Scorzonera albicaulis* Bunge

功效主治　根（仙茅根）：甘，温。祛风除湿，理气活血。用于外感风寒，发热头痛，久年哮喘，风湿痹痛，代偿性月经，疔疮，蛇串疮，关节痛。

濒危等级　中国植物红色名录评估为无危（LC）。

迁地栽培保存

保存地点	种质份数	个体数量	引种方式	生长状况	来源地
BJ	2	c	采集	G	山东、陕西

蒙古鸦葱　*Scorzonera mongolica* Maxim.

功效主治　根：微苦，凉。清热解毒，利尿，通乳。用于痈肿疔疮，乳痈，尿浊，淋证，带下病。

濒危等级　中国植物红色名录评估为无危（LC）。

迁地栽培保存

保存地点	种质份数	个体数量	引种方式	生长状况	来源地
BJ	1	b	采集	G	河北

桃叶鸦葱 *Scorzonera sinensis* Lipsch. et Krasch. ex Lipsch.

功效主治　根：祛风除湿，理气活血，清热解毒，通乳消肿。

濒危等级　中国植物红色名录评估为无危（LC）。

迁地栽培保存

保存地点	种质份数	个体数量	引种方式	生长状况	来源地
BJ	2	c	采集	G	山东、河北

鸦葱 *Scorzonera austriaca* Willd.

功效主治　根（鸦葱）：微苦、涩，凉。消肿解毒。用于五劳七伤，疔疮痈肿，毒蛇咬伤，蚊虫叮咬，乳痈。

迁地栽培保存

保存地点	种质份数	个体数量	引种方式	生长状况	来源地
BJ	3	d	采集	G	河北、山东

张牙子 *Scorzonera glabra* Rupr.

迁地栽培保存

保存地点	种质份数	个体数量	引种方式	生长状况	来源地
JS1	1	d	采集	D	江苏

亚菊属　*Ajania*

细裂亚菊 *Ajania przewalskii* Poljak.

濒危等级　中国特有植物，中国植物红色名录评估为无危（LC）。

迁地栽培保存

保存地点	种质份数	个体数量	引种方式	生长状况	来源地
BJ	1	a	采集	G	甘肃

细叶亚菊 *Ajania tenuifolia* (Jacq.) Tzvel.

功效主治　茎皮：散肿，止血。用于痈疽，肺病，肾病。

濒危等级　中国特有植物，中国植物红色名录评估为无危（LC）。

种质库保存

保存地点	保存方式	种质份数	个体数量	引种方式	来源地
BJ	种子	1	a	采集	甘肃

亚菊　*Ajania pallasiana* (Fisch. ex Bess.) Poljak.

濒危等级　中国植物红色名录评估为无危（LC）。

迁地栽培保存

保存地点	种质份数	个体数量	引种方式	生长状况	来源地
GX	*	f	采集	G	福建

羊耳菊属　*Duhaldea*

羊耳菊　*Duhaldea cappa* (Buch.-Ham. ex DC.) Anderb.

功效主治　根（羊耳菊根）：辛，温。祛风散寒，活血舒筋。用于风寒感冒，咳嗽痰喘，风湿痹痛，月经不调。全草（白牛胆）：微苦、辛，温。祛风，利湿，行气，化滞。用于风湿痹痛，胸膈痞闷，疟疾，泄泻，产后感冒，肝毒症，痔疮，疥癣。

濒危等级　中国植物红色名录评估为无危（LC）。

迁地栽培保存

保存地点	种质份数	个体数量	引种方式	生长状况	来源地
SC	2	f	待确定	G	四川

续表

保存地点	种质份数	个体数量	引种方式	生长状况	来源地
YN	1	a	采集	C	云南
GX	*	f	采集	G	广西

种质库保存

保存地点	保存方式	种质份数	个体数量	引种方式	来源地
BJ	种子	24	b	采集	云南、四川

羊菊属 *Arnica*

羊菊 *Arnica chamissonis* Less.

功效主治 花序：外用于伤害，血肿，脱臼，挫伤，骨折，水肿，风湿痹痛，咽喉肿痛，口疮，疖，脉痹，血痹，虫咬伤。

迁地栽培保存

保存地点	种质份数	个体数量	引种方式	生长状况	来源地
GX	*	f	采集	G	法国

野茼蒿属 *Crassocephalum*

野茼蒿 *Crassocephalum crepidioides*（Benth.）S. Moore

功效主治 全草（假茼蒿）：辛，平。行气利尿，健脾消肿，清热解毒。用于感冒发热，泄泻，水肿，小便淋痛，乳痈。

迁地栽培保存

保存地点	种质份数	个体数量	引种方式	生长状况	来源地
CQ	1	a	采集	B	重庆
GD	1	f	采集	G	待确定
HN	1	c	采集	A	海南

种质库保存

保存地点	保存方式	种质份数	个体数量	引种方式	来源地
BJ	种子	51	b	采集	河北、安徽、江西、广西、云南、甘肃、四川、重庆

一点红属 *Emilia*

绒缨菊 *Emilia coccinea*（Sims）G. Don

功效主治 全草：辛、苦，凉。清热解毒，消肿止痛。用于小儿惊风，蛇头疔，阴道肿痛，咽喉痛，漆疮，跌打损伤，毒蛇咬伤。

迁地栽培保存

保存地点	种质份数	个体数量	引种方式	生长状况	来源地
BJ	1	a	交换	G	北京

小一点红 *Emilia prenanthoidea* DC.

功效主治 全草：清热解毒，消肿止痛，利水，凉血。用于小儿惊风，蛇头疔，阴道肿痛，咽喉痛，咽喉肿痛，乳痈，肺痈，漆疮，跌打，蛇咬伤，便血，水肿，目赤。

濒危等级 中国植物红色名录评估为无危（LC）。

迁地栽培保存

保存地点	种质份数	个体数量	引种方式	生长状况	来源地
GX	*	f	采集	G	广西

一点红 *Emilia sonchifolia*（Linn.）DC.

功效主治 全草（羊蹄草）：苦，凉。清热解毒，散瘀消肿，凉血。用于咽喉痛，口腔破溃，风热咳嗽，泄泻，痢疾，小便淋痛，子痈，乳痈，疖肿疮疡。

迁地栽培保存

保存地点	种质份数	个体数量	引种方式	生长状况	来源地
BJ	1	c	采集	G	广西
GD	1	f	采集	G	待确定
GZ	1	e	采集	C	贵州
HB	1	a	采集	C	湖北
HN	1	c	采集	A	海南

种质库保存

保存地点	保存方式	种质份数	个体数量	引种方式	来源地
BJ	种子	10	b	采集	江西、福建、广西、上海、云南

一枝黄花属 *Solidago*

寡毛毛果一枝黄花 *Solidago virgaurea* subsp. *dahurica*（Kitag.）Kitag.

迁地栽培保存

保存地点	种质份数	个体数量	引种方式	生长状况	来源地
BJ	1	a	采集	G	北京

加拿大一枝黄花 *Solidago canadensis* Linn.

功效主治 全草：疏风清热。

迁地栽培保存

保存地点	种质份数	个体数量	引种方式	生长状况	来源地
SH	2	b	采集	A	待确定
JS1	1	c	采集	B	江苏
JS2	1	e	购买	C	江苏
GZ	1	a	采集	C	贵州
CQ	1	b	采集	C	重庆

保存地点	种质份数	个体数量	引种方式	生长状况	来源地
BJ	1	e	采集	G	北京
GX	*	f	采集	G	法国

种质库保存

保存地点	保存方式	种质份数	个体数量	引种方式	来源地
BJ	种子	1	a	采集	重庆

毛果一枝黄花 *Solidago virgaurea* Linn.

功效主治 全草：用于水肿，小便涩痛。

濒危等级 中国植物红色名录评估为无危（LC）。

迁地栽培保存

保存地点	种质份数	个体数量	引种方式	生长状况	来源地
BJ	1	b	采集	G	四川

一枝黄花 *Solidago decurrens* Lour.

功效主治 全草（见血飞）：辛、苦，凉。有小毒。疏风清热，消肿解毒。用于感冒头痛，咽喉痛，黄疸，顿咳，小儿惊风，跌打损伤，痈肿，背疽，鹅掌风。

迁地栽培保存

保存地点	种质份数	个体数量	引种方式	生长状况	来源地
BJ	2	c	采集	C	北京、湖北
LN	1	c	采集	B	辽宁
SH	1	b	采集	A	待确定
SC	1	f	待确定	G	四川
CQ	1	b	采集	C	重庆
GZ	1	b	采集	C	贵州
GX	*	f	采集	G	广西

种质库保存

保存地点	保存方式	种质份数	个体数量	引种方式	来源地
BJ	种子	4	b	采集	重庆

银胶菊属 *Parthenium*

银胶菊 *Parthenium hysterophorus* Linn.

功效主治 全草：用于疮疡肿毒。

濒危等级 中国植物红色名录评估为无危（LC）。

迁地栽培保存

保存地点	种质份数	个体数量	引种方式	生长状况	来源地
BJ	1	a	赠送	G	美国
GX	*	f	采集	G	广西

种质库保存

保存地点	保存方式	种质份数	个体数量	引种方式	来源地
BJ	种子	1	a	采集	福建

鱼眼草属 *Dichrocephala*

鱼眼草 *Dichrocephala integrifolia*（L. f.）Kuntze

功效主治 全草或叶、果实：用于胃痛，痢疾，腹泻带血，癫狂症，喉痛，癣，创伤。

迁地栽培保存

保存地点	种质份数	个体数量	引种方式	生长状况	来源地
HN	1	b	采集	B	海南
GZ	1	a	采集	C	贵州

种质库保存

保存地点	保存方式	种质份数	个体数量	引种方式	来源地
BJ	种子	7	b	采集	广西、云南

羽叶苍术属 *Atractylis*

于术 *Atractylis macrocephala*（Koidz.）Hand.-Mazz.

迁地栽培保存

保存地点	种质份数	个体数量	引种方式	生长状况	来源地
GX	*	f	采集	G	河北

云木香属 *Aucklandia*

云木香 *Aucklandia costus* Falc.

迁地栽培保存

保存地点	种质份数	个体数量	引种方式	生长状况	来源地
BJ	3	b	采集	A	四川、云南、河北
HB	1	a	采集	C	湖北
GX	*	f	采集	G	云南

种质库保存

保存地点	保存方式	种质份数	个体数量	引种方式	来源地
BJ	种子	51	b	采集	云南、四川、湖北

蚤草属 *Pulicaria*

止痢蚤草 *Pulicaria dysenterica*（Linn.）Gaertn.

功效主治 全草：在欧洲可止痢。用于赤痢。

迁地栽培保存

保存地点	种质份数	个体数量	引种方式	生长状况	来源地
GX	*	f	采集	G	波兰

泽菊属　*Sphagneticola*

南美蟛蜞菊　*Sphagneticola trilobata* (L.) Pruski

功效主治　叶、茎、种子：用于感冒，咳嗽，发热，蛇虫咬伤。

迁地栽培保存

保存地点	种质份数	个体数量	引种方式	生长状况	来源地
CQ	1	a	赠送	C	云南
LN	1	c	购买	A	辽宁

蟛蜞菊　*Sphagneticola calendulacea* (L.) Pruski

功效主治　全草（蟛蜞菊）或根（蟛蜞菊）：甘、淡，凉。清热解毒，祛瘀消肿。用于白喉，顿咳，痢疾，痔疮，跌打损伤。

迁地栽培保存

保存地点	种质份数	个体数量	引种方式	生长状况	来源地
GD	1	c	采集	A	待确定
FJ	1	b	采集	A	福建
HN	1	c	采集	B	待确定

种质库保存

保存地点	保存方式	种质份数	个体数量	引种方式	来源地
BJ	种子	1	a	采集	待确定

泽兰属 *Eupatorium*

白头婆 *Eupatorium japonicum* Thunb.

功效主治 茎叶：苦、辛，微温。活血通络，清热解毒，健胃消食。

濒危等级 中国植物红色名录评估为无危（LC）。

迁地栽培保存

保存地点	种质份数	个体数量	引种方式	生长状况	来源地
JS1	1	a	采集	D	江苏
SH	1	b	采集	A	待确定

种质库保存

保存地点	保存方式	种质份数	个体数量	引种方式	来源地
BJ	种子	1	a	采集	安徽

大麻叶泽兰 *Eupatorium cannabinum* Linn.

功效主治 全草：辛，平。消暑，辟秽，化湿，调经。

濒危等级 中国植物红色名录评估为无危（LC）。

迁地栽培保存

保存地点	种质份数	个体数量	引种方式	生长状况	来源地
BJ	1	d	交换	G	北京

种质库保存

保存地点	保存方式	种质份数	个体数量	引种方式	来源地
BJ	种子	1	a	采集	待确定

峨眉泽兰 *Eupatorium omeiense* Ling et C. Shih

濒危等级 中国特有植物，中国植物红色名录评估为数据缺乏（DD）。

迁地栽培保存

保存地点	种质份数	个体数量	引种方式	生长状况	来源地
SC	1	f	待确定	G	四川

华泽兰 *Eupatorium chinense* Linn.

功效主治　根（华泽兰）：微苦，凉。清热解毒，利咽化痰。用于白喉，咳嗽痰喘，风湿关节痛，乳痈，咽喉痛，感冒发热，麻疹，痈疖肿毒，毒蛇咬伤。叶：有毒。消肿止痛。用于蛇咬伤，肿毒。

迁地栽培保存

保存地点	种质份数	个体数量	引种方式	生长状况	来源地
GX	2	f	采集	G	中国广西，法国
CQ	1	a	采集	C	重庆

种质库保存

保存地点	保存方式	种质份数	个体数量	引种方式	来源地
HN	种子	1	b	采集	湖南

假白花草 *Eupatorium ageratoides* L. f.

功效主治　叶：清热，止血。用于外伤出血。

迁地栽培保存

保存地点	种质份数	个体数量	引种方式	生长状况	来源地
BJ	1	b	赠送	G	前苏联

林泽兰 *Eupatorium lindleyanum* DC.

功效主治　根（野马追）：苦，平。祛痰定喘，平肝。用于咳嗽痰喘，肝阳上亢。

迁地栽培保存

保存地点	种质份数	个体数量	引种方式	生长状况	来源地
BJ	2	e	交换	G	北京、山东
GX	*	f	采集	G	日本

种质库保存

保存地点	保存方式	种质份数	个体数量	引种方式	来源地
BJ	种子	6	c	采集	江西、福建、重庆

南川泽兰 *Eupatorium nanchuanense* Ling et C. Shih

功效主治 根：用于阴虚潮热，小儿疳积。

濒危等级 中国特有植物，中国植物红色名录评估为无危（LC）。

迁地栽培保存

保存地点	种质份数	个体数量	引种方式	生长状况	来源地
CQ	1	a	采集	C	重庆
GX	*	f	采集	G	重庆

佩兰 *Eupatorium fortunei* Turcz.

功效主治 茎叶（佩兰）：辛，平。化湿醒脾，开胃，发表解暑。用于夏季伤暑，发热头重，胸闷腹胀，食欲不振，口中发黏，吐泻，胃腹胀痛，月经不调。

濒危等级 中国植物红色名录评估为无危（LC）。

迁地栽培保存

保存地点	种质份数	个体数量	引种方式	生长状况	来源地
FJ	5	b	采集	A	福建
BJ	3	e	交换	G	北京、安徽、湖北
CQ	1	b	采集	C	重庆
GD	1	a	采集	A	待确定
GZ	1	f	采集	F	贵州
HB	1	a	采集	C	待确定
HEN	1	e	采集	A	河南
JS1	1	b	采集	D	江苏
JS2	1	c	购买	C	江苏
SH	1	b	采集	A	待确定
GX	*	f	采集	G	江苏

种质库保存

保存地点	保存方式	种质份数	个体数量	引种方式	来源地
BJ	种子	5	b	采集	山西、安徽、四川、重庆

破坏草 *Eupatorium coelestinum* L.

濒危等级　中国植物红色名录评估为无危（LC）。

迁地栽培保存

保存地点	种质份数	个体数量	引种方式	生长状况	来源地
GZ	1	b	采集	C	贵州

异叶泽兰 *Eupatorium heterophyllum* DC.

功效主治　全草（红升麻）：甘、苦，微湿。活血祛瘀，除湿止痛，消肿利水。用于产后瘀血不行，月经不调，水肿，跌打损伤。根（红升麻根）：苦、微辛，凉。解表退热。用于感冒。叶：用于刀伤。

濒危等级　中国植物红色名录评估为无危（LC）。

种质库保存

保存地点	保存方式	种质份数	个体数量	引种方式	来源地
BJ	种子	1	a	采集	山西

圆梗泽兰 *Eupatorium chinense* var. *simplicifolium*（Makino）Kitam.

迁地栽培保存

保存地点	种质份数	个体数量	引种方式	生长状况	来源地
BJ	1	e	交换	G	北京

沼菊属 *Enydra*

沼菊 *Enydra fluctuans* Lour.

濒危等级　中国植物红色名录评估为无危（LC）。

迁地栽培保存

保存地点	种质份数	个体数量	引种方式	生长状况	来源地
HN	1	a	采集	A	待确定

栉叶蒿属　*Neopallasia*

栉叶蒿　*Neopallasia pectinata*（Pall.）Poljak.

功效主治　全草：微苦、涩，凉。清肝利胆，消肿止痛。用于急性黄疸，头痛，头晕。

濒危等级　中国植物红色名录评估为无危（LC）。

种质库保存

保存地点	保存方式	种质份数	个体数量	引种方式	来源地
BJ	种子	1	a	采集	甘肃

肿柄菊属　*Tithonia*

肿柄菊　*Tithonia diversifolia* A. Gray

功效主治　地上部分、叶：清热解毒，消肿拔毒。用于急性吐泻，胃痛，疮疡肿毒。

迁地栽培保存

保存地点	种质份数	个体数量	引种方式	生长状况	来源地
HN	1	b	采集	A	海南

种质库保存

保存地点	保存方式	种质份数	个体数量	引种方式	来源地
BJ	种子	1	a	采集	河北

帚菊属　*Pertya*

两色帚菊　*Pertya discolor* Rehd.

功效主治　花序：止咳平喘。

种质库保存

保存地点	保存方式	种质份数	个体数量	引种方式	来源地
BJ	种子	1	a	采集	甘肃

紫茎泽兰属　*Ageratina*

紫茎泽兰　*Ageratina adenophora* (Spreng.) R. M. King et H. Rob.

濒危等级　中国植物红色名录评估为无危（LC）。

种质库保存

保存地点	保存方式	种质份数	个体数量	引种方式	来源地
BJ	种子	1	a	采集	云南、贵州

紫菊属　*Notoseris*

光苞紫菊　*Notoseris macilenta* (Vaniot & H. Leveille) N. Kilian

迁地栽培保存

保存地点	种质份数	个体数量	引种方式	生长状况	来源地
GX	*	f	采集	G	广西

黑花紫菊　*Notoseris melanantha* (Franch.) C. Shih

功效主治　全草：清热解毒。

濒危等级　中国植物红色名录评估为无危（LC）。

迁地栽培保存

保存地点	种质份数	个体数量	引种方式	生长状况	来源地
GX	*	f	采集	G	广西

三花紫菊 *Notoseris triflora* (Hemsl.) C. Shih

种质库保存

保存地点	保存方式	种质份数	个体数量	引种方式	来源地
BJ	种子	1	a	采集	重庆

紫菀属 *Aster*

阿尔泰狗娃花 *Aster altaicus* Willd.

迁地栽培保存

保存地点	种质份数	个体数量	引种方式	生长状况	来源地
BJ	1	a	采集	G	北京

种质库保存

保存地点	保存方式	种质份数	个体数量	引种方式	来源地
BJ	种子	1	a	采集	山西

等毛短舌紫菀 *Aster sampsonii* var. *isochaetus* Chang

濒危等级 中国特有植物，中国植物红色名录评估为数据缺乏（DD）。

迁地栽培保存

保存地点	种质份数	个体数量	引种方式	生长状况	来源地
GX	*	f	采集	G	广西

东俄洛紫菀 *Aster tongolensis* Franch.

功效主治 根、花：清热解毒。用于胁痛。

濒危等级 中国特有植物，中国植物红色名录评估为无危（LC）。

迁地栽培保存

保存地点	种质份数	个体数量	引种方式	生长状况	来源地
BJ	1	b	采集	G	甘肃

东风菜 *Aster scaber* Thunb.

功效主治　根（东风菜根）：辛，温。祛风，行气，活血，止痛。用于泄泻，风湿关节痛，跌打损伤。全草（东风菜）：甘，凉。清热解毒，祛风止痛，行气活血。用于风湿关节痛，感冒头痛，目赤肿痛，咽喉痛，疔疮，毒蛇咬伤。

迁地栽培保存

保存地点	种质份数	个体数量	引种方式	生长状况	来源地
BJ	2	d	采集	G	辽宁、山东
JS1	1	a	采集	C	江苏
LN	1	d	采集	B	辽宁
GX	*	f	采集	G	广西

种质库保存

保存地点	保存方式	种质份数	个体数量	引种方式	来源地
BJ	种子	8	b	采集	吉林、安徽、江西

耳叶紫菀 *Aster auriculatus* Franch.

功效主治　根：苦，凉。润肺止咳，清热凉血。用于风热感冒，久咳，多汗，月经过多。全草：解毒消肿。用于蛇咬伤。

迁地栽培保存

保存地点	种质份数	个体数量	引种方式	生长状况	来源地
GX	*	f	采集	G	广西

高山紫菀 *Aster alpinus* L.

功效主治　花序：清热解毒，润肺止咳。用于咳嗽痰喘。

濒危等级 中国植物红色名录评估为无危（LC）。

迁地栽培保存

保存地点	种质份数	个体数量	引种方式	生长状况	来源地
GX	*	f	采集	G	法国

坚叶三脉紫菀 *Aster ageratoides* var. *firmum*（Diels）Hand.-Mazz.

迁地栽培保存

保存地点	种质份数	个体数量	引种方式	生长状况	来源地
GX	*	f	采集	G	日本

宽伞三脉紫菀 *Aster ageratoides* var. *laticorymbus*（Vant.）Hand.-Mazz.

濒危等级 中国特有植物，中国植物红色名录评估为无危（LC）。

迁地栽培保存

保存地点	种质份数	个体数量	引种方式	生长状况	来源地
GX	*	f	采集	G	广西

亮叶紫菀 *Aster nitidus* Chang

濒危等级 中国特有植物，中国植物红色名录评估为无危（LC）。

迁地栽培保存

保存地点	种质份数	个体数量	引种方式	生长状况	来源地
CQ	2	b	采集	B	重庆
GX	*	f	采集	G	待确定

裂叶马兰 *Aster incisus* Fisch.

功效主治 全草：消食，除湿热，利小便。

迁地栽培保存

保存地点	种质份数	个体数量	引种方式	生长状况	来源地
HLJ	2	c	采集、购买	A	黑龙江
BJ	1	a	采集	G	黑龙江

马兰 *Aster indicus* L.

功效主治 全草或根（马兰）：辛，凉。清热，凉血，解毒，利湿。用于吐血，衄血，血痢，创伤出血，疟疾，水肿，淋浊，咽喉痛，痔疮，痈肿，丹毒，毒蛇咬伤。

迁地栽培保存

保存地点	种质份数	个体数量	引种方式	生长状况	来源地
BJ	3	b	采集	G	四川、安徽、山东
SH	1	b	采集	A	待确定
GD	1	a	采集	D	待确定
GZ	1	c	采集	C	贵州
JS1	1	b	采集	B	江苏
JS2	1	e	购买	C	江苏
SC	1	f	待确定	G	四川

种质库保存

保存地点	保存方式	种质份数	个体数量	引种方式	来源地
BJ	种子	13	a	采集	福建、山西、安徽、黑龙江、广西
HN	种子	1	b	采集	湖南

毛枝三脉紫菀 *Aster ageratoides* var. *lasiocladus*（Hayata）Hand.-Mazz. Yamam.

迁地栽培保存

保存地点	种质份数	个体数量	引种方式	生长状况	来源地
GX	*	f	采集	G	广西

普陀狗娃花 *Aster arenarius* (Kitam.) Nemoto

濒危等级 中国植物红色名录评估为数据缺乏（DD）。

迁地栽培保存

保存地点	种质份数	个体数量	引种方式	生长状况	来源地
GX	*	f	采集	G	上海，待确定

千叶阿尔泰狗娃花 *Aster altaicus* var. *millefolius* (Vaniot) Handel-Mazzetti

迁地栽培保存

保存地点	种质份数	个体数量	引种方式	生长状况	来源地
BJ	1	b	采集	G	北京

琴叶紫菀 *Aster panduratus* Nees ex Walp.

功效主治 全草（岗边菊）：苦、辛，温。温中散寒，止咳，止痛。用于咳嗽痰喘，慢性胃痛，泄泻，消化不良，血崩。

濒危等级 中国特有植物，中国植物红色名录评估为无危（LC）。

迁地栽培保存

保存地点	种质份数	个体数量	引种方式	生长状况	来源地
GD	1	f	采集	G	待确定
SH	1	b	采集	A	待确定

秋分草 *Aster verticillatus* (Reinw.) Brouillet

功效主治 全草（大鱼鳅串）：淡，平。清热除湿。用于胁痛，水肿，带下病。

濒危等级 中国植物红色名录评估为无危（LC）。

迁地栽培保存

保存地点	种质份数	个体数量	引种方式	生长状况	来源地
SC	1	f	待确定	G	四川

种质库保存

保存地点	保存方式	种质份数	个体数量	引种方式	来源地
BJ	种子	1	a	采集	广西

全叶马兰 *Aster pekinensis*（Hance）F. H. Chen

功效主治　全草：清热解毒，止血消肿，利湿。花序：清热明目。用于目疾。

种质库保存

保存地点	保存方式	种质份数	个体数量	引种方式	来源地
BJ	种子	1	a	采集	待确定

三基脉紫菀 *Aster trinervius* Roxb. ex D. Don

功效主治　全草：清热化痰，祛风止血，接骨。用于感冒，跌打损伤，蛇咬伤。

濒危等级　中国植物红色名录评估为无危（LC）。

迁地栽培保存

保存地点	种质份数	个体数量	引种方式	生长状况	来源地
BJ	1	a	采集	G	吉林

三脉紫菀 *Aster ageratoides* Turcz.

功效主治　全草或根：苦、辛，凉。清热解毒，理气止痛，凉血止血。

迁地栽培保存

保存地点	种质份数	个体数量	引种方式	生长状况	来源地
BJ	2	b	采集	B	河北、北京
CQ	2	b	采集	B	重庆
GD	1	f	采集	G	待确定
GX	*	f	采集	G	法国

种质库保存

保存地点	保存方式	种质份数	个体数量	引种方式	来源地
BJ	种子	3	a	采集	江西、重庆
HN	种子	1	a	采集	海南

山马兰 *Aster lautureanus*（Debeaux）Franch.

功效主治　全草或根：清热，凉血，利湿，解毒。

濒危等级　中国植物红色名录评估为无危（LC）。

迁地栽培保存

保存地点	种质份数	个体数量	引种方式	生长状况	来源地
BJ	1	a	采集	G	山东

石生紫菀 *Aster oreophilus* Franch.

功效主治　花序（野冬菊）：苦，凉。清热消肿。用于牙痛，咽喉痛，眼痛，口腔破溃。

濒危等级　中国特有植物，中国植物红色名录评估为无危（LC）。

迁地栽培保存

保存地点	种质份数	个体数量	引种方式	生长状况	来源地
GX	*	f	采集	G	云南

四川紫菀 *Aster setchuenensis* Franch.

濒危等级　中国特有植物，中国植物红色名录评估为数据缺乏（DD）。

迁地栽培保存

保存地点	种质份数	个体数量	引种方式	生长状况	来源地
SC	4	f	待确定	G	四川

微糙三脉紫菀 *Aster ageratoides* var. *scaberulus*（Miq.）Ling.

濒危等级　中国植物红色名录评估为无危（LC）。

种质库保存

保存地点	保存方式	种质份数	个体数量	引种方式	来源地
BJ	种子	1	a	采集	江西

西伯利亚紫菀　*Aster sibiricus* L.

功效主治　根、茎、花：用于头痛，头晕，困倦；外用于疼痛。

濒危等级　中国植物红色名录评估为无危（LC）。

迁地栽培保存

保存地点	种质份数	个体数量	引种方式	生长状况	来源地
GX	*	f	采集	G	德国

狭叶三脉紫菀　*Aster ageratoides* var. *gerlachii* (Hce) Chang

濒危等级　中国特有植物，中国植物红色名录评估为数据缺乏（DD）。

迁地栽培保存

保存地点	种质份数	个体数量	引种方式	生长状况	来源地
GX	*	f	采集	G	广西

小舌紫菀　*Aster albescens* (DC.) Wall. ex Hand.-Mazz.

功效主治　全草（石灰条）：苦，凉。解毒消肿，杀虫，止咳。

迁地栽培保存

保存地点	种质份数	个体数量	引种方式	生长状况	来源地
BJ	1	a	采集	G	云南
CQ	1	a	采集	A	重庆
GX	*	f	采集	G	湖北

种质库保存

保存地点	保存方式	种质份数	个体数量	引种方式	来源地
BJ	种子	6	b	采集	重庆

叶苞紫菀 *Aster indamellus* Grierson

濒危等级 中国植物红色名录评估为无危（LC）。

迁地栽培保存

保存地点	种质份数	个体数量	引种方式	生长状况	来源地
GX	*	f	采集	G	法国

云南紫菀 *Aster yunnanensis* Franch.

功效主治 花序：辛、苦，凉。清热解毒，平抑肝阳。

濒危等级 中国特有植物，中国植物红色名录评估为无危（LC）。

迁地栽培保存

保存地点	种质份数	个体数量	引种方式	生长状况	来源地
BJ	1	a	采集	G	云南

紫菀 *Aster tataricus* L. f.

功效主治 根及根茎（紫菀）：苦，温。润肺，化痰，止咳。用于咳嗽痰喘，肺痨，咯血。

濒危等级 中国植物红色名录评估为无危（LC）。

迁地栽培保存

保存地点	种质份数	个体数量	引种方式	生长状况	来源地
BJ	3	e	采集	B	北京、河北、陕西
SH	1	b	采集	A	待确定
CQ	1	b	采集	B	吉林
HEN	1	d	采集	A	河南
HLJ	1	c	采集	A	黑龙江

续表

保存地点	种质份数	个体数量	引种方式	生长状况	来源地
JS1	1	c	采集	B	江苏
JS2	1	d	购买	C	江苏
LN	1	d	采集	B	辽宁
SC	1	f	待确定	G	四川

种质库保存

保存地点	保存方式	种质份数	个体数量	引种方式	来源地
BJ	种子	42	b	采集	辽宁、吉林、安徽、重庆、云南、江西、河北

爵床科　Acanthaceae

叉序草属　*Isoglossa*

叉序草　*Isoglossa collina*（T. Anderson）B. Hansen

濒危等级　中国植物红色名录评估为无危（LC）。

迁地栽培保存

保存地点	种质份数	个体数量	引种方式	生长状况	来源地
GX	*	f	采集	G	广西

叉柱花属　*Staurogyne*

叉柱花　*Staurogyne concinnula*（Hance）Kuntze

濒危等级　中国植物红色名录评估为无危（LC）。

迁地栽培保存

保存地点	种质份数	个体数量	引种方式	生长状况	来源地
YN	1	d	采集	A	云南

大花叉柱花 *Staurogyne sesamoides*（Hand.-Mazz.）B. L. Burtt

濒危等级 中国植物红色名录评估为无危（LC）。

迁地栽培保存

保存地点	种质份数	个体数量	引种方式	生长状况	来源地
GX	*	f	采集	G	广西

穿心莲属 *Andrographis*

穿心莲 *Andrographis paniculata*（Burm. f.）Nees

功效主治 地上部分：清热解毒，凉血，消肿，止痛。用于感冒发热，咽喉肿痛，口腔溃烂，顿咳，泄泻，痢疾，热淋涩痛，痈肿疮疡，毒蛇咬伤。

迁地栽培保存

保存地点	种质份数	个体数量	引种方式	生长状况	来源地
BJ	3	d	采集	A	四川、广东、云南
SC	2	f	待确定	G	四川
CQ	1	c	赠送	B	云南
FJ	*	a	购买	A	福建、广东
GD	1	b	采集	D	待确定
HN	1	c	采集	A	海南
LN	1	d	采集	A	辽宁
YN	1	b	采集	A	云南
GX	*	f	采集	G	广西

种质库保存

保存地点	保存方式	种质份数	个体数量	引种方式	来源地
HN	种子	2	b	采集	海南、广东
BJ	种子	103	e	采集	广东、广西、福建、云南

疏花穿心莲　*Andrographis laxiflora*（Bl.）Lindau

功效主治　全草：用于感冒，风热咳嗽，泄泻。

濒危等级　中国植物红色名录评估为无危（LC）。

迁地栽培保存

保存地点	种质份数	个体数量	引种方式	生长状况	来源地
HN	1	b	采集	A	海南

地皮消属　*Pararuellia*

海南地皮消　*Pararuellia hainanensis* C. Y. Wu & Lo

功效主治　全草：清热解毒，散瘀消肿，止痛。用于肺热咳嗽，咽喉肿痛，痄腮，瘰疬，脓肿疮毒，骨折，创伤感染。

濒危等级　中国特有植物，中国植物红色名录评估为无危（LC）。

迁地栽培保存

保存地点	种质份数	个体数量	引种方式	生长状况	来源地
GX	*	f	采集	G	广西

罗甸地皮消　*Pararuellia cavaleriei*（H. Lévl.）E. Hossain

濒危等级　中国特有植物，中国植物红色名录评估为无危（LC）。

迁地栽培保存

保存地点	种质份数	个体数量	引种方式	生长状况	来源地
GX	*	f	采集	G	广西

鳄嘴花属　*Clinacanthus*

鳄嘴花　*Clinacanthus nutans*（Burm. f.）Lindau

功效主治　全草（青箭）：甘、微苦，辛。清热除湿，消肿止痛，散瘀。用于黄疸，风湿痹痛，月经不调；

外用于跌打损伤，骨折，刀伤，枪伤。

濒危等级 中国植物红色名录评估为无危（LC）。

迁地栽培保存

保存地点	种质份数	个体数量	引种方式	生长状况	来源地
BJ	1	a	采集	G	广西
GD	1	f	采集	G	待确定
HN	1	b	购买	C	海南
YN	1	c	采集	A	云南

狗肝菜属 *Dicliptera*

狗肝菜 *Dicliptera chinensis*（L.）Juss.

功效主治 全草（狗肝菜）：甘、淡，凉。清热解毒，凉血生津，利尿。用于感冒高热，斑疹发热，暑热烦渴，流行性乙型脑炎，风湿痹证，咽喉肿痛，目赤，小便不利；外用于疖肿，蛇串疮。

濒危等级 中国植物红色名录评估为无危（LC）。

迁地栽培保存

保存地点	种质份数	个体数量	引种方式	生长状况	来源地
GD	1	f	采集	G	待确定
HN	1	a	采集	C	海南
BJ	1	b	采集	G	四川

种质库保存

保存地点	保存方式	种质份数	个体数量	引种方式	来源地
BJ	种子	1	a	采集	甘肃

观音草属 *Peristrophe*

观音草 *Peristrophe baphica*（Spreng.）Bremek.

功效主治 全草（红丝线）：甘、淡，凉。清肺止咳，散瘀止血。用于肺痨咯血，风热咳嗽，消渴，跌打损伤，肿痛。

濒危等级　中国植物红色名录评估为无危（LC）。

迁地栽培保存

保存地点	种质份数	个体数量	引种方式	生长状况	来源地
HN	2	a	采集	B	海南
GX	*	f	采集	G	广西

九头狮子草　*Peristrophe japonica* (Thunb.) Bremek.

功效主治　全草（九头狮子草）：辛、微苦，凉。发汗解表，解毒消肿，镇痉。用于感冒发热，咽喉肿痛，白喉，小儿消化不良，小儿高热，惊风；外用于痈疖肿毒，毒蛇咬伤，跌打损伤。

濒危等级　中国植物红色名录评估为无危（LC）。

迁地栽培保存

保存地点	种质份数	个体数量	引种方式	生长状况	来源地
GX	2	f	采集	G	浙江、广西
SC	2	f	待确定	G	四川
SH	1	b	采集	A	待确定
JS1	1	a	赠送	C	江苏
GZ	1	b	采集	C	贵州
CQ	1	b	购买	B	重庆
BJ	1	d	采集	G	江苏
HB	1	c	采集	C	湖北

孩儿草属　*Rungia*

长柄孩儿草　*Rungia longipes* D. Fang & Lo

濒危等级　中国特有植物，中国植物红色名录评估为无危（LC）。

迁地栽培保存

保存地点	种质份数	个体数量	引种方式	生长状况	来源地
GX	*	f	采集	G	广西

孩儿草 *Rungia pectinata*（L.）Nees

功效主治　全草（孩儿草）：辛、苦，凉。清热利湿，消积导滞。用于小儿疳积，消化不良，肝毒症，泄
　　　　　　泻，感冒，咽喉痛，目赤，瘰疬，疖肿。

濒危等级　中国植物红色名录评估为无危（LC）。

迁地栽培保存

保存地点	种质份数	个体数量	引种方式	生长状况	来源地
GX	2	f	采集	G	广西
HN	1	a	采集	C	海南
GD	1	f	采集	G	待确定

海榄雌属 *Avicennia*

海榄雌 *Avicennia marina*（Forssk.）Vierh.

功效主治　果实：用于痢疾。

濒危等级　中国植物红色名录评估为无危（LC）。

迁地栽培保存

保存地点	种质份数	个体数量	引种方式	生长状况	来源地
HN	2	a	采集	C	待确定

黄脉爵床属 *Sanchezia*

长圆叶黄脉爵床 *Sanchezia oblonga* Ruiz & Pav.

迁地栽培保存

保存地点	种质份数	个体数量	引种方式	生长状况	来源地
BJ	1	b	采集	G	云南
HN	1	b	采集	C	待确定
YN	1	c	采集	A	云南

火焰花属　*Phlogacanthus*

广西火焰花　*Phlogacanthus colaniae* Benoist

濒危等级　中国植物红色名录评估为无危（LC）。

迁地栽培保存

保存地点	种质份数	个体数量	引种方式	生长状况	来源地
GX	2	f	采集	G	广西

火焰花　*Phlogacanthus curviflorus*（Wall.）Nees

功效主治　根（焰爵床）：苦，寒。清热解毒。用于疟疾。

濒危等级　中国植物红色名录评估为无危（LC）。

迁地栽培保存

保存地点	种质份数	个体数量	引种方式	生长状况	来源地
GZ	1	a	采集	C	贵州
YN	1	b	采集	C	云南
GX	*	f	采集	G	福建

毛脉火焰花　*Phlogacanthus pubinervius* T. Anderson

濒危等级　中国植物红色名录评估为无危（LC）。

迁地栽培保存

保存地点	种质份数	个体数量	引种方式	生长状况	来源地
GX	*	f	采集	G	广西

假杜鹃属　*Barleria*

花叶假杜鹃　*Barleria lupulina* Lindl.

功效主治　全株：辛、苦，温。通经活络，解毒消肿。用于毒蛇咬伤，犬咬伤，跌打损伤，痈肿，外伤出血。

迁地栽培保存

保存地点	种质份数	个体数量	引种方式	生长状况	来源地
YN	1	b	购买	A	云南

黄花假杜鹃 *Barleria prionitis* L.

功效主治 根：解毒，消肿，止咳。用于牙痛，咳嗽；外用于痔疮。全株或叶：涩，凉。散瘀消肿，续筋接骨。用于跌打损伤，木刺入肉。

濒危等级 中国植物红色名录评估为无危（LC）。

迁地栽培保存

保存地点	种质份数	个体数量	引种方式	生长状况	来源地
BJ	1	a	采集	G	云南
YN	1	b	购买	A	云南

种质库保存

保存地点	保存方式	种质份数	个体数量	引种方式	来源地
BJ	种子	1	a	采集	待确定

假杜鹃 *Barleria cristata* L.

功效主治 全株（紫靛）：甘、淡，凉。清肺化痰，止血截疟，祛风除湿，消肿止痛，透疹止痒。用于肺热咳嗽，疟疾，枪弹、竹刺入肉，疖疮，风湿痛。

濒危等级 中国植物红色名录评估为无危（LC）。

迁地栽培保存

保存地点	种质份数	个体数量	引种方式	生长状况	来源地
GD	1	f	采集	G	待确定
HN	1	a	采集	C	海南

种质库保存

保存地点	保存方式	种质份数	个体数量	引种方式	来源地
BJ	种子	1	a	采集	甘肃

金苞花属 *Pachystachys*

金苞花 *Pachystachys lutea* Nees

迁地栽培保存

保存地点	种质份数	个体数量	引种方式	生长状况	来源地
BJ	1	b	采集	G	广东

爵床属 *Justicia*

矮爵床 *Justicia demissa* N. H. Xia & Y. F. Deng

濒危等级 中国特有植物，中国植物红色名录评估为无危（LC）。

迁地栽培保存

保存地点	种质份数	个体数量	引种方式	生长状况	来源地
GX	*	f	采集	G	广西

白脉爵床 *Justicia austroguangxiensis* 'Albinervia' H. S. Lo et D. Fang

迁地栽培保存

保存地点	种质份数	个体数量	引种方式	生长状况	来源地
GX	*	f	采集	G	广西

大明爵床 *Justicia damingensis* (H. S. Lo) H. S. Lo

濒危等级 中国特有植物，中国植物红色名录评估为无危（LC）。

迁地栽培保存

保存地点	种质份数	个体数量	引种方式	生长状况	来源地
GX	*	f	采集	G	广西

杜根藤 *Justicia quadrifaria* (Nees) T. Anderson

功效主治 全草：苦，寒。清热解毒。用于口舌生疮，时行热毒，丹毒，黄疸。

濒危等级 中国植物红色名录评估为无危（LC）。

迁地栽培保存

保存地点	种质份数	个体数量	引种方式	生长状况	来源地
GX	*	f	采集	G	广西

钝萼爵床 *Justicia amblyosepala* D. Fang & H. S. Lo

濒危等级 中国特有植物，中国植物红色名录评估为无危（LC）。

迁地栽培保存

保存地点	种质份数	个体数量	引种方式	生长状况	来源地
GX	*	f	采集	G	广西

广东爵床 *Justicia lianshanica* (H. S. Lo) H. S. Lo

濒危等级 中国特有植物，中国植物红色名录评估为无危（LC）。

迁地栽培保存

保存地点	种质份数	个体数量	引种方式	生长状况	来源地
GX	*	f	采集	G	广西

广西爵床 *Justicia kwangsiensis* (H. S. Lo) H. S. Lo

功效主治 全株：用于时行感冒，阴挺。

濒危等级 中国特有植物，中国植物红色名录评估为无危（LC）。

迁地栽培保存

保存地点	种质份数	个体数量	引种方式	生长状况	来源地
GX	*	f	采集	G	广西

黑叶小驳骨 *Justicia ventricosa* Wall. ex Hook. F.

功效主治　全株（大驳骨）：辛、微酸，平。活血散瘀，祛风除湿，续筋接骨。用于骨折，跌打损伤，风湿痹痛，腰腿痛，外伤出血。

濒危等级　中国植物红色名录评估为无危（LC）。

迁地栽培保存

保存地点	种质份数	个体数量	引种方式	生长状况	来源地
YN	1	a	采集	A	云南
BJ	1	a	采集	G	广西
HN	1	a	采集	C	海南
GX	*	f	采集	G	广西

华南爵床 *Justicia austrosinensis* H. S. Lo

濒危等级　中国特有植物，中国植物红色名录评估为无危（LC）。

迁地栽培保存

保存地点	种质份数	个体数量	引种方式	生长状况	来源地
GX	*	f	采集	G	广西

爵床 *Justicia procumbens* L.

功效主治　全草（爵床）：微苦，寒。清热解毒，利尿消肿，活血止痛。用于感冒发热，疟疾，咽喉肿痛，小儿疳积，痢疾，呕吐，胃痛，水肿，小便淋痛，痈疮疔肿，跌打损伤。

迁地栽培保存

保存地点	种质份数	个体数量	引种方式	生长状况	来源地
GD	1	f	采集	G	待确定

续表

保存地点	种质份数	个体数量	引种方式	生长状况	来源地
GZ	1	e	采集	C	贵州
JS1	1	c	采集	B	江苏
SC	1	f	待确定	G	四川
SH	1	b	采集	A	待确定
GX	*	f	采集	G	广西

种质库保存

保存地点	保存方式	种质份数	个体数量	引种方式	来源地
BJ	种子	8	c	采集	云南、江西、河北、重庆

南岭爵床 *Justicia leptostachya* Hemsley

功效主治 全草：散瘀，止痛，止血。用于跌打损伤，骨折。

濒危等级 中国特有植物，中国植物红色名录评估为无危（LC）。

迁地栽培保存

保存地点	种质份数	个体数量	引种方式	生长状况	来源地
GX	*	f	采集	G	广西

琴叶爵床 *Justicia panduriformis* Benoist

濒危等级 中国植物红色名录评估为无危（LC）。

迁地栽培保存

保存地点	种质份数	个体数量	引种方式	生长状况	来源地
GX	*	f	采集	G	广西

虾衣花 *Justicia brandegeeana* Wassh. & L. B. Sm.

功效主治 茎、叶：散瘀消肿。用于跌打损伤。

迁地栽培保存

保存地点	种质份数	个体数量	引种方式	生长状况	来源地
BJ	2	b	购买	G	北京，待确定
YN	1	a	购买	C	云南
CQ	1	a	赠送	C	广西
HN	1	a	采集	C	海南
JS1	1	a	购买	C	江苏
SH	1	b	采集	A	待确定
GX	*	f	采集	G	广西

线叶爵床 *Justicia neolinearifolia* N. H. Xia & Y. F. Deng

功效主治　全草：用于风湿关节痛，毒蛇咬伤。

濒危等级　中国植物红色名录评估为无危（LC）。

迁地栽培保存

保存地点	种质份数	个体数量	引种方式	生长状况	来源地
GX	*	f	采集	G	广西

小驳骨 *Justicia gendarussa* Burm. f.

功效主治　全株（小驳骨）：辛、微酸，平。续筋接骨，消肿止痛。用于骨折，扭挫伤，风湿痹痛。树皮：催吐。

濒危等级　中国植物红色名录评估为无危（LC）。

迁地栽培保存

保存地点	种质份数	个体数量	引种方式	生长状况	来源地
BJ	1	a	采集	G	广西
CQ	1	a	购买	C	四川
GD	1	b	采集	B	待确定
HN	1	a	采集	B	海南
YN	1	c	购买	A	云南
GX	*	f	采集	G	广西

心叶爵床 *Justicia cardiophylla* D. Fang & H. S. Lo

濒危等级　中国植物红色名录评估为无危（LC）。

迁地栽培保存

保存地点	种质份数	个体数量	引种方式	生长状况	来源地
GX	*	f	采集	G	广西

鸭嘴花 *Justicia adhatoda* L.

功效主治　全株：苦、辛，温。祛风活血，散瘀止痛，接骨。用于骨折，扭伤，风湿痹痛，腰痛。

濒危等级　中国植物红色名录评估为无危（LC）。

迁地栽培保存

保存地点	种质份数	个体数量	引种方式	生长状况	来源地
BJ	1	b	采集	C	广西
GD	1	a	采集	D	待确定
SH	1	b	采集	A	待确定
GX	*	f	采集	G	广西

野靛棵 *Justicia patentiflora* Hemsl.

濒危等级　中国植物红色名录评估为无危（LC）。

迁地栽培保存

保存地点	种质份数	个体数量	引种方式	生长状况	来源地
GX	*	f	采集	G	日本

针子草 *Justicia vagabunda* Benoist

濒危等级　中国植物红色名录评估为无危（LC）。

迁地栽培保存

保存地点	种质份数	个体数量	引种方式	生长状况	来源地
YN	1	a	采集	C	云南

紫苞爵床 *Justicia latiflora* Hemsley.

濒危等级 中国特有植物，中国植物红色名录评估为无危（LC）。

迁地栽培保存

保存地点	种质份数	个体数量	引种方式	生长状况	来源地
CQ	1	a	采集	F	重庆
GZ	1	a	采集	C	贵州
GX	*	f	采集	G	广西

老鼠簕属 *Acanthus*

刺苞老鼠簕 *Acanthus leucostachyus* Wall. ex Nees

濒危等级 中国植物红色名录评估为近危（NT）。

迁地栽培保存

保存地点	种质份数	个体数量	引种方式	生长状况	来源地
YN	1	c	采集	A	云南

蛤蟆花 *Acanthus mollis* L.

功效主治 干叶：在欧洲用于风湿痹痛，损伤出血，月经不调。全草：接骨，祛风止痛。用于骨折，扭伤，风湿骨痛，肾炎，血崩。

迁地栽培保存

保存地点	种质份数	个体数量	引种方式	生长状况	来源地
CQ	1	a	购买	B	安徽

老鼠簕 *Acanthus ilicifolius* L.

功效主治 全株（老鼠簕）或根（老鼠簕）：微咸，凉。清热解毒，消肿散结，止咳平喘。用于瘰疬，肝毒症，肝脾肿大，胃痛，咳嗽，哮喘。

濒危等级 中国植物红色名录评估为无危（LC）。

迁地栽培保存

保存地点	种质份数	个体数量	引种方式	生长状况	来源地
GX	2	f	采集	G	广西、广东
HN	1	b	购买	B	海南

恋岩花属　*Echinacanthus*

长柄恋岩花　*Echinacanthus longipes* H. S. Lo & D. Fang

濒危等级　中国植物红色名录评估为无危（LC）。

迁地栽培保存

保存地点	种质份数	个体数量	引种方式	生长状况	来源地
GX	*	f	采集	G	广西

鳞花草属　*Lepidagathis*

鳞花草　*Lepidagathis incurva* Buch.-Ham. ex D. Don

功效主治　全草：甘、微苦，寒。清热解毒，消肿止痛。用于蛇串疮，口唇糜烂，目痛；外用于疮疡肿毒。
濒危等级　中国植物红色名录评估为无危（LC）。

迁地栽培保存

保存地点	种质份数	个体数量	引种方式	生长状况	来源地
GD	1	f	采集	G	待确定

灵枝草属　*Rhinacanthus*

灵枝草　*Rhinacanthus nasutus*（L.）Kurz

功效主治　根：用于毒蛇咬伤。枝（白鹤灵芝）、叶（白鹤灵芝）：甘、淡，平。润肺降火，杀虫，灭疥。用于早期肺痨，毒蛇咬伤，体癣，湿疹，疥癞。

迁地栽培保存

保存地点	种质份数	个体数量	引种方式	生长状况	来源地
YN	1	d	采集	A	云南
BJ	1	d	采集	G	广西
GD	1	b	采集	A	待确定
HN	1	a	采集	C	海南

芦莉草属 *Ruellia*

蓝花草 *Ruellia simplex* C. Wright

迁地栽培保存

保存地点	种质份数	个体数量	引种方式	生长状况	来源地
CQ	1	b	购买	C	重庆
YN	1	d	购买	A	云南

艳芦莉 *Ruellia elegans* Poir.

迁地栽培保存

保存地点	种质份数	个体数量	引种方式	生长状况	来源地
YN	1	c	购买	A	云南

裸柱草属 *Gymnostachyum*

矮裸柱草 *Gymnostachyum subrosulatum* Lo

濒危等级 中国特有植物，中国植物红色名录评估为无危（LC）。

迁地栽培保存

保存地点	种质份数	个体数量	引种方式	生长状况	来源地
GX	*	f	采集	G	广西

马蓝属　*Strobilanthes*

板蓝　*Strobilanthes cusia*（Nees）Kuntze

功效主治　根（马蓝根）：苦，寒。清热解毒，凉血。用于温病发热，发癍，风热感冒，咽喉肿烂，头风，暑热惊厥，肺痈，痄腮。叶或茎叶经加工制得的粉末或团块状物（青黛）：咸，寒。清热解毒，凉血，定惊。用于温毒发癍，血热吐衄，胸痛咯血，口疮，痄腮，喉痹，小儿惊痫。

濒危等级　中国植物红色名录评估为无危（LC）。

迁地栽培保存

保存地点	种质份数	个体数量	引种方式	生长状况	来源地
BJ	3	e	采集	A	云南、河北、广东
FJ	13	a	采集	A	福建、广东、云南
CQ	1	b	赠送	C	贵州
HN	1	a	采集	C	海南
YN	1	b	采集	A	云南
GZ	1	b	采集	C	贵州
GX	*	f	采集	G	广西、河北

薄叶马蓝　*Strobilanthes labordei* H. Léveillé

濒危等级　中国特有植物，中国植物红色名录评估为无危（LC）。

迁地栽培保存

保存地点	种质份数	个体数量	引种方式	生长状况	来源地
CQ	2	a	采集	B	重庆

菜头肾　*Strobilanthes sarcorrhiza*（C. Ling）C. Z. Cheng ex Y. F. Deng & N. H. Xia

功效主治　根：微甘，凉。养阴补肾。用于肾虚腰痛，阴虚牙痛，胁痛，水肿。茎、叶：微甘，凉。清热解毒。用于胁痛，疗疮疖肿，转筋。

濒危等级　中国特有植物，中国植物红色名录评估为无危（LC）。

迁地栽培保存

保存地点	种质份数	个体数量	引种方式	生长状况	来源地
GX	*	f	采集	G	广西

长苞马蓝 *Strobilanthes echinata* Nees

濒危等级 中国植物红色名录评估为无危（LC）。

迁地栽培保存

保存地点	种质份数	个体数量	引种方式	生长状况	来源地
GX	*	f	采集	G	广西

翅柄马蓝 *Strobilanthes atropurpurea* Nees

功效主治 叶：清热解毒，活血止痛。用于无名肿毒。

濒危等级 中国植物红色名录评估为无危（LC）。

迁地栽培保存

保存地点	种质份数	个体数量	引种方式	生长状况	来源地
GX	*	f	采集	G	贵州

耳叶马蓝 *Strobilanthes auriculata* Nees

濒危等级 中国植物红色名录评估为无危（LC）。

迁地栽培保存

保存地点	种质份数	个体数量	引种方式	生长状况	来源地
GX	*	f	采集	G	广西

华南马蓝 *Strobilanthes austrosinensis* Y. F. Deng & J. R. I. Wood

濒危等级 中国特有植物，中国植物红色名录评估为无危（LC）。

迁地栽培保存

保存地点	种质份数	个体数量	引种方式	生长状况	来源地
GX	*	f	采集	G	广西

尖蕊花 *Strobilanthes tomentosa* (Nees) J. R. I. Wood

功效主治 叶：用于蛇咬伤，口腔破溃。

濒危等级 中国植物红色名录评估为无危（LC）。

迁地栽培保存

保存地点	种质份数	个体数量	引种方式	生长状况	来源地
GX	*	f	采集	G	广西

龙州马蓝 *Strobilanthes longzhouensis* H. S. Lo & D. Fang

濒危等级 中国植物红色名录评估为无危（LC）。

迁地栽培保存

保存地点	种质份数	个体数量	引种方式	生长状况	来源地
GX	*	f	采集	G	广西

南一笼鸡 *Strobilanthes henryi* Hemsl.

功效主治 全草：祛风解表，消肿止咳。用于感冒发热，肺热咳嗽，胁痛。

濒危等级 中国特有植物，中国植物红色名录评估为无危（LC）。

迁地栽培保存

保存地点	种质份数	个体数量	引种方式	生长状况	来源地
CQ	1	b	赠送	B	重庆
GX	*	f	采集	G	重庆

糯米香 *Semnostachya menglaensis* H. P. Tsui

濒危等级 中国植物红色名录评估为无危（LC）。

迁地栽培保存

保存地点	种质份数	个体数量	引种方式	生长状况	来源地
GX	*	f	采集	G	云南

匍匐半插花 *Strobilanthes reptans* (G. Forst.) Moylan ex Y. F. Deng & J. R. I. Wood

迁地栽培保存

保存地点	种质份数	个体数量	引种方式	生长状况	来源地
YN	1	a	采集	C	云南

球花马蓝 *Strobilanthes dimorphotricha* Hance

功效主治 茎（六月青）、叶（六月青）：淡、微辛，凉。解毒消肿，行血散瘀。用于毒蛇咬伤，跌打肿痛，疮疖肿痛。根及根茎：用于风热感冒，咽喉肿痛，暑热惊厥，肝毒症，痄腮。

濒危等级 中国植物红色名录评估为无危（LC）。

迁地栽培保存

保存地点	种质份数	个体数量	引种方式	生长状况	来源地
GX	*	f	采集	G	广西

种质库保存

保存地点	保存方式	种质份数	个体数量	引种方式	来源地
BJ	种子	8	b	采集	云南、广西

曲枝马蓝 *Strobilanthes dalzielii* (W. W. Sm.) Benoist

功效主治 全草：清热解毒，凉血利尿。用于痢疾，痄腮，咽喉痛，乳蛾，毒蛇咬伤。

濒危等级 中国植物红色名录评估为无危（LC）。

迁地栽培保存

保存地点	种质份数	个体数量	引种方式	生长状况	来源地
GX	*	f	采集	G	广西

山一笼鸡 *Strobilanthes aprica* (Hance) T. Anderson

功效主治 全草或根：清热解毒，利尿，发汗解表，清肺止咳。用于痢疾，风热感冒，肺热咳嗽。

濒危等级 中国植物红色名录评估为无危（LC）。

迁地栽培保存

保存地点	种质份数	个体数量	引种方式	生长状况	来源地
GX	*	f	采集	G	福建、重庆

种质库保存

保存地点	保存方式	种质份数	个体数量	引种方式	来源地
BJ	种子	3	b	采集	云南

少花马兰 *Strobilanthes oliganthus* Miq.

迁地栽培保存

保存地点	种质份数	个体数量	引种方式	生长状况	来源地
GX	*	f	采集	G	广西

四子马蓝 *Strobilanthes tetrasperma* (Champion ex Bentham) Druce Druce

功效主治 全草：微苦，凉。清热解毒，消肿。用于跌打损伤。

濒危等级 中国植物红色名录评估为无危（LC）。

迁地栽培保存

保存地点	种质份数	个体数量	引种方式	生长状况	来源地
GX	*	f	采集	G	广东

肖笼鸡 *Strobilanthes affinis* (Griff.) Terao ex J. R. I. Wood & J. R. Benn.

功效主治 根：淡、甘，凉。解毒，凉血。用于时行感冒，头风，暑热惊厥，肺热咳嗽，丹毒，热毒发癍，神昏，吐血，毒蛇咬伤。全草：外用于紫白癜风，毒蛇咬伤。

濒危等级 中国植物红色名录评估为无危（LC）。

迁地栽培保存

保存地点	种质份数	个体数量	引种方式	生长状况	来源地
GX	*	f	采集	G	广西

圆苞金足草 *Strobilanthes pentastemonoides* (Nees) T. Anders.

功效主治 全草：甘，凉。滋肾养阴，清热泻火。用于肝毒症，风湿关节痛，毒蛇咬伤，咽喉肿痛，骨折。

迁地栽培保存

保存地点	种质份数	个体数量	引种方式	生长状况	来源地
GX	*	f	采集	G	广西

楠草属 *Dipteracanthus*

楠草 *Dipteracanthus repens* (L.) Hassk.

功效主治 叶：消毒，消肿，止痛。用于疡痈，溃疮，刀伤，牙痛，腹痛。

濒危等级 中国植物红色名录评估为数据缺乏（DD）。

迁地栽培保存

保存地点	种质份数	个体数量	引种方式	生长状况	来源地
HN	1	a	采集	C	海南
GX	*	f	采集	G	广西

枪刀药属 *Hypoestes*

枪刀药 *Hypoestes purpurea* (L.) R. Br.

功效主治 全草（青丝线）：甘、淡，凉。清热解毒，凉血止血。用于肺痨咯血，咳嗽，消渴，刀伤出血，跌打肿痛。

濒危等级 中国植物红色名录评估为无危（LC）。

迁地栽培保存

保存地点	种质份数	个体数量	引种方式	生长状况	来源地
BJ	1	a	采集	G	广西

色萼花属　*Chroesthes*

色萼花　*Chroesthes lanceolata*（T. Anderson）B. Hansen

濒危等级　中国植物红色名录评估为无危（LC）。

迁地栽培保存

保存地点	种质份数	个体数量	引种方式	生长状况	来源地
GX	2	f	采集	G	广东、广西

山壳骨属　*Pseuderanthemum*

多花山壳骨　*Pseuderanthemum polyanthum*（C. B. Clarke）Merr.

功效主治　根：用于骨折。全株：用于崩漏，跌打损伤。

濒危等级　中国植物红色名录评估为无危（LC）。

迁地栽培保存

保存地点	种质份数	个体数量	引种方式	生长状况	来源地
YN	1	a	采集	C	云南

山壳骨　*Pseuderanthemum latifolium*（Vahl）B. Hansen

功效主治　根：止血。用于跌打损伤。

濒危等级　中国植物红色名录评估为无危（LC）。

迁地栽培保存

保存地点	种质份数	个体数量	引种方式	生长状况	来源地
GX	*	f	采集	G	江西

云南山壳骨 *Pseuderanthemum graciliflorum* (Nees) Ridl.

濒危等级　中国植物红色名录评估为无危（LC）。

迁地栽培保存

保存地点	种质份数	个体数量	引种方式	生长状况	来源地
GX	*	f	采集	G	广西

山牵牛属　*Thunbergia*

二色山牵牛 *Thunbergia eberhardtii* Benoist

濒危等级　中国植物红色名录评估为无危（LC）。

迁地栽培保存

保存地点	种质份数	个体数量	引种方式	生长状况	来源地
HN	2	a	采集	C	海南

海南山牵牛 *Thunbergia fragrans* subsp. *hainanensis* (C. Y. Wu et H. S. Lo) H. P. Tsui

功效主治　全株：用于蛇咬伤。

迁地栽培保存

保存地点	种质份数	个体数量	引种方式	生长状况	来源地
HN	2	a	采集	B	海南

山牵牛 *Thunbergia grandiflora* Roxb.

功效主治　根（通骨消）：微辛，平。祛风。用于风湿病，跌打损伤，骨折。根皮（老鸦嘴）：甘，平。消肿拔毒，排脓生肌，止痛。用于跌打损伤，骨折。茎：甘，平。消肿拔毒，排脓生肌，止痛。用于蛇咬伤，疮疖。叶：甘，平。消肿拔毒，排脓生肌，止痛。用于胃痛。花、种子：用于跌打损伤，风湿痛，疮疡肿毒，痛经。

迁地栽培保存

保存地点	种质份数	个体数量	引种方式	生长状况	来源地
YN	1	a	采集	A	云南

翼叶山牵牛 *Thunbergia alata* Bojer ex Sims

功效主治　全株：消肿止痛。用于跌打肿痛。

迁地栽培保存

保存地点	种质份数	个体数量	引种方式	生长状况	来源地
GX	*	f	采集	G	广西

直立山牵牛 *Thunbergia erecta* (Benth.) T. Anderson

迁地栽培保存

保存地点	种质份数	个体数量	引种方式	生长状况	来源地
YN	1	a	采集	C	云南

珊瑚花属 *Cyrtanthera*

珊瑚花 *Cyrtanthera carnea* (Lindl.) Bremek.

迁地栽培保存

保存地点	种质份数	个体数量	引种方式	生长状况	来源地
BJ	1	a	购买	G	北京
SH	1	b	采集	A	待确定
YN	1	a	采集	C	云南

肾苞草属 *Phaulopsis*

肾苞草 *Phaulopsis oppositifolia*（J. C. Wendl.）Lindau

濒危等级 中国植物红色名录评估为无危（LC）。

迁地栽培保存

保存地点	种质份数	个体数量	引种方式	生长状况	来源地
YN	1	a	采集	C	云南

种质库保存

保存地点	保存方式	种质份数	个体数量	引种方式	来源地
BJ	种子	1	a	采集	云南

十万错属 *Asystasia*

白接骨 *Asystasia neesiana*（Wall.）Nees

功效主治 全草（白接骨）或根茎（白接骨）：淡，凉。清热解毒，散瘀止血，利尿。用于肺痨，咽喉肿痛，消渴，腹水；外用于外伤出血，扭伤，疖肿。

濒危等级 中国植物红色名录评估为无危（LC）。

迁地栽培保存

保存地点	种质份数	个体数量	引种方式	生长状况	来源地
BJ	1	b	采集	C	江西
CQ	1	a	采集	C	重庆
GZ	1	b	采集	C	贵州
JS1	1	a	购买	D	江苏
GX	*	f	采集	G	广西

宽叶十万错 *Asystasia gangetica*（L.）T. Anderson

功效主治 全草：用于跌打损伤，骨折。

迁地栽培保存

保存地点	种质份数	个体数量	引种方式	生长状况	来源地
GD	1	f	采集	G	待确定
YN	1	a	采集	C	云南

十万错 *Asystasia chelonoides* Nees

濒危等级 中国植物红色名录评估为无危（LC）。

迁地栽培保存

保存地点	种质份数	个体数量	引种方式	生长状况	来源地
GX	*	f	采集	G	广东

水蓑衣属 *Hygrophila*

大花水蓑衣 *Hygrophila megalantha* Merr.

功效主治 种子：用于石淋。

迁地栽培保存

保存地点	种质份数	个体数量	引种方式	生长状况	来源地
HN	1	a	采集	B	海南

种质库保存

保存地点	保存方式	种质份数	个体数量	引种方式	来源地
BJ	种子	1	a	采集	云南

毛水蓑衣 *Hygrophila phlomoides* Nees

功效主治 种子：用于疖疮。

濒危等级 中国植物红色名录评估为无危（LC）。

迁地栽培保存

保存地点	种质份数	个体数量	引种方式	生长状况	来源地
HN	1	a	采集	B	海南

水蓑衣 *Hygrophila salicifolia*（Vahl）Nees

功效主治 全草（大青草）：甘、微苦，凉。清热解毒，化瘀止痛。用于咽喉痛，乳痈，吐血，衄血，顿咳；外用于骨折，跌打损伤，毒蛇咬伤。种子（南天仙子）：淡。健脾消食，散瘀消肿。用于癫狂，抽搐，哮喘，胃痛；外用于痈肿，恶疮。

濒危等级 中国植物红色名录评估为无危（LC）。

迁地栽培保存

保存地点	种质份数	个体数量	引种方式	生长状况	来源地
BJ	1	b	采集	G	广西
GD	1	f	采集	G	待确定
HN	1	a	采集	B	海南
GX	*	f	采集	G	广西、广东

种质库保存

保存地点	保存方式	种质份数	个体数量	引种方式	来源地
BJ	种子	1	a	采集	江西

网纹草属 *Fittonia*

网纹草 *Fittonia albivenis*（Veitch）Brummitt

迁地栽培保存

保存地点	种质份数	个体数量	引种方式	生长状况	来源地
BJ	1	b	购买	G	北京

喜花草属 *Eranthemum*

蓝花仔 *Eranthemum nervosum* (Vahl) R. Br. ex Roem. et Schult

功效主治 叶：清热解毒，散瘀消肿。用于跌打损伤，肿痛。

迁地栽培保存

保存地点	种质份数	个体数量	引种方式	生长状况	来源地
GX	*	f	采集	G	广西

喜花草 *Eranthemum pulchellum* Andrews

功效主治 叶：清热解毒，散瘀消肿。用于跌打肿痛。

迁地栽培保存

保存地点	种质份数	个体数量	引种方式	生长状况	来源地
HN	1	a	采集	C	待确定

纤穗爵床属 *Leptostachya*

纤穗爵床 *Leptostachya wallichii* Nees

濒危等级 中国植物红色名录评估为无危（LC）。

迁地栽培保存

保存地点	种质份数	个体数量	引种方式	生长状况	来源地
GX	*	f	采集	G	广西

野靛棵属　*Mananthes*

桂南野靛棵　*Mananthes austroguangxiensis*（H. S. Lo & D. Fang）C. Y. Wu & C. C. Hu

迁地栽培保存

保存地点	种质份数	个体数量	引种方式	生长状况	来源地
GZ	1	a	赠送	C	广西

钟花草属　*Codonacanthus*

钟花草　*Codonacanthus pauciflorus*（Nees）Nees

功效主治　全草：用于跌打损伤，风湿病，口腔溃烂。

濒危等级　中国植物红色名录评估为无危（LC）。

迁地栽培保存

保存地点	种质份数	个体数量	引种方式	生长状况	来源地
GX	*	f	采集	G	广西

壳斗科　Fagaceae

柯属　*Lithocarpus*

柄果柯　*Lithocarpus longipedicellatus*（Hickel & A. Camus）A. Camuss

濒危等级　中国植物红色名录评估为近危（NT）。

种质库保存

保存地点	保存方式	种质份数	个体数量	引种方式	来源地
HN	种子	1	a	采集	海南

短穗柯 *Lithocarpus brachystachyus* Chun

濒危等级 中国特有植物，中国植物红色名录评估为近危（NT）。

种质库保存

保存地点	保存方式	种质份数	个体数量	引种方式	来源地
HN	种子	1	a	采集	海南

多穗柯 *Lithocarpus polystachyus*（Wall. ex A. DC.）Rehder

功效主治 叶（多穗柯叶）：甘、苦，平。清热利湿。用于肝阳上亢，湿热下痢，皮肤瘙痒，痈疽恶疮。根：甘、涩，平。补肾益阴。用于虚损病。果实：滋阴补肾，清热止泻。

迁地栽培保存

保存地点	种质份数	个体数量	引种方式	生长状况	来源地
GZ	1	a	采集	C	贵州

种质库保存

保存地点	保存方式	种质份数	个体数量	引种方式	来源地
BJ	种子	6	b	采集	内蒙古、河北、山东、甘肃、重庆

黑柯 *Lithocarpus melanochromus* Chun & Tsiang

濒危等级 中国特有植物，中国植物红色名录评估为易危（VU）。

迁地栽培保存

保存地点	种质份数	个体数量	引种方式	生长状况	来源地
GX	*	f	采集	G	广西

灰柯 *Lithocarpus henryi*（Seemen）Rehd. & E. H. Wils.

功效主治 果实：祛风除湿。

濒危等级 中国特有植物，陕西省濒危保护植物，中国植物红色名录评估为无危（LC）。

迁地栽培保存

保存地点	种质份数	个体数量	引种方式	生长状况	来源地
GX	*	f	采集	G	江西

截果柯 *Lithocarpus truncatus*（King ex Hook. f.）Rehd. & E. H. Wils.

濒危等级　中国植物红色名录评估为无危（LC）。

种质库保存

保存地点	保存方式	种质份数	个体数量	引种方式	来源地
BJ	种子	1	a	采集	云南

柯 *Lithocarpus glaber*（Thunb.）Nakai

功效主治　树皮韧皮部（柯树皮）：辛，平。有小毒。用于大腹水病。

濒危等级　中国植物红色名录评估为无危（LC）。

迁地栽培保存

保存地点	种质份数	个体数量	引种方式	生长状况	来源地
GX	*	f	采集	G	广西

种质库保存

保存地点	保存方式	种质份数	个体数量	引种方式	来源地
BJ	种子	6	a	采集	江西

龙眼柯 *Lithocarpus longanoides* Huang & Y. T. Chang

濒危等级　中国特有植物，中国植物红色名录评估为无危（LC）。

迁地栽培保存

保存地点	种质份数	个体数量	引种方式	生长状况	来源地
GX	*	f	采集	G	广西

木姜叶柯　*Lithocarpus litseifolius*（Hance）Chun

功效主治　茎：祛风除湿，止痛。用于风湿痹痛，骨折。根：补肾助阳。用于虚损。叶：清热解毒，利湿。用于外感发热，湿热痢疾，皮肤瘙痒，痈疽恶疮。

濒危等级　中国植物红色名录评估为无危（LC）。

迁地栽培保存

保存地点	种质份数	个体数量	引种方式	生长状况	来源地
CQ	1	a	采集	C	重庆
GX	*	f	采集	G	广西

水仙柯　*Lithocarpus naiadarum*（Hance）Chun

濒危等级　中国特有植物，中国植物红色名录评估为近危（NT）。

迁地栽培保存

保存地点	种质份数	个体数量	引种方式	生长状况	来源地
BJ	3	b	采集	G	北京、湖北、陕西
HN	1	a	采集	C	海南

烟斗柯　*Lithocarpus corneus*（Lour.）Rehd.

濒危等级　中国植物红色名录评估为无危（LC）。

迁地栽培保存

保存地点	种质份数	个体数量	引种方式	生长状况	来源地
HN	1	a	采集	C	海南

种质库保存

保存地点	保存方式	种质份数	个体数量	引种方式	来源地
BJ	种子	1	a	采集	河北

硬壳柯　*Lithocarpus hancei*（Benth.）Rehd.

濒危等级　中国特有植物，中国植物红色名录评估为无危（LC）。

种质库保存

保存地点	保存方式	种质份数	个体数量	引种方式	来源地
BJ	种子	6	a	采集	河北、河南、四川、广西
HN	种子	2	a	采集	海南

鱼蓝柯 *Lithocarpus cyrtocarpus*（Drake）A. Camus

濒危等级 中国植物红色名录评估为易危（VU）。

迁地栽培保存

保存地点	种质份数	个体数量	引种方式	生长状况	来源地
GX	*	f	采集	G	广西

栎属 *Quercus*

白栎 *Quercus fabrei* Hance

功效主治 带虫瘿的总苞（白栎蓓）：健胃消积，理气，清火，明目。用于疝气，疳积，目赤肿痛。
濒危等级 中国特有植物，中国植物红色名录评估为无危（LC）。

迁地栽培保存

保存地点	种质份数	个体数量	引种方式	生长状况	来源地
ZJ	1	c	采集	A	浙江

种质库保存

保存地点	保存方式	种质份数	个体数量	引种方式	来源地
BJ	种子	4	a	采集	重庆、江西

匙叶栎 *Quercus dolicholepis* A. Camus

濒危等级 中国特有植物，中国植物红色名录评估为无危（LC）。

迁地栽培保存

保存地点	种质份数	个体数量	引种方式	生长状况	来源地
HB	1	a	采集	C	待确定

枹栎 *Quercus serrata* Thunb.

功效主治　果实：养胃健脾。

濒危等级　中国植物红色名录评估为无危（LC）。

迁地栽培保存

保存地点	种质份数	个体数量	引种方式	生长状况	来源地
HB	1	a	采集	C	待确定

种质库保存

保存地点	保存方式	种质份数	个体数量	引种方式	来源地
BJ	种子	4	a	采集	江西

槲栎 *Quercus aliena* Bl.

功效主治　根、树皮、壳斗：收敛，止痢。用于痢疾。叶：用于恶疮。

濒危等级　中国植物红色名录评估为无危（LC）。

迁地栽培保存

保存地点	种质份数	个体数量	引种方式	生长状况	来源地
GZ	1	b	采集	C	贵州
HB	1	a	采集	C	待确定
CQ	1	a	采集	C	重庆

种质库保存

保存地点	保存方式	种质份数	个体数量	引种方式	来源地
BJ	种子	7	a	采集	重庆、江西

槲树 *Quercus dentata* Thunb.

功效主治　种子（槲实仁）：苦、涩，平。涩肠止痢。用于小儿佝偻病。树皮（槲皮）：苦。用于恶疮，瘰疬，痢疾，肠风下血。叶（槲叶）：甘、苦，平。用于吐血，衄血，血痢，血痔，淋证。

濒危等级　中国植物红色名录评估为无危（LC）。

迁地栽培保存

保存地点	种质份数	个体数量	引种方式	生长状况	来源地
BJ	1	a	购买	G	北京

种质库保存

保存地点	保存方式	种质份数	个体数量	引种方式	来源地
BJ	种子	6	a	采集	河北、海南、重庆

橿子栎 *Quercus baronii* Skan

功效主治　根皮：用于牙痛，黄疸。叶：用于肿毒，难产。

濒危等级　中国特有植物，浙江省重点保护植物，中国植物红色名录评估为无危（LC）。

种质库保存

保存地点	保存方式	种质份数	个体数量	引种方式	来源地
BJ	种子	8	a	采集	待确定

麻栎 *Quercus acutissima* Carruth.

功效主治　果实（橡实）：苦、涩，微温。涩肠固脱。用于泻痢脱肛，痔血。根皮（橡木皮）、树皮（橡木皮）：苦，平。用于泻痢，瘰疬，恶疮。壳斗（橡实壳）：涩，温。收敛，止血。用于泻痢脱肛，肠风下血，崩中带下。

迁地栽培保存

保存地点	种质份数	个体数量	引种方式	生长状况	来源地
CQ	1	a	采集	C	重庆

种质库保存

保存地点	保存方式	种质份数	个体数量	引种方式	来源地
BJ	种子	5	a	采集	重庆, 待确定

蒙古栎 *Quercus mongolica* Fisch. ex Ledeb.

功效主治 树皮（柞树皮）、根皮：苦、涩，平。利湿，清热，解毒。用于咳嗽，泄泻，痢疾，黄疸，痔疮。叶（柞树叶）：用于痢疾，小儿消化不良，痈肿，痔疮。果实：苦、涩，微温。健脾止泻，收敛止血，涩肠固脱，解毒消肿。用于脾虚泄泻，痔疮出血，脱肛，乳痈。

濒危等级 中国植物红色名录评估为无危（LC）。

迁地栽培保存

保存地点	种质份数	个体数量	引种方式	生长状况	来源地
JS1	1	a	购买	C	江苏
LN	1	b	采集	C	辽宁

种质库保存

保存地点	保存方式	种质份数	个体数量	引种方式	来源地
BJ	种子	1	a	采集	甘肃

锐齿槲栎 *Quercus aliena* var. *acutiserrata* Maximowicz ex Wenzig

功效主治 根皮、叶、树皮：清热解毒，利湿，收敛止泻。用于痢疾，胃痛，小儿腹泻，小儿消化不良，小儿疳积，疝气，黄疸，咳嗽，瘰疬，恶疮，痈肿，痔疮。果实：用于脾虚腹泻，痔疮出血，脱肛，乳痈。壳斗：用于便血，子宫出血，带下病，疮肿。

濒危等级 中国植物红色名录评估为无危（LC）。

迁地栽培保存

保存地点	种质份数	个体数量	引种方式	生长状况	来源地
GX	*	f	采集	G	湖北

种质库保存

保存地点	保存方式	种质份数	个体数量	引种方式	来源地
BJ	种子	6	b	采集	江西

栓皮栎　*Quercus variabilis* Bl.

功效主治　壳斗、果实：苦、涩，平。健胃，收敛，止血痢，止咳，涩肠。用于痔疮，恶疮，痈肿，咳嗽，水泻，头癣。

濒危等级　中国植物红色名录评估为无危（LC）。

迁地栽培保存

保存地点	种质份数	个体数量	引种方式	生长状况	来源地
BJ	1	a	采集	G	广西
CQ	1	a	采集	C	重庆
GX	*	f	采集	G	上海

种质库保存

保存地点	保存方式	种质份数	个体数量	引种方式	来源地
BJ	种子	8	b	采集	海南、重庆、云南

铁橡栎　*Quercus cocciferoides* Hand.-Mazz.

濒危等级　中国特有植物，中国植物红色名录评估为无危（LC）。

种质库保存

保存地点	保存方式	种质份数	个体数量	引种方式	来源地
BJ	种子	1	a	采集	云南

乌冈栎　*Quercus phillyraeoides* A. Gray

濒危等级　中国植物红色名录评估为无危（LC）。

迁地栽培保存

保存地点	种质份数	个体数量	引种方式	生长状况	来源地
GX	*	f	采集	G	湖北、上海

小叶栎 *Quercus chenii* Nakai

功效主治 枝、壳斗：收敛，止泻。

濒危等级 中国特有植物，中国植物红色名录评估为无危（LC）。

种质库保存

保存地点	保存方式	种质份数	个体数量	引种方式	来源地
BJ	种子	1	a	采集	江西

锥连栎 *Quercus franchetii* Skan

功效主治 茎内皮（椎连栎）：微苦、涩，微温。止咳，定喘。用于感冒。

濒危等级 中国植物红色名录评估为无危（LC）。

迁地栽培保存

保存地点	种质份数	个体数量	引种方式	生长状况	来源地
GX	*	f	采集	G	云南

栗属 *Castanea*

栗 *Castanea mollissima* Bl.

功效主治 种仁（栗子）：甘，温。养胃健脾，补肾强筋，活血止血。用于反胃，泄泻，腰腿软弱，吐血，衄血，便血。根（栗树根）：甘、淡，平。用于疝气。树皮：用于丹毒，口疮，漆疮。叶（栗叶）：用于喉疮火毒，顿咳。花（栗花）：微苦、涩，微温。用于泻痢，便血，瘰疬。总苞（栗毛球）：用于丹毒，瘰疬，顿咳。外果皮（栗壳）：甘、涩，平。用于反胃，鼻衄，便血。内果皮（栗荴）：甘、涩，平。用于瘰疬，骨鲠，皮肤干燥。

迁地栽培保存

保存地点	种质份数	个体数量	引种方式	生长状况	来源地
HN	2	a	采集	C	待确定
JS1	1	a	购买	D	江苏
SH	1	b	采集	A	待确定
GZ	1	a	采集	C	贵州
HB	1	a	采集	C	湖北

种质库保存

保存地点	保存方式	种质份数	个体数量	引种方式	来源地
BJ	种子	10	a	采集	辽宁

茅栗　*Castanea seguinii* Dode

功效主治　种仁（茅栗仁）：用于失眠。根、树皮、总苞：外用于丹毒，疮毒。花序：用于口疮。果实：消食化气。

迁地栽培保存

保存地点	种质份数	个体数量	引种方式	生长状况	来源地
GZ	1	a	采集	C	贵州

种质库保存

保存地点	保存方式	种质份数	个体数量	引种方式	来源地
BJ	种子	3	b	采集	江西

锥栗　*Castanea henryi*（Skan）Rehd. & E. H. Wils.

功效主治　叶、壳斗：苦、涩，平。用于湿热，泄泻。种子：甘，平。用于肾虚，痿弱，消瘦。

迁地栽培保存

保存地点	种质份数	个体数量	引种方式	生长状况	来源地
JS1	1	a	采集	D	江苏
ZJ	1	c	购买	B	福建

种质库保存

保存地点	保存方式	种质份数	个体数量	引种方式	来源地
BJ	种子	8	a	采集	江西

青冈属　*Cyclobalanopsis*

槟榔青冈　*Cyclobalanopsis bella*（Chun & Tsiang）Chun ex Y. C. Hsu & H. W. Jen

濒危等级　中国植物红色名录评估为无危（LC）。

迁地栽培保存

保存地点	种质份数	个体数量	引种方式	生长状况	来源地
GX	*	f	采集	G	广东

赤皮青冈　*Cyclobalanopsis gilva*（Bl.）Oerst.

濒危等级　江西省三级保护植物，中国植物红色名录评估为无危（LC）。

迁地栽培保存

保存地点	种质份数	个体数量	引种方式	生长状况	来源地
ZJ	1	c	购买	B	浙江

大叶青冈　*Cyclobalanopsis jenseniana*（Hand.-Mazz.）W. C. Cheng & T. Hong ex Q. F. Zheng

濒危等级　中国特有植物，江西省三级保护植物，中国植物红色名录评估为无危（LC）。

迁地栽培保存

保存地点	种质份数	个体数量	引种方式	生长状况	来源地
GX	*	f	采集	G	湖北

滇青冈　*Cyclobalanopsis glaucoides* Schottky

功效主治　果仁：消乳肿。

濒危等级　中国特有植物，中国植物红色名录评估为无危（LC）。

种质库保存

保存地点	保存方式	种质份数	个体数量	引种方式	来源地
BJ	种子	3	a	采集	云南

褐叶青冈 *Cyclobalanopsis stewardiana*（A. Camus）Hsu & Jen

濒危等级　中国特有植物，中国植物红色名录评估为无危（LC）。

种质库保存

保存地点	保存方式	种质份数	个体数量	引种方式	来源地
BJ	种子	6	b	采集	重庆

毛斗青冈 *Cyclobalanopsis chrysocalyx*（Hickel & A. Camus）Hjelmq.

种质库保存

保存地点	保存方式	种质份数	个体数量	引种方式	来源地
BJ	种子	1	a	采集	待确定

青冈 *Cyclobalanopsis glauca*（Thunb.）Oerst.

功效主治　种仁：止渴，止痢，破恶血，健行。树皮：用于产妇流血。

濒危等级　中国植物红色名录评估为无危（LC）。

迁地栽培保存

保存地点	种质份数	个体数量	引种方式	生长状况	来源地
BJ	1	a	采集	G	广西
CQ	1	a	采集	C	重庆
GZ	1	c	采集	C	贵州
LN	1	b	采集	C	辽宁
GX	*	f	采集	G	浙江

种质库保存

保存地点	保存方式	种质份数	个体数量	引种方式	来源地
BJ	种子	8	a	采集	江西、云南

上思青冈 *Cyclobalanopsis delicatula*（Chun & Tsiang）Hsu & Jen

濒危等级 中国特有植物，中国植物红色名录评估为极危（CR）。

迁地栽培保存

保存地点	种质份数	个体数量	引种方式	生长状况	来源地
GX	*	f	采集	G	广西

细叶青冈 *Cyclobalanopsis gracilis*（Rehd. & E. H. Wils.）W. C. Cheng & T. Hong

功效主治 根、树皮：用于腰痛。

濒危等级 中国特有植物，中国植物红色名录评估为无危（LC）。

迁地栽培保存

保存地点	种质份数	个体数量	引种方式	生长状况	来源地
ZJ	1	c	购买	B	浙江

云山青冈 *Cyclobalanopsis sessilifolia*（Bl.）Schottky

濒危等级 中国植物红色名录评估为无危（LC）。

迁地栽培保存

保存地点	种质份数	个体数量	引种方式	生长状况	来源地
ZJ	1	c	购买	A	浙江

种质库保存

保存地点	保存方式	种质份数	个体数量	引种方式	来源地
BJ	种子	1	a	采集	江西

竹叶青冈 *Cyclobalanopsis bambusifolia*（Hance）Hsu & Jen

功效主治　叶：用于尿石症。

濒危等级　中国植物红色名录评估为无危（LC）。

迁地栽培保存

保存地点	种质份数	个体数量	引种方式	生长状况	来源地
HN	1	a	采集	C	海南
GX	*	f	采集	G	广西

水青冈属　*Fagus*

米心水青冈 *Fagus engleriana* Seem.

功效主治　根、茎皮：收敛止泻，清热解毒。

濒危等级　中国特有植物，中国植物红色名录评估为无危（LC）。

迁地栽培保存

保存地点	种质份数	个体数量	引种方式	生长状况	来源地
CQ	1	a	采集	C	重庆
GX	*	f	采集	G	湖北

水青冈 *Fagus longipetiolata* Seemen

功效主治　壳斗：健胃，消食，理气。

濒危等级　中国植物红色名录评估为无危（LC）。

迁地栽培保存

保存地点	种质份数	个体数量	引种方式	生长状况	来源地
GX	2	f	采集	G	广西、湖北

锥属 *Castanopsis*

扁刺锥 *Castanopsis platyacantha* Rehd. & E. H. Wils.

功效主治 叶、种子：健胃，补肾，除湿热。

濒危等级 中国特有植物，中国植物红色名录评估为无危（LC）。

迁地栽培保存

保存地点	种质份数	个体数量	引种方式	生长状况	来源地
CQ	1	a	采集	C	重庆
GX	*	f	采集	G	江苏

种质库保存

保存地点	保存方式	种质份数	个体数量	引种方式	来源地
BJ	种子	1	a	采集	待确定

海南锥 *Castanopsis hainanensis* Merr.

种质库保存

保存地点	保存方式	种质份数	个体数量	引种方式	来源地
HN	种子	1	a	采集	海南

红锥 *Castanopsis hystrix* Miq.

濒危等级 江西省三级保护植物，中国植物红色名录评估为无危（LC）。

迁地栽培保存

保存地点	种质份数	个体数量	引种方式	生长状况	来源地
HN	2	a	采集	C	海南
GX	*	f	采集	G	湖北

栲 *Castanopsis fargesii* Franch.

功效主治 总苞：清热，消肿止痛。

濒危等级 中国特有植物，中国植物红色名录评估为无危（LC）。

迁地栽培保存

保存地点	种质份数	个体数量	引种方式	生长状况	来源地
CQ	1	a	采集	C	重庆

苦槠 *Castanopsis sclerophylla*（Lindl.）Schottky

功效主治 种仁（槠子）：苦、涩。止泻痢，除恶血，止渴。树皮、叶（槠子皮叶）：止血。

濒危等级 中国特有植物，中国植物红色名录评估为无危（LC）。

迁地栽培保存

保存地点	种质份数	个体数量	引种方式	生长状况	来源地
ZJ	1	c	购买	B	贵州

种质库保存

保存地点	保存方式	种质份数	个体数量	引种方式	来源地
BJ	种子	8	b	采集	江西

黧蒴锥 *Castanopsis fissa*（Champ. ex Benth.）Rehd. & E. H. Wils.

功效主治 叶：外用于跌打损伤，疖疮。果实：用于咽喉肿痛。

濒危等级 中国植物红色名录评估为无危（LC）。

迁地栽培保存

保存地点	种质份数	个体数量	引种方式	生长状况	来源地
GX	*	f	采集	G	广西

鹿角锥 *Castanopsis lamontii* Hance

功效主治 种仁：用于痢疾。

濒危等级 中国植物红色名录评估为无危（LC）。

迁地栽培保存

保存地点	种质份数	个体数量	引种方式	生长状况	来源地
GX	*	f	采集	G	广西

米楮 *Castanopsis carlesii*（Hemsl.）Hayata

功效主治 种仁：用于痢疾。

迁地栽培保存

保存地点	种质份数	个体数量	引种方式	生长状况	来源地
GX	*	f	采集	G	广西

种质库保存

保存地点	保存方式	种质份数	个体数量	引种方式	来源地
BJ	种子	1	a	采集	待确定

甜楮 *Castanopsis eyrei*（Champ. ex Benth.）Tutcher

功效主治 根皮：止泻。种仁：健胃燥湿。

濒危等级 中国特有植物，中国植物红色名录评估为无危（LC）。

迁地栽培保存

保存地点	种质份数	个体数量	引种方式	生长状况	来源地
ZJ	1	c	购买	B	海南

种质库保存

保存地点	保存方式	种质份数	个体数量	引种方式	来源地
BJ	种子	1	a	采集	江西

秀丽锥 *Castanopsis jucunda* Hance

濒危等级 中国植物红色名录评估为无危（LC）。

种质库保存

保存地点	保存方式	种质份数	个体数量	引种方式	来源地
BJ	种子	1	a	采集	江西

银叶锥 *Castanopsis argyrophylla* King ex Hook. f.

濒危等级　中国植物红色名录评估为无危（LC）。

迁地栽培保存

保存地点	种质份数	个体数量	引种方式	生长状况	来源地
YN	1	a	采集	C	云南

种质库保存

保存地点	保存方式	种质份数	个体数量	引种方式	来源地
BJ	种子	1	a	采集	待确定

锥　*Castanopsis chinensis*（Spreng.）Hance

功效主治　叶、壳斗：苦、涩，平。健胃补肾，除湿热。用于湿热，腹泻。种子：甘，平。健脾补肾。用于肾虚，痿弱，消瘦。

迁地栽培保存

保存地点	种质份数	个体数量	引种方式	生长状况	来源地
HB	1	a	采集	C	待确定

苦槛蓝科　Myoporaceae

苦槛蓝属　*Pentacoelium*

苦槛蓝　*Pentacoelium bontioides* Siebold & Zucc.

功效主治　根：用于肺痨。

濒危等级 中国植物红色名录评估为无危（LC）。

迁地栽培保存

保存地点	种质份数	个体数量	引种方式	生长状况	来源地
GX	*	f	采集	G	广东

苦苣苔科　Gesneriaceae

半蒴苣苔属　*Hemiboea*

半蒴苣苔　*Hemiboea henryi* C. B. Clarke

功效主治 全草（降龙草）：微苦、涩，凉。有毒。清热解毒，利尿，止咳，生津。用于伤暑，毒蛇咬伤，疔疮。

迁地栽培保存

保存地点	种质份数	个体数量	引种方式	生长状况	来源地
GX	3	f	采集	G	广西
CQ	2	a	采集	C	重庆
GZ	1	c	采集	C	贵州
HB	1	a	采集	C	湖北

弄岗半蒴苣苔　*Hemiboea longgangensis* Z. Yu Li

濒危等级 中国特有植物，中国植物红色名录评估为易危（VU）。

迁地栽培保存

保存地点	种质份数	个体数量	引种方式	生长状况	来源地
GX	*	f	采集	G	广西

贵州半蒴苣苔　*Hemiboea cavaleriei* H. Lévl.

功效主治 全草（半蒴苣苔）：微酸、涩，凉。清热解毒。用于跌打损伤，刀伤出血，腹水。

濒危等级 中国植物红色名录评估为无危（LC）。

迁地栽培保存

保存地点	种质份数	个体数量	引种方式	生长状况	来源地
CQ	1	b	采集	F	重庆
GX	*	f	采集	G	广西

华南半蒴苣苔 *Hemiboea follicularis* C. B. Clarke

功效主治 全草：用于咳嗽，风热咳喘，骨折。

濒危等级 中国特有植物，中国植物红色名录评估为无危（LC）。

迁地栽培保存

保存地点	种质份数	个体数量	引种方式	生长状况	来源地
GX	2	f	采集	G	广西

龙州半蒴苣苔 *Hemiboea longzhouensis* W. T. Wang

濒危等级 中国特有植物，中国植物红色名录评估为近危（NT）。

迁地栽培保存

保存地点	种质份数	个体数量	引种方式	生长状况	来源地
GX	*	f	采集	G	广西

柔毛半蒴苣苔 *Hemiboea mollifolia* W. T. Wang

濒危等级 中国特有植物，中国植物红色名录评估为无危（LC）。

种质库保存

保存地点	保存方式	种质份数	个体数量	引种方式	来源地
HN	种子	1	a	采集	湖南

疏脉半蒴苣苔 *Hemiboea cavaleriei* H. Lévl. var. *paucinervis* W. T. Wang & Z. Y. Li

濒危等级 中国植物红色名录评估为无危（LC）。

迁地栽培保存

保存地点	种质份数	个体数量	引种方式	生长状况	来源地
GX	*	f	采集	G	广西

纤细半蒴苣苔 *Hemiboea gracilis* Franch.

功效主治 全草：用于疔疮肿毒，烫伤。

濒危等级 中国特有植物，中国植物红色名录评估为无危（LC）。

迁地栽培保存

保存地点	种质份数	个体数量	引种方式	生长状况	来源地
CQ	1	b	采集	C	重庆
GX	*	f	采集	G	重庆

报春苣苔属 *Primulina*

百寿报春苣苔 *Primulina baishouensis*（Y. G. Wei & al.）Yin Z. Wang

濒危等级 中国特有植物，中国植物红色名录评估为无危（LC）。

迁地栽培保存

保存地点	种质份数	个体数量	引种方式	生长状况	来源地
GX	*	f	采集	G	广西

大根报春苣苔 *Primulina macrorhiza*（D. Fang & D. H. Qin）Mich. Möller & A. Weber

濒危等级 中国特有植物，中国植物红色名录评估为极危（CR）。

迁地栽培保存

保存地点	种质份数	个体数量	引种方式	生长状况	来源地
GX	*	f	采集	G	广西

桂林小花苣苔 *Primulina subulata* var. *guilinensis*（W. T. Wang）W. B. Xu & K. F. Chung

濒危等级 中国特有植物，中国植物红色名录评估为无危（LC）。

迁地栽培保存

保存地点	种质份数	个体数量	引种方式	生长状况	来源地
GX	*	f	采集	G	广西

黄花牛耳朵 *Primulina lutea*（Yan Liu & Y. G. Wei）Mich. Möller & A. Weber

濒危等级 中国特有植物，中国植物红色名录评估为无危（LC）。

迁地栽培保存

保存地点	种质份数	个体数量	引种方式	生长状况	来源地
GX	*	f	采集	G	广西

假烟叶报春苣苔 *Primulina pseudoheterotricha*（T. J. Zhou & al.）Mich. Möller & A. Weber

迁地栽培保存

保存地点	种质份数	个体数量	引种方式	生长状况	来源地
GX	*	f	采集	G	广西

莨山报春苣苔 *Primulina langshanica*（W. T. Wang）Yin Z. Wang

濒危等级 中国特有植物，中国植物红色名录评估为无危（LC）。

迁地栽培保存

保存地点	种质份数	个体数量	引种方式	生长状况	来源地
GX	*	f	采集	G	湖南

龙氏报春苣苔 *Primulina longii*（Z. Yu Li）Z. Yu Li

濒危等级 中国特有植物，中国植物红色名录评估为无危（LC）。

迁地栽培保存

保存地点	种质份数	个体数量	引种方式	生长状况	来源地
GX	*	f	采集	G	广西

密毛蚂蝗七 *Primulina fimbrisepala* var. *mollis*（W. T. Wang）Mich. Möller & A. Weber

濒危等级　中国特有植物，中国植物红色名录评估为易危（VU）。

迁地栽培保存

保存地点	种质份数	个体数量	引种方式	生长状况	来源地
GX	*	f	采集	G	广西

那坡报春苣苔 *Primulina napoensis*（Z. Yu Li）Mich. Möller & A. Weber

濒危等级　中国特有植物，中国植物红色名录评估为无危（LC）。

迁地栽培保存

保存地点	种质份数	个体数量	引种方式	生长状况	来源地
GX	*	f	采集	G	广西

软叶报春苣苔 *Primulina weii* Mich. Möller & A. Weber

濒危等级　中国特有植物，中国植物红色名录评估为近危（NT）。

迁地栽培保存

保存地点	种质份数	个体数量	引种方式	生长状况	来源地
GX	*	f	采集	G	广西

文采报春苣苔 *Primulina wentsaii*（D. Fang & L. Zeng）Yin Z. Wang

濒危等级　中国特有植物，中国植物红色名录评估为近危（NT）。

迁地栽培保存

保存地点	种质份数	个体数量	引种方式	生长状况	来源地
GX	*	f	采集	G	北京

文采苣苔 *Primulina renifolia*（D. Fang & D. H. Qin）J. M. Li & Yin Z. Wang

濒危等级　中国特有植物，中国植物红色名录评估为极危（CR）。

迁地栽培保存

保存地点	种质份数	个体数量	引种方式	生长状况	来源地
GX	*	f	采集	G	广西

阳朔小花苣苔 *Primulina pseudoglandulosa* W. B. Xu & K. F. Chung

迁地栽培保存

保存地点	种质份数	个体数量	引种方式	生长状况	来源地
GX	*	f	采集	G	北京

紫腺小花苣苔 *Primulina glandulosa*（D. Fang, L. Zeng & D. H. Qin）Yin Z. Wang

濒危等级　中国特有植物，中国植物红色名录评估为近危（NT）。

迁地栽培保存

保存地点	种质份数	个体数量	引种方式	生长状况	来源地
GX	*	f	采集	G	广西

长蒴苣苔属　*Didymocarpus*

东南长蒴苣苔 *Didymocarpus hancei* Hemsl.

功效主治　全草（石茶）：苦，凉。清热解毒。用于咽喉痛。

濒危等级　中国特有植物，中国植物红色名录评估为无危（LC）。

迁地栽培保存

保存地点	种质份数	个体数量	引种方式	生长状况	来源地
GX	*	f	采集	G	广西

短萼长蒴苣苔 *Didymocarpus glandulosus*（W. W. Sm.）W. T. Wang var. *minor*（W. T. Wang）W. T. Wang

濒危等级 中国特有植物，中国植物红色名录评估为无危（LC）。

迁地栽培保存

保存地点	种质份数	个体数量	引种方式	生长状况	来源地
GX	*	f	采集	G	北京

长檐苣苔属 *Dolicholoma*

长檐苣苔 *Dolicholoma jasminiflorum* D. Fang & W. T. Wang

濒危等级 中国特有植物，中国植物红色名录评估为极危（CR）。

迁地栽培保存

保存地点	种质份数	个体数量	引种方式	生长状况	来源地
GX	*	f	采集	G	广西

唇柱苣苔属 *Chirita*

斑叶唇柱苣苔 *Chirita pumila* D. Don

功效主治 全草：解表发汗，止咳止血。用于咳嗽，吐血，带下病。

濒危等级 中国植物红色名录评估为无危（LC）。

迁地栽培保存

保存地点	种质份数	个体数量	引种方式	生长状况	来源地
GX	2	f	采集	G	广西

唇柱苣苔 *Chirita sinensis* Lindl.

功效主治 全草：用于无名肿毒。

濒危等级 中国特有植物，中国植物红色名录评估为无危（LC）。

迁地栽培保存

保存地点	种质份数	个体数量	引种方式	生长状况	来源地
GX	2	f	采集	G	中国广西，法国

刺齿唇柱苣苔　*Chirita spinulosa* D. Fang & W. T. Wang

功效主治　根茎：用于风湿痹痛，跌打损伤，骨折，劳伤咳嗽。

濒危等级　中国特有植物，中国植物红色名录评估为无危（LC）。

迁地栽培保存

保存地点	种质份数	个体数量	引种方式	生长状况	来源地
GX	*	f	采集	G	待确定

大叶唇柱苣苔　*Chirita macrophylla* Wall.

濒危等级　中国植物红色名录评估为无危（LC）。

迁地栽培保存

保存地点	种质份数	个体数量	引种方式	生长状况	来源地
GX	*	f	采集	G	云南

鼎湖唇柱苣苔　*Chirita fordii* var. *dolichotricha*（W. T. Wang）W. T. Wang

濒危等级　中国特有植物，中国植物红色名录评估为近危（NT）。

迁地栽培保存

保存地点	种质份数	个体数量	引种方式	生长状况	来源地
GX	*	f	采集	G	北京

肥牛草　*Chirita hedyotidea*（Chun）W. T. Wang

功效主治　全草（红接骨草）：微苦、涩，凉。凉血散瘀，消肿止痛。用于劳伤咳嗽，跌打损伤，骨折，痈
　　　　　疮疖肿。

濒危等级 中国特有植物，中国植物红色名录评估为无危（LC）。

迁地栽培保存

保存地点	种质份数	个体数量	引种方式	生长状况	来源地
GX	*	f	采集	G	广西

钩序唇柱苣苔 *Chirita hamosa* R. Br.

功效主治 全草：用于蛇咬伤，小便不利。

濒危等级 中国植物红色名录评估为无危（LC）。

迁地栽培保存

保存地点	种质份数	个体数量	引种方式	生长状况	来源地
GX	*	f	采集	G	广西

黄斑唇柱苣苔 *Chirita flavimaculata* W. T. Wang

濒危等级 中国特有植物，中国植物红色名录评估为数据缺乏（DD）。

迁地栽培保存

保存地点	种质份数	个体数量	引种方式	生长状况	来源地
GX	*	f	采集	G	云南

角萼唇柱苣苔 *Chirita ceratoscyphus* B. L. Burtt

濒危等级 中国植物红色名录评估为无危（LC）。

迁地栽培保存

保存地点	种质份数	个体数量	引种方式	生长状况	来源地
GX	*	f	采集	G	广西

荔波唇柱苣苔 *Chirita liboensis* W. T. Wang & D. Y. Chen

濒危等级 中国特有植物，中国植物红色名录评估为无危（LC）。

迁地栽培保存

保存地点	种质份数	个体数量	引种方式	生长状况	来源地
GZ	1	a	采集	C	贵州

菱叶唇柱苣苔 *Chirita subrhomboidea* W. T. Wang

濒危等级 中国特有植物，中国植物红色名录评估为无危（LC）。

迁地栽培保存

保存地点	种质份数	个体数量	引种方式	生长状况	来源地
GX	*	f	采集	G	广西

柳江唇柱苣苔 *Chirita liujiangensis* D. Fang & D. H. Qin

濒危等级 中国特有植物，中国植物红色名录评估为无危（LC）。

迁地栽培保存

保存地点	种质份数	个体数量	引种方式	生长状况	来源地
GX	*	f	采集	G	北京

龙州唇柱苣苔 *Chirita lungzhouensis* W. T. Wang

濒危等级 中国特有植物，中国植物红色名录评估为近危（NT）。

迁地栽培保存

保存地点	种质份数	个体数量	引种方式	生长状况	来源地
GX	*	f	采集	G	广西

隆林唇柱苣苔 *Chirita lunglinensis* W. T. Wang

濒危等级 中国特有植物，中国植物红色名录评估为近危（NT）。

迁地栽培保存

保存地点	种质份数	个体数量	引种方式	生长状况	来源地
GX	*	f	采集	G	广西

牛耳朵 *Chirita eburnea* Hance

功效主治　全草（牛耳朵）或根茎（牛耳朵）：甘，平。补虚，止咳，止血，除湿。用于阴虚咳嗽，肺痨咯血，崩漏，带下病。

濒危等级　中国特有植物，中国植物红色名录评估为无危（LC）。

迁地栽培保存

保存地点	种质份数	个体数量	引种方式	生长状况	来源地
BJ	1	b	采集	G	广西
CQ	1	a	采集	D	重庆
GZ	1	b	采集	C	贵州

弄岗唇柱苣苔 *Chirita longgangensis* W. T. Wang

功效主治　根茎：用于跌打损伤，风湿关节痛。

濒危等级　中国特有植物，中国植物红色名录评估为易危（VU）。

迁地栽培保存

保存地点	种质份数	个体数量	引种方式	生长状况	来源地
GX	3	f	采集	G	广西

肉叶唇柱苣苔 *Chirita carnosifolia* C. Y. Wu ex H. W. Li

濒危等级　中国特有植物，中国植物红色名录评估为近危（NT）。

迁地栽培保存

保存地点	种质份数	个体数量	引种方式	生长状况	来源地
GX	*	f	采集	G	云南

三苞唇柱苣苔 *Chirita tribracteata* W. T. Wang

濒危等级　中国特有植物，中国植物红色名录评估为无危（LC）。

迁地栽培保存

保存地点	种质份数	个体数量	引种方式	生长状况	来源地
GX	*	f	采集	G	广西

天等唇柱苣苔 *Chirita tiandengensis* Fang Wen & Hui Tang

迁地栽培保存

保存地点	种质份数	个体数量	引种方式	生长状况	来源地
GX	*	f	采集	G	广西

微斑唇柱苣苔 *Chirita minutimaculata* D. Fang & W. T. Wang

功效主治　根茎：用于疮疡肿毒。

濒危等级　中国特有植物，中国植物红色名录评估为无危（LC）。

迁地栽培保存

保存地点	种质份数	个体数量	引种方式	生长状况	来源地
GX	*	f	采集	G	广西

线叶唇柱苣苔 *Chirita linearifolia* W. T. Wang

功效主治　根茎：用于劳伤咳嗽；外用于骨折，跌打肿痛，疔疮。

濒危等级　中国特有植物，中国植物红色名录评估为无危（LC）。

迁地栽培保存

保存地点	种质份数	个体数量	引种方式	生长状况	来源地
GX	*	f	采集	G	广西

烟叶唇柱苣苔 *Chirita heterotricha* Merr.

功效主治　全草或根茎：补虚，止咳，止血，除湿。用于阴虚咳嗽，肺痨咯血，崩漏，带下病。

濒危等级　中国特有植物，中国植物红色名录评估为无危（LC）。

迁地栽培保存

保存地点	种质份数	个体数量	引种方式	生长状况	来源地
HN	2	a	采集	B	海南

硬叶唇柱苣苔 *Chirita sclerophylla* W. T. Wang

濒危等级 中国特有植物，中国植物红色名录评估为无危（LC）。

迁地栽培保存

保存地点	种质份数	个体数量	引种方式	生长状况	来源地
GX	*	f	采集	G	广西

羽裂唇柱苣苔 *Chirita pinnatifida* (Hand.-Mazz.) B. L. Burtt

功效主治 全草：用于痢疾，跌打损伤。

濒危等级 中国特有植物，中国植物红色名录评估为无危（LC）。

迁地栽培保存

保存地点	种质份数	个体数量	引种方式	生长状况	来源地
GX	*	f	采集	G	广西

钟冠唇柱苣苔 *Chirita swinglei* (Merr.) W. T. Wang

功效主治 全草：用于疮疡肿毒。

濒危等级 中国植物红色名录评估为无危（LC）。

迁地栽培保存

保存地点	种质份数	个体数量	引种方式	生长状况	来源地
GX	2	f	采集	G	广西、广东

粗筒苣苔属 *Briggsia*

革叶粗筒苣苔 *Briggsia mihieri* (Franch.) Craib

功效主治 全草：苦，温。强筋壮骨，补虚，止咳，生肌，止血。用于刀伤，劳伤，咳嗽，跌打损伤。

濒危等级　中国特有植物，中国植物红色名录评估为无危（LC）。

迁地栽培保存

保存地点	种质份数	个体数量	引种方式	生长状况	来源地
GX	2	f	采集	G	广西、重庆
CQ	1	a	采集	B	重庆
GZ	1	a	采集	C	贵州

大苞苣苔属　*Anna*

大苞苣苔　*Anna submontana* Pellegr.

迁地栽培保存

保存地点	种质份数	个体数量	引种方式	生长状况	来源地
GX	*	f	采集	G	广东

吊石苣苔属　*Lysionotus*

长梗吊石苣苔　*Lysionotus longipedunculatus*（W. T. Wang）W. T. Wang

濒危等级　中国特有植物，中国植物红色名录评估为无危（LC）。

迁地栽培保存

保存地点	种质份数	个体数量	引种方式	生长状况	来源地
GX	*	f	采集	G	广西

长圆吊石苣苔　*Lysionotus oblongifolius* W. T. Wang

濒危等级　中国特有植物，中国植物红色名录评估为无危（LC）。

迁地栽培保存

保存地点	种质份数	个体数量	引种方式	生长状况	来源地
GX	*	f	采集	G	广西

齿叶吊石苣苔 *Lysionotus serratus* D. Don

功效主治 根（青竹标根）：涩，平。凉血，止血，止咳，利湿。用于咯血，风湿疼痛。

濒危等级 中国植物红色名录评估为无危（LC）。

迁地栽培保存

保存地点	种质份数	个体数量	引种方式	生长状况	来源地
GX	*	f	采集	G	广西

川西吊石苣苔 *Lysionotus wilsonii* Rehder

功效主治 全株：止咳化痰，祛风除湿，通经活络，消食健脾。

濒危等级 中国特有植物，中国植物红色名录评估为无危（LC）。

迁地栽培保存

保存地点	种质份数	个体数量	引种方式	生长状况	来源地
GX	*	f	采集	G	广东

吊石苣苔 *Lysionotus pauciflorus* Maxim.

功效主治 全株：用于骨折，产褥热，咳嗽痰喘，痈疽肿毒。

濒危等级 中国植物红色名录评估为无危（LC）。

迁地栽培保存

保存地点	种质份数	个体数量	引种方式	生长状况	来源地
GX	4	f	采集	G	广西、贵州
HN	2	a	采集	B	海南
CQ	1	a	采集	C	重庆
GZ	1	b	采集	C	贵州

凤山吊石苣苔　*Lysionotus fengshanensis* Yan Liu & D. X. Nong

迁地栽培保存

保存地点	种质份数	个体数量	引种方式	生长状况	来源地
GX	*	f	采集	G	广西

桂黔吊石苣苔　*Lysionotus aeschynanthoides* W. T. Wang

功效主治　根皮：用于风湿关节痛。全株：甘、苦，寒。清热解毒，润肺止咳。用于咯血，咳嗽，肺痨，风湿痛，骨折。

濒危等级　中国特有植物，中国植物红色名录评估为无危（LC）。

迁地栽培保存

保存地点	种质份数	个体数量	引种方式	生长状况	来源地
GX	*	f	采集	G	广西

种质库保存

保存地点	保存方式	种质份数	个体数量	引种方式	来源地
BJ	种子	7	c	采集	云南、湖北、安徽

桑植吊石苣苔　*Lysionotus sangzhiensis* W. T. Wang

迁地栽培保存

保存地点	种质份数	个体数量	引种方式	生长状况	来源地
GX	*	f	采集	G	湖北

小叶吊石苣苔　*Lysionotus microphyllus* W. T. Wang

功效主治　全株：用于风湿关节痛，外伤。

濒危等级　中国特有植物，中国植物红色名录评估为近危（NT）。

迁地栽培保存

保存地点	种质份数	个体数量	引种方式	生长状况	来源地
GX	*	f	采集	G	广西

盾叶苣苔属 *Metapetrocosmea*

盾叶苣苔 *Metapetrocosmea peltata*（Merr. & Chun）W. T. Wang

濒危等级 中国特有植物，中国植物红色名录评估为无危（LC）。

迁地栽培保存

保存地点	种质份数	个体数量	引种方式	生长状况	来源地
BJ	1	b	采集	G	海南
GX	*	f	采集	G	广东

盾座苣苔属 *Epithema*

盾座苣苔 *Epithema carnosum* Benth.

功效主治 全株：止咳，止血，镇痛。用于咳嗽，跌打损伤。

濒危等级 中国植物红色名录评估为无危（LC）。

迁地栽培保存

保存地点	种质份数	个体数量	引种方式	生长状况	来源地
GX	2	f	采集	G	广西

方鼎苣苔属 *Paralagarosolen*

方鼎苣苔 *Paralagarosolen fangianum* Y. G. Wei

濒危等级 中国特有植物，中国植物红色名录评估为极危（CR）。

迁地栽培保存

保存地点	种质份数	个体数量	引种方式	生长状况	来源地
GX	*	f	采集	G	广西

横蒴苣苔属 *Beccarinda*

横蒴苣苔 *Beccarinda tonkinensis*（Pellegr.）B. L. Burtt

功效主治 全草：用于水肿，咳嗽。

濒危等级 中国植物红色名录评估为无危（LC）。

迁地栽培保存

保存地点	种质份数	个体数量	引种方式	生长状况	来源地
GX	2	f	采集	G	广西

小横蒴苣苔 *Beccarinda minima* K. Y. Pan

濒危等级 中国特有植物，中国植物红色名录评估为易危（VU）。

迁地栽培保存

保存地点	种质份数	个体数量	引种方式	生长状况	来源地
GX	*	f	采集	G	广西

后蕊苣苔属 *Opithandra*

毡毛后蕊苣苔 *Opithandra sinohenryi*（Chun）B. L. Burtt

濒危等级 中国特有植物，中国植物红色名录评估为近危（NT）。

迁地栽培保存

保存地点	种质份数	个体数量	引种方式	生长状况	来源地
GX	*	f	采集	G	广西

尖舌苣苔属 *Rhynchoglossum*

尖舌苣苔 *Rhynchoglossum obliquum* Blume

功效主治 根（大脖子药）：微咸，平。软坚。用于瘿瘤。全草：微苦、辛，平。散瘀，解毒。

濒危等级 中国植物红色名录评估为无危（LC）。

迁地栽培保存

保存地点	种质份数	个体数量	引种方式	生长状况	来源地
GX	2	f	采集	G	广西

鲸鱼花属 *Columnea*

金鱼藤 *Columnea sanguinea*（Pers.）Hanst.

种质库保存

保存地点	保存方式	种质份数	个体数量	引种方式	来源地
BJ	种子	1	a	采集	待确定

苦苣苔属 *Conandron*

苦苣苔 *Conandron ramondioides* Siebold & Zucc.

功效主治 全草：苦，寒。清热解毒，消肿止痛。用于疔疮，痈肿，毒蛇咬伤，跌打损伤。

濒危等级 中国植物红色名录评估为无危（LC）。

迁地栽培保存

保存地点	种质份数	个体数量	引种方式	生长状况	来源地
YN	1	a	购买	C	云南
GX	*	f	采集	G	广西

漏斗苣苔属 *Raphiocarpus*

长筒漏斗苣苔 *Raphiocarpus macrosiphon*（Hance）Burtt

功效主治 全草：外用于咽喉肿痛，疮疡肿毒。

濒危等级 中国特有植物，中国植物红色名录评估为无危（LC）。

迁地栽培保存

保存地点	种质份数	个体数量	引种方式	生长状况	来源地
GX	*	f	采集	G	广东

无毛漏斗苣苔 *Raphiocarpus sinicus* Chun

功效主治 全草（岩白菜）：甘、微苦，平。养阴清热，活血止痛。用于劳伤咯血，崩漏，跌打损伤，痛经。

濒危等级 中国特有植物，中国植物红色名录评估为近危（NT）。

迁地栽培保存

保存地点	种质份数	个体数量	引种方式	生长状况	来源地
GX	*	f	采集	G	广西

马铃苣苔属 *Oreocharis*

大齿马铃苣苔 *Oreocharis magnidens* Chun ex K. Y. Pan

濒危等级 中国特有植物，中国植物红色名录评估为无危（LC）。

迁地栽培保存

保存地点	种质份数	个体数量	引种方式	生长状况	来源地
GX	*	f	采集	G	广西

大叶石上莲 *Oreocharis benthamii* C. B. Clarke

功效主治 全草：用于咳嗽，跌打损伤，刀伤出血。

濒危等级　中国特有植物，中国植物红色名录评估为无危（LC）。

迁地栽培保存

保存地点	种质份数	个体数量	引种方式	生长状况	来源地
GX	2	f	采集	G	广西

黄花马铃苣苔 *Oreocharis flavida* Merr.

功效主治　全草：甘，平。润肺益气。用于肺虚久咳。

濒危等级　中国特有植物，中国植物红色名录评估为近危（NT）。

迁地栽培保存

保存地点	种质份数	个体数量	引种方式	生长状况	来源地
GX	*	f	采集	G	云南

马铃苣苔 *Oreocharis amabilis* Dunn

濒危等级　中国特有植物，中国植物红色名录评估为无危（LC）。

迁地栽培保存

保存地点	种质份数	个体数量	引种方式	生长状况	来源地
GX	*	f	采集	G	广西

石上莲 *Oreocharis benthamii* var. *reticulata* Dunn

功效主治　全草：止血。用于刀伤出血。叶：用于湿疹。

濒危等级　中国特有植物，中国植物红色名录评估为无危（LC）。

迁地栽培保存

保存地点	种质份数	个体数量	引种方式	生长状况	来源地
GX	*	f	采集	G	广西

湘桂马铃苣苔 *Oreocharis xiangguiensis* W. T. Wang & K. Y. Pan

功效主治　全草：用于跌打损伤。

濒危等级　中国特有植物，中国植物红色名录评估为无危（LC）。

迁地栽培保存

保存地点	种质份数	个体数量	引种方式	生长状况	来源地
GX	*	f	采集	G	广西

窄叶马铃苣苔　*Oreocharis argyreia* var. *angustifolia* K. Y. Pan

濒危等级　中国特有植物，中国植物红色名录评估为无危（LC）。

迁地栽培保存

保存地点	种质份数	个体数量	引种方式	生长状况	来源地
GX	*	f	采集	G	广西

紫花马铃苣苔　*Oreocharis argyreia* Chun ex K. Y. Pan

濒危等级　中国特有植物，中国植物红色名录评估为无危（LC）。

迁地栽培保存

保存地点	种质份数	个体数量	引种方式	生长状况	来源地
GX	*	f	采集	G	广西

芒毛苣苔属　*Aeschynanthus*

长尖芒毛苣苔　*Aeschynanthus acuminatissimus* W. T. Wang

濒危等级　中国特有植物，中国植物红色名录评估为无危（LC）。

迁地栽培保存

保存地点	种质份数	个体数量	引种方式	生长状况	来源地
GX	*	f	采集	G	广西

大花芒毛苣苔　*Aeschynanthus mimetes* B. L. Burtt

濒危等级　中国植物红色名录评估为无危（LC）。

迁地栽培保存

保存地点	种质份数	个体数量	引种方式	生长状况	来源地
GX	*	f	采集	G	云南

广西芒毛苣苔 *Aeschynanthus austroyunnanensis* var. *guangxiensis*（Chun ex W. T. Wang & K. Y. Pan）W. T. Wang

濒危等级　中国特有植物，中国植物红色名录评估为无危（LC）。

迁地栽培保存

保存地点	种质份数	个体数量	引种方式	生长状况	来源地
GX	2	f	采集	G	广西

红花芒毛苣苔　*Aeschynanthus moningerae*（Merr.）Chun

濒危等级　中国特有植物，中国植物红色名录评估为无危（LC）。

迁地栽培保存

保存地点	种质份数	个体数量	引种方式	生长状况	来源地
HN	2	a	采集	B	海南
GX	*	f	采集	G	云南

黄杨叶芒毛苣苔　*Aeschynanthus buxifolius* Hemsl.

功效主治　全草：用于蛇虫咬伤。

濒危等级　中国植物红色名录评估为无危（LC）。

迁地栽培保存

保存地点	种质份数	个体数量	引种方式	生长状况	来源地
GX	*	f	采集	G	云南

口红花 *Aeschynanthus pulcher*（Blume）G. Don

迁地栽培保存

保存地点	种质份数	个体数量	引种方式	生长状况	来源地
CQ	1	a	购买	C	四川

种质库保存

保存地点	保存方式	种质份数	个体数量	引种方式	来源地
BJ	种子	1	a	采集	待确定

芒毛苣苔 *Aeschynanthus acuminatus* Wall. ex A. DC.

功效主治 全株（石榕）：甘、淡，平。养阴清热，益血宁神。用于肾虚，胁痛，风湿痹痛，跌打损伤。

濒危等级 中国植物红色名录评估为无危（LC）。

迁地栽培保存

保存地点	种质份数	个体数量	引种方式	生长状况	来源地
GX	*	f	采集	G	广西

毛萼口红花 *Aeschynanthus radicans* Jack

迁地栽培保存

保存地点	种质份数	个体数量	引种方式	生长状况	来源地
CQ	1	a	购买	C	四川

全唇苣苔属 *Deinocheilos*

江西全唇苣苔 *Deinocheilos jiangxiense* W. T. Wang

濒危等级 中国特有植物，浙江省重点保护植物，中国植物红色名录评估为易危（VU）。

迁地栽培保存

保存地点	种质份数	个体数量	引种方式	生长状况	来源地
GX	*	f	采集	G	浙江

珊瑚苣苔属 *Corallodiscus*

西藏珊瑚苣苔 *Corallodiscus lanuginosus*(Wall. ex DC.)B. L. Burtt

功效主治 全草（虎耳还魂草）：淡，平。健脾，止血，化瘀。用于小儿疳积，跌打损伤，刀伤。

濒危等级 中国植物红色名录评估为无危（LC）。

迁地栽培保存

保存地点	种质份数	个体数量	引种方式	生长状况	来源地
GX	*	f	采集	G	重庆

种质库保存

保存地点	保存方式	种质份数	个体数量	引种方式	来源地
HN	种子、DNA	30	c	采集	海南

石蝴蝶属 *Petrocosmea*

大理石蝴蝶 *Petrocosmea forrestii* Craib

濒危等级 中国特有植物，中国植物红色名录评估为近危（NT）。

迁地栽培保存

保存地点	种质份数	个体数量	引种方式	生长状况	来源地
GX	*	f	采集	G	云南

蓝石蝴蝶 *Petrocosmea coerulea* C. Y. Wu ex W. T. Wang

濒危等级 中国特有植物，中国植物红色名录评估为数据缺乏（DD）。

迁地栽培保存

保存地点	种质份数	个体数量	引种方式	生长状况	来源地
GX	*	f	采集	G	云南

丝毛石蝴蝶　*Petrocosmea sericea* C. Y. Wu ex H. W. Li

濒危等级　中国特有植物，中国植物红色名录评估为近危（NT）。

迁地栽培保存

保存地点	种质份数	个体数量	引种方式	生长状况	来源地
GX	*	f	采集	G	云南

石山苣苔属　*Petrocodon*

全缘叶细筒苣苔　*Petrocodon integrifolius*（D. Fang & L. Zeng）A. Weber & Mich. Möller

濒危等级　中国特有植物，中国植物红色名录评估为近危（NT）。

迁地栽培保存

保存地点	种质份数	个体数量	引种方式	生长状况	来源地
GX	*	f	采集	G	广西

石山苣苔　*Petrocodon dealbatus* Hance

功效主治　全草：用于肺热咳嗽，吐血，肿痛，出血。

濒危等级　中国特有植物，中国植物红色名录评估为无危（LC）。

迁地栽培保存

保存地点	种质份数	个体数量	引种方式	生长状况	来源地
GX	*	f	采集	G	广西

细筒苣苔　*Petrocodon hispidus*（W. T. Wang）A. Weber & Mich. Möller

濒危等级　中国特有植物，中国植物红色名录评估为易危（VU）。

迁地栽培保存

保存地点	种质份数	个体数量	引种方式	生长状况	来源地
GX	*	f	采集	G	广西

喜鹊苣苔属 *Ornithoboea*

滇桂喜鹊苣苔 *Ornithoboea wildeana* Craib

功效主治 全草：用于附骨疽。

濒危等级 中国植物红色名录评估为无危（LC）。

迁地栽培保存

保存地点	种质份数	个体数量	引种方式	生长状况	来源地
GX	2	f	采集	G	广西

喜鹊苣苔 *Ornithoboea henryi* Craib

迁地栽培保存

保存地点	种质份数	个体数量	引种方式	生长状况	来源地
GX	*	f	采集	G	广西

线柱苣苔属 *Rhynchotechum*

毛线柱苣苔 *Rhynchotechum vestitum* Wall. ex C. B. Clarke

濒危等级 中国植物红色名录评估为无危（LC）。

迁地栽培保存

保存地点	种质份数	个体数量	引种方式	生长状况	来源地
GX	*	f	采集	G	广西

椭圆线柱苣苔 *Rhynchotechum ellipticum* (Wall. ex D. Dietr.) A. DC.

功效主治 全草：清肝，解毒。用于疮疖。叶、花：用于咳嗽，烫火伤。

濒危等级　中国植物红色名录评估为无危（LC）。

种质库保存

保存地点	保存方式	种质份数	个体数量	引种方式	来源地
BJ	种子	1	a	采集	云南

小花苣苔属　*Chiritopsis*

浅裂小花苣苔　*Chiritopsis lobulata* W. T. Wang

濒危等级　中国特有植物，中国植物红色名录评估为无危（LC）。

迁地栽培保存

保存地点	种质份数	个体数量	引种方式	生长状况	来源地
GX	*	f	采集	G	广西

小花苣苔　*Chiritopsis repanda* W. T. Wang

功效主治　全草：用于肺痨。

濒危等级　中国特有植物，中国植物红色名录评估为无危（LC）。

迁地栽培保存

保存地点	种质份数	个体数量	引种方式	生长状况	来源地
GX	*	f	采集	G	广西

羽裂小花苣苔　*Chiritopsis bipinnatifida* W. T. Wang

功效主治　全草：外用于疮疡肿毒。

濒危等级　中国特有植物，中国植物红色名录评估为无危（LC）。

迁地栽培保存

保存地点	种质份数	个体数量	引种方式	生长状况	来源地
GX	*	f	采集	G	广西

旋蒴苣苔属 *Boea*

地胆旋蒴苣苔 *Boea philippensis* C. B. Clarke

濒危等级 中国植物红色名录评估为无危（LC）。

迁地栽培保存

保存地点	种质份数	个体数量	引种方式	生长状况	来源地
GX	*	f	采集	G	云南

旋蒴苣苔 *Boea hygrometrica*（Bunge）R. Br.

功效主治 全草（牛耳草）：苦、涩，平。散瘀，止血，解毒。用于创伤出血，跌打损伤，吐泻，耳闭，小儿疳积，食积，咳嗽痰喘。

濒危等级 中国特有植物，中国植物红色名录评估为无危（LC）。

迁地栽培保存

保存地点	种质份数	个体数量	引种方式	生长状况	来源地
BJ	2	a	采集	G	山东、湖北
GX	*	f	采集	G	广西

异裂苣苔属 *Pseudochirita*

粉绿异裂苣苔 *Pseudochirita guangxiensis* var. *glauca* Y. G. Wei & Yan Liu

濒危等级 中国特有植物，中国植物红色名录评估为无危（LC）。

迁地栽培保存

保存地点	种质份数	个体数量	引种方式	生长状况	来源地
GX	*	f	采集	G	广西

异裂苣苔 *Pseudochirita guangxiensis*（S. Z. Huang）W. T. Wang

功效主治 叶：用于跌打肿痛，疮疡肿毒。

濒危等级　中国植物红色名录评估为无危（LC）。

迁地栽培保存

保存地点	种质份数	个体数量	引种方式	生长状况	来源地
GX	2	f	采集	G	广西

异片苣苔属　*Allostigma*

异片苣苔　*Allostigma guangxiense* W. T. Wang

濒危等级　中国特有植物，中国植物红色名录评估为易危（VU）。

迁地栽培保存

保存地点	种质份数	个体数量	引种方式	生长状况	来源地
GX	*	f	采集	G	广西

圆唇苣苔属　*Gyrocheilos*

稀裂圆唇苣苔　*Gyrocheilos retrotrichus* var. *oligolobus* W. T. Wang

濒危等级　中国特有植物，中国植物红色名录评估为无危（LC）。

迁地栽培保存

保存地点	种质份数	个体数量	引种方式	生长状况	来源地
GX	*	f	采集	G	广西

圆唇苣苔　*Gyrocheilos chorisepalus* W. T. Wang

濒危等级　中国特有植物，中国植物红色名录评估为近危（NT）。

迁地栽培保存

保存地点	种质份数	个体数量	引种方式	生长状况	来源地
GX	*	f	采集	G	广西

朱红苣苔属 *Calcareoboea*

朱红苣苔 *Calcareoboea coccinea* C. Y. Wu

功效主治 全草：软坚散结，化痰，利尿。

濒危等级 中国植物红色名录评估为无危（LC）。

迁地栽培保存

保存地点	种质份数	个体数量	引种方式	生长状况	来源地
GX	*	f	采集	G	广西

蛛毛苣苔属 *Paraboea*

白花蛛毛苣苔 *Paraboea martinii* (H. Lévl. & Vaniot) B. L. Burtt

功效主治 全草：用于吐血，浮肿，痢疾，阴挺，跌打损伤，骨折。

濒危等级 中国特有植物，中国植物红色名录评估为无危（LC）。

迁地栽培保存

保存地点	种质份数	个体数量	引种方式	生长状况	来源地
GX	*	f	采集	G	广西
BJ	1	b	采集	G	待确定

垂花蛛毛苣苔 *Paraboea nutans* D. Fang & D. H. Qin

濒危等级 中国特有植物，中国植物红色名录评估为无危（LC）。

迁地栽培保存

保存地点	种质份数	个体数量	引种方式	生长状况	来源地
GX	*	f	采集	G	广西

桂林蛛毛苣苔 *Paraboea guilinensis* L. Xu & Y. G. Wei

濒危等级 中国特有植物，中国植物红色名录评估为无危（LC）。

迁地栽培保存

保存地点	种质份数	个体数量	引种方式	生长状况	来源地
GX	*	f	采集	G	广西

厚叶蛛毛苣苔 *Paraboea crassifolia*（Hemsl.）B. L. Burtt

功效主治　全草：甘，平。滋补强壮，止血，止咳。用于肝脾虚弱，劳伤吐血，内伤咯血，肺痨咳喘，带下病，无名肿毒。

濒危等级　中国特有植物，中国植物红色名录评估为无危（LC）。

迁地栽培保存

保存地点	种质份数	个体数量	引种方式	生长状况	来源地
GX	*	f	采集	G	广西

密叶蛛毛苣苔 *Paraboea velutina*（W. T. Wang & C. Z. Gao）B. L. Burtt

濒危等级　中国特有植物，中国植物红色名录评估为极危（CR）。

迁地栽培保存

保存地点	种质份数	个体数量	引种方式	生长状况	来源地
GX	*	f	采集	G	广西

伞花蛛毛苣苔 *Paraboea umbellata*（Drake）B. L. Burtt

濒危等级　中国植物红色名录评估为无危（LC）。

迁地栽培保存

保存地点	种质份数	个体数量	引种方式	生长状况	来源地
GX	2	f	采集	G	广西

锈色蛛毛苣苔 *Paraboea rufescens*（Franch.）B. L. Burtt

功效主治　全草：甘、微涩，温。止咳，解毒，镇痛，生肌，固脱。用于咳嗽，阴挺，痈疮红肿，骨折。

濒危等级 中国植物红色名录评估为无危（LC）。

迁地栽培保存

保存地点	种质份数	个体数量	引种方式	生长状况	来源地
GX	3	f	采集	G	广西、云南
BJ	1	a	采集	G	待确定

云南蛛毛苣苔 *Paraboea neurophylla* (Collett & Hemsl.) B. L. Burtt

濒危等级 中国植物红色名录评估为无危（LC）。

迁地栽培保存

保存地点	种质份数	个体数量	引种方式	生长状况	来源地
GX	*	f	采集	G	云南

蛛毛苣苔 *Paraboea sinensis* (Oliv.) B. L. Burtt

功效主治 全草（石青菜）：苦，凉。疏风清热，止咳平喘，利湿。用于黄疸，咳嗽痰喘，痢疾；外用于瘾疹，外伤出血。

濒危等级 中国植物红色名录评估为无危（LC）。

迁地栽培保存

保存地点	种质份数	个体数量	引种方式	生长状况	来源地
GX	2	f	采集	G	广西
CQ	1	a	采集	C	重庆
GZ	1	a	采集	C	贵州

锥序蛛毛苣苔 *Paraboea swinhoei* (Hance) B. L. Burtt

濒危等级 中国植物红色名录评估为无危（LC）。

迁地栽培保存

保存地点	种质份数	个体数量	引种方式	生长状况	来源地
GX	*	f	采集	G	广西

紫花苣苔属　*Loxostigma*

滇黔紫花苣苔　*Loxostigma cavaleriei*（Lévl. et Van.）Burtt

功效主治　全株：止咳，祛痰，平喘，镇静。

濒危等级　中国特有植物，中国植物红色名录评估为无危（LC）。

迁地栽培保存

保存地点	种质份数	个体数量	引种方式	生长状况	来源地
GX	*	f	采集	G	广西

光叶紫花苣苔　*Loxostigma glabrifolium* D. Fang & K. Y. Pan

濒危等级　中国特有植物，中国植物红色名录评估为无危（LC）。

迁地栽培保存

保存地点	种质份数	个体数量	引种方式	生长状况	来源地
GX	*	f	采集	G	广西

紫花苣苔　*Loxostigma griffithii*（Wight）C. B. Clarke

功效主治　全株：苦、微涩，平。清热解毒，消肿止痛，健脾燥湿。用于跌打损伤，骨折，消化不良，泄泻，痢疾，咯血，风湿痛，咳嗽，哮喘，疟疾，贫血，预防时行感冒，暑热惊厥。

濒危等级　中国植物红色名录评估为无危（LC）。

迁地栽培保存

保存地点	种质份数	个体数量	引种方式	生长状况	来源地
GX	*	f	采集	G	广西

苦木科　Simaroubaceae

臭椿属　*Ailanthus*

臭椿　*Ailanthus altissima*（Mill.）Swingle

功效主治　根皮、干皮（椿皮）：苦、涩，寒。清热燥湿，收涩止带，止泻，止血。用于带下病，湿热泻痢，久泻久痢，便血，崩漏。果实（凤眼草）：苦，寒。活血祛风，清热利湿。用于风湿痹痛，便血，淋浊，带下病，遗精。

迁地栽培保存

保存地点	种质份数	个体数量	引种方式	生长状况	来源地
BJ	1	b	采集	B	北京
CQ	1	a	采集	C	重庆
GD	1	a	采集	D	待确定
GZ	1	a	采集	C	贵州
LN	1	b	购买	C	辽宁
NMG	1	a	购买	C	内蒙古
SH	1	a	采集	A	待确定

种质库保存

保存地点	保存方式	种质份数	个体数量	引种方式	来源地
BJ	种子	6	b	采集	四川、云南，待确定

刺臭椿　*Ailanthus vilmoriniana* Dode

功效主治　树脂：用于头痛，手足皲裂。

濒危等级　中国特有植物，中国植物红色名录评估为无危（LC）。

迁地栽培保存

保存地点	种质份数	个体数量	引种方式	生长状况	来源地
CQ	1	a	采集	C	重庆
GX	*	f	采集	G	重庆

种质库保存

保存地点	保存方式	种质份数	个体数量	引种方式	来源地
BJ	种子	1	a	采集	江西

苦木属　*Picrasma*

苦木　*Picrasma quassioides*（D. Don）Benn.

功效主治　根、茎：苦，寒。清热燥湿，解毒，杀虫。用于痢疾，吐泻，胆道感染，蛔虫病，疮疡，疥癣，湿疹，烫火伤。

迁地栽培保存

保存地点	种质份数	个体数量	引种方式	生长状况	来源地
BJ	2	a	采集、交换	G	四川、北京
CQ	1	a	采集	C	重庆

种质库保存

保存地点	保存方式	种质份数	个体数量	引种方式	来源地
BJ	种子	1	a	采集	甘肃

马来参属　*Eurycoma*

东革阿里　*Eurycoma longifolia* Jack

功效主治　根：化痰，抗疟，解热，强壮。

迁地栽培保存

保存地点	种质份数	个体数量	引种方式	生长状况	来源地
YN	1	a	采集	C	云南

鸦胆子属 *Brucea*

柔毛鸦胆子 *Brucea mollis* Wall. ex Kurz

功效主治 果实：用于痢疾，痔疮出血。

濒危等级 中国植物红色名录评估为无危（LC）。

迁地栽培保存

保存地点	种质份数	个体数量	引种方式	生长状况	来源地
YN	1	b	购买	A	云南

种质库保存

保存地点	保存方式	种质份数	个体数量	引种方式	来源地
BJ	种子	6	b	采集	云南

鸦胆子 *Brucea javanica*（L.）Merr.

功效主治 果实（鸦胆子）：苦，寒。有小毒。清热解毒，截疟，止痢，腐蚀赘疣。用于痢疾，疟疾，赘疣，鸡眼。

濒危等级 中国植物红色名录评估为无危（LC）。

迁地栽培保存

保存地点	种质份数	个体数量	引种方式	生长状况	来源地
CQ	1	a	购买	F	重庆
GD	1	b	采集	B	待确定
HN	1	b	采集	B	海南
JS2	1	c	购买	C	安徽
BJ	1	a	采集	G	海南

种质库保存

保存地点	保存方式	种质份数	个体数量	引种方式	来源地
HN	种子	1	a	采集	海南
BJ	种子	28	c	采集	海南、云南、江苏、湖北

昆栏树科　Trochodendraceae

水青树属　*Tetracentron*

水青树　*Tetracentron sinense* Oliv.

濒危等级　国家重点保护野生植物名录（第一批）二级，CITES 附录Ⅲ 物种，中国植物红色名录评估为无危（LC）。

迁地栽培保存

保存地点	种质份数	个体数量	引种方式	生长状况	来源地
CQ	1	a	采集	C	重庆
GX	*	f	采集	G	湖北

种质库保存

保存地点	保存方式	种质份数	个体数量	引种方式	来源地
BJ	种子	1	a	采集	待确定

蜡梅科　Calycanthaceae

蜡梅属　*Chimonanthus*

蜡梅　*Chimonanthus praecox*（L.）Link

功效主治　花蕾（蜡梅花）：辛，凉。开胃散郁，解暑生津，止咳。用于气郁胸闷，暑热头晕，呕吐，麻疹，顿咳，烫火伤。根、叶：理气止痛，散寒解毒。用于跌打损伤，腰痛，风湿麻木，风寒感冒，刀伤出血，疮疖痈毒。

濒危等级 中国特有植物，陕西省濒危保护植物、浙江省重点保护植物，中国植物红色名录评估为无危（LC）。

迁地栽培保存

保存地点	种质份数	个体数量	引种方式	生长状况	来源地
CQ	5	a	购买	C	重庆
GX	3	f	采集	G	上海、山东
BJ	3	b	采集	G	浙江、江苏、安徽
SH	1	a	采集	A	待确定
GZ	1	b	采集	C	贵州
HB	1	a	采集	C	湖北
HN	1	a	赠送	C	海南
JS1	1	a	购买	C	江苏

种质库保存

保存地点	保存方式	种质份数	个体数量	引种方式	来源地
BJ	种子	41	b	采集	湖北、江苏、上海、福建、四川

柳叶蜡梅 *Chimonanthus salicifolius* S. Y. Hu

功效主治 叶：用于感冒，咳嗽。

濒危等级 中国特有植物，江西省三级保护植物，中国植物红色名录评估为近危（NT）。

迁地栽培保存

保存地点	种质份数	个体数量	引种方式	生长状况	来源地
BJ	1	b	采集	C	江西

种质库保存

保存地点	保存方式	种质份数	个体数量	引种方式	来源地
BJ	种子	1	a	采集	待确定

柳叶山蜡梅 *Chimonanthus nitens* var. *salicifolius*（S. Y. Hu）H. D. Zhang

迁地栽培保存

保存地点	种质份数	个体数量	引种方式	生长状况	来源地
GX	*	f	采集	G	四川

山蜡梅 *Chimonanthus nitens* Oliv.

功效主治　叶（山蜡梅叶）：微苦、辛，凉。清热解毒，祛风解表。用于中暑，咳嗽痰喘，胸闷，蚊蚁叮咬，预防感冒。花：辛，温。疏风散寒，芳香化湿，辟秽。用于风寒感冒，咳嗽痰喘，食欲不振。根：用于跌打损伤，风湿病，寒性胃痛，感冒头疼，疔疮肿毒。

濒危等级　中国特有植物，陕西省濒危保护植物，中国植物红色名录评估为无危（LC）。

迁地栽培保存

保存地点	种质份数	个体数量	引种方式	生长状况	来源地
GX	2	f	采集	G	云南、江西

西南蜡梅 *Chimonanthus campanulatus* R. H. Chang & C. S. Ding

功效主治　根：用于跌打损伤。

濒危等级　中国特有植物，中国植物红色名录评估为无危（LC）。

迁地栽培保存

保存地点	种质份数	个体数量	引种方式	生长状况	来源地
GX	*	f	采集	G	广西

美国蜡梅属　*Calycanthus*

夏蜡梅 *Calycanthus chinensis*（Cheng et S. Y. Chang）P. T. Li

功效主治　根（夏蜡梅）、花（夏蜡梅）：微苦、辛，温。健胃止痛。用于胃痛。

濒危等级　中国特有植物，国家重点保护野生植物名录（第二批）二级，浙江省重点保护植物，中国植物红色名录评估为濒危（EN）。

迁地栽培保存

保存地点	种质份数	个体数量	引种方式	生长状况	来源地
JS1	1	a	购买	D	江苏
BJ	1	b	采集	G	云南
GX	*	f	采集	G	云南

种质库保存

保存地点	保存方式	种质份数	个体数量	引种方式	来源地
BJ	种子	2	a	采集	湖北，待确定

辣木科　Moringaceae

辣木属　*Moringa*

辣木　*Moringa oleifera* Lam.

功效主治　茎、茎皮：祛风，健胃。种子油：通便。根、根皮：利尿，消食，平喘，清热止血，愈伤。用于创伤，皮肤病，外伤，脓痛，结肠疾患，水肿，腹水，风湿病，瘫痪，癫痫，引赤发泡。

迁地栽培保存

保存地点	种质份数	个体数量	引种方式	生长状况	来源地
FJ	13	b	购买	A	福建
YN	1	c	购买	A	云南
HN	1	e	采集	C	待确定

种质库保存

保存地点	保存方式	种质份数	个体数量	引种方式	来源地
BJ	种子	6	a	采集	待确定
HN	种子	2	b	采集	柬埔寨

兰花蕉科　Lowiaceae

兰花蕉属　*Orchidantha*

长萼兰花蕉　*Orchidantha chinensis* var. *longisepala*（D. Fang）T. L. Wu

濒危等级　中国特有植物，中国植物红色名录评估为无危（LC）。

迁地栽培保存

保存地点	种质份数	个体数量	引种方式	生长状况	来源地
GX	*	f	采集	G	广东

兰花蕉　*Orchidantha chinensis* T. L. Wu

功效主治　根茎：用于斑疹不退，烦热，咽喉肿痛。
濒危等级　中国特有植物，中国植物红色名录评估为易危（VU）。

迁地栽培保存

保存地点	种质份数	个体数量	引种方式	生长状况	来源地
GX	2	f	采集	G	广西

兰科　Orchidaceae

白点兰属　*Thrixspermum*

白点兰　*Thrixspermum centipeda* Lour.

濒危等级　国家重点保护野生植物名录（第二批）二级，CITES 附录Ⅱ物种，中国植物红色名录评估为无危（LC）。

迁地栽培保存

保存地点	种质份数	个体数量	引种方式	生长状况	来源地
BJ	1	a	采集	G	云南
GX	*	f	采集	G	海南

吉氏白点兰 *Thrixspermum tsii* W. H. Chen & Y. M. Shui

濒危等级 中国特有植物，CITES 附录 II 物种，中国植物红色名录评估为濒危（EN）。

迁地栽培保存

保存地点	种质份数	个体数量	引种方式	生长状况	来源地
GX	*	f	采集	G	广西

白及属 *Bletilla*

白及 *Bletilla striata*（Thunb. ex A. Murray）Rchb. f.

功效主治 块茎：收敛补肺，消肿，止血。

濒危等级 国家重点保护野生植物名录（第二批）二级，陕西省履约保护植物，CITES 附录 II 物种，中国
植物红色名录评估为濒危（EN）。

迁地栽培保存

保存地点	种质份数	个体数量	引种方式	生长状况	来源地
FJ	3	b	赠送	B	安徽、福建、湖北
SC	3	f	待确定	G	四川
HEN	2	c	赠送	B	河南
GX	2	f	采集	G	广西
BJ	14	d	采集	C	浙江、湖北、安徽、河南、四川、贵州、陕西
JS1	1	b	采集	B	江苏
GZ	1	e	购买	A	贵州
JS2	1	e	购买	B	江苏

续表

保存地点	种质份数	个体数量	引种方式	生长状况	来源地
SH	1	b	采集	A	待确定
GD	1	f	采集	G	待确定
CQ	1	c	采集	A	重庆
HB	1	b	采集	B	湖北

黄花白及 *Bletilla ochracea* Schltr.

功效主治 块茎：苦、甘、涩，微寒。收敛止血，消肿生肌。用于吐血，外伤出血，疮疡肿毒，皮肤皲裂，肺痨咯血，溃疡出血。

濒危等级 国家重点保护野生植物名录（第二批）二级，陕西省履约保护植物，CITES 附录 Ⅱ 物种，中国植物红色名录评估为濒危（EN）。

迁地栽培保存

保存地点	种质份数	个体数量	引种方式	生长状况	来源地
CQ	1	a	采集	C	重庆
JS2	1	b	购买	C	湖北
HB	1	a	采集	C	湖北
GZ	1	b	采集	C	贵州
GX	*	f	采集	G	四川

小白及 *Bletilla formosana* (Hayata) Schltr.

功效主治 块茎：补肺，止血，止痛。

濒危等级 国家重点保护野生植物名录（第二批）二级，陕西省履约保护植物，CITES 附录 Ⅱ 物种，中国植物红色名录评估为濒危（EN）。

迁地栽培保存

保存地点	种质份数	个体数量	引种方式	生长状况	来源地
BJ	2	b	采集	G	云南、四川
CQ	1	a	采集	C	重庆
GX	*	f	采集	G	云南

斑叶兰属 *Goodyera*

斑叶兰 *Goodyera schlechtendaliana* Rchb. f.

功效主治 全草（斑叶兰）：淡，寒。清肺止咳，解毒消肿，止痛。用于肺痨咳嗽，痰喘，肾气虚弱；外用于毒蛇咬伤，骨节疼痛，痈疖疮疡。根：补虚。叶：止痛。

濒危等级 国家重点保护野生植物名录（第二批）二级，陕西省履约保护植物，CITES 附录Ⅱ物种，中国植物红色名录评估为近危（NT）。

迁地栽培保存

保存地点	种质份数	个体数量	引种方式	生长状况	来源地
GX	4	f	采集	G	广西，待确定
BJ	1	a	采集	G	云南
YN	1	a	购买	D	云南

大花斑叶兰 *Goodyera biflora*（Lindl.）Hook. f.

功效主治 全草：苦，微凉。清热解毒，行气活血，祛风止痛。用于风湿关节痛，瘀肿疼痛，痈疮肿毒，毒蛇咬伤。

濒危等级 国家重点保护野生植物名录（第二批）二级，陕西省履约保护植物，CITES 附录Ⅱ物种，中国植物红色名录评估为近危（NT）。

迁地栽培保存

保存地点	种质份数	个体数量	引种方式	生长状况	来源地
BJ	1	a	采集	G	广西

多叶斑叶兰 *Goodyera foliosa*（Lindl.）Benth. ex C. B. Clarke

功效主治 全草：清热解毒，活血消肿。用于肺痨，肝毒症，痈疖疮肿，毒蛇咬伤。

濒危等级 国家重点保护野生植物名录（第二批）二级，CITES 附录Ⅱ物种，中国植物红色名录评估为无危（LC）。

迁地栽培保存

保存地点	种质份数	个体数量	引种方式	生长状况	来源地
GX	*	f	采集	G	广西

高斑叶兰 *Goodyera procera* (Ker-Gawl.) Hook.

功效主治　全草（石凤丹）：苦、辛，温。祛风除湿，养血舒筋，润肺止咳，止血。用于风湿关节痛，半身不遂，肺痨咯血，咳喘，病后虚弱，肾虚腰痛，淋浊，黄疸，跌打损伤。

濒危等级　国家重点保护野生植物名录（第二批）二级，CITES 附录 Ⅱ 物种，中国植物红色名录评估为无危（LC）。

迁地栽培保存

保存地点	种质份数	个体数量	引种方式	生长状况	来源地
SC	1	f	待确定	G	四川
HN	1	a	采集	C	海南
GX	*	f	采集	G	广西

小斑叶兰 *Goodyera repens* (L.) R. Br.

功效主治　全草：甘，平。补肺益肾，散肿止痛。用于肺痨咳嗽，瘰疬，肺肾虚弱，喘咳，头晕，目眩，遗精，阳痿，肾虚腰膝疼痛；外用于痈肿疮毒，蛇虫咬伤。

濒危等级　国家重点保护野生植物名录（第二批）二级，陕西省履约保护植物、吉林省三级保护植物、河北省重点保护植物，CITES 附录 Ⅱ 物种，中国植物红色名录评估为无危（LC）。

迁地栽培保存

保存地点	种质份数	个体数量	引种方式	生长状况	来源地
CQ	1	a	采集	F	重庆
GX	*	f	采集	G	湖北

苞舌兰属 *Spathoglottis*

苞舌兰 *Spathoglottis pubescens* Lindl.

功效主治　假鳞茎（黄花独蒜）：苦、甘，凉。清热，补肺，止咳，生肌，敛疮。用于肺热咳嗽，咳痰不利，肺痨咯血，疮痈溃烂，跌打损伤。

濒危等级 国家重点保护野生植物名录（第二批）二级，CITES 附录Ⅱ物种，中国植物红色名录评估为无危（LC）。

迁地栽培保存

保存地点	种质份数	个体数量	引种方式	生长状况	来源地
GX	*	f	采集	G	广西

苞叶兰属 *Brachycorythis*

短距苞叶兰 *Brachycorythis galeandra*（Rchb. f.）Summerh.

功效主治 块茎：用于蛇咬伤。

濒危等级 国家重点保护野生植物名录（第二批）二级，CITES 附录Ⅱ物种，中国植物红色名录评估为近危（NT）。

迁地栽培保存

保存地点	种质份数	个体数量	引种方式	生长状况	来源地
GX	*	f	采集	G	广西

贝母兰属 *Coelogyne*

白花贝母兰 *Coelogyne leucantha* W. W. Smith.

功效主治 全草或假鳞茎：清热止咳，活血定痛，接骨续筋。用于感冒咳嗽，疝气疼痛，风湿痛，跌打损伤，骨折，软组织挫伤。

濒危等级 国家重点保护野生植物名录（第二批）二级，CITES 附录Ⅱ物种，中国植物红色名录评估为易危（VU）。

迁地栽培保存

保存地点	种质份数	个体数量	引种方式	生长状况	来源地
BJ	1	a	采集	G	云南
GX	*	f	采集	G	广西

贝母兰 *Coelogyne cristata* Lindl.

功效主治　全草：清肝明目。

濒危等级　国家重点保护野生植物名录（第二批）二级，CITES 附录Ⅱ物种，中国植物红色名录评估为无危（LC）。

迁地栽培保存

保存地点	种质份数	个体数量	引种方式	生长状况	来源地
BJ	1	a	采集	G	云南
GX	*	f	采集	G	广西

长鳞贝母兰 *Coelogyne ovalis* Lindl.

功效主治　全草：清热，化痰，止咳。

濒危等级　国家重点保护野生植物名录（第二批）二级，CITES 附录Ⅱ物种，中国植物红色名录评估为无危（LC）。

迁地栽培保存

保存地点	种质份数	个体数量	引种方式	生长状况	来源地
GX	*	f	采集	G	广西

滇西贝母兰 *Coelogyne calcicola* Kerr

濒危等级　国家重点保护野生植物名录（第二批）二级，CITES 附录Ⅱ物种，中国植物红色名录评估为濒危（EN）。

迁地栽培保存

保存地点	种质份数	个体数量	引种方式	生长状况	来源地
BJ	1	b	采集	G	云南
GX	*	f	采集	G	云南

禾叶贝母兰 *Coelogyne viscosa* Rchb. f.

功效主治　假鳞茎：用于感冒，风热咳喘，胃痛。

濒危等级　国家重点保护野生植物名录（第二批）二级，CITES 附录Ⅱ物种，中国植物红色名录评估为近危（NT）。

迁地栽培保存

保存地点	种质份数	个体数量	引种方式	生长状况	来源地
BJ	1	a	采集	G	云南

黄绿贝母兰　*Coelogyne prolifera* Lindl.

濒危等级　国家重点保护野生植物名录（第二批）二级，CITES 附录Ⅱ物种，中国植物红色名录评估为无危（LC）。

迁地栽培保存

保存地点	种质份数	个体数量	引种方式	生长状况	来源地
GX	*	f	采集	G	云南

栗鳞贝母兰　*Coelogyne flaccida* Lindl.

功效主治　全草：酸、涩，平。润肺止咳，消肿止痛，祛风除湿，行气活络，接骨。用于肺痨，咳嗽痰喘，咯血，风湿痹痛，疝气疼痛，跌打损伤，骨折，外伤瘀血。

濒危等级　国家重点保护野生植物名录（第二批）二级，CITES 附录Ⅱ物种，中国植物红色名录评估为近危（NT）。

迁地栽培保存

保存地点	种质份数	个体数量	引种方式	生长状况	来源地
BJ	2	a	采集	G	云南、贵州

流苏贝母兰　*Coelogyne fimbriata* Lindl.

功效主治　全草：用于感冒，咳嗽，风湿骨痛。

濒危等级　国家重点保护野生植物名录（第二批）二级，CITES 附录Ⅱ物种，中国植物红色名录评估为无危（LC）。

迁地栽培保存

保存地点	种质份数	个体数量	引种方式	生长状况	来源地
BJ	3	b	采集	C	云南、贵州、广西
HN	2	a	采集、赠送	C	海南
GX	2	f	采集	G	广西

麻栗坡贝母兰　*Coelogyne malipoensis* Z. H. Tsi

濒危等级　国家重点保护野生植物名录（第二批）二级，CITES 附录 II 物种，中国植物红色名录评估为濒危（EN）。

迁地栽培保存

保存地点	种质份数	个体数量	引种方式	生长状况	来源地
GX	*	f	采集	G	广西

撕裂贝母兰　*Coelogyne sanderae* Kraenzl.

功效主治　叶柄：清肺热，祛风除湿。用于风湿痹痛。

濒危等级　国家重点保护野生植物名录（第二批）二级，CITES 附录 II 物种，中国植物红色名录评估为易危（VU）。

迁地栽培保存

保存地点	种质份数	个体数量	引种方式	生长状况	来源地
BJ	1	b	采集	G	云南
GX	*	f	采集	G	云南

种质库保存

保存地点	保存方式	种质份数	个体数量	引种方式	来源地
BJ	种子	1	a	采集	福建

挺茎贝母兰　*Coelogyne rigida* Par. & Rchb. f.

濒危等级　国家重点保护野生植物名录（第二批）二级，CITES 附录 II 物种，中国植物红色名录评估为无危（LC）。

迁地栽培保存

保存地点	种质份数	个体数量	引种方式	生长状况	来源地
GX	*	f	采集	G	云南

眼斑贝母兰 *Coelogyne corymbosa* Lindl.

功效主治　全草：苦、辛，凉。化痰止咳，活血祛瘀，舒筋止痛。用于感冒，咳嗽痰喘，跌打损伤。

濒危等级　国家重点保护野生植物名录（第二批）二级，CITES 附录Ⅱ物种，中国植物红色名录评估为近危（NT）。

迁地栽培保存

保存地点	种质份数	个体数量	引种方式	生长状况	来源地
GX	*	f	采集	G	云南

杓兰属 *Cypripedium*

杓兰 *Cypripedium calceolus* L.

功效主治　根茎：解热镇静，利尿。

濒危等级　国家重点保护野生植物名录（第二批）一级，河北省重点保护植物、北京市一级保护植物，CITES 附录Ⅱ物种，中国植物红色名录评估为近危（NT）。

迁地栽培保存

保存地点	种质份数	个体数量	引种方式	生长状况	来源地
BJ	3	b	采集	G	陕西、山西、甘肃

大花杓兰 *Cypripedium macranthos* Sw.

功效主治　根及根茎（蜈蚣七）：苦、辛，温。有小毒。利尿消肿，活血祛瘀，祛风镇痛。用于全身浮肿，小便不利，带下病，风湿腰腿痛，跌打损伤，痢疾。花（蜈蚣七花）：用于外伤出血。

濒危等级　国家重点保护野生植物名录（第二批）一级，CITES 附录Ⅱ物种，中国植物红色名录评估为濒危（EN）。

迁地栽培保存

保存地点	种质份数	个体数量	引种方式	生长状况	来源地
LN	1	b	采集	F	辽宁

绿花杓兰 *Cypripedium henryi* Rolfe

功效主治 根及根茎（龙舌箭）：苦，温。理气行血，消肿止痛。用于胃寒腹痛，腰腿疼痛，疝气疼痛，跌打损伤。全草：活血，祛瘀，行水。

濒危等级 中国特有植物，国家重点保护野生植物名录（第二批）一级，陕西省履约保护植物，CITES附录Ⅱ物种，中国植物红色名录评估为近危（NT）。

迁地栽培保存

保存地点	种质份数	个体数量	引种方式	生长状况	来源地
BJ	1	a	采集	G	湖北
CQ	1	a	采集	D	重庆
GX	*	f	采集	G	湖北

扇脉杓兰 *Cypripedium japonicum* Thunb.

功效主治 全草（扇子七）：辛，平。有毒。活血调经，祛风镇痛。用于月经不调，皮肤瘙痒，无名肿毒。根及根茎（扇子七根）：辛、涩，平。有毒。祛风除湿，活血通经，截疟。用于疟疾，跌打损伤，风湿痹痛，毒蛇咬伤。

濒危等级 国家重点保护野生植物名录（第二批）一级，陕西省履约保护植物，CITES附录Ⅱ物种，中国植物红色名录评估为无危（LC）。

迁地栽培保存

保存地点	种质份数	个体数量	引种方式	生长状况	来源地
BJ	1	a	采集	G	甘肃
HB	1	b	采集	C	湖北
GX	*	f	采集	G	重庆

西藏杓兰 *Cypripedium tibeticum* King ex Rolfe

功效主治 根及根茎（兜兰）：甘、涩、微酸，平。调经活血，消肿止痛。用于月经不调，痛经，闭经，淋证，小便涩痛，疝气。

濒危等级 国家重点保护野生植物名录（第二批）一级，陕西省履约保护植物，CITES 附录Ⅱ物种，中国植物红色名录评估为无危（LC）。

迁地栽培保存

保存地点	种质份数	个体数量	引种方式	生长状况	来源地
BJ	1	b	采集	C	四川

紫点杓兰 *Cypripedium guttatum* Sw.

功效主治 根茎：镇静，解痉，止痛，解热，利尿。

濒危等级 国家重点保护野生植物名录（第二批）一级，陕西省履约保护植物、河北省重点保护植物、吉林省三级保护植物、北京市一级保护植物，CITES 附录Ⅱ物种，中国植物红色名录评估为濒危（EN）。

迁地栽培保存

保存地点	种质份数	个体数量	引种方式	生长状况	来源地
BJ	1	a	采集	G	甘肃

柄唇兰属 *Podochilus*

柄唇兰 *Podochilus khasianus* Hook. f.

濒危等级 国家重点保护野生植物名录（第二批）二级，CITES 附录Ⅱ物种，中国植物红色名录评估为近危（NT）。

迁地栽培保存

保存地点	种质份数	个体数量	引种方式	生长状况	来源地
GX	2	f	采集	G	广西

槽舌兰属 *Holcoglossum*

槽舌兰 *Holcoglossum quasipinifolium*（Hayata）Schltr.

功效主治 全草：祛风除湿，利尿。用于关节痛。

濒危等级 中国特有植物，国家重点保护野生植物名录（第二批）二级，CITES 附录 II 物种，中国植物红色名录评估为无危（LC）。

迁地栽培保存

保存地点	种质份数	个体数量	引种方式	生长状况	来源地
GX	*	f	采集	G	广西

大根槽舌兰 *Holcoglossum amesianum*（Rchb. f.）Christenson

功效主治 全草（九爪龙）：甘、淡、涩，平。清热解毒，活血散瘀，祛风除湿。用于疟疾，咽喉痛，乳蛾，小便涩痛，淋证，风湿痛，腰痛，月经不调，跌打损伤，骨折，外伤出血。

濒危等级 国家重点保护野生植物名录（第二批）二级，CITES 附录 II 物种，中国植物红色名录评估为易危（VU）。

迁地栽培保存

保存地点	种质份数	个体数量	引种方式	生长状况	来源地
BJ	1	a	采集	G	云南
GX	*	f	采集	G	云南

短距槽舌兰 *Holcoglossum flavescens*（Schltr.）Z. H. Tsi

濒危等级 中国特有植物，国家重点保护野生植物名录（第二批）二级，CITES 附录 II 物种，中国植物红色名录评估为易危（VU）。

迁地栽培保存

保存地点	种质份数	个体数量	引种方式	生长状况	来源地
BJ	1	a	采集	G	云南

管叶槽舌兰 *Holcoglossum kimballianum*（Rchb. f.）Garay

功效主治 全草：祛风除湿，利尿。

濒危等级 国家重点保护野生植物名录（第二批）二级，CITES 附录 II 物种，中国植物红色名录评估为濒危（EN）。

迁地栽培保存

保存地点	种质份数	个体数量	引种方式	生长状况	来源地
YN	1	b	采集	C	云南
BJ	1	a	采集	G	云南

简距槽舌兰 *Holcoglossum wangii* Christenson

迁地栽培保存

保存地点	种质份数	个体数量	引种方式	生长状况	来源地
GX	*	f	采集	G	广西

叉柱兰属 *Cheirostylis*

粉红叉柱兰 *Cheirostylis jamesleungii* S. Y. Hu & Barretto

濒危等级 中国特有植物，国家重点保护野生植物名录（第二批）二级，CITES 附录Ⅱ物种，中国植物红色名录评估为极危（CR）。

迁地栽培保存

保存地点	种质份数	个体数量	引种方式	生长状况	来源地
BJ	1	a	采集	G	待确定

云南叉柱兰 *Cheirostylis yunnanensis* Rolfe

功效主治 全草：用于溃疡。

濒危等级 国家重点保护野生植物名录（第二批）二级，CITES 附录Ⅱ物种，中国植物红色名录评估为无危（LC）。

迁地栽培保存

保存地点	种质份数	个体数量	引种方式	生长状况	来源地
GX	2	f	采集	G	广西
BJ	1	b	采集	C	贵州

中华叉柱兰 *Cheirostylis chinensis* Rolfe

濒危等级　国家重点保护野生植物名录（第二批）二级，CITES 附录Ⅱ物种，中国植物红色名录评估为无
危（LC）。

迁地栽培保存

保存地点	种质份数	个体数量	引种方式	生长状况	来源地
GX	*	f	采集	G	广西

钗子股属　*Luisia*

叉唇钗子股 *Luisia teres*（Thunb. ex A. Murray）Bl.

功效主治　全草：消肿，截疟，接骨。

濒危等级　国家重点保护野生植物名录（第二批）二级，CITES 附录Ⅱ物种，中国植物红色名录评估为近
危（NT）。

迁地栽培保存

保存地点	种质份数	个体数量	引种方式	生长状况	来源地
BJ	1	a	采集	C	贵州

钗子股 *Luisia morsei* Rolfe

功效主治　全草（钗子股）：辛、苦，平。祛风利湿，催吐解毒。用于风湿痛，头风，水肿，痈疽，疟疾，
耳闭，咽喉肿痛，小儿惊风，带下病。

濒危等级　国家重点保护野生植物名录（第二批）二级，CITES 附录Ⅱ物种，中国植物红色名录评估为无
危（LC）。

迁地栽培保存

保存地点	种质份数	个体数量	引种方式	生长状况	来源地
HN	1	a	待确定	B	海南
BJ	1	a	采集	G	云南
GD	1	f	采集	G	待确定

大花钗子股 *Luisia magniflora* Z. H. Tsi & S. C. Chen

濒危等级 中国特有植物，国家重点保护野生植物名录（第二批）二级，CITES 附录 Ⅱ 物种，中国植物红色名录评估为近危（NT）。

迁地栽培保存

保存地点	种质份数	个体数量	引种方式	生长状况	来源地
BJ	1	a	采集	G	云南
YN	1	a	采集	C	云南
GX	*	f	采集	G	广东

宽瓣钗子股 *Luisia ramosii* Ames

濒危等级 国家重点保护野生植物名录（第二批）二级，CITES 附录 Ⅱ 物种，中国植物红色名录评估为无危（LC）。

迁地栽培保存

保存地点	种质份数	个体数量	引种方式	生长状况	来源地
GX	*	f	采集	G	广西

纤叶钗子股 *Luisia hancockii* Rolfe

功效主治 全草：甘、酸，温。散风祛痰，解毒消肿。用于风湿关节痛，胸胁挫伤，咽喉肿痛，痈肿。

濒危等级 中国特有植物，国家重点保护野生植物名录（第二批）二级，CITES 附录 Ⅱ 物种，中国植物红色名录评估为无危（LC）。

迁地栽培保存

保存地点	种质份数	个体数量	引种方式	生长状况	来源地
GX	*	f	采集	G	广西

小花钗子股 *Luisia brachystachys* (Lindl.) Bl.

濒危等级 国家重点保护野生植物名录（第二批）二级，CITES 附录 Ⅱ 物种，中国植物红色名录评估为无危（LC）。

迁地栽培保存

保存地点	种质份数	个体数量	引种方式	生长状况	来源地
YN	1	a	采集	C	云南

匙唇兰属 *Schoenorchis*

匙唇兰 *Schoenorchis gemmata*（Lindl.）J. J. Smith

濒危等级 国家重点保护野生植物名录（第二批）二级，CITES 附录 II 物种，中国植物红色名录评估为无危（LC）。

迁地栽培保存

保存地点	种质份数	个体数量	引种方式	生长状况	来源地
BJ	1	a	采集	G	广西

圆叶匙唇兰 *Schoenorchis tixieri*（Guillaum.）Seidenf.

濒危等级 国家重点保护野生植物名录（第二批）二级，CITES 附录 II 物种，中国植物红色名录评估为无危（LC）。

迁地栽培保存

保存地点	种质份数	个体数量	引种方式	生长状况	来源地
BJ	1	a	采集	G	广西

脆兰属 *Acampe*

多花脆兰 *Acampe rigida*（Buch.-Ham. ex J. E. Smith）P. F. Hunt

功效主治 根、叶：用于跌打损伤，骨折。

濒危等级 国家重点保护野生植物名录（第二批）二级，CITES 附录 II 物种，中国植物红色名录评估为无危（LC）。

迁地栽培保存

保存地点	种质份数	个体数量	引种方式	生长状况	来源地
GX	2	f	采集	G	广西
BJ	*	b	采集	C	云南、贵州
YN	1	b	购买	C	云南

大苞兰属 *Sunipia*

大苞兰 *Sunipia scariosa* Lindl.

功效主治 全草：润肺止咳，止血。用于肺痨，咯血，咳嗽。

濒危等级 国家重点保护野生植物名录（第二批）二级，CITES 附录 Ⅱ 物种，中国植物红色名录评估为无危（LC）。

迁地栽培保存

保存地点	种质份数	个体数量	引种方式	生长状况	来源地
YN	1	a	采集	C	云南
GX	*	f	采集	G	广西

带唇兰属 *Tainia*

大花带唇兰 *Tainia macrantha* Hook. f.

濒危等级 国家重点保护野生植物名录（第二批）二级，CITES 附录 Ⅱ 物种，中国植物红色名录评估为易危（VU）。

迁地栽培保存

保存地点	种质份数	个体数量	引种方式	生长状况	来源地
GX	*	f	采集	G	广西

带唇兰 *Tainia dunnii* Rolfe

濒危等级 中国特有植物，国家重点保护野生植物名录（第二批）二级，CITES 附录 Ⅱ 物种，中国植物红

色名录评估为近危（NT）。

迁地栽培保存

保存地点	种质份数	个体数量	引种方式	生长状况	来源地
GX	*	f	采集	G	广西

阔叶带唇兰 *Tainia latifolia*（Lindl.）Rchb. f.

濒危等级　国家重点保护野生植物名录（第二批）二级，CITES 附录 II 物种，中国植物红色名录评估为易危（VU）。

迁地栽培保存

保存地点	种质份数	个体数量	引种方式	生长状况	来源地
GX	*	f	采集	G	广西

南方带唇兰 *Tainia ruybarrettoi*（S. Y. Hu & Barretto）Z. H. Tsi

濒危等级　国家重点保护野生植物名录（第二批）二级，CITES 附录 II 物种，中国植物红色名录评估为濒危（EN）。

迁地栽培保存

保存地点	种质份数	个体数量	引种方式	生长状况	来源地
GX	*	f	采集	G	广西

香港带唇兰 *Tainia hongkongensis* Rolfe

濒危等级　国家重点保护野生植物名录（第二批）二级，CITES 附录 II 物种，中国植物红色名录评估为近危（NT）。

迁地栽培保存

保存地点	种质份数	个体数量	引种方式	生长状况	来源地
BJ	1	b	采集	G	广东
GX	*	f	采集	G	广西

地宝兰属 *Geodorum*

大花地宝兰 *Geodorum attenuatum* Griff.

濒危等级 国家重点保护野生植物名录（第二批）二级，CITES 附录Ⅱ物种，中国植物红色名录评估为无危（LC）。

迁地栽培保存

保存地点	种质份数	个体数量	引种方式	生长状况	来源地
BJ	1	a	采集	G	云南

地宝兰 *Geodorum densiflorum*（Lam.）Schltr.

功效主治 块茎：外用于疮疖肿毒。

濒危等级 国家重点保护野生植物名录（第二批）二级，CITES 附录Ⅱ物种，中国植物红色名录评估为无危（LC）。

迁地栽培保存

保存地点	种质份数	个体数量	引种方式	生长状况	来源地
GX	3	f	采集	G	广西
HN	1	a	未确定	C	海南
BJ	1	a	采集	G	云南

多花地宝兰 *Geodorum recurvum*（Roxb.）Alston

濒危等级 国家重点保护野生植物名录（第二批）二级，CITES 附录Ⅱ物种，中国植物红色名录评估为近危（NT）。

迁地栽培保存

保存地点	种质份数	个体数量	引种方式	生长状况	来源地
GX	*	f	采集	G	广西

兜兰属　*Paphiopedilum*

白旗兜兰　*Paphiopedilum spicerianum*（H. G. Reichenbach）Pfitzer

濒危等级　CITES 附录 I 物种，中国植物红色名录评估为极危（CR）。

迁地栽培保存

保存地点	种质份数	个体数量	引种方式	生长状况	来源地
GX	*	f	采集	G	云南

波瓣兜兰　*Paphiopedilum insigne*（Wall. ex Lindl.）Pfitz.

功效主治　叶：有毒。用于风湿痹痛，腰痛，跌打损伤。

濒危等级　国家重点保护野生植物名录（第二批）一级，CITES 附录 I 物种，中国植物红色名录评估为极危（CR）。

迁地栽培保存

保存地点	种质份数	个体数量	引种方式	生长状况	来源地
GX	*	f	采集	G	云南

彩云兜兰　*Paphiopedilum wardii* Summerh.

濒危等级　国家重点保护野生植物名录（第二批）一级，CITES 附录 I 物种，中国植物红色名录评估为数据缺乏（DD）。

迁地栽培保存

保存地点	种质份数	个体数量	引种方式	生长状况	来源地
GX	*	f	采集	G	广西

长瓣兜兰　*Paphiopedilum dianthum* T. Tang & F. T. Wang

功效主治　全草：用于脾脏肿大。

濒危等级　国家重点保护野生植物名录（第二批）一级，CITES 附录 I 物种，中国植物红色名录评估为易危（VU）。

迁地栽培保存

保存地点	种质份数	个体数量	引种方式	生长状况	来源地
BJ	1	a	采集	C	贵州
YN	1	b	购买	C	云南
GX	*	f	采集	G	广西

带叶兜兰 *Paphiopedilum hirsutissimum* (Lindl. ex Hook.) Stein

濒危等级　国家重点保护野生植物名录（第二批）一级，CITES 附录 I 物种，中国植物红色名录评估为易危（VU）。

迁地栽培保存

保存地点	种质份数	个体数量	引种方式	生长状况	来源地
GX	2	f	采集	G	广西
YN	1	b	购买	C	云南
BJ	1	a	采集	G	广西
GZ	1	b	采集	C	贵州

德氏兜兰 *Paphiopedilum delenatii* Guillaumin

濒危等级　CITES 附录 I 物种，中国植物红色名录评估为数据缺乏（DD）。

迁地栽培保存

保存地点	种质份数	个体数量	引种方式	生长状况	来源地
GX	*	f	采集	G	云南

短唇兜兰 *Paphiopedilum brevilabium* Z. J. Liu et J. Y. Zhang

迁地栽培保存

保存地点	种质份数	个体数量	引种方式	生长状况	来源地
GX	*	f	采集	G	云南

根茎兜兰 *Paphiopedilum areeanum* O. Gruss

濒危等级　CITES 附录 I 物种，中国植物红色名录评估为濒危（EN）。

迁地栽培保存

保存地点	种质份数	个体数量	引种方式	生长状况	来源地
GX	*	f	采集	G	云南

瑰丽兜兰 *Paphiopedilum gratrixianum* Rolfe

濒危等级　CITES 附录 I 物种，中国植物红色名录评估为濒危（EN）。

迁地栽培保存

保存地点	种质份数	个体数量	引种方式	生长状况	来源地
GX	*	f	采集	G	云南

亨利兜兰 *Paphiopedilum henryanum* Braem

濒危等级　国家重点保护野生植物名录（第二批）一级，中国植物红色名录评估为易危（VU）。

迁地栽培保存

保存地点	种质份数	个体数量	引种方式	生长状况	来源地
GX	2	f	采集	G	广西、云南
BJ	1	a	采集	G	云南

红旗兜兰 *Paphiopedilum charlesworthii* (Rolfe) Pfitzer

濒危等级　CITES 附录 I 物种，中国植物红色名录评估为濒危（EN）。

迁地栽培保存

保存地点	种质份数	个体数量	引种方式	生长状况	来源地
GX	*	f	采集	G	云南

近于黄色兜兰 *Paphiopedilum petchleungianum* O. Gruss

迁地栽培保存

保存地点	种质份数	个体数量	引种方式	生长状况	来源地
GX	*	f	采集	G	云南

巨瓣兜兰 *Paphiopedilum bellatulum* (Rchb. f.) Stein

濒危等级　国家重点保护野生植物名录（第二批）一级，CITES 附录 I 物种，中国植物红色名录评估为濒危（EN）。

迁地栽培保存

保存地点	种质份数	个体数量	引种方式	生长状况	来源地
GX	*	f	采集	G	云南

卷萼兜兰 *Paphiopedilum appletonianum* (Gower) Rolfe

功效主治　全草：清热解毒，润肺，祛风止痛。

濒危等级　国家重点保护野生植物名录（第二批）一级，CITES 附录 I 物种，中国植物红色名录评估为濒危（EN）。

迁地栽培保存

保存地点	种质份数	个体数量	引种方式	生长状况	来源地
HN	2	a	采集	B	海南
GX	*	f	采集	G	云南

绿叶兜兰 *Paphiopedilum hangianum* Perner & O. Gruss

濒危等级　CITES 附录 I 物种，中国植物红色名录评估为极危（CR）。

迁地栽培保存

保存地点	种质份数	个体数量	引种方式	生长状况	来源地
GX	*	f	采集	G	云南

麻栗坡兜兰 *Paphiopedilum malipoense* S. C. Chen & Z. H. Tsi

濒危等级　国家重点保护野生植物名录（第二批）一级，中国植物红色名录评估为极危（CR）。

迁地栽培保存

保存地点	种质份数	个体数量	引种方式	生长状况	来源地
YN	1	b	购买	C	云南
GX	*	f	采集	G	云南

飘带兜兰 *Paphiopedilum parishii* (Rchb. f.) Stein

功效主治　全草：苦，凉。清热解毒，养心安神。用于瘰疬，肾虚，风热咳嗽。

濒危等级　国家重点保护野生植物名录（第二批）一级，CITES 附录 I 物种，中国植物红色名录评估为极危（CR）。

迁地栽培保存

保存地点	种质份数	个体数量	引种方式	生长状况	来源地
GX	2	f	采集	G	广西、云南

巧花兜兰 *Paphiopedilum helenae* Averyanov

濒危等级　CITES 附录 I 物种，中国植物红色名录评估为濒危（EN）。

迁地栽培保存

保存地点	种质份数	个体数量	引种方式	生长状况	来源地
GX	*	f	采集	G	广西

同色兜兰 *Paphiopedilum concolor* (Bateman) Pfitz.

功效主治　全草（巴掌草）：甘、酸，平。止咳平喘，清热解毒，祛风止痛。用于肺痨，咳嗽哮喘，风湿骨痛，痹证，胃痛，脾肿大，泄泻，毒蛇咬伤，疮疖，跌打损伤。

濒危等级　国家重点保护野生植物名录（第二批）一级，CITES 附录 I 物种，中国植物红色名录评估为易危（VU）。

迁地栽培保存

保存地点	种质份数	个体数量	引种方式	生长状况	来源地
GX	2	f	采集	G	广西
BJ	1	a	采集	G	云南

同色巨瓣兜兰天然杂种 *Paphiopedilum concolorbellatulum*

迁地栽培保存

保存地点	种质份数	个体数量	引种方式	生长状况	来源地
GX	*	f	采集	G	广西

夏花兜兰 *Paphiopedilum purpuratum* (Lindl.) Stein

迁地栽培保存

保存地点	种质份数	个体数量	引种方式	生长状况	来源地
GX	*	f	采集	G	云南

小叶兜兰 *Paphiopedilum barbigerum* T. Tang & F. T. Wang

功效主治　全草：用于痈疽疮疖。

濒危等级　国家重点保护野生植物名录（第二批）一级，CITES 附录 I 物种，中国植物红色名录评估为濒危（EN）。

迁地栽培保存

保存地点	种质份数	个体数量	引种方式	生长状况	来源地
BJ	1	a	采集	C	贵州
GZ	1	b	采集	C	贵州
GX	*	f	采集	G	云南

杏黄兜兰 *Paphiopedilum armeniacum* S. C. Chen & F. Y. Liu

濒危等级　国家重点保护野生植物名录（第二批）一级，CITES 附录 I 物种，中国植物红色名录评估为极危（CR）。

迁地栽培保存

保存地点	种质份数	个体数量	引种方式	生长状况	来源地
GX	*	f	采集	G	广西

硬皮兜兰 *Paphiopedilum callosum*（Rchb. f.）Stein

迁地栽培保存

保存地点	种质份数	个体数量	引种方式	生长状况	来源地
GX	*	f	采集	G	广西

硬叶兜兰 *Paphiopedilum micranthum* T. Tang & F. T. Wang

功效主治　全草：清热解毒，补脑安神。用于麻疹，肺痈，不寐，虚证。

濒危等级　国家重点保护野生植物名录（第二批）一级，CITES 附录 I 物种，中国植物红色名录评估为易危（VU）。

迁地栽培保存

保存地点	种质份数	个体数量	引种方式	生长状况	来源地
BJ	2	b	采集	C	云南、贵州
YN	1	b	购买	C	云南
GZ	1	b	采集	C	贵州
GX	*	f	采集	G	广西

紫毛兜兰 *Paphiopedilum villosum*（Lindl.）Stein

濒危等级　国家重点保护野生植物名录（第二批）一级，CITES 附录 I 物种，中国植物红色名录评估为易危（VU）。

迁地栽培保存

保存地点	种质份数	个体数量	引种方式	生长状况	来源地
GX	*	f	采集	G	云南

紫纹兜兰 *Paphiopedilum purpuratum*（Lindl.）Stein

濒危等级 国家重点保护野生植物名录（第二批）一级，CITES 附录 I 物种，中国植物红色名录评估为濒危（EN）。

迁地栽培保存

保存地点	种质份数	个体数量	引种方式	生长状况	来源地
GX	*	f	采集	G	广西

独花兰属 *Changnienia*

独花兰 *Changnienia amoena* S. S. Chien

功效主治 全草（独花兰）：清热，凉血，解毒。用于咳嗽，痰中带血，热疖疔疮。

濒危等级 中国特有植物，国家重点保护野生植物名录（第二批）二级，陕西省履约保护植物，CITES 附录 II 物种，中国植物红色名录评估为濒危（EN）。

迁地栽培保存

保存地点	种质份数	个体数量	引种方式	生长状况	来源地
BJ	2	b	采集	C	河南、湖北
GX	*	f	采集	G	湖北

独蒜兰属 *Pleione*

大花独蒜兰 *Pleione grandiflora*（Rolfe）Rolfe

功效主治 假鳞茎：润肺清热，消肿散结，化痰止咳，生肌，止血。用于肺热咳嗽，痰喘，胃肠出血，疮疖肿毒，毒蛇咬伤。

濒危等级 国家重点保护野生植物名录（第二批）二级，CITES 附录 II 物种，中国植物红色名录评估为极危（CR）。

迁地栽培保存

保存地点	种质份数	个体数量	引种方式	生长状况	来源地
GX	*	f	采集	G	云南

独蒜兰　*Pleione bulbocodioides*（Franch.）Rolfe

功效主治　假鳞茎（山慈菇）：甘、微辛，寒。有小毒。清热解毒，消肿散结。用于痈肿疔毒，瘰疬，喉痹疼痛，蛇虫咬伤，狂犬咬伤。

濒危等级　中国特有植物，国家重点保护野生植物名录（第二批）二级，陕西省履约保护植物，CITES附录Ⅱ物种，中国植物红色名录评估为无危（LC）。

迁地栽培保存

保存地点	种质份数	个体数量	引种方式	生长状况	来源地
GX	2	f	采集	G	广东
BJ	2	c	采集	C	湖北、安徽
HB	1	a	采集	C	湖北
CQ	1	b	采集	C	重庆

四川独蒜兰　*Pleione limprichtii* Schltr.

濒危等级　国家重点保护野生植物名录（第二批）二级，CITES附录Ⅱ物种，中国植物红色名录评估为易危（VU）。

迁地栽培保存

保存地点	种质份数	个体数量	引种方式	生长状况	来源地
BJ	1	b	采集	C	四川

杜鹃兰属　*Cremastra*

杜鹃兰　*Cremastra appendiculata*（D. Don）Makino

功效主治　假鳞茎（毛慈菇）：辛、甘，寒。有小毒。消肿散结，清热解毒。用于痈肿疔毒，瘰疬，蛇虫咬伤。

濒危等级 国家重点保护野生植物名录（第二批）二级，中国植物红色名录评估为近危（NT）。

迁地栽培保存

保存地点	种质份数	个体数量	引种方式	生长状况	来源地
BJ	4	b	采集	G	安徽、陕西
HB	1	a	采集	C	湖北
CQ	1	a	采集	B	重庆
GX	*	f	采集	G	湖北

短瓣兰属 *Monomeria*

短瓣兰 *Monomeria barbata* Lindl.

濒危等级 国家重点保护野生植物名录（第二批）二级，CITES 附录Ⅱ物种，中国植物红色名录评估为近危（NT）。

迁地栽培保存

保存地点	种质份数	个体数量	引种方式	生长状况	来源地
GX	*	f	采集	G	云南

盾柄兰属 *Porpax*

盾柄兰 *Porpax ustulata* (Par. & Rchb. f.) Rolfe

濒危等级 国家重点保护野生植物名录（第二批）二级，CITES 附录Ⅱ物种，中国植物红色名录评估为无危（LC）。

迁地栽培保存

保存地点	种质份数	个体数量	引种方式	生长状况	来源地
GX	*	f	采集	G	云南

多穗兰属　*Polystachya*

多穗兰　*Polystachya concreta*（Jacq.）Garay & Sweet

濒危等级　国家重点保护野生植物名录（第二批）二级，CITES 附录Ⅱ物种，中国植物红色名录评估为无危（LC）。

迁地栽培保存

保存地点	种质份数	个体数量	引种方式	生长状况	来源地
YN	1	a	购买	C	云南
GX	*	f	采集	G	待确定

萼脊兰属　*Sedirea*

萼脊兰　*Sedirea japonica*（Rchb. f.）Garay & Sweet

濒危等级　国家重点保护野生植物名录（第二批）二级，CITES 附录Ⅱ物种，中国植物红色名录评估为易危（VU）。

迁地栽培保存

保存地点	种质份数	个体数量	引种方式	生长状况	来源地
YN	1	a	购买	C	云南

耳唇兰属　*Otochilus*

耳唇兰　*Otochilus porrectus* Lindl.

濒危等级　国家重点保护野生植物名录（第二批）二级，CITES 附录Ⅱ物种，中国植物红色名录评估为无危（LC）。

迁地栽培保存

保存地点	种质份数	个体数量	引种方式	生长状况	来源地
BJ	1	b	采集	G	云南

风兰属 *Neofinetia*

风兰 *Neofinetia falcata*（Thunb. ex A. Murray）H. H. Hu

功效主治 全草：补肾虚。

濒危等级 国家重点保护野生植物名录（第二批）二级，CITES 附录 Ⅱ 物种，中国植物红色名录评估为濒危（EN）。

迁地栽培保存

保存地点	种质份数	个体数量	引种方式	生长状况	来源地
BJ	1	b	采集	G	四川

凤蝶兰属 *Papilionanthe*

凤蝶兰 *Papilionanthe teres*（Roxb.）Schltr.

功效主治 茎、叶：活血消肿。

濒危等级 国家重点保护野生植物名录（第二批）二级，CITES 附录 Ⅱ 物种，中国植物红色名录评估为易危（VU）。

迁地栽培保存

保存地点	种质份数	个体数量	引种方式	生长状况	来源地
YN	1	b	购买	C	云南
BJ	1	a	采集	G	云南

盖喉兰属 *Smitinandia*

盖喉兰 *Smitinandia micrantha*（Lindl.）Holttum

濒危等级 国家重点保护野生植物名录（第二批）二级，CITES 附录 Ⅱ 物种，中国植物红色名录评估为近危（NT）。

迁地栽培保存

保存地点	种质份数	个体数量	引种方式	生长状况	来源地
BJ	1	a	采集	G	云南

隔距兰属 *Cleisostoma*

长叶隔距兰 *Cleisostoma fuerstenbergianum* Kraenzl.

濒危等级 国家重点保护野生植物名录（第二批）二级，CITES 附录 Ⅱ 物种，中国植物红色名录评估为无危（LC）。

迁地栽培保存

保存地点	种质份数	个体数量	引种方式	生长状况	来源地
BJ	1	a	采集	G	云南
YN	1	a	购买	C	云南

大序隔距兰 *Cleisostoma paniculatum*（Ker-Gawl.）Garay

功效主治 全草：养阴，润肺，止咳。

濒危等级 国家重点保护野生植物名录（第二批）二级，CITES 附录 Ⅱ 物种，中国植物红色名录评估为无危（LC）。

迁地栽培保存

保存地点	种质份数	个体数量	引种方式	生长状况	来源地
GX	*	f	采集	G	广西

短序隔距兰 *Cleisostoma striatum*（Rchb. f.）Garay

濒危等级 国家重点保护野生植物名录（第二批）二级，CITES 附录 Ⅱ 物种，中国植物红色名录评估为易危（VU）。

迁地栽培保存

保存地点	种质份数	个体数量	引种方式	生长状况	来源地
GX	*	f	采集	G	广西

隔距兰 *Cleisostoma sagittiforme* Garay

濒危等级　国家重点保护野生植物名录（第二批）二级，CITES 附录Ⅱ物种，中国植物红色名录评估为易危（VU）。

迁地栽培保存

保存地点	种质份数	个体数量	引种方式	生长状况	来源地
BJ	1	a	采集	G	广西
GX	*	f	采集	G	广西
GX	*	f	采集	G	广西

红花隔距兰 *Cleisostoma williamsonii* (Rchb. f.) Garay

功效主治　全草：用于风湿痹痛，小儿麻痹症，小儿疳积，阳痿。

濒危等级　国家重点保护野生植物名录（第二批）二级，CITES 附录Ⅱ物种，中国植物红色名录评估为无危（LC）。

迁地栽培保存

保存地点	种质份数	个体数量	引种方式	生长状况	来源地
GX	2	f	采集	G	广西
YN	1	a	采集	C	云南
BJ	1	a	采集	G	云南

尖喙隔距兰 *Cleisostoma rostratum* (Lodd.) Seidenf. ex Averyanov

功效主治　全草：用于跌打损伤，骨折。

濒危等级　国家重点保护野生植物名录（第二批）二级，CITES 附录Ⅱ物种，中国植物红色名录评估为无危（LC）。

迁地栽培保存

保存地点	种质份数	个体数量	引种方式	生长状况	来源地
GX	2	f	采集	G	广西

金塔隔距兰 *Cleisostoma filiforme*（Lindl.）Garay

濒危等级　国家重点保护野生植物名录（第二批）二级，CITES 附录Ⅱ物种，中国植物红色名录评估为无危（LC）。

迁地栽培保存

保存地点	种质份数	个体数量	引种方式	生长状况	来源地
GX	*	f	采集	G	广西

蜈蚣兰 *Cleisostoma scolopendrifolium*（Makino）Garay

功效主治　全草：清热解毒，润肺，止血。用于咳嗽痰喘，咯血，胆胀，口疮，咽喉肿痛，乳蛾，鼻渊，淋证，小儿惊风。

濒危等级　国家重点保护野生植物名录（第二批）二级，CITES 附录Ⅱ物种，中国植物红色名录评估为无危（LC）。

迁地栽培保存

保存地点	种质份数	个体数量	引种方式	生长状况	来源地
BJ	1	a	采集	G	湖北

西藏隔距兰 *Cleisostoma medogense* Z. H. Tsi

濒危等级　中国特有植物，国家重点保护野生植物名录（第二批）二级，CITES 附录Ⅱ物种，中国植物红色名录评估为近危（NT）。

迁地栽培保存

保存地点	种质份数	个体数量	引种方式	生长状况	来源地
BJ	1	a	采集	G	云南

管花兰属 *Corymborkis*

管花兰 *Corymborkis veratrifolia*（Reinw.）Bl.

濒危等级 国家重点保护野生植物名录（第二批）二级，CITES 附录Ⅱ物种，中国植物红色名录评估为近危（NT）。

迁地栽培保存

保存地点	种质份数	个体数量	引种方式	生长状况	来源地
GX	3	f	采集	G	云南、广西

鹤顶兰属 *Phaius*

海南鹤顶兰 *Phaius hainanensis* C. Z. Tang & S. J. Cheng

濒危等级 中国特有植物，国家重点保护野生植物名录（第二批）二级，CITES 附录Ⅱ物种，中国植物红色名录评估为极危（CR）。

迁地栽培保存

保存地点	种质份数	个体数量	引种方式	生长状况	来源地
HN	1	a	采集	B	海南

鹤顶兰 *Phaius tankervilleae*（Banks ex L'Herit.）Bl.

功效主治 假鳞茎：祛痰止咳，活血止血。用于肺热咳嗽，咯血，多痰，跌打损伤，乳痈，外伤出血。

濒危等级 国家重点保护野生植物名录（第二批）二级，CITES 附录Ⅱ物种，中国植物红色名录评估为无危（LC）。

迁地栽培保存

保存地点	种质份数	个体数量	引种方式	生长状况	来源地
HN	2	a	赠送、采集	B	海南
CQ	1	a	赠送	C	广西
GD	1	f	采集	G	待确定

保存地点	种质份数	个体数量	引种方式	生长状况	来源地
BJ	1	a	采集	G	云南
GX	*	f	采集	G	广西

黄花鹤顶兰　*Phaius flavus*（Bl.）Lindl.

功效主治　假鳞茎：苦，寒。有小毒。清热解毒，消肿散结。用于痈疮溃烂，瘰疬。

濒危等级　国家重点保护野生植物名录（第二批）二级，CITES 附录 Ⅱ 物种，中国植物红色名录评估为无危（LC）。

迁地栽培保存

保存地点	种质份数	个体数量	引种方式	生长状况	来源地
GX	3	f	采集	G	广西
BJ	1	a	采集	C	贵州
CQ	1	a	采集	C	重庆
GZ	1	a	采集	C	贵州

仙笔鹤顶兰　*Phaius columnaris* C. Z. Tang & S. J. Cheng

濒危等级　中国特有植物，国家重点保护野生植物名录（第二批）二级，CITES 附录 Ⅱ 物种，中国植物红色名录评估为濒危（EN）。

迁地栽培保存

保存地点	种质份数	个体数量	引种方式	生长状况	来源地
BJ	1	a	采集	G	待确定
GX	*	f	采集	G	广西

中越鹤顶兰 *Phaius tonkinensis*（Aver.）Aver.

迁地栽培保存

保存地点	种质份数	个体数量	引种方式	生长状况	来源地
GX	*	f	采集	G	广西

紫花鹤顶兰 *Phaius mishmensis*（Lindl. & Paxt.）Rchb. f.

濒危等级 国家重点保护野生植物名录（第二批）二级，CITES 附录 Ⅱ 物种，中国植物红色名录评估为易
危（VU）。

迁地栽培保存

保存地点	种质份数	个体数量	引种方式	生长状况	来源地
GX	2	f	采集	G	云南、广西
YN	1	b	购买	C	云南

厚唇兰属 *Epigeneium*

单叶厚唇兰 *Epigeneium fargesii*（Finet）Gagnep.

功效主治 全草：用于跌打损伤，腰肌劳损，骨折。

濒危等级 国家重点保护野生植物名录（第二批）二级，陕西省履约保护植物，CITES 附录 Ⅱ 物种，中国
植物红色名录评估为无危（LC）。

迁地栽培保存

保存地点	种质份数	个体数量	引种方式	生长状况	来源地
GX	*	f	采集	G	云南

厚唇兰 *Epigeneium clemensiae* Gagnep.

濒危等级 国家重点保护野生植物名录（第二批）二级，CITES 附录 Ⅱ 物种，中国植物红色名录评估为无
危（LC）。

迁地栽培保存

保存地点	种质份数	个体数量	引种方式	生长状况	来源地
GX	*	f	采集	G	云南

宽叶厚唇兰 *Epigeneium amplum* (Lindl.) Summerh.

功效主治　全草：滋阴润燥，止咳，活血。用于咳嗽，咽喉肿痛，跌打损伤。

濒危等级　国家重点保护野生植物名录（第二批）二级，CITES 附录Ⅱ物种，中国植物红色名录评估为无危（LC）。

迁地栽培保存

保存地点	种质份数	个体数量	引种方式	生长状况	来源地
BJ	1	a	采集	G	待确定
YN	1	b	采集	C	云南
GX	*	f	采集	G	广西

蝴蝶兰属　*Phalaenopsis*

版纳蝴蝶兰 *Phalaenopsis mannii* Rchb. f.

濒危等级　国家重点保护野生植物名录（第二批）一级，CITES 附录Ⅱ物种，中国植物红色名录评估为濒危（EN）。

迁地栽培保存

保存地点	种质份数	个体数量	引种方式	生长状况	来源地
GX	*	f	采集	G	广西

蝴蝶兰 *Phalaenopsis aphrodite* Rchb. f.

濒危等级　国家重点保护野生植物名录（第二批）一级，CITES 附录Ⅱ物种，中国植物红色名录评估为无危（LC）。

迁地栽培保存

保存地点	种质份数	个体数量	引种方式	生长状况	来源地
BJ	1	b	采集	G	云南

种质库保存

保存地点	保存方式	种质份数	个体数量	引种方式	来源地
BJ	种子	1	a	采集	江苏

华西蝴蝶兰 *Phalaenopsis wilsonii* Rolfe

功效主治　全草：用于感冒发热，头痛，小儿疳积，风湿痹痛。

濒危等级　国家重点保护野生植物名录（第二批）一级，陕西省履约保护植物，CITES 附录 II 物种，中国植物红色名录评估为易危（VU）。

迁地栽培保存

保存地点	种质份数	个体数量	引种方式	生长状况	来源地
BJ	2	a	采集	G	贵州
GX	*	f	采集	G	广西

罗氏蝴蝶兰 *Phalaenopsis lobbii* （H. G. Reichenbach） H. R. Sweet

濒危等级　CITES 附录 II 物种，中国植物红色名录评估为濒危（EN）。

迁地栽培保存

保存地点	种质份数	个体数量	引种方式	生长状况	来源地
GX	*	f	采集	G	广西

虎舌兰属　*Epipogium*

虎舌兰 *Epipogium roseum* （D. Don） Lindl.

濒危等级　国家重点保护野生植物名录（第二批）二级，陕西省履约保护植物，CITES 附录 II 物种，中国植物红色名录评估为无危（LC）。

迁地栽培保存

保存地点	种质份数	个体数量	引种方式	生长状况	来源地
BJ	1	a	采集	G	江西
GX	*	f	采集	G	广西

花蜘蛛兰属　*Esmeralda*

花蜘蛛兰　*Esmeralda clarkei* Rchb. f.

濒危等级　国家重点保护野生植物名录（第二批）二级，CITES 附录Ⅱ物种，中国植物红色名录评估为易危（VU）。

迁地栽培保存

保存地点	种质份数	个体数量	引种方式	生长状况	来源地
HN	1	a	采集	C	海南
GX	*	f	采集	G	云南

黄兰属　*Cephalantheropsis*

黄兰　*Cephalantheropsis obcordata* (Lindley) Ormerod

功效主治　根（黄缅桂）：苦，凉。祛风除湿，清利咽喉。用于风湿骨痛，骨刺卡喉。果实（黄缅桂果）：苦，凉。祛风除湿，清利咽喉。用于风湿骨痛，骨刺卡喉，胃痛，消化不良。

濒危等级　国家重点保护野生植物名录（第二批）二级，CITES 附录Ⅱ物种，中国植物红色名录评估为近危（NT）。

迁地栽培保存

保存地点	种质份数	个体数量	引种方式	生长状况	来源地
GD	1	b	采集	A	待确定
CQ	1	a	购买	C	重庆
GX	*	f	采集	G	云南
JS1	1	a	购买	D	江苏

续表

保存地点	种质份数	个体数量	引种方式	生长状况	来源地
YN	1	a	购买	C	云南
HN	1	a	购买	C	海南

种质库保存

保存地点	保存方式	种质份数	个体数量	引种方式	来源地
BJ	种子	1	a	采集	湖北

铃花黄兰 *Cephalantheropsis calanthoides*（Ames）T. S. Liu & H. J. Su

濒危等级 国家重点保护野生植物名录（第二批）二级，CITES 附录 Ⅱ 物种，中国植物红色名录评估为无危（LC）。

迁地栽培保存

保存地点	种质份数	个体数量	引种方式	生长状况	来源地
GX	*	f	采集	G	广西

火烧兰属 *Epipactis*

大叶火烧兰 *Epipactis mairei* Schltr.

功效主治 根及根茎（兰竹参）：苦、微涩，平。有小毒。祛瘀，舒筋，活络。用于跌打劳伤。全草：理气活血，消肿解毒。用于风湿痹痛，肢体麻木，关节屈伸不利，跌打损伤。

濒危等级 国家重点保护野生植物名录（第二批）二级，陕西省履约保护植物，CITES 附录 Ⅱ 物种，中国植物红色名录评估为近危（NT）。

迁地栽培保存

保存地点	种质份数	个体数量	引种方式	生长状况	来源地
BJ	1	a	采集	G	陕西

火烧兰 *Epipactis helleborine*（L.）Crantz

功效主治 全草或根（野竹兰）：苦，寒。清热解毒，化痰止咳。用于肺热咳嗽，痰稠，咽喉肿痛，声音嘶哑，牙痛，目赤，病后虚弱，霍乱吐泻，疝气。

濒危等级　国家重点保护野生植物名录（第二批）二级，中国植物红色名录评估为无危（LC）。

迁地栽培保存

保存地点	种质份数	个体数量	引种方式	生长状况	来源地
GX	2	f	采集	G	中国云南，比利时
HB	1	a	采集	C	待确定

火焰兰属　*Renanthera*

火焰兰　*Renanthera coccinea* Lour.

功效主治　全草：用于风湿痹痛。

濒危等级　国家重点保护野生植物名录（第二批）二级，CITES 附录 II 物种，中国植物红色名录评估为濒危（EN）。

迁地栽培保存

保存地点	种质份数	个体数量	引种方式	生长状况	来源地
HN	1	a	待确定	B	海南
BJ	1	a	采集	G	海南

云南火焰兰　*Renanthera imschootiana* Rolfe

濒危等级　国家重点保护野生植物名录（第二批）一级，CITES 附录 I 物种，中国植物红色名录评估为极危（CR）。

迁地栽培保存

保存地点	种质份数	个体数量	引种方式	生长状况	来源地
GX	*	f	采集	G	云南

寄树兰属　*Robiquetia*

寄树兰　*Robiquetia succisa*（Lindl.）Seidenf. & Garay

功效主治　叶：润肺止咳。用于肺热咳嗽。

濒危等级　国家重点保护野生植物名录（第二批）二级，CITES 附录Ⅱ物种，中国植物红色名录评估为无危（LC）。

迁地栽培保存

保存地点	种质份数	个体数量	引种方式	生长状况	来源地
YN	1	a	购买	C	云南
GX	*	f	采集	G	广西

尖囊兰属　*Kingidium*

大尖囊兰　*Kingidium deliciosum*（Rchb. f.）Sweet

功效主治　全草或根：甘，温。舒筋活络，接骨，止血。用于风湿骨痛，跌打损伤，骨折。

迁地栽培保存

保存地点	种质份数	个体数量	引种方式	生长状况	来源地
GX	2	f	采集	G	海南

尖囊兰　*Kingidium braceanum*（Hook. f.）Seidenf.

迁地栽培保存

保存地点	种质份数	个体数量	引种方式	生长状况	来源地
BJ	1	a	采集	G	云南

坚唇兰属　*Stereochilus*

坚唇兰　*Stereochilus dalatensis*（Guillaumin）Garay

濒危等级　CITES 附录Ⅱ物种，中国植物红色名录评估为数据缺乏（DD）。

迁地栽培保存

保存地点	种质份数	个体数量	引种方式	生长状况	来源地
GX	*	f	采集	G	云南

角盘兰属　*Herminium*

角盘兰 *Herminium monorchis*（L.）R. Br.

功效主治　全草（角盘兰）：甘，凉。滋阴补肾，健脾胃，调经。用于肾虚，头晕失眠，烦躁口渴，食欲不振，须发早白，月经不调。块茎：滋阴补肾，养胃调经。

濒危等级　国家重点保护野生植物名录（第二批）二级，陕西省履约保护植物、河北省重点保护植物、北京市二级保护植物，中国植物红色名录评估为近危（NT）。

迁地栽培保存

保存地点	种质份数	个体数量	引种方式	生长状况	来源地
BJ	1	b	采集	G	山西

种质库保存

保存地点	保存方式	种质份数	个体数量	引种方式	来源地
BJ	种子	1	a	采集	甘肃

巾唇兰属　*Pennilabium*

巾唇兰 *Pennilabium proboscideum* A. S. Rao & Joseph

濒危等级　国家重点保护野生植物名录（第二批）二级，CITES 附录 Ⅱ 物种，中国植物红色名录评估为易危（VU）。

迁地栽培保存

保存地点	种质份数	个体数量	引种方式	生长状况	来源地
GX	*	f	采集	G	广西

金石斛属　*Flickingeria*

滇金石斛 *Flickingeria albopurpurea* Seidenf.

濒危等级　国家重点保护野生植物名录（第二批）二级，CITES 附录 Ⅱ 物种，中国植物红色名录评估为无危（LC）。

迁地栽培保存

保存地点	种质份数	个体数量	引种方式	生长状况	来源地
YN	1	a	购买	D	云南
BJ	1	a	采集	G	云南
GX	*	f	采集	G	广东

红头金石斛 *Flickingeria calocephala* Z. H. Tsi & S. C. Chen

濒危等级 中国特有植物，国家重点保护野生植物名录（第二批）二级，CITES 附录Ⅱ物种，中国植物红色名录评估为无危（LC）。

迁地栽培保存

保存地点	种质份数	个体数量	引种方式	生长状况	来源地
GX	*	f	采集	G	云南

金石斛 *Flickingeria comata* (Bl.) Hawkes

功效主治 茎：益胃生津，滋阴清热。

濒危等级 国家重点保护野生植物名录（第二批）二级，CITES 附录Ⅱ物种，中国植物红色名录评估为濒危（EN）。

迁地栽培保存

保存地点	种质份数	个体数量	引种方式	生长状况	来源地
GX	3	f	采集	G	广西
BJ	2	b	采集	G	云南、广西

流苏金石斛 *Flickingeria fimbriata* (Bl.) Hawkes

功效主治 茎（有爪石斛）：甘，平。滋阴清热，生津止渴，养胃，润肺止咳。用于肺痨，咳嗽，吐血，口疮，悬饮，热病伤津，口干烦渴，阴虚潮热。

濒危等级 国家重点保护野生植物名录（第二批）二级，CITES 附录Ⅱ物种，中国植物红色名录评估为无危（LC）。

迁地栽培保存

保存地点	种质份数	个体数量	引种方式	生长状况	来源地
GX	*	f	采集	G	广西

同色金石斛 *Flickingeria concolor* Z. H. Tsi & S. C. Chen

濒危等级　中国特有植物，国家重点保护野生植物名录（第二批）二级，CITES 附录 II 物种，中国植物红色名录评估为无危（LC）。

迁地栽培保存

保存地点	种质份数	个体数量	引种方式	生长状况	来源地
GX	*	f	采集	G	广西

举喙兰属　*Seidenfadenia*

棒叶指甲兰　*Seidenfadenia mitrata*（Rchb. f.）Garay

迁地栽培保存

保存地点	种质份数	个体数量	引种方式	生长状况	来源地
BJ	1	a	采集	G	待确定

卡特兰属　*Cattleya*

卡特兰　*Cattleya labiata* Lindl.

迁地栽培保存

保存地点	种质份数	个体数量	引种方式	生长状况	来源地
YN	1	c	采集	A	云南

开唇兰属 *Anoectochilus*

金线兰 *Anoectochilus roxburghii* (Wall.) Lindl.

功效主治 全草（金线兰）：甘，平。清热凉血，解毒消肿，润肺止咳。用于咯血，咳嗽痰喘，小便涩痛，消渴，乳糜尿，小儿急惊风，对口疮，心悸，毒蛇咬伤。

濒危等级 国家重点保护野生植物名录（第二批）二级，CITES 附录 II 物种，中国植物红色名录评估为濒危（EN）。

迁地栽培保存

保存地点	种质份数	个体数量	引种方式	生长状况	来源地
BJ	2	a	采集	G	云南、广西
FJ	12	b	采集	B	福建、广东、江西

台湾银线兰 *Anoectochilus formosanus* Hayata

功效主治 全草：清热解毒，祛风除湿，舒筋活血，养血。用于痹证，肺痨，咯血，吐血，遗精，水肿，淋证，消渴，瘰病，小儿惊风，带下病，蛇虫咬伤。

濒危等级 国家重点保护野生植物名录（第二批）二级，CITES 附录 II 物种，中国植物红色名录评估为近危（NT）。

迁地栽培保存

保存地点	种质份数	个体数量	引种方式	生长状况	来源地
BJ	1	e	赠送	G	台湾

艳丽齿唇兰 *Anoectochilus moulmeinensis* (Par. & Rchb. f.) Seidenf.

功效主治 全草：清热解毒，凉血，消肿。

濒危等级 国家重点保护野生植物名录（第二批）二级，中国植物红色名录评估为无危（LC）。

迁地栽培保存

保存地点	种质份数	个体数量	引种方式	生长状况	来源地
CQ	1	a	采集	F	重庆
BJ	1	a	采集	G	待确定

铠兰属　*Corybas*

铠兰　*Corybas sinii* T. Tang & F. T. Wang

濒危等级　中国特有植物，国家重点保护野生植物名录（第二批）二级，CITES 附录Ⅱ物种，中国植物红色名录评估为濒危（EN）。

迁地栽培保存

保存地点	种质份数	个体数量	引种方式	生长状况	来源地
BJ	1	a	采集	G	待确定

阔蕊兰属　*Peristylus*

滇桂阔蕊兰　*Peristylus parishii* Rchb. f.

濒危等级　国家重点保护野生植物名录（第二批）二级，CITES 附录Ⅱ物种，中国植物红色名录评估为易危（VU）。

迁地栽培保存

保存地点	种质份数	个体数量	引种方式	生长状况	来源地
GX	*	f	采集	G	广西

南投玉凤兰　*Peristylus goodyeroides*（D. Don）Lindl.

迁地栽培保存

保存地点	种质份数	个体数量	引种方式	生长状况	来源地
GX	*	f	采集	G	广西

兰属　*Cymbidium*

碧玉兰　*Cymbidium lowianum*（Rchb. f.）Rchb. f.

功效主治　全草：用于跌打损伤，骨折，扭伤，外伤出血。

濒危等级　国家重点保护野生植物名录（第二批）一级，CITES 附录 Ⅱ 物种，中国植物红色名录评估为濒危（EN）。

迁地栽培保存

保存地点	种质份数	个体数量	引种方式	生长状况	来源地
GX	2	f	采集	G	云南
YN	1	a	采集	C	云南
BJ	1	a	采集	G	云南

察瓦龙兰 *Cymbidium chawalongense* C. L. Long，H. Li et Z. L. Dao

迁地栽培保存

保存地点	种质份数	个体数量	引种方式	生长状况	来源地
GX	*	f	采集	G	广西

春剑 *Cymbidium goeringii* (Rchb. f.) Rchb. f. var. *longibracteatum* (Y. S. Wu et S. C. Chen) Y. S. Wu et S. C. Chen

濒危等级　中国特有植物，国家重点保护野生植物名录（第二批）一级，CITES 附录 Ⅱ 物种，中国植物红色名录评估为濒危（EN）。

迁地栽培保存

保存地点	种质份数	个体数量	引种方式	生长状况	来源地
BJ	1	b	采集	G	广西
GZ	1	b	采集	C	贵州

春兰 *Cymbidium goeringii* (Rchb. f.) Rchb. f.

功效主治　根：辛，凉。有小毒。活血祛瘀，凉血解毒。用于跌打损伤，骨折，肺热咳嗽，痰中带血，尿血，外伤出血，咽喉肿痛，狂犬咬伤。全草：清热润燥，驱蛔，补虚。用于肾虚，头昏腰痛，阴虚潮热盗汗，蛔积腹痛，痔疮。

濒危等级　国家重点保护野生植物名录（第二批）一级，陕西省履约保护植物，CITES 附录 Ⅱ 物种，中国植物红色名录评估为易危（VU）。

迁地栽培保存

保存地点	种质份数	个体数量	引种方式	生长状况	来源地
BJ	4	b	采集	G	广西、贵州、湖北
GZ	1	c	采集	C	贵州
CQ	1	a	采集	D	重庆
GX	*	f	采集	G	广西

大花蕙兰 *Cymbidium hybrid*

迁地栽培保存

保存地点	种质份数	个体数量	引种方式	生长状况	来源地
CQ	1	a	购买	D	四川
JS1	1	d	购买	B	江苏

大雪兰 *Cymbidium mastersii* Griff. ex Lindl.

濒危等级　国家重点保护野生植物名录（第二批）一级，CITES 附录Ⅱ物种，中国植物红色名录评估为濒危（EN）。

迁地栽培保存

保存地点	种质份数	个体数量	引种方式	生长状况	来源地
GX	*	f	采集	G	云南

冬凤兰 *Cymbidium dayanum* Rchb. f.

濒危等级　国家重点保护野生植物名录（第二批）一级，CITES 附录Ⅱ物种，中国植物红色名录评估为易危（VU）。

迁地栽培保存

保存地点	种质份数	个体数量	引种方式	生长状况	来源地
HN	2	a	采集、赠送	C	海南
BJ	1	b	采集	G	云南

独占春 *Cymbidium eburneum* Lindl.

功效主治 果实：外用于烫伤。

濒危等级 国家重点保护野生植物名录（第二批）一级，中国植物红色名录评估为濒危（EN）。

迁地栽培保存

保存地点	种质份数	个体数量	引种方式	生长状况	来源地
HN	2	a	采集	C	待确定

多花兰 *Cymbidium floribundum* Lindl.

功效主治 全草：辛，平。清热解毒，滋阴润肺，化痰止咳。用于瘰疬，石淋，小儿夜啼，淋浊，带下病，疮疖。根：用于风湿痹痛，肺痨咯血。

濒危等级 国家重点保护野生植物名录（第二批）一级，CITES 附录 Ⅱ 物种，中国植物红色名录评估为易危（VU）。

迁地栽培保存

保存地点	种质份数	个体数量	引种方式	生长状况	来源地
GZ	1	b	采集	C	贵州
GX	*	f	采集	G	云南

寒兰 *Cymbidium kanran* Makino

功效主治 全草：清心润肺，止咳平喘。

濒危等级 国家重点保护野生植物名录（第二批）一级，CITES 附录 Ⅱ 物种，中国植物红色名录评估为易危（VU）。

迁地栽培保存

保存地点	种质份数	个体数量	引种方式	生长状况	来源地
BJ	1	b	采集	G	广西

虎头兰 *Cymbidium hookerianum* Rchb. f.

功效主治 根：外用于疮疖肿毒。全草：清肺，止咳，祛风。用于肺热咳嗽，痰中带血，风湿痹痛。

濒危等级　国家重点保护野生植物名录（第二批）一级，CITES 附录 II 物种，中国植物红色名录评估为濒危（EN）。

迁地栽培保存

保存地点	种质份数	个体数量	引种方式	生长状况	来源地
GX	3	f	采集	G	贵州、广西
GZ	1	b	采集	C	贵州
CQ	1	a	采集	D	重庆
BJ	1	a	采集	C	贵州

蕙兰　*Cymbidium faberi* Rolfe

功效主治　根皮（蕙兰）：苦、甘，温。有小毒。润肺止咳，杀虫。用于久咳，蛔虫病，头虱病。

濒危等级　国家重点保护野生植物名录（第二批）一级，陕西省履约保护植物，CITES 附录 II 物种，中国植物红色名录评估为无危（LC）。

迁地栽培保存

保存地点	种质份数	个体数量	引种方式	生长状况	来源地
BJ	5	b	采集	C	河南、湖北、贵州、安徽

蕙兰（原变种）　*Cymbidium faberi* Rolfe var. *faberi*

迁地栽培保存

保存地点	种质份数	个体数量	引种方式	生长状况	来源地
GX	*	f	采集	G	广西

建兰　*Cymbidium ensifolium*（L.）Sw.

功效主治　全草（兰草）：辛、甘、微苦，平。滋阴润肺，止咳化痰，活血，止痛。用于血滞闭经，经行腹痛，产后瘀血腹痛，顿咳，肺痨咳嗽，咯血，肾虚，风湿痹痛，头晕，腰痛，小便淋痛，带下病。根（兰草根）：滋阴清肺，化痰止咳。花（兰草花）：辛，平。理气，宽中，明目。用于久咳，胸闷，泄泻，青盲内障。

濒危等级　国家重点保护野生植物名录（第二批）一级，CITES 附录 II 物种，中国植物红色名录评估为易危（VU）。

迁地栽培保存

保存地点	种质份数	个体数量	引种方式	生长状况	来源地
BJ	1	c	采集	G	广西
GD	1	f	采集	G	待确定
GX	*	f	采集	G	广西

墨兰 *Cymbidium sinense* (Jackson ex Andr.) Willd.

功效主治 根：清心润肺，止咳定喘。

濒危等级 国家重点保护野生植物名录（第二批）一级，CITES 附录 Ⅱ 物种，中国植物红色名录评估为易危（VU）。

迁地栽培保存

保存地点	种质份数	个体数量	引种方式	生长状况	来源地
GX	3	f	采集	G	广西
HN	1	a	待确定	B	海南
GD	1	f	采集	G	待确定
BJ	1	b	采集	G	云南

南亚硬叶兰 *Cymbidium bicolor* Lindl.

功效主治 叶：用于身痛。种子：止血。

迁地栽培保存

保存地点	种质份数	个体数量	引种方式	生长状况	来源地
YN	1	a	采集	C	云南

莎叶兰 *Cymbidium cyperifolium* Wall. ex Lindl.

濒危等级 国家重点保护野生植物名录（第二批）一级，中国植物红色名录评估为易危（VU）。

迁地栽培保存

保存地点	种质份数	个体数量	引种方式	生长状况	来源地
GX	2	f	采集	G	广西
HN	2	a	采集	C	海南

兔耳兰　*Cymbidium lancifolium* Hook.

功效主治　全草：补肝肺，祛风除湿，强筋骨，清热解毒，消肿。

濒危等级　国家重点保护野生植物名录（第二批）一级，CITES 附录 II 物种，中国植物红色名录评估为无危（LC）。

迁地栽培保存

保存地点	种质份数	个体数量	引种方式	生长状况	来源地
BJ	3	b	采集	C	云南、贵州、北京
GX	2	f	采集	G	广西
YN	1	b	购买	C	云南
GZ	1	b	采集	C	贵州
CQ	1	a	采集	D	重庆

纹瓣兰　*Cymbidium aloifolium* (L.) Sw.

功效主治　全草或种子（树茭瓜）：甘、淡，平。清热润肺，化痰止咳，散瘀。用于肺热咳嗽，肺痈，风热喘咳，咽喉肿痛，月经不调，带下病，骨折筋伤，外伤出血，风湿骨痛。

濒危等级　国家重点保护野生植物名录（第二批）一级，CITES 附录 II 物种，中国植物红色名录评估为近危（NT）。

迁地栽培保存

保存地点	种质份数	个体数量	引种方式	生长状况	来源地
GX	2	f	采集	G	广西
YN	1	a	采集	C	云南

西藏虎头兰 *Cymbidium tracyanum* L. Castle

濒危等级 国家重点保护野生植物名录（第二批）一级，CITES 附录 Ⅱ 物种，中国植物红色名录评估为无危（LC）。

迁地栽培保存

保存地点	种质份数	个体数量	引种方式	生长状况	来源地
YN	1	a	购买	C	云南

硬叶兰 *Cymbidium bicolor* Lindl.

濒危等级 国家重点保护野生植物名录（第二批）一级，CITES 附录 Ⅱ 物种，中国植物红色名录评估为近危（NT）。

迁地栽培保存

保存地点	种质份数	个体数量	引种方式	生长状况	来源地
GD	1	f	采集	G	待确定
BJ	1	b	采集	G	云南
GX	*	f	采集	G	广西

毛兰属 *Eria*

半柱毛兰 *Eria corneri* Rchb. f.

功效主治 假鳞茎：用于小儿哮喘；外用于瘰疬，疮疡肿毒。全草：清热解毒，润肺，消肿，益胃生津。

濒危等级 国家重点保护野生植物名录（第二批）二级，CITES 附录 Ⅱ 物种，中国植物红色名录评估为无危（LC）。

迁地栽培保存

保存地点	种质份数	个体数量	引种方式	生长状况	来源地
BJ	2	b	采集	G	广西、贵州

粗茎毛兰 *Eria amica* Rchb. f.

濒危等级 国家重点保护野生植物名录（第二批）二级，中国植物红色名录评估为无危（LC）。

迁地栽培保存

保存地点	种质份数	个体数量	引种方式	生长状况	来源地
YN	1	b	购买	C	云南

对茎毛兰 *Eria pusilla*（Griff.）Lindl.

濒危等级　国家重点保护野生植物名录（第二批）二级，中国植物红色名录评估为易危（VU）。

迁地栽培保存

保存地点	种质份数	个体数量	引种方式	生长状况	来源地
GX	*	f	采集	G	广西

钝叶毛兰 *Eria acervata* Lindl.

迁地栽培保存

保存地点	种质份数	个体数量	引种方式	生长状况	来源地
YN	1	b	购买	C	云南

菱唇毛兰 *Eria rhomboidalis* T. Tang & F. T. Wang

濒危等级　中国特有植物，国家重点保护野生植物名录（第二批）二级，中国植物红色名录评估为近危（NT）。

迁地栽培保存

保存地点	种质份数	个体数量	引种方式	生长状况	来源地
BJ	1	b	采集	G	广西
GX	*	f	采集	G	广西

匍茎毛兰 *Eria clausa* King & Pantl.

濒危等级　国家重点保护野生植物名录（第二批）二级，CITES 附录 Ⅱ 物种，中国植物红色名录评估为无危（LC）。

迁地栽培保存

保存地点	种质份数	个体数量	引种方式	生长状况	来源地
GX	*	f	采集	G	广西

香港毛兰 *Eria gagnepainii* Hawkes & Heller

濒危等级 国家重点保护野生植物名录（第二批）二级，CITES 附录 Ⅱ 物种，中国植物红色名录评估为无危（LC）。

迁地栽培保存

保存地点	种质份数	个体数量	引种方式	生长状况	来源地
GX	*	f	采集	G	广西

指叶毛兰 *Eria pannea* Lindl.

功效主治 全草（树葱）：苦，凉。活血散瘀，解毒消肿。用于跌打损伤，骨折，痈疮疖肿，烫火伤，瘰疬，薯类、乌头类、磷化锌等中毒。根茎：苦，凉。活血散瘀，解毒消肿。用于跌打损伤，骨折，痈疮疖肿，烫火伤。

濒危等级 国家重点保护野生植物名录（第二批）二级，中国植物红色名录评估为无危（LC）。

迁地栽培保存

保存地点	种质份数	个体数量	引种方式	生长状况	来源地
BJ	1	a	采集	G	云南
HN	1	a	待确定	C	海南
GX	*	f	采集	G	广东

足茎毛兰 *Eria coronaria* (Lindl.) Rchb. f.

功效主治 全草：清热解毒，益胃生津。

濒危等级 国家重点保护野生植物名录（第二批）二级，CITES 附录 Ⅱ 物种，中国植物红色名录评估为无危（LC）。

迁地栽培保存

保存地点	种质份数	个体数量	引种方式	生长状况	来源地
GX	2	f	采集	G	广西
BJ	2	b	采集	G	广西、贵州

美冠兰属 *Eulophia*

黄花美冠兰 *Eulophia flava* (Lindl.) Hook. f.

濒危等级 国家重点保护野生植物名录（第二批）二级，CITES 附录Ⅱ物种，中国植物红色名录评估为易危（VU）。

迁地栽培保存

保存地点	种质份数	个体数量	引种方式	生长状况	来源地
GX	*	f	采集	G	海南

美冠兰 *Eulophia graminea* Lindl.

濒危等级 国家重点保护野生植物名录（第二批）二级，CITES 附录Ⅱ物种，中国植物红色名录评估为无危（LC）。

迁地栽培保存

保存地点	种质份数	个体数量	引种方式	生长状况	来源地
GD	1	f	采集	G	待确定
GX	*	f	采集	G	云南

无叶美冠兰 *Eulophia zollingeri* (Rchb. f.) J. J. Smith

濒危等级 国家重点保护野生植物名录（第二批）二级，CITES 附录Ⅱ物种，中国植物红色名录评估为无危（LC）。

迁地栽培保存

保存地点	种质份数	个体数量	引种方式	生长状况	来源地
BJ	1	a	采集	G	广西

紫花美冠兰 *Eulophia spectabilis* (Dennst.) Suresh

功效主治 假鳞茎：止血，定痛。用于外伤出血，蛇虫咬伤。

濒危等级 国家重点保护野生植物名录（第二批）二级，CITES 附录 II 物种，中国植物红色名录评估为无危（LC）。

迁地栽培保存

保存地点	种质份数	个体数量	引种方式	生长状况	来源地
GX	2	f	采集	G	广西

美柱兰属 *Callostylis*

美柱兰 *Callostylis rigida* Bl.

濒危等级 国家重点保护野生植物名录（第二批）二级，CITES 附录 II 物种，中国植物红色名录评估为无危（LC）。

迁地栽培保存

保存地点	种质份数	个体数量	引种方式	生长状况	来源地
BJ	1	a	采集	G	云南

拟万代兰属 *Vandopsis*

白花拟万代兰 *Vandopsis undulata* (Lindl.) J. J. Smith

濒危等级 国家重点保护野生植物名录（第二批）二级，CITES 附录 II 物种，中国植物红色名录评估为无危（LC）。

迁地栽培保存

保存地点	种质份数	个体数量	引种方式	生长状况	来源地
GX	*	f	采集	G	云南

拟万代兰 *Vandopsis gigantea*（Lindl.）Pfitz.

濒危等级 国家重点保护野生植物名录（第二批）二级，CITES 附录Ⅱ物种，中国植物红色名录评估为无危（LC）。

迁地栽培保存

保存地点	种质份数	个体数量	引种方式	生长状况	来源地
BJ	1	a	采集	G	云南
GX	*	f	采集	G	广西

鸟舌兰属 *Ascocentrum*

鸟舌兰 *Ascocentrum ampullaceum*（Roxb.）Schltr.

功效主治 全草：利尿，消肿。用于水肿。

濒危等级 国家重点保护野生植物名录（第二批）二级，CITES 附录Ⅱ物种，中国植物红色名录评估为濒危（EN）。

迁地栽培保存

保存地点	种质份数	个体数量	引种方式	生长状况	来源地
YN	1	b	购买	C	云南
BJ	1	a	采集	G	广西
GX	*	f	采集	G	云南

圆柱叶鸟舌兰 *Ascocentrum himalaicum*（Deb. Sengupta & Malick）Christenson

濒危等级 国家重点保护野生植物名录（第二批）二级，中国植物红色名录评估为濒危（EN）。

迁地栽培保存

保存地点	种质份数	个体数量	引种方式	生长状况	来源地
GX	*	f	采集	G	云南

鸟足兰属 *Satyrium*

鸟足兰 *Satyrium nepalense* D. Don

功效主治 块茎（鸟足兰）：甘，平。壮腰益肾，养血安神，清热止痛。用于肾虚腰痛，水肿，心悸，带下病，阳痿。

濒危等级 国家重点保护野生植物名录（第二批）二级，中国植物红色名录评估为无危（LC）。

迁地栽培保存

保存地点	种质份数	个体数量	引种方式	生长状况	来源地
BJ	1	b	采集	G	四川

缘毛鸟足兰 *Satyrium ciliatum* Lindl.

功效主治 块茎：甘，平。壮腰益肾，养血安神。用于肾虚腰痛，水肿，心悸，头晕目眩，遗精，阳痿，疝气疼痛。

濒危等级 国家重点保护野生植物名录（第二批）二级，CITES 附录 II 物种，中国植物红色名录评估为无危（LC）。

迁地栽培保存

保存地点	种质份数	个体数量	引种方式	生长状况	来源地
GX	*	f	采集	G	云南

牛齿兰属 *Appendicula*

牛齿兰 *Appendicula cornuta* Bl.

功效主治 全草：清热解毒。

濒危等级 国家重点保护野生植物名录（第二批）二级，CITES 附录 II 物种，中国植物红色名录评估为无危（LC）。

迁地栽培保存

保存地点	种质份数	个体数量	引种方式	生长状况	来源地
HN	2	a	采集	B	海南
GX	2	f	采集	G	广东、广西
BJ	1	a	采集	F	云南

牛角兰属　*Ceratostylis*

叉枝牛角兰　*Ceratostylis himalaica* Hook. f.

濒危等级　国家重点保护野生植物名录（第二批）二级，CITES 附录 Ⅱ 物种，中国植物红色名录评估为无
危（LC）。

迁地栽培保存

保存地点	种质份数	个体数量	引种方式	生长状况	来源地
GX	*	f	采集	G	广西

盆距兰属　*Gastrochilus*

镰叶盆距兰　*Gastrochilus acinacifolius* Z. H. Tsi

濒危等级　中国特有植物，国家重点保护野生植物名录（第二批）二级，CITES 附录 Ⅱ 物种，中国植物红
色名录评估为易危（VU）。

迁地栽培保存

保存地点	种质份数	个体数量	引种方式	生长状况	来源地
GX	*	f	采集	G	云南

盆距兰　*Gastrochilus calceolaris* (Buch.-Ham. ex J. E. Smith) D. Don

濒危等级　国家重点保护野生植物名录（第二批）二级，CITES 附录 Ⅱ 物种，中国植物红色名录评估为无
危（LC）。

迁地栽培保存

保存地点	种质份数	个体数量	引种方式	生长状况	来源地
GX	2	f	采集	G	云南、海南
BJ	1	b	采集	G	云南

细茎盆距兰 *Gastrochilus intermedius* (Griff. ex Lindl.) Kuntze

濒危等级 国家重点保护野生植物名录（第二批）二级，CITES 附录 II 物种，中国植物红色名录评估为濒危（EN）。

迁地栽培保存

保存地点	种质份数	个体数量	引种方式	生长状况	来源地
GX	*	f	采集	G	云南

苹兰属 *Pinalia*

马齿苹兰 *Pinalia szetschuanica* (Schlechter) S. C. Chen & J. J. Wood

功效主治 全草：清肝明目，生津止渴，润肺。

濒危等级 中国特有植物，CITES 附录 II 物种，中国植物红色名录评估为无危（LC）。

迁地栽培保存

保存地点	种质份数	个体数量	引种方式	生长状况	来源地
BJ	1	a	采集	G	云南

密花苹兰 *Pinalia spicata* (D. Don) S. C. Chen & J. J. Wood

濒危等级 CITES 附录 II 物种，中国植物红色名录评估为无危（LC）。

迁地栽培保存

保存地点	种质份数	个体数量	引种方式	生长状况	来源地
BJ	1	a	采集	G	云南
GX	*	f	采集	G	广西

钳唇兰属　*Erythrodes*

钳唇兰　*Erythrodes blumei*（Lindl.）Schltr.

濒危等级　CITES 附录 Ⅱ 物种，中国植物红色名录评估为无危（LC）。

迁地栽培保存

保存地点	种质份数	个体数量	引种方式	生长状况	来源地
GX	*	f	采集	G	广西

球柄兰属　*Mischobulbum*

心叶球柄兰　*Mischobulbum cordifolium*（Hook. f.）Schltr.

迁地栽培保存

保存地点	种质份数	个体数量	引种方式	生长状况	来源地
GX	*	f	采集	G	广西

曲唇兰属　*Panisea*

单花曲唇兰　*Panisea uniflora*（Lindl.）Lindl.

濒危等级　国家重点保护野生植物名录（第二批）二级，CITES 附录 Ⅱ 物种，中国植物红色名录评估为近危（NT）。

迁地栽培保存

保存地点	种质份数	个体数量	引种方式	生长状况	来源地
GX	3	f	采集	G	广东、云南，待确定

平卧曲唇兰　*Panisea cavaleriei* Schltr.

濒危等级　中国特有植物，国家重点保护野生植物名录（第二批）二级，CITES 附录 Ⅱ 物种，中国植物红

色名录评估为无危（LC）。

迁地栽培保存

保存地点	种质份数	个体数量	引种方式	生长状况	来源地
BJ	1	a	采集	G	云南
GX	*	f	采集	G	广西

曲唇兰 *Panisea tricallosa* Rolfe

濒危等级 国家重点保护野生植物名录（第二批）二级，CITES 附录 Ⅱ 物种，中国植物红色名录评估为无危（LC）。

迁地栽培保存

保存地点	种质份数	个体数量	引种方式	生长状况	来源地
GX	3	f	采集	G	云南、广西
BJ	1	b	采集	G	云南

山兰属 *Oreorchis*

山兰 *Oreorchis patens* (Lindl.) Lindl.

功效主治 假鳞茎：甘、辛，寒。有小毒。解毒行瘀，杀虫消痈。用于痈疽疮肿，瘰疬，无名肿毒。全草：辛，平。滋阴清肺，化痰止咳。

濒危等级 陕西省履约保护植物、吉林省三级保护植物，CITES 附录 Ⅱ 物种，中国植物红色名录评估为近危（NT）。

迁地栽培保存

保存地点	种质份数	个体数量	引种方式	生长状况	来源地
BJ	1	b	采集	C	四川

山珊瑚属 *Galeola*

毛萼山珊瑚 *Galeola lindleyana* (Hook. f. & Thoms.) Rchb. f.

功效主治 全草：祛风除湿，润肺止咳，利水通淋。用于风湿骨痛，头痛，眩晕，四肢麻木，肺痨咳嗽。

濒危等级 国家重点保护野生植物名录（第二批）二级，陕西省履约保护植物，CITES 附录 II 物种，中国植物红色名录评估为无危（LC）。

迁地栽培保存

保存地点	种质份数	个体数量	引种方式	生长状况	来源地
GX	*	f	采集	G	湖北

舌唇兰属 *Platanthera*

舌唇兰 *Platanthera japonica*（Thunb.）Lindl.

功效主治 全草（骑马参）：甘，平。润肺，祛痰，止咳。用于肺热咳嗽，喘咳。根：补肾壮阳，补气生津，消肿解毒。用于肾虚腰痛，咳嗽气喘，蛇虫咬伤。

濒危等级 国家重点保护野生植物名录（第二批）二级，陕西省履约保护植物，CITES 附录 II 物种，中国植物红色名录评估为无危（LC）。

迁地栽培保存

保存地点	种质份数	个体数量	引种方式	生长状况	来源地
YN	1	b	购买	C	云南
GX	*	f	采集	G	广西

小舌唇兰 *Platanthera minor*（Miq.）Rchb. f.

功效主治 全草（猪獠参）：甘，平。养阴润肺，益气生津。用于咳痰带血，咽喉肿痛，病后体弱，遗精，头昏身软，肾虚腰痛，咳嗽气喘，胃肠湿热，小儿疝气。

濒危等级 国家重点保护野生植物名录（第二批）二级，CITES 附录 II 物种，中国植物红色名录评估为无危（LC）。

迁地栽培保存

保存地点	种质份数	个体数量	引种方式	生长状况	来源地
GX	2	f	采集	G	广西

舌喙兰属 *Hemipilia*

广西舌喙兰 *Hemipilia kwangsiensis* S. G. Tang & F. T. Wang ex K. Y. Lang

濒危等级　中国特有植物，国家重点保护野生植物名录（第二批）二级，CITES 附录 II 物种，中国植物红色名录评估为易危（VU）。

迁地栽培保存

保存地点	种质份数	个体数量	引种方式	生长状况	来源地
GX	*	f	采集	G	广西

扇唇舌喙兰 *Hemipilia flabellata* Bur. & Franch.

功效主治　全草（单肾草）：甘、微苦，平。滋阴润肺，补虚益损。用于肺燥咳吐腥痰，虚热，疝气，肾虚腰痛，小便脓血；外用于耳闭，外伤出血。块茎：淡、微甘，平。解毒。用于毒性中药中毒。

濒危等级　中国特有植物，国家重点保护野生植物名录（第二批）二级，CITES 附录 II 物种，中国植物红色名录评估为近危（NT）。

迁地栽培保存

保存地点	种质份数	个体数量	引种方式	生长状况	来源地
GX	*	f	采集	G	云南

蛇舌兰属 *Diploprora*

蛇舌兰 *Diploprora championii* (Lindl. ex Benth.) Hook. f.

功效主治　全草：用于跌打损伤，骨折。

濒危等级　国家重点保护野生植物名录（第二批）二级，CITES 附录 II 物种，中国植物红色名录评估为无危（LC）。

迁地栽培保存

保存地点	种质份数	个体数量	引种方式	生长状况	来源地
GX	3	f	采集	G	广西、云南
BJ	1	a	采集	G	海南

湿唇兰属　*Hygrochilus*

湿唇兰　*Hygrochilus parishii*（Rchb. f.）Pfitz.

濒危等级　国家重点保护野生植物名录（第二批）二级，CITES 附录Ⅱ物种，中国植物红色名录评估为近危（NT）。

迁地栽培保存

保存地点	种质份数	个体数量	引种方式	生长状况	来源地
BJ	2	a	采集	G	广西、云南
YN	1	a	购买	C	云南
GX	*	f	采集	G	广西

石豆兰属　*Bulbophyllum*

白毛卷瓣兰　*Bulbophyllum albociliatum*（T. S. Liu & H. J. Su）Seidenf.

濒危等级　中国特有植物，国家重点保护野生植物名录（第二批）二级，中国植物红色名录评估为近危（NT）。

迁地栽培保存

保存地点	种质份数	个体数量	引种方式	生长状况	来源地
GX	*	f	采集	G	广西

斑唇卷瓣兰　*Bulbophyllum pecten-veneris*（Gagnep.）Seidenf.

功效主治　全草：润肺止咳，活血止痛。用于筋骨疼痛，风湿痹痛，劳伤。

濒危等级　国家重点保护野生植物名录（第二批）二级，CITES 附录Ⅱ物种，中国植物红色名录评估为无危（LC）。

迁地栽培保存

保存地点	种质份数	个体数量	引种方式	生长状况	来源地
GX	*	f	采集	G	广西

长臂卷瓣兰 *Bulbophyllum longibrachiatum* Z. H. Tsi

濒危等级　国家重点保护野生植物名录（第二批）二级，CITES 附录 Ⅱ 物种，中国植物红色名录评估为濒危（EN）。

迁地栽培保存

保存地点	种质份数	个体数量	引种方式	生长状况	来源地
GX	*	f	采集	G	云南

匙萼卷瓣兰 *Bulbophyllum spathulatum*（Rolfe ex Cooper）Seidenf.

濒危等级　国家重点保护野生植物名录（第二批）二级，CITES 附录 Ⅱ 物种，中国植物红色名录评估为易危（VU）。

迁地栽培保存

保存地点	种质份数	个体数量	引种方式	生长状况	来源地
YN	1	b	购买	A	云南

赤唇石豆兰 *Bulbophyllum affine* Lindl.

功效主治　全草：滋阴，清热，化痰，祛瘀，止血。

濒危等级　国家重点保护野生植物名录（第二批）二级，CITES 附录 Ⅱ 物种，中国植物红色名录评估为无危（LC）。

迁地栽培保存

保存地点	种质份数	个体数量	引种方式	生长状况	来源地
YN	1	b	购买	A	云南

大苞石豆兰　*Bulbophyllum cylindraceum* Lindl.

濒危等级　国家重点保护野生植物名录（第二批）二级，CITES 附录 Ⅱ 物种，中国植物红色名录评估为近
危（NT）。

迁地栽培保存

保存地点	种质份数	个体数量	引种方式	生长状况	来源地
GX	*	f	采集	G	云南

等萼卷瓣兰　*Bulbophyllum violaceolabellum* Seidenf.

濒危等级　国家重点保护野生植物名录（第二批）二级，CITES 附录 Ⅱ 物种，中国植物红色名录评估为濒
危（EN）。

迁地栽培保存

保存地点	种质份数	个体数量	引种方式	生长状况	来源地
YN	1	b	购买	A	云南
GX	*	f	采集	G	广西

芳香石豆兰　*Bulbophyllum ambrosia*（Hance）Schltr.

功效主治　全草：清热，止咳。用于肺热咳嗽。

濒危等级　国家重点保护野生植物名录（第二批）二级，CITES 附录 Ⅱ 物种，中国植物红色名录评估为无
危（LC）。

迁地栽培保存

保存地点	种质份数	个体数量	引种方式	生长状况	来源地
YN	1	b	购买	A	云南
GX	*	f	采集	G	广西

伏生石豆兰　*Bulbophyllum reptans*（Lindl.）Lindl.

功效主治　全草：润肺止咳，化痰，止痛。用于肺痨咳嗽，咽喉肿痛，消化不良，食欲不振，风湿痛，跌
打损伤。

濒危等级 国家重点保护野生植物名录（第二批）二级，CITES 附录 II 物种，中国植物红色名录评估为无危（LC）。

迁地栽培保存

保存地点	种质份数	个体数量	引种方式	生长状况	来源地
GX	*	f	采集	G	广西

钩梗石豆兰 *Bulbophyllum nigrescens* Rolfe

濒危等级 国家重点保护野生植物名录（第二批）二级，CITES 附录 II 物种，中国植物红色名录评估为近危（NT）。

迁地栽培保存

保存地点	种质份数	个体数量	引种方式	生长状况	来源地
YN	1	b	购买	A	云南

广东石豆兰 *Bulbophyllum kwangtungense* Schltr.

功效主治 全草（广东石豆兰）：甘、淡，寒。滋阴润肺，止咳化痰，清热消肿。用于咽喉肿痛，乳蛾，口疮，高热口渴，乳痈，咳嗽痰喘，顿咳，肺痨，吐血，咯血，风湿痹痛，跌打损伤。

濒危等级 中国特有植物，国家重点保护野生植物名录（第二批）二级，CITES 附录 II 物种，中国植物红色名录评估为无危（LC）。

迁地栽培保存

保存地点	种质份数	个体数量	引种方式	生长状况	来源地
GX	*	f	采集	G	广东

尖叶石豆兰 *Bulbophyllum cariniflorum* Rchb. f.

濒危等级 国家重点保护野生植物名录（第二批）二级，CITES 附录 II 物种，中国植物红色名录评估为近危（NT）。

迁地栽培保存

保存地点	种质份数	个体数量	引种方式	生长状况	来源地
BJ	1	b	采集	G	广西

角萼卷瓣兰 *Bulbophyllum helenae*（Kuntze）J. J. Smith

濒危等级　国家重点保护野生植物名录（第二批）二级，CITES 附录Ⅱ物种，中国植物红色名录评估为易危（VU）。

迁地栽培保存

保存地点	种质份数	个体数量	引种方式	生长状况	来源地
BJ	1	a	采集	G	云南
GX	*	f	采集	G	广东

莲花卷瓣兰 *Bulbophyllum hirundinis*（Gagnep.）Seidenf.

濒危等级　国家重点保护野生植物名录（第二批）二级，CITES 附录Ⅱ物种，中国植物红色名录评估为近危（NT）。

迁地栽培保存

保存地点	种质份数	个体数量	引种方式	生长状况	来源地
GX	*	f	采集	G	广西

落叶石豆兰 *Bulbophyllum hirtum*（J. E. Smith）Lindl.

濒危等级　国家重点保护野生植物名录（第二批）二级，CITES 附录Ⅱ物种，中国植物红色名录评估为近危（NT）。

迁地栽培保存

保存地点	种质份数	个体数量	引种方式	生长状况	来源地
GX	*	f	采集	G	广西

麦穗石豆兰 *Bulbophyllum orientale* Seidenf.

濒危等级 国家重点保护野生植物名录（第二批）二级，CITES 附录Ⅱ物种，中国植物红色名录评估为无危（LC）。

迁地栽培保存

保存地点	种质份数	个体数量	引种方式	生长状况	来源地
BJ	1	b	采集	G	云南
GX	*	f	采集	G	云南

密花石豆兰 *Bulbophyllum odoratissimum* (J. E. Smith) Lindl.

功效主治 全草（果上叶）：甘、淡，平。润肺化痰，舒筋活络，消肿。用于肺痨咯血，咳嗽痰喘，咽喉肿痛，虚热咳嗽，风火牙痛，头晕，疝气，小便淋沥，风湿筋骨痛，跌打损伤，骨折，刀伤。

濒危等级 国家重点保护野生植物名录（第二批）二级，CITES 附录Ⅱ物种，中国植物红色名录评估为无危（LC）。

迁地栽培保存

保存地点	种质份数	个体数量	引种方式	生长状况	来源地
BJ	3	b	采集	C	云南、广西、贵州
FJ	1	b	采集	A	福建
GX	*	f	采集	G	广西

匍茎卷瓣兰 *Bulbophyllum emarginatum* (Finet) J. J. Smith

濒危等级 国家重点保护野生植物名录（第二批）二级，CITES 附录Ⅱ物种，中国植物红色名录评估为无危（LC）。

迁地栽培保存

保存地点	种质份数	个体数量	引种方式	生长状况	来源地
GX	*	f	采集	G	云南

梳帽卷瓣兰 *Bulbophyllum andersonii* (Hook. f.) J. J. Smith

功效主治 全草：甘，温。祛风除湿，活血，止咳，消食。用于妇女体虚，月经不调，小儿咳嗽，肺痨咳嗽，吐血，顿咳，男子肾亏，小儿疳积，风湿痹痛，跌打损伤。

濒危等级　国家重点保护野生植物名录（第二批）二级，CITES 附录 II 物种，中国植物红色名录评估为无危（LC）。

迁地栽培保存

保存地点	种质份数	个体数量	引种方式	生长状况	来源地
BJ	2	c	采集	C	广西、贵州
YN	1	b	购买	A	云南
GX	*	f	采集	G	广西

双叶卷瓣兰 *Bulbophyllum wallichii* Rchb. f.

濒危等级　国家重点保护野生植物名录（第二批）二级，CITES 附录 II 物种，中国植物红色名录评估为易危（VU）。

迁地栽培保存

保存地点	种质份数	个体数量	引种方式	生长状况	来源地
GX	*	f	采集	G	云南

天贵卷瓣兰 *Bulbophyllum tianguii* K. Y. Lang & D. Luo

濒危等级　中国特有植物，CITES 附录 II 物种，中国植物红色名录评估为数据缺乏（DD）。

迁地栽培保存

保存地点	种质份数	个体数量	引种方式	生长状况	来源地
BJ	1	a	采集	G	广西

细柄石豆兰 *Bulbophyllum striatum* (Griff.) Rchb. f.

濒危等级　国家重点保护野生植物名录（第二批）二级，CITES 附录 II 物种，中国植物红色名录评估为无危（LC）。

迁地栽培保存

保存地点	种质份数	个体数量	引种方式	生长状况	来源地
GX	*	f	采集	G	上海

藓叶卷瓣兰 *Bulbophyllum retusiusculum* Rchb. f.

濒危等级　国家重点保护野生植物名录（第二批）二级，中国植物红色名录评估为无危（LC）。

迁地栽培保存

保存地点	种质份数	个体数量	引种方式	生长状况	来源地
YN	1	b	购买	A	云南

圆叶石豆兰 *Bulbophyllum drymoglossum* Maxim. ex Okubo

功效主治　全草：清热润燥，生津止渴，接骨。

濒危等级　国家重点保护野生植物名录（第二批）二级，CITES 附录Ⅱ物种，中国植物红色名录评估为无危（LC）。

迁地栽培保存

保存地点	种质份数	个体数量	引种方式	生长状况	来源地
GX	*	f	采集	G	云南

石斛属 *Dendrobium*

矮石斛 *Dendrobium bellatulum* Rolfe

功效主治　茎（耳环石斛）：滋阴养胃，生津止渴。用于热病伤津，口干烦渴，病后虚热。

濒危等级　国家重点保护野生植物名录（第二批）一级，CITES 附录Ⅱ物种，中国植物红色名录评估为濒危（EN）。

迁地栽培保存

保存地点	种质份数	个体数量	引种方式	生长状况	来源地
BJ	1	b	采集	G	广西
GX	*	f	采集	G	广西

白色卓花石斛 *Dendrobium anosmum* 'Alba'

迁地栽培保存

保存地点	种质份数	个体数量	引种方式	生长状况	来源地
BJ	1	b	采集	G	待确定

棒节石斛 *Dendrobium findleyanum* Par. & Rchb. f.

濒危等级 国家重点保护野生植物名录（第二批）一级，CITES 附录 II 物种，中国植物红色名录评估为濒危（EN）。

迁地栽培保存

保存地点	种质份数	个体数量	引种方式	生长状况	来源地
YN	1	b	购买	C	云南
BJ	1	b	采集	G	四川
GX	*	f	采集	G	广西

报春石斛 *Dendrobium primulinum* Lindl.

功效主治 全草：微苦，凉。用于烫火伤，瘫痪，湿疹。

濒危等级 国家重点保护野生植物名录（第二批）一级，CITES 附录 II 物种，中国植物红色名录评估为易危（VU）。

迁地栽培保存

保存地点	种质份数	个体数量	引种方式	生长状况	来源地
BJ	3	b	采集	G	云南、四川、广西
YN	1	c	购买	C	云南
GX	*	f	采集	G	云南

杯鞘石斛 *Dendrobium gratiosissimum* Rchb. f.

濒危等级 国家重点保护野生植物名录（第二批）一级，CITES 附录 II 物种，中国植物红色名录评估为易危（VU）。

迁地栽培保存

保存地点	种质份数	个体数量	引种方式	生长状况	来源地
BJ	1	b	采集	G	云南
YN	1	b	购买	C	云南
GX	*	f	采集	G	广东

藏南石斛 *Dendrobium monticola* P. F. Hunt et Summerh.

濒危等级 国家重点保护野生植物名录（第二批）一级，CITES 附录Ⅱ物种，中国植物红色名录评估为易危（VU）。

迁地栽培保存

保存地点	种质份数	个体数量	引种方式	生长状况	来源地
GX	*	f	采集	G	广西

草石斛 *Dendrobium compactum* Rolfe ex W. Hackett

濒危等级 国家重点保护野生植物名录（第二批）一级，CITES 附录Ⅱ物种，中国植物红色名录评估为易危（VU）。

迁地栽培保存

保存地点	种质份数	个体数量	引种方式	生长状况	来源地
YN	1	b	购买	C	云南

长距石斛 *Dendrobium longicornu* Lindl.

功效主治 茎：功效同矮石斛。

濒危等级 国家重点保护野生植物名录（第二批）一级，CITES 附录Ⅱ物种，中国植物红色名录评估为濒危（EN）。

迁地栽培保存

保存地点	种质份数	个体数量	引种方式	生长状况	来源地
GX	2	f	采集	G	云南、广东

长苏石斛 *Dendrobium brymerianum* Rchb. f.

濒危等级　国家重点保护野生植物名录（第二批）一级，CITES 附录Ⅱ物种，中国植物红色名录评估为濒危（EN）。

迁地栽培保存

保存地点	种质份数	个体数量	引种方式	生长状况	来源地
BJ	3	b	采集	G	云南、四川、广西
GX	2	f	采集	G	云南、广西
YN	1	b	购买	C	云南

齿瓣石斛 *Dendrobium devonianum* Paxt.

功效主治　茎（黄草石斛）：滋阴益胃，生津除烦。用于热病伤津，口干烦渴，病后虚弱，肺痨，食欲不振。

濒危等级　国家重点保护野生植物名录（第二批）一级，CITES 附录Ⅱ物种，中国植物红色名录评估为濒危（EN）。

迁地栽培保存

保存地点	种质份数	个体数量	引种方式	生长状况	来源地
BJ	4	b	采集	G	云南、广西

翅萼石斛 *Dendrobium cariniferum* Rchb. f.

功效主治　茎：滋阴养胃，生津止渴，清热除烦。

濒危等级　国家重点保护野生植物名录（第二批）一级，CITES 附录Ⅱ物种，中国植物红色名录评估为濒危（EN）。

迁地栽培保存

保存地点	种质份数	个体数量	引种方式	生长状况	来源地
YN	1	d	购买	C	云南
GX	*	f	采集	G	广东

翅梗石斛 *Dendrobium trigonopus* Rchb. f.

功效主治 茎：功效同翅萼石斛。

濒危等级 国家重点保护野生植物名录（第二批）一级，CITES 附录 II 物种，中国植物红色名录评估为近危（NT）。

迁地栽培保存

保存地点	种质份数	个体数量	引种方式	生长状况	来源地
BJ	2	b	采集	G	广西、云南
GX	*	f	采集	G	广西

串珠石斛 *Dendrobium falconeri* Hook.

功效主治 茎（环钗斛）：甘、淡，微寒。养阴益胃，生津止渴。用于热病伤津，口干烦渴，病后虚热，食欲不振。

濒危等级 国家重点保护野生植物名录（第二批）一级，CITES 附录 II 物种，中国植物红色名录评估为易危（VU）。

迁地栽培保存

保存地点	种质份数	个体数量	引种方式	生长状况	来源地
GX	2	f	采集	G	云南、广东
YN	1	b	购买	C	云南
BJ	1	b	采集	G	四川

大苞鞘石斛 *Dendrobium wardianum* Warner

濒危等级 国家重点保护野生植物名录（第二批）一级，CITES 附录 II 物种，中国植物红色名录评估为易危（VU）。

迁地栽培保存

保存地点	种质份数	个体数量	引种方式	生长状况	来源地
GX	2	f	采集	G	云南、广东
BJ	1	b	采集	G	四川

单莛草石斛　*Dendrobium porphyrochilum* Lindl.

濒危等级　国家重点保护野生植物名录（第二批）一级，CITES 附录Ⅱ物种，中国植物红色名录评估为濒危（EN）。

迁地栽培保存

保存地点	种质份数	个体数量	引种方式	生长状况	来源地
GX	*	f	采集	G	广西

刀叶石斛　*Dendrobium terminale* Par. & Rchb. f.

功效主治　茎：苦、淡，凉。滋阴清热，生津止渴。用于热病伤津，口干烦渴，病后虚热，阴伤目暗。

濒危等级　国家重点保护野生植物名录（第二批）一级，CITES 附录Ⅱ物种，中国植物红色名录评估为易危（VU）。

迁地栽培保存

保存地点	种质份数	个体数量	引种方式	生长状况	来源地
YN	1	b	购买	C	云南
BJ	1	b	采集	G	云南

叠鞘石斛　*Dendrobium denneanum* Kerr

功效主治　茎（黄草石斛）：滋阴，清热，益胃，生津止渴。用于热病伤津，口干烦渴，肺痨咯血，阴虚盗汗，腰膝酸软，食欲不振。

濒危等级　国家重点保护野生植物名录（第二批）一级，CITES 附录Ⅱ物种，中国植物红色名录评估为易危（VU）。

迁地栽培保存

保存地点	种质份数	个体数量	引种方式	生长状况	来源地
GX	2	f	采集	G	云南
YN	1	a	采集	C	云南
BJ	1	b	采集	G	云南

兜唇石斛 *Dendrobium aphyllum* (Roxb.) C. E. Fischer

功效主治 全草：微苦，凉。清热解毒。用于咳嗽，咽喉痛，口干舌燥，小儿惊风，食物中毒，烫火伤。

濒危等级 国家重点保护野生植物名录（第二批）一级，CITES 附录 Ⅱ 物种，中国植物红色名录评估为易危（VU）。

迁地栽培保存

保存地点	种质份数	个体数量	引种方式	生长状况	来源地
GX	2	f	采集	G	广西、上海
YN	1	b	购买	C	云南
BJ	1	b	采集	G	云南

独角石斛 *Dendrobium unicum* Seidenf.

迁地栽培保存

保存地点	种质份数	个体数量	引种方式	生长状况	来源地
BJ	1	b	采集	G	广西

短棒石斛 *Dendrobium capillipes* Rchb. f.

濒危等级 国家重点保护野生植物名录（第二批）一级，CITES 附录 Ⅱ 物种，中国植物红色名录评估为濒危（EN）。

迁地栽培保存

保存地点	种质份数	个体数量	引种方式	生长状况	来源地
GX	2	f	采集	G	云南、广西

保存地点	种质份数	个体数量	引种方式	生长状况	来源地
BJ	2	b	采集	G	四川、云南
YN	1	b	购买	C	云南

粉红灯笼石斛　*Dendrobium amabile*（Lour.）O'Brien

迁地栽培保存

保存地点	种质份数	个体数量	引种方式	生长状况	来源地
BJ	1	b	采集	G	广西

高山石斛　*Dendrobium infundibulum* Lindl.

濒危等级　国家重点保护野生植物名录（第二批）一级，CITES 附录Ⅱ物种，中国植物红色名录评估为濒危（EN）。

迁地栽培保存

保存地点	种质份数	个体数量	引种方式	生长状况	来源地
GX	*	f	采集	G	广东、云南

钩状石斛　*Dendrobium aduncum* Wall. ex Lindl.

功效主治　茎（黄草钗斛）：甘、淡，微寒。滋阴，清热，益胃，生津，止渴。用于热病伤津，口干烦渴，病后虚热，食欲不振。

濒危等级　国家重点保护野生植物名录（第二批）一级，CITES 附录Ⅱ物种，中国植物红色名录评估为易危（VU）。

迁地栽培保存

保存地点	种质份数	个体数量	引种方式	生长状况	来源地
BJ	1	b	采集	G	广西
GX	*	f	采集	G	广西

鼓槌石斛 *Dendrobium chrysotoxum* Lindl.

功效主治 茎：养阴生津，止渴，润肺。用于热病伤津，口干烦渴，病后虚热。

濒危等级 国家重点保护野生植物名录（第二批）一级，CITES附录Ⅱ物种，中国植物红色名录评估为易危（VU）。

迁地栽培保存

保存地点	种质份数	个体数量	引种方式	生长状况	来源地
GX	2	f	采集	G	云南、广西
YN	1	e	购买	C	云南
CQ	1	a	购买	C	重庆
BJ	*	b	采集	G	待确定

广东石斛 *Dendrobium wilsonii* Rolfe

功效主治 茎（环钗斛）：功效同串珠石斛。

濒危等级 中国特有植物，国家重点保护野生植物名录（第二批）一级，中国植物红色名录评估为极危（CR）。

迁地栽培保存

保存地点	种质份数	个体数量	引种方式	生长状况	来源地
BJ	1	b	采集	G	广西
GX	*	f	采集	G	上海

广西石斛 *Dendrobium scoriarum* W. M. Sw.

濒危等级 CITES附录Ⅱ物种，中国植物红色名录评估为极危（CR）。

迁地栽培保存

保存地点	种质份数	个体数量	引种方式	生长状况	来源地
BJ	1	b	采集	G	云南
GX	*	f	采集	G	云南

棍棒石斛 *Dendrobium clavatum* Lindl.

迁地栽培保存

保存地点	种质份数	个体数量	引种方式	生长状况	来源地
GX	*	f	采集	G	广西

海南石斛 *Dendrobium hainanense* Rolfe

功效主治 茎：益胃生津，滋阴清热。

濒危等级 国家重点保护野生植物名录（第二批）一级，CITES 附录Ⅱ物种，中国植物红色名录评估为易危（VU）。

迁地栽培保存

保存地点	种质份数	个体数量	引种方式	生长状况	来源地
BJ	1	b	采集	G	海南
GX	*	f	采集	G	广西

黑毛石斛 *Dendrobium williamsonii* Day & Rchb. f.

功效主治 茎：滋阴益胃，生津，除烦。用于口干烦渴，病后虚弱，热病伤津，食欲不振，肺痨。

濒危等级 国家重点保护野生植物名录（第二批）一级，CITES 附录Ⅱ物种，中国植物红色名录评估为濒危（EN）。

迁地栽培保存

保存地点	种质份数	个体数量	引种方式	生长状况	来源地
GX	2	f	采集	G	广西、广东
BJ	1	b	采集	G	云南

红花石斛 *Dendrobium goldschmidtianum* Kraenzl.

濒危等级 国家重点保护野生植物名录（第二批）一级，CITES 附录Ⅱ物种，中国植物红色名录评估为无危（LC）。

迁地栽培保存

保存地点	种质份数	个体数量	引种方式	生长状况	来源地
GX	*	f	采集	G	云南

红石斛 *Dendrobium miyakei* Schltr.

迁地栽培保存

保存地点	种质份数	个体数量	引种方式	生长状况	来源地
GX	*	f	采集	G	广西

喉红石斛 *Dendrobium christyanum* Rchb. f.

濒危等级 CITES 附录 Ⅱ 物种，中国植物红色名录评估为易危（VU）。

迁地栽培保存

保存地点	种质份数	个体数量	引种方式	生长状况	来源地
BJ	1	b	采集	G	云南

华石斛 *Dendrobium sinense* T. Tang & F. T. Wang

濒危等级 中国特有植物，国家重点保护野生植物名录（第二批）一级，CITES 附录 Ⅱ 物种，中国植物红色名录评估为濒危（EN）。

迁地栽培保存

保存地点	种质份数	个体数量	引种方式	生长状况	来源地
GX	*	f	采集	G	广西

黄喉石斛 *Dendrobium signatum* Rchb. f.

迁地栽培保存

保存地点	种质份数	个体数量	引种方式	生长状况	来源地
BJ	1	b	采集	G	广西

黄花石斛 *Dendrobium dixanthum* Rchb. f.

濒危等级 国家重点保护野生植物名录（第二批）一级，CITES 附录 Ⅱ 物种，中国植物红色名录评估为濒危（EN）。

迁地栽培保存

保存地点	种质份数	个体数量	引种方式	生长状况	来源地
YN	1	b	购买	C	云南

霍山石斛 *Dendrobium huoshanense* C. Z. Tang & S. J. Cheng

功效主治 茎：益胃生津，滋阴清热。用于热病津伤，口干烦渴，胃阴不足，食少干呕，病后虚热不退，阴虚火旺，骨蒸劳热，目暗不明，筋骨痿软。

迁地栽培保存

保存地点	种质份数	个体数量	引种方式	生长状况	来源地
GX	*	f	采集	G	上海

尖刀唇石斛 *Dendrobium heterocarpum* Wall. ex Lindl.

濒危等级 国家重点保护野生植物名录（第二批）一级，CITES 附录 Ⅱ 物种，中国植物红色名录评估为易危（VU）。

迁地栽培保存

保存地点	种质份数	个体数量	引种方式	生长状况	来源地
BJ	1	b	采集	G	四川

剑叶石斛 *Dendrobium acinaciforme* Roxb.

濒危等级 国家重点保护野生植物名录（第二批）一级，CITES 附录 Ⅱ 物种，中国植物红色名录评估为易危（VU）。

迁地栽培保存

保存地点	种质份数	个体数量	引种方式	生长状况	来源地
HN	1	a	待确定	C	海南
YN	1	b	购买	C	云南
BJ	1	b	采集	G	广西
GX	*	f	采集	G	广西

晶帽石斛 *Dendrobium crystallinum* Rchb. f.

濒危等级 国家重点保护野生植物名录（第二批）一级，CITES 附录 Ⅱ 物种，中国植物红色名录评估为濒危（EN）。

迁地栽培保存

保存地点	种质份数	个体数量	引种方式	生长状况	来源地
BJ	2	b	采集	G	云南、广西
YN	1	b	购买	C	云南
GX	*	f	采集	G	云南

景洪石斛 *Dendrobium exile* Schltr.

濒危等级 国家重点保护野生植物名录（第二批）一级，CITES 附录 Ⅱ 物种，中国植物红色名录评估为易危（VU）。

迁地栽培保存

保存地点	种质份数	个体数量	引种方式	生长状况	来源地
YN	1	c	购买	C	云南

矩唇石斛 *Dendrobium linawianum* Rchb. f.

功效主治 茎：甘、淡，平。滋阴益胃，生津止渴。用于热病伤津，口干烦渴，病后虚热，盗汗，关节痛。

濒危等级 中国特有植物，国家重点保护野生植物名录（第二批）一级，CITES 附录 Ⅱ 物种，中国植物红色名录评估为濒危（EN）。

迁地栽培保存

保存地点	种质份数	个体数量	引种方式	生长状况	来源地
YN	1	b	购买	C	云南
BJ	1	b	采集	G	广西
GX	*	f	采集	G	广西

具槽石斛　*Dendrobium sulcatum* Lindl.

濒危等级　国家重点保护野生植物名录（第二批）一级，CITES 附录 II 物种，中国植物红色名录评估为濒危（EN）。

迁地栽培保存

保存地点	种质份数	个体数量	引种方式	生长状况	来源地
YN	1	b	购买	C	云南

聚石斛　*Dendrobium lindleyi* Stendel

功效主治　全草（木虾公）：甘、淡，凉。润肺化痰，止咳平喘，清热。用于肺热咳嗽，哮喘，痢疾，口疮，胃痛。

濒危等级　国家重点保护野生植物名录（第二批）一级，CITES 附录 II 物种，中国植物红色名录评估为无危（LC）。

迁地栽培保存

保存地点	种质份数	个体数量	引种方式	生长状况	来源地
GX	4	f	采集	G	广西、云南
YN	2	b	购买	C	云南
BJ	2	b	采集	G	广西、云南

喇叭唇石斛　*Dendrobium lituiflorum* Lindl.

功效主治　茎：滋阴益胃，生津止渴。用于热病伤津，口干烦渴，病后虚热。

濒危等级　国家重点保护野生植物名录（第二批）一级，CITES 附录 II 物种，中国植物红色名录评估为极危（CR）。

迁地栽培保存

保存地点	种质份数	个体数量	引种方式	生长状况	来源地
YN	1	b	购买	C	云南
BJ	1	b	采集	G	四川
GX	*	f	采集	G	云南

流苏石斛 *Dendrobium fimbriatum* Hook.

功效主治 茎（石斛）：甘，微寒。益胃生津，滋阴清热。用于阴伤津亏，口干烦渴，食少干呕，病后虚热，目暗不明。

濒危等级 国家重点保护野生植物名录（第二批）一级，CITES 附录 Ⅱ 物种，中国植物红色名录评估为易危（VU）。

迁地栽培保存

保存地点	种质份数	个体数量	引种方式	生长状况	来源地
BJ	2	b	采集	G	广西、云南
GX	2	f	采集	G	广西
YN	1	b	购买	C	云南
CQ	1	a	购买	C	重庆

龙石斛 *Dendrobium draconis* Rchb. f.

迁地栽培保存

保存地点	种质份数	个体数量	引种方式	生长状况	来源地
BJ	1	b	采集	G	广西

罗河石斛 *Dendrobium lohohense* T. Tang & F. T. Wang

功效主治 茎（环钗斛）：甘、淡，微寒。滋阴益胃，生津止渴。用于热病伤津，口干烦渴，病后虚热，食欲不振。

濒危等级 中国特有植物，国家重点保护野生植物名录（第二批）一级，CITES 附录 Ⅱ 物种，中国植物红色名录评估为濒危（EN）。

迁地栽培保存

保存地点	种质份数	个体数量	引种方式	生长状况	来源地
BJ	1	b	采集	G	广西

毛刷石斛　*Dendrobium secundum*（Blume）Lindl.

迁地栽培保存

保存地点	种质份数	个体数量	引种方式	生长状况	来源地
BJ	1	b	采集	G	广西

玫瑰石斛　*Dendrobium crepidatum* Lindl. ex Paxt.

功效主治　茎（黄草）：滋阴益胃，生津除烦。用于口干烦渴，阴伤津亏，病后虚热，目暗不明，肺痨，食欲不振。

濒危等级　国家重点保护野生植物名录（第二批）一级，CITES 附录Ⅱ物种，中国植物红色名录评估为濒危（EN）。

迁地栽培保存

保存地点	种质份数	个体数量	引种方式	生长状况	来源地
GX	2	f	采集	G	广西、广东
BJ	1	b	采集	G	云南
YN	1	b	购买	C	云南

美花石斛　*Dendrobium loddigesii* Rolfe

功效主治　茎（环草石斛）：甘，微寒。益胃生津，滋阴清热。用于阴伤津亏，口干烦渴，食少干呕，病后虚热，目暗不明。

濒危等级　国家重点保护野生植物名录（第二批）一级，CITES 附录Ⅱ物种，中国植物红色名录评估为易危（VU）。

迁地栽培保存

保存地点	种质份数	个体数量	引种方式	生长状况	来源地
BJ	2	b	采集	G	广西、云南
YN	1	b	购买	C	云南
HN	1	a	待确定	C	海南
GD	1	f	采集	G	待确定
GX	*	f	采集	G	广西

勐海石斛 *Dendrobium minutiflorum* S. C. Chen & Z. H. Tsi

濒危等级　中国特有植物，国家重点保护野生植物名录（第二批）一级，CITES 附录Ⅱ物种，中国植物红色名录评估为濒危（EN）。

迁地栽培保存

保存地点	种质份数	个体数量	引种方式	生长状况	来源地
BJ	1	b	采集	G	云南

密花石斛 *Dendrobium densiflorum* Wall.

功效主治　茎（粗黄草）：甘、微咸，寒。滋阴益胃，生津止渴，清热止咳。用于热病伤津，口干烦渴，病后虚弱，肺痨，食欲不振。

濒危等级　国家重点保护野生植物名录（第二批）一级，CITES 附录Ⅱ物种，中国植物红色名录评估为易危（VU）。

迁地栽培保存

保存地点	种质份数	个体数量	引种方式	生长状况	来源地
GX	2	f	采集	G	广西
YN	1	b	购买	C	云南
HN	1	a	待确定	C	海南
BJ	1	b	采集	G	云南

木石斛　*Dendrobium crumenatum* Sw.

功效主治　花、叶：用于霍乱。叶：疗疮。

濒危等级　国家重点保护野生植物名录（第二批）一级，CITES 附录 Ⅱ 物种，中国植物红色名录评估为极
　　　　　　危（CR）。

迁地栽培保存

保存地点	种质份数	个体数量	引种方式	生长状况	来源地
YN	2	c	购买	C	云南
GX	*	f	采集	G	上海

扭瓣石斛　*Dendrobium tortile* A. Cunn.

迁地栽培保存

保存地点	种质份数	个体数量	引种方式	生长状况	来源地
BJ	1	b	采集	G	广西

蜻蜓石斛　*Dendrobium pulchellum* Roxb. et Lindl. ：Lindl.

迁地栽培保存

保存地点	种质份数	个体数量	引种方式	生长状况	来源地
BJ	1	b	采集	G	广西

球花石斛　*Dendrobium thyrsiflorum* Rchb. f. ex André

濒危等级　国家重点保护野生植物名录（第二批）一级，CITES 附录 Ⅱ 物种，中国植物红色名录评估为近
　　　　　　危（NT）。

迁地栽培保存

保存地点	种质份数	个体数量	引种方式	生长状况	来源地
BJ	2	b	采集	G	云南、四川
YN	1	c	采集	C	云南
GX	*	f	采集	G	云南

曲轴石斛 *Dendrobium gibsonii* Lindl.

功效主治 茎：甘、微苦，凉。滋阴润肺，清热生津，止渴，益胃。用于热病伤津，口干烦渴，阴虚潮热，肺痨。

濒危等级 国家重点保护野生植物名录（第二批）一级，CITES 附录Ⅱ物种，中国植物红色名录评估为濒危（EN）。

迁地栽培保存

保存地点	种质份数	个体数量	引种方式	生长状况	来源地
BJ	1	b	采集	G	云南
GX	*	f	采集	G	广东

勺唇石斛 *Dendrobium moschatum*（Buch.-Ham.）Sw.

濒危等级 国家重点保护野生植物名录（第二批）一级，CITES 附录Ⅱ物种，中国植物红色名录评估为濒危（EN）。

迁地栽培保存

保存地点	种质份数	个体数量	引种方式	生长状况	来源地
GX	*	f	采集	G	广西

石斛 *Dendrobium nobile* Lindl.

功效主治 茎（石斛）：功效同流苏石斛。

濒危等级 国家重点保护野生植物名录（第二批）一级，CITES 附录Ⅱ物种，中国植物红色名录评估为易危（VU）。

迁地栽培保存

保存地点	种质份数	个体数量	引种方式	生长状况	来源地
BJ	4	c	采集	G	云南、广西
GX	2	f	采集	G	广西
CQ	1	a	购买	C	重庆
SH	1	b	采集	A	待确定

续表

保存地点	种质份数	个体数量	引种方式	生长状况	来源地
JS1	1	a	赠送	C	江苏
YN	1	c	购买	C	云南

始兴石斛　*Dendrobium shixingense* Z. L. Chen

迁地栽培保存

保存地点	种质份数	个体数量	引种方式	生长状况	来源地
BJ	1	b	采集	G	广西

梳唇石斛　*Dendrobium strongylanthum* Rchb. f.

功效主治　茎：滋阴养胃，清热生津。用于阴伤津亏，口干烦渴，食少干呕，病后虚热，目暗不明。

濒危等级　国家重点保护野生植物名录（第二批）一级，CITES 附录Ⅱ物种，中国植物红色名录评估为近危（NT）。

迁地栽培保存

保存地点	种质份数	个体数量	引种方式	生长状况	来源地
BJ	1	b	采集	G	云南

疏花石斛　*Dendrobium henryi* Schltr.

功效主治　茎（黄草石斛）：功效同齿瓣石斛。

濒危等级　国家重点保护野生植物名录（第二批）一级，CITES 附录Ⅱ物种，中国植物红色名录评估为无危（LC）。

迁地栽培保存

保存地点	种质份数	个体数量	引种方式	生长状况	来源地
GX	2	f	采集	G	广西
BJ	1	b	采集	G	云南

束花石斛 *Dendrobium strongylanthum* Rchb. f.

功效主治　茎：功效同流苏石斛。

濒危等级　国家重点保护野生植物名录（第二批）一级，CITES 附录 II 物种，中国植物红色名录评估为易危（VU）。

迁地栽培保存

保存地点	种质份数	个体数量	引种方式	生长状况	来源地
BJ	3	b	采集	G	四川、广西
YN	1	c	采集	C	云南
GX	*	f	采集	G	广西

四角石斛 *Dendrobium farmeri* Paxton

迁地栽培保存

保存地点	种质份数	个体数量	引种方式	生长状况	来源地
BJ	1	b	采集	G	广西

苏瓣石斛 *Dendrobium harveyanum* Rchb. f.

濒危等级　国家重点保护野生植物名录（第二批）一级，CITES 附录 II 物种，中国植物红色名录评估为濒危（EN）。

迁地栽培保存

保存地点	种质份数	个体数量	引种方式	生长状况	来源地
YN	1	c	购买	C	云南

檀香石斛 *Dendrobium anosmum* Lindl.

迁地栽培保存

保存地点	种质份数	个体数量	引种方式	生长状况	来源地
BJ	1	b	采集	G	待确定

铁皮石斛　*Dendrobium officinale* Kimura & Migo

功效主治　茎（铁皮石斛）：功效同流苏石斛。

迁地栽培保存

保存地点	种质份数	个体数量	引种方式	生长状况	来源地
FJ	2	b	采集	A	福建、云南
BJ	2	d	采集	G	福建、广西
CQ	1	a	购买	C	重庆
GZ	1	b	采集	C	贵州
HN	1	a	待确定	B	海南
YN	1	b	采集	C	云南
ZJ	1	e	购买	B	浙江
GX	*	f	采集	G	贵州

细茎石斛　*Dendrobium moniliforme*（L.）Sw.

功效主治　茎（环草石斛）：甘、淡，寒。用于热病伤津，痨伤咯血，口干烦渴，病后虚热，食欲不振。

迁地栽培保存

保存地点	种质份数	个体数量	引种方式	生长状况	来源地
GX	2	f	采集	G	云南、广东
YN	1	b	购买	C	云南
GD	1	f	采集	G	待确定
BJ	1	b	采集	G	云南

细叶石斛　*Dendrobium hancockii* Rolfe

功效主治　茎（黄草石斛）：养阴益胃，生津止渴。用于热病伤津，口干烦渴，病后虚热，食欲不振。

濒危等级　国家重点保护野生植物名录（第二批）一级，陕西省履约保护植物，CITES 附录Ⅱ物种，中国植物红色名录评估为濒危（EN）。

迁地栽培保存

保存地点	种质份数	个体数量	引种方式	生长状况	来源地
BJ	2	b	采集	G	广西、云南
YN	1	b	购买	C	云南
GX	*	f	采集	G	贵州

线叶石斛 *Dendrobium aurantiacum* Rchb. f.

功效主治 茎（石斛）：益胃生津，滋阴清热。

濒危等级 国家重点保护野生植物名录（第二批）一级，CITES 附录Ⅱ物种，中国植物红色名录评估为濒危（EN）。

迁地栽培保存

保存地点	种质份数	个体数量	引种方式	生长状况	来源地
BJ	1	b	采集	G	广西
GX	*	f	采集	G	待确定
GX	*	f	采集	G	广西

肿节石斛 *Dendrobium pendulum* Roxb.

濒危等级 国家重点保护野生植物名录（第二批）一级，CITES 附录Ⅱ物种，中国植物红色名录评估为濒危（EN）。

迁地栽培保存

保存地点	种质份数	个体数量	引种方式	生长状况	来源地
CQ	1	a	购买	C	重庆
BJ	1	b	采集	G	四川
GX	*	f	采集	G	云南

重唇石斛 *Dendrobium hercoglossum* Rchb. f.

功效主治 茎（黄草钗斛）：甘、淡，微寒。滋阴益胃，清热润肺，生津止渴。用于热病伤津，口干烦渴，病后虚热，食欲不振。

濒危等级　国家重点保护野生植物名录（第二批）一级，CITES 附录 II 物种，中国植物红色名录评估为近危（NT）。

迁地栽培保存

保存地点	种质份数	个体数量	引种方式	生长状况	来源地
BJ	2	b	采集	G	四川、云南
YN	1	b	购买	C	云南
GX	*	f	采集	G	广东

紫瓣石斛　*Dendrobium parishii* Rchb. f.

功效主治　茎：滋阴清热，生津止渴。用于热病伤津，口干烦渴，病后虚热。

濒危等级　国家重点保护野生植物名录（第二批）一级，CITES 附录 II 物种，中国植物红色名录评估为濒危（EN）。

迁地栽培保存

保存地点	种质份数	个体数量	引种方式	生长状况	来源地
YN	1	b	购买	C	云南
BJ	1	b	采集	G	广西

紫皮兰　*Dendrobium candidum* Lindl.

迁地栽培保存

保存地点	种质份数	个体数量	引种方式	生长状况	来源地
GX	*	f	采集	G	广西

石仙桃属　*Pholidota*

长足石仙桃　*Pholidota longipes* S. C. Chen & Z. H. Tsi.

濒危等级　中国特有植物，国家重点保护野生植物名录（第二批）二级，CITES 附录 II 物种，中国植物红色名录评估为易危（VU）。

迁地栽培保存

保存地点	种质份数	个体数量	引种方式	生长状况	来源地
GX	*	f	采集	G	云南

粗脉石仙桃 *Pholidota bracteata*（D. Don）Seidenf.

濒危等级　国家重点保护野生植物名录（第二批）二级，CITES 附录Ⅱ物种，中国植物红色名录评估为近危（NT）。

迁地栽培保存

保存地点	种质份数	个体数量	引种方式	生长状况	来源地
GX	*	f	采集	G	广东
GX	2	f	采集	G	云南

尖叶石仙桃 *Pholidota missionariorum* Gagnep.

濒危等级　国家重点保护野生植物名录（第二批）二级，CITES 附录Ⅱ物种，中国植物红色名录评估为近危（NT）。

迁地栽培保存

保存地点	种质份数	个体数量	引种方式	生长状况	来源地
GX	*	f	采集	G	云南

节茎石仙桃 *Pholidota articulata* Lindl.

功效主治　假鳞茎：养阴，清肺，利湿，消瘀。用于眩晕头痛，肺虚咳嗽，吐血，遗精，月经不调，子宫脱垂；外用于附骨疽。

濒危等级　国家重点保护野生植物名录（第二批）二级，CITES 附录Ⅱ物种，中国植物红色名录评估为无危（LC）。

迁地栽培保存

保存地点	种质份数	个体数量	引种方式	生长状况	来源地
GX	4	f	采集	G	广西、广东
BJ	1	b	采集	G	广西

石仙桃　*Pholidota chinensis* Lindl.

功效主治　假鳞茎：滋阴润肺，消肿止痛，清热解毒，化痰止咳，止血。用于咳嗽，咽喉肿痛，胃痛，消化不良；外用于外伤出血。

濒危等级　国家重点保护野生植物名录（第二批）二级，CITES 附录 Ⅱ 物种，中国植物红色名录评估为无危（LC）。

迁地栽培保存

保存地点	种质份数	个体数量	引种方式	生长状况	来源地
FJ	3	b	采集	B	福建
BJ	2	b	采集	C	云南、贵州
GX	2	f	采集	G	广西
GD	1	f	采集	G	待确定
HN	1	a	采集	B	海南

文山石仙桃　*Pholidota wenshanica* S. C. Chen & Z. H. Tsi.

濒危等级　中国特有植物，国家重点保护野生植物名录（第二批）二级，中国植物红色名录评估为濒危（EN）。

迁地栽培保存

保存地点	种质份数	个体数量	引种方式	生长状况	来源地
GX	*	f	采集	G	广西

细叶石仙桃　*Pholidota cantonensis* Rolfe.

功效主治　假鳞茎：微甘，凉。清热凉血，滋阴润肺。用于热病高热，咯血，头痛，咳嗽痰喘，牙痛，小儿疝气，跌打损伤。全草：滋阴降火，清热消肿。用于咽喉肿痛，乳蛾，口疮，高热口渴，关节痹痛，乳痈。

濒危等级　中国特有植物，国家重点保护野生植物名录（第二批）二级，CITES 附录 Ⅱ 物种，中国植物红色名录评估为无危（LC）。

迁地栽培保存

保存地点	种质份数	个体数量	引种方式	生长状况	来源地
FJ	4	b	采集	A	福建
GX	2	f	采集	G	广西，待确定
HN	2	a	采集	B	海南

岩生石仙桃 *Pholidota rupestris* Hand.-Mazz.

濒危等级 国家重点保护野生植物名录（第二批）二级，中国植物红色名录评估为无危（LC）。

迁地栽培保存

保存地点	种质份数	个体数量	引种方式	生长状况	来源地
GX	*	f	采集	G	广西

云南石仙桃 *Pholidota yunnanensis* Rolfe.

功效主治 假鳞茎（石枣子）：微苦，凉。滋阴润肺，祛风除湿，镇痛，生肌。用于肺痨咳嗽，痰中带血，风湿骨痛，消化不良，腹痛，痈疮肿毒。全草：甘，凉。滋阴清热，化痰止咳。用于肺热津伤，烦渴，阴虚内热，口干，胃阴不足，食少呕逆，牙龈肿痛，阴虚燥咳，咯血。

濒危等级 国家重点保护野生植物名录（第二批）二级，CITES 附录 Ⅱ 物种，中国植物红色名录评估为近危（NT）。

迁地栽培保存

保存地点	种质份数	个体数量	引种方式	生长状况	来源地
GX	2	f	采集	G	广西
BJ	1	b	采集	C	贵州

手参属 *Gymnadenia*

手参 *Gymnadenia conopsea* (L.) R. Br.

功效主治 块茎（手参）：甘，平。滋养，生津，止血。用于久病体虚，肺虚咳嗽，失血，久泻，阳痿。

濒危等级 国家重点保护野生植物名录（第二批）二级，北京市二级保护植物、河北省重点保护植物、陕西省履约保护植物、内蒙古自治区重点保护植物、吉林省三级保护植物，CITES 附录Ⅱ物种，中国植物红色名录评估为濒危（EN）。

迁地栽培保存

保存地点	种质份数	个体数量	引种方式	生长状况	来源地
BJ	1	c	采集	G	四川

西南手参 *Gymnadenia orchidis* Lindl.

功效主治 块茎（手参）：甘，平。滋阴，生津，止血。用于久病体虚，肺虚咳嗽，失血，久泻，阳痿。

濒危等级 国家重点保护野生植物名录（第二批）二级，青海省重点保护植物、陕西省履约保护植物，CITES 附录Ⅱ物种，中国植物红色名录评估为易危（VU）。

种质库保存

保存地点	保存方式	种质份数	个体数量	引种方式	来源地
BJ	种子	1	a	采集	甘肃

绶草属 *Spiranthes*

绶草 *Spiranthes sinensis*（Pers.）Ames

功效主治 全草或根（盘龙参）：甘、淡，平。滋阴益气，凉血解毒，涩精。用于病后气血两虚，少气无力，气虚白带，遗精，失眠，燥咳，咽喉肿痛，蛇串疮，肾虚，肺痨咯血，消渴，小儿暑热证；外用于毒蛇咬伤，疮肿。

濒危等级 国家重点保护野生植物名录（第二批）二级，河北省重点保护植物、北京市二级保护植物、吉林省三级保护植物、陕西省履约保护植物，CITES 附录Ⅱ物种，中国植物红色名录评估为无危（LC）。

迁地栽培保存

保存地点	种质份数	个体数量	引种方式	生长状况	来源地
BJ	8	c	采集	G	河北、辽宁、湖北、陕西
GX	4	f	采集	G	广西
FJ	4	b	采集	A	福建、四川

宿苞兰属　*Cryptochilus*

宿苞兰　*Cryptochilus luteus* Lindl.

濒危等级　国家重点保护野生植物名录（第二批）二级，CITES 附录 II 物种，中国植物红色名录评估为无危（LC）。

迁地栽培保存

保存地点	种质份数	个体数量	引种方式	生长状况	来源地
GX	*	f	采集	G	云南

笋兰属　*Thunia*

笋兰　*Thunia alba*（Lindl.）Rchb. f.

功效主治　全草（岩笋）：淡，平。活血，祛瘀，接骨，生肌。用于跌打损伤，骨折，刀枪伤。
濒危等级　国家重点保护野生植物名录（第二批）二级，CITES 附录 II 物种，中国植物红色名录评估为无危（LC）。

迁地栽培保存

保存地点	种质份数	个体数量	引种方式	生长状况	来源地
BJ	1	a	采集	G	云南
YN	1	a	采集	C	云南
GX	*	f	采集	G	云南

坛花兰属　*Acanthephippium*

坛花兰　*Acanthephippium sylhetense* Lindl.

濒危等级　国家重点保护野生植物名录（第二批）二级，CITES 附录 II 物种，中国植物红色名录评估为易危（VU）。

迁地栽培保存

保存地点	种质份数	个体数量	引种方式	生长状况	来源地
GX	2	f	采集	G	广西
BJ	1	a	采集	B	云南

天麻属　*Gastrodia*

天麻　*Gastrodia elata* Bl.

功效主治　块茎（天麻）：苦，平。平肝息风，止痉。用于头痛眩晕，肢体麻木，小儿惊风，癫痫抽搐，破伤风。

濒危等级　国家重点保护野生植物名录（第二批）二级，河北省重点保护植物、陕西省履约保护植物、吉林省一级保护植物，CITES 附录Ⅱ物种，中国植物红色名录评估为数据缺乏（DD）。

迁地栽培保存

保存地点	种质份数	个体数量	引种方式	生长状况	来源地
BJ	5	b	采集	C	湖北、陕西、贵州、四川
HB	1	a	采集	C	湖北
CQ	1	b	采集	B	重庆
GX	*	f	采集	G	广西

种质库保存

保存地点	保存方式	种质份数	个体数量	引种方式	来源地
BJ	种子	1	a	采集	江苏

万代兰属　*Vanda*

矮万代兰　*Vanda pumila* Hook. f.

濒危等级　国家重点保护野生植物名录（第二批）一级，CITES 附录Ⅱ物种，中国植物红色名录评估为易危（VU）。

迁地栽培保存

保存地点	种质份数	个体数量	引种方式	生长状况	来源地
BJ	1	a	采集	G	云南

白柱万代兰 *Vanda brunnea* Rchb. f.

濒危等级 国家重点保护野生植物名录（第二批）一级，CITES 附录 II 物种，中国植物红色名录评估为易危（VU）。

迁地栽培保存

保存地点	种质份数	个体数量	引种方式	生长状况	来源地
YN	1	b	采集	A	云南
BJ	1	a	采集	G	云南
GX	*	f	采集	G	广西

大花万代兰 *Vanda coerulea* Griff. ex Lindl.

濒危等级 国家重点保护野生植物名录（第二批）一级，CITES 附录 II 物种，中国植物红色名录评估为濒危（EN）。

迁地栽培保存

保存地点	种质份数	个体数量	引种方式	生长状况	来源地
YN	1	a	采集	C	云南
BJ	1	a	采集	G	北京
GX	*	f	采集	G	广西

琴唇万代兰 *Vanda concolor* Bl.

功效主治 全草：祛风除湿，活血，止痛。用于风湿痹痛，疮疖肿痛。

濒危等级 国家重点保护野生植物名录（第二批）一级，CITES 附录 II 物种，中国植物红色名录评估为易危（VU）。

迁地栽培保存

保存地点	种质份数	个体数量	引种方式	生长状况	来源地
BJ	1	a	采集	G	广西

小蓝万代兰　*Vanda coerulescens* Griff.

功效主治　叶：用于创伤。

濒危等级　国家重点保护野生植物名录（第二批）一级，CITES 附录 Ⅱ 物种，中国植物红色名录评估为濒危（EN）。

迁地栽培保存

保存地点	种质份数	个体数量	引种方式	生长状况	来源地
BJ	1	a	采集	G	云南
YN	1	a	采集	C	云南

雅美万代兰　*Vanda lamellata* Lindl.

濒危等级　国家重点保护野生植物名录（第二批）一级，CITES 附录 Ⅱ 物种，中国植物红色名录评估为易危（VU）。

迁地栽培保存

保存地点	种质份数	个体数量	引种方式	生长状况	来源地
GX	*	f	采集	G	广西

文心兰属　*Oncidium*

文心兰　*Oncidium flexuosum* Lodd.

迁地栽培保存

保存地点	种质份数	个体数量	引种方式	生长状况	来源地
SH	1	b	采集	A	待确定

吻兰属 *Collabium*

台湾吻兰 *Collabium formosanum* Hayata

濒危等级 国家重点保护野生植物名录（第二批）二级，CITES 附录 II 物种，中国植物红色名录评估为无危（LC）。

迁地栽培保存

保存地点	种质份数	个体数量	引种方式	生长状况	来源地
GX	2	f	采集	G	广西

吻兰 *Collabium chinense* (Rolfe) T. Tang & F. T. Wang

功效主治 全草：外用于疮疡肿毒。

濒危等级 国家重点保护野生植物名录（第二批）二级，CITES 附录 II 物种，中国植物红色名录评估为无危（LC）。

迁地栽培保存

保存地点	种质份数	个体数量	引种方式	生长状况	来源地
GX	2	f	采集	G	广西
BJ	1	b	采集	G	云南

五唇兰属 *Doritis*

五唇兰 *Doritis pulcherrima* Lindl.

濒危等级 国家重点保护野生植物名录（第二批）二级，CITES 附录 II 物种，中国植物红色名录评估为极危（CR）。

迁地栽培保存

保存地点	种质份数	个体数量	引种方式	生长状况	来源地
BJ	1	a	采集	G	海南

虾脊兰属　*Calanthe*

棒距虾脊兰　*Calanthe clavata* Lindl.

濒危等级　国家重点保护野生植物名录（第二批）二级，CITES 附录 II 物种，中国植物红色名录评估为无危（LC）。

迁地栽培保存

保存地点	种质份数	个体数量	引种方式	生长状况	来源地
GX	*	f	采集	G	云南

长距虾脊兰　*Calanthe sylvatica*（Thou.）Lindl.

功效主治　全草：解毒，止痛，活血，化瘀。用于痈肿疮毒。

濒危等级　国家重点保护野生植物名录（第二批）二级，CITES 附录 II 物种，中国植物红色名录评估为无危（LC）。

迁地栽培保存

保存地点	种质份数	个体数量	引种方式	生长状况	来源地
GX	2	f	采集	G	云南、广西

钩距虾脊兰　*Calanthe graciliflora* Hayata

功效主治　全草：清热解毒，滋阴润肺，活血祛瘀，消肿止痛，止咳。

濒危等级　中国特有植物，国家重点保护野生植物名录（第二批）二级，中国植物红色名录评估为近危（NT）。

迁地栽培保存

保存地点	种质份数	个体数量	引种方式	生长状况	来源地
CQ	1	a	采集	D	重庆
BJ	1	a	采集	G	安徽

弧距虾脊兰 *Calanthe arcuata* Rolfe

濒危等级 国家重点保护野生植物名录（第二批）二级，中国植物红色名录评估为易危（VU）。

迁地栽培保存

保存地点	种质份数	个体数量	引种方式	生长状况	来源地
GX	*	f	采集	G	云南

葫芦茎虾脊兰 *Calanthe labrosa*（Rchb. f.）Rchb. f.

濒危等级 国家重点保护野生植物名录（第二批）二级，CITES 附录 Ⅱ 物种，中国植物红色名录评估为易危（VU）。

迁地栽培保存

保存地点	种质份数	个体数量	引种方式	生长状况	来源地
BJ	1	a	采集	G	云南

剑叶虾脊兰 *Calanthe davidii* Franch.

功效主治 全草或根（马牙七）、假鳞茎（马牙七）：辛、苦，凉。有小毒。清热解毒，散瘀，止痛。用于咽喉肿痛，牙痛，瘰疬，胃溃疡，胁痛，腰痛，腹痛，闭经，关节痛，石淋，跌打损伤，毒蛇咬伤。

濒危等级 国家重点保护野生植物名录（第二批）二级，陕西省履约保护植物，CITES 附录 Ⅱ 物种，中国植物红色名录评估为无危（LC）。

迁地栽培保存

保存地点	种质份数	个体数量	引种方式	生长状况	来源地
CQ	1	a	采集	D	重庆
SC	1	f	待确定	G	四川
GX	*	f	采集	G	湖北

乐昌虾脊兰 *Calanthe lechangensis* Z. H. Tsi & T. Tang

濒危等级 中国特有植物，国家重点保护野生植物名录（第二批）二级，CITES 附录 Ⅱ 物种，中国植物红

色名录评估为濒危（EN）。

迁地栽培保存

保存地点	种质份数	个体数量	引种方式	生长状况	来源地
GX	*	f	采集	G	云南

镰萼虾脊兰　*Calanthe puberula* Lindl.

功效主治　全草：清热解毒，软坚散结，祛风镇痛。

濒危等级　国家重点保护野生植物名录（第二批）二级，CITES 附录 Ⅱ 物种，中国植物红色名录评估为无危（LC）。

迁地栽培保存

保存地点	种质份数	个体数量	引种方式	生长状况	来源地
GX	*	f	采集	G	云南

流苏虾脊兰　*Calanthe alpina* Hook. f. ex Lindl.

功效主治　全草（马牙七）：辛、苦，凉。有小毒。清热解毒，散瘀，止痛。用于咽喉肿痛，牙痛，瘰疬，胃溃疡，胁痛，腰痛，腹痛，闭经，关节痛，石淋，跌打损伤，毒蛇咬伤。假鳞茎：清热解毒，散结。用于瘰疬，咽喉肿痛。

濒危等级　国家重点保护野生植物名录（第二批）二级，陕西省履约保护植物，CITES 附录 Ⅱ 物种，中国植物红色名录评估为无危（LC）。

迁地栽培保存

保存地点	种质份数	个体数量	引种方式	生长状况	来源地
GX	*	f	采集	G	湖北

密花虾脊兰　*Calanthe densiflora* Lindl.

功效主治　全草：活血化瘀，消肿散结，祛风除湿。用于风湿痹痛，腰腿酸痛，疮痈肿痛，跌打损伤。

濒危等级　国家重点保护野生植物名录（第二批）二级，CITES 附录 Ⅱ 物种，中国植物红色名录评估为无危（LC）。

迁地栽培保存

保存地点	种质份数	个体数量	引种方式	生长状况	来源地
GX	*	f	采集	G	云南

墨脱虾脊兰 *Calanthe metoensis* Z. H. Tsi & K. Y. Lang

濒危等级 国家重点保护野生植物名录（第二批）二级，CITES 附录Ⅱ物种，中国植物红色名录评估为无危（LC）。

迁地栽培保存

保存地点	种质份数	个体数量	引种方式	生长状况	来源地
BJ	1	a	采集	G	云南

三棱虾脊兰 *Calanthe tricarinata* Lindl.

功效主治 根及根茎（肉连环）：辛、甘，温。舒筋活络，祛风除湿，止痛。用于风湿关节痹痛，腰肌劳伤，胃痛，跌打损伤。全草：散结，解毒，活血，舒筋。用于瘰疬，乳蛾，痔疮，跌打损伤。

濒危等级 国家重点保护野生植物名录（第二批）二级，陕西省履约保护植物，CITES 附录Ⅱ物种，中国植物红色名录评估为无危（LC）。

迁地栽培保存

保存地点	种质份数	个体数量	引种方式	生长状况	来源地
BJ	2	a	采集	C	甘肃、贵州

三褶虾脊兰 *Calanthe triplicata* (Willem.) Ames

功效主治 根：用于风湿、类风湿性关节炎，腰肌劳损，跌打损伤，骨折。全草：通淋利尿。用于小便不利，淋证；外用于跌打损伤。

濒危等级 国家重点保护野生植物名录（第二批）二级，CITES 附录Ⅱ物种，中国植物红色名录评估为无危（LC）。

迁地栽培保存

保存地点	种质份数	个体数量	引种方式	生长状况	来源地
GX	2	f	采集	G	广西
CQ	1	a	采集	D	重庆
YN	1	a	购买	C	云南

肾唇虾脊兰　*Calanthe brevicornu* Lindl.

功效主治　全草：活血化瘀，消肿散结。用于痈肿疮毒，跌打损伤，毒蛇咬伤。

濒危等级　国家重点保护野生植物名录（第二批）二级，CITES 附录Ⅱ物种，中国植物红色名录评估为无危（LC）。

迁地栽培保存

保存地点	种质份数	个体数量	引种方式	生长状况	来源地
GX	*	f	采集	G	云南

疏花虾脊兰　*Calanthe henryi* Rolfe

濒危等级　中国特有植物，国家重点保护野生植物名录（第二批）二级，CITES 附录Ⅱ物种，中国植物红色名录评估为易危（VU）。

迁地栽培保存

保存地点	种质份数	个体数量	引种方式	生长状况	来源地
GX	*	f	采集	G	云南

台湾虾脊兰　*Calanthe arisanensis* Hayata

濒危等级　中国特有植物，国家重点保护野生植物名录（第二批）二级，CITES 附录Ⅱ物种，中国植物红色名录评估为近危（NT）。

迁地栽培保存

保存地点	种质份数	个体数量	引种方式	生长状况	来源地
GX	*	f	采集	G	广西

虾脊兰 *Calanthe discolor* Lindl.

功效主治 全草（九子连环草）：辛，平。活血化瘀，消痈散结。用于瘰疬，风湿骨痛，痈疮肿毒，跌打损伤。根：辛、苦，寒。解毒。用于瘰疬，痔疮，脱肛。

濒危等级 国家重点保护野生植物名录（第二批）二级，CITES 附录 II 物种，中国植物红色名录评估为无危（LC）。

迁地栽培保存

保存地点	种质份数	个体数量	引种方式	生长状况	来源地
BJ	2	b	采集	G	广西、云南
GX	2	f	采集	G	广西、云南
HB	1	a	采集	C	湖北

银带虾脊兰 *Calanthe argenteostriata* C. Z. Tang & S. J. Cheng

濒危等级 国家重点保护野生植物名录（第二批）二级，CITES 附录 II 物种，中国植物红色名录评估为无危（LC）。

迁地栽培保存

保存地点	种质份数	个体数量	引种方式	生长状况	来源地
BJ	1	a	采集	G	广西
YN	1	b	采集	C	云南

泽泻虾脊兰 *Calanthe alismifolia* Lindl.

濒危等级 国家重点保护野生植物名录（第二批）二级，CITES 附录 II 物种，中国植物红色名录评估为无危（LC）。

迁地栽培保存

保存地点	种质份数	个体数量	引种方式	生长状况	来源地
HB	1	a	采集	C	湖北
CQ	1	a	采集	D	重庆
GX	*	f	采集	G	广西、云南

中华虾脊兰 *Calanthe sinica* Z. H. Tsi

濒危等级　中国特有植物，国家重点保护野生植物名录（第二批）二级，CITES 附录 Ⅱ 物种，中国植物红色名录评估为濒危（EN）。

迁地栽培保存

保存地点	种质份数	个体数量	引种方式	生长状况	来源地
GX	*	f	采集	G	云南

线柱兰属 *Zeuxine*

白花线柱兰 *Zeuxine parviflora* (Ridl.) Seidenf.

濒危等级　国家重点保护野生植物名录（第二批）二级，CITES 附录 Ⅱ 物种，中国植物红色名录评估为无危（LC）。

迁地栽培保存

保存地点	种质份数	个体数量	引种方式	生长状况	来源地
GX	*	f	采集	G	广西

白肋线柱兰 *Zeuxine goodyeroides* Lindl.

濒危等级　国家重点保护野生植物名录（第二批）二级，CITES 附录 Ⅱ 物种，中国植物红色名录评估为无危（LC）。

迁地栽培保存

保存地点	种质份数	个体数量	引种方式	生长状况	来源地
YN	1	b	购买	A	云南

宽叶线柱兰 *Zeuxine affinis* (Lindl.) Benth. ex Hook. f.

濒危等级　国家重点保护野生植物名录（第二批）二级，CITES 附录 Ⅱ 物种，中国植物红色名录评估为无危（LC）。

迁地栽培保存

保存地点	种质份数	个体数量	引种方式	生长状况	来源地
GX	*	f	采集	G	海南

线柱兰 *Zeuxine strateumatica* (L.) Schltr.

濒危等级 国家重点保护野生植物名录（第二批）二级，CITES 附录Ⅱ物种，中国植物红色名录评估为无危（LC）。

迁地栽培保存

保存地点	种质份数	个体数量	引种方式	生长状况	来源地
GX	*	f	采集	G	广西

香荚兰属 *Vanilla*

大香荚兰 *Vanilla siamensis* Rolfe ex Downie

功效主治 全株：用于肺热咳嗽。

濒危等级 国家重点保护野生植物名录（第二批）二级，CITES 附录Ⅱ物种，中国植物红色名录评估为濒危（EN）。

迁地栽培保存

保存地点	种质份数	个体数量	引种方式	生长状况	来源地
BJ	1	a	采集	G	云南

南方香荚兰 *Vanilla annamica* Gagnepain

功效主治 全株：用于肺热咳嗽。

濒危等级 CITES 附录Ⅱ物种，中国植物红色名录评估为易危（VU）。

迁地栽培保存

保存地点	种质份数	个体数量	引种方式	生长状况	来源地
GX	*	f	采集	G	广西

香荚兰　*Vanilla planifolia* Andrews

功效主治　全株（香草兰）：清热解毒。用于毒蛇咬伤。

迁地栽培保存

保存地点	种质份数	个体数量	引种方式	生长状况	来源地
BJ	1	a	采集	G	云南
HN	1	a	待确定	B	待确定

新型兰属　*Neogyna*

新型兰　*Neogyna gardneriana*（Lindl.）Rchb. f.

濒危等级　国家重点保护野生植物名录（第二批）二级，CITES 附录Ⅱ物种，中国植物红色名录评估为易危（VU）。

迁地栽培保存

保存地点	种质份数	个体数量	引种方式	生长状况	来源地
BJ	1	b	采集	G	云南
GX	*	f	采集	G	云南

血叶兰属　*Ludisia*

血叶兰　*Ludisia discolor*（Ker-Gawl.）A. Rich.

功效主治　全草（石上藕）：甘，凉。滋阴润肺，清热凉血，止咳，止血。用于肺痨咯血，肾虚。

濒危等级　国家重点保护野生植物名录（第二批）二级，CITES 附录Ⅱ物种，中国植物红色名录评估为无危（LC）。

迁地栽培保存

保存地点	种质份数	个体数量	引种方式	生长状况	来源地
HN	1	a	采集	B	待确定
BJ	1	b	采集	G	海南
FJ	1	a	采集	B	福建

羊耳蒜属 *Liparis*

保亭羊耳蒜 *Liparis bautingensis* T. Tang & F. T. Wang

濒危等级 中国特有植物，国家重点保护野生植物名录（第二批）二级，CITES 附录 Ⅱ 物种，中国植物红色名录评估为易危（VU）。

迁地栽培保存

保存地点	种质份数	个体数量	引种方式	生长状况	来源地
GX	*	f	采集	G	广西

长茎羊耳蒜 *Liparis viridiflora*（Bl.）Lindl.

功效主治 根及根茎：用于毒蛇咬伤，风湿关节痛，跌打损伤。全草：用于妇女产后腹痛。

濒危等级 国家重点保护野生植物名录（第二批）二级，CITES 附录 Ⅱ 物种，中国植物红色名录评估为无危（LC）。

迁地栽培保存

保存地点	种质份数	个体数量	引种方式	生长状况	来源地
BJ	2	a	采集	C	云南、贵州
GX	2	f	采集	G	广西
GD	1	f	采集	G	待确定
YN	1	b	购买	D	云南

丛生羊耳蒜 *Liparis cespitosa*（Thou.）Lindl.

功效主治 全草：清热解毒，凉血止血。

濒危等级 国家重点保护野生植物名录（第二批）二级，CITES 附录 Ⅱ 物种，中国植物红色名录评估为无危（LC）。

迁地栽培保存

保存地点	种质份数	个体数量	引种方式	生长状况	来源地
GX	*	f	采集	G	广西

大花羊耳蒜 *Liparis distans* C. B. Clarke

功效主治　全草：消肿，生津，养阴。用于肺热咳嗽，醉酒。

濒危等级　国家重点保护野生植物名录（第二批）二级，CITES 附录 II 物种，中国植物红色名录评估为无危（LC）。

迁地栽培保存

保存地点	种质份数	个体数量	引种方式	生长状况	来源地
GX	2	f	采集	G	广西
CQ	1	a	采集	F	重庆

广西羊耳蒜 *Liparis guangxiensis* C. L. Feng & X. H. Jin

迁地栽培保存

保存地点	种质份数	个体数量	引种方式	生长状况	来源地
GX	*	f	采集	G	广西

黄花羊耳蒜 *Liparis luteola* Lindl.

濒危等级　国家重点保护野生植物名录（第二批）二级，CITES 附录 II 物种，中国植物红色名录评估为易危（VU）。

迁地栽培保存

保存地点	种质份数	个体数量	引种方式	生长状况	来源地
CQ	1	b	采集	C	重庆

见血青 *Liparis nervosa*（Thunb. ex A. Murray）Lindl.

功效主治　全草（见血清）：苦，寒。清热，凉血，止血。用于肺热咯血，吐血，肺热咳嗽，风湿痹痛，小儿惊风，附骨疽；外用于创伤出血，疮疖肿毒，跌打损伤，疥癣，毒蛇咬伤。

濒危等级　国家重点保护野生植物名录（第二批）二级，CITES 附录 II 物种，中国植物红色名录评估为无危（LC）。

迁地栽培保存

保存地点	种质份数	个体数量	引种方式	生长状况	来源地
CQ	1	a	采集	C	重庆
GX	*	f	采集	G	广西

阔唇羊耳蒜 *Liparis latilabris* Rolfe

濒危等级 国家重点保护野生植物名录（第二批）二级，CITES 附录 Ⅱ 物种，中国植物红色名录评估为近危（NT）。

迁地栽培保存

保存地点	种质份数	个体数量	引种方式	生长状况	来源地
GX	*	f	采集	G	广西

镰翅羊耳蒜 *Liparis bootanensis* Griff.

功效主治 全草（九莲灯）：辛、甘，微温。清热解毒，祛瘀散结，活血调经，除湿。用于肺痨，瘰疬，痰多咳喘，跌打损伤，白浊，月经不调，疮痈肿毒，风湿腰腿痛，腹胀痛，腹水。

濒危等级 国家重点保护野生植物名录（第二批）二级，CITES 附录 Ⅱ 物种，中国植物红色名录评估为无危（LC）。

迁地栽培保存

保存地点	种质份数	个体数量	引种方式	生长状况	来源地
GX	2	f	采集	G	广西

平卧羊耳蒜 *Liparis chapaensis* Gagnep.

濒危等级 国家重点保护野生植物名录（第二批）二级，CITES 附录 Ⅱ 物种，中国植物红色名录评估为易危（VU）。

迁地栽培保存

保存地点	种质份数	个体数量	引种方式	生长状况	来源地
GX	*	f	采集	G	广西

蕊丝羊耳蒜 *Liparis resupinata* Ridl.

濒危等级　国家重点保护野生植物名录（第二批）二级，CITES 附录 Ⅱ 物种，中国植物红色名录评估为无危（LC）。

迁地栽培保存

保存地点	种质份数	个体数量	引种方式	生长状况	来源地
GX	*	f	采集	G	云南

扇唇羊耳蒜 *Liparis stricklandiana* Rchb. f.

功效主治　全草：去腐生新。

濒危等级　国家重点保护野生植物名录（第二批）二级，CITES 附录 Ⅱ 物种，中国植物红色名录评估为无危（LC）。

迁地栽培保存

保存地点	种质份数	个体数量	引种方式	生长状况	来源地
GX	*	f	采集	G	云南

细茎羊耳蒜 *Liparis condylobulbon* Rchb. f.

濒危等级　国家重点保护野生植物名录（第二批）二级，CITES 附录 Ⅱ 物种，中国植物红色名录评估为无危（LC）。

迁地栽培保存

保存地点	种质份数	个体数量	引种方式	生长状况	来源地
GX	*	f	采集	G	广西

香花羊耳蒜 *Liparis odorata*（Willd.）Lindl.

功效主治　全草：清热解毒，凉血止血，化痰止咳。用于咳嗽，痰多，咯血，疮痈肿毒。

濒危等级　国家重点保护野生植物名录（第二批）二级，CITES 附录 Ⅱ 物种，中国植物红色名录评估为无危（LC）。

迁地栽培保存

保存地点	种质份数	个体数量	引种方式	生长状况	来源地
GX	*	f	采集	G	广西

小花羊耳蒜 *Liparis platyrachis* Hook. f.

濒危等级 国家重点保护野生植物名录（第二批）二级，CITES 附录Ⅱ物种，中国植物红色名录评估为濒危（EN）。

迁地栽培保存

保存地点	种质份数	个体数量	引种方式	生长状况	来源地
GX	*	f	采集	G	云南

小巧羊耳蒜 *Liparis delicatula* Hook. f.

濒危等级 国家重点保护野生植物名录（第二批）二级，CITES 附录Ⅱ物种，中国植物红色名录评估为近危（NT）。

迁地栽培保存

保存地点	种质份数	个体数量	引种方式	生长状况	来源地
GX	*	f	采集	G	云南

小羊耳蒜 *Liparis fargesii* Finet

功效主治 全草：甘，微寒。清热润肺，健脾消食，活血调经，止咳，止血。用于肺痨咳嗽，风热咳嗽，顿咳，小儿惊风，低血糖，小儿疳积，月经不调，外伤出血。

濒危等级 中国特有植物，国家重点保护野生植物名录（第二批）二级，陕西省履约保护植物，CITES 附录Ⅱ物种，中国植物红色名录评估为近危（NT）。

迁地栽培保存

保存地点	种质份数	个体数量	引种方式	生长状况	来源地
GX	*	f	采集	G	湖北

心叶羊耳蒜 *Liparis cordifolia* Hook. f.

濒危等级　国家重点保护野生植物名录（第二批）二级，CITES 附录 Ⅱ 物种，中国植物红色名录评估为无
危（LC）。

迁地栽培保存

保存地点	种质份数	个体数量	引种方式	生长状况	来源地
GX	2	f	采集	G	广西
BJ	1	a	采集	G	待确定

羊耳蒜 *Liparis japonica* (Miq.) Maxim.

功效主治　根茎：滋补通阳，理气活血。

迁地栽培保存

保存地点	种质份数	个体数量	引种方式	生长状况	来源地
GX	2	f	采集	G	广西

圆唇羊耳蒜 *Liparis balansae* Gagnep.

濒危等级　国家重点保护野生植物名录（第二批）二级，CITES 附录 Ⅱ 物种，中国植物红色名录评估为易
危（VU）。

迁地栽培保存

保存地点	种质份数	个体数量	引种方式	生长状况	来源地
BJ	1	a	采集	G	广西

折苞羊耳蒜 *Liparis tschangii* Schltr.

功效主治　假鳞茎：微酸、涩。活血，止血。用于崩漏，月经过多。

濒危等级　国家重点保护野生植物名录（第二批）二级，CITES 附录 Ⅱ 物种，中国植物红色名录评估为易
危（VU）。

迁地栽培保存

保存地点	种质份数	个体数量	引种方式	生长状况	来源地
GX	*	f	采集	G	广西

折唇羊耳蒜 *Liparis bistriata* Par. & Rchb. f.

濒危等级 国家重点保护野生植物名录（第二批）二级，CITES 附录 II 物种，中国植物红色名录评估为无危（LC）。

迁地栽培保存

保存地点	种质份数	个体数量	引种方式	生长状况	来源地
GX	*	f	采集	G	云南

中越羊耳蒜 *Liparis pumila* Averyanov

迁地栽培保存

保存地点	种质份数	个体数量	引种方式	生长状况	来源地
GX	*	f	采集	G	广西

紫花羊耳蒜 *Liparis nigra* Seidenf.

功效主治 全草：破瘀活血，除湿，清热解毒。用于风湿痹痛，疥癣，跌打损伤，疮疡肿毒。

濒危等级 国家重点保护野生植物名录（第二批）二级，CITES 附录 II 物种，中国植物红色名录评估为无危（LC）。

迁地栽培保存

保存地点	种质份数	个体数量	引种方式	生长状况	来源地
BJ	1	b	采集	G	广西
HN	1	a	采集	B	海南
GX	*	f	采集	G	广西

异型兰属　*Chiloschista*

异型兰　*Chiloschista yunnanensis* Schltr.

濒危等级　中国特有植物，国家重点保护野生植物名录（第二批）二级，CITES 附录Ⅱ物种，中国植物红色名录评估为无危（LC）。

迁地栽培保存

保存地点	种质份数	个体数量	引种方式	生长状况	来源地
BJ	1	b	采集	G	云南

羽唇兰属　*Ornithochilus*

羽唇兰　*Ornithochilus difformis*（Lindl.）Schltr.

功效主治　全草：用于肺结核，风湿痹痛。

濒危等级　国家重点保护野生植物名录（第二批）二级，CITES 附录Ⅱ物种，中国植物红色名录评估为无危（LC）。

迁地栽培保存

保存地点	种质份数	个体数量	引种方式	生长状况	来源地
GX	*	f	采集	G	广西

玉凤花属　*Habenaria*

橙黄玉凤花　*Habenaria rhodocheila* Hance

功效主治　块茎：滋阴润肺，止咳，消肿。用于咳嗽，跌打损伤，疮疡肿毒。全草：淡，温。补肾壮阳。用于阳痿早泄，疝气。

濒危等级　国家重点保护野生植物名录（第二批）二级，CITES 附录Ⅱ物种，中国植物红色名录评估为无危（LC）。

迁地栽培保存

保存地点	种质份数	个体数量	引种方式	生长状况	来源地
GX	*	f	采集	G	广西

丛叶玉凤花 *Habenaria tonkinensis* Seidenf.

濒危等级 国家重点保护野生植物名录（第二批）二级，CITES 附录 II 物种，中国植物红色名录评估为近危（NT）。

迁地栽培保存

保存地点	种质份数	个体数量	引种方式	生长状况	来源地
GX	*	f	采集	G	广西

鹅毛玉凤花 *Habenaria dentata* (Sw.) Schltr.

功效主治 块茎（双肾参）：甘、微苦，平。补肺肾，利尿。用于肾虚腰痛，病后体虚，肾虚阳痿，疝气痛，胃痛，肺痨咳嗽，子痈，小便淋痛，水肿。

濒危等级 国家重点保护野生植物名录（第二批）二级，CITES 附录 II 物种，中国植物红色名录评估为无危（LC）。

迁地栽培保存

保存地点	种质份数	个体数量	引种方式	生长状况	来源地
BJ	2	b	采集	G	云南

毛莛玉凤花 *Habenaria ciliolaris* Kranzl.

功效主治 块茎：苦、甘，寒。补肾壮阳，解毒消肿。用于阳痿，遗精，小便涩痛，疝气；外用于毒蛇咬伤。根：甘，温。补血，补气。用于妇女产后血虚。

濒危等级 国家重点保护野生植物名录（第二批）二级，CITES 附录 II 物种，中国植物红色名录评估为无危（LC）。

迁地栽培保存

保存地点	种质份数	个体数量	引种方式	生长状况	来源地
GX	*	f	采集	G	广西

坡参 *Habenaria linguella* Lindl.

功效主治　块茎：甘，平。补肾，利尿，清肺热，止咳化痰，活血。用于阳痿，遗精，肺痨，咳嗽，跌打损伤，疮疡肿毒，疝气，劳伤腰痛。

濒危等级　国家重点保护野生植物名录（第二批）二级，CITES 附录Ⅱ物种，中国植物红色名录评估为近危（NT）。

迁地栽培保存

保存地点	种质份数	个体数量	引种方式	生长状况	来源地
GX	2	f	采集	G	广西

琴唇阔蕊兰 *Habenaria pandurilabia* Schltr.

迁地栽培保存

保存地点	种质份数	个体数量	引种方式	生长状况	来源地
GX	*	f	采集	G	广西

丝裂玉凤花 *Habenaria polytricha* Rolfe

濒危等级　国家重点保护野生植物名录（第二批）二级，CITES 附录Ⅱ物种，中国植物红色名录评估为无危（LC）。

迁地栽培保存

保存地点	种质份数	个体数量	引种方式	生长状况	来源地
GX	*	f	采集	G	广西

芋兰属　*Nervilia*

广布芋兰　*Nervilia aragoana* Gaud.

功效主治　块茎（白铃子）：清热解毒，补肾，利尿，消肿，止带，杀虫。用于崩漏，淋证，白浊，带下病。

濒危等级　国家重点保护野生植物名录（第二批）二级，CITES 附录Ⅱ物种，中国植物红色名录评估为易危（VU）。

迁地栽培保存

保存地点	种质份数	个体数量	引种方式	生长状况	来源地
GX	*	f	采集	G	广西

毛唇芋兰　*Nervilia fordii*（Hance）Schltr.

功效主治　全草（青天葵）：苦、甘，平。清肺止咳，健脾消积，镇静止痛，清热解毒，散瘀消肿。用于肺痨咳嗽，咯血，痰喘，小儿疳积，小儿肺热咳喘，胃痛，癫狂病，跌打肿痛，口疮，咽喉肿痛，水肿，疮毒。

濒危等级　国家重点保护野生植物名录（第二批）二级，CITES 附录Ⅱ物种，中国植物红色名录评估为近危（NT）。

迁地栽培保存

保存地点	种质份数	个体数量	引种方式	生长状况	来源地
BJ	1	b	采集	G	广西
GD	1	f	采集	G	待确定

毛叶芋兰　*Nervilia plicata*（Andr.）Schltr.

功效主治　全草或块茎：涩、微苦，凉。清热解毒，润肺止咳，益肾，止带，止血。用于胁痛，咳嗽痰喘，遗精，带下病，吐血，崩漏。

濒危等级　国家重点保护野生植物名录（第二批）二级，中国植物红色名录评估为易危（VU）。

迁地栽培保存

保存地点	种质份数	个体数量	引种方式	生长状况	来源地
BJ	1	b	采集	G	云南
GX	*	f	采集	G	广西

七角叶芋兰 *Nervilia mackinnonii*（Duthie）Schltr.

濒危等级 国家重点保护野生植物名录（第二批）二级，CITES 附录Ⅱ物种，中国植物红色名录评估为濒危（EN）。

迁地栽培保存

保存地点	种质份数	个体数量	引种方式	生长状况	来源地
GX	*	f	采集	G	广西

紫花芋兰 *Nervilia plicata*（Andr.）Schltr. var. *purpurea*（Hayata）S. S. Ying

濒危等级 中国特有植物，中国植物红色名录评估为无危（LC）。

迁地栽培保存

保存地点	种质份数	个体数量	引种方式	生长状况	来源地
GX	*	f	采集	G	广西

鸢尾兰属 *Oberonia*

棒叶鸢尾兰 *Oberonia myosurus*（Forst. f.）Lindl.

功效主治 全草（岩葱）：辛、微苦，凉。清热燥湿，消肿，利尿，散瘀止血。用于白浊，偏头痛，咽喉肿痛，风湿痛；外用于骨折，外伤出血。

濒危等级 国家重点保护野生植物名录（第二批）二级，CITES 附录Ⅱ物种，中国植物红色名录评估为无危（LC）。

迁地栽培保存

保存地点	种质份数	个体数量	引种方式	生长状况	来源地
GX	2	f	采集	G	广西，待确定
BJ	1	b	采集	G	待确定

剑叶鸢尾兰 *Oberonia ensiformis* (J. E. Smith) Lindl.

濒危等级 国家重点保护野生植物名录（第二批）二级，CITES 附录Ⅱ物种，中国植物红色名录评估为无危（LC）。

迁地栽培保存

保存地点	种质份数	个体数量	引种方式	生长状况	来源地
BJ	1	b	采集	G	云南
GX	*	f	采集	G	广西

显脉鸢尾兰 *Oberonia acaulis* Griff.

濒危等级 国家重点保护野生植物名录（第二批）二级，中国植物红色名录评估为无危（LC）。

迁地栽培保存

保存地点	种质份数	个体数量	引种方式	生长状况	来源地
GX	*	f	采集	G	云南

鸢尾兰 *Oberonia iridifolia* Roxb. ex Lindl.

功效主治 全草（树扁竹）：淡，凉。理气消食，清热利尿，止咳止痛。用于消化不良，胃痛，泄泻，淋证，咳嗽，哮喘，跌打损伤，骨折，毒蛇咬伤。

濒危等级 国家重点保护野生植物名录（第二批）二级，CITES 附录Ⅱ物种，中国植物红色名录评估为近危（NT）。

迁地栽培保存

保存地点	种质份数	个体数量	引种方式	生长状况	来源地
BJ	2	c	采集	C	云南、贵州
GX	*	f	采集	G	广西

中华鸢尾兰　*Oberonia cathayana* W. Y. Chun & T. Tang ex S. C. Chen

濒危等级　中国特有植物，国家重点保护野生植物名录（第二批）二级，CITES 附录 Ⅱ 物种，中国植物红色名录评估为近危（NT）。

迁地栽培保存

保存地点	种质份数	个体数量	引种方式	生长状况	来源地
GX	*	f	采集	G	广西

原沼兰属　*Malaxis*

阔叶沼兰　*Malaxis latifolia* J. E. Smith

功效主治　全草：清热解毒，利尿，消肿。

迁地栽培保存

保存地点	种质份数	个体数量	引种方式	生长状况	来源地
YN	1	a	采集	C	云南
GX	*	f	采集	G	广西

深裂沼兰　*Malaxis purpurea* (Lindl.) Kuntze

濒危等级　国家重点保护野生植物名录（第二批）二级，CITES 附录 Ⅱ 物种，中国植物红色名录评估为无危（LC）。

迁地栽培保存

保存地点	种质份数	个体数量	引种方式	生长状况	来源地
GX	*	f	采集	G	广西

细茎沼兰　*Malaxis khasiana* (Hook. f.) Kuntze

濒危等级　国家重点保护野生植物名录（第二批）二级，CITES 附录 Ⅱ 物种，中国植物红色名录评估为易危（VU）。

迁地栽培保存

保存地点	种质份数	个体数量	引种方式	生长状况	来源地
GX	*	f	采集	G	广西

沼兰 *Malaxis monophyllos* (L.) Sw.

功效主治 全草：微酸，平。止血止痛，活血调经，强心，镇静。用于带下病，崩漏，产后腹痛，外伤出血。

濒危等级 国家重点保护野生植物名录（第二批）二级，北京市二级保护植物、吉林省三级保护植物、河北省重点保护植物、陕西省履约保护植物，CITES 附录 II 物种，中国植物红色名录评估为无危（LC）。

迁地栽培保存

保存地点	种质份数	个体数量	引种方式	生长状况	来源地
BJ	2	b	采集	G	辽宁、云南
GZ	1	b	采集	C	贵州
YN	1	a	采集	C	云南

云叶兰属 *Nephelaphyllum*

云叶兰 *Nephelaphyllum tenuiflorum* Bl.

濒危等级 国家重点保护野生植物名录（第二批）二级，CITES 附录 II 物种，中国植物红色名录评估为易危（VU）。

迁地栽培保存

保存地点	种质份数	个体数量	引种方式	生长状况	来源地
GX	2	f	采集	G	广西

沼兰属 *Crepidium*

二耳沼兰 *Crepidium biauritum* (Lindl.) Szlach.

濒危等级 国家重点保护野生植物名录（第二批）二级，CITES 附录 II 物种，中国植物红色名录评估为易危（VU）。

迁地栽培保存

保存地点	种质份数	个体数量	引种方式	生长状况	来源地
GX	*	f	采集	G	广西

浅裂沼兰 *Crepidium acuminatum*（D. Don）Szlach.

濒危等级　国家重点保护野生植物名录（第二批）二级，CITES 附录Ⅱ物种，中国植物红色名录评估为无危（LC）。

迁地栽培保存

保存地点	种质份数	个体数量	引种方式	生长状况	来源地
GX	*	f	采集	G	广西

指甲兰属　*Aerides*

多花指甲兰 *Aerides rosea* Lodd. ex Lindl. & Paxt.

濒危等级　国家重点保护野生植物名录（第二批）二级，CITES 附录Ⅱ物种，中国植物红色名录评估为濒危（EN）。

迁地栽培保存

保存地点	种质份数	个体数量	引种方式	生长状况	来源地
BJ	2	a	采集	G	云南、四川
GX	2	f	采集	G	广西
YN	1	b	购买	C	云南

扇唇指甲兰 *Aerides flabellata* Rolfe ex Downie

濒危等级　国家重点保护野生植物名录（第二批）二级，CITES 附录Ⅱ物种，中国植物红色名录评估为濒危（EN）。

迁地栽培保存

保存地点	种质份数	个体数量	引种方式	生长状况	来源地
BJ	1	a	采集	G	云南

指甲兰 *Aerides falcata* Lindl. & Paxton

功效主治 全草：清热息风。用于小儿惊风。

濒危等级 国家重点保护野生植物名录（第二批）二级，CITES 附录Ⅱ物种，中国植物红色名录评估为濒危（EN）。

迁地栽培保存

保存地点	种质份数	个体数量	引种方式	生长状况	来源地
YN	1	b	购买	C	云南

朱兰属 *Pogonia*

小朱兰 *Pogonia minor*（Makino）Makino

濒危等级 国家重点保护野生植物名录（第二批）二级，CITES 附录Ⅱ物种，中国植物红色名录评估为易危（VU）。

迁地栽培保存

保存地点	种质份数	个体数量	引种方式	生长状况	来源地
GX	*	f	采集	G	广西

朱兰 *Pogonia japonica* Rchb. f.

功效主治 全草：苦，寒。清热解毒，润肺止咳，消肿，止血。用于肝毒症，胆胀，毒蛇咬伤，痈疮肿毒。

濒危等级 国家重点保护野生植物名录（第二批）二级，吉林省三级保护植物，CITES 附录Ⅱ物种，中国植物红色名录评估为近危（NT）。

迁地栽培保存

保存地点	种质份数	个体数量	引种方式	生长状况	来源地
GX	*	f	采集	G	贵州

竹茎兰属 *Tropidia*

阔叶竹茎兰 *Tropidia angulosa*（Lindl.）Bl.

濒危等级 国家重点保护野生植物名录（第二批）二级，CITES 附录 II 物种，中国植物红色名录评估为近危（NT）。

迁地栽培保存

保存地点	种质份数	个体数量	引种方式	生长状况	来源地
GX	*	f	采集	G	广西

竹茎兰 *Tropidia nipponica* Masamune

濒危等级 国家重点保护野生植物名录（第二批）二级，CITES 附录 II 物种，中国植物红色名录评估为近危（NT）。

迁地栽培保存

保存地点	种质份数	个体数量	引种方式	生长状况	来源地
GX	*	f	采集	G	云南

竹叶兰属 *Arundina*

竹叶兰 *Arundina graminifolia*（D. Don）Hochr.

功效主治 全草（山荸荠）或根茎（山荸荠）：苦，平。清热解毒，祛风除湿，止痛，利尿。用于肝毒症，关节痛，腰酸腿痛，胃痛，淋证，小便涩痛，脚气水肿，瘰疬，肺痨，牙痛，咽喉痛，感冒，小儿惊风，小儿疳积，咳嗽，食物中毒，跌伤，毒蛇咬伤，外伤出血。

濒危等级 国家重点保护野生植物名录（第二批）二级，CITES 附录 II 物种，中国植物红色名录评估为无危（LC）。

迁地栽培保存

保存地点	种质份数	个体数量	引种方式	生长状况	来源地
HN	3	a	采集	C	海南
CQ	1	a	购买	C	重庆
YN	1	c	购买	A	云南
GX	*	f	采集	G	云南

钻喙兰属 *Rhynchostylis*

海南钻喙兰 *Rhynchostylis gigantea*（Lindl.）Ridl.

濒危等级 国家重点保护野生植物名录（第二批）二级，CITES 附录Ⅱ物种，中国植物红色名录评估为濒危（EN）。

迁地栽培保存

保存地点	种质份数	个体数量	引种方式	生长状况	来源地
BJ	1	a	采集	G	广西

钻喙兰 *Rhynchostylis retusa*（L.）Bl.

濒危等级 国家重点保护野生植物名录（第二批）二级，CITES 附录Ⅱ物种，中国植物红色名录评估为濒危（EN）。

迁地栽培保存

保存地点	种质份数	个体数量	引种方式	生长状况	来源地
BJ	2	a	采集	G	广西、云南
YN	1	a	采集	D	云南
GX	*	f	采集	G	广东

钻柱兰属 *Pelatantheria*

钻柱兰 *Pelatantheria rivesii*（Guillaum.）T. Tang & F. T. Wang

濒危等级 国家重点保护野生植物名录（第二批）二级，CITES 附录Ⅱ物种，中国植物红色名录评估为易危（VU）。

迁地栽培保存

保存地点	种质份数	个体数量	引种方式	生长状况	来源地
GX	2	f	采集	G	广西、广东
BJ	1	b	采集	G	云南

肋果茶科　Sladeniaceae

肋果茶属　*Sladenia*

肋果茶　*Sladenia celastrifolia* Kurz

濒危等级　中国植物红色名录评估为无危（LC）。

迁地栽培保存

保存地点	种质份数	个体数量	引种方式	生长状况	来源地
YN	1	a	采集	C	云南

狸藻科　Lentibulariaceae

狸藻属　*Utricularia*

齿萼挖耳草　*Utricularia uliginosa* Vahl

功效主治　叶：用于小儿发疹。

濒危等级　中国植物红色名录评估为无危（LC）。

迁地栽培保存

保存地点	种质份数	个体数量	引种方式	生长状况	来源地
GX	*	f	采集	G	广西

黄花狸藻 *Utricularia aurea* Lour.

功效主治 全草：外用于目赤肿痛。

迁地栽培保存

保存地点	种质份数	个体数量	引种方式	生长状况	来源地
GX	*	f	采集	G	广西

种质库保存

保存地点	保存方式	种质份数	个体数量	引种方式	来源地
BJ	种子	1	a	采集	重庆

狸藻 *Utricularia vulgaris* L.

迁地栽培保存

保存地点	种质份数	个体数量	引种方式	生长状况	来源地
GZ	1	f	采集	F	贵州

少花狸藻 *Utricularia exoleta* R. Br.

迁地栽培保存

保存地点	种质份数	个体数量	引种方式	生长状况	来源地
GX	*	f	采集	G	广西

挖耳草 *Utricularia bifida* L.

功效主治 全草：用于耳闭。

濒危等级 中国植物红色名录评估为无危（LC）。

迁地栽培保存

保存地点	种质份数	个体数量	引种方式	生长状况	来源地
HN	1	a	采集	B	海南
GX	*	f	采集	G	广西

种质库保存

保存地点	保存方式	种质份数	个体数量	引种方式	来源地
BJ	种子	1	a	采集	重庆

藜芦科　Melanthiaceae

白丝草属　*Chionographis*

中国白丝草　*Chionographis chinensis* K. Krause

功效主治　全草：利尿通淋，清热安神。外用于烫火伤。

濒危等级　中国特有植物，中国植物红色名录评估为无危（LC）。

迁地栽培保存

保存地点	种质份数	个体数量	引种方式	生长状况	来源地
GX	*	f	采集	G	广西

胡麻花属　*Heloniopsis*

胡麻花　*Heloniopsis umbellata* Baker

濒危等级　中国特有植物，中国植物红色名录评估为无危（LC）。

迁地栽培保存

保存地点	种质份数	个体数量	引种方式	生长状况	来源地
GX	2	f	采集	G	广西

藜芦属　*Veratrum*

滇北藜芦　*Veratrum stenophyllum* var. *taronense* Wang et Tsi

濒危等级　中国特有植物，中国植物红色名录评估为无危（LC）。

迁地栽培保存

保存地点	种质份数	个体数量	引种方式	生长状况	来源地
BJ	1	b	采集	G	四川

牯岭藜芦 *Veratrum schindleri* Loes.

功效主治 根及根茎：吐风痰，杀虫毒。用于中风痰壅，风痫，癫疾，黄疸，久疟，泻痢，头痛，喉痹，鼻息，疥癣，恶疮，毒蛇咬伤。

濒危等级 中国特有植物，中国植物红色名录评估为无危（LC）。

迁地栽培保存

保存地点	种质份数	个体数量	引种方式	生长状况	来源地
JS1	1	a	采集	D	江苏
GX	*	f	采集	G	江西

种质库保存

保存地点	保存方式	种质份数	个体数量	引种方式	来源地
BJ	种子	1	a	采集	海南

藜芦 *Veratrum nigrum* L.

功效主治 根及根茎（藜芦）：辛、苦，寒。有毒。涌吐风痰，杀虫疗疮。用于中风痰壅，喉痹不通，黄疸，癫痫，久疟，泄泻，头痛，鼻渊，恶疮；外用于疥癣，秃疮。

濒危等级 中国植物红色名录评估为无危（LC）。

迁地栽培保存

保存地点	种质份数	个体数量	引种方式	生长状况	来源地
BJ	8	d	采集	G	北京、陕西、山西、内蒙古、辽宁、河南、河北
HB	1	b	采集	C	湖北
JS2	1	b	购买	C	江苏
HEN	1	b	采集	A	河南
LN	1	c	采集	B	辽宁

种质库保存

保存地点	保存方式	种质份数	个体数量	引种方式	来源地
BJ	种子	1	a	采集	待确定

毛穗藜芦 *Veratrum maackii* Regel

功效主治　根及根茎：功效同牯岭藜芦。

濒危等级　吉林省三级保护植物，中国植物红色名录评估为无危（LC）。

迁地栽培保存

保存地点	种质份数	个体数量	引种方式	生长状况	来源地
BJ	1	b	采集	G	辽宁

毛叶藜芦 *Veratrum grandiflorum* (Maxim. ex Baker) Loes.

功效主治　根及根茎：功效同牯岭藜芦。

濒危等级　中国特有植物，中国植物红色名录评估为无危（LC）。

迁地栽培保存

保存地点	种质份数	个体数量	引种方式	生长状况	来源地
GX	*	f	采集	G	江西

丫蕊花属 *Ypsilandra*

丫蕊花 *Ypsilandra thibetica* Franch.

功效主治　根：活血散瘀，催吐利水。全草（峨眉石凤丹）：清热，解毒，利湿。用于瘰疬。

濒危等级　中国特有植物，中国植物红色名录评估为无危（LC）。

迁地栽培保存

保存地点	种质份数	个体数量	引种方式	生长状况	来源地
CQ	1	a	采集	C	重庆
GX	*	f	采集	G	广西

延龄草属 *Trillium*

吉林延龄草 *Trillium kamtschaticum* Pall. ex Pursh.

功效主治 根茎：祛风，疏肝活血，止血。用于肝阳上亢，头昏头痛，跌打骨折，腰腿酸痛，外伤出血。

濒危等级 中国植物红色名录评估为无危（LC）。

迁地栽培保存

保存地点	种质份数	个体数量	引种方式	生长状况	来源地
BJ	1	b	采集	G	湖北

延龄草 *Trillium tschonoskii* Maxim.

功效主治 根及根茎（芋儿七）：甘、辛，温。祛风，疏肝，活血，止血，解毒。用于肝阳上亢，肾虚，头昏头痛，跌打骨折，腰腿疼痛，月经不调，崩漏；外用于疔疮。

濒危等级 陕西省渐危保护植物、江西省三级保护植物、浙江省重点保护植物，中国植物红色名录评估为无危（LC）。

迁地栽培保存

保存地点	种质份数	个体数量	引种方式	生长状况	来源地
BJ	2	b	采集	G	陕西、四川
HB	1	a	采集	C	湖北

重楼属 *Paris*

白花重楼 *Paris polyphylla* Sm. var. *alba* H. Li & R. J. Mitchell

濒危等级 中国特有植物，中国植物红色名录评估为易危（VU）。

迁地栽培保存

保存地点	种质份数	个体数量	引种方式	生长状况	来源地
BJ	1	a	采集	C	湖北

北重楼 *Paris verticillata* M. Bieb.

功效主治 根茎（上天梯）：苦，寒。有小毒。清热解毒，散瘀消肿。用于高热抽搐，咽喉肿痛，痈疖肿毒，毒蛇咬伤。

濒危等级 国家重点保护野生植物名录（第二批）二级，浙江省重点保护植物、河北省重点保护植物，中国植物红色名录评估为无危（LC）。

迁地栽培保存

保存地点	种质份数	个体数量	引种方式	生长状况	来源地
BJ	6	d	采集	G	河北、黑龙江、安徽、山西
LN	1	c	采集	A	辽宁

长药隔重楼 *Paris polyphylla* Sm. var. *pseudothibetica* H. Li

濒危等级 中国特有植物，中国植物红色名录评估为近危（NT）。

迁地栽培保存

保存地点	种质份数	个体数量	引种方式	生长状况	来源地
BJ	1	a	采集	C	湖北

海南重楼 *Paris dunniana* H. Léveillé

濒危等级 中国特有植物，国家重点保护野生植物名录（第二批）二级，中国植物红色名录评估为易危（VU）。

迁地栽培保存

保存地点	种质份数	个体数量	引种方式	生长状况	来源地
GX	*	f	采集	G	广西

华重楼 *Paris polyphylla* Sm. var. *chinensis* (Franch.) Hara

功效主治 根茎（重楼）：苦，微寒。有小毒。清热解毒，消肿止痛，凉肝定惊。用于咽喉肿痛，小儿惊风，毒蛇咬伤，疔疮肿毒；外用于疮肿，痄腮。

濒危等级 浙江省重点保护植物，中国植物红色名录评估为易危（VU）。

迁地栽培保存

保存地点	种质份数	个体数量	引种方式	生长状况	来源地
BJ	6	d	采集	C	河南、江西、湖北、安徽、陕西
FJ	5	b	采集	B	福建
JS1	1	b	购买	C	江苏
GD	1	f	采集	G	待确定

金线重楼 *Paris delavayi* Franchet

濒危等级 国家重点保护野生植物名录（第二批）二级，中国植物红色名录评估为易危（VU）。

迁地栽培保存

保存地点	种质份数	个体数量	引种方式	生长状况	来源地
BJ	3	b	采集	C	湖北、陕西

具柄重楼 *Paris fargesii* Pranch. var. *petiolata*（Baker ex C. H. Wright）Wang et Tang

濒危等级 中国特有植物，中国植物红色名录评估为濒危（EN）。

迁地栽培保存

保存地点	种质份数	个体数量	引种方式	生长状况	来源地
BJ	1	b	采集	G	甘肃

凌云重楼 *Paris cronquistii*（Takhtajan）H. Li

功效主治 根茎：清热解毒，消肿止痛。用于咽喉肿痛，痈疖肿毒，毒蛇咬伤，跌打损伤，惊风抽搐。

濒危等级 中国特有植物，国家重点保护野生植物名录（第二批）二级，中国植物红色名录评估为易危（VU）。

迁地栽培保存

保存地点	种质份数	个体数量	引种方式	生长状况	来源地
GX	*	f	采集	G	云南

毛重楼 *Paris mairei* H. Lévl.

功效主治 根茎：清热解毒，消肿止痛。

濒危等级 中国特有植物，国家重点保护野生植物名录（第二批）二级，中国植物红色名录评估为濒危（EN）。

迁地栽培保存

保存地点	种质份数	个体数量	引种方式	生长状况	来源地
BJ	1	b	采集	G	甘肃

七叶一枝花 *Paris polyphylla* Sm.

功效主治 根茎：清热解毒，平喘止咳，止痛，活血祛瘀，止血生肌，接骨。用于蛇虫咬伤，痈疖疔疮，无名肿毒，瘰疬，附骨疽，咽喉肿痛，疟腮，乳痈，头风，咳嗽，脱肛，胃痛，风湿筋骨痛，外伤出血。

濒危等级 国家重点保护野生植物名录（第二批）二级，中国植物红色名录评估为近危（NT）。

迁地栽培保存

保存地点	种质份数	个体数量	引种方式	生长状况	来源地
BJ	3	c	采集	G	陕西、四川、湖北
GX	2	f	采集	G	广西
ZJ	1	d	购买	A	四川
YN	1	a	购买	E	云南
HEN	1	b	采集	A	河南
HB	1	e	采集	A	湖北
CQ	1	a	采集	C	重庆

种质库保存

保存地点	保存方式	种质份数	个体数量	引种方式	来源地
HN	种子	1	c	采集	福建
BJ	种子	5	b	采集	云南

宽瓣重楼 *Paris polyphylla* Sm. var. *yunnanensis*（Franch.）Hand.-Mazz.

功效主治　根茎：功效同七叶一枝花。

濒危等级　中国植物红色名录评估为近危（NT）。

迁地栽培保存

保存地点	种质份数	个体数量	引种方式	生长状况	来源地
YN	1	a	购买	E	云南
BJ	1	b	采集	C	云南
JS2	1	a	购买	F	安徽

种质库保存

保存地点	保存方式	种质份数	个体数量	引种方式	来源地
BJ	种子	1	a	采集	云南
BJ	种子	100	d	采集	云南、广西、湖南

启良重楼　*Paris qiliangiana* H. Li，J. Yang & Y. H. Wang

迁地栽培保存

保存地点	种质份数	个体数量	引种方式	生长状况	来源地
BJ	1	a	采集	C	湖北

球药隔重楼　*Paris fargesii* Franch.

功效主治　根茎：清热解毒，消肿止痛，平喘止咳。

濒危等级　国家重点保护野生植物名录（第二批）二级，中国植物红色名录评估为近危（NT）。

迁地栽培保存

保存地点	种质份数	个体数量	引种方式	生长状况	来源地
GZ	1	b	采集	C	贵州
BJ	1	b	采集	G	湖北
HB	1	a	采集	C	湖北

保存地点	种质份数	个体数量	引种方式	生长状况	来源地
CQ	1	a	采集	C	重庆
GX	*	f	采集	G	四川

四叶重楼 *Paris quadrifolia* L.

功效主治　根茎：清热解毒，活血散瘀，消肿止痛，平喘止咳，息风定惊。用于咽喉肿痛，小儿惊风，抽搐，毒蛇咬伤，疔疮肿毒，痈疖，疟腮。

濒危等级　国家重点保护野生植物名录（第二批）二级，中国植物红色名录评估为无危（LC）。

迁地栽培保存

保存地点	种质份数	个体数量	引种方式	生长状况	来源地
GX	*	f	采集	G	法国

无瓣重楼 *Paris incompleta* M．Bieb.

濒危等级　中国植物红色名录评估为近危（NT）。

迁地栽培保存

保存地点	种质份数	个体数量	引种方式	生长状况	来源地
BJ	1	b	采集	G	湖北

五指莲重楼 *Paris axialis* H．Li

功效主治　根茎：清热解毒，消肿止痛，凉肝定惊。用于毒蛇咬伤，刀枪伤，风湿病，疟疾，疟腮，疥疮。

濒危等级　中国特有植物，国家重点保护野生植物名录（第二批）二级，中国植物红色名录评估为易危（VU）。

迁地栽培保存

保存地点	种质份数	个体数量	引种方式	生长状况	来源地
GX	*	f	采集	G	广西

狭叶重楼 *Paris polyphylla* Sm. var. *stenophylla* Franch.

濒危等级 浙江省重点保护植物，中国植物红色名录评估为近危（NT）。

迁地栽培保存

保存地点	种质份数	个体数量	引种方式	生长状况	来源地
BJ	1	a	采集	C	湖北
GX	*	f	采集	G	四川

种质库保存

保存地点	保存方式	种质份数	个体数量	引种方式	来源地
BJ	种子	5	d	采集	甘肃

连香树科　Cercidiphyllaceae

连香树属　*Cercidiphyllum*

连香树 *Cercidiphyllum japonicum* Sieb. & Zucc.

功效主治 果实：用于小儿惊风，抽搐肢冷。

濒危等级 国家重点保护野生植物名录（第一批）二级，中国植物红色名录评估为无危（LC）。

迁地栽培保存

保存地点	种质份数	个体数量	引种方式	生长状况	来源地
CQ	1	a	采集	D	重庆
HB	1	b	采集	C	待确定
GX	*	f	采集	G	日本

莲科　Nelumbonaceae

莲属　*Nelumbo*

莲　*Nelumbo nucifera* Gaertn.

功效主治　根茎节（藕节）：甘、涩，平。止血，散瘀。叶基部（荷叶蒂）：苦，平。清暑祛湿，止血，安胎。叶（荷叶）：苦、涩，平。解暑清热，升发清阳，散瘀止血。花蕾（莲花）：苦、甘，凉。清热，散瘀止血。花托（莲房）：苦、涩，温。化瘀止血。雄蕊（莲须）：甘、涩，平。固肾涩精。种子（莲子）：甘、涩，平。补脾止泻，益肾涩精，养心安神。幼叶及胚根（莲子心）：苦，寒。清心安神，交通心肾，涩精止血。

迁地栽培保存

保存地点	种质份数	个体数量	引种方式	生长状况	来源地
GD	1	f	采集	G	待确定
HB	1	a	采集	C	湖北
HEN	1	b	赠送	A	河南
HN	1	a	采集	C	海南
JS2	1	e	购买	C	江苏
LN	1	c	采集	B	辽宁
SH	1	b	采集	A	待确定
CQ	1	a	购买	C	重庆
BJ	1	b	购买	G	北京

种质库保存

保存地点	保存方式	种质份数	个体数量	引种方式	来源地
BJ	种子	12	a	采集	云南、湖北、河北、甘肃、吉林、上海
HN	种子	8	b	采集	福建

莲叶桐科　Hernandiaceae

莲叶桐属　*Hernandia*

莲叶桐　*Hernandia sonora* L.

濒危等级　中国植物红色名录评估为无危（LC）。

迁地栽培保存

保存地点	种质份数	个体数量	引种方式	生长状况	来源地
GX	*	f	采集	G	广东

青藤属　*Illigera*

大花青藤　*Illigera grandiflora* W. W. Sm. & Jeffrey

功效主治　根、藤：辛，凉。消肿解热，散瘀接骨。外用于跌打损伤，骨折。

濒危等级　中国植物红色名录评估为无危（LC）。

种质库保存

保存地点	保存方式	种质份数	个体数量	引种方式	来源地
BJ	种子	3	a	采集	安徽

红花青藤　*Illigera rhodantha* Hance

功效主治　根、茎：甘、辛，温。消肿止痛，祛风散瘀。用于风湿痛，跌打损伤，小儿麻痹后遗症，小儿疳积，毒蛇咬伤。

濒危等级　中国植物红色名录评估为无危（LC）。

迁地栽培保存

保存地点	种质份数	个体数量	引种方式	生长状况	来源地
HN	2	a	采集	C	海南
GX	*	f	采集	G	广西

宽药青藤　*Illigera celebica* Miq.

功效主治　根、藤茎：祛风除湿，止痛。用于风湿骨痛。

濒危等级　中国植物红色名录评估为无危（LC）。

迁地栽培保存

保存地点	种质份数	个体数量	引种方式	生长状况	来源地
HN	2	a	采集	C	海南
YN	1	a	采集	C	云南
GX	*	f	采集	G	中国

种质库保存

保存地点	保存方式	种质份数	个体数量	引种方式	来源地
BJ	种子	3	a	采集	河南

香青藤　*Illigera aromatica* S. Z. Huang & S. L. Mo

功效主治　藤茎：祛风活血，解痉，镇痛。用于风湿骨痛，跌打损伤，痹证。

濒危等级　中国特有植物，中国植物红色名录评估为无危（LC）。

迁地栽培保存

保存地点	种质份数	个体数量	引种方式	生长状况	来源地
GX	*	f	采集	G	法国

小花青藤　*Illigera parviflora* Dunn

功效主治　根、茎：用于风湿痛，小儿麻痹后遗症。

濒危等级　中国植物红色名录评估为无危（LC）。

迁地栽培保存

保存地点	种质份数	个体数量	引种方式	生长状况	来源地
GX	2	f	采集	G	广西

绣毛青藤 *Illigera rhodantha* Hance var. *dunniana*（Lévl.）Kubitzki

功效主治　根、茎：用于风湿痛。

濒危等级　中国植物红色名录评估为无危（LC）。

迁地栽培保存

保存地点	种质份数	个体数量	引种方式	生长状况	来源地
GX	*	f	采集	G	广西

圆叶青藤 *Illigera orbiculata* C. Y. Wu

濒危等级　中国特有植物，中国植物红色名录评估为近危（NT）。

迁地栽培保存

保存地点	种质份数	个体数量	引种方式	生长状况	来源地
GX	*	f	采集	G	广西

楝科　Meliaceae

地黄连属　*Munronia*

单叶地黄连 *Munronia unifoliolata* Oliv.

功效主治　全株：清热燥湿，止血，杀虫。用于劳伤，咳嗽，胃痛，疮痈。根：用于跌打损伤。

濒危等级　中国植物红色名录评估为近危（NT）。

迁地栽培保存

保存地点	种质份数	个体数量	引种方式	生长状况	来源地
GZ	1	b	采集	C	贵州

羽状地黄连 *Munronia pinnata*（Wallich）W. Theobald

功效主治　全株：清热解毒，祛风除湿。用于风湿骨痛，跌打损伤。

濒危等级　中国植物红色名录评估为易危（VU）。

迁地栽培保存

保存地点	种质份数	个体数量	引种方式	生长状况	来源地
CQ	2	a	采集	C	重庆
GZ	1	b	采集	C	贵州
GX	*	f	采集	G	广西、重庆

杜楝属　*Turraea*

杜楝　*Turraea pubescens* Hell.

功效主治　全株：解毒，收敛，止泻。用于痢疾，泄泻，咽喉痛，内、外伤出血。

濒危等级　中国植物红色名录评估为无危（LC）。

迁地栽培保存

保存地点	种质份数	个体数量	引种方式	生长状况	来源地
HN	1	a	采集	C	海南

种质库保存

保存地点	保存方式	种质份数	个体数量	引种方式	来源地
HN	种子	1	a	采集	海南

非洲楝属　*Khaya*

非洲楝　*Khaya senegalensis*（Desr.）A. Juss.

功效主治　树皮：解热，止血。花：用于胃病。

迁地栽培保存

保存地点	种质份数	个体数量	引种方式	生长状况	来源地
HN	1	a	购买	C	海南
GX	*	f	采集	G	海南

种质库保存

保存地点	保存方式	种质份数	个体数量	引种方式	来源地
BJ	种子	1	a	采集	待确定

割舌树属 *Walsura*

割舌树 *Walsura robusta* Roxb.

濒危等级 中国植物红色名录评估为无危（LC）。

迁地栽培保存

保存地点	种质份数	个体数量	引种方式	生长状况	来源地
GX	*	f	采集	G	广西

浆果楝属 *Cipadessa*

浆果楝 *Cipadessa baccifera*（Roth）Miq.

功效主治 根、树皮：苦，凉。疏风解表，截疟。用于疟疾，感冒，泄泻，痢疾，皮肤瘙痒，外伤出血。

濒危等级 中国植物红色名录评估为无危（LC）。

迁地栽培保存

保存地点	种质份数	个体数量	引种方式	生长状况	来源地
HN	1	a	赠送	C	广西
YN	1	a	购买	C	云南
GX	*	f	采集	G	广西

种质库保存

保存地点	保存方式	种质份数	个体数量	引种方式	来源地
BJ	种子	48	b	采集	云南、贵州、广西、河北

楝属　*Melia*

楝　*Melia azedarach* L.

功效主治　树皮（苦楝皮）、根皮（苦楝皮）：苦，寒。有毒。驱虫疗癣。用于蛔虫病，虫积腹痛，疥癣瘙痒。果实：苦，寒。有毒。疏肝行气止痛，驱虫。用于胸胁脘腹胀痛，疝痛，虫积腹痛。

濒危等级　中国植物红色名录评估为无危（LC）。

迁地栽培保存

保存地点	种质份数	个体数量	引种方式	生长状况	来源地
CQ	2	a	采集	C	重庆
JS1	2	a	购买	B	江苏
BJ	2	a	采集	G	四川、广西
SH	1	a	采集	A	待确定
GZ	1	b	采集	C	贵州
YN	1	a	采集	A	云南
HN	1	e	采集	B	海南

种质库保存

保存地点	保存方式	种质份数	个体数量	引种方式	来源地
HN	种子、DNA	40	c	采集	海南、福建
BJ	种子	141	c	采集	四川、云南、重庆、贵州、安徽、江西、湖北、广西、山西

麻楝属　*Chukrasia*

麻楝　*Chukrasia tabularis* A. Juss.

功效主治　树皮：退热，祛风止痒。用于感冒发热，皮肤瘙痒。

濒危等级　中国植物红色名录评估为无危（LC）。

迁地栽培保存

保存地点	种质份数	个体数量	引种方式	生长状况	来源地
GD	1	f	采集	G	待确定
HN	1	a	采集	C	海南
GX	*	f	采集	G	广西

毛麻楝 *Chukrasia tabularis* A. Juss. var. *velutina* (Wall.) King

迁地栽培保存

保存地点	种质份数	个体数量	引种方式	生长状况	来源地
GX	*	f	采集	G	广西

种质库保存

保存地点	保存方式	种质份数	个体数量	引种方式	来源地
BJ	种子	1	a	采集	待确定

米仔兰属 *Aglaia*

碧绿米仔兰 *Aglaia perviridis* Hiern

濒危等级 中国植物红色名录评估为近危（NT）。

迁地栽培保存

保存地点	种质份数	个体数量	引种方式	生长状况	来源地
GX	*	f	采集	G	广西

米仔兰 *Aglaia odorata* Lour.

功效主治 枝叶（米仔兰）：辛，温。活血散瘀，消肿止痛。用于跌打损伤，骨折，痈疮。花（米仔兰花）：甘、辛，平。行气解郁。用于气郁胸闷，食滞腹胀。

濒危等级 中国植物红色名录评估为无危（LC）。

迁地栽培保存

保存地点	种质份数	个体数量	引种方式	生长状况	来源地
HN	3	a	购买	B	海南
CQ	2	a	赠送	A	广西
YN	1	a	购买	C	云南
HLJ	1	a	购买	A	广东
BJ	1	a	采集	C	云南
GD	1	f	采集	G	待确定
SH	1	b	采集	A	待确定

望谟崖摩　*Aglaia lawii* (Wight) C. J. Saldanha & Ramamorthy

功效主治　树皮：除虱。

濒危等级　中国植物红色名录评估为易危（VU）。

迁地栽培保存

保存地点	种质份数	个体数量	引种方式	生长状况	来源地
HN	2	a	采集	C	海南
GX	*	f	采集	G	广西

山楝属　*Aphanamixis*

山楝　*Aphanamixis polystachya* (Wall.) R. Parker

功效主治　根皮、叶：祛风消肿。树皮：收敛。

濒危等级　中国植物红色名录评估为无危（LC）。

迁地栽培保存

保存地点	种质份数	个体数量	引种方式	生长状况	来源地
GX	3	f	采集	G	广西
YN	1	a	采集	A	云南

种质库保存

保存地点	保存方式	种质份数	个体数量	引种方式	来源地
BJ	种子	8	b	采集	云南、安徽

桃花心木属 *Swietenia*

大叶桃花心木 *Swietenia macrophylla* King

功效主治 树皮：解热，强壮，收敛。

迁地栽培保存

保存地点	种质份数	个体数量	引种方式	生长状况	来源地
HN	2	a	赠送	C	待确定

桃花心木 *Swietenia mahagoni*（L.）Jacq.

迁地栽培保存

保存地点	种质份数	个体数量	引种方式	生长状况	来源地
HN	2	a	赠送	C	待确定
BJ	1	a	采集	G	云南
YN	1	a	购买	C	云南
GX	*	f	采集	G	海南

种质库保存

保存地点	保存方式	种质份数	个体数量	引种方式	来源地
BJ	种子	1	a	采集	海南

香椿属 *Toona*

红椿 *Toona ciliata* M. Roem.

功效主治 根皮：苦、甘、涩，温。燥湿，止血，杀虫。用于胃肠出血，血崩，风湿痛，痢疾，泄泻，皮肤瘙痒，痈疖。嫩叶：用于痔疮。果实：用于溃疡。

濒危等级　国家重点保护野生植物名录（第一批）二级，海南省重点保护植物，中国植物红色名录评估为易危（VU）。

迁地栽培保存

保存地点	种质份数	个体数量	引种方式	生长状况	来源地
HN	4	a	采集	C	海南
ZJ	1	c	购买	A	福建
GX	*	f	采集	G	四川

种质库保存

保存地点	保存方式	种质份数	个体数量	引种方式	来源地
BJ	种子	4	a	采集	上海、云南

香椿　*Toona sinensis* (Juss.) M. Roem.

功效主治　树皮或根皮的韧皮部：除湿，涩肠，止血，杀虫。用于久泻，久痢，肠风便血，崩漏，带下，遗精，白浊，疳积，蛔虫病，疮癣。叶：清热解毒，杀虫。用于肠痈，痢疾，疥疮，漆疮，白秃疮。

濒危等级　中国植物红色名录评估为无危（LC）。

迁地栽培保存

保存地点	种质份数	个体数量	引种方式	生长状况	来源地
GZ	2	a	采集	C	贵州
HN	1	a	采集	C	海南
ZJ	1	c	购买	A	陕西
YN	1	a	采集	C	云南
JS1	1	a	购买	C	江苏
HB	1	a	采集	C	湖北
GD	1	f	采集	G	待确定
CQ	1	a	采集	C	重庆
BJ	1	b	采集	G	江西
SH	1	a	采集	A	待确定

种质库保存

保存地点	保存方式	种质份数	个体数量	引种方式	来源地
BJ	种子	33	b	采集	四川、湖北、贵州、甘肃，待确定

印楝属 *Azadirachta*

印楝 *Azadirachta indica* A. Juss.

功效主治 茎皮：解热。

迁地栽培保存

保存地点	种质份数	个体数量	引种方式	生长状况	来源地
YN	1	a	采集	C	云南

鹧鸪花属 *Heynea*

茸果鹧鸪花 *Heynea velutina* F. C. How & T. C. Chen

功效主治 根、叶、果实：杀虫止痒，燥湿，止血。用于蛔虫病，腹痛，臁疮，附骨疽，疮疥肿毒，湿疹，外伤出血。

濒危等级 中国植物红色名录评估为无危（LC）。

迁地栽培保存

保存地点	种质份数	个体数量	引种方式	生长状况	来源地
HN	1	a	采集	C	海南

种质库保存

保存地点	保存方式	种质份数	个体数量	引种方式	来源地
BJ	种子	3	a	采集	广西

鹧鸪花　*Heynea trijuga* Roxb.

功效主治　叶汁：用于猩红热。

濒危等级　中国植物红色名录评估为无危（LC）。

迁地栽培保存

保存地点	种质份数	个体数量	引种方式	生长状况	来源地
GX	2	f	采集	G	广西
HN	1	a	采集	C	海南
YN	1	a	采集	C	云南

种质库保存

保存地点	保存方式	种质份数	个体数量	引种方式	来源地
HN	种子	1	b	采集	海南
BJ	种子	9	b	采集	云南，待确定

蓼科　Polygonaceae

萹蓄属　*Polygonum*

阿萨姆蓼　*Polygonum assamicum* Meisn.

濒危等级　中国植物红色名录评估为无危（LC）。

迁地栽培保存

保存地点	种质份数	个体数量	引种方式	生长状况	来源地
GX	*	f	采集	G	广西

白花蓼 *Polygonum coriarium* Grig.

濒危等级 中国植物红色名录评估为无危（LC）。

种质库保存

保存地点	保存方式	种质份数	个体数量	引种方式	来源地
BJ	种子	1	a	采集	待确定

抱茎蓼 *Polygonum amplexicaule* D. Don

功效主治 根茎：顺气解痉，散瘀止血，止痛生肌，清热解毒。

迁地栽培保存

保存地点	种质份数	个体数量	引种方式	生长状况	来源地
BJ	1	c	采集	G	湖北

萹蓄 *Polygonum aviculare* L.

功效主治 全草：清热，利尿，杀虫。

迁地栽培保存

保存地点	种质份数	个体数量	引种方式	生长状况	来源地
JS1	1	b	采集	B	江苏
SC	1	f	待确定	G	四川
HLJ	1	d	采集	A	黑龙江
HEN	1	d	采集	A	河南
CQ	1	a	采集	C	重庆
BJ	1	a	采集	G	北京
SH	1	c	采集	A	待确定
GZ	1	c	采集	C	贵州

种质库保存

保存地点	保存方式	种质份数	个体数量	引种方式	来源地
BJ	种子	6	b	采集	重庆、山西、吉林
HN	种子	2	c	采集	湖南

蚕茧草　*Polygonum japonicum* Meisn.

功效主治　全草（蚕茧草）：辛，温。散瘀活血，止痢。用于腰膝酸痛，麻疹，痢疾。

迁地栽培保存

保存地点	种质份数	个体数量	引种方式	生长状况	来源地
GX	*	f	采集	G	广西

种质库保存

保存地点	保存方式	种质份数	个体数量	引种方式	来源地
BJ	种子	4	a	采集	内蒙古

草血竭　*Polygonum paleaceum* Wall.

功效主治　根茎（草血竭）：苦、涩，微温。活血散瘀，止痛，止血。用于胃痛，食积，月经不调，浮肿，跌打损伤。

濒危等级　中国植物红色名录评估为无危（LC）。

迁地栽培保存

保存地点	种质份数	个体数量	引种方式	生长状况	来源地
HB	1	a	采集	C	湖北
GX	*	f	采集	G	云南

种质库保存

保存地点	保存方式	种质份数	个体数量	引种方式	来源地
BJ	种子	1	a	采集	待确定

叉分蓼 *Polygonum divaricatum* L.

功效主治　根：酸、甘，温。祛寒，温肾。用于寒疝，阴囊出汗。

迁地栽培保存

保存地点	种质份数	个体数量	引种方式	生长状况	来源地
BJ	2	b	采集	G	河北、北京
LN	1	d	采集	A	辽宁

种质库保存

保存地点	保存方式	种质份数	个体数量	引种方式	来源地
BJ	种子	1	a	采集	待确定

长箭叶蓼 *Polygonum hastatosagittatum* Makino

功效主治　全草：清热解毒。

迁地栽培保存

保存地点	种质份数	个体数量	引种方式	生长状况	来源地
ZJ	1	e	采集	A	河北
GX	*	f	采集	G	广西

长鬃蓼 *Polygonum longisetum* Bruijn

功效主治　全草：活血祛瘀，消肿止痛。

迁地栽培保存

保存地点	种质份数	个体数量	引种方式	生长状况	来源地
CQ	1	a	采集	C	重庆
GX	*	f	采集	G	山东

种质库保存

保存地点	保存方式	种质份数	个体数量	引种方式	来源地
BJ	种子	8	b	采集	重庆、山西、江西
HN	种子	1	b	采集	湖南

春蓼 *Polygonum persicaria* L.

功效主治 全草：辛，温。发汗除湿，消食止泻。用于痢疾，泄泻，毒蛇咬伤。

迁地栽培保存

保存地点	种质份数	个体数量	引种方式	生长状况	来源地
BJ	1	a	采集	G	吉林
CQ	1	a	采集	C	重庆

种质库保存

保存地点	保存方式	种质份数	个体数量	引种方式	来源地
BJ	种子	4	b	采集	海南、重庆

丛枝蓼 *Polygonum posumbu* Buch.-Ham. ex D. Don

功效主治 全草：清热解毒，凉血止血，散瘀止痛，祛风利湿，杀虫止痒。用于腹痛，泄泻，痢疾，风湿关节痛，跌打肿痛，崩漏；外用于皮肤湿疹，毒蛇咬伤。

迁地栽培保存

保存地点	种质份数	个体数量	引种方式	生长状况	来源地
ZJ	1	e	采集	B	陕西
SH	1	b	采集	A	待确定
GD	1	f	采集	G	待确定
GX	*	f	采集	G	广西

种质库保存

保存地点	保存方式	种质份数	个体数量	引种方式	来源地
BJ	种子	6	b	采集	甘肃、河北、云南、山西

大箭叶蓼 *Polygonum darrisii* H. Lévl.

功效主治 全草：清热解毒。用于痢疾，疔毒，皮肤瘙痒，毒蛇咬伤。

濒危等级 中国特有植物，中国植物红色名录评估为无危（LC）。

迁地栽培保存

保存地点	种质份数	个体数量	引种方式	生长状况	来源地
GX	2	f	采集	G	广西

大铜钱叶蓼 *Polygonum forrestii* Diels

功效主治 全草：清热利湿，活血调经。用于习惯性流产，不孕症，月经不调，下焦湿热，无名肿毒，瘰核，皮肤瘙痒。

种质库保存

保存地点	保存方式	种质份数	个体数量	引种方式	来源地
BJ	种子	1	a	采集	待确定

倒毛蓼 *Polygonum molle* var. *rude* (Meisn.) A. J. Li

功效主治 全草：辛、微甘，温。通经，镇痛。用于劳伤，月经不调，筋骨疼痛。

濒危等级 中国植物红色名录评估为无危（LC）。

迁地栽培保存

保存地点	种质份数	个体数量	引种方式	生长状况	来源地
GX	*	f	采集	G	广西

耳叶蓼 *Polygonum manshuriense* Petrov ex Kom.

功效主治 根茎：苦，凉。有小毒。清热解毒，凉血止血。

濒危等级　中国植物红色名录评估为无危（LC）。

迁地栽培保存

保存地点	种质份数	个体数量	引种方式	生长状况	来源地
LN	1	d	采集	B	辽宁

伏毛蓼　*Polygonum pubescens* Blume

功效主治　全草：苦、微辛，凉。用于痢疾，泄泻，中暑腹痛。

迁地栽培保存

保存地点	种质份数	个体数量	引种方式	生长状况	来源地
GX	3	f	采集	G	广西
SH	1	b	采集	A	待确定

杠板归　*Polygonum perfoliatum*（L.）L.

功效主治　全草（杠板归）：酸，凉。清热解毒，利尿消肿。用于水肿，黄疸，泄泻，疟疾，顿咳，湿疹，疔癣。

迁地栽培保存

保存地点	种质份数	个体数量	引种方式	生长状况	来源地
JS1	2	b	采集	C	江苏
ZJ	1	e	采集	A	河北
YN	1	a	采集	C	云南
SH	1	b	采集	A	待确定
LN	1	c	采集	B	辽宁
HN	1	a	采集	C	海南
HB	1	b	采集	C	湖北
GZ	1	c	采集	C	贵州
BJ	1	d	采集	G	贵州
CQ	1	a	采集	C	重庆

种质库保存

保存地点	保存方式	种质份数	个体数量	引种方式	来源地
BJ	种子	63	c	采集	云南、湖北、安徽、四川、广西
HN	种子	2	b	采集	海南、湖南

光蓼 *Polygonum glabrum* Willd.

濒危等级　中国植物红色名录评估为无危（LC）。

种质库保存

保存地点	保存方式	种质份数	个体数量	引种方式	来源地
HN	种子	1	b	采集	海南
BJ	种子	1	a	采集	待确定

红蓼 *Polygonum orientale* L.

功效主治　果实（水红花子）：咸，凉。散血消癥，消积止痛。用于癥瘕痞块，瘿瘤肿痛，食积不消，胃脘胀痛。全草（荭草）：辛，凉。有小毒。祛风利湿，活血止痛。用于风湿关节痛，疟疾，疝气，脚气病。

迁地栽培保存

保存地点	种质份数	个体数量	引种方式	生长状况	来源地
LN	3	d	采集	A	辽宁
GX	2	f	采集	G	中国北京，日本
HEN	1	a	采集	A	河南
SH	1	b	采集	A	待确定
JS1	1	a	采集	C	江苏
JS2	1	e	购买	C	江苏
HN	1	a	采集	C	海南
HLJ	1	c	采集	A	黑龙江
GZ	1	a	采集	C	贵州

保存地点	种质份数	个体数量	引种方式	生长状况	来源地
CQ	1	a	采集	C	重庆
BJ	1	c	采集	G	内蒙古
HB	1	a	采集	C	湖北

种质库保存

保存地点	保存方式	种质份数	个体数量	引种方式	来源地
BJ	种子	63	d	采集	山西、重庆、安徽、河北、甘肃、吉林、辽宁、云南、黑龙江、山东

火炭母　*Polygonum chinense* L.

功效主治　全草（火炭母草）：微酸，凉。清热解毒，利湿消滞。用于泄泻，痢疾，黄疸，风热咽痛，虚热头昏，带下病，痈肿湿疮。根：酸、甘，平。益气行血。用于气虚头昏，耳鸣耳聋，跌打损伤。

迁地栽培保存

保存地点	种质份数	个体数量	引种方式	生长状况	来源地
SC	4	f	待确定	G	四川
GX	2	f	采集	G	广西
JS2	1	c	购买	C	江苏
YN	1	b	采集	A	云南
JS1	1	a	赠送	D	陕西
HN	1	b	采集	B	海南
HB	1	a	采集	C	湖北
GD	1	b	采集	A	待确定
CQ	1	b	采集	C	重庆
BJ	1	e	采集	G	江苏
SH	1	b	采集	A	待确定

种质库保存

保存地点	保存方式	种质份数	个体数量	引种方式	来源地
BJ	种子	8	b	采集	云南、广西

戟叶蓼 *Polygonum thunbergii* Siebold & Zucc.

功效主治 全草或根茎：酸、微辛，平。清热解毒，凉血止血，祛风镇痛，止咳。用于痧证，毒蛇咬伤，痢疾。

迁地栽培保存

保存地点	种质份数	个体数量	引种方式	生长状况	来源地
GX	2	f	采集	G	广西
GZ	1	b	采集	C	贵州

箭叶蓼 *Polygonum sieboldii* Meisn.

功效主治 全草：酸、涩，平。祛风除湿，清热解毒。用于风湿关节痛，毒蛇咬伤。

迁地栽培保存

保存地点	种质份数	个体数量	引种方式	生长状况	来源地
BJ	1	d	采集	G	山东
GD	1	a	采集	D	待确定
GX	*	f	采集	G	山东

辣蓼 *Polygonum hydropiper* L.

功效主治 全草（辣蓼）：辛，温。有小毒。祛风利湿，消滞，散瘀，止痛，杀虫。用于痢疾，泄泻，食滞，疳积，湿疹，顽癣，风湿痛，跌打损伤。

迁地栽培保存

保存地点	种质份数	个体数量	引种方式	生长状况	来源地
GZ	1	b	采集	C	贵州
HN	1	a	采集	B	海南

续表

保存地点	种质份数	个体数量	引种方式	生长状况	来源地
JS1	1	b	采集	C	江苏
BJ	1	d	采集	G	待确定
GX	*	f	采集	G	广西

种质库保存

保存地点	保存方式	种质份数	个体数量	引种方式	来源地
HN	种子	1	a	采集	湖南
BJ	种子	52	c	采集	安徽、福建、四川、湖北、云南、重庆、山西、黑龙江、甘肃

两栖蓼　*Polygonum amphibium* L.

功效主治　全草（两栖蓼）：苦，平。清热利湿。用于痢疾；外用于疔疮。

迁地栽培保存

保存地点	种质份数	个体数量	引种方式	生长状况	来源地
BJ	1	a	采集	G	北京

蓼蓝　*Polygonum tinctorium* Aiton

功效主治　叶（蓼大青叶）：苦，寒。清热解毒，凉血消癍。用于温病发热，发癍发疹，肺热喘咳，喉痹，痄腮，丹毒，痈肿。加工品（青黛）：咸，寒。清热解毒，凉血，定惊。用于温病发癍，血热吐衄，胸痛咯血，口疮，小儿惊痫。

迁地栽培保存

保存地点	种质份数	个体数量	引种方式	生长状况	来源地
JS1	1	a	购买	D	江苏
BJ	1	e	采集	G	四川
GX	*	f	采集	G	日本

蓼子草 *Polygonum criopolitanum* Hance

功效主治 全草：清热解毒，祛风解表，温中，明目，利尿。用于感冒，霍乱，痢疾，头面浮肿，痈疡，小儿疳积，小儿头疮，无名肿毒，阴疳，瘰疬，湿疮瘙痒，毒蛇咬伤。

种质库保存

保存地点	保存方式	种质份数	个体数量	引种方式	来源地
BJ	种子	4	b	采集	四川

毛蓼 *Polygonum barbatum* L.

功效主治 根：辛，温。收敛。全草：拔毒生肌，通淋。种子：催吐，止泻。

迁地栽培保存

保存地点	种质份数	个体数量	引种方式	生长状况	来源地
HN	2	a	采集	B	海南
GX	*	f	采集	G	广西

种质库保存

保存地点	保存方式	种质份数	个体数量	引种方式	来源地
BJ	种子	7	b	采集	海南，待确定

绵毛酸模叶蓼 *Polygonum lapathifolium* L. var. *salicifolium*

功效主治 全草：祛风利湿，清热解毒，止血，消滞。

迁地栽培保存

保存地点	种质份数	个体数量	引种方式	生长状况	来源地
GX	*	f	采集	G	山东

尼泊尔蓼 *Polygonum nepalense* Meisn.

功效主治 全草：苦，寒。清热解毒，收敛固肠。用于咽喉痛，目赤，牙龈肿痛，赤痢，关节痛，胃痛。

迁地栽培保存

保存地点	种质份数	个体数量	引种方式	生长状况	来源地
GX	2	f	采集	G	四川
CQ	1	a	采集	C	重庆

种质库保存

保存地点	保存方式	种质份数	个体数量	引种方式	来源地
BJ	种子	4	b	采集	河北、贵州

酸模叶蓼 *Polygonum lapathifolium* L.

功效主治　全草（辣蓼）：辛、苦，凉。清热解毒，利湿止痒。用于痢疾，泄泻；外用于湿疹，瘰疬。

种质库保存

保存地点	保存方式	种质份数	个体数量	引种方式	来源地
BJ	种子	30	c	采集	贵州、甘肃、云南、吉林、湖北、山西、江西、四川
HN	种子	1	a	采集	海南

头花蓼 *Polygonum capitatum* Buch.-Ham. ex D. Don

功效主治　全草（红酸杆）：酸，寒。解毒散瘀，利尿通淋。用于痢疾，石淋，水肿，风湿痛，跌打损伤，疮疡湿疹。

迁地栽培保存

保存地点	种质份数	个体数量	引种方式	生长状况	来源地
YN	1	a	采集	E	云南
BJ	1	d	采集	G	云南
CQ	1	b	采集	C	重庆
GZ	1	e	采集	C	贵州
GX	*	f	采集	G	广西

种质库保存

保存地点	保存方式	种质份数	个体数量	引种方式	来源地
BJ	种子	39	c	采集	云南、贵州、甘肃

污泥蓼 *Polygonum limicola* Sam.

濒危等级　中国特有植物，中国植物红色名录评估为无危（LC）。

迁地栽培保存

保存地点	种质份数	个体数量	引种方式	生长状况	来源地
GX	*	f	采集	G	广西

西伯利亚蓼 *Polygonum sibiricum* Laxm.

功效主治　根：用于水肿。全草：清热解毒，祛风除湿。

迁地栽培保存

保存地点	种质份数	个体数量	引种方式	生长状况	来源地
BJ	1	d	采集	G	山东

种质库保存

保存地点	保存方式	种质份数	个体数量	引种方式	来源地
BJ	种子	1	a	采集	甘肃

习见蓼 *Polygonum plebeium* R. Br.

功效主治　全草：利水通淋，化浊杀虫。用于恶疮疥癣，淋浊，蛔虫病。

迁地栽培保存

保存地点	种质份数	个体数量	引种方式	生长状况	来源地
GD	1	f	采集	G	待确定
SH	1	b	采集	A	待确定

种质库保存

保存地点	保存方式	种质份数	个体数量	引种方式	来源地
BJ	种子	1	a	采集	福建

香蓼　*Polygonum viscosum* Buch.-Ham. ex D. Don

功效主治　根茎：清热解毒，凉血止血。

迁地栽培保存

保存地点	种质份数	个体数量	引种方式	生长状况	来源地
GX	*	f	采集	G	中国

小蓼花　*Polygonum muricatum* Meisn.

功效主治　全草：用于皮肤瘙痒，痢疾。

濒危等级　中国植物红色名录评估为无危（LC）。

迁地栽培保存

保存地点	种质份数	个体数量	引种方式	生长状况	来源地
GX	*	f	采集	G	广西

种质库保存

保存地点	保存方式	种质份数	个体数量	引种方式	来源地
BJ	种子	9	b	采集	山西、贵州，待确定

愉悦蓼　*Polygonum jucundum* Meisn.

功效主治　全草：用于泄泻。

迁地栽培保存

保存地点	种质份数	个体数量	引种方式	生长状况	来源地
GX	*	f	采集	G	广西

种质库保存

保存地点	保存方式	种质份数	个体数量	引种方式	来源地
BJ	种子	1	a	采集	重庆

羽叶蓼 *Polygonum runcinatum* Buch.-Ham. ex D. Don

功效主治 全草：苦、涩，寒。消肿解毒，活血舒筋。用于劳伤咳嗽，月经不调，风湿骨痛，跌打损伤。

迁地栽培保存

保存地点	种质份数	个体数量	引种方式	生长状况	来源地
SH	1	b	采集	A	待确定
HB	1	d	采集	A	湖北
GX	*	f	采集	G	广西

羽叶蓼 （原变种） *Polygonum runcinatum* Buch.-Ham. ex D. Don var. *runcinatum* Buch.-Ham. ex D. Don

迁地栽培保存

保存地点	种质份数	个体数量	引种方式	生长状况	来源地
GX	*	f	采集	G	广西

圆穗蓼 *Polygonum macrophyllum* D. Don

功效主治 根茎：苦、涩，凉。收敛，止血，活血，止泻。用于痢疾，吐血，衄血，血崩，带下病，跌打损伤。

迁地栽培保存

保存地点	种质份数	个体数量	引种方式	生长状况	来源地
BJ	1	b	采集	C	四川

支柱蓼 *Polygonum suffultum* Maxim.

功效主治 根茎：苦、涩，凉。收敛止血，止痛生肌。用于跌打损伤，劳伤吐血，便血，月经不调。

迁地栽培保存

保存地点	种质份数	个体数量	引种方式	生长状况	来源地
BJ	3	d	采集	C	陕西、湖北、安徽
HB	1	a	采集	C	湖北
SC	1	f	待确定	G	四川

种质库保存

保存地点	保存方式	种质份数	个体数量	引种方式	来源地
BJ	种子	6	b	采集	河北

珠芽蓼 *Polygonum viviparum* L.

功效主治　根茎：苦、涩，凉。清热解毒，散瘀止血。用于乳蛾，咽喉痛，痢疾，泄泻，带下病，便血。

迁地栽培保存

保存地点	种质份数	个体数量	引种方式	生长状况	来源地
BJ	4	d	采集	C	陕西、四川、甘肃
HB	1	f	采集	C	湖北

种质库保存

保存地点	保存方式	种质份数	个体数量	引种方式	来源地
BJ	种子	1	a	采集	甘肃

大黄属　*Rheum*

阿尔泰大黄 *Rheum altaicum* A. Los.

功效主治　根及根茎：泻实热，通大便，破积行瘀，消肿。

濒危等级　中国植物红色名录评估为濒危（EN）。

迁地栽培保存

保存地点	种质份数	个体数量	引种方式	生长状况	来源地
GX	*	f	采集	G	北京

种质库保存

保存地点	保存方式	种质份数	个体数量	引种方式	来源地
BJ	种子	8	b	采集	甘肃、吉林

波叶大黄 *Rheum rhabarbarum* L.

功效主治 根茎：苦，寒。泻热，通便，破积，行瘀。用于热结便秘，湿热黄疸，痈肿疔毒，跌打瘀痛，口疮糜烂，烫火伤。

濒危等级 中国植物红色名录评估为无危（LC）。

迁地栽培保存

保存地点	种质份数	个体数量	引种方式	生长状况	来源地
BJ	3	b	赠送、采集	G	中国河北，前苏联
LN	1	d	采集	B	辽宁
GX	*	f	采集	G	中国云南，法国

种质库保存

保存地点	保存方式	种质份数	个体数量	引种方式	来源地
BJ	种子	13	b	采集	甘肃、河北、辽宁

大黄杂交品种 *Rheum × hybridum*

迁地栽培保存

保存地点	种质份数	个体数量	引种方式	生长状况	来源地
HB	1	a	采集	A	待确定
HEN	1	b	采集	A	河南

食用大黄 *Rheum rhaponticum* L.

功效主治 根茎：缓和通便。

迁地栽培保存

保存地点	种质份数	个体数量	引种方式	生长状况	来源地
LN	1	d	采集	B	辽宁
BJ	1	b	采集	G	待确定
GX	*	f	采集	G	日本

塔黄 *Rheum nobile* Hook. f. & Thomson

功效主治 根茎：苦，寒。泻实热，破积滞，行瘀血。用于实热便秘，谵语发狂，食积痞滞，痢疾，腹痛里急后重，湿热黄疸，水肿，目赤，头痛，闭经。

濒危等级 中国植物红色名录评估为无危（LC）。

迁地栽培保存

保存地点	种质份数	个体数量	引种方式	生长状况	来源地
BJ	1	b	采集	G	四川

喜马拉雅大黄 *Rheum webbianum* Royle

功效主治 根及根茎：西藏作大黄用。清热泻下，消肿止痛。用于热病，瘟疫，高热，便秘，腹痛。

濒危等级 中国植物红色名录评估为无危（LC）。

迁地栽培保存

保存地点	种质份数	个体数量	引种方式	生长状况	来源地
BJ	1	b	赠送	G	前苏联

药用大黄 *Rheum officinale* Baill.

功效主治 根及根茎（大黄）：苦，寒。泻热通便，凉血解毒，逐瘀通经。用于实热便秘，积滞腹痛，泻痢不爽，湿热黄疸，血热吐衄，目赤，咽喉痛，瘀血闭经，跌打损伤。

濒危等级 中国特有植物，中国植物红色名录评估为无危（LC）。

迁地栽培保存

保存地点	种质份数	个体数量	引种方式	生长状况	来源地
BJ	2	b	采集、赠送	G	保加利亚，中国湖北
CQ	1	a	购买	F	重庆
HB	1	f	采集	C	湖北
HEN	1	a	采集	B	河南
GX	*	f	采集	G	北京

种质库保存

保存地点	保存方式	种质份数	个体数量	引种方式	来源地
BJ	种子	66	c	采集	湖南、四川、重庆、云南、海南、辽宁、湖北、安徽、陕西、甘肃、河南、河北、山西、山东

鸡爪大黄 *Rheum tanguticum* Maxim. ex Balf.

功效主治 根及根茎（大黄）：功效同药用大黄。

濒危等级 中国特有植物，中国植物红色名录评估为易危（VU）。

迁地栽培保存

保存地点	种质份数	个体数量	引种方式	生长状况	来源地
BJ	2	b	采集	G	四川、甘肃

种质库保存

保存地点	保存方式	种质份数	个体数量	引种方式	来源地
BJ	种子	2	b	采集	甘肃

掌叶大黄 *Rheum palmatum* L.

功效主治 根及根茎（大黄）：功效同药用大黄。

濒危等级 中国特有植物，青海省重点保护植物，中国植物红色名录评估为无危（LC）。

迁地栽培保存

保存地点	种质份数	个体数量	引种方式	生长状况	来源地
BJ	5	b	采集	G	甘肃、四川、陕西
JS2	1	b	购买	C	安徽
LN	1	c	采集	B	辽宁
HB	1	a	采集	C	湖北

种质库保存

保存地点	保存方式	种质份数	个体数量	引种方式	来源地
BJ	种子	11	d	采集	甘肃、湖南、河北、吉林、四川、辽宁、安徽

圆叶大黄 *Rheum nobile* Hook. f. & Thomson

功效主治 叶、根：用于腹泻，肝阳上亢。

濒危等级 中国植物红色名录评估为无危（LC）。

迁地栽培保存

保存地点	种质份数	个体数量	引种方式	生长状况	来源地
BJ	1	b	采集	G	待确定
LN	1	d	采集	B	辽宁
GX	*	f	采集	G	北京

枝穗大黄 *Rheum rhizostachyum* Schrenk

功效主治 根及根茎：泻实热，通大便，破积行瘀，消肿。

濒危等级 中国植物红色名录评估为无危（LC）。

种质库保存

保存地点	保存方式	种质份数	个体数量	引种方式	来源地
BJ	种子	1	a	采集	新疆

何首乌属　*Fallopia*

齿翅蓼　*Fallopia dentatoalata*（F. Schmidt）Holub

功效主治　全草：用于目赤。

迁地栽培保存

保存地点	种质份数	个体数量	引种方式	生长状况	来源地
BJ	2	a	采集	G	陕西、山东

种质库保存

保存地点	保存方式	种质份数	个体数量	引种方式	来源地
BJ	种子	6	b	采集	山西

何首乌　*Fallopia multiflora*（Thunb.）Haraldson

功效主治　块根（何首乌）：苦、甘、涩，温。解毒，消痈，润肠通便。用于瘰疬，疮痈，风疹瘙痒，肠燥便秘，痰浊内阻。藤茎（首乌藤）：甘，平。养血安神，祛风通络。用于失眠多梦，血虚身痛，风湿痹痛；外用于皮肤瘙痒。

濒危等级　中国植物红色名录评估为无危（LC）。

迁地栽培保存

保存地点	种质份数	个体数量	引种方式	生长状况	来源地
BJ	4	b	采集	G	浙江、山西、广东、贵州
HEN	2	c	赠送	A	河南
SH	1	b	采集	A	待确定
HB	1	a	采集	C	湖北
GD	1	b	采集	A	待确定
JS2	1	b	购买	C	江苏
JS1	1	b	采集	C	江苏
HN	1	e	赠送	C	广西
HLJ	1	a	购买	A	河北

保存地点	种质份数	个体数量	引种方式	生长状况	来源地
FJ	1	a	购买	A	广东
CQ	1	b	采集	C	重庆
GZ	1	d	采集	C	贵州
GX	*	f	采集	G	广西

种质库保存

保存地点	保存方式	种质份数	个体数量	引种方式	来源地
HN	种子	1	b	采集	湖南
BJ	种子	45	c	采集	重庆、四川、江西、贵州、湖北、山西、安徽、云南

篱蓼 *Fallopia dumetorum* (Linn.) Holub

功效主治　全草：通便。

濒危等级　中国植物红色名录评估为无危（LC）。

迁地栽培保存

保存地点	种质份数	个体数量	引种方式	生长状况	来源地
BJ	1	b	采集	G	山东
GX	*	f	采集	G	山东

蔓首乌 *Fallopia convolvulus* (L.) Á. Löve

功效主治　全草：清热解毒，消肿。根：健胃，止咳，镇痛，解毒。用于肺痨咯血，顿咳，胃气痛。

迁地栽培保存

保存地点	种质份数	个体数量	引种方式	生长状况	来源地
GX	2	f	采集	G	中国广西，德国
BJ	1	b	采集	G	北京

毛脉首乌 *Fallopia multiflora* (Thunb.) Haraldson var. *ciliinervis* (Nakai) A. J. Li

功效主治 块根：甘、微涩，凉。有小毒。清热解毒，止痛，止血，调经。用于乳蛾，吐泻，溃疡，痢疾。

迁地栽培保存

保存地点	种质份数	个体数量	引种方式	生长状况	来源地
BJ	2	d	采集	G	陕西
HB	1	a	采集	C	湖北

木藤蓼 *Fallopia aubertii* (L. Henry) Holub

功效主治 块根（酱头）：苦、涩，凉。清热解毒，调经止血。用于痢疾，消化不良，胃痛，月经不调。

濒危等级 中国特有植物，中国植物红色名录评估为无危（LC）。

迁地栽培保存

保存地点	种质份数	个体数量	引种方式	生长状况	来源地
BJ	1	a	采集	G	待确定

种质库保存

保存地点	保存方式	种质份数	个体数量	引种方式	来源地
BJ	种子	3	b	采集	四川、甘肃

牛皮消蓼 *Fallopia cynanchoides* (Hemsl.) Haraldson

功效主治 根：辛、涩，凉。敛肺止咳，镇痉止痛。用于肺痨咯血，顿咳，胃气痛，劳伤咳嗽，风湿关节痛。

迁地栽培保存

保存地点	种质份数	个体数量	引种方式	生长状况	来源地
GZ	1	c	采集	C	贵州

虎杖属 *Reynoutria*

虎杖 *Reynoutria japonica* Houtt.

功效主治　根及根茎（虎杖）：微苦，凉。祛风利湿，散瘀定痛，止咳化痰。用于关节痹痛，湿热黄疸，闭经，咳嗽痰多，跌打损伤。叶：微酸，凉。祛风，凉血，解毒。

迁地栽培保存

保存地点	种质份数	个体数量	引种方式	生长状况	来源地
SC	2	f	待确定	G	四川
GD	2	b	采集	B	待确定
BJ	2	c	采集	C	江西
GZ	1	c	采集	C	贵州
YN	1	a	购买	D	云南
ZJ	1	e	采集	B	云南
XJ	1	a	赠送	C	北京
SH	1	b	采集	A	待确定
LN	1	c	采集	C	辽宁
JS2	1	c	购买	C	江苏
JS1	1	b	采集	C	江苏
HN	1	a	赠送	B	北京
HEN	1	b	采集	A	河南
FJ	1	a	采集	A	福建
CQ	1	b	采集	C	重庆
HB	1	c	采集	C	湖北
GX	*	f	采集	G	重庆

种质库保存

保存地点	保存方式	种质份数	个体数量	引种方式	来源地
BJ	种子	26	c	采集	江西、湖北、安徽、河北、吉林

蓼属　*Persicaria*

赤胫散　*Persicaria runcinata* var. *sinensis*（Hemsl.）Bo Li

濒危等级　中国特有植物，中国植物红色名录评估为无危（LC）。

迁地栽培保存

保存地点	种质份数	个体数量	引种方式	生长状况	来源地
BJ	2	b	采集	G	四川、湖北
GZ	1	b	采集	C	贵州
HB	1	a	采集	C	湖北
JS2	1	b	购买	C	江苏
GX	*	f	采集	G	上海

种质库保存

保存地点	保存方式	种质份数	个体数量	引种方式	来源地
BJ	种子	1	a	采集	甘肃

短毛金线草　*Persicaria neofiliformis*（Nakai）Ohki

濒危等级　中国特有植物，中国植物红色名录评估为无危（LC）。

迁地栽培保存

保存地点	种质份数	个体数量	引种方式	生长状况	来源地
BJ	2	b	采集	G	四川、江西
CQ	1	a	采集	B	重庆
GX	*	f	采集	G	广西

种质库保存

保存地点	保存方式	种质份数	个体数量	引种方式	来源地
BJ	种子	1	a	采集	浙江

金线草 *Persicaria filiformis* (Thunb.) Nakai

功效主治 全草（金线草）或块根：辛，凉。凉血止血，祛瘀止痛。用于风湿骨痛，胃痛，咯血，吐血，产后瘀血腹痛，跌打损伤。

濒危等级 中国植物红色名录评估为无危（LC）。

迁地栽培保存

保存地点	种质份数	个体数量	引种方式	生长状况	来源地
BJ	2	c	采集	G	四川
JS1	1	a	采集	D	江苏
SC	1	f	待确定	G	四川
GZ	1	b	采集	C	贵州
GD	1	f	采集	G	待确定
CQ	1	a	采集	B	重庆
ZJ	1	e	购买	A	甘肃

种质库保存

保存地点	保存方式	种质份数	个体数量	引种方式	来源地
BJ	种子	1	a	采集	河北

黏蓼 *Persicaria viscofera* (Makino) H. Gross ex Nakai.

功效主治 全草：止痛，杀虫。

迁地栽培保存

保存地点	种质份数	个体数量	引种方式	生长状况	来源地
BJ	1	b	采集	G	山东
GX	*	f	采集	G	山东

硬毛火炭母 *Persicaria chinensis* var. *hispida* (Hook. f.) Kantachot

功效主治 块根：酸，平。通络活血，止血解毒。用于痢疾，泄泻，月经不调，血崩，产后流血过多。

濒危等级 中国植物红色名录评估为无危（LC）。

迁地栽培保存

保存地点	种质份数	个体数量	引种方式	生长状况	来源地
CQ	1	b	采集	A	重庆
GX	*	f	采集	G	中国

圆基长鬃蓼 *Persicaria longiseta* var. *rotundata*（A. J. Li）Bo Li

功效主治　全草或根：微辛，温。散寒，活血。用于麻疹，大病后虚寒，腹痛，跌损后受寒，阴寒，陈寒。

濒危等级　中国植物红色名录评估为无危（LC）。

迁地栽培保存

保存地点	种质份数	个体数量	引种方式	生长状况	来源地
CQ	1	a	采集	C	重庆
GX	*	f	采集	G	山东

蓼树属　*Triplaris*

蓼树　*Triplaris americana* L.

功效主治　树皮：增强卫气。

迁地栽培保存

保存地点	种质份数	个体数量	引种方式	生长状况	来源地
YN	1	a	采集	C	云南

木蓼属　*Atraphaxis*

锐枝木蓼　*Atraphaxis pungens*（M. Bieb.）Jaub. & Spach

濒危等级　中国植物红色名录评估为无危（LC）。

迁地栽培保存

保存地点	种质份数	个体数量	引种方式	生长状况	来源地
GX	*	f	采集	G	新疆

千叶兰属　*Muehlenbeckia*

千叶兰　*Muehlenbeckia complexa* Meisn.

迁地栽培保存

保存地点	种质份数	个体数量	引种方式	生长状况	来源地
SH	1	b	采集	A	待确定

竹节蓼　*Muehlenbeckia platyclada*（F. Muell. ex Hook.）Meisn.

功效主治　茎、叶：甘、淡，平。行血祛瘀，生新止痒，消肿止痛。用于痈疮肿痛，跌打损伤，毒蛇及蜈蚣咬伤。

迁地栽培保存

保存地点	种质份数	个体数量	引种方式	生长状况	来源地
HN	2	a	赠送	B	广西
GD	1	b	采集	D	待确定
YN	1	b	采集	C	云南
CQ	1	a	采集	C	重庆
BJ	1	a	交换	G	北京
SH	1	c	采集	A	待确定

荞麦属　*Fagopyrum*

金荞麦　*Fagopyrum dibotrys*（D. Don）H. Hara

功效主治　根及根茎（金荞麦）：微辛、涩，凉。清热解毒，活血散瘀，祛风除湿。用于咽喉痛，痈疮，瘰疬，肝毒症，肺痈，头风，胃痛，痢疾，带下病。

濒危等级 国家重点保护野生植物名录（第一批）二级，中国植物红色名录评估为无危（LC）。

迁地栽培保存

保存地点	种质份数	个体数量	引种方式	生长状况	来源地
BJ	2	e	采集	C	陕西、贵州
YN	1	b	采集	A	云南
SH	1	b	采集	A	待确定
JS2	1	d	购买	C	江苏
JS1	1	a	赠送	C	安徽
HEN	1	d	采集	A	河南
HB	1	a	采集	C	湖北
GZ	1	d	采集	C	贵州
CQ	1	a	采集	C	重庆

种质库保存

保存地点	保存方式	种质份数	个体数量	引种方式	来源地
BJ	种子	8	d	采集	湖北、云南

苦荞 *Fagopyrum tataricum*（Linnaeus）Gaertner

功效主治 根及根茎：甘、苦，平。健胃顺气，除湿止痛。用于胃痛，消化不良，痢疾，劳伤，腰腿痛。

迁地栽培保存

保存地点	种质份数	个体数量	引种方式	生长状况	来源地
JS2	1	b	购买	C	江苏
SH	1	b	采集	A	待确定
BJ	1	b	采集	G	四川

种质库保存

保存地点	保存方式	种质份数	个体数量	引种方式	来源地
BJ	种子	8	b	采集	云南、海南、安徽

荞麦 *Fagopyrum esculentum* Moench

功效主治 茎叶：酸，寒。平肝，止血。用于噎食，痈肿。种子：甘，凉。降气宽肠，导滞，消肿毒。用于肠胃积滞，泄泻，痈疽，烫火伤。

迁地栽培保存

保存地点	种质份数	个体数量	引种方式	生长状况	来源地
BJ	1	e	采集	G	河北
HN	1	a	采集	B	待确定
SC	1	f	待确定	G	四川
SH	1	b	采集	A	待确定

种质库保存

保存地点	保存方式	种质份数	个体数量	引种方式	来源地
BJ	种子	42	b	采集	四川、吉林、云南、湖南、辽宁、甘肃、安徽、海南

细柄野荞麦 *Fagopyrum gracilipes*（Hemsl.）Dammer

功效主治 全草：清热解毒，活血散瘀，健脾利湿。种子：开胃，宽肠。

迁地栽培保存

保存地点	种质份数	个体数量	引种方式	生长状况	来源地
BJ	1	b	采集	G	甘肃

种质库保存

保存地点	保存方式	种质份数	个体数量	引种方式	来源地
BJ	种子	3	b	采集	待确定

拳参属 *Bistorta*

拳参 *Bistorta officinalis* Raf.

功效主治 根茎（拳参）：苦、涩，凉。清热解毒，消肿，止血。用于赤痢，热泻，肺热咳嗽，瘰疬，口舌生疮，吐血，衄血，痔疮出血，毒蛇咬伤。

濒危等级 内蒙古自治区重点保护植物，中国植物红色名录评估为无危（LC）。

迁地栽培保存

保存地点	种质份数	个体数量	引种方式	生长状况	来源地
BJ	5	d	采集	G	陕西、河北、山东
SH	1	b	采集	A	待确定
LN	1	c	采集	C	辽宁
JS1	1	a	采集	C	江苏
HEN	1	b	采集	A	河南
GZ	1	a	采集	C	贵州
HB	1	a	采集	C	湖北
GX	*	f	采集	G	德国、日本

种质库保存

保存地点	保存方式	种质份数	个体数量	引种方式	来源地
BJ	种子	1	a	采集	内蒙古

细穗支柱蓼 *Bistorta suffulta* Maxim. subsp. *pergracilis*（Hemsl.）Soják

濒危等级 中国特有植物，中国植物红色名录评估为无危（LC）。

迁地栽培保存

保存地点	种质份数	个体数量	引种方式	生长状况	来源地
BJ	1	b	采集	C	安徽

中华抱茎蓼 *Bistorta amplexicaulis* subsp. *sinensais*（F. B. Forbes & Hemsl. ex Steward）Soják

功效主治 根茎（鸡血七）：微苦、涩，平。有小毒。清热解毒，收敛止泻，活血止痛。用于痢疾，泄泻，跌打损伤，外伤出血。

濒危等级 中国植物红色名录评估为无危（LC）。

迁地栽培保存

保存地点	种质份数	个体数量	引种方式	生长状况	来源地
GX	*	f	采集	G	湖北

沙拐枣属　*Calligonum*

沙拐枣　*Calligonum mongolicum* Turcz.

功效主治　根（沙拐枣）、带果全枝（沙拐枣）：苦、涩，微温。用于小便浑浊，皮肤皲裂。

濒危等级　国家重点保护野生植物名录（第二批）二级，中国植物红色名录评估为无危（LC）。

迁地栽培保存

保存地点	种质份数	个体数量	引种方式	生长状况	来源地
GX	*	f	采集	G	广西

种质库保存

保存地点	保存方式	种质份数	个体数量	引种方式	来源地
BJ	种子	1	b	采集	宁夏

山蓼属　*Oxyria*

山蓼　*Oxyria digyna*（L.）Hill

功效主治　全草：酸，凉。清热利湿。用于肝气不舒，胁痛，脓毒血症。

濒危等级　吉林省重点保护植物，中国植物红色名录评估为无危（LC）。

种质库保存

保存地点	保存方式	种质份数	个体数量	引种方式	来源地
BJ	种子	1	a	采集	安徽

中华山蓼　*Oxyria sinensis* Hemsl.

功效主治　根及根茎、叶：补五脏，通经络，活血定痛。用于跌打损伤，五劳七伤，腰酸腿痛。

濒危等级 中国特有植物，中国植物红色名录评估为无危（LC）。

迁地栽培保存

保存地点	种质份数	个体数量	引种方式	生长状况	来源地
CQ	1	b	采集	B	重庆
BJ	1	c	采集	G	湖北
GX	*	f	采集	G	重庆

珊瑚藤属 *Antigonon*

珊瑚藤 *Antigonon leptopus* Hook. et Arn.

功效主治 根：用于淋证。

迁地栽培保存

保存地点	种质份数	个体数量	引种方式	生长状况	来源地
HN	1	e	赠送	B	广西
YN	1	a	采集	C	云南

种质库保存

保存地点	保存方式	种质份数	个体数量	引种方式	来源地
BJ	种子	1	a	采集	云南
HN	种子	1	c	采集	海南

酸模属 *Rumex*

巴天酸模 *Rumex patientia* L.

功效主治 根：苦、酸，寒。有小毒。凉血止血，清热解毒，通便杀虫。用于痢疾，泄泻，肝毒症，跌打损伤，大便秘结，痈疮疥癣。

迁地栽培保存

保存地点	种质份数	个体数量	引种方式	生长状况	来源地
BJ	4	d	采集	G	山东、山西、四川、河北
SH	1	b	采集	A	待确定

种质库保存

保存地点	保存方式	种质份数	个体数量	引种方式	来源地
BJ	种子	8	b	采集	待确定

长刺酸模　*Rumex trisetifer* Stokes

濒危等级　中国植物红色名录评估为无危（LC）。

迁地栽培保存

保存地点	种质份数	个体数量	引种方式	生长状况	来源地
GD	1	f	采集	G	待确定

种质库保存

保存地点	保存方式	种质份数	个体数量	引种方式	来源地
HN	种子	1	b	采集	湖南
BJ	种子	6	a	采集	甘肃、江西、内蒙古

长叶酸模　*Rumex longifolius* DC.

功效主治　根：清热解毒，活血止血，通便，杀虫。用于咽喉肿痛，咳嗽，疟腮，大便秘结，痢疾，赤白带下，便血，痔血，血崩，紫癜。

濒危等级　中国植物红色名录评估为无危（LC）。

迁地栽培保存

保存地点	种质份数	个体数量	引种方式	生长状况	来源地
GX	*	f	采集	G	广西

刺酸模 *Rumex maritimus* L.

功效主治 全草：微甘、微苦，凉。清热凉血，解毒杀虫。用于肺痨咯血，痈疮肿痛，秃疮疥癣，皮肤瘙痒，跌打肿痛，痔疮出血。

迁地栽培保存

保存地点	种质份数	个体数量	引种方式	生长状况	来源地
BJ	1	b	采集	G	江西
GX	*	f	采集	G	荷兰

大黄酸模 *Rumex madaio* Makino

功效主治 根：清热解毒，祛瘀止血，通便，杀虫止痒。用于咯血，肺痈，痄腮，大便秘结，痈疡肿毒，湿疹，疥癣，跌打损伤，皮肤溃疡，烫伤。叶：用于肺痈，咽喉肿痛，丹毒，大头瘟，头风，跌打损伤。

迁地栽培保存

保存地点	种质份数	个体数量	引种方式	生长状况	来源地
CQ	1	a	采集	B	重庆
JS1	1	a	采集	C	江苏

种质库保存

保存地点	保存方式	种质份数	个体数量	引种方式	来源地
BJ	种子	6	b	采集	海南

钝叶酸模 *Rumex obtusifolius* L.

功效主治 根（土大黄）：苦，寒。清热通便，杀虫止痒，止血，祛瘀。用于肺痈，咯血，肝毒症，便秘；外用于跌打损伤，烫火伤。

濒危等级 中国植物红色名录评估为无危（LC）。

迁地栽培保存

保存地点	种质份数	个体数量	引种方式	生长状况	来源地
BJ	1	d	采集	G	北京
SH	1	b	采集	A	待确定

种质库保存

保存地点	保存方式	种质份数	个体数量	引种方式	来源地
BJ	种子	4	a	采集	江西

黑龙江酸模 *Rumex amurensis* F. Schm. ex Maxim.

迁地栽培保存

保存地点	种质份数	个体数量	引种方式	生长状况	来源地
GX	*	f	采集	G	山东

荒地羊蹄 *Rumex conglomeratus* Murr.

功效主治　种子：用于腹泻。茎：消肿。用于疖。叶：外用于刀伤，疮痈。

迁地栽培保存

保存地点	种质份数	个体数量	引种方式	生长状况	来源地
SH	1	b	采集	A	待确定

戟叶酸模 *Rumex hastatus* D. Don

功效主治　全草：酸、涩、微辛，温。发汗解表，润肺止咳。用于感冒，咳嗽，水肿，痰喘。

濒危等级　中国植物红色名录评估为无危（LC）。

迁地栽培保存

保存地点	种质份数	个体数量	引种方式	生长状况	来源地
SH	1	b	采集	A	待确定
GX	*	f	采集	G	北京

种质库保存

保存地点	保存方式	种质份数	个体数量	引种方式	来源地
BJ	种子	6	b	采集	重庆

毛脉酸模 *Rumex gmelinii* Turcz. ex Ledeb.

功效主治 根：止血，泻下。

濒危等级 中国植物红色名录评估为无危（LC）。

种质库保存

保存地点	保存方式	种质份数	个体数量	引种方式	来源地
BJ	种子	1	a	采集	待确定

尼泊尔酸模 *Rumex nepalensis* Spreng.

功效主治 根：清热解毒，利水杀虫，止痒，通便，止血。用于大便秘结，淋浊，黄疸，吐血，肺结核，咯血，胃出血，便血，崩漏，衄血，紫癜，胁痛，肛痛，肠风，秃疮，疥癣，痈肿，跌打损伤，痔疮，乳痈，黄水疮。叶：用于肠风下血，大便秘结，小儿疳积。果实：用于赤白痢。

迁地栽培保存

保存地点	种质份数	个体数量	引种方式	生长状况	来源地
SH	1	b	采集	A	待确定
GX	*	f	采集	G	日本

种质库保存

保存地点	保存方式	种质份数	个体数量	引种方式	来源地
BJ	种子	4	b	采集	云南

疏花酸模 *Rumex nepalensis* Spreng. var. *remotiflorus* (Sam.) A. J. Li

功效主治 根：清热解毒，活血消肿，通便，除湿热。用于湿热下痢，牙痛，疥癣，痈疮肿毒，烫火伤。

濒危等级 中国特有植物，中国植物红色名录评估为无危（LC）。

迁地栽培保存

保存地点	种质份数	个体数量	引种方式	生长状况	来源地
JS2	1	b	购买	C	安徽
SC	1	f	待确定	G	四川

水生酸模　*Rumex aquaticus* L.

功效主治　根：用于消化不良，胁痛，湿疹，顽癣。

濒危等级　中国植物红色名录评估为无危（LC）。

迁地栽培保存

保存地点	种质份数	个体数量	引种方式	生长状况	来源地
BJ	1	a	采集	G	河北

酸模　*Rumex acetosa* L.

功效主治　全草（酸模）或根（酸模）：酸、苦，寒。凉血，解毒，通便，杀虫。用于热痢，小便淋痛，吐血，恶疮，疥癣。

迁地栽培保存

保存地点	种质份数	个体数量	引种方式	生长状况	来源地
BJ	4	d	采集	G	浙江、山西、河北
SH	1	b	采集	A	待确定
ZJ	1	e	采集	B	浙江
SC	1	f	待确定	G	四川
CQ	1	a	采集	C	重庆
GZ	1	b	采集	C	贵州
JS1	1	a	购买	C	江苏
JS2	1	c	购买	C	安徽
LN	1	d	采集	A	辽宁
GX	*	f	采集	G	法国

种质库保存

保存地点	保存方式	种质份数	个体数量	引种方式	来源地
BJ	种子	105	c	采集	重庆、云南、海南、甘肃、陕西、江西、河北、安徽、山东、四川、河南、山西、黑龙江、内蒙古

网果酸模 *Rumex chalepensis* Mill.

功效主治 根：苦、酸，寒。凉血止血，清热解毒，杀虫。用于崩漏，吐血，咯血，鼻衄，胃出血，便血，紫癜，便秘，水肿。

濒危等级 中国植物红色名录评估为无危（LC）。

迁地栽培保存

保存地点	种质份数	个体数量	引种方式	生长状况	来源地
SH	1	b	采集	A	待确定
BJ	1	d	采集	G	待确定
GX	*	f	采集	G	北京

种质库保存

保存地点	保存方式	种质份数	个体数量	引种方式	来源地
BJ	种子	1	a	采集	待确定

狭叶酸模 *Rumex stenophyllus* Ledeb.

功效主治 根：苦、酸，寒。凉血止血，清热解毒，杀虫。用于崩漏，胃出血，便血，紫癜，水肿。

濒危等级 中国植物红色名录评估为无危（LC）。

迁地栽培保存

保存地点	种质份数	个体数量	引种方式	生长状况	来源地
GX	*	f	采集	G	德国

小果酸模 *Rumex microcarpus* Campd.

功效主治　根：缓泻。

濒危等级　中国植物红色名录评估为无危（LC）。

迁地栽培保存

保存地点	种质份数	个体数量	引种方式	生长状况	来源地
GX	2	f	采集	G	广西

小酸模 *Rumex acetosella* L.

功效主治　全草或根、叶：清热解毒，凉血活血，利尿通便，杀虫。用于腹痛，痢疾，黄疸，便秘，尿路结石，内出血，坏血病，发热，目赤肿痛，肺结核，疥癣，疮疡，湿疹，乳痈，癥瘕积聚。

迁地栽培保存

保存地点	种质份数	个体数量	引种方式	生长状况	来源地
BJ	1	d	采集	G	山东
GX	*	f	采集	G	法国

羊蹄 *Rumex japonicus* Houtt.

功效主治　根（羊蹄）：苦、酸，寒。有小毒。凉血止血，通便，解毒，杀虫。用于大便秘结，淋浊，黄疸，吐血，肠风，秃疮。叶（羊蹄叶）：甘，寒。用于肠风下血，大便秘结，小儿疳积。果实：苦、涩，平。用于赤白痢。

迁地栽培保存

保存地点	种质份数	个体数量	引种方式	生长状况	来源地
SC	2	f	待确定	G	四川
BJ	1	d	采集	G	北京
SH	1	b	采集	A	待确定
LN	1	d	采集	B	辽宁
JS1	1	a	采集	C	江苏
GZ	1	c	采集	C	贵州

保存地点	种质份数	个体数量	引种方式	生长状况	来源地
CQ	1	a	采集	C	重庆
GX	*	f	采集	G	北京

种质库保存

保存地点	保存方式	种质份数	个体数量	引种方式	来源地
BJ	种子	62	c	采集	湖北、海南、山西、福建、吉林、广西、河北、辽宁、重庆、江苏

直根酸模 *Rumex thyrsiflorus* Fingerh.

濒危等级 中国植物红色名录评估为无危（LC）。

迁地栽培保存

保存地点	种质份数	个体数量	引种方式	生长状况	来源地
GX	*	f	采集	G	德国

皱叶酸模 *Rumex crispus* L.

功效主治 全草或根：苦、酸，寒。清热，凉血，通便，杀虫，化痰止咳。用于胁痛，咳嗽痰喘，吐血，血崩，大便秘结，痢疾，疥癣。

迁地栽培保存

保存地点	种质份数	个体数量	引种方式	生长状况	来源地
CQ	1	a	采集	C	重庆
JS2	1	c	购买	C	安徽
SH	1	b	采集	A	待确定
GX	*	f	采集	G	法国

种质库保存

保存地点	保存方式	种质份数	个体数量	引种方式	来源地
BJ	种子	1	a	采集	待确定

齿果酸模　*Rumex dentatus* L.

功效主治　全草或根：功效同皱叶酸模。叶：用于乳房红肿。

迁地栽培保存

保存地点	种质份数	个体数量	引种方式	生长状况	来源地
GX	2	f	采集	G	上海、四川
JS1	1	b	采集	B	江苏
SH	1	b	采集	A	待确定

种质库保存

保存地点	保存方式	种质份数	个体数量	引种方式	来源地
BJ	种子	41	c	采集	贵州、江苏

翼蓼属　*Pteroxygonum*

翼蓼　*Pteroxygonum giraldii* Dammer & Diels

功效主治　块根：清热解毒，凉血散瘀，止血止痛，祛湿。用于吐血，衄血，赤白痢，腹泻，便血，崩漏，带下病，风湿痹痛，腰腿痛，疮疖，烧伤，狂犬咬伤。

濒危等级　中国特有植物，陕西省稀有保护植物，中国植物红色名录评估为无危（LC）。

迁地栽培保存

保存地点	种质份数	个体数量	引种方式	生长状况	来源地
GX	*	f	采集	G	广西

列当科　Orobanchaceae

列当属　*Orobanche*

列当　*Orobanche coerulescens* Stephan ex Willd.

功效主治　全草（列当）或根：甘，温。补肾助阳，强筋骨。用于腰膝冷痛，阳痿，遗精；外用于小儿久泻。蒙医用于炭疽。

濒危等级 吉林省二级保护植物，中国植物红色名录评估为无危（LC）。

迁地栽培保存

保存地点	种质份数	个体数量	引种方式	生长状况	来源地
GX	*	f	采集	G	广西

美丽列当 *Orobanche amoena* C. A. Mey.

功效主治 全草或根：补肾壮阳，强筋壮骨。用于腰膝冷痛，阳痿，遗精，腹痛，小儿久泻，妇人脏躁，梅核气。蒙医用于炭疽。

濒危等级 中国植物红色名录评估为近危（NT）。

迁地栽培保存

保存地点	种质份数	个体数量	引种方式	生长状况	来源地
GX	*	f	采集	G	新疆

肉苁蓉属 *Cistanche*

管花肉苁蓉 *Cistanche deserticola* Y. C. Ma

功效主治 肉质茎：补肾壮阳，益精血，润肠通便。用于阳痿，不孕，腰膝酸软，筋骨无力，肠燥便秘。

濒危等级 国家重点保护野生植物名录（第二批）二级，中国植物红色名录评估为易危（VU）。

种质库保存

保存地点	保存方式	种质份数	个体数量	引种方式	来源地
BJ	种子	1	a	采集	海南

肉苁蓉 *Cistanche deserticola* Ma

功效主治 肉质茎（肉苁蓉）：甘、咸，温。补肾壮阳，益精血，润肠通便。用于阳痿，不孕，腰膝酸软，筋骨无力，肠燥便秘。

濒危等级 国家重点保护野生植物名录（第二批）二级，CITES 附录 II 物种，中国植物红色名录评估为濒危（EN）。

种质库保存

保存地点	保存方式	种质份数	个体数量	引种方式	来源地
GX	种子	*	f	采集	黑龙江
BJ	种子	76	d	采集	中国内蒙古、新疆、宁夏，蒙古

野菰属　*Aeginetia*

野菰　*Aeginetia indica* L.

功效主治　全草（野菰）：苦，凉。有小毒。解毒消肿，清热凉血。用于乳蛾，咽喉肿痛，小便淋痛，附骨疽。花：用于疮疖，毒蛇咬伤。

濒危等级　中国植物红色名录评估为无危（LC）。

迁地栽培保存

保存地点	种质份数	个体数量	引种方式	生长状况	来源地
GX	*	f	采集	G	广西

鼻花属　*Rhinanthus*

鼻花　*Rhinanthus glaber* Lam.

濒危等级　中国特有植物，中国植物红色名录评估为无危（LC）。

迁地栽培保存

保存地点	种质份数	个体数量	引种方式	生长状况	来源地
GX	*	f	采集	G	波兰

地黄属　*Rehmannia*

地黄　*Rehmannia glutinosa* (Gaertn.) Libosch. ex Fisch. & C. A. Mey.

功效主治　鲜根茎（鲜地黄）：甘、苦，寒。清热生津，凉血，止血。用于热邪伤阴，舌绛烦渴，发癍发疹，吐血，衄血，咽喉肿痛。根茎（生地黄）、种子（地黄实）：甘，寒。清热凉血，养阴，生津。用于热病舌绛烦渴，阴虚内热，骨蒸劳热，内热消渴，吐血，衄血，发斑发疹。蒸熟的根茎（熟地黄）：甘，微温。滋阴补血，益精填髓。用于肝肾阴虚，腰膝酸软，骨蒸潮热，盗汗遗精，内热消渴，血虚萎黄，心悸怔忡，月经不调，崩漏，眩晕，耳鸣，须发早白。叶：用于恶疮，手、足癣。花：用于消渴，肾虚腰痛。

迁地栽培保存

保存地点	种质份数	个体数量	引种方式	生长状况	来源地
BJ	3	d	采集	G	北京、河北、山西
CQ	1	a	购买	C	北京
GD	1	f	采集	G	待确定
HEN	1	e	赠送	A	河南
JS1	1	a	购买	D	江苏
JS2	1	e	购买	C	河南
NMG	1	b	采集	D	内蒙古
GX	*	f	采集	G	广西

裂叶地黄 *Rehmannia piasezkii* Maxim.

功效主治　全草：寒。用于烫火伤，疔疮。

濒危等级　中国特有植物，中国植物红色名录评估为无危（LC）。

迁地栽培保存

保存地点	种质份数	个体数量	引种方式	生长状况	来源地
BJ	1	b	采集	G	湖北
GX	*	f	采集	G	湖北

天目地黄 *Rehmannia chingii* Li

功效主治　根茎：甘、苦，寒。清热，凉血。用于鼻衄，热病口干，耳闭。

濒危等级　中国特有植物，中国植物红色名录评估为易危（VU）。

迁地栽培保存

保存地点	种质份数	个体数量	引种方式	生长状况	来源地
BJ	2	a	采集	C	浙江、江西
GX	*	f	采集	G	浙江

独脚金属　*Striga*

独脚金　*Striga asiatica* (L.) Kuntze

功效主治　全草（独脚金）：甘、淡，平。清肝，健脾，消食，杀虫。用于小儿疳积，小儿泄泻，小儿疰夏，黄疸，夜盲，毒蛇咬伤。

迁地栽培保存

保存地点	种质份数	个体数量	引种方式	生长状况	来源地
GX	2	f	采集	G	广西

胡麻草属　*Centranthera*

胡麻草　*Centranthera cochinchinensis* (Lour.) Merr.

功效主治　全草（胡麻草）：酸、微辛，温。消肿散瘀，止血止痛。用于咯血，吐血，跌打损伤，瘀血，风湿关节痛，小儿疳积。

濒危等级　中国植物红色名录评估为无危（LC）。

迁地栽培保存

保存地点	种质份数	个体数量	引种方式	生长状况	来源地
GX	*	f	采集	G	日本

种质库保存

保存地点	保存方式	种质份数	个体数量	引种方式	来源地
BJ	种子	57	c	采集	甘肃、辽宁、安徽、河北、吉林、湖南、内蒙古、湖北

火焰草属 *Castilleja*

火焰草 *Castilleja pallida* (L.) Kunth

濒危等级 中国植物红色名录评估为无危（LC）。

迁地栽培保存

保存地点	种质份数	个体数量	引种方式	生长状况	来源地
BJ	1	b	采集	G	山东

来江藤属 *Brandisia*

广西来江藤 *Brandisia kwangsiensis* Li

功效主治 叶：用于咳嗽。

濒危等级 中国特有植物，中国植物红色名录评估为无危（LC）。

迁地栽培保存

保存地点	种质份数	个体数量	引种方式	生长状况	来源地
GX	*	f	采集	G	广西

茎花来江藤 *Brandisia cauliflora* Tsoong & Lu

功效主治 全株：舒筋活络。用于风湿骨痛；外用于骨折。

濒危等级 中国特有植物，中国植物红色名录评估为无危（LC）。

迁地栽培保存

保存地点	种质份数	个体数量	引种方式	生长状况	来源地
GX	*	f	采集	G	广西

来江藤 *Brandisia hancei* Hook. f.

功效主治 根：清热解毒。用于附骨疽，黄疸。叶：用于乳痈。全株：微苦，寒。清热解毒，祛风利湿，止血。用于附骨疽，黄疸，跌打损伤，风湿筋骨痛，浮肿，泻痢，吐血，心悸；外用于疮疖。

濒危等级　中国特有植物，中国植物红色名录评估为无危（LC）。

迁地栽培保存

保存地点	种质份数	个体数量	引种方式	生长状况	来源地
CQ	1	a	采集	E	重庆
GZ	1	a	采集	C	贵州
GX	*	f	采集	G	广西

疗齿草属　*Odontites*

疗齿草　*Odontites serotina*（Lam.）Dumort.

功效主治　全草（齿叶草）：苦，凉。有小毒。清热燥湿，凉血止痛。用于热病，肝胆湿热，瘀血作痛，肝火头痛，胁痛。

濒危等级　中国植物红色名录评估为无危（LC）。

迁地栽培保存

保存地点	种质份数	个体数量	引种方式	生长状况	来源地
GX	*	f	采集	G	法国

鹿茸草属　*Monochasma*

沙氏鹿茸草　*Monochasma savatieri* Franch. ex Maxim.

功效主治　全草（鹿茸草）：微苦、涩，平。清热解毒，凉血止血。用于感冒，烦热，小儿高热，风热咳喘，牙痛，吐血，便血，月经不调，风湿骨痛，小儿鹅口疮，乳痈，外伤出血。

濒危等级　中国植物红色名录评估为无危（LC）。

迁地栽培保存

保存地点	种质份数	个体数量	引种方式	生长状况	来源地
BJ	1	d	采集	G	浙江
FJ	1	a	采集	A	福建

种质库保存

保存地点	保存方式	种质份数	个体数量	引种方式	来源地
BJ	种子	1	c	采集	待确定

马先蒿属 *Pedicularis*

长穗马先蒿 *Pedicularis dolichostachya* Li

濒危等级 中国特有植物，中国植物红色名录评估为无危（LC）。

迁地栽培保存

保存地点	种质份数	个体数量	引种方式	生长状况	来源地
BJ	1	b	采集	G	山西

春黄菊叶马先蒿 *Pedicularis anthemifolia* Fisch. ex Colla

濒危等级 中国植物红色名录评估为无危（LC）。

迁地栽培保存

保存地点	种质份数	个体数量	引种方式	生长状况	来源地
GX	*	f	采集	G	法国

斗叶马先蒿 *Pedicularis cyathophylla* Franch.

濒危等级 中国特有植物，中国植物红色名录评估为近危（NT）。

迁地栽培保存

保存地点	种质份数	个体数量	引种方式	生长状况	来源地
BJ	1	b	采集	G	四川

短茎马先蒿 *Pedicularis artselaeri* Maxim.

功效主治 根：祛风，除湿，利水。用于风湿痹痛，小便少，小便不畅，尿路结石，疥疮。

迁地栽培保存

保存地点	种质份数	个体数量	引种方式	生长状况	来源地
BJ	1	b	采集	G	陕西

返顾马先蒿 *Pedicularis resupinata* L.

功效主治　根：行气，止痛。

迁地栽培保存

保存地点	种质份数	个体数量	引种方式	生长状况	来源地
BJ	1	b	采集	G	北京

甘肃马先蒿 *Pedicularis kansuensis* Maxim.

功效主治　全草：清热解毒，活血，固齿。

迁地栽培保存

保存地点	种质份数	个体数量	引种方式	生长状况	来源地
BJ	1	b	采集	G	甘肃

种质库保存

保存地点	保存方式	种质份数	个体数量	引种方式	来源地
BJ	种子	1	a	采集	待确定

管状长花马先蒿 *Pedicularis longiflora* var. *tubiformis*（Klotz）Tsoong

濒危等级　中国植物红色名录评估为无危（LC）。

种质库保存

保存地点	保存方式	种质份数	个体数量	引种方式	来源地
BJ	种子	1	a	采集	四川

红纹马先蒿 *Pedicularis striata* Pall.

功效主治　全草：清热解毒，利水，涩精。用于水肿，遗精，耳鸣。

濒危等级　中国植物红色名录评估为无危（LC）。

迁地栽培保存

保存地点	种质份数	个体数量	引种方式	生长状况	来源地
BJ	2	b	采集	G	山西

华马先蒿 *Pedicularis oederi* var. *sinensis*（Maxim.）Hurus.

功效主治　根（华马先蒿）：苦，平。祛风利湿，杀虫。用于风湿关节痛，石淋，胁痛，小便不利；外用于疥疮。花：用于胁痛。

濒危等级　中国特有植物，中国植物红色名录评估为无危（LC）。

迁地栽培保存

保存地点	种质份数	个体数量	引种方式	生长状况	来源地
BJ	1	a	采集	G	待确定

美观马先蒿 *Pedicularis decora* Franch.

功效主治　根及根茎：补虚，健脾胃，清热止痛，滋阴补肾，补中益气。用于身体虚弱，肾虚骨蒸，潮热，关节疼痛，不思饮食。

濒危等级　中国特有植物，中国植物红色名录评估为无危（LC）。

迁地栽培保存

保存地点	种质份数	个体数量	引种方式	生长状况	来源地
BJ	1	b	采集	G	陕西

穗花马先蒿 *Pedicularis spicata* Pall.

功效主治　根：大补元气，生津安神，强心。用于气血虚损，虚劳多汗，虚脱衰竭，肝阳上亢。

濒危等级　中国植物红色名录评估为无危（LC）。

迁地栽培保存

保存地点	种质份数	个体数量	引种方式	生长状况	来源地
BJ	2	b	采集	G	山西、河北

种质库保存

保存地点	保存方式	种质份数	个体数量	引种方式	来源地
BJ	种子	6	b	采集	山西

凸额马先蒿 *Pedicularis cranolopha* Maxim.

功效主治　全草：苦，寒。清热解毒，活血，固齿。

濒危等级　中国特有植物，中国植物红色名录评估为无危（LC）。

迁地栽培保存

保存地点	种质份数	个体数量	引种方式	生长状况	来源地
BJ	1	a	采集	G	甘肃

中国马先蒿 *Pedicularis chinensis* Maxim.

功效主治　全草：清热除湿。花：利水，涩精。

濒危等级　中国特有植物，河北省重点保护植物，中国植物红色名录评估为无危（LC）。

种质库保存

保存地点	保存方式	种质份数	个体数量	引种方式	来源地
BJ	种子	1	a	采集	甘肃

山罗花属　Melampyrum

山罗花 *Melampyrum roseum* Maxim.

功效主治　根：清热。全草：清热解毒。用于感冒，月经不调，肺热咳嗽，风湿关节痛，腰痛，跌打损伤，痈疮肿毒。

迁地栽培保存

保存地点	种质份数	个体数量	引种方式	生长状况	来源地
BJ	1	a	采集	G	辽宁

松蒿属 *Phtheirospermum*

松蒿 *Phtheirospermum japonicum* (Thunb.) Kanitz

功效主治 全草（松蒿）：微辛，平。清热，利湿。用于黄疸，水肿，风热感冒。

迁地栽培保存

保存地点	种质份数	个体数量	引种方式	生长状况	来源地
GX	2	f	采集	G	中国湖北，日本
BJ	1	b	采集	G	辽宁

细裂叶松蒿 *Phtheirospermum tenuisectum* Bur. & Franch.

功效主治 根（细裂叶松蒿）：苦、辛，平。养心安神，止血。用于心力衰竭，心悸，咳嗽，痰中带血。全草：清热解毒，止痛。用于咽喉肿痛，蛇犬咬伤，骨折疼痛。

濒危等级 中国植物红色名录评估为无危（LC）。

迁地栽培保存

保存地点	种质份数	个体数量	引种方式	生长状况	来源地
BJ	1	b	采集	C	四川

阴行草属 *Siphonostegia*

腺毛阴行草 *Siphonostegia laeta* S. Moore

功效主治 全草：破血通经，敛疮，消肿，利湿。用于闭经，癥瘕，产后瘀血，跌打损伤，金疮出血，烫火伤，痈肿，黄疸。

濒危等级 中国特有植物，中国植物红色名录评估为无危（LC）。

种质库保存

保存地点	保存方式	种质份数	个体数量	引种方式	来源地
HN	种子	2	c	采集	湖南

阴行草　*Siphonostegia chinensis* Benth.

功效主治　全草（北刘寄奴）：苦，凉。破血通经，敛疮消肿，利湿。用于闭经，癥瘕，产后瘀血，跌打损伤，金疮出血，烫火伤，痈肿，黄疸。

濒危等级　中国植物红色名录评估为无危（LC）。

迁地栽培保存

保存地点	种质份数	个体数量	引种方式	生长状况	来源地
BJ	3	b	采集	C	辽宁、湖北

种质库保存

保存地点	保存方式	种质份数	个体数量	引种方式	来源地
HN	种子	1	e	采集	福建
BJ	种子	6	b	采集	四川、山西

钟萼草属　*Lindenbergia*

钟萼草　*Lindenbergia philippensis*（Cham. & Schltdl.）Benth.

功效主治　根：用于浮肿。叶：用于附骨疽。

濒危等级　中国植物红色名录评估为无危（LC）。

迁地栽培保存

保存地点	种质份数	个体数量	引种方式	生长状况	来源地
YN	1	a	采集	C	云南

领春木科　Eupteleaceae

领春木属　*Euptelea*

领春木　*Euptelea pleiosperma* Hook. f. & Thoms.

功效主治　树皮、花：清热，泻火，消痈，接骨。

濒危等级　中国植物红色名录评估为无危（LC）。

迁地栽培保存

保存地点	种质份数	个体数量	引种方式	生长状况	来源地
GX	2	f	采集	G	湖北、云南
CQ	1	a	采集	C	重庆

柳叶菜科　Onagraceae

倒挂金钟属　*Fuchsia*

长筒倒挂金钟　*Fuchsia fulgens* DC.

迁地栽培保存

保存地点	种质份数	个体数量	引种方式	生长状况	来源地
BJ	1	a	交换	G	北京

倒挂金钟　*Fuchsia hybrida* Hort. ex Siebert & Voss

功效主治　叶：解痉。用于肝阳上亢，产后病。

迁地栽培保存

保存地点	种质份数	个体数量	引种方式	生长状况	来源地
SH	1	a	采集	F	待确定
BJ	1	a	购买	G	北京
CQ	1	a	赠送	C	广西
GX	*	f	采集	G	广西

短筒倒挂金钟　*Fuchsia magellanica* Lam.

功效主治　地上部分或茎、叶：净血，解热，利尿，通便，通经，助产。用于堕胎，高山病。

迁地栽培保存

保存地点	种质份数	个体数量	引种方式	生长状况	来源地
BJ	1	a	交换	G	北京

丁香蓼属　*Ludwigia*

草龙　*Ludwigia hyssopifolia*（G. Don）Exell

功效主治　全草：淡，凉。清热解毒，凉血消肿。用于感冒发热，咽喉肿痛，口疮，疔疮。

迁地栽培保存

保存地点	种质份数	个体数量	引种方式	生长状况	来源地
GD	1	f	采集	G	待确定
HN	1	a	赠送	B	海南

种质库保存

保存地点	保存方式	种质份数	个体数量	引种方式	来源地
BJ	种子	9	b	采集	云南、广西

丁香蓼　*Ludwigia prostrata* Roxb.

功效主治　全草（丁香蓼）：苦，凉。利尿消肿，清热解毒。用于水肿，淋证，肝毒症，咽喉肿痛，痢疾，带下病，痈肿，狂犬咬伤。

迁地栽培保存

保存地点	种质份数	个体数量	引种方式	生长状况	来源地
ZJ	1	e	采集	B	广西
GX	*	f	采集	G	广西

种质库保存

保存地点	保存方式	种质份数	个体数量	引种方式	来源地
BJ	种子	8	b	采集	云南、海南

假柳叶菜 *Ludwigia epilobioides* Maxim.

功效主治 全草：清热解毒，利湿消肿。用于腹痛，痢疾，肝阳上亢，水肿，淋证，带下病，痔疮；外用于痈疖疔疮，蛇虫咬伤。根：外用于刀伤。

种质库保存

保存地点	保存方式	种质份数	个体数量	引种方式	来源地
BJ	种子	1	a	采集	待确定
HN	种子	1	b	采集	湖南

卵叶丁香蓼 *Ludwigia ovalis* Miq.

迁地栽培保存

保存地点	种质份数	个体数量	引种方式	生长状况	来源地
ZJ	1	e	采集	A	江苏

毛草龙 *Ludwigia octovalvis* (Jacq.) P. H. Raven

功效主治 根：用于臌胀，疟疾，乳痈。全草：用于水肿，带下病，痔疮，无名肿毒，咽喉肿痛，口疮，天疱疮，发热。

种质库保存

保存地点	保存方式	种质份数	个体数量	引种方式	来源地
BJ	种子	6	b	采集	云南、福建、海南、广西
GX	种子	*	f	采集	广西

水龙 *Ludwigia adscendens* (L.) H. Hara

功效主治 全草（过塘蛇）：甘，寒。清热利尿，消肿解毒。用于暑热烦渴，咽喉肿痛，痢疾，热淋，膏淋，带状疱疹，痈疽疔疮，毒蛇咬伤。

迁地栽培保存

保存地点	种质份数	个体数量	引种方式	生长状况	来源地
HN	1	a	赠送	B	待确定
GX	*	f	采集	G	云南

细花丁香蓼　*Ludwigia perennis* L.

功效主治　全草：清热解毒，利尿消肿。

迁地栽培保存

保存地点	种质份数	个体数量	引种方式	生长状况	来源地
HN	2	a	采集	B	海南

种质库保存

保存地点	保存方式	种质份数	个体数量	引种方式	来源地
BJ	种子	1	a	采集	海南

柳兰属　*Chamerion*

柳兰　*Chamerion angustifolium* (L.) Holub

功效主治　根：用于白癣，头皮糠疹。

濒危等级　中国植物红色名录评估为无危（LC）。

迁地栽培保存

保存地点	种质份数	个体数量	引种方式	生长状况	来源地
BJ	1	b	交换	G	北京
GX	*	f	采集	G	法国

种质库保存

保存地点	保存方式	种质份数	个体数量	引种方式	来源地
SC	种子	8	e	采集	河北、四川、青海

保存地点	保存方式	种质份数	个体数量	引种方式	来源地
GX	组织、种子	*	f	采集	甘肃、黑龙江
BJ	种子	3	a	采集	甘肃、河北

柳叶菜属　*Epilobium*

长柄柳叶菜　*Epilobium roseum* Schreb.

功效主治　地上部分：用于淋证，癃闭，尿潴留。

濒危等级　中国植物红色名录评估为无危（LC）。

迁地栽培保存

保存地点	种质份数	个体数量	引种方式	生长状况	来源地
GX	*	f	采集	G	法国

长籽柳叶菜　*Epilobium pyrricholophum* Franch. & Sav.

功效主治　全草：活血调经，止痢，安胎。用于月经不调，便血，痢疾，胎动不安。种毛：止血。外用于刀伤出血。

濒危等级　中国植物红色名录评估为无危（LC）。

迁地栽培保存

保存地点	种质份数	个体数量	引种方式	生长状况	来源地
BJ	1	b	采集	C	江西
GX	*	f	采集	G	日本

多枝柳叶菜　*Epilobium fastigiatoramosum* Nakai

濒危等级　中国植物红色名录评估为无危（LC）。

种质库保存

保存地点	保存方式	种质份数	个体数量	引种方式	来源地
GX	种子	*	f	采集	内蒙古

阔柱柳叶菜 *Epilobium platystigmatosum* C. B. Rob.

功效主治　全草：用于月经不调。

濒危等级　中国植物红色名录评估为无危（LC）。

迁地栽培保存

保存地点	种质份数	个体数量	引种方式	生长状况	来源地
GZ	1	d	采集	C	贵州

柳叶菜 *Epilobium hirsutum* L.

功效主治　根：淡，平。理气，活血，止血。用于胃痛，食滞饱胀，闭经。花：淡，平。清热解毒，调经止痛。用于牙痛，目赤，咽喉肿痛，月经不调，带下病。全草：用于骨折，跌打损伤，疔疮痈肿，外伤出血。

濒危等级　中国植物红色名录评估为无危（LC）。

迁地栽培保存

保存地点	种质份数	个体数量	引种方式	生长状况	来源地
HB	2	a	采集	C	湖北
GZ	1	b	采集	C	贵州
BJ	1	e	采集	G	北京
GX	*	f	采集	G	荷兰

种质库保存

保存地点	保存方式	种质份数	个体数量	引种方式	来源地
GX	种子	*	f	采集	湖北
BJ	种子	4	a	采集	甘肃，待确定

四棱柳叶菜 *Epilobium tetragonum* Lour.

功效主治 全草：解毒散结。

种质库保存

保存地点	保存方式	种质份数	个体数量	引种方式	来源地
GX	种子	*	f	采集	广西

小花柳叶菜 *Epilobium parviflorum* Schreb.

功效主治 全草：清热解毒，疏风镇咳。用于泄泻，疔疮，咳嗽。根：用于劳伤腰痛。

濒危等级 中国植物红色名录评估为无危（LC）。

迁地栽培保存

保存地点	种质份数	个体数量	引种方式	生长状况	来源地
CQ	1	a	采集	F	重庆
GX	*	f	采集	G	法国

种质库保存

保存地点	保存方式	种质份数	个体数量	引种方式	来源地
HN	种子	1	c	采集	海南

沼生柳叶菜 *Epilobium palustre* L.

功效主治 全草：淡，平。疏风清热，镇咳，止泻。用于风热咳嗽，声嘶，咽喉肿痛，泄泻。

濒危等级 中国植物红色名录评估为无危（LC）。

迁地栽培保存

保存地点	种质份数	个体数量	引种方式	生长状况	来源地
GX	*	f	采集	G	法国

种质库保存

保存地点	保存方式	种质份数	个体数量	引种方式	来源地
SC	种子	5	d	采集	青海、河北

露珠草属　*Circaea*

加拿大水珠草　*Circaea canadensis*（Linnaeus）Hill

迁地栽培保存

保存地点	种质份数	个体数量	引种方式	生长状况	来源地
BJ	2	c	采集	G	山东、黑龙江

露珠草　*Circaea cordata* Royle

功效主治　全草（牛泷草）：辛，凉。有小毒。清热解毒，生肌。用于疥疮，脓疮，刀伤。

濒危等级　中国植物红色名录评估为无危（LC）。

迁地栽培保存

保存地点	种质份数	个体数量	引种方式	生长状况	来源地
GX	*	f	采集	G	法国

种质库保存

保存地点	保存方式	种质份数	个体数量	引种方式	来源地
BJ	种子	6	b	采集	山西、云南
GX	种子	*	f	采集	广西
SC	种子	2	e	采集	湖南、河北

南方露珠草　*Circaea mollis* Siebold & Zucc.

功效主治　全草：辛、苦，凉。有小毒。清热解毒，理气止痛，生肌杀虫。用于风湿关节痛，内伤，胃痛，毒蛇咬伤，皮肤过敏。

濒危等级　中国植物红色名录评估为无危（LC）。

迁地栽培保存

保存地点	种质份数	个体数量	引种方式	生长状况	来源地
GX	*	f	采集	G	日本

种质库保存

保存地点	保存方式	种质份数	个体数量	引种方式	来源地
BJ	种子	1	a	采集	四川
GX	种子	*	f	采集	广西

水珠草　*Circaea lutetiana* L.

功效主治　全草：清热解毒，和胃气，止脘腹疼痛，利小便，通经。

濒危等级　中国植物红色名录评估为无危（LC）。

迁地栽培保存

保存地点	种质份数	个体数量	引种方式	生长状况	来源地
BJ	1	b	采集	G	陕西
GX	*	f	采集	G	德国

种质库保存

保存地点	保存方式	种质份数	个体数量	引种方式	来源地
GX	组织	1	f	采集	吉林

山桃草属　*Gaura*

山桃草　*Gaura lindheimeri* Engelm. & A. Gray

迁地栽培保存

保存地点	种质份数	个体数量	引种方式	生长状况	来源地
BJ	1	b	采集	G	江苏

种质库保存

保存地点	保存方式	种质份数	个体数量	引种方式	来源地
GX	种子	*	f	采集	广西

小花山桃草 *Gaura parviflora* Douglas ex Lehm.

功效主治 全草：清热解毒，利尿。

迁地栽培保存

保存地点	种质份数	个体数量	引种方式	生长状况	来源地
BJ	1	a	采集	G	山东
GX	*	f	采集	G	山东

月见草属 *Oenothera*

待宵草 *Oenothera stricta* Ledeb. ex Link

功效主治 根：辛，凉。解表散寒，祛风止痛。用于咽喉肿痛，感冒发热。

迁地栽培保存

保存地点	种质份数	个体数量	引种方式	生长状况	来源地
BJ	1	c	采集	G	吉林

种质库保存

保存地点	保存方式	种质份数	个体数量	引种方式	来源地
BJ	种子	2	a	采集	甘肃，待确定
GX	种子	*	f	采集	广西

粉花月见草 *Oenothera rosea* L'Hér. ex Aiton

功效主治　根：清热解毒，平抑肝阳。用于热毒疮痈，肝阳上亢。

迁地栽培保存

保存地点	种质份数	个体数量	引种方式	生长状况	来源地
GX	*	f	采集	G	法国

种质库保存

保存地点	保存方式	种质份数	个体数量	引种方式	来源地
BJ	种子	4	a	采集	吉林

海边月见草 *Oenothera drummondii* Hook.

功效主治　地上部分：利尿。

迁地栽培保存

保存地点	种质份数	个体数量	引种方式	生长状况	来源地
GX	*	f	采集	G	山东

种质库保存

保存地点	保存方式	种质份数	个体数量	引种方式	来源地
BJ	种子	1	a	采集	江西

黄花月见草 *Oenothera glazioviana* Micheli

功效主治　根：甘，温。强筋壮骨，祛风除湿。用于风湿病，筋骨痛。

迁地栽培保存

保存地点	种质份数	个体数量	引种方式	生长状况	来源地
BJ	1	d	采集	G	待确定
JS1	1	a	赠送	C	江苏
GX	*	f	采集	G	待确定

种质库保存

保存地点	保存方式	种质份数	个体数量	引种方式	来源地
SC	种子	1	e	采集	云南
GX	组织	*	f	采集	陕西

美丽月见草 *Oenothera speciosa* Nutt.

迁地栽培保存

保存地点	种质份数	个体数量	引种方式	生长状况	来源地
JS2	1	d	购买	C	江苏

种质库保存

保存地点	保存方式	种质份数	个体数量	引种方式	来源地
GX	组织	*	f	采集	陕西

南美月见草 *Oenothera odorata* Jacq.

迁地栽培保存

保存地点	种质份数	个体数量	引种方式	生长状况	来源地
SH	1	b	采集	A	待确定
CQ	1	c	采集	B	重庆
GX	*	f	采集	G	广西

小花月见草 *Oenothera parviflora* L.

迁地栽培保存

保存地点	种质份数	个体数量	引种方式	生长状况	来源地
GX	*	f	采集	G	法国

月见草 *Oenothera biennis* L.

功效主治　根：甘，温。祛风湿，强筋骨。用于风湿筋骨痛。种子油：用于胸痹，心痛，中风，消渴，肥胖，风湿痹痛。

濒危等级　中国植物红色名录评估为无危（LC）。

迁地栽培保存

保存地点	种质份数	个体数量	引种方式	生长状况	来源地
SC	5	f	待确定	G	四川
BJ	3	e	购买	G	北京、辽宁、黑龙江
JS2	1	c	购买	C	江苏
GZ	1	b	采集	C	贵州
LN	1	d	采集	A	辽宁
HB	1	f	采集	C	湖北
GX	*	f	采集	G	云南

种质库保存

保存地点	保存方式	种质份数	个体数量	引种方式	来源地
SC	种子	3	e	采集	河北
BJ	种子	67	d	采集	河北、吉林、江西、内蒙古、江苏、黑龙江、湖北、广西
GX	种子	*	f	采集	北京

龙胆科　Gentianaceae

扁蕾属　*Gentianopsis*

扁蕾　*Gentianopsis barbata*（Froel.）Ma

功效主治　全草（扁蕾）：苦，寒。清热解毒，消肿。用于外感风热，外伤肿痛，肝胆湿热。

濒危等级　中国植物红色名录评估为无危（LC）。

迁地栽培保存

保存地点	种质份数	个体数量	引种方式	生长状况	来源地
BJ	1	b	采集	G	甘肃

种质库保存

保存地点	保存方式	种质份数	个体数量	引种方式	来源地
BJ	种子	1	a	采集	云南
SC	种子	9	e	采集	青海、甘肃、四川

湿生扁蕾 *Gentianopsis paludosa*（Hook. f.）Ma

功效主治　全草：西藏地区作龙胆入药。

濒危等级　中国植物红色名录评估为无危（LC）。

迁地栽培保存

保存地点	种质份数	个体数量	引种方式	生长状况	来源地
BJ	1	b	采集	G	山西

种质库保存

保存地点	保存方式	种质份数	个体数量	引种方式	来源地
BJ	种子	1	a	采集	甘肃
SC	种子	1	e	采集	青海

匙叶草属　*Latouchea*

匙叶草 *Latouchea fokienensis* Franch.

功效主治　全草：清热，止咳，活血化瘀，祛痰。用于劳伤，咳嗽，腹内瘀血成块。

濒危等级　中国特有植物，中国植物红色名录评估为数据缺乏（DD）。

迁地栽培保存

保存地点	种质份数	个体数量	引种方式	生长状况	来源地
GX	*	f	采集	G	广西

穿心草属 *Canscora*

穿心草 *Canscora lucidissima*（Lévl. & Vaniot）Hand.-Mazz.

功效主治 全草：微甘、微苦，平。清热解毒，止咳，止痛。用于肺热咳嗽，胃痛，黄疸，毒蛇咬伤。

濒危等级 中国特有植物，中国植物红色名录评估为无危（LC）。

迁地栽培保存

保存地点	种质份数	个体数量	引种方式	生长状况	来源地
BJ	1	b	采集	G	广西

种质库保存

保存地点	保存方式	种质份数	个体数量	引种方式	来源地
GX	药材馏分	*	f	采集	待确定

罗星草 *Canscora melastomacea* Hand.-Mazz.

功效主治 全草：苦，寒。清热消肿，散瘀止痛，接骨。用于胆胀胁痛，泄泻，乳蛾，跌打骨折，关节肿痛。

迁地栽培保存

保存地点	种质份数	个体数量	引种方式	生长状况	来源地
GX	*	f	采集	G	广西

花锚属 *Halenia*

花锚 *Halenia corniculata*（L.）Cornaz

功效主治 全草（花锚）：甘、苦，寒。清热解毒，凉血止血。用于肝毒症，脱疽，外感发热，外伤出血。

濒危等级　中国植物红色名录评估为无危（LC）。

迁地栽培保存

保存地点	种质份数	个体数量	引种方式	生长状况	来源地
BJ	3	b	采集	G	四川、山西
GX	*	f	采集	G	贵州

种质库保存

保存地点	保存方式	种质份数	个体数量	引种方式	来源地
GX	种子	*	f	采集	黑龙江
SC	种子	1	e	采集	河北

卵萼花锚　*Halenia elliptica* D. Don

功效主治　全草（黑及草）：苦，寒。清热利湿，平肝利胆。用于黄疸，胆胀胁痛，胃痛，头晕头痛，牙痛。

种质库保存

保存地点	保存方式	种质份数	个体数量	引种方式	来源地
BJ	种子	3	b	采集	甘肃、云南
SC	种子	5	e	采集	四川、青海

黄秦艽属　*Veratrilla*

黄秦艽　*Veratrilla baillonii* Franch.

功效主治　根：苦，寒。有毒。清热，解毒。用于痢疾，肺热，烧伤。

濒危等级　中国植物红色名录评估为无危（LC）。

种质库保存

保存地点	保存方式	种质份数	个体数量	引种方式	来源地
GX	种子	*	f	采集	奥地利

灰莉属 *Fagraea*

灰莉 *Fagraea ceilanica* Thunb.

功效主治 叶：外用于伤口溃烂。

濒危等级 中国植物红色名录评估为无危（LC）。

迁地栽培保存

保存地点	种质份数	个体数量	引种方式	生长状况	来源地
HN	2	a	购买	C	海南
CQ	1	a	购买	C	重庆
YN	1	a	采集	A	云南
BJ	1	a	购买	G	待确定
GX	*	f	采集	G	广东

种质库保存

保存地点	保存方式	种质份数	个体数量	引种方式	来源地
GX	组织	1	f	采集	广西

假龙胆属 *Gentianella*

尖叶假龙胆 *Gentianella acuta*（Michx.）Hulten

功效主治 全草：清热解毒，利胆。

濒危等级 中国植物红色名录评估为无危（LC）。

种质库保存

保存地点	保存方式	种质份数	个体数量	引种方式	来源地
GX	种子	*	f	采集	内蒙古

普兰假龙胆　*Gentianella moorcroftiana*（Wall. ex Griseb.）Airy-Shaw

功效主治　花、叶：用于背痛，头痛，发热，咳嗽。

濒危等级　中国植物红色名录评估为无危（LC）。

迁地栽培保存

保存地点	种质份数	个体数量	引种方式	生长状况	来源地
GX	*	f	采集	G	法国

肋柱花属　*Lomatogonium*

肋柱花　*Lomatogonium carinthiacum*（Wulf.）Reichb.

功效主治　全草：清热解毒，益骨。用于药物中毒，骨热。

濒危等级　中国植物红色名录评估为无危（LC）。

种质库保存

保存地点	保存方式	种质份数	个体数量	引种方式	来源地
GX	种子	*	f	采集	待确定
SC	种子	1	d	采集	青海

龙胆属　*Gentiana*

粗茎秦艽　*Gentiana crassicaulis* Duthie ex Burk.

功效主治　根（秦艽）：辛、苦，平。祛风湿，清湿热，止痹痛。用于风湿痹痛，筋脉拘挛，骨节烦痛，日晡潮热，小儿疳积发热。

濒危等级　中国特有植物，中国植物红色名录评估为近危（NT）。

迁地栽培保存

保存地点	种质份数	个体数量	引种方式	生长状况	来源地
BJ	4	a	采集	G	甘肃、四川
GX	*	f	采集	G	法国

种质库保存

保存地点	保存方式	种质份数	个体数量	引种方式	来源地
SC	种子	1	e	采集	云南
BJ	种子	6	c	采集	云南、甘肃

达乌里秦艽 *Gentiana dahurica* Fisch.

功效主治 根：祛风除湿，和血舒筋，清热利尿。用于风湿痹痛，筋骨拘挛，黄疸，便血，骨蒸潮热，小儿疳积发热，小便不利。

濒危等级 中国植物红色名录评估为无危（LC）。

迁地栽培保存

保存地点	种质份数	个体数量	引种方式	生长状况	来源地
BJ	2	b	采集	G	内蒙古、山西
NMG	1	b	购买	F	内蒙古

种质库保存

保存地点	保存方式	种质份数	个体数量	引种方式	来源地
BJ	种子	1	a	采集	河北

滇龙胆草 *Gentiana rigescens* Franch. ex Hemsl.

功效主治 全草：清肝胆热。

濒危等级 中国植物红色名录评估为无危（LC）。

迁地栽培保存

保存地点	种质份数	个体数量	引种方式	生长状况	来源地
GZ	2	f	采集	F	贵州

高山龙胆 *Gentiana algida* Pall.

功效主治 全草（白花龙胆）：苦，寒。清肝胆，除湿热，健胃。用于头风，目赤，咽喉痛，肺热咳嗽，胃脘痛胀，淋证，阴痒，肾囊风。

濒危等级　青海省重点保护植物、吉林省二级保护植物，中国植物红色名录评估为无危（LC）。

种质库保存

保存地点	保存方式	种质份数	个体数量	引种方式	来源地
BJ	种子	1	a	采集	江西

管花秦艽　*Gentiana siphonantha* Maxim. ex Kusnez.

功效主治　根：祛风除湿，和血舒筋，清热利尿。用于风湿痹痛，筋骨拘挛，黄疸，便血，骨蒸潮热，小儿疳积发热，小便不利。

濒危等级　中国特有植物，中国植物红色名录评估为近危（NT）。

种质库保存

保存地点	保存方式	种质份数	个体数量	引种方式	来源地
SC	种子	1	e	采集	青海
BJ	种子	1	a	采集	待确定

华南龙胆　*Gentiana loureiroi*（G. Don）Griseb.

功效主治　全草（龙胆地丁）：苦、辛，寒。清热利湿，解毒消痈。用于咽喉肿痛，肠痈，带下病，尿血；外用于疮疡肿毒，瘰疬。

濒危等级　中国植物红色名录评估为数据缺乏（DD）。

迁地栽培保存

保存地点	种质份数	个体数量	引种方式	生长状况	来源地
GX	*	f	采集	G	广西

黄管秦艽　*Gentiana officinalis* H. Smith

功效主治　全草：清热解毒，利湿消肿。

濒危等级　中国特有植物，中国植物红色名录评估为无危（LC）。

迁地栽培保存

保存地点	种质份数	个体数量	引种方式	生长状况	来源地
BJ	1	a	采集	G	甘肃

龙胆 *Gentiana scabra* Bunge

功效主治 根及根茎（龙胆）：苦，寒。清热燥湿，泻肝胆火。用于湿热黄疸，阴肿阴痒，带下病，强中，湿疹瘙痒，目赤，耳聋，肿痛，惊风抽搐。

濒危等级 吉林省二级保护植物、内蒙古自治区重点保护植物、江西省三级保护植物，中国植物红色名录评估为无危（LC）。

迁地栽培保存

保存地点	种质份数	个体数量	引种方式	生长状况	来源地
BJ	2	b	采集	G	辽宁、安徽
JS2	1	a	购买	F	江苏
JS1	1	a	采集	D	江苏
HLJ	1	c	采集	A	黑龙江
HB	1	a	采集	C	湖北
LN	1	d	采集	B	辽宁
GX	*	f	采集	G	贵州

种质库保存

保存地点	保存方式	种质份数	个体数量	引种方式	来源地
GX	药材馏分	*	f	采集	待确定
BJ	种子	7	c	采集	云南、甘肃、内蒙古、辽宁

露蕊龙胆 *Gentiana vernayi* Marq.

濒危等级 中国植物红色名录评估为无危（LC）。

迁地栽培保存

保存地点	种质份数	个体数量	引种方式	生长状况	来源地
GX	*	f	采集	G	法国

麻花艽　*Gentiana straminea* Maxim.

功效主治　根：祛风除湿，和血舒筋，清热利尿，止痛。用于风湿痹痛，筋骨拘挛，黄疸，便血，骨蒸潮热，小儿疳积发热，小便不利。

濒危等级　中国植物红色名录评估为无危（LC）。

迁地栽培保存

保存地点	种质份数	个体数量	引种方式	生长状况	来源地
BJ	1	b	采集	G	四川

种质库保存

保存地点	保存方式	种质份数	个体数量	引种方式	来源地
SC	种子	3	e	采集	青海

匍地龙胆　*Gentiana prostrata* Haenke

种质库保存

保存地点	保存方式	种质份数	个体数量	引种方式	来源地
GX	种子	*	f	采集	广西

秦艽　*Gentiana macrophylla* Pall.

功效主治　根：祛风除湿，和血舒筋，清热利尿，止痛。用于风湿痹痛，筋骨拘挛，黄疸，便血，骨蒸潮热，小儿疳积发热，小便不利。

濒危等级　中国植物红色名录评估为无危（LC）。

迁地栽培保存

保存地点	种质份数	个体数量	引种方式	生长状况	来源地
BJ	10	b	采集	G	山西、陕西、河北、内蒙古
JS1	1	a	赠送	D	云南

种质库保存

保存地点	保存方式	种质份数	个体数量	引种方式	来源地
SC	种子	3	e	采集	云南、甘肃
BJ	种子	66	e	采集	青海、山西、甘肃、陕西、四川、云南、河北、河南，待确定
GX	种子	*	f	采集	内蒙古

深红龙胆　*Gentiana rubicunda* Franch.

功效主治　全草：用于跌打损伤，消化不良。

濒危等级　中国特有植物，中国植物红色名录评估为无危（LC）。

迁地栽培保存

保存地点	种质份数	个体数量	引种方式	生长状况	来源地
BJ	2	b	采集	G	云南、湖北

条裂龙胆　*Gentiana lacinulata* T. N. Ho

濒危等级　中国特有植物，中国植物红色名录评估为近危（NT）。

迁地栽培保存

保存地点	种质份数	个体数量	引种方式	生长状况	来源地
GX	*	f	采集	G	广西

条叶龙胆　*Gentiana manshurica* Kitag.

功效主治　根及根茎（龙胆）：功效同龙胆。

濒危等级　江西省三级保护植物，中国植物红色名录评估为濒危（EN）。

迁地栽培保存

保存地点	种质份数	个体数量	引种方式	生长状况	来源地
BJ	1	b	采集	G	山东
HLJ	1	c	采集	A	黑龙江

种质库保存

保存地点	保存方式	种质份数	个体数量	引种方式	来源地
BJ	种子	1	a	采集	江西

西藏秦艽　*Gentiana tibetica* King ex Hook. f.

迁地栽培保存

保存地点	种质份数	个体数量	引种方式	生长状况	来源地
BJ	1	b	采集	G	西藏
GX	*	f	采集	G	法国

种质库保存

保存地点	保存方式	种质份数	个体数量	引种方式	来源地
GX	种子	*	f	采集	西藏
BJ	种子	1	a	采集	甘肃

小龙胆　*Gentiana parvula* H. Smith

濒危等级　中国特有植物，中国植物红色名录评估为无危（LC）。

迁地栽培保存

保存地点	种质份数	个体数量	引种方式	生长状况	来源地
GX	*	f	采集	G	贵州

早春龙胆　*Gentiana verna* subsp. *pontica*（M. Soltokovic）Hayek

迁地栽培保存

保存地点	种质份数	个体数量	引种方式	生长状况	来源地
GX	*	f	采集	G	法国

中亚秦艽 *Gentiana kaufmanniana* Regel & Schmalh.

濒危等级 中国植物红色名录评估为数据缺乏（DD）。

迁地栽培保存

保存地点	种质份数	个体数量	引种方式	生长状况	来源地
BJ	1	a	采集	G	新疆

蔓龙胆属 *Crawfurdia*

斑茎蔓龙胆 *Crawfurdia maculaticaulis* C. Y. Wu ex C. J. Wu

濒危等级 中国特有植物，中国植物红色名录评估为无危（LC）。

迁地栽培保存

保存地点	种质份数	个体数量	引种方式	生长状况	来源地
GX	*	f	采集	G	广西

簇花蔓龙胆 *Crawfurdia fasciculata* Forbes & Hemsl.

迁地栽培保存

保存地点	种质份数	个体数量	引种方式	生长状况	来源地
GX	*	f	采集	G	广西

福建蔓龙胆 *Crawfurdia pricei* (Marq.) H. Smith

功效主治 全草：清热解毒。

濒危等级 中国特有植物，中国植物红色名录评估为无危（LC）。

迁地栽培保存

保存地点	种质份数	个体数量	引种方式	生长状况	来源地
GX	*	f	采集	G	广西

云南蔓龙胆 *Crawfurdia campanulacea* Wall. & Griff. ex C. B. Clarke

功效主治　全草：清热，泻火，利湿。

濒危等级　中国植物红色名录评估为无危（LC）。

种质库保存

保存地点	保存方式	种质份数	个体数量	引种方式	来源地
BJ	种子	1	a	采集	云南

双蝴蝶属　*Tripterospermum*

峨眉双蝴蝶 *Tripterospermum cordatum*（Marq.）H. Smith

功效主治　全草：用于刀伤，骨折。

濒危等级　中国特有植物，中国植物红色名录评估为无危（LC）。

迁地栽培保存

保存地点	种质份数	个体数量	引种方式	生长状况	来源地
GX	*	f	采集	G	四川

双蝴蝶 *Tripterospermum chinense*（Migo）H. Smith

功效主治　全草（肺形草）：辛，寒。清肺止咳，解毒消肿。用于肺热咳嗽，肺痨咳嗽，肺痈，水肿，疮痈疖肿。

迁地栽培保存

保存地点	种质份数	个体数量	引种方式	生长状况	来源地
BJ	1	d	采集	G	待确定
BJ	1	b	采集	C	江西
GX	*	f	采集	G	广西

香港双蝴蝶 *Tripterospermum nienkui* (Marq.) C. J. Wu

功效主治　全草或根：清热，调经。用于肺痨，肺痈，乳疮，久痢，月经不调。

濒危等级　中国植物红色名录评估为无危（LC）。

迁地栽培保存

保存地点	种质份数	个体数量	引种方式	生长状况	来源地
GX	*	f	采集	G	广西

盐源双蝴蝶 *Tripterospermum coeruleum* (Hand.-Mazz.) H. Smith

功效主治　全草（小筋骨藤）：甘，平。舒筋活络，接骨。用于骨折，断指再接。

濒危等级　中国特有植物，中国植物红色名录评估为近危（NT）。

迁地栽培保存

保存地点	种质份数	个体数量	引种方式	生长状况	来源地
BJ	1	b	采集	G	广西

獐牙菜属　*Swertia*

抱茎獐牙菜 *Swertia franchetiana* H. Smith

功效主治　全草：甘、苦，寒。清肝利胆，健胃。

濒危等级　中国特有植物，青海省重点保护植物，中国植物红色名录评估为无危（LC）。

迁地栽培保存

保存地点	种质份数	个体数量	引种方式	生长状况	来源地
BJ	1	b	采集	G	甘肃

种质库保存

保存地点	保存方式	种质份数	个体数量	引种方式	来源地
GX	种子	*	f	采集	待确定

北方獐牙菜　*Swertia diluta* (Turcz.) Benth. & Hook. f.

功效主治　全草：清热解毒，祛湿利胆。

迁地栽培保存

保存地点	种质份数	个体数量	引种方式	生长状况	来源地
BJ	1	b	采集	G	山东

川东獐牙菜　*Swertia davidii* Franch.

功效主治　全草（鱼胆草）：苦，凉。清肺热，杀虫。用于湿热黄疸，喉头红肿，恶疮疥癣。

濒危等级　中国特有植物，中国植物红色名录评估为无危（LC）。

种质库保存

保存地点	保存方式	种质份数	个体数量	引种方式	来源地
HN	种子	2	b	采集	湖南
BJ	种子	1	a	采集	四川

川西獐牙菜　*Swertia mussotii* Franch.

功效主治　全草：清热解毒，清肝利胆。用于肝毒症，胁痛，胆胀。

濒危等级　中国特有植物，中国植物红色名录评估为无危（LC）。

种质库保存

保存地点	保存方式	种质份数	个体数量	引种方式	来源地
BJ	种子	1	a	采集	云南

贵州獐牙菜　*Swertia kouitchensis* Franch.

功效主治　全草（青鱼胆草）：用于小儿高热，口苦潮热，湿热黄疸，咽喉肿痛，毒蛇咬伤。

濒危等级　中国特有植物，中国植物红色名录评估为无危（LC）。

迁地栽培保存

保存地点	种质份数	个体数量	引种方式	生长状况	来源地
HB	1	a	采集	C	待确定

种质库保存

保存地点	保存方式	种质份数	个体数量	引种方式	来源地
SC	种子	2	e	采集	云南

瘤毛獐牙菜　*Swertia pseudochinensis* Hara

功效主治　全草：清湿热，健胃。用于消化不良，脾胃湿热，黄疸。叶：用于痢疾，疮痈。

濒危等级　中国植物红色名录评估为无危（LC）。

种质库保存

保存地点	保存方式	种质份数	个体数量	引种方式	来源地
SC	种子	1	e	采集	甘肃

蒙自獐牙菜　*Swertia leducii* Franch.

功效主治　全草：苦、甘，寒。清肝利胆，清热利湿。用于黄疸，尿赤，热淋涩痛。

濒危等级　中国特有植物，中国植物红色名录评估为易危（VU）。

种质库保存

保存地点	保存方式	种质份数	个体数量	引种方式	来源地
GX	药材馏分	*	f	采集	待确定

四数獐牙菜　*Swertia tetraptera* Maxim.

功效主治　全草：清热，利胆。

濒危等级　中国特有植物，中国植物红色名录评估为无危（LC）。

种质库保存

保存地点	保存方式	种质份数	个体数量	引种方式	来源地
BJ	种子	1	a	采集	重庆
SC	种子	1	e	采集	青海

显脉獐牙菜 *Swertia nervosa* (G. Don) Wall. ex C. B. Clarke

功效主治 全草：苦，寒。清热解毒。用于泄泻，月经不调，黄疸。

濒危等级 中国植物红色名录评估为无危（LC）。

迁地栽培保存

保存地点	种质份数	个体数量	引种方式	生长状况	来源地
GZ	1	a	采集	C	贵州

云南獐牙菜 *Swertia yunnanensis* Burk.

功效主治 全草：清肝利胆，清热消炎，利湿。用于肝毒症，胆胀，胁痛，牙痛，淋证。

濒危等级 中国特有植物，中国植物红色名录评估为无危（LC）。

种质库保存

保存地点	保存方式	种质份数	个体数量	引种方式	来源地
SC	种子	1	e	采集	云南

獐牙菜 *Swertia bimaculata* (Sieb. & Zucc.) Hook. f. & Thoms. ex C. B. Clarke

功效主治 全草（大苦草）：苦，寒。清热解毒，疏肝利胆。用于肝毒症，胁痛，胆胀，淋证，胃肠痛，感冒发热，时行感冒，咽喉痛，牙痛。

濒危等级 中国植物红色名录评估为无危（LC）。

迁地栽培保存

保存地点	种质份数	个体数量	引种方式	生长状况	来源地
BJ	2	b	采集	C	安徽、江西
CQ	1	a	采集	C	重庆

续表

保存地点	种质份数	个体数量	引种方式	生长状况	来源地
HB	1	a	采集	C	湖北
GX	*	f	采集	G	福建

种质库保存

保存地点	保存方式	种质份数	个体数量	引种方式	来源地
SC	种子	2	e	采集	湖南
HN	种子	1	b	采集	湖南
GX	种子	*	f	采集	广西
BJ	种子	13	b	采集	山西、江西、云南、四川，待确定

紫红獐牙菜 *Swertia punicea* Hemsl.

功效主治 全草（山飘儿草）：苦，寒。清肝利胆，除湿清热。用于黄疸，胆胀。

濒危等级 中国特有植物，中国植物红色名录评估为无危（LC）。

种质库保存

保存地点	保存方式	种质份数	个体数量	引种方式	来源地
HN	种子	1	b	采集	湖南

龙脑香科　Dipterocarpaceae

柳安属 *Parashorea*

望天树 *Parashorea chinensis* H. Wang

濒危等级 国家重点保护野生植物名录（第一批）一级，中国植物红色名录评估为濒危（EN）。

迁地栽培保存

保存地点	种质份数	个体数量	引种方式	生长状况	来源地
YN	1	a	采集	C	云南

种质库保存

保存地点	保存方式	种质份数	个体数量	引种方式	来源地
GX	种子	*	f	采集	广西

龙脑香属 *Dipterocarpus*

缠结龙脑香 *Dipterocarpus intricatus* Dyer

迁地栽培保存

保存地点	种质份数	个体数量	引种方式	生长状况	来源地
YN	1	a	购买	C	云南

种质库保存

保存地点	保存方式	种质份数	个体数量	引种方式	来源地
BJ	种子	1	a	采集	广西
GX	组织	1	f	采集	云南

钝叶龙脑香 *Dipterocarpus obtusifolius* TeijSmith. ex Miq.

迁地栽培保存

保存地点	种质份数	个体数量	引种方式	生长状况	来源地
YN	1	a	购买	C	云南

种质库保存

保存地点	保存方式	种质份数	个体数量	引种方式	来源地
BJ	种子	1	a	采集	山西

羯布罗香 *Dipterocarpus turbinatus* Gaertn.

功效主治 叶：止血。外用于疥癣，刀伤出血。

迁地栽培保存

保存地点	种质份数	个体数量	引种方式	生长状况	来源地
CQ	1	a	赠送	F	云南
YN	1	a	采集	A	云南

种质库保存

保存地点	保存方式	种质份数	个体数量	引种方式	来源地
HN	种胚	20	a	采集	云南

坡垒属 *Hopea*

河内坡垒 *Hopea hongayensis* Tard.-Blot.

濒危等级 中国植物红色名录评估为濒危（EN）。

种质库保存

保存地点	保存方式	种质份数	个体数量	引种方式	来源地
GX	组织	*	f	采集	云南

坡垒 *Hopea hainanensis* Merr. & Chun

濒危等级 国家重点保护野生植物名录（第一批）一级，中国植物红色名录评估为濒危（EN）。

迁地栽培保存

保存地点	种质份数	个体数量	引种方式	生长状况	来源地
HN	1	a	采集	C	海南
GX	*	f	采集	G	广西

种质库保存

保存地点	保存方式	种质份数	个体数量	引种方式	来源地
HN	种子	1	a	采集	海南
BJ	种子	8	a	采集	甘肃、云南

铁凌 *Hopea exalata* W. T. Lin, Y. Y. Yang & Q. S. Hsue

濒危等级 国家重点保护野生植物名录（第一批）二级，中国植物红色名录评估为极危（CR）。

迁地栽培保存

保存地点	种质份数	个体数量	引种方式	生长状况	来源地
HN	1	a	采集	C	海南

狭叶坡垒 *Hopea chinensis* (Merr.) Hand.-Mazz.

濒危等级 国家重点保护野生植物名录（第一批）一级，中国植物红色名录评估为易危（VU）。

迁地栽培保存

保存地点	种质份数	个体数量	引种方式	生长状况	来源地
GX	2	f	采集	G	广东、广西

种质库保存

保存地点	保存方式	种质份数	个体数量	引种方式	来源地
GX	组织	*	f	采集	云南

青梅属 *Vatica*

广西青梅 *Vatica guangxiensis* S. L. Mo

濒危等级 国家重点保护野生植物名录（第一批）二级，中国植物红色名录评估为极危（CR）。

迁地栽培保存

保存地点	种质份数	个体数量	引种方式	生长状况	来源地
GX	*	f	采集	G	广西

种质库保存

保存地点	保存方式	种质份数	个体数量	引种方式	来源地
GX	组织	*	f	采集	云南

青梅 *Vatica mangachapoi* Blanco

濒危等级　国家重点保护野生植物名录（第一批）二级，中国植物红色名录评估为易危（VU）。

迁地栽培保存

保存地点	种质份数	个体数量	引种方式	生长状况	来源地
HN	1	a	采集	C	海南
GX	*	f	采集	G	广西

种质库保存

保存地点	保存方式	种质份数	个体数量	引种方式	来源地
BJ	种子	1	a	采集	待确定
HN	种胚	3	a	采集	海南

露兜树科　Pandanaceae

露兜树属　*Pandanus*

分叉露兜　*Pandanus furcatus* Roxb.

功效主治　根（帕梯）：甘、淡，凉。清热利尿，发汗止痛。用于感冒发热，淋证，水肿，目赤肿痛，肝毒症，风湿腰腿痛。果实（帕梯果）：用于痢疾。

濒危等级　中国植物红色名录评估为无危（LC）。

迁地栽培保存

保存地点	种质份数	个体数量	引种方式	生长状况	来源地
YN	1	b	采集	C	云南
GX	*	f	采集	G	广东

种质库保存

保存地点	保存方式	种质份数	个体数量	引种方式	来源地
GX	组织	*	f	采集	中国

露兜草 *Pandanus austrosinensis* T. L. Wu

功效主治　根：清热祛湿。

濒危等级　中国特有植物，中国植物红色名录评估为无危（LC）。

迁地栽培保存

保存地点	种质份数	个体数量	引种方式	生长状况	来源地
HN	1	b	采集	B	海南

露兜树 *Pandanus tectorius* Parkinson

功效主治　根及根茎（露兜簕）：甘、淡，凉。清热解毒。用于感冒，温热病，肝毒症，水肿，淋证，跌打损伤。叶芽（露兜簕心）：甘、平，微寒。清热，凉血，解毒。用于麻疹，发癍，丹毒，暑热证，牙龈出血，恶疮，烂脚。花（露兜簕花）：甘，寒。用于疝气，小便不通。果实（簕罟子）：甘，凉。清热解毒。用于疝气，痢疾，痔疮，目生翳障，视物不明。

濒危等级　中国植物红色名录评估为无危（LC）。

迁地栽培保存

保存地点	种质份数	个体数量	引种方式	生长状况	来源地
HN	1	a	赠送	B	海南
YN	1	b	购买	A	云南
GD	1	f	采集	G	待确定
BJ	1	a	采集	G	云南

种质库保存

保存地点	保存方式	种质份数	个体数量	引种方式	来源地
BJ	种子	2	a	采集	云南、重庆
GX	药材馏分	*	f	采集	待确定

扇叶露兜树 *Pandanus utilis* Borg.

功效主治 花：壮阳。

迁地栽培保存

保存地点	种质份数	个体数量	引种方式	生长状况	来源地
YN	1	b	购买	A	云南

种质库保存

保存地点	保存方式	种质份数	个体数量	引种方式	来源地
GX	组织	*	f	采集	重庆
HN	种子	1	a	采集	云南

香露兜 *Pandanus amaryllifolius* Roxb.

功效主治 叶：用于食欲不振，便秘，浮肿，筋缩。

迁地栽培保存

保存地点	种质份数	个体数量	引种方式	生长状况	来源地
HN	1	b	采集	B	海南
YN	1	b	赠送	A	云南
GX	*	f	采集	G	海南

香甜露兜树 *Pandanus odorifer* (Forssk.) Kuntze

迁地栽培保存

保存地点	种质份数	个体数量	引种方式	生长状况	来源地
GX	*	f	采集	G	广西

小露兜 *Pandanus gressittii* Merr. ex B. C. Stone

濒危等级　中国植物红色名录评估为无危（LC）。

迁地栽培保存

保存地点	种质份数	个体数量	引种方式	生长状况	来源地
HN	1	b	采集	B	海南

落葵科　Basellaceae

落葵薯属　*Anredera*

落葵薯 *Anredera cordifolia*（Tenore）Steenis

功效主治　藤、珠芽：微苦，温。滋补强壮，祛风除湿，活血祛瘀，消肿止痛。用于腰膝痹痛，病后体虚，跌打损伤，骨折。

迁地栽培保存

保存地点	种质份数	个体数量	引种方式	生长状况	来源地
BJ	1	c	采集	G	广西
CQ	1	b	采集	B	重庆
FJ	1	a	采集	B	福建
GD	1	f	采集	G	待确定
HN	1	a	采集	B	待确定
LN	1	c	采集	A	辽宁
YN	1	b	采集	A	云南

种质库保存

保存地点	保存方式	种质份数	个体数量	引种方式	来源地
BJ	种子	1	a	采集	重庆
GX	药材馏分	*	f	采集	待确定

落葵属 *Basella*

落葵 *Basella alba* L.

功效主治 根：用于风湿关节痛。茎叶：甘、酸，寒。清热，滑肠，凉血，解毒。用于大便秘结，小便短涩，便血，疔疮。花汁：清血解毒。用于乳头破裂，水痘。

迁地栽培保存

保存地点	种质份数	个体数量	引种方式	生长状况	来源地
BJ	2	d	采集	G	海南
GZ	1	c	采集	C	贵州
SH	1	b	采集	A	待确定
JS2	1	c	购买	C	江苏
HN	1	a	采集	B	待确定
GD	1	b	采集	A	待确定
CQ	1	a	采集	B	重庆
JS1	1	a	购买	D	江苏
GX	*	f	采集	G	广西

种质库保存

保存地点	保存方式	种质份数	个体数量	引种方式	来源地
BJ	种子	8	b	采集	云南、四川、海南、广西
GX	种子	*	f	采集	广西
HN	种子	1	a	采集	海南

马鞭草科 **Verbenaceae**

过江藤属 *Phyla*

过江藤 *Phyla nodiflora*（L.）Greene

功效主治 全草（过江藤）：微苦、辛，平。清热解毒，散瘀消肿。用于痢疾，乳蛾，跌打损伤；外用于痈疔疗毒，蛇串疮，湿疹。

迁地栽培保存

保存地点	种质份数	个体数量	引种方式	生长状况	来源地
HN	2	a	采集	C	海南
BJ	1	a	采集	G	四川
GX	*	f	采集	G	澳门

种质库保存

保存地点	保存方式	种质份数	个体数量	引种方式	来源地
HN	种子	35	d	采集	海南

假连翘属 *Duranta*

花叶假连翘 *Duranta erecta* 'Variegata'

种质库保存

保存地点	保存方式	种质份数	个体数量	引种方式	来源地
BJ	种子	1	a	采集	待确定

假连翘 *Duranta repens* L.

功效主治 叶、果实（假连翘）：甘、微辛，温。有小毒。散热透邪，行血祛瘀，止痛杀虫，消肿解毒。用于疟疾，痈毒初起，脚底深部脓肿。根：止痛，止渴。

迁地栽培保存

保存地点	种质份数	个体数量	引种方式	生长状况	来源地
YN	2	e	购买	A	云南
CQ	1	a	购买	C	重庆
HN	1	b	赠送	C	云南
BJ	1	a	采集	G	云南
GD	1	b	采集	C	待确定
GX	*	f	采集	G	新加坡

种质库保存

保存地点	保存方式	种质份数	个体数量	引种方式	来源地
SC	种子	2	e	采集	云南
GX	组织、种子	*	f	采集	广西
BJ	种子	43	c	采集	河北、云南、福建

假马鞭属 *Stachytarpheta*

白花假马鞭 *Stachytarpheta cayennensis*（Rich.）Vahl

功效主治 全草：肝阳上亢，疟疾，热病，肝毒症。叶：解热，利尿，发汗，驱虫。用于疟疾，感冒，咳嗽，胃痛，便秘，淋证，肝毒症，关节痹痛。根：用于外伤，风湿病，背痛。

迁地栽培保存

保存地点	种质份数	个体数量	引种方式	生长状况	来源地
HN	2	a	采集	B	海南

假马鞭 *Stachytarpheta jamaicensis*（L.）Vahl

功效主治 全草（玉龙鞭）：微苦，寒。清热解毒，利水通淋。用于淋证，风湿筋骨痛，咽喉痛，目赤肿痛；外用于痈疖肿毒。

濒危等级 中国植物红色名录评估为无危（LC）。

迁地栽培保存

保存地点	种质份数	个体数量	引种方式	生长状况	来源地
HN	1	a	采集	B	海南
YN	1	b	采集	C	云南
GD	1	a	采集	D	待确定

种质库保存

保存地点	保存方式	种质份数	个体数量	引种方式	来源地
BJ	种子	6	b	采集	海南、云南
GX	种子	*	f	采集	广东

蓝花藤属　*Petrea*

蓝花藤　*Petrea volubilis* Linn.

种质库保存

保存地点	保存方式	种质份数	个体数量	引种方式	来源地
GX	组织	*	f	采集	云南

马鞭草属　*Verbena*

柳叶马鞭草　*Verbena bonariensis* L.

功效主治　地上部分或花、叶：解痉，祛痰，通经。用于带下病，创伤。

迁地栽培保存

保存地点	种质份数	个体数量	引种方式	生长状况	来源地
JS2	1	d	购买	C	江苏
BJ	1	e	采集	G	待确定

马鞭草　*Verbena officinalis* L.

功效主治　全草（马鞭草）：苦，凉。活血散瘀，截疟，解毒，利水消肿。用于癥瘕积聚，闭经，痛经，疟疾，喉痹，痈肿，水肿，热淋。

迁地栽培保存

保存地点	种质份数	个体数量	引种方式	生长状况	来源地
BJ	3	c	采集	G	四川、北京
SC	2	f	待确定	G	四川
JS1	1	b	采集	B	江苏
YN	1	a	采集	C	云南
SH	1	b	采集	A	待确定
LN	1	d	采集	A	辽宁

续表

保存地点	种质份数	个体数量	引种方式	生长状况	来源地
HN	1	a	采集	B	海南
HEN	1	b	采集	A	河南
HB	1	a	采集	C	湖北
GZ	1	b	采集	C	贵州
GD	1	f	采集	G	待确定
CQ	1	a	采集	C	重庆

种质库保存

保存地点	保存方式	种质份数	个体数量	引种方式	来源地
BJ	种子	51	d	采集	海南、云南、四川、贵州、山西、安徽、福建、广西、上海

马缨丹属 *Lantana*

马缨丹 *Lantana camara* L.

功效主治 全株（五色梅）或根（五色梅）：淡，凉。清热解毒，散结止痛。用于感冒高热，久热不退，瘰疬，风湿骨痛，胃痛，跌打损伤。花：辛、苦、甘，凉。清热解毒，止血消肿。用于湿疹，吐泻，肺痨咯血。

迁地栽培保存

保存地点	种质份数	个体数量	引种方式	生长状况	来源地
FJ	13	b	采集	A	福建
BJ	1	a	采集	G	广西
GD	1	f	采集	G	待确定
HN	1	b	采集	B	海南
JS1	1	a	购买	C	江苏
YN	1	c	采集	A	云南

种质库保存

保存地点	保存方式	种质份数	个体数量	引种方式	来源地
BJ	种子	53	b	采集	重庆、云南、贵州、福建、四川、广西、上海
HN	种子	2	c	采集	海南

美女樱属　*Glandularia*

加拿大美女樱　*Glandularia canadensis* Small

迁地栽培保存

保存地点	种质份数	个体数量	引种方式	生长状况	来源地
JS2	1	c	购买	C	江苏

美女樱　*Glandularia × hybrida*（Groenland & Rümpler）G. L. Nesom & Pruski

种质库保存

保存地点	保存方式	种质份数	个体数量	引种方式	来源地
BJ	种子	1	a	采集	待确定

马齿苋科　Portulacaceae

马齿苋属　*Portulaca*

大花马齿苋　*Portulaca grandiflora* Hook.

功效主治　地上部分：苦，寒。清热解毒。用于咽喉痛，烫伤，跌打损伤，湿疮。

迁地栽培保存

保存地点	种质份数	个体数量	引种方式	生长状况	来源地
BJ	1	b	采集	G	北京
HN	1	b	采集	C	海南
JS1	1	d	购买	C	江苏
SH	1	b	采集	A	待确定

种质库保存

保存地点	保存方式	种质份数	个体数量	引种方式	来源地
BJ	种子	1	a	采集	四川

马齿苋 *Portulaca oleracea* L.

功效主治 地上部分（马齿苋）：酸，寒。清热解毒，凉血止血。用于热痢脓血，热淋，带下病，痈肿恶疮，丹毒。种子：明目，利大小肠。

迁地栽培保存

保存地点	种质份数	个体数量	引种方式	生长状况	来源地
CQ	1	a	采集	C	重庆
HN	1	b	采集	B	海南
LN	1	d	采集	C	辽宁
JS2	1	e	购买	C	江苏
SH	1	b	采集	A	待确定
JS1	1	b	采集	C	江苏
YN	1	b	采集	A	云南
GD	1	f	采集	G	待确定
BJ	1	e	采集	G	北京
GZ	1	a	采集	C	贵州
HLJ	1	c	采集	A	黑龙江

种质库保存

保存地点	保存方式	种质份数	个体数量	引种方式	来源地
BJ	种子	25	e	采集	云南、四川、山西、福建、吉林、辽宁、甘肃
HN	种子	1	b	采集	湖南

毛马齿苋　*Portulaca pilosa* L.

功效主治　全草：用于刀伤，烫火伤。

迁地栽培保存

保存地点	种质份数	个体数量	引种方式	生长状况	来源地
HN	1	b	采集	B	海南

种质库保存

保存地点	保存方式	种质份数	个体数量	引种方式	来源地
BJ	种子	1	a	采集	待确定

马兜铃科　**Aristolochiaceae**

马兜铃属　*Aristolochia*

凹脉马兜铃　*Aristolochia impressinervia* Liang

功效主治　全株：祛风活络，止血，止痛。用于胃痛，风湿痛，跌打肿痛，泄泻，小儿麻痹后遗症。
濒危等级　中国植物红色名录评估为濒危（EN）。
迁地栽培保存

保存地点	种质份数	个体数量	引种方式	生长状况	来源地
GX	*	f	采集	G	广西

宝兴马兜铃 *Aristolochia moupinensis* Franch.

功效主治 藤茎（淮木通）：苦，寒。除烦退热，清热利湿，行水下乳，排脓止痛。用于热淋涩痛，水肿，阴痒，风湿痹痛。根：祛风止痛，清热利水。用于风湿关节疼痛，小便不利，水肿，脚气湿肿。

迁地栽培保存

保存地点	种质份数	个体数量	引种方式	生长状况	来源地
GX	*	f	采集	G	四川

北马兜铃 *Aristolochia contorta* Bunge

功效主治 果实（马兜铃）：苦，微寒。清肺降气，止咳平喘，清肠消痔。用于肺热咳嗽，痰中带血，肠热痔血，痔疮肿艰。地上部分（天仙藤）：苦，温。行气活血，利水消肿。用于脘腹刺痛，关节痹痛，妊娠水肿。

濒危等级 吉林省三级保护植物，中国植物红色名录评估为无危（LC）。

迁地栽培保存

保存地点	种质份数	个体数量	引种方式	生长状况	来源地
BJ	2	c	采集	G	辽宁、山东
HEN	1	b	采集	B	河南

种质库保存

保存地点	保存方式	种质份数	个体数量	引种方式	来源地
BJ	种子	7	c	采集	辽宁

马兜铃 *Aristolochia debilis* Sieb. & Zucc.

功效主治 根（青木香）：辛、苦，寒。利胆止痛，解毒，消食。用于眩晕头痛，胸腹胀满，痈肿疔疮，蛇虫咬伤。地上部分（天仙藤）、果实（马兜铃）：功效同北马兜铃。

迁地栽培保存

保存地点	种质份数	个体数量	引种方式	生长状况	来源地
BJ	3	d	采集	G	浙江、四川、山西

续表

保存地点	种质份数	个体数量	引种方式	生长状况	来源地
GD	2	a	采集	B	待确定
SH	1	a	采集	A	待确定
JS1	1	a	采集	C	江苏
JS2	1	b	购买	C	江苏
GZ	1	a	采集	C	贵州
CQ	1	a	采集	C	重庆
HB	1	c	采集	C	湖北
LN	1	b	采集	B	辽宁

种质库保存

保存地点	保存方式	种质份数	个体数量	引种方式	来源地
BJ	种子	25	c	采集	重庆、云南、海南、山东、山西

背蛇生 *Aristolochia tuberosa* Liang & Hwang

功效主治　块茎：苦、辛，寒。清热解毒，利湿止痛。用于痢疾，泄泻，胸痛，胃痛，咽喉痛，毒蛇咬伤。

濒危等级　中国特有植物，国家重点保护野生植物名录（第二批）二级，中国植物红色名录评估为易危（VU）。

迁地栽培保存

保存地点	种质份数	个体数量	引种方式	生长状况	来源地
GX	*	f	采集	G	广西

变色马兜铃 *Aristolochia versicolor* Hwang

功效主治　块根：苦，寒。清热解毒。用于泄泻，痢疾，疟腮。

濒危等级　中国特有植物，中国植物红色名录评估为近危（NT）。

迁地栽培保存

保存地点	种质份数	个体数量	引种方式	生长状况	来源地
GX	*	f	采集	G	广西

长叶马兜铃 *Aristolochia championii* Merr. & Chun

功效主治 块根：苦，寒。清热解毒。用于泄泻，痢疾，痄腮。

濒危等级 中国特有植物，中国植物红色名录评估为近危（NT）。

迁地栽培保存

保存地点	种质份数	个体数量	引种方式	生长状况	来源地
GX	*	f	采集	G	广西

大叶马兜铃 *Aristolochia kaempferi* Willd.

功效主治 根：苦，寒。清热解毒，活血，健脾利湿。用于消化不良，咳嗽。

濒危等级 中国植物红色名录评估为无危（LC）。

迁地栽培保存

保存地点	种质份数	个体数量	引种方式	生长状况	来源地
CQ	1	a	采集	A	重庆

滇南马兜铃 *Aristolochia austroyunnanensis* S. M. Hwang

功效主治 根：清热解毒。用于胃肠湿热，肝毒症。

濒危等级 中国植物红色名录评估为近危（NT）。

迁地栽培保存

保存地点	种质份数	个体数量	引种方式	生长状况	来源地
BJ	1	b	采集	G	云南

耳叶马兜铃 *Aristolochia tagala* Cham.

功效主治 根：苦、辛，寒。祛风除湿，行气利水。用于小便淋痛，水肿，风湿痹痛。

濒危等级　中国植物红色名录评估为无危（LC）。

迁地栽培保存

保存地点	种质份数	个体数量	引种方式	生长状况	来源地
BJ	1	b	采集	G	广西
HN	1	e	采集	B	海南

种质库保存

保存地点	保存方式	种质份数	个体数量	引种方式	来源地
HN	种子	13	c	采集	海南
BJ	种子	6	b	采集	待确定

弄岗马兜铃　*Aristolochia longganensis* C. F. Liang

濒危等级　中国植物红色名录评估为濒危（EN）。

迁地栽培保存

保存地点	种质份数	个体数量	引种方式	生长状况	来源地
GX	*	f	采集	G	广西

管花马兜铃　*Aristolochia tubiflora* Dunn

功效主治　根：苦、辛，寒。清热解毒，止痛。用于胃痛，毒蛇咬伤。全株：用于跌打损伤。

濒危等级　中国特有植物，中国植物红色名录评估为无危（LC）。

迁地栽培保存

保存地点	种质份数	个体数量	引种方式	生长状况	来源地
BJ	1	b	采集	G	江西
HB	1	b	采集	B	湖北

广防己　*Aristolochia fangchi* Y. C. Wu ex L. D. Chow & Hwang

功效主治　根（广防己）：苦、辛，寒。祛风止痛，清热利水。用于风湿热痹痛，下肢水肿，小便淋痛。

濒危等级　中国特有植物，广西壮族自治区重点保护植物，中国植物红色名录评估为无危（LC）。

迁地栽培保存

保存地点	种质份数	个体数量	引种方式	生长状况	来源地
GD	1	f	采集	G	待确定
GX	*	f	采集	G	广西

广西马兜铃 *Aristolochia kwangsiensis* Chun & F. C. How ex S. Y. Liang

功效主治 块根（管南香）：苦，寒。有小毒。清热止痛。用于咽喉痛，胃痛，腹痛，疥疮，刀伤。

濒危等级 中国特有植物，中国植物红色名录评估为无危（LC）。

迁地栽培保存

保存地点	种质份数	个体数量	引种方式	生长状况	来源地
CQ	1	a	采集	C	重庆
GX	*	f	采集	G	广西

海南马兜铃 *Aristolochia hainanensis* Merr.

功效主治 根：祛风，利湿，清热。叶：外用于目痛。

濒危等级 中国特有植物，中国植物红色名录评估为易危（VU）。

迁地栽培保存

保存地点	种质份数	个体数量	引种方式	生长状况	来源地
GX	*	f	采集	G	海南

黄毛马兜铃 *Aristolochia fulvicoma* Merr. & Chun

濒危等级 中国特有植物，中国植物红色名录评估为易危（VU）。

迁地栽培保存

保存地点	种质份数	个体数量	引种方式	生长状况	来源地
HN	1	a	赠送	B	广西

木通马兜铃 *Aristolochia manshuriensis* Kom.

功效主治　藤茎（关木通）：苦，寒。清心火，利小便，通经下乳。用于口舌生疮，心烦尿赤，水肿，热淋涩痛，带下病，闭经，乳汁不足，湿热痹痛。

濒危等级　国家重点保护野生植物名录（第二批）二级，吉林省三级保护植物，中国植物红色名录评估为近危（NT）。

迁地栽培保存

保存地点	种质份数	个体数量	引种方式	生长状况	来源地
BJ	1	a	采集	G	吉林

香港马兜铃 *Aristolochia westlandii* Hemsl.

功效主治　块根：苦，寒。清热解毒，理气止痛。用于泄泻，乳痈，疥癣。

濒危等级　中国特有植物，中国植物红色名录评估为极危（CR）。

迁地栽培保存

保存地点	种质份数	个体数量	引种方式	生长状况	来源地
GX	*	f	采集	G	广西

寻骨风 *Aristolochia mollissima* Hance

功效主治　全草（寻骨风）：苦，平。祛风通络，活血止痛。用于风湿痹痛，腹痛，疟疾，痈肿。

迁地栽培保存

保存地点	种质份数	个体数量	引种方式	生长状况	来源地
BJ	5	c	采集	G	江西、江苏、海南、湖北、安徽
JS1	1	a	采集	C	江苏

种质库保存

保存地点	保存方式	种质份数	个体数量	引种方式	来源地
BJ	种子	1	a	采集	黑龙江

马蹄香属 *Saruma*

马蹄香 *Saruma henryi* Oliv.

功效主治 根及根茎：辛、苦，温。有小毒。温中散寒，理气镇痛。用于胃寒痛，心绞痛，关节痛。叶：用于疮疡。

濒危等级 中国特有植物，国家重点保护野生植物名录（第二批）二级，陕西省渐危保护植物，中国植物红色名录评估为濒危（EN）。

迁地栽培保存

保存地点	种质份数	个体数量	引种方式	生长状况	来源地
HB	1	b	采集	C	湖北
GX	*	f	采集	G	云南

细辛属 *Asarum*

长茎金耳环 *Asarum longerhizomatosum* Liang & C. S. Yang

功效主治 全草：辛，温。有毒。祛风散寒，解毒止痛。用于小儿抽搐，风寒感冒，咳嗽，心胃气痛，跌打损伤。

濒危等级 中国特有植物，中国植物红色名录评估为近危（NT）。

迁地栽培保存

保存地点	种质份数	个体数量	引种方式	生长状况	来源地
BJ	1	b	采集	G	云南
GX	*	f	采集	G	广西

长毛细辛 *Asarum pulchellum* Hemsl.

功效主治 全草或根：辛，温。理气止痛。用于胃痛，劳伤。

濒危等级 中国特有植物，中国植物红色名录评估为无危（LC）。

迁地栽培保存

保存地点	种质份数	个体数量	引种方式	生长状况	来源地
BJ	2	b	采集	G	广西、陕西
CQ	1	a	采集	C	重庆
GX	*	f	采集	G	贵州

川滇细辛 *Asarum delavayi* Franch.

功效主治　全草：祛风散寒，止痛。根：调气止痛。用于劳伤痛，腹痛。

濒危等级　中国特有植物，中国植物红色名录评估为无危（LC）。

迁地栽培保存

保存地点	种质份数	个体数量	引种方式	生长状况	来源地
GX	*	f	采集	G	云南

大别山细辛 *Asarum dabieshanense* D. Q. Wang et S. H. Hwang

迁地栽培保存

保存地点	种质份数	个体数量	引种方式	生长状况	来源地
BJ	1	b	采集	G	安徽

大叶马蹄香 *Asarum maximum* Hemsl.

功效主治　全草或根及根茎：辛，温。有小毒。祛风散寒，止痛，活血解毒。用于风寒头痛，牙痛，喘咳，中暑腹痛，痢疾，吐泻，风湿痹痛。

濒危等级　中国特有植物，中国植物红色名录评估为易危（VU）。

迁地栽培保存

保存地点	种质份数	个体数量	引种方式	生长状况	来源地
CQ	1	a	采集	C	重庆
GX	*	f	采集	G	上海

单叶细辛 *Asarum himalaicum* Hook. f. & Thoms. ex Klotzsch

功效主治 全草（单叶细辛）：祛风散寒，利水，开窍。

濒危等级 中国植物红色名录评估为易危（VU）。

迁地栽培保存

保存地点	种质份数	个体数量	引种方式	生长状况	来源地
BJ	3	b	采集	G	内蒙古、山西、四川
GX	*	f	采集	G	贵州

地花细辛 *Asarum geophilum* Hemsl.

功效主治 根：辛，温。疏散风寒，宣肺止咳。用于风寒感冒，鼻塞流涕，咳嗽，哮喘，风湿痹痛，毒蛇咬伤。

濒危等级 中国特有植物，中国植物红色名录评估为无危（LC）。

迁地栽培保存

保存地点	种质份数	个体数量	引种方式	生长状况	来源地
GX	2	f	采集	G	广西
GZ	1	a	采集	C	贵州

杜衡 *Asarum forbesii* Maxim.

功效主治 全草（杜衡）：辛，温。有小毒。止痛，利水，祛痰镇咳。用于牙痛，咽喉痛，胃痛，咳嗽多痰，喘息，毒蛇咬伤，跌打损伤。

濒危等级 中国特有植物，中国植物红色名录评估为近危（NT）。

迁地栽培保存

保存地点	种质份数	个体数量	引种方式	生长状况	来源地
BJ	2	c	采集	A	浙江、湖北
GD	1	f	采集	G	待确定
JS1	1	a	采集	C	江苏
JS2	1	b	购买	C	江苏

保存地点	种质份数	个体数量	引种方式	生长状况	来源地
SH	1	b	采集	A	待确定
GX	*	f	采集	G	湖北

短尾细辛 *Asarum caudigerellum* C. Y. Cheng & C. S. Yang

功效主治　全草（苕叶细辛）：辛、苦，温。散寒镇痛，止咳祛痰。用于外感风寒头痛，齿痛，目痛，咳逆上气，风湿痛，肢节拘挛。

濒危等级　中国特有植物，中国植物红色名录评估为易危（VU）。

迁地栽培保存

保存地点	种质份数	个体数量	引种方式	生长状况	来源地
CQ	1	a	采集	C	重庆

花叶细辛 *Asarum cardiophyllum* Franchet

濒危等级　中国特有植物，中国植物红色名录评估为易危（VU）。

迁地栽培保存

保存地点	种质份数	个体数量	引种方式	生长状况	来源地
CQ	1	a	采集	C	重庆
GX	*	f	采集	G	广东

金耳环 *Asarum insigne* Diels

功效主治　全草：辛，温。祛风散寒，平喘止咳，行气止痛，解毒消肿。用于风寒咳嗽，哮喘，脘腹寒痛，龋齿痛，毒蛇咬伤，跌打损伤。

濒危等级　中国特有植物，中国植物红色名录评估为易危（VU）。

迁地栽培保存

保存地点	种质份数	个体数量	引种方式	生长状况	来源地
GD	1	f	采集	G	待确定
GX	*	f	采集	G	广西

库页细辛 *Asarum heterotropoides* F. Schmidt

功效主治 全草：祛风散寒，通窍止痛，温肺化饮。用于风寒感冒，头痛，牙痛，鼻塞鼻渊，风湿痹痛，痰饮喘咳。

濒危等级 中国植物红色名录评估为易危（VU）。

迁地栽培保存

保存地点	种质份数	个体数量	引种方式	生长状况	来源地
LN	2	d	采集	B	辽宁
GD	1	f	采集	G	待确定
HLJ	1	c	购买	A	黑龙江
SC	1	f	待确定	G	四川

辽细辛 *Asarum heterotropoides* var. *mandshuricum* (Maxim.) Kitagawa

功效主治 全草（细辛）：辛，温。有小毒。祛风散寒，通窍止痛，温肺化饮。用于风寒感冒，头痛，牙痛，鼻塞鼻渊，风湿痹痛，痰饮喘咳。

迁地栽培保存

保存地点	种质份数	个体数量	引种方式	生长状况	来源地
BJ	1	b	采集	G	辽宁

南川细辛 *Asarum nanchuanense* C. S. Yang & J. L. Wu

濒危等级 中国特有植物，中国植物红色名录评估为濒危（EN）。

迁地栽培保存

保存地点	种质份数	个体数量	引种方式	生长状况	来源地
CQ	1	a	采集	C	重庆
BJ	1	b	采集	G	四川

种质库保存

保存地点	保存方式	种质份数	个体数量	引种方式	来源地
BJ	种子	3	b	采集	四川

祁阳细辛 *Asarum magnificum* Tsiang ex C. Y. Cheng & C. S. Yang

功效主治　全草：祛风止痛，温经散寒。
濒危等级　中国特有植物，中国植物红色名录评估为易危（VU）。

迁地栽培保存

保存地点	种质份数	个体数量	引种方式	生长状况	来源地
BJ	1	b	采集	G	安徽

青城细辛 *Asarum splendens* (F. Maek.) C. Y. Cheng & C. S. Yang

功效主治　全草：发表散寒，镇咳祛痰，止痛。用于劳伤。
濒危等级　中国特有植物，中国植物红色名录评估为无危（LC）。

迁地栽培保存

保存地点	种质份数	个体数量	引种方式	生长状况	来源地
GX	2	f	采集	G	云南、重庆
GZ	1	d	采集	C	贵州
HB	1	a	采集	C	待确定
CQ	1	d	采集	C	重庆
BJ	1	b	采集	G	四川
SC	1	f	待确定	G	四川

肾叶细辛 *Asarum renicordatum* C. Y. Cheng & C. S. Yang

功效主治　全草：温经散寒，化痰止咳，消肿止痛。用于风寒感冒，头痛，咳嗽哮喘，风湿痹痛，跌打损伤，口舌生疮，毒蛇咬伤，疮疡肿毒。
濒危等级　中国特有植物，中国植物红色名录评估为濒危（EN）。

迁地栽培保存

保存地点	种质份数	个体数量	引种方式	生长状况	来源地
BJ	1	a	采集	G	待确定

双叶细辛 *Asarum caulescens* Maxim.

功效主治 全草：辛，微温。散风寒，镇痛，止咳。用于风寒感冒，头痛咳嗽，劳伤身痛。根及根茎：用于痧气痛，心腹痛，周身疼痛。

濒危等级 中国植物红色名录评估为无危（LC）。

迁地栽培保存

保存地点	种质份数	个体数量	引种方式	生长状况	来源地
HB	1	a	采集	C	湖北

铜钱细辛 *Asarum debile* Franch.

功效主治 全草：辛，微温。祛湿，顺气，散寒，止痛。用于感冒风寒，风湿痹痛。

濒危等级 中国特有植物，中国植物红色名录评估为无危（LC）。

迁地栽培保存

保存地点	种质份数	个体数量	引种方式	生长状况	来源地
HB	1	a	采集	C	湖北
GX	*	f	采集	G	湖北

尾花细辛 *Asarum caudigerum* Hance

功效主治 全草（土细辛）或根：辛、微苦，温。有小毒。温经散寒，化痰止咳，散瘀消肿，止痛。用于风寒咳嗽，哮喘，风湿痹痛，毒蛇咬伤，跌打肿痛。

濒危等级 中国植物红色名录评估为无危（LC）。

迁地栽培保存

保存地点	种质份数	个体数量	引种方式	生长状况	来源地
GX	2	f	采集	G	广西

续表

保存地点	种质份数	个体数量	引种方式	生长状况	来源地
BJ	2	b	采集	G	云南、江西
CQ	1	a	采集	C	重庆
GZ	1	b	采集	C	贵州

细辛 *Asarum sieboldii* Miq.

功效主治　根茎：祛风，散寒，止痛，温肺祛痰。用于风寒头痛，肺寒咳喘，风湿关节痛。

濒危等级　中国植物红色名录评估为易危（VU）。

迁地栽培保存

保存地点	种质份数	个体数量	引种方式	生长状况	来源地
BJ	7	c	采集	G	陕西、安徽、辽宁、内蒙古、浙江
HB	1	a	采集	C	待确定

香港细辛 *Asarum hongkongense* S. M. Hwang & T. P. Wong Siu

迁地栽培保存

保存地点	种质份数	个体数量	引种方式	生长状况	来源地
GX	*	f	采集	G	广东

小叶马蹄香 *Asarum ichangense* C. Y. Cheng & C. S. Yang

功效主治　全草：祛风散寒，止痛。

濒危等级　中国特有植物，中国植物红色名录评估为无危（LC）。

迁地栽培保存

保存地点	种质份数	个体数量	引种方式	生长状况	来源地
BJ	3	b	采集	G	安徽、湖北、江苏
GX	*	f	采集	G	广西

岩慈姑 *Asarum sagittarioides* C. F. Liang

功效主治 全草（土金耳环）：辛，温。祛风散寒，解毒止痛。用于跌打损伤，毒蛇咬伤，牙痛，感冒。

濒危等级 中国特有植物，中国植物红色名录评估为无危（LC）。

迁地栽培保存

保存地点	种质份数	个体数量	引种方式	生长状况	来源地
GX	*	f	采集	G	广西

皱花细辛 *Asarum crispulatum* C. Y. Cheng & C. S. Yang

功效主治 全草：祛风散寒，止痛。

濒危等级 中国特有植物，中国植物红色名录评估为易危（VU）。

迁地栽培保存

保存地点	种质份数	个体数量	引种方式	生长状况	来源地
CQ	1	a	采集	C	重庆

马钱科　Loganiaceae

度量草属　*Mitreola*

大叶度量草 *Mitreola pedicellata* Benth.

功效主治 全草：用于跌打损伤，筋骨痛。

濒危等级 中国植物红色名录评估为无危（LC）。

迁地栽培保存

保存地点	种质份数	个体数量	引种方式	生长状况	来源地
GX	*	f	采集	G	广西

度量草 *Mitreola petiolata* (J. F. Gmel.) Torr. & A. Gray

濒危等级 中国植物红色名录评估为无危（LC）。

迁地栽培保存

保存地点	种质份数	个体数量	引种方式	生长状况	来源地
GX	2	f	采集	G	广西

尖帽草属　*Mitrasacme*

水田白　*Mitrasacme pygmaea* R. Br.

功效主治　全草：用于小儿疳积，小儿惊风。

濒危等级　中国植物红色名录评估为无危（LC）。

迁地栽培保存

保存地点	种质份数	个体数量	引种方式	生长状况	来源地
GX	*	f	采集	G	广西

马钱属　*Strychnos*

长籽马钱　*Strychnos wallichiana* Steud. ex A. DC.

功效主治　种子：散血热，散结消肿，通络止痛。用于咽喉痹痛，痈疽肿毒，风痹疼痛，跌扑损伤，骨折，麻木瘫痪，中风，痿病。

濒危等级　中国植物红色名录评估为无危（LC）。

迁地栽培保存

保存地点	种质份数	个体数量	引种方式	生长状况	来源地
HN	2	a	采集	C	越南

华马钱　*Strychnos cathayensis* Merr.

功效主治　全株：用于头痛，胃痛，疟疾，外伤出血。根、种子：解热，止血。用于头痛，心气痛，刀伤，疟疾。

濒危等级　中国植物红色名录评估为近危（NT）。

迁地栽培保存

保存地点	种质份数	个体数量	引种方式	生长状况	来源地
HN	2	a	采集	C	海南

吕宋果 *Strychnos ignatii* P. J. Bergius

功效主治 种子：苦，寒。有大毒。祛风散结，消肿止痛。用于咽喉肿痛，风湿麻木，积聚痞块，痈疽恶疮，耳闭。

濒危等级 中国植物红色名录评估为易危（VU）。

迁地栽培保存

保存地点	种质份数	个体数量	引种方式	生长状况	来源地
HN	1	a	采集	C	海南

马钱子 *Strychnos nux-vomica* L.

迁地栽培保存

保存地点	种质份数	个体数量	引种方式	生长状况	来源地
HN	1	b	赠送	B	印度
GD	1	f	采集	G	待确定
YN	1	d	采集	A	云南
GX	*	f	采集	G	广西

种质库保存

保存地点	保存方式	种质份数	个体数量	引种方式	来源地
HN	种子	2	a	采集	海南
BJ	种子	4	a	采集	待确定

毛柱马钱 *Strychnos nitida* G. Don

功效主治 种子（滇南马钱）：苦，寒。有剧毒。健胃，消肿毒，凉血。用于四肢麻木，瘫痪，食欲不振，痞块，痈疮肿毒，咽喉肿痛。

濒危等级 中国植物红色名录评估为数据缺乏（DD）。

迁地栽培保存

保存地点	种质份数	个体数量	引种方式	生长状况	来源地
YN	1	a	采集	C	云南

密花马钱 *Strychnos ovata* A. W. Hill

功效主治 根、茎、叶、果皮、种子：通络止痛，散结消肿。用于偏瘫。

濒危等级 中国植物红色名录评估为数据缺乏（DD）。

迁地栽培保存

保存地点	种质份数	个体数量	引种方式	生长状况	来源地
HN	1	a	采集	C	海南

牛眼马钱 *Strychnos angustiflora* Benth.

功效主治 种子（牛眼珠）：苦，寒。有大毒。通络，消肿，止痛。用于风湿关节痛，手足麻木，半身不遂；外用于痈疽肿毒，跌打损伤。

濒危等级 中国植物红色名录评估为无危（LC）。

迁地栽培保存

保存地点	种质份数	个体数量	引种方式	生长状况	来源地
BJ	1	a	采集	G	湖北
HN	1	b	采集	C	海南

种质库保存

保存地点	保存方式	种质份数	个体数量	引种方式	来源地
HN	种子	1	a	采集	海南
BJ	种子	4	a	采集	待确定

伞花马钱 *Strychnos umbellata* (Lour.) Merr.

功效主治 根（伞花马钱）：苦、辛，温。有大毒。祛风湿。用于风寒湿痹，寒湿性水肿。

濒危等级 中国植物红色名录评估为数据缺乏（DD）。

迁地栽培保存

保存地点	种质份数	个体数量	引种方式	生长状况	来源地
GX	2	f	采集	G	海南、澳门
HN	1	a	采集	C	海南

种质库保存

保存地点	保存方式	种质份数	个体数量	引种方式	来源地
BJ	种子	1	a	采集	重庆
HN	种子	1	a	采集	海南

腋花马钱 *Strychnos axillaris* Colebr.

濒危等级 中国植物红色名录评估为数据缺乏（DD）。

迁地栽培保存

保存地点	种质份数	个体数量	引种方式	生长状况	来源地
GX	*	f	采集	G	澳门

蓬莱葛属 *Gardneria*

蓬莱葛 *Gardneria multiflora* Makino

功效主治 根、种子：祛风活血。用于关节痛，创伤出血。

濒危等级 陕西省濒危保护植物，中国植物红色名录评估为无危（LC）。

迁地栽培保存

保存地点	种质份数	个体数量	引种方式	生长状况	来源地
YN	1	a	采集	D	云南

马桑科　Coriariaceae

马桑属　*Coriaria*

马桑　*Coriaria nepalensis* Wall.

功效主治　根（马桑根）：酸、涩、苦，凉。有剧毒。清热明目，生肌止痛，散瘀消肿。用于风湿痹痛，牙痛，瘰疬，跌打损伤，狂犬咬伤，烫火伤。树皮（马桑树皮）：收敛。用于口疮。叶（马桑叶）：苦、辛，寒。有剧毒。祛风除湿，镇痛杀虫。用于痈疽，肿毒，疥癣，黄水疮，烫火伤。

濒危等级　中国植物红色名录评估为无危（LC）。

迁地栽培保存

保存地点	种质份数	个体数量	引种方式	生长状况	来源地
GX	2	f	采集	G	广西
HB	1	a	采集	C	待确定
SC	1	f	待确定	G	四川
CQ	1	a	采集	C	重庆
GZ	1	a	采集	C	贵州

种质库保存

保存地点	保存方式	种质份数	个体数量	引种方式	来源地
BJ	种子	28	b	采集	安徽、河南、重庆、海南、河北、贵州、山西、福建、云南、江西

牻牛儿苗科　Geraniaceae

老鹳草属　*Geranium*

粗根老鹳草　*Geranium dahuricum* DC.

功效主治　全草：祛湿，强骨，活血，止泻。用于风湿关节痛，四肢拘挛，痢疾泻下。

濒危等级　中国植物红色名录评估为无危（LC）。

迁地栽培保存

保存地点	种质份数	个体数量	引种方式	生长状况	来源地
BJ	2	b	采集	C	内蒙古、四川

甘青老鹳草　*Geranium pylzowianum* Maxim.

功效主治　全草：清热解毒，祛风活血。用于感冒发热，咽喉痛，风湿关节痛。

濒危等级　中国特有植物，中国植物红色名录评估为无危（LC）。

种质库保存

保存地点	保存方式	种质份数	个体数量	引种方式	来源地
BJ	种子	1	a	采集	待确定

汉荭鱼腥草　*Geranium robertianum* L.

功效主治　全草（猫脚印）：辛、酸，平。祛风除湿，解毒。用于寒湿痹证，扭挫伤，瘰疬，阴挺，蛇犬咬伤。

濒危等级　中国植物红色名录评估为无危（LC）。

迁地栽培保存

保存地点	种质份数	个体数量	引种方式	生长状况	来源地
CQ	1	a	采集	C	重庆

湖北老鹳草　*Geranium rosthornii* R. Knuth

功效主治　全草：清热解毒，祛风活血。用于咽喉痛，筋骨酸痛，四肢麻木。

濒危等级　中国特有植物，中国植物红色名录评估为无危（LC）。

迁地栽培保存

保存地点	种质份数	个体数量	引种方式	生长状况	来源地
HB	1	a	采集	C	湖北

老鹳草 *Geranium wilfordii* Maxim.

功效主治 全草（老鹳草）：辛、苦，平。祛风湿，通经络，止泻痢。用于风寒湿痹，跌打损伤，泄泻。

迁地栽培保存

保存地点	种质份数	个体数量	引种方式	生长状况	来源地
BJ	7	b	采集	G	北京、山西、河北、山东、内蒙古
JS1	1	b	采集	C	江苏
SC	1	f	待确定	G	四川
HB	1	a	采集	C	湖北
GZ	1	e	采集	C	贵州
GX	*	f	采集	G	湖北

种质库保存

保存地点	保存方式	种质份数	个体数量	引种方式	来源地
BJ	种子	3	a	采集	山西、甘肃

尼泊尔老鹳草 *Geranium nepalense* Sweet

功效主治 全草：苦、涩，平。清热利湿，祛风，止咳，止血，生肌，收敛。用于风寒湿痹，肌肉酸痛，跌扑伤痛，咳嗽气喘，泄泻。

迁地栽培保存

保存地点	种质份数	个体数量	引种方式	生长状况	来源地
GX	*	f	采集	G	广西

种质库保存

保存地点	保存方式	种质份数	个体数量	引种方式	来源地
BJ	种子	1	a	采集	广西

鼠掌老鹳草 *Geranium sibiricum* L.

功效主治 全草：祛风止泻，收敛。用于风湿关节痛，痢疾泻下，疮口不收。

迁地栽培保存

保存地点	种质份数	个体数量	引种方式	生长状况	来源地
BJ	2	b	采集	G	浙江、北京

野老鹳草 *Geranium carolinianum* L.

功效主治　地上部分（老鹳草）：辛、苦，平。祛风湿，通经络，止泻痢。用于风寒湿痹，跌打损伤，泄泻。

迁地栽培保存

保存地点	种质份数	个体数量	引种方式	生长状况	来源地
SH	1	b	采集	A	待确定
JS1	1	a	采集	C	江苏
BJ	1	b	采集	G	湖北
CQ	1	a	采集	C	重庆
GX	*	f	采集	G	湖北

种质库保存

保存地点	保存方式	种质份数	个体数量	引种方式	来源地
BJ	种子	6	b	采集	待确定

圆叶老鹳草 *Geranium rotundifolium* L.

功效主治　全草：收敛，利尿。用于目疾。

濒危等级　中国植物红色名录评估为无危（LC）。

迁地栽培保存

保存地点	种质份数	个体数量	引种方式	生长状况	来源地
GX	*	f	采集	G	法国

牻牛儿苗属　*Erodium*

牻牛儿苗　*Erodium stephanianum* Willd.

功效主治　地上部分：祛风湿，通经络，止泻痢。用于风湿痹痛，麻木拘挛，筋骨酸痛，泄泻，痢疾。

迁地栽培保存

保存地点	种质份数	个体数量	引种方式	生长状况	来源地
BJ	2	d	采集	G	北京、山东

芹叶牻牛儿苗　*Erodium cicutarium*（L.）L'Hér. ex Aiton

功效主治　全草：清热解毒，祛风活血。

迁地栽培保存

保存地点	种质份数	个体数量	引种方式	生长状况	来源地
GX	2	f	采集	G	德国、法国

天竺葵属　*Pelargonium*

盾叶天竺葵　*Pelargonium peltatum*（L.）L'Hér.

功效主治　叶：外用于创伤，肿痛，溃疡。

迁地栽培保存

保存地点	种质份数	个体数量	引种方式	生长状况	来源地
BJ	1	b	购买	G	北京

家天竺葵　*Pelargonium* × *domesticum* L. H. Bailey

迁地栽培保存

保存地点	种质份数	个体数量	引种方式	生长状况	来源地
BJ	1	b	交换	G	北京

天竺葵 *Pelargonium* × *hortorum* L. H. Bailey

功效主治 花：清热解毒。用于耳闭。

迁地栽培保存

保存地点	种质份数	个体数量	引种方式	生长状况	来源地
BJ	3	b	购买	G	北京、安徽、湖北
SH	1	b	采集	A	待确定
JS1	1	a	购买	D	江苏
HB	1	a	采集	C	湖北
GZ	1	b	采集	C	贵州

香叶天竺葵 *Pelargonium graveolens* L'Hér.

功效主治 全草：用于风湿痛，疝气，阴囊湿疹，疥癣。叶：用于疝气。

迁地栽培保存

保存地点	种质份数	个体数量	引种方式	生长状况	来源地
BJ	1	b	购买	G	北京
HN	1	b	赠送	B	广西
GX	*	f	采集	G	广西

毛茛科　Ranunculaceae

白头翁属　*Pulsatilla*

白头翁 *Pulsatilla chinensis*（Bunge）Regel

功效主治 根（白头翁）：苦，寒。清热解毒，凉血止痢。用于热毒血痢，阴痒，带下病，痢疾。茎叶：暖腰膝，强心。花：用于疟疾寒热。

濒危等级 中国植物红色名录评估为无危（LC）。

迁地栽培保存

保存地点	种质份数	个体数量	引种方式	生长状况	来源地
BJ	14	c	采集	G	辽宁、陕西、河北、山东、湖北
JS1	1	a	购买	C	江苏
LN	1	c	采集	B	辽宁
GX	*	f	采集	G	法国

种质库保存

保存地点	保存方式	种质份数	个体数量	引种方式	来源地
BJ	种子	7	b	采集	云南、山西、吉林

朝鲜白头翁　*Pulsatilla cernua* (Thunb.) Berchtold & Presl

功效主治　根：收敛，止痢。用于痢疾，闭经。

濒危等级　中国植物红色名录评估为无危（LC）。

迁地栽培保存

保存地点	种质份数	个体数量	引种方式	生长状况	来源地
BJ	2	b	采集	G	吉林、辽宁

种质库保存

保存地点	保存方式	种质份数	个体数量	引种方式	来源地
BJ	种子	1	a	采集	江西

金县白头翁　*Pulsatilla chinensis* (Bunge) Regel var. *kissii* (Mandl) S. H. Li et Y. H. Huan

濒危等级　中国特有植物，中国植物红色名录评估为无危（LC）。

迁地栽培保存

保存地点	种质份数	个体数量	引种方式	生长状况	来源地
BJ	1	b	采集	G	辽宁

侧金盏花属　*Adonis*

侧金盏花　*Adonis amurensis* Regel & Radde

功效主治　全草：苦，平。有小毒。强心，利尿。用于心悸，水肿，癫痫。

迁地栽培保存

保存地点	种质份数	个体数量	引种方式	生长状况	来源地
BJ	1	b	采集	C	黑龙江
HLJ	1	a	采集	A	黑龙江
LN	1	d	采集	A	辽宁

短柱侧金盏花　*Adonis brevistyla* Franch.

功效主治　全草：用于黄疸，咳嗽，哮喘，热毒。

濒危等级　中国植物红色名录评估为无危（LC）。

迁地栽培保存

保存地点	种质份数	个体数量	引种方式	生长状况	来源地
BJ	1	b	采集	G	陕西

翠雀属　*Delphinium*

川西翠雀花　*Delphinium tongolense* Franch.

功效主治　地上部分：清热止泻。用于肠热，腹泻，痢疾，肝胆热病。

濒危等级　中国特有植物，中国植物红色名录评估为无危（LC）。

迁地栽培保存

保存地点	种质份数	个体数量	引种方式	生长状况	来源地
CQ	1	a	采集	F	重庆

翠雀　*Delphinium grandiflorum* L.

功效主治　根：苦，寒。有毒。泻火止痛，杀虫。用于风热牙痛。全草：外用于疥癣。种子：用于哮喘。

濒危等级　中国植物红色名录评估为无危（LC）。

迁地栽培保存

保存地点	种质份数	个体数量	引种方式	生长状况	来源地
BJ	5	b	采集、赠送	G	中国北京、河北、山西、黑龙江，前苏联
HLJ	1	a	购买	A	黑龙江

种质库保存

保存地点	保存方式	种质份数	个体数量	引种方式	来源地
BJ	种子	1	a	采集	待确定

高翠雀花　*Delphinium elatum* L.

功效主治　全草：祛风湿，止痛，镇惊。

濒危等级　中国植物红色名录评估为无危（LC）。

迁地栽培保存

保存地点	种质份数	个体数量	引种方式	生长状况	来源地
BJ	1	b	赠送	G	前苏联

光序翠雀花　*Delphinium kamaonense* Huth

功效主治　全草或根：消肠痈，止腹泻，退热，祛风湿，镇痛，止痒。用于发热，风寒湿痹，关节疼痛，泄泻下痢，创伤，疥癣，皮肤瘙痒，溃烂流脓。

濒危等级　中国植物红色名录评估为无危（LC）。

迁地栽培保存

保存地点	种质份数	个体数量	引种方式	生长状况	来源地
GX	*	f	采集	G	新西兰

还亮草 *Delphinium anthriscifolium* Hance

功效主治 全草（还亮草）：辛，温。有毒。祛风除湿，止痛活络。用于风湿痛，半身不遂，食积胀满，咳嗽；外用于痈疮疥癣。

濒危等级 中国植物红色名录评估为无危（LC）。

迁地栽培保存

保存地点	种质份数	个体数量	引种方式	生长状况	来源地
BJ	1	b	采集	G	江西
CQ	1	a	采集	F	重庆

种质库保存

保存地点	保存方式	种质份数	个体数量	引种方式	来源地
BJ	种子	1	a	采集	山西

康定翠雀花 *Delphinium tatsienense* Franch.

功效主治 根：辛、微苦，大热。有毒。温中止痛，祛风毒。用于小儿肚寒痛，劳伤痛。

濒危等级 中国特有植物，中国植物红色名录评估为无危（LC）。

迁地栽培保存

保存地点	种质份数	个体数量	引种方式	生长状况	来源地
BJ	1	b	采集	G	四川

蓝翠雀花 *Delphinium caeruleum* Jacq.

功效主治 根：散寒，通经络。花：利水，止泻。用于白痢；外用于化脓性疮疡。

濒危等级 中国植物红色名录评估为无危（LC）。

迁地栽培保存

保存地点	种质份数	个体数量	引种方式	生长状况	来源地
BJ	1	b	采集	G	甘肃

螺距黑水翠雀花 *Delphinium potaninii* var. *bonvalotii* (Franch.) W. T. Wang

功效主治 根：辛，温。有毒。祛风除湿，止痛活络。用于半身不遂，风湿筋骨痛；外用于痈疮，癣癞。

濒危等级 中国特有植物，中国植物红色名录评估为无危（LC）。

迁地栽培保存

保存地点	种质份数	个体数量	引种方式	生长状况	来源地
CQ	1	a	采集	B	重庆
GX	*	f	采集	G	重庆

毛翠雀花 *Delphinium trichophorum* Franch.

功效主治 根：祛风湿。叶：用于感冒。全草：杀虫。

濒危等级 中国特有植物，中国植物红色名录评估为无危（LC）。

种质库保存

保存地点	保存方式	种质份数	个体数量	引种方式	来源地
BJ	种子	1	a	采集	甘肃

全裂翠雀花 *Delphinium trisectum* W. T. Wang

濒危等级 中国特有植物，中国植物红色名录评估为无危（LC）。

迁地栽培保存

保存地点	种质份数	个体数量	引种方式	生长状况	来源地
BJ	1	b	采集	G	河南

天山翠雀花 *Delphinium tianshanicum* W. T. Wang

功效主治 全草：祛风湿，止痛，镇惊。

濒危等级 中国特有植物，中国植物红色名录评估为无危（LC）。

迁地栽培保存

保存地点	种质份数	个体数量	引种方式	生长状况	来源地
GX	*	f	采集	G	广西

腺毛翠雀 *Delphinium grandiflorum* L. var. *gilgianum*（Pilger ex Gilg）Finet & Gagnepain

功效主治 根：清热解毒。全草：止痛，泻火，驱虫。

迁地栽培保存

保存地点	种质份数	个体数量	引种方式	生长状况	来源地
BJ	1	c	采集	G	山东

伊犁翠雀花 *Delphinium iliense* Huth

功效主治 全草：祛风燥湿，止痛定惊。用于风湿痛，胃痛，小儿惊风，跌打损伤。

濒危等级 中国植物红色名录评估为无危（LC）。

迁地栽培保存

保存地点	种质份数	个体数量	引种方式	生长状况	来源地
BJ	1	b	赠送	G	前苏联

飞燕草属 *Consolida*

飞燕草 *Consolida ajacis*（L.）Schur

功效主治 根：用于腹痛。种子：用于喘息，水肿；外用于跌打损伤，疥癣。

濒危等级 中国植物红色名录评估为无危（LC）。

迁地栽培保存

保存地点	种质份数	个体数量	引种方式	生长状况	来源地
BJ	1	b	购买	G	北京
JS1	1	a	采集	D	江苏
GX	*	f	采集	G	北京

种质库保存

保存地点	保存方式	种质份数	个体数量	引种方式	来源地
BJ	种子	1	a	采集	山西

黑种草属　*Nigella*

黑种草　*Nigella damascena* L.

功效主治　种子：散寒通经，活血健脑。

迁地栽培保存

保存地点	种质份数	个体数量	引种方式	生长状况	来源地
BJ	1	d	采集	G	新疆
JS2	1	b	购买	C	江苏

种质库保存

保存地点	保存方式	种质份数	个体数量	引种方式	来源地
BJ	种子	5	a	采集	新疆、上海、江西

腺毛黑种草　*Nigella glandulifera* Freyn & Sint.

功效主治　种子（黑种草子）、幼苗：甘、辛，温。通经活血，通乳，利尿。用于耳鸣健忘，闭经，乳汁不足，热淋，石淋，白癜风，疥疮。

迁地栽培保存

保存地点	种质份数	个体数量	引种方式	生长状况	来源地
BJ	1	d	采集	G	新疆
GX	*	f	采集	G	广西

黄连属　*Coptis*

短萼黄连　*Coptis chinensis* Franch. var. *brevisepala* W. T. Wang et Hsiao

功效主治　根茎：苦，寒。清热燥湿，泻火解毒。

濒危等级 中国特有植物，国家重点保护野生植物名录（第二批）二级，浙江省重点保护植物、江西省二级保护植物、广西壮族自治区重点保护植物，中国植物红色名录评估为濒危（EN）。

迁地栽培保存

保存地点	种质份数	个体数量	引种方式	生长状况	来源地
BJ	2	b	采集	C	安徽、浙江
GX	*	f	采集	G	江西

黄连 *Coptis chinensis* Franch.

功效主治 根茎（黄连）：苦，寒。清热燥湿，泻火解毒。用于湿热痞满，呕吐，泻痢，黄疸，高热神昏，心火亢盛，心烦不寐，血热吐衄。

濒危等级 中国特有植物，国家重点保护野生植物名录（第二批）二级，中国植物红色名录评估为易危（VU）。

迁地栽培保存

保存地点	种质份数	个体数量	引种方式	生长状况	来源地
BJ	5	d	采集	C	四川、湖北
SC	4	f	待确定	G	四川
HB	4	e	采集	A	湖北
CQ	1	b	购买	B	重庆
LN	1	c	采集	B	辽宁
GX	*	f	采集	G	贵州

种质库保存

保存地点	保存方式	种质份数	个体数量	引种方式	来源地
BJ	种子	10	b	采集	云南、安徽、河南、重庆、湖北

三角叶黄连 *Coptis deltoidea* C. Y. Cheng & P. K. Hsiao

功效主治 根茎（黄连）：功效同黄连。

濒危等级 中国特有植物，国家重点保护野生植物名录（第二批）二级，中国植物红色名录评估为易危（VU）。

迁地栽培保存

保存地点	种质份数	个体数量	引种方式	生长状况	来源地
BJ	1	b	采集	G	四川

金莲花属　*Trollius*

川陕金莲花　*Trollius buddae* Schipcz.

功效主治　根：活血，破血。

濒危等级　中国特有植物，中国植物红色名录评估为无危（LC）。

迁地栽培保存

保存地点	种质份数	个体数量	引种方式	生长状况	来源地
BJ	1	b	采集	G	陕西

金莲花　*Trollius chinensis* Bunge

功效主治　花（旱地莲）：苦，寒。清热解毒。用于乳蛾，耳闭，疔疮。

濒危等级　中国特有植物，内蒙古自治区重点保护植物、河北省重点保护植物，中国植物红色名录评估为无危（LC）。

迁地栽培保存

保存地点	种质份数	个体数量	引种方式	生长状况	来源地
GX	*	f	采集	G	波兰

种质库保存

保存地点	保存方式	种质份数	个体数量	引种方式	来源地
BJ	种子	6	b	采集	河北、安徽

宽瓣金莲花 *Trollius asiaticus* L.

功效主治 全草或花：用于目疾，黄疸。

迁地栽培保存

保存地点	种质份数	个体数量	引种方式	生长状况	来源地
GX	*	f	采集	G	法国

类叶升麻属 *Actaea*

类叶升麻 *Actaea asiatica* H. Hara

功效主治 全草或根茎：辛、微苦，凉。祛风止咳，清热解毒。用于感冒头痛，顿咳；外用于狂犬咬伤。

濒危等级 中国植物红色名录评估为无危（LC）。

迁地栽培保存

保存地点	种质份数	个体数量	引种方式	生长状况	来源地
GX	2	f	采集	G	美国、日本
BJ	1	b	采集	G	北京

耧斗菜属 *Aquilegia*

暗紫耧斗菜 *Aquilegia atrovinosa* Popov ex Gamajun.

功效主治 全草：清热凉血，调经止血。

濒危等级 中国植物红色名录评估为无危（LC）。

迁地栽培保存

保存地点	种质份数	个体数量	引种方式	生长状况	来源地
GX	*	f	采集	G	法国

白山耧斗菜　*Aquilegia japonica* Nakai & Hara

功效主治　全草：止血。用于妇科疾病。

濒危等级　中国植物红色名录评估为无危（LC）。

迁地栽培保存

保存地点	种质份数	个体数量	引种方式	生长状况	来源地
GX	*	f	采集	G	北京

大花耧斗菜　*Aquilegia glandulosa* Fisch. ex Link.

濒危等级　中国植物红色名录评估为无危（LC）。

迁地栽培保存

保存地点	种质份数	个体数量	引种方式	生长状况	来源地
BJ	2	d	赠送	A	英国、波兰

种质库保存

保存地点	保存方式	种质份数	个体数量	引种方式	来源地
BJ	种子	1	a	采集	云南

华北耧斗菜　*Aquilegia yabeana* Kitag.

功效主治　全草：用于月经不调，产后瘀血过多，痛经，瘰疬，疮疖，泄泻，毒蛇咬伤。

濒危等级　中国特有植物，中国植物红色名录评估为无危（LC）。

迁地栽培保存

保存地点	种质份数	个体数量	引种方式	生长状况	来源地
BJ	1	d	采集	A	河北

尖萼耧斗菜　*Aquilegia oxysepala* Trautv. & C. A. Mey.

功效主治　全草：调经，活血。全草的流浸膏：用于月经不调。

濒危等级　中国植物红色名录评估为无危（LC）。

迁地栽培保存

保存地点	种质份数	个体数量	引种方式	生长状况	来源地
LN	1	c	采集	A	辽宁

耧斗菜 *Aquilegia viridiflora* Pall.

功效主治　全草：微苦、辛，凉。清热解毒，调经止血。用于月经不调，崩漏，咽喉痛，咳嗽，痢疾，腹痛。种子、花：用于烧伤。

濒危等级　中国植物红色名录评估为无危（LC）。

迁地栽培保存

保存地点	种质份数	个体数量	引种方式	生长状况	来源地
BJ	2	c	采集	A	山东、黑龙江
GX	*	f	采集	G	法国

种质库保存

保存地点	保存方式	种质份数	个体数量	引种方式	来源地
BJ	种子	8	b	采集	上海、山西、甘肃

欧耧斗菜 *Aquilegia vulgaris* Richardson

功效主治　全草或种子：用于黄疸，咽喉痛，脓毒血症。

迁地栽培保存

保存地点	种质份数	个体数量	引种方式	生长状况	来源地
BJ	2	b	采集、购买	G	江苏、北京

西伯利亚耧斗菜 *Aquilegia sibirica* Lam.

功效主治　全草：清热凉血，调经止血。

濒危等级　中国植物红色名录评估为无危（LC）。

迁地栽培保存

保存地点	种质份数	个体数量	引种方式	生长状况	来源地
BJ	1	c	赠送	A	保加利亚

紫花耧斗菜 *Aquilegia viridiflora* Pall. var. *atropurpurea*（Willdenow）Finet & Gagnepain

濒危等级 中国植物红色名录评估为无危（LC）。

迁地栽培保存

保存地点	种质份数	个体数量	引种方式	生长状况	来源地
GX	*	f	采集	G	广西

驴蹄草属 *Caltha*

驴蹄草 *Caltha palustris* L.

功效主治 全草：辛，微温。散风除寒。用于头目昏眩，周身痛；外用于烫伤，痈肿疮疖。

濒危等级 中国植物红色名录评估为无危（LC）。

迁地栽培保存

保存地点	种质份数	个体数量	引种方式	生长状况	来源地
GX	*	f	采集	G	法国

毛茛属 *Ranunculus*

刺果毛茛 *Ranunculus muricatus* L.

功效主治 全草：用于疔疮，胎坠。

迁地栽培保存

保存地点	种质份数	个体数量	引种方式	生长状况	来源地
HB	1	b	采集	C	待确定
SH	1	b	采集	A	待确定

大叶毛茛 *Ranunculus grandifolius* C. A. Mey.

濒危等级　中国植物红色名录评估为无危（LC）。

迁地栽培保存

保存地点	种质份数	个体数量	引种方式	生长状况	来源地
GX	*	f	采集	G	广西

钩柱毛茛 *Ranunculus silerifolius* H. Léveillé

濒危等级　中国植物红色名录评估为无危（LC）。

迁地栽培保存

保存地点	种质份数	个体数量	引种方式	生长状况	来源地
BJ	1	b	采集	C	江西

茴茴蒜 *Ranunculus chinensis* Bunge

功效主治　全草（茴茴蒜）：淡、微苦，温。有毒。清热解毒，杀虫截疟。用于肝毒症，哮喘。

迁地栽培保存

保存地点	种质份数	个体数量	引种方式	生长状况	来源地
SC	3	f	待确定	G	四川
BJ	2	b	采集	G	广东、北京
JS1	1	a	采集	C	江苏
SH	1	b	采集	A	待确定

种质库保存

保存地点	保存方式	种质份数	个体数量	引种方式	来源地
BJ	种子	7	a	采集	云南、内蒙古、重庆、四川

猫爪草 *Ranunculus ternatus* Thunb.

功效主治　块根（猫爪草）：辛、苦，平。有毒。消肿，散结。用于瘰疬未溃，咳嗽痰浓。

濒危等级 中国植物红色名录评估为无危（LC）。

迁地栽培保存

保存地点	种质份数	个体数量	引种方式	生长状况	来源地
BJ	4	d	采集	G	安徽、湖北、河南
SH	1	b	采集	A	待确定
JS2	1	e	购买	C	安徽
JS1	1	b	采集	C	江苏

种质库保存

保存地点	保存方式	种质份数	个体数量	引种方式	来源地
BJ	种子	4	a	采集	广西

毛茛 *Ranunculus japonicus* Thunb.

功效主治 全草（毛茛）或根（毛茛）：辛，温。有毒。退黄，定喘，截疟，镇痛。用于黄疸，哮喘，风湿痹痛，牙痛，跌打损伤。

迁地栽培保存

保存地点	种质份数	个体数量	引种方式	生长状况	来源地
BJ	4	d	采集	G	浙江、山东、山西、甘肃
ZJ	1	e	采集	A	浙江
SH	1	b	采集	A	待确定
JS1	1	a	采集	C	江苏
HB	1	a	采集	C	待确定
GX	*	f	采集	G	广西

种质库保存

保存地点	保存方式	种质份数	个体数量	引种方式	来源地
BJ	种子	6	b	采集	贵州、吉林、四川、福建、江苏

欧毛茛 *Ranunculus sardous* Crantz

迁地栽培保存

保存地点	种质份数	个体数量	引种方式	生长状况	来源地
GX	*	f	采集	G	荷兰

石龙芮 *Ranunculus sceleratus* L.

功效主治　全草（石龙芮）：苦、辛，寒。补阴润燥，祛风逐湿，利关节。

迁地栽培保存

保存地点	种质份数	个体数量	引种方式	生长状况	来源地
BJ	2	b	采集	G	江西、四川
GD	1	f	采集	G	待确定
GZ	1	c	采集	C	贵州
SH	1	b	采集	A	待确定
GX	*	f	采集	G	德国

种质库保存

保存地点	保存方式	种质份数	个体数量	引种方式	来源地
BJ	种子	7	b	采集	云南、四川、广西

田野毛茛 *Ranunculus arvensis* L.

功效主治　全草：用于恶疮。

濒危等级　中国植物红色名录评估为无危（LC）。

迁地栽培保存

保存地点	种质份数	个体数量	引种方式	生长状况	来源地
GX	*	f	采集	G	德国

西南毛茛 *Ranunculus ficariifolius* H. Lévl. & Vaniot

濒危等级 中国植物红色名录评估为无危（LC）。

迁地栽培保存

保存地点	种质份数	个体数量	引种方式	生长状况	来源地
CQ	1	a	采集	C	重庆

扬子毛茛 *Ranunculus sieboldii* Miq.

功效主治 全草：苦，热。有毒。截疟，拔毒，消肿。外用于肿毒，疮毒，腹水，浮肿。

迁地栽培保存

保存地点	种质份数	个体数量	引种方式	生长状况	来源地
BJ	2	c	采集	G	湖北、江西
CQ	1	a	采集	C	重庆

种质库保存

保存地点	保存方式	种质份数	个体数量	引种方式	来源地
BJ	种子	4	a	采集	四川、江西

禺毛茛 *Ranunculus cantoniensis* DC.

功效主治 全草（禺毛茛）：辛，凉。有毒。解毒，消炎。用于黄疸，目翳；外用于跌打损伤。

迁地栽培保存

保存地点	种质份数	个体数量	引种方式	生长状况	来源地
CQ	1	a	采集	C	重庆
GD	1	f	采集	G	待确定
GX	*	f	采集	G	广西

种质库保存

保存地点	保存方式	种质份数	个体数量	引种方式	来源地
BJ	种子	1	a	采集	江西

人字果属 *Dichocarpum*

耳状人字果 *Dichocarpum auriculatum* (Franch.) W. T. Wang & P. K. Hsiao

功效主治 全草：止咳化痰，清热解毒。用于咳嗽痰喘，虚肿；外用于瘰疬。

濒危等级 中国特有植物，中国植物红色名录评估为无危（LC）。

迁地栽培保存

保存地点	种质份数	个体数量	引种方式	生长状况	来源地
GX	*	f	采集	G	云南

蕨叶人字果 *Dichocarpum dalzielii* (J. R. Drumm. & Hutch.) W. T. Wang & P. K. Hsiao

功效主治 根茎（岩节连）：辛、微苦，寒。消肿解毒。用于劳伤腰痛；外用于红肿疮毒。

濒危等级 中国特有植物，中国植物红色名录评估为无危（LC）。

迁地栽培保存

保存地点	种质份数	个体数量	引种方式	生长状况	来源地
BJ	1	b	采集	C	湖北
GX	*	f	采集	G	广西

升麻属 *Cimicifuga*

兴安升麻 *Cimicifuga dahurica* (Turcz.) Maxim.

功效主治 根茎（升麻）：辛、微甘，凉。发表透疹，清热解毒，升举阳气。用于风热头痛，齿痛，口疮，咽喉痛，麻疹不透，温毒发斑，脱肛，阴挺。

濒危等级 内蒙古自治区重点保护植物，中国植物红色名录评估为无危（LC）。

迁地栽培保存

保存地点	种质份数	个体数量	引种方式	生长状况	来源地
BJ	2	b	采集	G	辽宁
LN	1	d	采集	A	辽宁

种质库保存

保存地点	保存方式	种质份数	个体数量	引种方式	来源地
BJ	种子	1	a	采集	待确定

大三叶升麻　*Cimicifuga heracleifolia* Kom.

功效主治　根茎（升麻）：功效同兴安升麻。

濒危等级　中国植物红色名录评估为无危（LC）。

种质库保存

保存地点	保存方式	种质份数	个体数量	引种方式	来源地
BJ	种子	1	a	采集	云南

升麻　*Cimicifuga foetida* L.

功效主治　根茎（升麻）：功效同兴安升麻。

濒危等级　中国植物红色名录评估为无危（LC）。

迁地栽培保存

保存地点	种质份数	个体数量	引种方式	生长状况	来源地
BJ	5	c	采集	G	河北、陕西、四川、北京
CQ	1	a	采集	F	重庆
HB	1	a	采集	C	湖北
HEN	1	a	采集	C	河南
LN	1	d	采集	B	辽宁
GX	*	f	采集	G	云南

种质库保存

保存地点	保存方式	种质份数	个体数量	引种方式	来源地
BJ	种子	8	c	采集	海南、四川、甘肃，待确定

单穗升麻 *Cimicifuga simplex* (DC.) Wormsk. ex Turcz.

功效主治　根茎（单穗升麻）：甘、辛、微苦，凉。散风解毒，升阳发表。用于伤风咳嗽。

濒危等级　中国植物红色名录评估为无危（LC）。

迁地栽培保存

保存地点	种质份数	个体数量	引种方式	生长状况	来源地
BJ	3	c	采集	G	黑龙江、北京、辽宁
CQ	1	a	采集	F	重庆
GX	*	f	采集	G	日本

种质库保存

保存地点	保存方式	种质份数	个体数量	引种方式	来源地
BJ	种子	3	a	采集	内蒙古、重庆

南川升麻 *Cimicifuga nanchuanensis* P. K. Hsiao

濒危等级　中国特有植物，中国植物红色名录评估为濒危（EN）。

种质库保存

保存地点	保存方式	种质份数	个体数量	引种方式	来源地
BJ	种子	1	a	采集	待确定

小升麻 *Cimicifuga acerina* (Prantl) Tanaka

功效主治　根茎（金龟草）：辛、微苦，温。有小毒。升阳发汗，理气，散瘀活血。用于跌打损伤，风湿痛，咽喉痛，无名肿毒，疖毒，肝阳上亢。

濒危等级　中国植物红色名录评估为无危（LC）。

迁地栽培保存

保存地点	种质份数	个体数量	引种方式	生长状况	来源地
BJ	3	b	采集	C	安徽、湖北、江西
GX	*	f	采集	G	日本，中国广东

种质库保存

保存地点	保存方式	种质份数	个体数量	引种方式	来源地
BJ	种子	1	a	采集	待确定

唐松草属　*Thalictrum*

瓣蕊唐松草　*Thalictrum petaloideum* L.

功效主治　根：苦，寒。健胃消食，清肝明目，清热解毒。用于黄疸，泄泻，痢疾，痈疽。

濒危等级　中国植物红色名录评估为无危（LC）。

迁地栽培保存

保存地点	种质份数	个体数量	引种方式	生长状况	来源地
BJ	2	c	采集	G	北京、山东

贝加尔唐松草　*Thalictrum baicalense* Turcz. ex Ledeb.

功效主治　根及根茎：苦，寒。清热燥湿，解毒。用于痢疾，目赤。

濒危等级　中国植物红色名录评估为无危（LC）。

迁地栽培保存

保存地点	种质份数	个体数量	引种方式	生长状况	来源地
BJ	1	b	交换	G	北京

种质库保存

保存地点	保存方式	种质份数	个体数量	引种方式	来源地
BJ	种子	6	b	采集	黑龙江、广西

柄果高山唐松草 *Thalictrum alpinum* var. *microphyllum*（Royle）Hand.-Mazz.

濒危等级　中国植物红色名录评估为无危（LC）。

种质库保存

保存地点	保存方式	种质份数	个体数量	引种方式	来源地
BJ	种子	1	a	采集	待确定

大叶唐松草　*Thalictrum faberi* Ulbr.

功效主治　根及根茎（大叶马尾连）：苦，寒。清热解毒，利湿。用于目赤。

濒危等级　中国特有植物，中国植物红色名录评估为无危（LC）。

迁地栽培保存

保存地点	种质份数	个体数量	引种方式	生长状况	来源地
BJ	2	b	交换	C	北京、江西

东亚唐松草　*Thalictrum minus* var. *hypoleucum*（Sieb. et Zucc.）Miq.

功效主治　根：用于牙痛，疥癣，湿疹。

濒危等级　中国植物红色名录评估为无危（LC）。

迁地栽培保存

保存地点	种质份数	个体数量	引种方式	生长状况	来源地
CQ	1	a	采集	C	重庆
GX	*	f	采集	G	广西

种质库保存

保存地点	保存方式	种质份数	个体数量	引种方式	来源地
BJ	种子	4	a	采集	贵州

短梗箭头唐松草　*Thalictrum simplex* var. *brevipes* Hara

功效主治　全草：苦，寒。清湿热，解毒。用于黄疸，泻痢。花、果实：用于肝毒症，痞块。

濒危等级　中国植物红色名录评估为数据缺乏（DD）。

迁地栽培保存

保存地点	种质份数	个体数量	引种方式	生长状况	来源地
BJ	1	b	采集	G	山东

盾叶唐松草　*Thalictrum ichangense* Lecoy. ex Oliv.

功效主治　全草（岩扫把）：苦，寒。散寒，除风湿，祛目雾，消浮肿。根：苦，寒。祛风清热，解毒。用于小儿惊风，小儿鹅口疮。

濒危等级　中国特有植物，中国植物红色名录评估为无危（LC）。

迁地栽培保存

保存地点	种质份数	个体数量	引种方式	生长状况	来源地
BJ	1	b	采集	G	河北
GX	*	f	采集	G	广西

多叶唐松草　*Thalictrum foliolosum* DC.

功效主治　根及根茎：苦，寒。清热燥湿。用于肝毒症，痢疾，目赤，小儿热疳，痘疹难透。

濒危等级　中国植物红色名录评估为无危（LC）。

种质库保存

保存地点	保存方式	种质份数	个体数量	引种方式	来源地
BJ	种子	4	a	采集	江西、云南

多枝唐松草　*Thalictrum ramosum* B. Boivin

功效主治　全草：用于目赤，热痢，黄疸。

濒危等级　中国特有植物，中国植物红色名录评估为近危（NT）。

迁地栽培保存

保存地点	种质份数	个体数量	引种方式	生长状况	来源地
GX	*	f	采集	G	四川

高山唐松草 *Thalictrum alpinum* L.

功效主治　根及根茎：清热燥湿，杀菌止痢。

濒危等级　中国植物红色名录评估为无危（LC）。

迁地栽培保存

保存地点	种质份数	个体数量	引种方式	生长状况	来源地
GX	*	f	采集	G	法国

花唐松草 *Thalictrum filamentosum* Maxim.

种质库保存

保存地点	保存方式	种质份数	个体数量	引种方式	来源地
BJ	种子	1	a	采集	待确定

华东唐松草 *Thalictrum fortunei* S. Moore

功效主治　全草或根：苦，寒。清湿热，消肿解毒，杀虫。用于疔疮，疱疖。

濒危等级　中国特有植物，中国植物红色名录评估为近危（NT）。

迁地栽培保存

保存地点	种质份数	个体数量	引种方式	生长状况	来源地
BJ	1	a	采集	G	江苏
SH	1	b	采集	A	待确定

种质库保存

保存地点	保存方式	种质份数	个体数量	引种方式	来源地
BJ	种子	1	a	采集	待确定

黄唐松草 *Thalictrum flavum* L.

功效主治　根及根茎：清热燥湿，杀菌止痢。新疆作马尾连用。

濒危等级　中国植物红色名录评估为无危（LC）。

迁地栽培保存

保存地点	种质份数	个体数量	引种方式	生长状况	来源地
GX	*	f	采集	G	法国

箭头唐松草 *Thalictrum simplex* L.

功效主治　根及根茎：清热燥湿，杀菌止痢。

濒危等级　中国植物红色名录评估为无危（LC）。

迁地栽培保存

保存地点	种质份数	个体数量	引种方式	生长状况	来源地
BJ	1	d	采集	G	北京
HLJ	1	b	采集	A	黑龙江

种质库保存

保存地点	保存方式	种质份数	个体数量	引种方式	来源地
BJ	种子	4	a	采集	辽宁

欧洲唐松草 *Thalictrum aquilegiifolium* Linnaeus

功效主治　全草或根及根茎：清热解毒。用于肺热咳嗽，咽喉肿痛，黄疸，腹泻，痈肿疮疖。

迁地栽培保存

保存地点	种质份数	个体数量	引种方式	生长状况	来源地
BJ	4	d	采集	G	北京、山西、黑龙江、河北
SH	1	b	采集	A	待确定

偏翅唐松草 *Thalictrum delavayi* Franch.

功效主治　根及根茎：用于风火牙痛，目痛。

濒危等级　中国特有植物，中国植物红色名录评估为无危（LC）。

迁地栽培保存

保存地点	种质份数	个体数量	引种方式	生长状况	来源地
GX	*	f	采集	G	云南

锐裂箭头唐松草 *Thalictrum simplex* var. *affine*（Ledeb.）Regel

濒危等级 中国植物红色名录评估为无危（LC）。

迁地栽培保存

保存地点	种质份数	个体数量	引种方式	生长状况	来源地
GX	*	f	采集	G	广西

唐松草 *Thalictrum aquilegiifolium* L. var. *sibiricum* Regel & Tiling

功效主治 全草：苦，寒。清热解毒。根：用于痈肿疮疖，黄疸，泄泻。

濒危等级 中国植物红色名录评估为无危（LC）。

迁地栽培保存

保存地点	种质份数	个体数量	引种方式	生长状况	来源地
LN	2	c	采集	B	辽宁
SC	1	f	待确定	G	四川
JS2	1	b	购买	C	江苏
JS1	1	a	采集	D	江苏
HB	1	a	采集	C	待确定

种质库保存

保存地点	保存方式	种质份数	个体数量	引种方式	来源地
BJ	种子	25	b	采集	山西、内蒙古、云南、广西、甘肃

稀蕊唐松草 *Thalictrum oligandrum* Maxim.

濒危等级 中国特有植物，中国植物红色名录评估为无危（LC）。

迁地栽培保存

保存地点	种质份数	个体数量	引种方式	生长状况	来源地
GX	*	f	采集	G	广西

腺毛唐松草 *Thalictrum foetidum* L.

功效主治 根：用于目赤，肝瘟，痈肿疮疖。

濒危等级 中国植物红色名录评估为无危（LC）。

迁地栽培保存

保存地点	种质份数	个体数量	引种方式	生长状况	来源地
BJ	1	b	采集	G	河北
GX	*	f	采集	G	法国

小果唐松草 *Thalictrum microgynum* Lecoy. ex Oliv.

功效主治 根：退热解表。用于跌打损伤。全草：祛寒。用于全身黄肿，眼睛发黄。

濒危等级 中国植物红色名录评估为无危（LC）。

迁地栽培保存

保存地点	种质份数	个体数量	引种方式	生长状况	来源地
CQ	1	a	采集	F	重庆

小叶唐松草 *Thalictrum elegans* Wall. ex Royle

濒危等级 中国植物红色名录评估为无危（LC）。

种质库保存

保存地点	保存方式	种质份数	个体数量	引种方式	来源地
BJ	种子	1	a	采集	待确定

亚欧唐松草 *Thalictrum minus* L.

功效主治 根：清热凉血，理气消肿。用于痢疾，泄泻。

濒危等级 中国植物红色名录评估为无危（LC）。

迁地栽培保存

保存地点	种质份数	个体数量	引种方式	生长状况	来源地
BJ	1	b	采集	G	北京

芸香叶唐松草 *Thalictrum rutifolium* Hook. f. & Thomson

濒危等级 中国植物红色名录评估为无危（LC）。

种质库保存

保存地点	保存方式	种质份数	个体数量	引种方式	来源地
BJ	种子	1	a	采集	甘肃

展枝唐松草 *Thalictrum squarrosum* Stephan ex Willd.

功效主治 全草：苦，平。清热解毒，健胃制酸，发汗。

濒危等级 中国植物红色名录评估为无危（LC）。

迁地栽培保存

保存地点	种质份数	个体数量	引种方式	生长状况	来源地
LN	1	c	采集	A	辽宁

种质库保存

保存地点	保存方式	种质份数	个体数量	引种方式	来源地
BJ	种子	1	a	采集	内蒙古

直梗高山唐松草 *Thalictrum alpinum* var. *elatum* Ulbr.

功效主治 根：苦，寒。清热燥湿，凉血解毒。用于胸闷呕吐。全草：苦，寒。清热解毒，清肝消积。用于小儿疳积，小儿惊风。

濒危等级 中国植物红色名录评估为无危（LC）。

种质库保存

保存地点	保存方式	种质份数	个体数量	引种方式	来源地
BJ	种子	1	a	采集	待确定

爪哇唐松草 *Thalictrum javanicum* Blume

功效主治 根：解热。用于跌打损伤。全草：用于关节痛。

濒危等级 中国植物红色名录评估为无危（LC）。

迁地栽培保存

保存地点	种质份数	个体数量	引种方式	生长状况	来源地
BJ	1	b	采集	C	江西
GZ	1	a	采集	C	贵州

种质库保存

保存地点	保存方式	种质份数	个体数量	引种方式	来源地
BJ	种子	1	a	采集	新疆

天葵属 *Semiaquilegia*

天葵 *Semiaquilegia adoxoides*（DC.）Makino

功效主治 块根（天葵子）：苦，寒。有小毒。清热解毒，散结消肿。用于瘰疬，痈肿疔疮，跌打损伤，毒蛇咬伤。地上部分：清热解毒，利尿排石。

迁地栽培保存

保存地点	种质份数	个体数量	引种方式	生长状况	来源地
BJ	4	d	采集	G	浙江、江苏、北京、湖北
CQ	1	a	采集	C	重庆
JS1	1	b	采集	C	江苏
SH	1	b	采集	A	待确定
GX	*	f	采集	G	江苏

种质库保存

保存地点	保存方式	种质份数	个体数量	引种方式	来源地
BJ	种子	1	a	采集	福建

铁筷子属 *Helleborus*

铁筷子 *Helleborus thibetanus* Franch.

功效主治　根及根茎：苦，寒。活血散瘀，消肿止痛，清热解毒。用于跌打损伤，疮疖肿毒，小便涩痛，淋证。

濒危等级　中国特有植物，中国植物红色名录评估为易危（VU）。

迁地栽培保存

保存地点	种质份数	个体数量	引种方式	生长状况	来源地
BJ	1	b	采集	G	陕西
SH	1	b	采集	A	待确定

铁破锣属 *Beesia*

铁破锣 *Beesia calthifolia* (Maxim. ex Oliv.) Ulbr.

濒危等级　中国植物红色名录评估为无危（LC）。

迁地栽培保存

保存地点	种质份数	个体数量	引种方式	生长状况	来源地
GZ	1	a	采集	C	贵州
HB	1	a	采集	C	湖北
GX	*	f	采集	G	贵州

种质库保存

保存地点	保存方式	种质份数	个体数量	引种方式	来源地
BJ	种子	1	a	采集	待确定

铁线莲属　*Clematis*

长瓣铁线莲　*Clematis macropetala* Ledeb.

功效主治　茎：利尿通淋。全草：消食健胃，散结。

濒危等级　中国植物红色名录评估为无危（LC）。

迁地栽培保存

保存地点	种质份数	个体数量	引种方式	生长状况	来源地
BJ	1	b	采集	G	河北

长冬草　*Clematis hexapetala* var. *tchefouensis*（Debeaux）S. Y. Hu

功效主治　根：辛、微苦，温。除湿，通络止痛。用于关节不利，筋骨疼痛，鱼骨鲠喉。

濒危等级　中国特有植物，中国植物红色名录评估为无危（LC）。

迁地栽培保存

保存地点	种质份数	个体数量	引种方式	生长状况	来源地
BJ	2	b	采集	G	山东

齿叶铁线莲　*Clematis serratifolia* Rehder

功效主治　根茎：祛风利湿，利尿止泻。用于腹胀肠鸣。

濒危等级　中国植物红色名录评估为无危（LC）。

迁地栽培保存

保存地点	种质份数	个体数量	引种方式	生长状况	来源地
GX	2	f	采集	G	法国

粗柄铁线莲　*Clematis crassipes* Chun & F. C. How

功效主治　全草：用于风湿骨痛，腰膝冷痛。

濒危等级　中国特有植物，中国植物红色名录评估为无危（LC）。

迁地栽培保存

保存地点	种质份数	个体数量	引种方式	生长状况	来源地
HN	1	a	采集	C	海南

粗齿铁线莲 *Clematis argentilucida*（H. Lévl. & Vaniot）W. T. Wang

濒危等级 中国特有植物，中国植物红色名录评估为无危（LC）。

迁地栽培保存

保存地点	种质份数	个体数量	引种方式	生长状况	来源地
CQ	1	a	采集	C	重庆
GX	*	f	采集	G	湖北

大叶铁线莲 *Clematis heracleifolia* DC.

功效主治 全株（牡丹藤）：辛，平。祛风除湿，解毒消肿。用于风湿痹痛，恶核，溃疡；外用于疮疖肿毒，痔瘘。

濒危等级 中国植物红色名录评估为无危（LC）。

迁地栽培保存

保存地点	种质份数	个体数量	引种方式	生长状况	来源地
BJ	7	d	采集	G	北京、河北、辽宁、山东
JS2	1	b	购买	C	江苏
SH	1	b	采集	A	待确定
GX	*	f	采集	G	辽宁

种质库保存

保存地点	保存方式	种质份数	个体数量	引种方式	来源地
BJ	种子	1	a	采集	重庆

单叶铁线莲 *Clematis henryi* Oliv.

功效主治 根、叶：辛、苦，平。行气活血，清热解毒，驱蛔。用于胃痛，腹痛，跌打损伤，小儿高热；

外用于疥腮。

濒危等级 中国特有植物,中国植物红色名录评估为无危(LC)。

迁地栽培保存

保存地点	种质份数	个体数量	引种方式	生长状况	来源地
BJ	1	a	采集	C	安徽
CQ	1	a	采集	C	重庆
GX	*	f	采集	G	广西

滇川铁线莲 *Clematis kockiana* C. K. Schneider

濒危等级 中国特有植物,中国植物红色名录评估为无危(LC)。

迁地栽培保存

保存地点	种质份数	个体数量	引种方式	生长状况	来源地
GX	*	f	采集	G	广西

短毛铁线莲 *Clematis puberula* J. D. Hooker & Thomson

濒危等级 中国植物红色名录评估为无危(LC)。

迁地栽培保存

保存地点	种质份数	个体数量	引种方式	生长状况	来源地
GX	*	f	采集	G	广西

短尾铁线莲 *Clematis brevicaudata* DC.

功效主治 茎:苦,凉。除湿热,通血脉,利小便。用于淋证,腹中胀满。

濒危等级 中国植物红色名录评估为无危(LC)。

迁地栽培保存

保存地点	种质份数	个体数量	引种方式	生长状况	来源地
BJ	1	d	采集	G	北京

盾叶铁线莲 *Clematis smilacifolia* var. *peltata*（W. T. Wang）W. T. Wang

濒危等级 中国植物红色名录评估为无危（LC）。

迁地栽培保存

保存地点	种质份数	个体数量	引种方式	生长状况	来源地
GX	*	f	采集	G	广西

钝齿铁线莲 *Clematis apiifolia* var. *argentilucida*（H. Léveillé & Vaniot）W. T. Wang

功效主治 茎：淡、苦，凉。清热利水，活血通乳。用于湿热癃闭，水肿，淋证，妇女血气不和，乳汁不足，闭经。

濒危等级 中国特有植物，中国植物红色名录评估为无危（LC）。

迁地栽培保存

保存地点	种质份数	个体数量	引种方式	生长状况	来源地
CQ	1	a	采集	C	重庆
GX	*	f	采集	G	广西

种质库保存

保存地点	保存方式	种质份数	个体数量	引种方式	来源地
BJ	种子	1	a	采集	云南

钝萼铁线莲 *Clematis peterae* Hand.-Mazz.

功效主治 藤茎：苦，寒。清热利湿，活血止痛，健胃消食，清肝明目。

濒危等级 中国特有植物，中国植物红色名录评估为无危（LC）。

迁地栽培保存

保存地点	种质份数	个体数量	引种方式	生长状况	来源地
CQ	1	a	采集	F	重庆
GX	*	f	采集	G	广西

粉绿铁线莲　*Clematis glauca* Willd.

功效主治　全草：辛，温。祛风湿，止痒。用于关节痛；外用于疮疖，瘙痒症。

濒危等级　中国植物红色名录评估为无危（LC）。

迁地栽培保存

保存地点	种质份数	个体数量	引种方式	生长状况	来源地
BJ	1	b	采集	G	新疆

甘青铁线莲　*Clematis tangutica*（Maxim.）Korsh.

功效主治　藤茎：清热，通经。用于消化不良，痞块食积，腹泻。

濒危等级　中国植物红色名录评估为无危（LC）。

迁地栽培保存

保存地点	种质份数	个体数量	引种方式	生长状况	来源地
GX	2	f	采集	G	法国、波兰
BJ	1	a	采集	G	甘肃

厚叶铁线莲　*Clematis crassifolia* Benth.

功效主治　根及根茎：用于风湿骨痛，小儿惊风，咽喉肿痛。

濒危等级　中国植物红色名录评估为无危（LC）。

迁地栽培保存

保存地点	种质份数	个体数量	引种方式	生长状况	来源地
GX	*	f	采集	G	广西

黄花铁线莲　*Clematis intricata* Bunge

功效主治　全草或叶：辛，温。祛风除湿，解毒止痛。用于风湿痹痛，痒疹，疥癣。

濒危等级　中国植物红色名录评估为无危（LC）。

迁地栽培保存

保存地点	种质份数	个体数量	引种方式	生长状况	来源地
BJ	1	b	交换	G	北京

种质库保存

保存地点	保存方式	种质份数	个体数量	引种方式	来源地
BJ	种子	1	a	采集	待确定

金佛铁线莲 *Clematis gratopsis* W. T. Wang

功效主治　根：行气活血，祛风湿，止痛。

濒危等级　中国特有植物，中国植物红色名录评估为无危（LC）。

种质库保存

保存地点	保存方式	种质份数	个体数量	引种方式	来源地
BJ	种子	3	a	采集	辽宁、重庆

金毛铁线莲 *Clematis chrysocoma* Franch.

功效主治　根、茎（风藤草）：甘、淡，平。利水消肿，通经活血。用于水肿，小便淋痛，跌打损伤，骨痛，闭经。

濒危等级　中国特有植物，中国植物红色名录评估为无危（LC）。

种质库保存

保存地点	保存方式	种质份数	个体数量	引种方式	来源地
BJ	种子	1	a	采集	云南

辣蓼铁线莲 *Clematis terniflora* var. *mandshurica* (Rupr.) Ohwi

濒危等级　中国植物红色名录评估为无危（LC）。

迁地栽培保存

保存地点	种质份数	个体数量	引种方式	生长状况	来源地
BJ	1	b	采集	G	辽宁
HLJ	1	c	采集	A	黑龙江
GX	*	f	采集	G	法国

种质库保存

保存地点	保存方式	种质份数	个体数量	引种方式	来源地
BJ	种子	7	b	采集	黑龙江、辽宁、吉林

毛果铁线莲 *Clematis peterae* var. *trichocarpa* W. T. Wang

濒危等级　中国特有植物，中国植物红色名录评估为无危（LC）。

迁地栽培保存

保存地点	种质份数	个体数量	引种方式	生长状况	来源地
BJ	1	a	采集	G	江西

种质库保存

保存地点	保存方式	种质份数	个体数量	引种方式	来源地
BJ	种子	8	b	采集	江西、重庆、河北

毛果扬子铁线莲 *Clematis puberula* var. *tenuisepala* (Maximowicz) W. T. Wang

濒危等级　中国特有植物，中国植物红色名录评估为无危（LC）。

迁地栽培保存

保存地点	种质份数	个体数量	引种方式	生长状况	来源地
BJ	1	b	采集	G	山东
GX	*	f	采集	G	山东

毛木通 *Clematis buchananiana* DC.

功效主治　全株：清热解毒，利尿，止痛。

濒危等级　中国植物红色名录评估为无危（LC）。

迁地栽培保存

保存地点	种质份数	个体数量	引种方式	生长状况	来源地
GX	*	f	采集	G	广西

毛蕊铁线莲 *Clematis lasiandra* Maxim.

功效主治　全株：淡，平。舒筋活血，祛湿止痛，解毒。用于筋骨疼痛，四肢麻木，腹胀，无名肿毒。

濒危等级　中国植物红色名录评估为无危（LC）。

迁地栽培保存

保存地点	种质份数	个体数量	引种方式	生长状况	来源地
ZJ	1	d	采集	A	浙江
BJ	1	b	采集	G	安徽
GX	*	f	采集	G	广西

种质库保存

保存地点	保存方式	种质份数	个体数量	引种方式	来源地
BJ	种子	1	a	采集	河南
HN	种子	1	c	采集	湖南

毛叶铁线莲 *Clematis lanuginosa* Lindl.

濒危等级　中国特有植物，浙江省重点保护植物，中国植物红色名录评估为无危（LC）。

迁地栽培保存

保存地点	种质份数	个体数量	引种方式	生长状况	来源地
BJ	1	a	采集	C	浙江

毛柱铁线莲 *Clematis meyeniana* Walp.

功效主治 根：祛风除湿，通经止痛。藤叶：活络止痛，破血通经。用于风寒感冒，胃痛，风湿麻木，闭经。

濒危等级 中国植物红色名录评估为无危（LC）。

迁地栽培保存

保存地点	种质份数	个体数量	引种方式	生长状况	来源地
HN	1	a	采集	C	海南
GX	*	f	采集	G	广东

莓叶铁线莲 *Clematis rubifolia* C. H. Wright

功效主治 全株或根：苦、涩，凉。除湿利尿，清血解毒。用于风湿关节痛，跌打损伤，小便涩痛，淋证，便血，口腔溃疡，胎盘不下。

濒危等级 中国特有植物，中国植物红色名录评估为无危（LC）。

迁地栽培保存

保存地点	种质份数	个体数量	引种方式	生长状况	来源地
GX	*	f	采集	G	广西

美花铁线莲 *Clematis potaninii* Maxim.

功效主治 藤茎：祛风湿，清肺热，止痢，消食。

濒危等级 中国特有植物，中国植物红色名录评估为无危（LC）。

迁地栽培保存

保存地点	种质份数	个体数量	引种方式	生长状况	来源地
GX	*	f	采集	G	贵州

女萎 *Clematis apiifolia* DC.

功效主治 茎、叶：辛，温。消食，利尿，通经，活络。用于霍乱下痢，筋骨痛。鲜根：外用于风火牙痛。

濒危等级 中国植物红色名录评估为无危（LC）。

迁地栽培保存

保存地点	种质份数	个体数量	引种方式	生长状况	来源地
GX	2	f	采集	G	日本，中国广西
SH	1	b	采集	A	待确定
ZJ	1	d	采集	B	福建

槭叶铁线莲 *Clematis acerifolia* Maxim.

濒危等级 中国特有植物，中国植物红色名录评估为濒危（EN）。

迁地栽培保存

保存地点	种质份数	个体数量	引种方式	生长状况	来源地
BJ	1	d	采集	G	北京

芹叶铁线莲 *Clematis aethusifolia* Turcz.

濒危等级 中国植物红色名录评估为无危（LC）。

迁地栽培保存

保存地点	种质份数	个体数量	引种方式	生长状况	来源地
BJ	3	d	采集	G	北京、河北、甘肃
GX	*	f	采集	G	北京

日本铁线莲 *Clematis stans* Siebold & Zucc.

功效主治 全株或根：祛风除湿，解毒消肿。

迁地栽培保存

保存地点	种质份数	个体数量	引种方式	生长状况	来源地
SH	1	b	采集	A	待确定

山木通 *Clematis finetiana* H. Lévl. & Vaniot

功效主治 根（山木通）：祛风利湿，活血解毒。用于风湿关节痛，吐泻，疟疾，乳痈，牙疳。茎：通窍，利水。叶：用于关节痛。花：用于乳蛾，咽喉痛。

迁地栽培保存

保存地点	种质份数	个体数量	引种方式	生长状况	来源地
GX	*	f	采集	G	广西

种质库保存

保存地点	保存方式	种质份数	个体数量	引种方式	来源地
BJ	种子	3	b	采集	贵州

丝铁线莲　*Clematis filamentosa* Dunn

濒危等级　中国植物红色名录评估为无危（LC）。

迁地栽培保存

保存地点	种质份数	个体数量	引种方式	生长状况	来源地
GX	*	f	采集	G	广西

太行铁线莲　*Clematis kirilowii* Maxim.

功效主治　根、叶：祛风湿，利尿，消肿解毒。

濒危等级　中国特有植物，中国植物红色名录评估为无危（LC）。

迁地栽培保存

保存地点	种质份数	个体数量	引种方式	生长状况	来源地
BJ	1	a	采集	G	山东
GX	*	f	采集	G	法国

铁线莲　*Clematis florida* Thunb.

功效主治　全株或根：辛，温。利尿通经，活血止痛。用于小便淋痛，腹胀，癃闭；外用于关节肿痛，虫蚊咬伤。

濒危等级　中国特有植物，中国植物红色名录评估为无危（LC）。

迁地栽培保存

保存地点	种质份数	个体数量	引种方式	生长状况	来源地
SH	1	b	采集	A	待确定
CQ	1	a	采集	C	重庆
FJ	1	a	采集	A	福建
HEN	1	a	采集	A	河南
LN	1	d	采集	B	辽宁
SC	1	f	待确定	G	四川
GX	*	f	采集	G	广西

种质库保存

保存地点	保存方式	种质份数	个体数量	引种方式	来源地
BJ	种子	5	b	采集	黑龙江、上海、四川

威灵仙 *Clematis chinensis* Osbeck

功效主治　根及根茎（威灵仙）：辛、咸，温。祛风除湿，通络止痛。用于风湿痹痛，筋脉拘挛，屈伸不利，骨鲠咽喉。

濒危等级　中国植物红色名录评估为无危（LC）。

迁地栽培保存

保存地点	种质份数	个体数量	引种方式	生长状况	来源地
BJ	3	b	采集	C	浙江、河南、湖北
LN	1	d	采集	B	辽宁
SH	1	b	采集	A	待确定
SC	1	f	待确定	G	四川
CQ	1	a	采集	C	重庆
JS1	1	a	采集	C	江苏
GD	1	b	采集	B	待确定
GX	*	f	采集	G	日本

种质库保存

保存地点	保存方式	种质份数	个体数量	引种方式	来源地
BJ	种子	43	b	采集	海南、山西、安徽、辽宁、吉林、湖北
HN	种子	1	c	采集	湖南

棉团铁线莲　*Clematis hexapetala* Pall.

功效主治　根及根茎（威灵仙）：功效同威灵仙。

濒危等级　中国植物红色名录评估为无危（LC）。

迁地栽培保存

保存地点	种质份数	个体数量	引种方式	生长状况	来源地
BJ	4	d	采集	G	北京、河北、黑龙江、辽宁

种质库保存

保存地点	保存方式	种质份数	个体数量	引种方式	来源地
BJ	种子	3	b	采集	待确定

西伯利亚铁线莲　*Clematis sibirica* (L.) Mill.

功效主治　茎、枝：清心火，泻湿热，通血脉。

濒危等级　中国植物红色名录评估为无危（LC）。

迁地栽培保存

保存地点	种质份数	个体数量	引种方式	生长状况	来源地
GX	*	f	采集	G	新疆

细木通　*Clematis kerriana* Drumm. & Craib

功效主治　根：利尿，通经，祛风寒。用于疟疾，麻风病。

濒危等级　中国植物红色名录评估为无危（LC）。

迁地栽培保存

保存地点	种质份数	个体数量	引种方式	生长状况	来源地
YN	1	a	购买	D	云南

狭叶铁线莲 *Clematis angustifolia* Jacq.

迁地栽培保存

保存地点	种质份数	个体数量	引种方式	生长状况	来源地
GX	*	f	采集	G	北京

小木通 *Clematis armandii* Franch.

功效主治　茎（川木通）：淡、苦，寒。清热利尿，通经下乳。用于水肿，淋证，小便淋痛，关节痹痛，闭经，乳汁不足。叶：消肿毒，止痹痛。

濒危等级　中国植物红色名录评估为无危（LC）。

迁地栽培保存

保存地点	种质份数	个体数量	引种方式	生长状况	来源地
BJ	1	b	采集	G	四川
CQ	1	a	采集	C	重庆
GX	*	f	采集	G	广西

种质库保存

保存地点	保存方式	种质份数	个体数量	引种方式	来源地
BJ	种子	6	b	采集	贵州、四川

小蓑衣藤 *Clematis gouriana* Roxb. ex DC.

功效主治　藤茎：行气活血，祛风湿，止痛，利水。用于跌打损伤，瘀滞疼痛，风湿筋骨痛。

濒危等级　中国植物红色名录评估为无危（LC）。

迁地栽培保存

保存地点	种质份数	个体数量	引种方式	生长状况	来源地
GX	*	f	采集	G	广西

种质库保存

保存地点	保存方式	种质份数	个体数量	引种方式	来源地
BJ	种子	1	a	采集	贵州

心叶铁线莲　*Clematis ranunculoides* var. *cordata* M. Y. Fang

濒危等级　中国特有植物，中国植物红色名录评估为数据缺乏（DD）。

迁地栽培保存

保存地点	种质份数	个体数量	引种方式	生长状况	来源地
GX	*	f	采集	G	海南

绣球藤　*Clematis montana* Buch.-Ham. ex DC.

功效主治　藤茎：清热利尿。

濒危等级　中国植物红色名录评估为无危（LC）。

迁地栽培保存

保存地点	种质份数	个体数量	引种方式	生长状况	来源地
GX	*	f	采集	G	广西

种质库保存

保存地点	保存方式	种质份数	个体数量	引种方式	来源地
BJ	种子	1	a	采集	海南

锈毛铁线莲　*Clematis leschenaultiana* DC.

功效主治　全株：用于风湿骨痛，毒蛇咬伤，目赤肿痛，小便淋痛。叶：用于疮毒，黑睛翳。

濒危等级　中国植物红色名录评估为无危（LC）。

迁地栽培保存

保存地点	种质份数	个体数量	引种方式	生长状况	来源地
GX	2	f	采集	G	广西

扬子铁线莲 *Clematis ganpiniana*（H. Lévl. & Vaniot）Tamura

功效主治 茎叶：除湿热，利尿。

濒危等级 中国特有植物，中国植物红色名录评估为无危（LC）。

种质库保存

保存地点	保存方式	种质份数	个体数量	引种方式	来源地
BJ	种子	1	a	采集	内蒙古

圆锥铁线莲 *Clematis terniflora* DC.

功效主治 根及根茎：祛风除湿，通络止痛。用于风湿痹痛，肢体麻木，筋脉拘挛，屈伸不利，骨鲠咽喉。

濒危等级 中国植物红色名录评估为无危（LC）。

迁地栽培保存

保存地点	种质份数	个体数量	引种方式	生长状况	来源地
GX	2	f	采集	G	日本
JS1	1	a	采集	D	江苏

种质库保存

保存地点	保存方式	种质份数	个体数量	引种方式	来源地
BJ	种子	1	a	采集	江西

柱果铁线莲 *Clematis uncinata* Champ. ex Benth.

功效主治 根、叶：辛，温。利尿，祛瘀，祛风除湿，舒筋活络，镇痛。

濒危等级 中国植物红色名录评估为无危（LC）。

迁地栽培保存

保存地点	种质份数	个体数量	引种方式	生长状况	来源地
BJ	1	a	采集	G	安徽
GD	1	f	采集	G	待确定
ZJ	1	d	采集	A	福建
GX	*	f	采集	G	广西

种质库保存

保存地点	保存方式	种质份数	个体数量	引种方式	来源地
BJ	种子	1	a	采集	待确定

转子莲 *Clematis patens* C. Morren & Decne.

功效主治 根：祛瘀，利尿，解毒。

濒危等级 中国植物红色名录评估为无危（LC）。

种质库保存

保存地点	保存方式	种质份数	个体数量	引种方式	来源地
BJ	种子	6	b	采集	辽宁

乌头属 *Aconitum*

白喉乌头 *Aconitum leucostomum* Vorosch.

功效主治 块根：除湿镇痛。

濒危等级 中国植物红色名录评估为数据缺乏（DD）。

迁地栽培保存

保存地点	种质份数	个体数量	引种方式	生长状况	来源地
GX	*	f	采集	G	新疆

北乌头 *Aconitum kusnezoffii* Rchb.

功效主治 块根（草乌）：辛、苦，热。有大毒。祛风除湿，温经止痛。用于风寒湿痹，关节痛，心腹冷痛，寒疝作痛。叶（草乌叶）：辛、涩，平。有小毒。清热，止痛。用于热病发热，泄泻腹痛，头痛，牙痛。

濒危等级 中国植物红色名录评估为无危（LC）。

迁地栽培保存

保存地点	种质份数	个体数量	引种方式	生长状况	来源地
BJ	7	c	采集	B	辽宁、山西、河北、陕西、北京
HLJ	1	c	采集	A	黑龙江
JS1	1	a	采集	D	江苏

薄叶乌头 *Aconitum fischeri* Rchb.

功效主治 块根：祛风除湿，温经止痛。

濒危等级 中国植物红色名录评估为无危（LC）。

迁地栽培保存

保存地点	种质份数	个体数量	引种方式	生长状况	来源地
BJ	1	b	采集	G	北京

川鄂乌头 *Aconitum henryi* E. Pritz. ex Diels

功效主治 块根：辛、苦，温。有大毒。祛风止痛，散瘀消肿。用于跌打损伤，风湿关节痛。

濒危等级 中国特有植物，中国植物红色名录评估为无危（LC）。

迁地栽培保存

保存地点	种质份数	个体数量	引种方式	生长状况	来源地
BJ	1	b	采集	C	安徽

短柄乌头 *Aconitum brachypodum* Diels

功效主治 块根（雪上一枝蒿）：苦、辛，温。有大毒。祛风除湿，清热止痛。用于跌打损伤，风湿骨痛，牙痛，疮疡肿毒，毒蛇咬伤。

濒危等级 中国特有植物，中国植物红色名录评估为濒危（EN）。

迁地栽培保存

保存地点	种质份数	个体数量	引种方式	生长状况	来源地
BJ	1	b	采集	C	湖北

伏毛铁棒锤　*Aconitum flavum* Hand.-Mazz.

功效主治　块根（铁棒锤），苦、辛，温。有大毒。祛风止痛，散瘀止血，消肿拔毒。用于风湿关节痛，牙痛，痛经，腰腿痛，跌打损伤，瘰疬，疮疡肿毒。

濒危等级　中国特有植物，中国植物红色名录评估为无危（LC）。

迁地栽培保存

保存地点	种质份数	个体数量	引种方式	生长状况	来源地
BJ	2	b	采集	G	四川、甘肃

种质库保存

保存地点	保存方式	种质份数	个体数量	引种方式	来源地
BJ	种子	1	a	采集	甘肃

甘青乌头　*Aconitum tanguticum*（Maxim.）Stapf

功效主治　块根：苦、辛，温。温中散寒，祛风止痛，散瘀止血。全草：用于发热，肺痈。

濒危等级　中国特有植物，中国植物红色名录评估为无危（LC）。

迁地栽培保存

保存地点	种质份数	个体数量	引种方式	生长状况	来源地
BJ	1	a	采集	G	四川

赣皖乌头　*Aconitum finetianum* Hand.-Mazz.

功效主治　块根：辛、苦，大热。有毒。祛风湿，散寒止痛。

濒危等级　中国特有植物，中国植物红色名录评估为无危（LC）。

迁地栽培保存

保存地点	种质份数	个体数量	引种方式	生长状况	来源地
BJ	2	c	采集	C	江西、安徽
GX	*	f	采集	G	广东

高乌头 *Aconitum sinomontanum* Nakai

功效主治　根：辛、苦，温。有毒。祛风除湿，理气止痛，活血散瘀。用于风湿腰腿痛，胃痛，心悸，跌打损伤，瘰疬，疖疮。

濒危等级　中国特有植物，中国植物红色名录评估为无危（LC）。

迁地栽培保存

保存地点	种质份数	个体数量	引种方式	生长状况	来源地
CQ	1	a	采集	F	重庆
HB	1	a	采集	C	湖北

瓜叶乌头 *Aconitum hemsleyanum* E. Pritz.

功效主治　块根：祛风胜湿，活血行瘀。

濒危等级　中国植物红色名录评估为无危（LC）。

迁地栽培保存

保存地点	种质份数	个体数量	引种方式	生长状况	来源地
BJ	5	c	采集	C	安徽、湖北、陕西、江西
CQ	1	a	采集	F	重庆
HB	1	b	采集	C	湖北
GX	*	f	采集	G	湖北

花葶乌头 *Aconitum scaposum* Franch.

功效主治　块根：用于关节及肋骨疼痛，胃痛。

濒危等级　中国植物红色名录评估为无危（LC）。

迁地栽培保存

保存地点	种质份数	个体数量	引种方式	生长状况	来源地
GX	2	f	采集	G	湖北
GZ	2	b	采集	C	贵州
CQ	1	a	采集	B	重庆
HB	1	a	采集	C	湖北
BJ	1	a	采集	G	安徽

黄草乌　*Aconitum vilmorinianum* Kom.

功效主治　块根：苦、辛，温。有剧毒。祛风散寒，除湿止痛。用于跌打损伤，风湿痛，手足厥冷。

濒危等级　中国特有植物，中国植物红色名录评估为无危（LC）。

迁地栽培保存

保存地点	种质份数	个体数量	引种方式	生长状况	来源地
GX	*	f	采集	G	云南

黄花乌头　*Aconitum coreanum*（H. Lévl.）Rapaics

功效主治　块根（关白附）：辛、甘，大温。有毒。祛风痰，逐寒湿。用于腰膝关节冷痛，头痛，冻疮。

濒危等级　吉林省三级保护植物，中国植物红色名录评估为无危（LC）。

迁地栽培保存

保存地点	种质份数	个体数量	引种方式	生长状况	来源地
BJ	1	b	采集	G	辽宁
LN	1	c	采集	A	辽宁

黄山乌头　*Aconitum carmichaelii* var. *hwangshanicum*（W. T. Wang & P. K. Hsiao）W. T. Wang & P. K. Hsiao

功效主治　块根：辛、苦，热。有毒。祛风湿，散寒，止痛。

濒危等级　中国特有植物，中国植物红色名录评估为无危（LC）。

迁地栽培保存

保存地点	种质份数	个体数量	引种方式	生长状况	来源地
BJ	1	b	采集	G	安徽

林地乌头 *Aconitum nemorum* Popov

功效主治　块根：止痛消肿，祛风散寒，通经活络。

濒危等级　中国植物红色名录评估为无危（LC）。

种质库保存

保存地点	保存方式	种质份数	个体数量	引种方式	来源地
BJ	种子	1	a	采集	新疆

露蕊乌头 *Aconitum gymnandrum* Maxim.

功效主治　根：辛，温。有大毒。祛风镇痛。用于关节痛。叶：杀虫，灭蛆。用于疥癣。花：用于淋证。

迁地栽培保存

保存地点	种质份数	个体数量	引种方式	生长状况	来源地
BJ	1	b	采集	G	甘肃
LN	1	b	采集	A	辽宁

种质库保存

保存地点	保存方式	种质份数	个体数量	引种方式	来源地
BJ	种子	1	a	采集	甘肃

蔓乌头 *Aconitum volubile* Pall. ex Koelle

功效主治　块根：温。有剧毒。镇痛镇静。用于头风，风湿痛。

濒危等级　中国植物红色名录评估为无危（LC）。

迁地栽培保存

保存地点	种质份数	个体数量	引种方式	生长状况	来源地
BJ	1	a	采集	G	山西

牛扁　*Aconitum barbatum* Patrin ex Pers. var. *puberulum* Ledeb.

功效主治　根（牛扁）：苦，温。有毒。祛风止痛，止咳平喘，化痰，杀虫。用于咳嗽痰喘，腰腿痛，关节肿痛；外用于疥癣，瘰疬。

濒危等级　中国植物红色名录评估为无危（LC）。

迁地栽培保存

保存地点	种质份数	个体数量	引种方式	生长状况	来源地
BJ	2	b	采集	B	山西、河北

深裂乌头　*Aconitum carmichaelii* var. *tripartitum* W. T. Wang

濒危等级　中国特有植物，中国植物红色名录评估为无危（LC）。

迁地栽培保存

保存地点	种质份数	个体数量	引种方式	生长状况	来源地
BJ	2	b	采集	C	河南、江苏

太白乌头　*Aconitum taipeicum* Hand.-Mazz.

濒危等级　中国特有植物，陕西省渐危保护植物，中国植物红色名录评估为濒危（EN）。

迁地栽培保存

保存地点	种质份数	个体数量	引种方式	生长状况	来源地
BJ	1	a	采集	G	陕西

铁棒锤　*Aconitum pendulum* N. Busch

濒危等级　中国特有植物，中国植物红色名录评估为无危（LC）。

迁地栽培保存

保存地点	种质份数	个体数量	引种方式	生长状况	来源地
BJ	1	b	采集	G	陕西

乌头 *Aconitum carmichaeli* Debeaux

功效主治 母根（川乌）：辛、苦，热。有大毒。祛风除湿，温经止痛。用于风寒湿痹，关节痛，心腹冷痛，寒疝作痛。子根（附子）：辛、甘，大热。有毒。回阳救逆，补火助阳，逐风寒湿邪。用于亡阳虚脱，肢冷脉微，阳痿，宫冷，心腹冷痛，虚寒吐泻，阴寒水肿，阳虚外感，寒湿痹痛。

迁地栽培保存

保存地点	种质份数	个体数量	引种方式	生长状况	来源地
BJ	6	d	采集	B	四川、湖北、陕西、辽宁、内蒙古、黑龙江
SC	1	f	待确定	G	四川
CQ	1	b	购买	B	四川
HB	1	f	采集	I	湖北
JS2	1	d	购买	C	湖北
SH	1	b	采集	F	待确定
GX	*	f	采集	G	广西

膝瓣乌头 *Aconitum geniculatum* H. R. Fletcher & Lauener

功效主治 块根：辛，温。有大毒。祛风湿，镇痛。

濒危等级 中国特有植物，中国植物红色名录评估为无危（LC）。

种质库保存

保存地点	保存方式	种质份数	个体数量	引种方式	来源地
BJ	种子	1	a	采集	云南

细叶黄乌头 *Aconitum barbatum* Patrin ex Pers.

功效主治 全草或块根：止痛消肿，祛风散寒，通经活络。

濒危等级　中国植物红色名录评估为无危（LC）。

迁地栽培保存

保存地点	种质份数	个体数量	引种方式	生长状况	来源地
BJ	1	b	采集	B	陕西
GX	*	f	采集	G	广东

细叶乌头　*Aconitum macrorhynchum* Turcz. ex Ledeb.

功效主治　块根：止痛解痉。用于风湿症。

濒危等级　中国植物红色名录评估为无危（LC）。

迁地栽培保存

保存地点	种质份数	个体数量	引种方式	生长状况	来源地
BJ	1	a	采集	G	辽宁

狭盔高乌头　*Aconitum sinomontanum* var. *angustius* W. T. Wang

濒危等级　中国特有植物，中国植物红色名录评估为无危（LC）。

迁地栽培保存

保存地点	种质份数	个体数量	引种方式	生长状况	来源地
GX	*	f	采集	G	广东

岩乌头　*Aconitum racemulosum* Franch.

功效主治　块根：用于跌打损伤；外用于疮肿。

濒危等级　中国特有植物，中国植物红色名录评估为无危（LC）。

迁地栽培保存

保存地点	种质份数	个体数量	引种方式	生长状况	来源地
CQ	1	a	采集	C	重庆

圆锥乌头 *Aconitum paniculigerum* Nakai

功效主治 块根：辽宁民间作草乌用。用于风寒湿痹，关节痛，心腹冷痛，寒疝作痛。

濒危等级 中国植物红色名录评估为近危（NT）。

迁地栽培保存

保存地点	种质份数	个体数量	引种方式	生长状况	来源地
BJ	1	a	采集	G	山东

锡兰莲属 *Naravelia*

两广锡兰莲 *Naravelia pilulifera* Hance

功效主治 全株：行气止痛。用于风湿骨痛，小便淋痛。

濒危等级 中国特有植物，中国植物红色名录评估为无危（LC）。

迁地栽培保存

保存地点	种质份数	个体数量	引种方式	生长状况	来源地
GX	*	f	采集	G	广西

星果草属 *Asteropyrum*

裂叶星果草 *Asteropyrum cavaleriei* (H. Lévl. & Vaniot) Drumm. & Hutch.

功效主治 根及根茎：苦，寒。清热解毒，除湿利水。用于热病，腹痛，痢疾。

濒危等级 中国特有植物，中国植物红色名录评估为近危（NT）。

迁地栽培保存

保存地点	种质份数	个体数量	引种方式	生长状况	来源地
GX	*	f	采集	G	广西

银莲花属　*Anemone*

阿尔泰银莲花　*Anemone altaica* Fisch. ex C. A. Mey.

功效主治　根茎（九节菖蒲）：辛，微温。开窍，祛痰，祛风化湿，健胃，解毒。用于神昏谵语，癫痫痰饮，风湿痹痛，疮疡肿毒。

濒危等级　中国植物红色名录评估为无危（LC）。

迁地栽培保存

保存地点	种质份数	个体数量	引种方式	生长状况	来源地
HEN	1	c	采集	D	河南
BJ	1	b	赠送	G	前苏联
GX	*	f	采集	G	波兰

反萼银莲花　*Anemone reflexa* Stephan ex Willd.

功效主治　根茎：功效同阿尔泰银莲花。

濒危等级　陕西省渐危保护植物，中国植物红色名录评估为无危（LC）。

迁地栽培保存

保存地点	种质份数	个体数量	引种方式	生长状况	来源地
BJ	1	b	采集	G	陕西

草玉梅　*Anemone rivularis* Buch.-Ham. ex DC.

功效主治　全草或根：苦、辛，平。有毒。清热解毒，活血舒筋。用于咽喉痛，瘰疬，疟腮，风湿痛，胃痛，跌打损伤，疟疾，肝毒症，痞满。

濒危等级　中国植物红色名录评估为无危（LC）。

种质库保存

保存地点	保存方式	种质份数	个体数量	引种方式	来源地
BJ	种子	1	a	采集	甘肃

打破碗花花 *Anemone hupehensis*（Lemoine）Lemoine

功效主治 根：用于感冒，蛔虫病，股癣，体癣。

迁地栽培保存

保存地点	种质份数	个体数量	引种方式	生长状况	来源地
BJ	2	e	采集	G	浙江
JS2	1	d	购买	C	江苏
SH	1	b	采集	A	待确定
HB	1	b	采集	C	湖北
CQ	1	a	采集	B	重庆
GZ	1	b	采集	C	贵州
GX	*	f	采集	G	云南

大花银莲花 *Anemone silvestris* L.

功效主治 全草：消积，祛湿，排脓。

濒危等级 中国植物红色名录评估为无危（LC）。

迁地栽培保存

保存地点	种质份数	个体数量	引种方式	生长状况	来源地
BJ	1	b	采集	G	黑龙江

大火草 *Anemone tomentosa*（Maxim.）C. Pei

功效主治 根（大火草）：苦，温。有小毒。化痰，散瘀，消食。用于痢疾，疟疾，劳伤咳嗽，跌打损伤，小儿疳积，顽癣。

濒危等级 中国特有植物，中国植物红色名录评估为无危（LC）。

迁地栽培保存

保存地点	种质份数	个体数量	引种方式	生长状况	来源地
BJ	6	d	采集	B	北京、陕西、山西、甘肃
HEN	1	c	采集	B	河南
GX	*	f	采集	G	四川

多被银莲花 *Anemone raddeana* Regel

功效主治　根茎（两头尖）：辛，热。有毒。祛风湿，消痈肿。用于风湿腰腿痛，关节痛，风寒感冒，咳嗽多痰，骨节痛。

濒危等级　中国植物红色名录评估为无危（LC）。

迁地栽培保存

保存地点	种质份数	个体数量	引种方式	生长状况	来源地
LN	1	c	采集	A	辽宁

鹅掌草 *Anemone flaccida* F. Schmidt

功效主治　根茎：辛、微苦，温。祛风湿，壮筋骨。用于跌打损伤，风湿痛。

濒危等级　中国植物红色名录评估为无危（LC）。

迁地栽培保存

保存地点	种质份数	个体数量	引种方式	生长状况	来源地
BJ	1	d	采集	G	安徽

二歧银莲花 *Anemone dichotoma* L.

功效主治　根茎：苦，凉。舒筋活血，清热解毒。用于跌打损伤，痢疾，风湿关节痛；外用于疮痈。

濒危等级　中国植物红色名录评估为无危（LC）。

迁地栽培保存

保存地点	种质份数	个体数量	引种方式	生长状况	来源地
BJ	1	b	采集	G	北京

卵叶银莲花 *Anemone begoniifolia* H. Lévl. & Vaniot

功效主治　根：消肿接骨，止血生肌。用于风湿关节痛；外用于疮毒。

迁地栽培保存

保存地点	种质份数	个体数量	引种方式	生长状况	来源地
CQ	1	a	采集	F	重庆
GX	*	f	采集	G	广西

秋牡丹 *Anemone hupehensis* var. *japonica*（Thunb.）Bowles et Stearn

濒危等级 中国植物红色名录评估为无危（LC）。

迁地栽培保存

保存地点	种质份数	个体数量	引种方式	生长状况	来源地
BJ	1	b	赠送	G	前苏联

条叶银莲花 *Anemone coelestina* var. *linearis*（Bruhl）Ziman & B. E. Dutton

功效主治 全草：用于背痛，项瘰病。

濒危等级 中国植物红色名录评估为无危（LC）。

种质库保存

保存地点	保存方式	种质份数	个体数量	引种方式	来源地
BJ	种子	1	a	采集	甘肃

西南银莲花 *Anemone davidii* Franch.

功效主治 根茎：微苦，温。活血止痛，祛瘀消肿，补肾。用于跌打损伤，风湿痛，劳伤，阳痿，腰痛。

迁地栽培保存

保存地点	种质份数	个体数量	引种方式	生长状况	来源地
CQ	1	a	采集	F	重庆

小花草玉梅 *Anemone rivularis* var. *flore-minore* Maxim.

濒危等级 中国特有植物，中国植物红色名录评估为无危（LC）。

迁地栽培保存

保存地点	种质份数	个体数量	引种方式	生长状况	来源地
BJ	3	c	采集	G	甘肃、山西、陕西

野棉花 *Anemone vitifolia* Buch.-Ham. ex DC.

功效主治　根（野棉花）：苦、辛。有毒。止咳止血，理气杀虫，祛风湿，接骨。用于跌打损伤，风湿关节痛，痢疾，泄泻，蛔虫病，黄疸，咳嗽气喘，内、外伤出血。

濒危等级　中国植物红色名录评估为无危（LC）。

迁地栽培保存

保存地点	种质份数	个体数量	引种方式	生长状况	来源地
SC	2	f	待确定	G	四川
BJ	1	d	采集	B	湖北
GX	*	f	采集	G	云南

种质库保存

保存地点	保存方式	种质份数	个体数量	引种方式	来源地
BJ	种子	6	b	采集	云南、河南

银莲花 *Anemone cathayensis*（Kitag.）Kitag.

功效主治　全草：用于风湿骨痛，跌打损伤。

濒危等级　河北省重点保护植物，中国植物红色名录评估为无危（LC）。

迁地栽培保存

保存地点	种质份数	个体数量	引种方式	生长状况	来源地
BJ	1	b	采集	G	河北

獐耳细辛属 *Hepatica*

獐耳细辛 *Hepatica nobilis* var. *asiatica*（Nakai）Hara

功效主治 根茎：用于跌打损伤，筋骨酸痛。

濒危等级 中国植物红色名录评估为无危（LC）。

迁地栽培保存

保存地点	种质份数	个体数量	引种方式	生长状况	来源地
LN	1	c	采集	B	辽宁

茅膏菜科 Droseraceae

茅膏菜属 *Drosera*

长叶茅膏菜 *Drosera indica* L.

功效主治 全草：外用于跌打损伤，耳闭，瘰疬。

濒危等级 中国植物红色名录评估为无危（LC）。

迁地栽培保存

保存地点	种质份数	个体数量	引种方式	生长状况	来源地
HN	2	a	采集	C	海南
GX	*	f	采集	G	广西

锦地罗 *Drosera burmannii* Vahl

功效主治 全草（锦地罗）：微苦，凉。清热利湿，凉血，化痰止咳，止痢。用于泄泻，痢疾，咽喉痛，肺热咳嗽，咯血，衄血，小儿疳积。

濒危等级 中国植物红色名录评估为无危（LC）。

迁地栽培保存

保存地点	种质份数	个体数量	引种方式	生长状况	来源地
HN	1	a	赠送	C	海南
GX	*	f	采集	G	广西

茅膏菜　*Drosera peltata* Thunb.

功效主治　全草或球茎：用于小儿泄泻脱水，惊风，疳积，肾虚，难产，跌打损伤。

濒危等级　中国植物红色名录评估为无危（LC）。

迁地栽培保存

保存地点	种质份数	个体数量	引种方式	生长状况	来源地
GX	*	f	采集	G	广西

美人蕉科　Cannaceae

美人蕉属　*Canna*

大花美人蕉　*Canna generalis* L. H. Bailey & E. Z. Bailey

迁地栽培保存

保存地点	种质份数	个体数量	引种方式	生长状况	来源地
HN	1	a	采集	B	海南
SC	1	f	待确定	G	四川
GZ	1	b	采集	C	贵州
CQ	1	b	购买	B	重庆
BJ	1	d	购买	G	云南
SH	1	b	采集	A	待确定
GX	*	f	采集	G	广西

种质库保存

保存地点	保存方式	种质份数	个体数量	引种方式	来源地
BJ	种子	1	a	采集	云南

粉美人蕉　*Canna glauca* L.

功效主治　叶、根、种子：利尿，发汗。用于耳痛，风湿痛。

迁地栽培保存

保存地点	种质份数	个体数量	引种方式	生长状况	来源地
BJ	1	b	采集	G	广西
CQ	1	a	采集	B	重庆

花叶美人蕉　*Canna* ' Variegata'

迁地栽培保存

保存地点	种质份数	个体数量	引种方式	生长状况	来源地
JS2	1	b	购买	C	江苏

黄花美人蕉　*Canna indica* L. var. *flava* Roxb.

迁地栽培保存

保存地点	种质份数	个体数量	引种方式	生长状况	来源地
BJ	1	a	购买	G	北京
JS2	1	b	购买	C	江苏
CQ	1	a	购买	B	重庆

种质库保存

保存地点	保存方式	种质份数	个体数量	引种方式	来源地
BJ	种子	1	a	采集	四川

蕉芋 *Canna edulis* Ker Gawl.

功效主治　根：清热利湿，凉血解毒，滋补。花：止血。

迁地栽培保存

保存地点	种质份数	个体数量	引种方式	生长状况	来源地
BJ	1	b	购买	G	北京
HN	1	b	采集	B	海南

兰花美人蕉 *Canna orchioides* Bailey

功效主治　根茎、花：清热利湿。根：用于黄疸，久痢，胃痛，子宫脱垂。

迁地栽培保存

保存地点	种质份数	个体数量	引种方式	生长状况	来源地
GX	*	f	采集	G	广西

美人蕉 *Canna indica* L.

功效主治　根茎（美人蕉根）：甘、淡，凉。清热利湿，安神平肝。用于黄疸，妇人脏躁，梅核气，肝阳上亢，久痢，咯血，血崩，带下病，月经不调，疮毒痈肿。花（美人蕉花）：止血。用于金疮及其它外伤出血。

迁地栽培保存

保存地点	种质份数	个体数量	引种方式	生长状况	来源地
CQ	2	b	购买、采集	B	重庆
SC	2	f	待确定	G	四川
BJ	2	d	购买	G	安徽、北京
YN	1	a	采集	C	云南
SH	1	b	采集	A	待确定
LN	1	c	采集	B	辽宁
JS1	1	a	购买	C	江苏

续表

保存地点	种质份数	个体数量	引种方式	生长状况	来源地
HN	1	a	采集	B	海南
HB	1	a	采集	C	湖北
GD	1	f	采集	G	待确定
GZ	1	d	采集	C	贵州

种质库保存

保存地点	保存方式	种质份数	个体数量	引种方式	来源地
BJ	种子	25	a	采集	云南、重庆、四川

柔瓣美人蕉 *Canna flaccida* Salisb.

功效主治　根：止痛消肿，止痢。用于跌打损伤，痢疾。

迁地栽培保存

保存地点	种质份数	个体数量	引种方式	生长状况	来源地
HN	1	a	采集	B	海南

种质库保存

保存地点	保存方式	种质份数	个体数量	引种方式	来源地
BJ	种子	1	a	采集	云南

紫叶美人蕉 *Canna warszewiczii* A. Dietr.

迁地栽培保存

保存地点	种质份数	个体数量	引种方式	生长状况	来源地
BJ	1	b	采集	G	浙江
CQ	1	b	购买	B	重庆
JS2	1	b	购买	C	江苏

猕猴桃科　Actinidiaceae

猕猴桃属　*Actinidia*

糙毛猕猴桃　*Actinidia fulvicoma* var. *hirsuta* Finet & Gagnepain

濒危等级　中国特有植物，中国植物红色名录评估为易危（VU）。

迁地栽培保存

保存地点	种质份数	个体数量	引种方式	生长状况	来源地
GX	*	f	采集	G	广西

对萼猕猴桃　*Actinidia valvata* Dunn

功效主治　根（猫人参）：苦、涩，凉。清热解毒。用于痈疖脓肿，带下病，麻风病。

濒危等级　中国特有植物，国家重点保护野生植物名录（第二批）二级，中国植物红色名录评估为近危（NT）。

迁地栽培保存

保存地点	种质份数	个体数量	引种方式	生长状况	来源地
SH	1	a	采集	A	待确定

大籽猕猴桃　*Actinidia macrosperma* C. F. Liang

功效主治　根：在浙江作毛人参入药。其功效比对萼猕猴桃佳。

迁地栽培保存

保存地点	种质份数	个体数量	引种方式	生长状况	来源地
GX	*	f	采集	G	浙江

革叶猕猴桃　*Actinidia rubricaulis* Dunn var. *coriacea*（Finet & Gagnep.）C. F. Liang

功效主治　根（秤砣梨根）：苦、涩，温。行气活血。用于跌打损伤，腰背疼痛，内伤吐血。果实（秤砣梨）：酸、涩，温。用于癥瘕积聚。

濒危等级 中国特有植物，中国植物红色名录评估为无危（LC）。

迁地栽培保存

保存地点	种质份数	个体数量	引种方式	生长状况	来源地
CQ	1	a	采集	C	重庆

种质库保存

保存地点	保存方式	种质份数	个体数量	引种方式	来源地
BJ	种子	1	a	采集	四川

葛枣猕猴桃 *Actinidia polygama* (Siebold & Zucc.) Maxim.

功效主治 根（木天蓼根）：用于风虫牙痛，腰痛。枝、叶（木天蓼）：辛，温。理气止痛。用于麻风，食积，腰痛，疝气痛。带虫瘿的果实（木天蓼子）：苦、辛，微热。用于中风，口面㖞斜，疝气。

濒危等级 国家重点保护野生植物名录（第二批）二级，吉林省三级保护植物，中国植物红色名录评估为无危（LC）。

迁地栽培保存

保存地点	种质份数	个体数量	引种方式	生长状况	来源地
GX	2	f	采集	G	日本，中国湖北
BJ	2	a	采集	G	浙江、山东

狗枣猕猴桃 *Actinidia kolomikta* (Rupr. & Maxim.) Maxim.

功效主治 果实（狗枣子）：酸、甘，平。滋补强壮。用于坏血病。

濒危等级 国家重点保护野生植物名录（第二批）二级，北京市二级保护植物、河北省重点保护植物、山西省重点保护植物，中国植物红色名录评估为无危（LC）。

迁地栽培保存

保存地点	种质份数	个体数量	引种方式	生长状况	来源地
BJ	1	a	采集	G	辽宁

红茎猕猴桃 *Actinidia rubricaulis* Dunn

功效主治　根、茎：祛风活络，消肿止痛，行气散瘀。

濒危等级　国家重点保护野生植物名录（第二批）二级，中国植物红色名录评估为近危（NT）。

迁地栽培保存

保存地点	种质份数	个体数量	引种方式	生长状况	来源地
GX	*	f	采集	G	广西

黄毛猕猴桃 *Actinidia fulvicoma* Hance

功效主治　根：消积，消疮。用于小儿疳积；外用于疮疖。

濒危等级　国家重点保护野生植物名录（第二批）二级，中国植物红色名录评估为近危（NT）。

迁地栽培保存

保存地点	种质份数	个体数量	引种方式	生长状况	来源地
GX	2	f	采集	G	广西

京梨猕猴桃 *Actinidia callosa* Lindl. var. *henryi* Maxim.

功效主治　根皮（水梨藤）：涩，凉。清热，消肿。用于全身肿胀，背痈红肿，肠痈腹痛。

迁地栽培保存

保存地点	种质份数	个体数量	引种方式	生长状况	来源地
GZ	1	a	采集	C	贵州

种质库保存

保存地点	保存方式	种质份数	个体数量	引种方式	来源地
HN	种子	1	b	采集	海南

阔叶猕猴桃 *Actinidia latifolia* (Gardner & Champ.) Merr.

功效主治　茎、叶（红蒂蛇）：淡、涩，平。清热解毒，除湿，消肿止痛。用于咽喉痛，泄泻；外用于痈疮痛。

迁地栽培保存

保存地点	种质份数	个体数量	引种方式	生长状况	来源地
GX	2	f	采集	G	广西
HN	2	a	采集	C	海南

种质库保存

保存地点	保存方式	种质份数	个体数量	引种方式	来源地
HN	种子	1	a	采集	海南

美丽猕猴桃 *Actinidia melliana* Hand.-Mazz.

功效主治 根：止血，祛风除湿，解毒，接骨。用于崩漏，脱疽，风湿痹痛；外用于皮肤过敏，枪伤，毒虫咬伤，骨折。

迁地栽培保存

保存地点	种质份数	个体数量	引种方式	生长状况	来源地
HN	2	a	采集	C	海南
GX	*	f	采集	G	广西

美味猕猴桃 *Actinidia chinensis* var. *deliciosa* (A. Chevalier) A. Chevalier

功效主治 果实：滋补强壮。用于坏血病。

迁地栽培保存

保存地点	种质份数	个体数量	引种方式	生长状况	来源地
GX	*	f	采集	G	广西

蒙自猕猴桃 *Actinidia henryi* Dunn

功效主治 根：外用于瘰疬。

濒危等级 中国特有植物，国家重点保护野生植物名录（第二批）二级，中国植物红色名录评估为易危（VU）。

迁地栽培保存

保存地点	种质份数	个体数量	引种方式	生长状况	来源地
GX	*	f	采集	G	广西

软枣猕猴桃 *Actinidia arguta*（Siebold & Zucc.）Planch. ex Miq.

功效主治 根（小羊桃）、茎皮、果实（小羊桃）：酸、涩，平。清热解毒，利湿，补虚益损。用于吐血，胁痛，月经不调，风湿关节痛。

濒危等级 国家重点保护野生植物名录（第二批）二级，山西省重点保护植物、北京市二级保护植物、河北省重点保护植物、吉林省二级保护植物，中国植物红色名录评估为无危（LC）。

迁地栽培保存

保存地点	种质份数	个体数量	引种方式	生长状况	来源地
BJ	2	a	采集	G	山东、北京
LN	1	b	采集	C	辽宁
GX	*	f	采集	G	湖北

伞花猕猴桃 *Actinidia umbelloides* C. F. Liang

种质库保存

保存地点	保存方式	种质份数	个体数量	引种方式	来源地
BJ	种子	1	a	采集	待确定

条叶猕猴桃 *Actinidia fortunatii* Finet & Gagnep.

功效主治 茎：祛风除湿，接骨。用于风湿痹痛；外用于骨折。

濒危等级 国家重点保护野生植物名录（第二批）二级，中国植物红色名录评估为近危（NT）。

迁地栽培保存

保存地点	种质份数	个体数量	引种方式	生长状况	来源地
GX	2	f	采集	G	广西

中华猕猴桃 *Actinidia chinensis* Planch.

功效主治 果实（猕猴桃）：酸、甘，寒。解热，通淋，止渴。用于消化不良，食欲不振，呕吐，烫火伤。

根皮（羊桃根皮）：酸、微甘，凉。有小毒。清热解毒，活血消肿。用于风湿关节痛，跌打损伤，丝虫病，肝毒症，痢疾，瘰疬，痈肿，恶核。

濒危等级 中国特有植物，国家重点保护野生植物名录（第二批）二级，中国植物红色名录评估为无危（LC）。

迁地栽培保存

保存地点	种质份数	个体数量	引种方式	生长状况	来源地
BJ	3	b	采集	C	北京、河南、陕西
CQ	1	a	采集	C	重庆
GZ	1	a	采集	C	贵州
HB	1	a	采集	C	湖北
LN	1	c	采集	B	辽宁

种质库保存

保存地点	保存方式	种质份数	个体数量	引种方式	来源地
BJ	种子	1	a	采集	待确定

中越猕猴桃 *Actinidia indochinensis* Merr.

功效主治 果实：滋补强壮。用于维生素 C 缺乏症。

迁地栽培保存

保存地点	种质份数	个体数量	引种方式	生长状况	来源地
GX	2	f	采集	G	广西

水东哥属 *Saurauia*

聚锥水东哥 *Saurauia thyrsiflora* C. F. Liang et Y. S. Wang

功效主治 根：用于小儿麻疹。茎皮：用于痢疾。叶：用于烫火伤。

濒危等级　中国特有植物，中国植物红色名录评估为无危（LC）。

迁地栽培保存

保存地点	种质份数	个体数量	引种方式	生长状况	来源地
GX	*	f	采集	G	广西

种质库保存

保存地点	保存方式	种质份数	个体数量	引种方式	来源地
BJ	种子	4	b	采集	待确定

尼泊尔水东哥　*Saurauia napaulensis* DC.

功效主治　根（鼻涕果）、果实（鼻涕果）：苦，凉。有毒。散瘀消肿，止血。用于骨折，跌打损伤，创伤出血，疖疮。

濒危等级　中国植物红色名录评估为无危（LC）。

迁地栽培保存

保存地点	种质份数	个体数量	引种方式	生长状况	来源地
GX	*	f	采集	G	广西

水东哥　*Saurauia tristyla* DC.

功效主治　根（水东哥）、叶（水东哥）：微苦，凉。清热解毒，止咳，止痛。用于风热咳嗽，风火牙痛，无名肿毒，目翳。根皮：用于遗精。

濒危等级　中国植物红色名录评估为无危（LC）。

迁地栽培保存

保存地点	种质份数	个体数量	引种方式	生长状况	来源地
HN	1	a	采集	C	海南
GZ	1	b	采集	C	贵州
BJ	1	a	采集	G	北京
GD	1	f	采集	G	待确定
GX	*	f	采集	G	广西

种质库保存

保存地点	保存方式	种质份数	个体数量	引种方式	来源地
BJ	种子	12	b	采集	云南、安徽、海南、福建，待确定

云南水东哥 *Saurauia yunnanensis* C. F. Liang et Y. S. Wang

濒危等级 中国特有植物，中国植物红色名录评估为易危（VU）。

种质库保存

保存地点	保存方式	种质份数	个体数量	引种方式	来源地
BJ	种子	4	b	采集	待确定

朱毛水东哥 *Saurauia miniata* C. F. Liang et Y. S. Wang

濒危等级 中国特有植物，中国植物红色名录评估为易危（VU）。

迁地栽培保存

保存地点	种质份数	个体数量	引种方式	生长状况	来源地
GX	*	f	采集	G	广西

种质库保存

保存地点	保存方式	种质份数	个体数量	引种方式	来源地
BJ	种子	1	a	采集	四川

母草科　Linderniaceae

蝴蝶草属　*Torenia*

长叶蝴蝶草 *Torenia asiatica* L.

功效主治 全草：甘，凉。清热利湿，解毒，化瘀，消肿止痛。用于热咳，黄疸，泻痢，牙痛，口腔破溃，小儿疳积，疔毒，跌打损伤，耳闭，子痫，毒蛇咬伤。

迁地栽培保存

保存地点	种质份数	个体数量	引种方式	生长状况	来源地
GZ	1	b	采集	C	贵州

单色蝴蝶草 *Torenia concolor* Lindl.

功效主治　全草：苦，凉。清热解毒，利湿，止咳，和胃止呕，化瘀。用于发痧呕吐，黄疸，血淋，风热咳嗽，泄泻，跌打损伤，毒蛇咬伤，疔毒。

濒危等级　中国植物红色名录评估为无危（LC）。

迁地栽培保存

保存地点	种质份数	个体数量	引种方式	生长状况	来源地
GX	*	f	采集	G	广西

二花蝴蝶草 *Torenia biniflora* T. L. Chin & Hong

濒危等级　中国特有植物，中国植物红色名录评估为无危（LC）。

迁地栽培保存

保存地点	种质份数	个体数量	引种方式	生长状况	来源地
GX	*	f	采集	G	广西

黄花蝴蝶草 *Torenia flava* Buch.-Ham. ex Benth.

功效主治　全草：用于阴囊肿大。

濒危等级　中国植物红色名录评估为无危（LC）。

迁地栽培保存

保存地点	种质份数	个体数量	引种方式	生长状况	来源地
GX	*	f	采集	G	广西

蓝猪耳 *Torenia fournieri* Linden. ex Fourn.

功效主治　全草：用于泄泻，痢疾。

濒危等级　中国植物红色名录评估为无危（LC）。

迁地栽培保存

保存地点	种质份数	个体数量	引种方式	生长状况	来源地
JS2	1	c	购买	C	江苏
GD	1	f	采集	G	待确定
GZ	1	f	购买	F	贵州
GX	*	f	采集	G	澳门

种质库保存

保存地点	保存方式	种质份数	个体数量	引种方式	来源地
BJ	种子	1	a	采集	上海

紫萼蝴蝶草 *Torenia violacea*（Azaola ex Blanco）Pennell

功效主治　全草：微苦，凉。清热解毒，利湿止咳，化痰。用于小儿疳积，吐泻，痢疾，目赤，黄疸，血淋，疔疮，痈肿，毒蛇咬伤。

迁地栽培保存

保存地点	种质份数	个体数量	引种方式	生长状况	来源地
ZJ	1	e	采集	A	浙江

母草属　*Lindernia*

长蒴母草 *Lindernia anagallis*（Burm. f.）Pennell

功效主治　全草：甘、淡，凉。清热利湿，解毒消肿。用于乳蛾，咽喉痛，咳嗽，泄泻，小儿消化不良，风热目痛，带下病，痢疾，淋证，乳痈，疟腮，蛇头疮，脓疱疮，毒蛇咬伤。

迁地栽培保存

保存地点	种质份数	个体数量	引种方式	生长状况	来源地
GD	1	f	采集	G	待确定

旱田草　*Lindernia ruellioides*（Colsm.）Pennell

功效主治　全草：甘、淡，平。理气活血，消肿，解毒，止痛。用于闭经，痛经，胃痛，痢疾，口疮，瘰疬，跌打损伤，痈肿疼痛，蛇、狂犬咬伤。

迁地栽培保存

保存地点	种质份数	个体数量	引种方式	生长状况	来源地
GD	1	b	采集	D	待确定
GX	*	f	采集	G	广西

红骨母草　*Lindernia mollis*（Bentham）Wettstein

功效主治　全草：外用于乳痈，毒疮，跌打损伤。
濒危等级　中国植物红色名录评估为无危（LC）。

迁地栽培保存

保存地点	种质份数	个体数量	引种方式	生长状况	来源地
HN	1	a	采集	B	海南

宽叶母草　*Lindernia nummulariifolia*（D. Don）Wettst.

功效主治　全草：苦，平。清热解毒，止痛，凉血。用于呛咳出血，疟疾，疔疮；外用于蜂螫伤。

迁地栽培保存

保存地点	种质份数	个体数量	引种方式	生长状况	来源地
GX	2	f	采集	G	广西、湖北

母草 *Lindernia crustacea*（L.）F. Muell.

功效主治　全草：清热解毒，健脾止泻，利尿消肿。用于感冒，细菌性痢疾，肠痈，吐泻，消化不良，肝毒症，腰痛，水肿，带下病；外用于痈疖肿毒。

迁地栽培保存

保存地点	种质份数	个体数量	引种方式	生长状况	来源地
GD	1	f	采集	G	待确定
HN	1	a	采集	B	海南
ZJ	1	e	采集	A	浙江

种质库保存

保存地点	保存方式	种质份数	个体数量	引种方式	来源地
BJ	种子	1	a	采集	云南

泥花草 *Lindernia antipoda*（L.）Alston

功效主治　全草（水虾子草）：甘、微苦，平。清热，解毒，消肿，祛瘀。用于肺热咳嗽，咽喉痛，毒蛇咬伤，扭伤，热疮，淋证。

迁地栽培保存

保存地点	种质份数	个体数量	引种方式	生长状况	来源地
HN	1	a	采集	B	海南
ZJ	1	e	采集	A	浙江

木兰科　Magnoliaceae

长喙木兰属　*Lirianthe*

大叶木兰 *Lirianthe henryi*（Dunn）N. H. Xia & C. Y. Wu

功效主治　树皮、花：温中理气。

濒危等级　中国植物红色名录评估为濒危（EN）。

迁地栽培保存

保存地点	种质份数	个体数量	引种方式	生长状况	来源地
GX	*	f	采集	G	云南

绢毛木兰　*Lirianthe albosericea*（Chun & C. H. Tsoong）N. H. Xia & C. Y. Wu

濒危等级　中国植物红色名录评估为濒危（EN）。

迁地栽培保存

保存地点	种质份数	个体数量	引种方式	生长状况	来源地
HN	2	a	采集	C	海南

山玉兰　*Lirianthe delavayi* Franch.

功效主治　树皮、花：苦、辛，温。温中理气，止痛，健脾。用于消化不良，脘痛，呕吐，腹胀，腹痛。
　　　　　　花：用于鼻渊，咳嗽。

濒危等级　中国特有植物，中国植物红色名录评估为无危（LC）。

迁地栽培保存

保存地点	种质份数	个体数量	引种方式	生长状况	来源地
YN	1	a	采集	C	云南
GX	*	f	采集	G	云南

显脉木兰　*Lirianthe fistulosa*（Finet & Gagnepain）N. H. Xia & C. Y. Wu

濒危等级　中国特有植物，中国植物红色名录评估为易危（VU）。

迁地栽培保存

保存地点	种质份数	个体数量	引种方式	生长状况	来源地
GX	*	f	采集	G	广西

香港木兰 *Lirianthe championii* Benth.

功效主治 树皮：消积。用于胃脘胀痛。叶、果实：用于风湿疼痛，咳嗽。

濒危等级 中国植物红色名录评估为濒危（EN）。

迁地栽培保存

保存地点	种质份数	个体数量	引种方式	生长状况	来源地
HN	2	a	购买	C	海南
BJ	1	a	购买	G	北京
GX	*	f	采集	G	广西

馨香木兰 *Lirianthe odoratissima* (Y. W. Law & R. Z. Zhou) N. H. Xia & C. Y. Wu

濒危等级 中国特有植物，中国植物红色名录评估为极危（CR）。

迁地栽培保存

保存地点	种质份数	个体数量	引种方式	生长状况	来源地
GX	*	f	采集	G	广东

夜香木兰 *Lirianthe coco* (Lour.) DC.

功效主治 花（夜合花）：苦，微温。理气止痛。用于肝郁气痛，带下病，咳嗽气喘，失眠，四肢浮肿，跌打损伤。

濒危等级 中国植物红色名录评估为濒危（EN）。

迁地栽培保存

保存地点	种质份数	个体数量	引种方式	生长状况	来源地
HN	2	a	赠送	C	广西
YN	1	a	采集	C	云南
CQ	1	a	购买	F	重庆
GX	*	f	采集	G	待确定

鹅掌楸属 *Liriodendron*

鹅掌楸 *Liriodendron chinense*（Hemsl.）Sarg.

功效主治 根、树皮（凹朴皮）：辛，温。祛风除湿，止咳。用于风寒咳嗽，风湿关节痛。叶：外用于头疮。

濒危等级 国家重点保护野生植物名录（第一批）二级，中国植物红色名录评估为无危（LC）。

迁地栽培保存

保存地点	种质份数	个体数量	引种方式	生长状况	来源地
HN	2	a	采集	C	海南
HB	1	b	采集	A	湖北
JS1	1	b	购买	B	江苏
JS2	1	b	购买	C	江苏
SH	1	a	采集	A	待确定
GX	*	f	采集	G	江西

种质库保存

保存地点	保存方式	种质份数	个体数量	引种方式	来源地
BJ	种子	3	a	采集	江西、湖北

含笑属 *Michelia*

白花含笑 *Michelia mediocris* Dandy

濒危等级 中国植物红色名录评估为无危（LC）。

迁地栽培保存

保存地点	种质份数	个体数量	引种方式	生长状况	来源地
GX	*	f	采集	G	广东

白兰 *Michelia alba* DC.

功效主治 叶：苦、辛，微温。芳香化湿，止咳化痰，利尿。用于小便淋痛，老年咳嗽气喘。叶的蒸馏液

（玉兰液）：镇咳平喘。花（白兰花）：辛，苦，平。行气通窍，芳香化湿。用于气滞腹胀，带下病，鼻塞。根：用于小便淋痛，痈肿。

迁地栽培保存

保存地点	种质份数	个体数量	引种方式	生长状况	来源地
BJ	1	a	购买	G	北京
CQ	1	a	购买	C	重庆
HN	1	a	购买	C	海南
JS1	1	a	购买	C	江苏
SH	1	a	采集	A	待确定
YN	1	b	购买	C	云南

种质库保存

保存地点	保存方式	种质份数	个体数量	引种方式	来源地
BJ	种子	3	a	采集	江西、安徽

含笑花 *Michelia figo* (Lour.) Spreng.

功效主治 花：用于月经不调。叶：用于跌打损伤。

迁地栽培保存

保存地点	种质份数	个体数量	引种方式	生长状况	来源地
SH	2	a	采集	A	待确定
BJ	1	a	采集	G	广西
CQ	1	a	购买	C	重庆
GD	1	b	采集	D	待确定
GZ	1	a	购买	C	贵州
HN	1	a	赠送	C	广西
JS2	1	d	购买	C	江苏

种质库保存

保存地点	保存方式	种质份数	个体数量	引种方式	来源地
BJ	种子	1	a	采集	待确定
HN	种子	1	a	采集	海南

川含笑　*Michelia szechuanica* Dandy

濒危等级　中国特有植物，中国植物红色名录评估为易危（VU）。

迁地栽培保存

保存地点	种质份数	个体数量	引种方式	生长状况	来源地
CQ	1	a	购买	C	重庆

种质库保存

保存地点	保存方式	种质份数	个体数量	引种方式	来源地
BJ	种子	1	a	采集	江西

多花含笑　*Michelia floribunda* Finet & Gagnep.

濒危等级　中国植物红色名录评估为无危（LC）。

迁地栽培保存

保存地点	种质份数	个体数量	引种方式	生长状况	来源地
GX	*	f	采集	G	云南

峨眉含笑　*Michelia wilsonii* Finet & Gagnep.

濒危等级　中国特有植物，国家重点保护野生植物名录（第一批）二级，中国植物红色名录评估为易危（VU）。

种质库保存

保存地点	保存方式	种质份数	个体数量	引种方式	来源地
BJ	种子	1	a	采集	四川

观光木 *Michelia odora* (Chun) Noot. & B. L. Chen

功效主治 树皮、根皮：我国南方民间用于恶核。

濒危等级 国家重点保护野生植物名录（第二批）二级，中国植物红色名录评估为易危（VU）。

迁地栽培保存

保存地点	种质份数	个体数量	引种方式	生长状况	来源地
HN	1	a	赠送	C	广西
GX	*	f	采集	G	广西

种质库保存

保存地点	保存方式	种质份数	个体数量	引种方式	来源地
BJ	种子	1	a	采集	待确定

黄心夜合 *Michelia martinii* (H. Lévl.) H. Lévl.

濒危等级 中国特有植物，国家重点保护野生植物名录（第二批）二级，中国植物红色名录评估为近危（NT）。

迁地栽培保存

保存地点	种质份数	个体数量	引种方式	生长状况	来源地
CQ	1	a	采集	C	重庆
ZJ	1	c	购买	B	四川

金叶含笑 *Michelia foveolata* Merr. ex Dandy

功效主治 树皮：解毒散热。

濒危等级 江西省三级保护植物，中国植物红色名录评估为无危（LC）。

迁地栽培保存

保存地点	种质份数	个体数量	引种方式	生长状况	来源地
SH	1	a	采集	A	待确定
ZJ	1	c	购买	A	江西
GX	*	f	采集	G	广西

阔瓣含笑 *Michelia platypetala* Hand.-Mazz.

功效主治　花：芳香化湿，利尿，止咳。树干：降气止痛。

濒危等级　中国特有植物，中国植物红色名录评估为无危（LC）。

迁地栽培保存

保存地点	种质份数	个体数量	引种方式	生长状况	来源地
SH	1	b	采集	A	待确定
GX	*	f	采集	G	湖南

乐昌含笑 *Michelia chapensis* Dandy

功效主治　树皮：解毒散热。

濒危等级　国家重点保护野生植物名录（第二批）二级，江西省二级保护植物，中国植物红色名录评估为近危（NT）。

迁地栽培保存

保存地点	种质份数	个体数量	引种方式	生长状况	来源地
HB	1	a	采集	C	待确定
SH	1	a	采集	A	待确定
CQ	1	a	购买	C	四川
GX	*	f	采集	G	浙江

马关含笑 *Michelia opipara* Hung T. Chang & B. L. Chen

濒危等级　中国特有植物，中国植物红色名录评估为濒危（EN）。

迁地栽培保存

保存地点	种质份数	个体数量	引种方式	生长状况	来源地
GX	*	f	采集	G	广东

南亚含笑 *Michelia doltsopa* Buch.-Ham. ex DC.

濒危等级 中国植物红色名录评估为无危（LC）。
迁地栽培保存

保存地点	种质份数	个体数量	引种方式	生长状况	来源地
GX	*	f	采集	G	广东

平伐含笑 *Michelia cavaleriei* Finet & Gagnep.

濒危等级 中国特有植物，中国植物红色名录评估为濒危（EN）。
迁地栽培保存

保存地点	种质份数	个体数量	引种方式	生长状况	来源地
GX	*	f	采集	G	湖南

深山含笑 *Michelia maudiae* Dunn

功效主治 花：辛，温。散风寒，通鼻窍，行气止痛。根：清热解毒，行气化浊，止咳。
濒危等级 中国特有植物，江西省三级保护植物，中国植物红色名录评估为无危（LC）。
迁地栽培保存

保存地点	种质份数	个体数量	引种方式	生长状况	来源地
CQ	1	a	购买	C	重庆
SH	1	a	采集	A	待确定
HB	1	a	采集	C	待确定
BJ	1	a	采集	G	安徽
GZ	1	b	采集	C	贵州
GX	*	f	采集	G	云南

种质库保存

保存地点	保存方式	种质份数	个体数量	引种方式	来源地
BJ	种子	1	a	采集	湖北
HN	种子	1	a	采集	海南

台湾含笑 *Michelia compressa*（Maxim.）Sarg.

功效主治 心材：抗菌。

濒危等级 中国植物红色名录评估为无危（LC）。

迁地栽培保存

保存地点	种质份数	个体数量	引种方式	生长状况	来源地
JS1	1	a	购买	D	江苏
GX	*	f	采集	G	日本

香子含笑 *Michelia hedyosperma* Y. W. Law

功效主治 种子：辛，温。健脾，消胀，止痛。用于腹胀，胃痛，消化不良，胸膈痞满。

濒危等级 国家重点保护野生植物名录（第二批）二级，广西壮族自治区重点保护植物，中国植物红色名录评估为濒危（EN）。

迁地栽培保存

保存地点	种质份数	个体数量	引种方式	生长状况	来源地
GX	2	f	采集	G	广西
YN	1	a	购买	C	云南

野含笑 *Michelia skinneriana* Dunn

濒危等级 中国特有植物，江西省三级保护植物、浙江省重点保护植物，中国植物红色名录评估为无危（LC）。

迁地栽培保存

保存地点	种质份数	个体数量	引种方式	生长状况	来源地
GX	2	f	采集	G	浙江、广西
ZJ	1	c	购买	B	浙江

云南含笑 *Michelia yunnanensis* Franch. ex Finet & Gagnep.

功效主治 花（山辛夷）：微苦、涩，凉。清热解毒。用于咽喉痛，鼻塞流涕，目赤。

濒危等级　中国特有植物，中国植物红色名录评估为无危（LC）。

迁地栽培保存

保存地点	种质份数	个体数量	引种方式	生长状况	来源地
GX	*	f	采集	G	云南

种质库保存

保存地点	保存方式	种质份数	个体数量	引种方式	来源地
BJ	种子	1	a	采集	待确定

壮丽含笑　*Michelia lacei* W. W. Sm.

濒危等级　中国植物红色名录评估为濒危（EN）。

迁地栽培保存

保存地点	种质份数	个体数量	引种方式	生长状况	来源地
GX	*	f	采集	G	广东

紫花含笑　*Michelia crassipes* Y. W. Law

功效主治　枝、叶：活血散瘀，清热利湿。

濒危等级　中国特有植物，江西省三级保护植物，中国植物红色名录评估为濒危（EN）。

迁地栽培保存

保存地点	种质份数	个体数量	引种方式	生长状况	来源地
GX	2	f	采集	G	广西

棕毛含笑　*Michelia fulva* Hung T. Chang & B. L. Chen

濒危等级　中国特有植物，中国植物红色名录评估为濒危（EN）。

迁地栽培保存

保存地点	种质份数	个体数量	引种方式	生长状况	来源地
GX	2	f	采集	G	云南

醉香含笑 *Michelia macclurei* Dandy

功效主治　树皮、叶：用于跌打损伤，疮痈肿毒。

濒危等级　中国植物红色名录评估为无危（LC）。

迁地栽培保存

保存地点	种质份数	个体数量	引种方式	生长状况	来源地
GX	3	f	采集	G	广西、上海
ZJ	1	c	购买	B	海南

种质库保存

保存地点	保存方式	种质份数	个体数量	引种方式	来源地
BJ	种子	2	a	采集	内蒙古、上海

合果木属　*Paramichelia*

合果木 *Paramichelia baillonii*（Pierre）Hu

功效主治　根、树皮：用于风湿疼痛。

濒危等级　国家重点保护野生植物名录（第一批）二级，中国植物红色名录评估为易危（VU）。

迁地栽培保存

保存地点	种质份数	个体数量	引种方式	生长状况	来源地
GX	*	f	采集	G	广东、广西

厚朴属　*Houpoea*

凹叶厚朴 *Houpoea officinalis* 'Biloba'

功效主治　树皮（厚朴）、根皮（厚朴）：苦、辛，温。温中理气，消积散满。用于胸腹胀满，气逆喘咳，呕吐泻痢。花（厚朴花）：微苦，温。宽中理气。用于感冒咳嗽，胸闷不适。

迁地栽培保存

保存地点	种质份数	个体数量	引种方式	生长状况	来源地
BJ	1	a	采集	G	四川
HB	1	b	采集	A	待确定
ZJ	1	c	购买	A	浙江
JS1	1	b	购买	C	湖北
CQ	1	a	购买	C	重庆
GZ	1	b	采集	C	贵州

种质库保存

保存地点	保存方式	种质份数	个体数量	引种方式	来源地
BJ	种子	1	a	采集	江西
HN	种子	2	b	采集	福建

厚朴　*Houpoea officinalis*（Rehder & E. H. Wilson）N. H. Xia & C. Y. Wu

功效主治　树皮、根皮：功效同凹叶厚朴。花（厚朴花）：功效同凹叶厚朴。

濒危等级　中国特有植物，中国植物红色名录评估为无危（LC）。

迁地栽培保存

保存地点	种质份数	个体数量	引种方式	生长状况	来源地
FJ	4	a	购买	A	福建
BJ	2	a	采集	G	四川、江西
JS2	1	b	购买	C	江苏
JS1	1	b	购买	D	江苏
HB	1	e	采集	A	湖北
GD	1	f	采集	G	待确定
CQ	1	a	购买	C	重庆
GX	*	f	采集	G	江西

种质库保存

保存地点	保存方式	种质份数	个体数量	引种方式	来源地
BJ	种子	63	c	采集	湖南、四川、陕西、湖北、福建、江西、
HN	种子	1	b	采集	湖南

长喙厚朴　*Houpoea rostrata* W. W. Sm.

功效主治　树皮：辛、微苦，温。功效同厚朴。

濒危等级　国家重点保护野生植物名录（第一批）二级，中国植物红色名录评估为易危（VU）。

迁地栽培保存

保存地点	种质份数	个体数量	引种方式	生长状况	来源地
YN	1	a	购买	C	云南

种质库保存

保存地点	保存方式	种质份数	个体数量	引种方式	来源地
BJ	种子	1	a	采集	四川

日本厚朴　*Houpoea hypoleuca* Siebold & Zucc.

功效主治　花：温中下气，燥湿化痰。果实：温中利气，消食。

迁地栽培保存

保存地点	种质份数	个体数量	引种方式	生长状况	来源地
GX	*	f	采集	G	待确定

木兰属　*Magnolia*

荷花木兰　*Magnolia grandiflora* L.

功效主治　花：辛，温。祛风散寒，止痛。用于外感风寒，鼻塞头痛。树皮：燥湿，行气止痛。用于湿阻，气滞胃痛。

迁地栽培保存

保存地点	种质份数	个体数量	引种方式	生长状况	来源地
FJ	2	a	购买	A	福建
BJ	1	b	购买	G	北京
CQ	1	a	购买	C	重庆
GZ	1	b	购买	C	贵州
JS1	1	a	购买	D	江苏
SH	1	a	采集	A	待确定

种质库保存

保存地点	保存方式	种质份数	个体数量	引种方式	来源地
BJ	种子	1	a	采集	待确定

渐尖木兰 *Magnolia acuminata* (L.) L.

功效主治 树皮：健胃，解热。

迁地栽培保存

保存地点	种质份数	个体数量	引种方式	生长状况	来源地
GX	*	f	采集	G	山东

椭圆叶玉兰 *Magnolia elliptilimba* Y. W. Law et Z. Y. Gao

迁地栽培保存

保存地点	种质份数	个体数量	引种方式	生长状况	来源地
GX	*	f	采集	G	广东

馨香玉兰 *Magnolia odoratissima* Y. W. Law & R. Z. Zhou

迁地栽培保存

保存地点	种质份数	个体数量	引种方式	生长状况	来源地
GX	*	f	采集	G	广西

木莲属 *Manglietia*

巴东木莲 *Manglietia patungensis* Hu

功效主治 花：用于肝阳上亢。

濒危等级 中国特有植物，中国植物红色名录评估为易危（VU）。

迁地栽培保存

保存地点	种质份数	个体数量	引种方式	生长状况	来源地
HB	1	a	采集	C	待确定
GX	*	f	采集	G	湖南

苍背木莲 *Manglietia glaucifolia* Y. W. Law & Y. F. Wu

功效主治 果实、根皮、茎皮：止咳，通便。

濒危等级 中国特有植物，中国植物红色名录评估为极危（CR）。

迁地栽培保存

保存地点	种质份数	个体数量	引种方式	生长状况	来源地
GX	*	f	采集	G	广东

川滇木莲 *Manglietia duclouxii* Finet & Gagnep.

功效主治 树皮：四川南部地区作厚朴入药。用于胸腹胀满，气逆喘咳，呕吐泻痢。

濒危等级 中国植物红色名录评估为易危（VU）。

迁地栽培保存

保存地点	种质份数	个体数量	引种方式	生长状况	来源地
GX	*	f	采集	G	云南

大果木莲 *Manglietia grandis* Hu & Cheng

濒危等级 中国特有植物，国家重点保护野生植物名录（第一批）二级，中国植物红色名录评估为易危（VU）。

迁地栽培保存

保存地点	种质份数	个体数量	引种方式	生长状况	来源地
GX	2	f	采集	G	广东、云南

滇桂木莲 *Manglietia forrestii* W. W. Sm. ex Dandy

濒危等级 中国植物红色名录评估为易危（VU）。

迁地栽培保存

保存地点	种质份数	个体数量	引种方式	生长状况	来源地
GX	2	f	采集	G	广东、云南

海南木莲 *Manglietia hainanensis* Dandy

濒危等级 中国特有植物，中国植物红色名录评估为近危（NT）。

迁地栽培保存

保存地点	种质份数	个体数量	引种方式	生长状况	来源地
GX	2	f	采集	G	云南、广西
HN	1	a	采集	C	海南

种质库保存

保存地点	保存方式	种质份数	个体数量	引种方式	来源地
HN	种子	1	a	采集	海南

红花木莲　*Manglietia insignis*（Wall.）Blume

功效主治　树皮、枝皮：苦、涩、微苦，温。云南及四川部分地区代厚朴用。

濒危等级　广西壮族自治区重点保护植物、江西省三级保护植物，中国植物红色名录评估为易危（VU）。

迁地栽培保存

保存地点	种质份数	个体数量	引种方式	生长状况	来源地
GX	2	f	采集	G	云南
GZ	1	a	采集	C	贵州
JS2	1	c	购买	B	江苏
SH	1	a	采集	A	待确定

灰木莲　*Manglietia glauca* Blume

迁地栽培保存

保存地点	种质份数	个体数量	引种方式	生长状况	来源地
HN	2	a	赠送	C	广西
GX	*	f	采集	G	广西

卵果木莲　*Manglietia ovoidea* Hung T. Chang et B. L. Chen

濒危等级　中国特有植物，中国植物红色名录评估为濒危（EN）。

迁地栽培保存

保存地点	种质份数	个体数量	引种方式	生长状况	来源地
GX	*	f	采集	G	云南

木莲　*Manglietia fordiana* Oliv.

功效主治　根、树皮：辛，凉。通便，止咳。用于实火便秘，老年干咳。果实（木莲果）：淡，平。疏肝理气，润肺止咳。用于肝胃气痛，脘胁胀满，便秘，老年干咳。

濒危等级　中国植物红色名录评估为无危（LC）。

迁地栽培保存

保存地点	种质份数	个体数量	引种方式	生长状况	来源地
GZ	1	a	采集	C	贵州
JS1	1	a	购买	D	江苏
GX	*	f	采集	G	广东

睦南木莲　*Manglietia chevalieri* Dandy

濒危等级　中国植物红色名录评估为数据缺乏（DD）。

迁地栽培保存

保存地点	种质份数	个体数量	引种方式	生长状况	来源地
GX	*	f	采集	G	广西

香木莲　*Manglietia aromatica* Dandy

濒危等级　国家重点保护野生植物名录（第一批）二级，中国植物红色名录评估为易危（VU）。

迁地栽培保存

保存地点	种质份数	个体数量	引种方式	生长状况	来源地
GX	2	f	采集	G	广东、广西

锈毛木莲　*Manglietia rufibarbata* Dandy

濒危等级　中国特有植物，中国植物红色名录评估为濒危（EN）。

迁地栽培保存

保存地点	种质份数	个体数量	引种方式	生长状况	来源地
GX	*	f	采集	G	云南

拟单性木兰属　*Parakmeria*

光叶拟单性木兰　*Parakmeria nitida*（W. W. Sm.）Y. W. Law

濒危等级　中国植物红色名录评估为易危（VU）。

迁地栽培保存

保存地点	种质份数	个体数量	引种方式	生长状况	来源地
GX	2	f	采集	G	湖南

乐东拟单性木兰　*Parakmeria lotungensis*（Chun & C. Tsoong）Y. W. Law

濒危等级　中国特有植物，国家重点保护野生植物名录（第二批）二级，海南省重点保护植物、广西壮族自治区重点保护植物、江西省三级保护植物、浙江省重点保护植物，中国植物红色名录评估为易危（VU）。

迁地栽培保存

保存地点	种质份数	个体数量	引种方式	生长状况	来源地
GZ	1	b	购买	C	贵州
GX	*	f	采集	G	湖南

云南拟单性木兰　*Parakmeria yunnanensis* Hu

濒危等级　国家重点保护野生植物名录（第一批）二级，中国植物红色名录评估为易危（VU）。

迁地栽培保存

保存地点	种质份数	个体数量	引种方式	生长状况	来源地
GX	*	f	采集	G	湖南

种质库保存

保存地点	保存方式	种质份数	个体数量	引种方式	来源地
BJ	种子	1	a	采集	四川

天女花属 *Oyama*

天女花 *Oyama sieboldii* (K. Koch) N. H. Xia & C. Y. Wu

功效主治 花蕾：苦，寒。消肿解毒，润肺止咳。用于痈毒，肺热咳嗽，痰中带血。

濒危等级 中国植物红色名录评估为近危（NT）。

迁地栽培保存

保存地点	种质份数	个体数量	引种方式	生长状况	来源地
JS1	1	a	采集	D	江苏
GX	*	f	采集	G	中国湖南，波兰

玉兰属 *Yulania*

多花玉兰 *Yulania multiflora* (M. C. Wang & C. L. Min) D. L. Fu

种质库保存

保存地点	保存方式	种质份数	个体数量	引种方式	来源地
BJ	种子	1	a	采集	待确定

二乔玉兰 *Yulania × soulangeana* (Soul.-Bod.) D. L. Fu

功效主治 花蕾：用于头痛，鼻炎。

迁地栽培保存

保存地点	种质份数	个体数量	引种方式	生长状况	来源地
BJ	1	a	购买	G	北京
GZ	1	a	采集	C	贵州

望春玉兰 *Yulania biondii* Pamp.

功效主治 花蕾（辛夷）：辛，温。散风寒，通鼻窍。用于风寒头痛，鼻塞流涕，鼻鼽，鼻渊。

濒危等级 中国特有植物，中国植物红色名录评估为无危（LC）。

迁地栽培保存

保存地点	种质份数	个体数量	引种方式	生长状况	来源地
BJ	2	b	采集	G	北京、安徽
JS1	1	a	购买	D	湖北
GX	*	f	采集	G	北京

武当玉兰 *Yulania sprengeri* (Pampanini) D. L. Fu

功效主治 树皮：辛，温。温中理气，消积散满。花蕾（辛夷）：辛，温。散风寒，通鼻窍。用于风寒头痛，鼻塞流涕，鼻衄，鼻渊。

濒危等级 中国特有植物，中国植物红色名录评估为无危（LC）。

迁地栽培保存

保存地点	种质份数	个体数量	引种方式	生长状况	来源地
HB	2	a	采集	C	待确定
BJ	1	a	采集	G	湖北
CQ	1	a	采集	C	重庆

玉兰 *Yulania denudata* Desr.

功效主治 花蕾（辛夷）：辛，温。散风寒，通鼻窍。用于风寒头痛，鼻塞流涕，鼻衄，鼻渊。

濒危等级 中国特有植物，中国植物红色名录评估为近危（NT）。

迁地栽培保存

保存地点	种质份数	个体数量	引种方式	生长状况	来源地
FJ	2	a	购买	A	福建
GD	1	a	采集	D	待确定
GZ	1	b	采集	C	贵州
CQ	1	a	购买	C	重庆
BJ	1	b	购买	G	北京
SH	1	a	采集	A	待确定

保存地点	种质份数	个体数量	引种方式	生长状况	来源地
HB	1	a	采集	C	湖北
JS1	1	b	购买	C	江苏
GX	*	f	采集	G	山东

种质库保存

保存地点	保存方式	种质份数	个体数量	引种方式	来源地
BJ	种子	4	b	采集	福建，待确定

紫玉兰 *Yulania liliiflora* Desr.

功效主治 花蕾：辛，温。祛风散寒，通窍。用于鼻塞，头痛，齿痛。树皮：温中理气，消积散满。用于胸腹胀满，气逆喘咳，呕吐泻痢。

濒危等级 中国特有植物，中国植物红色名录评估为易危（VU）。

迁地栽培保存

保存地点	种质份数	个体数量	引种方式	生长状况	来源地
SH	2	a	采集	A	待确定
CQ	2	a	采集、购买	C	重庆
JS1	2	a	购买	D	江苏
GZ	1	a	采集	C	贵州
JS2	1	b	购买	C	江苏
HB	1	a	采集	C	待确定
GD	1	a	采集	D	待确定
BJ	1	b	购买	G	北京

种质库保存

保存地点	保存方式	种质份数	个体数量	引种方式	来源地
BJ	种子	9	b	采集	湖北

木麻黄科　Casuarinaceae

木麻黄属　*Casuarina*

木麻黄　*Casuarina equisetifolia* J. R. Forst. & G. Forst.

功效主治　树皮、叶（驳骨松）：祛风除湿，发汗，利尿。

迁地栽培保存

保存地点	种质份数	个体数量	引种方式	生长状况	来源地
BJ	1	a	采集	G	广西
GD	1	a	采集	D	待确定
HN	1	a	采集	C	海南

种质库保存

保存地点	保存方式	种质份数	个体数量	引种方式	来源地
BJ	种子	3	b	采集	甘肃、福建
HN	种子	19	c	采集	海南

木通科　Lardizabalaceae

八月瓜属　*Holboellia*

八月瓜　*Holboellia latifolia* Wall.

功效主治　藤茎、果实（五风藤果）：苦，凉。利湿，通乳，解毒，止痛。用于小便淋痛，脚气浮肿，乳汁不通，胃痛，风湿痛，跌打损伤。

濒危等级　中国植物红色名录评估为无危（LC）。

迁地栽培保存

保存地点	种质份数	个体数量	引种方式	生长状况	来源地
SC	1	f	待确定	G	四川

牛姆瓜 *Holboellia grandiflora* Reaub.

功效主治 藤茎、果实：利尿通淋，清心除烦，通经下乳。用于淋证，水肿，心烦尿赤，口舌生疮，闭经，乳汁不足，湿热痹痛。

濒危等级 中国植物红色名录评估为无危（LC）。

迁地栽培保存

保存地点	种质份数	个体数量	引种方式	生长状况	来源地
SC	2	f	待确定	G	四川
BJ	1	a	采集	C	湖北
CQ	1	a	采集	C	重庆
GX	*	f	采集	G	湖北

五月瓜藤 *Holboellia fargesii* Reaub.

功效主治 果实、藤茎：利湿，通乳，解毒。用于胃痛，风湿痛，跌打损伤。

濒危等级 中国植物红色名录评估为无危（LC）。

迁地栽培保存

保存地点	种质份数	个体数量	引种方式	生长状况	来源地
CQ	1	a	采集	C	重庆

小花鹰爪枫 *Holboellia parviflora*（Hemsl.）Gagn.

功效主治 根：利湿通络。用于淋证，腰痛。

濒危等级 中国特有植物，中国植物红色名录评估为无危（LC）。

迁地栽培保存

保存地点	种质份数	个体数量	引种方式	生长状况	来源地
GX	*	f	采集	G	广西

鹰爪枫 *Holboellia coriacea* Diels

功效主治 根：微苦，寒。祛风活血。用于风湿筋骨痛。藤茎：作木通用。果实：作预知子用。

濒危等级 中国特有植物，中国植物红色名录评估为无危（LC）。

迁地栽培保存

保存地点	种质份数	个体数量	引种方式	生长状况	来源地
BJ	1	a	采集	G	浙江

大血藤属 *Sargentodoxa*

大血藤 *Sargentodoxa cuneata*（Oliv.）Rehd. & Wils.

功效主治 藤茎（大血藤）：苦，平。活血通络，祛风除湿，强筋壮骨，败毒，杀虫。用于风湿痹痛，跌打损伤，肠痈，痢疾，闭经，腹痛，肠道寄生虫病。

濒危等级 陕西省稀有保护植物，中国植物红色名录评估为无危（LC）。

迁地栽培保存

保存地点	种质份数	个体数量	引种方式	生长状况	来源地
BJ	3	b	采集	C	河南、湖北、江西
CQ	1	a	采集	C	重庆
GZ	1	a	采集	C	贵州
HB	1	a	采集	C	湖北
GX	*	f	采集	G	广西

猫儿屎属 *Decaisnea*

猫儿屎 *Decaisnea insignis*（Griff.）Hook. f. & Thoms.

功效主治 根（猫儿屎）：甘，凉。清肺止咳，润燥，祛风除湿。用于肺痨咳嗽，风湿痹痛。果实：甘，凉。清肺止咳，润燥，祛风除湿。用于肺痨咳嗽，风湿痹痛，皮肤皲裂，肛裂。

濒危等级 浙江省重点保护植物，中国植物红色名录评估为无危（LC）。

迁地栽培保存

保存地点	种质份数	个体数量	引种方式	生长状况	来源地
GZ	1	a	采集	C	贵州
HB	1	a	采集	C	湖北
SC	1	f	待确定	G	四川
GX	*	f	采集	G	上海

木通属 *Akebia*

白木通 *Akebia trifoliata* subsp. *australis*（Diels）T. Shimizu

濒危等级 中国特有植物，中国植物红色名录评估为无危（LC）。

迁地栽培保存

保存地点	种质份数	个体数量	引种方式	生长状况	来源地
BJ	2	a	采集	G	四川、江西
GD	1	f	采集	G	待确定
HB	1	a	采集	C	待确定
GX	*	f	采集	G	广西

种质库保存

保存地点	保存方式	种质份数	个体数量	引种方式	来源地
BJ	种子	6	b	采集	安徽、山西、江西

木通 *Akebia quinata*（Houtt.）Decne.

功效主治 果实（预知子）：甘，寒。疏肝理气，活血止痛，除烦，利尿。用于肝胃气痛，消化不良，腰胁痛，疝气，痛经，痢疾。藤茎（木通）、根（木通根）：苦，寒。清热利尿，通经活络，镇痛，排脓，通乳。用于小便淋痛，风湿关节痛，月经不调，乳汁不通。

濒危等级 中国植物红色名录评估为无危（LC）。

迁地栽培保存

保存地点	种质份数	个体数量	引种方式	生长状况	来源地
BJ	5	a	采集	C	四川、安徽、北京、江西、湖北
GD	1	a	采集	B	待确定
SH	1	a	采集	A	待确定
JS1	1	a	购买	C	江苏
CQ	1	a	采集	C	重庆
JS2	1	b	购买	C	安徽
HB	1	a	采集	C	待确定
GX	*	f	采集	G	日本

种质库保存

保存地点	保存方式	种质份数	个体数量	引种方式	来源地
BJ	种子	4	b	采集	云南，待确定
HN	种子	1	b	采集	福建

三叶木通 *Akebia trifoliata*（Thunb.）Koidz.

功效主治　果实（预知子）、藤茎（木通）、根：功效同木通。

濒危等级　中国植物红色名录评估为无危（LC）。

迁地栽培保存

保存地点	种质份数	个体数量	引种方式	生长状况	来源地
BJ	2	a	采集	C	四川、江西
CQ	1	a	采集	A	重庆
FJ	1	a	采集	A	福建
GZ	1	a	采集	C	贵州
HB	1	a	采集	C	湖北
JS1	1	a	购买	C	江苏
SC	1	f	待确定	G	四川

续表

保存地点	种质份数	个体数量	引种方式	生长状况	来源地
YN	1	a	采集	C	云南
GX	*	f	采集	G	广西

种质库保存

保存地点	保存方式	种质份数	个体数量	引种方式	来源地
BJ	种子	43	b	采集	四川、安徽、江西、山西、湖北
HN	种子	1	a	采集	福建

野木瓜属　*Stauntonia*

牛藤果　*Stauntonia elliptica* Hemsl.

濒危等级　中国植物红色名录评估为无危（LC）。

迁地栽培保存

保存地点	种质份数	个体数量	引种方式	生长状况	来源地
GX	*	f	采集	G	日本

三叶野木瓜　*Stauntonia brunoniana* Wall. ex Hemsl.

濒危等级　中国植物红色名录评估为无危（LC）。

迁地栽培保存

保存地点	种质份数	个体数量	引种方式	生长状况	来源地
GX	2	f	采集	G	广西

尾叶那藤 *Stauntonia obovatifoliola* subsp. *urophylla*（Hand.-Mazz.）H. N. Qin

迁地栽培保存

保存地点	种质份数	个体数量	引种方式	生长状况	来源地
GZ	1	a	采集	C	贵州
GX	*	f	采集	G	广西

种质库保存

保存地点	保存方式	种质份数	个体数量	引种方式	来源地
BJ	种子	4	b	采集	福建

西南野木瓜 *Stauntonia cavalerieana* Gagnep.

功效主治 根：舒筋活络，调气补虚，止痛，止痢。用于风湿痛，劳伤咳嗽，肾虚腰痛，痢疾。果实：用于小便淋痛。

濒危等级 中国植物红色名录评估为无危（LC）。

种质库保存

保存地点	保存方式	种质份数	个体数量	引种方式	来源地
BJ	种子	1	a	采集	江西

瑶山野木瓜 *Stauntonia yaoshanensis* F. N. Wei & S. L. Mo

迁地栽培保存

保存地点	种质份数	个体数量	引种方式	生长状况	来源地
GX	*	f	采集	G	广西

野木瓜 *Stauntonia chinensis* DC.

功效主治 根（野木瓜）、茎（野木瓜）、叶（野木瓜）：甘，温。舒筋活络，散瘀止痛，利尿消肿，调经。用于风湿痛，跌打损伤，痛肿，水肿，小便淋痛，月经不调。

濒危等级 中国植物红色名录评估为无危（LC）。

迁地栽培保存

保存地点	种质份数	个体数量	引种方式	生长状况	来源地
BJ	1	a	采集	G	广西
GX	*	f	采集	G	广西

种质库保存

保存地点	保存方式	种质份数	个体数量	引种方式	来源地
HN	种子	5	c	采集	福建

木樨草科　Resedaceae

木樨草属　*Reseda*

黄木樨草　*Reseda lutea* L.

功效主治　苦根：在土耳其用于胃痛。

迁地栽培保存

保存地点	种质份数	个体数量	引种方式	生长状况	来源地
GX	*	f	采集	G	法国

木樨科　Oleaceae

梣属　*Fraxinus*

白蜡树　*Fraxinus chinensis* Roxb.

功效主治　树皮（秦皮）：清热燥湿，清肝明目。

迁地栽培保存

保存地点	种质份数	个体数量	引种方式	生长状况	来源地
SH	1	a	采集	A	待确定
CQ	1	a	采集	C	重庆
SC	1	f	待确定	G	四川
NMG	1	b	购买	C	内蒙古
BJ	1	b	购买	G	北京
LN	1	b	购买	C	辽宁
GX	*	f	采集	G	新疆

种质库保存

保存地点	保存方式	种质份数	个体数量	引种方式	来源地
BJ	种子	6	b	采集	云南、江苏、河北、江西

多花梣　*Fraxinus floribunda* Wall.

功效主治　树皮：清热燥湿。枝、叶：外用于风湿痹痛。
濒危等级　中国植物红色名录评估为无危（LC）。
种质库保存

保存地点	保存方式	种质份数	个体数量	引种方式	来源地
BJ	种子	1	a	采集	新疆

光蜡树　*Fraxinus griffithii* C. B. Clarke

濒危等级　中国植物红色名录评估为无危（LC）。
种质库保存

保存地点	保存方式	种质份数	个体数量	引种方式	来源地
BJ	种子	1	a	采集	待确定

花曲柳　*Fraxinus rhynchophylla* Hance

功效主治　树皮、根皮：清热燥湿，收敛，明目。用于痢疾，泄泻，肠痈，带下病，急性细菌性结膜炎，目赤肿痛，目生翳膜，牛皮癣。

迁地栽培保存

保存地点	种质份数	个体数量	引种方式	生长状况	来源地
BJ	1	a	采集	G	辽宁
JS1	1	a	购买	D	江苏
NMG	1	a	购买	F	内蒙古

苦枥木 *Fraxinus insularis* Hemsl.

功效主治 树皮：清热燥湿，镇痛。

濒危等级 中国植物红色名录评估为无危（LC）。

迁地栽培保存

保存地点	种质份数	个体数量	引种方式	生长状况	来源地
GX	2	f	采集	G	待确定
JS1	1	a	采集	D	江苏

庐山梣 *Fraxinus mariesii* Hook. f.

濒危等级 中国植物红色名录评估为无危（LC）。

种质库保存

保存地点	保存方式	种质份数	个体数量	引种方式	来源地
BJ	种子	1	a	采集	江西

美国白梣 *Fraxinus americana* L.

功效主治 树皮、种子：清热燥湿，收敛，止痢明目。用于痢疾，风毒赤眼。

迁地栽培保存

保存地点	种质份数	个体数量	引种方式	生长状况	来源地
BJ	1	a	购买	G	北京

美国红梣 *Fraxinus pennsylvanica* Marshall

功效主治　树皮、种子：清热燥湿，止痢，明目，祛痰。用于湿热黄疸，泻痢，热淋，带下病，疥癣，痈
肿疮毒，目赤肿痛，涩痛，多泪，双目昏暗，肺热咳嗽，咳痰黄稠，痰火内扰，心烦不安。

迁地栽培保存

保存地点	种质份数	个体数量	引种方式	生长状况	来源地
BJ	1	a	采集	G	待确定

水曲柳 *Fraxinus mandshurica* Rupr.

功效主治　树皮：苦、涩，寒。清热燥湿，收敛明目。

濒危等级　国家重点保护野生植物名录（第一批）二级，中国植物红色名录评估为易危（VU）。

迁地栽培保存

保存地点	种质份数	个体数量	引种方式	生长状况	来源地
BJ	1	a	采集	G	辽宁
LN	1	b	采集	C	辽宁

宿柱梣 *Fraxinus stylosa* Lingelsh.

功效主治　树皮（秦皮）：功效同白蜡树。

迁地栽培保存

保存地点	种质份数	个体数量	引种方式	生长状况	来源地
BJ	1	a	采集	G	陕西

小叶梣 *Fraxinus bungeana* A. DC.

功效主治　树皮、叶、花：止血，生肌，定痛。用于金疮出血，尿血，下血，疮疡久溃不敛，下痢。树皮
（秦皮）：功效同白蜡树。

迁地栽培保存

保存地点	种质份数	个体数量	引种方式	生长状况	来源地
CQ	1	a	采集	C	重庆

丁香属 *Syringa*

暴马丁香 *Syringa reticulata* subsp. *amurensis*（Rupr.）P. S. Green & M. C. Chang

濒危等级 中国植物红色名录评估为无危（LC）。

迁地栽培保存

保存地点	种质份数	个体数量	引种方式	生长状况	来源地
BJ	1	b	采集	G	北京
JS1	1	a	购买	D	江苏

种质库保存

保存地点	保存方式	种质份数	个体数量	引种方式	来源地
BJ	种子	1	a	采集	待确定

北京丁香 *Syringa pekinensis* Rupr.

迁地栽培保存

保存地点	种质份数	个体数量	引种方式	生长状况	来源地
BJ	1	b	采集	G	北京

红丁香 *Syringa villosa* Vahl

功效主治 花蕾：温胃散寒，降逆止呕。

濒危等级 中国特有植物，中国植物红色名录评估为无危（LC）。

迁地栽培保存

保存地点	种质份数	个体数量	引种方式	生长状况	来源地
BJ	*	a	采集	G	待确定

花叶普雷斯顿丁香 *Syringa* × *prestoniae* 'Variegata'

迁地栽培保存

保存地点	种质份数	个体数量	引种方式	生长状况	来源地
BJ	1	a	采集	G	待确定

毛丁香 *Syringa tomentella* Bureau & Franch.

濒危等级　中国特有植物，中国植物红色名录评估为无危（LC）。

迁地栽培保存

保存地点	种质份数	个体数量	引种方式	生长状况	来源地
BJ	1	a	采集	G	北京
CQ	1	a	购买	C	重庆

巧玲花 *Syringa pubescens* Turcz.

功效主治　树皮：清热，镇咳，利水。

濒危等级　中国植物红色名录评估为无危（LC）。

迁地栽培保存

保存地点	种质份数	个体数量	引种方式	生长状况	来源地
HLJ	1	a	购买	A	黑龙江

日本丁香 *Syringa reticulata* (Blume) H. Hara

功效主治　枝条（暴马子）：苦，微寒。镇咳，利水。用于痰鸣喘嗽，浮肿。

迁地栽培保存

保存地点	种质份数	个体数量	引种方式	生长状况	来源地
HLJ	1	a	购买	A	黑龙江
LN	1	b	购买	C	辽宁
NMG	1	b	购买	D	内蒙古

小叶巧玲花 *Syringa pubescens* subsp. *microphylla*（Diels）M. C. Chang & X. L. Chen

迁地栽培保存

保存地点	种质份数	个体数量	引种方式	生长状况	来源地
LN	1	b	采集	C	辽宁

羽叶丁香 *Syringa pinnatifolia* Hemsl.

功效主治 根、枝：辛，微温。降气，温中，暖肾。用于寒喘，胃腹胀痛，阴挺，脱肛；外用于皮肤损伤。

濒危等级 中国特有植物，陕西省濒危保护植物，中国植物红色名录评估为无危（LC）。

迁地栽培保存

保存地点	种质份数	个体数量	引种方式	生长状况	来源地
BJ	1	a	采集	G	北京

紫丁香 *Syringa oblata* Lindl.

功效主治 树皮：清热燥湿，止咳定喘。叶：苦，寒。清热，解毒，止咳，止痢。用于咳嗽痰咳，泄泻，痢疾，疟腮，肝毒症。

迁地栽培保存

保存地点	种质份数	个体数量	引种方式	生长状况	来源地
LN	3	b	购买、采集	C	辽宁
BJ	2	b	采集	G	北京
HLJ	1	a	购买	A	黑龙江
JS2	1	b	购买	C	江苏

续表

保存地点	种质份数	个体数量	引种方式	生长状况	来源地
NMG	1	d	购买	C	内蒙古
SH	1	a	采集	A	待确定
GX	*	f	采集	G	上海

种质库保存

保存地点	保存方式	种质份数	个体数量	引种方式	来源地
BJ	种子	3	a	采集	重庆、甘肃，待确定

胶核木属　*Myxopyrum*

胶核藤　*Myxopyrum pierrei* Gagnep.

濒危等级　中国植物红色名录评估为易危（VU）。

迁地栽培保存

保存地点	种质份数	个体数量	引种方式	生长状况	来源地
HN	1	a	采集	C	海南

连翘属　*Forsythia*

金钟花　*Forsythia viridissima* Lindl.

功效主治　果实：苦，温。清热解毒，祛湿，泻火。

迁地栽培保存

保存地点	种质份数	个体数量	引种方式	生长状况	来源地
BJ	1	a	采集	G	浙江
HB	1	a	采集	C	待确定
SH	1	a	采集	F	待确定
GX	*	f	采集	G	广东

连翘 *Forsythia suspensa* (Thunb.) Vahl

功效主治 果实（连翘）：苦，微寒。清热解毒，消肿散结。用于痈疽，瘰疬，乳痈，丹毒，风热感冒，温病初起，高热烦渴，神昏，发斑，热淋，尿闭。

濒危等级 中国特有植物，河北省重点保护植物、江西省三级保护植物，中国植物红色名录评估为无危（LC）。

迁地栽培保存

保存地点	种质份数	个体数量	引种方式	生长状况	来源地
BJ	4	b	采集	G	浙江、山西、山东、陕西
SH	1	a	采集	A	待确定
NMG	1	d	购买	C	内蒙古
LN	1	b	采集	C	辽宁
JS2	1	e	购买	C	河南
HB	1	a	采集	C	湖北
JS1	1	a	赠送	D	江苏
GZ	1	a	采集	C	贵州
CQ	1	b	采集	C	重庆
HEN	1	b	赠送	A	河南
HLJ	1	b	购买	A	河北
GX	*	f	采集	G	江苏

种质库保存

保存地点	保存方式	种质份数	个体数量	引种方式	来源地
BJ	种子	51	c	采集	四川、河北、云南、山西、黑龙江、安徽、陕西

秦连翘 *Forsythia giraldiana* Lingelsh.

功效主治 果实：苦，微寒。清热解毒，消肿散结。

濒危等级 中国特有植物，中国植物红色名录评估为无危（LC）。

迁地栽培保存

保存地点	种质份数	个体数量	引种方式	生长状况	来源地
SH	1	a	采集	A	待确定

流苏树属　*Chionanthus*

流苏树　*Chionanthus retusus* Lindl. & Paxton

功效主治　叶：清热，止泻。

濒危等级　山西省重点保护植物、北京市二级保护植物、河北省重点保护植物，中国植物红色名录评估为无危（LC）。

迁地栽培保存

保存地点	种质份数	个体数量	引种方式	生长状况	来源地
BJ	1	a	采集	G	北京
GX	*	f	采集	G	北京

木犀榄属　*Olea*

海南木犀榄　*Olea hainanensis* H. L. Li

濒危等级　中国特有植物，中国植物红色名录评估为无危（LC）。

迁地栽培保存

保存地点	种质份数	个体数量	引种方式	生长状况	来源地
HN	1	a	采集	C	海南

木犀榄　*Olea europaea* L.

功效主治　果实榨取的脂肪油：缓泻，平肝，助消化。用于烫火伤。

迁地栽培保存

保存地点	种质份数	个体数量	引种方式	生长状况	来源地
CQ	1	a	购买	C	重庆
BJ	*	a	采集	G	待确定

异株木犀榄 *Olea dioica* Roxb.

功效主治　树皮：解热，利湿。用于膀胱湿热。

迁地栽培保存

保存地点	种质份数	个体数量	引种方式	生长状况	来源地
HN	1	a	采集	C	海南

种质库保存

保存地点	保存方式	种质份数	个体数量	引种方式	来源地
BJ	种子	1	a	采集	待确定

木樨属　*Osmanthus*

丹桂　*Osmanthus fragrans* var. *aurantiacus* Makino

迁地栽培保存

保存地点	种质份数	个体数量	引种方式	生长状况	来源地
JS1	1	b	购买	C	江苏

木樨　*Osmanthus fragrans* (Thunb.) Lour.

功效主治　根、根皮（桂树根）：辛、甘，温。用于胃痛，牙痛，风湿麻木，筋骨疼痛。花（桂花），辛，温。化痰，散瘀。用于痰饮喘咳，肠风血痢，疝瘕，牙痛，口臭。果实（桂花子）：甘、辛，温，暖胃，平肝，益肾，散寒，止痛。

濒危等级　中国特有植物，江西省二级保护植物，中国植物红色名录评估为无危（LC）。

迁地栽培保存

保存地点	种质份数	个体数量	引种方式	生长状况	来源地
GZ	3	c	购买	C	贵州
SH	3	b	采集	A	待确定
BJ	2	b	采集、购买	G	北京，待确定
SC	2	f	待确定	G	四川
CQ	1	a	购买	C	重庆
HB	1	a	采集	C	湖北
HN	1	a	购买	C	海南
JS1	1	c	购买	C	江苏
YN	1	a	采集	C	云南
ZJ	1	d	购买	A	四川

种质库保存

保存地点	保存方式	种质份数	个体数量	引种方式	来源地
BJ	种子	45	c	采集	湖北、四川、安徽、海南、广西

红柄木樨　*Osmanthus armatus* Diels

功效主治　根：清热解毒。

濒危等级　中国特有植物，中国植物红色名录评估为无危（LC）。

迁地栽培保存

保存地点	种质份数	个体数量	引种方式	生长状况	来源地
GX	*	f	采集	G	湖北

金桂 *Osmanthus fragrans* var. *thunbergii* Makino

迁地栽培保存

保存地点	种质份数	个体数量	引种方式	生长状况	来源地
CQ	1	a	购买	C	重庆
JS1	1	b	购买	C	江苏
JS2	1	d	购买	C	江苏
ZJ	1	d	购买	B	浙江

蒙自桂花 *Osmanthus henryi* P. S. Green

濒危等级 中国特有植物，中国植物红色名录评估为无危（LC）。

迁地栽培保存

保存地点	种质份数	个体数量	引种方式	生长状况	来源地
GX	*	f	采集	G	云南

牛矢果 *Osmanthus matsumuranus* Hayata

功效主治 树皮（羊屎木）、叶（羊屎木）：苦，寒。散脓血。用于痈疮，背疽。

濒危等级 中国植物红色名录评估为无危（LC）。

迁地栽培保存

保存地点	种质份数	个体数量	引种方式	生长状况	来源地
GX	*	f	采集	G	浙江

四季桂 *Osmanthus fragrans* 'Semperflorens'

迁地栽培保存

保存地点	种质份数	个体数量	引种方式	生长状况	来源地
CQ	1	a	购买	C	重庆
ZJ	1	c	购买	A	浙江

野桂花 *Osmanthus yunnanensis* (Franch.) P. S. Green

功效主治　花、叶：辛，温。解表。

濒危等级　中国特有植物，中国植物红色名录评估为无危（LC）。

种质库保存

保存地点	保存方式	种质份数	个体数量	引种方式	来源地
BJ	种子	10	b	采集	四川、安徽

银桂 *Osmanthus fragrans* 'Latifolius'

迁地栽培保存

保存地点	种质份数	个体数量	引种方式	生长状况	来源地
JS2	1	d	购买	C	江苏
CQ	1	a	购买	C	重庆

女贞属 *Ligustrum*

斑叶女贞 *Ligustrum punctifolium* M. C. Chang

濒危等级　中国植物红色名录评估为无危（LC）。

迁地栽培保存

保存地点	种质份数	个体数量	引种方式	生长状况	来源地
BJ	1	b	采集	G	广西

长筒女贞 *Ligustrum longitubum* (P. S. Hsu) P. S. Hsu

功效主治　叶：清热解毒。

濒危等级　中国特有植物，中国植物红色名录评估为无危（LC）。

种质库保存

保存地点	保存方式	种质份数	个体数量	引种方式	来源地
BJ	种子	1	a	采集	江西

长叶女贞 *Ligustrum compactum*（Wall. ex G. Don）Hook. f. & Thomson ex Decne.

功效主治 树皮、叶：清热除烦。种子：甘，平。滋阴补血。用于肝肾亏损。

濒危等级 中国植物红色名录评估为无危（LC）。

迁地栽培保存

保存地点	种质份数	个体数量	引种方式	生长状况	来源地
GX	*	f	采集	G	云南

多毛小蜡 *Ligustrum sinense* var. *coryanum*（W. W. Smith）Handel-Mazzetti

功效主治 树皮、叶：苦、涩，寒。清热解毒，消肿止痛。用于跌打肿痛，疮疡肿毒，黄疸，烫火伤，产后会阴水肿。

濒危等级 中国特有植物，中国植物红色名录评估为无危（LC）。

种质库保存

保存地点	保存方式	种质份数	个体数量	引种方式	来源地
HN	种子	1	b	采集	湖南
BJ	种子	1	a	采集	云南

光萼小蜡 *Ligustrum sinense* var. *myrianthum*（Diels）Hofk.

濒危等级 中国特有植物，中国植物红色名录评估为无危（LC）。

迁地栽培保存

保存地点	种质份数	个体数量	引种方式	生长状况	来源地
GZ	1	a	采集	C	贵州
GX	*	f	采集	G	广西

华女贞 *Ligustrum lianum* P. S. Hsu

功效主治　茎、叶：作苦丁茶入药。

濒危等级　中国特有植物，中国植物红色名录评估为无危（LC）。

种质库保存

保存地点	保存方式	种质份数	个体数量	引种方式	来源地
BJ	种子	1	a	采集	江西

金叶女贞 *Ligustrum × vicaryi* Rehder

迁地栽培保存

保存地点	种质份数	个体数量	引种方式	生长状况	来源地
CQ	1	a	购买	C	重庆
JS1	1	a	购买	D	江苏

丽叶女贞 *Ligustrum henryi* Hemsl.

功效主治　根皮、树皮：用于小儿口舌生疮，口疮破溃。

濒危等级　中国特有植物，中国植物红色名录评估为无危（LC）。

迁地栽培保存

保存地点	种质份数	个体数量	引种方式	生长状况	来源地
CQ	1	a	采集	C	重庆

种质库保存

保存地点	保存方式	种质份数	个体数量	引种方式	来源地
HN	种子	1	a	采集	湖南
BJ	种子	7	b	采集	待确定

裂果女贞 *Ligustrum sempervirens* (Franch.) Lingelsh.

濒危等级　中国特有植物，中国植物红色名录评估为易危（VU）。

种质库保存

保存地点	保存方式	种质份数	个体数量	引种方式	来源地
BJ	种子	1	a	采集	重庆

罗甸小蜡 *Ligustrum sinense* var. *luodianense* M. C. Chang

濒危等级 中国特有植物，中国植物红色名录评估为无危（LC）。

种质库保存

保存地点	保存方式	种质份数	个体数量	引种方式	来源地
BJ	种子	1	a	采集	黑龙江

女贞 *Ligustrum lucidum* W. T. Aiton

功效主治 果实（女贞子）：甘、辛、凉。滋补肝肾，明目乌发。用于眩晕耳鸣，腰膝酸软，须发早白，目暗不明。

濒危等级 中国特有植物，中国植物红色名录评估为无危（LC）。

迁地栽培保存

保存地点	种质份数	个体数量	引种方式	生长状况	来源地
FJ	2	a	购买	A	福建
HLJ	1	a	购买	B	陕西
YN	1	a	购买	A	云南
SH	1	b	采集	A	待确定
SC	1	f	待确定	G	四川
HN	1	a	采集	C	北京
GZ	1	b	采集	C	贵州
GD	1	f	采集	G	待确定
CQ	1	a	采集	C	重庆
BJ	1	b	采集	G	安徽
JS1	1	b	购买	C	江苏

种质库保存

保存地点	保存方式	种质份数	个体数量	引种方式	来源地
BJ	种子	178	e	采集	河北、安徽、重庆、四川、贵州、山西、湖北、江西、云南、海南、河南、辽宁、江苏
HN	种子	2	a	采集	湖南

日本女贞 *Ligustrum japonicum* Thunb.

功效主治 叶（苦茶叶）：苦、微甘，凉。清热解毒。用于目赤，口疮，乳痈，肿毒，烫火伤。

迁地栽培保存

保存地点	种质份数	个体数量	引种方式	生长状况	来源地
CQ	1	b	采集	B	重庆
BJ	1	b	交换	G	北京

水蜡树 *Ligustrum obtusifolium* Sieb. et Zucc.

功效主治 叶：清热祛暑，利尿。

濒危等级 中国植物红色名录评估为无危（LC）。

迁地栽培保存

保存地点	种质份数	个体数量	引种方式	生长状况	来源地
NMG	1	d	购买	C	内蒙古
GX	*	f	采集	G	辽宁

小蜡 *Ligustrum sinense* Lour.

功效主治 树皮（小蜡树）、枝叶（小蜡树）：苦、微甘，凉。清热解毒，消肿止痛，去腐生肌。用于黄疸，痢疾，肺热咳嗽；外用于跌打损伤，疮疡，烫火伤。

迁地栽培保存

保存地点	种质份数	个体数量	引种方式	生长状况	来源地
HN	1	a	采集	C	海南

续表

保存地点	种质份数	个体数量	引种方式	生长状况	来源地
BJ	1	d	购买	G	北京
CQ	1	a	采集	C	重庆
SH	1	a	采集	A	待确定
GX	*	f	采集	G	法国

种质库保存

保存地点	保存方式	种质份数	个体数量	引种方式	来源地
BJ	种子	10	c	采集	重庆、贵州、江西、四川
HN	种子	1	b	采集	湖南

小叶女贞 *Ligustrum quihoui* Carrière

功效主治 树皮、叶：清热解毒。用于烫火伤，外伤，小儿口疮，黄水疮。果实：补肝肾，强筋骨。

濒危等级 中国特有植物，中国植物红色名录评估为无危（LC）。

迁地栽培保存

保存地点	种质份数	个体数量	引种方式	生长状况	来源地
BJ	2	d	购买	G	湖北、北京
HB	2	a	采集	C	待确定
SC	2	f	待确定	G	四川
SH	2	b	采集	A	待确定
GZ	1	e	采集	C	贵州
JS1	1	a	购买	C	江苏
YN	1	a	购买	A	云南
GX	*	f	采集	G	上海

种质库保存

保存地点	保存方式	种质份数	个体数量	引种方式	来源地
BJ	种子	26	c	采集	云南、四川、江西、贵州、湖北、河北

宜昌女贞 *Ligustrum strongylophyllum* Hemsl.

功效主治　叶：清热散风，除烦解渴。

濒危等级　中国特有植物，中国植物红色名录评估为无危（LC）。

种质库保存

保存地点	保存方式	种质份数	个体数量	引种方式	来源地
BJ	种子	3	b	采集	山西

紫药女贞 *Ligustrum delavayanum* Har.

功效主治　根、叶：清热解毒。

濒危等级　中国特有植物，中国植物红色名录评估为无危（LC）。

种质库保存

保存地点	保存方式	种质份数	个体数量	引种方式	来源地
BJ	种子	1	a	采集	云南

素馨属 *Jasminum*

矮探春 *Jasminum humile* L.

功效主治　叶（小黄素馨）：苦、甘、涩，凉。清火，解毒。用于烫火伤，疮毒红肿。

濒危等级　中国植物红色名录评估为无危（LC）。

迁地栽培保存

保存地点	种质份数	个体数量	引种方式	生长状况	来源地
YN	1	b	采集	C	云南

白萼素馨 *Jasminum albicalyx* Kobuski

功效主治　根：驱虫。用于蛔虫病。叶：生肌。用于跌打损伤。

迁地栽培保存

保存地点	种质份数	个体数量	引种方式	生长状况	来源地
GX	*	f	采集	G	广西

川素馨 *Jasminum urophyllum* Hemsl.

功效主治 枝条：用于风湿关节痛，风寒头痛。

濒危等级 中国特有植物，中国植物红色名录评估为无危（LC）。

迁地栽培保存

保存地点	种质份数	个体数量	引种方式	生长状况	来源地
GX	*	f	采集	G	湖北

丛林素馨 *Jasminum duclouxii* (H. Lévl.) Rehder

功效主治 根：理气止痛，清热明目。用于腹痛，目赤肿痛。

迁地栽培保存

保存地点	种质份数	个体数量	引种方式	生长状况	来源地
GX	*	f	采集	G	广西

种质库保存

保存地点	保存方式	种质份数	个体数量	引种方式	来源地
BJ	种子	3	b	采集	待确定

大叶素馨 *Jasminum attenuatum* Roxb. ex DC.

濒危等级 中国植物红色名录评估为无危（LC）。

种质库保存

保存地点	保存方式	种质份数	个体数量	引种方式	来源地
BJ	种子	1	a	采集	广西

厚叶素馨　*Jasminum pentaneurum* Hand.-Mazz.

功效主治　全株：用于口腔破溃，咽喉痛，疖疮，跌打损伤。

濒危等级　中国植物红色名录评估为无危（LC）。

迁地栽培保存

保存地点	种质份数	个体数量	引种方式	生长状况	来源地
GD	1	f	采集	G	待确定
GX	*	f	采集	G	广西

茉莉花　*Jasminum sambac*（L.）Aiton

功效主治　根（茉莉根）：苦，温。有毒。麻醉，止痛。用于跌损筋骨，龋齿，头痛，失眠。叶（茉莉叶）：辛，凉。清热解表。用于外感发热，腹胀，泄泻。花（茉莉花）：辛、甘，温。理气，开郁，辟秽，和中。用于下痢腹痛，目赤肿痛，疮毒。

迁地栽培保存

保存地点	种质份数	个体数量	引种方式	生长状况	来源地
HN	1	a	采集	B	海南
YN	1	b	购买	C	云南
SH	1	a	采集	A	待确定
CQ	1	a	购买	C	重庆
JS1	1	a	采集	C	江苏
HLJ	1	a	购买	C	黑龙江
HB	1	a	采集	C	湖北
GD	1	b	采集	B	待确定
BJ	1	b	购买	G	北京
GX	*	f	采集	G	重庆

扭肚藤　*Jasminum elongatum*（P. J. Bergius）Willd.

功效主治　嫩茎叶：微苦，凉。清热，利湿。用于湿热腹痛，痢疾，泄泻，四肢麻痹肿痛，瘰疬，疥疮。

迁地栽培保存

保存地点	种质份数	个体数量	引种方式	生长状况	来源地
HN	2	a	采集	C	海南
GD	1	a	采集	D	待确定

种质库保存

保存地点	保存方式	种质份数	个体数量	引种方式	来源地
BJ	种子	6	b	采集	海南、重庆

青藤仔 *Jasminum nervosum* Lour.

功效主治 茎（青藤子）、叶（青藤子）、花（青藤子）：微苦，凉。清湿热，拔毒生肌，接骨。用于痢疾，劳伤腰痛，疮疡溃烂。

濒危等级 中国植物红色名录评估为无危（LC）。

迁地栽培保存

保存地点	种质份数	个体数量	引种方式	生长状况	来源地
YN	1	b	购买	C	云南
BJ	1	a	采集	G	广西

清香藤 *Jasminum lanceolarium* Roxb.

功效主治 根（破骨风）、枝条（破骨风）：苦，温。祛风除湿，活血止痛。用于风湿腰腿痛，跌打损伤，腰痛。

濒危等级 中国植物红色名录评估为无危（LC）。

迁地栽培保存

保存地点	种质份数	个体数量	引种方式	生长状况	来源地
HN	1	a	采集	C	海南
CQ	1	a	采集	C	重庆
GX	*	f	采集	G	广西

种质库保存

保存地点	保存方式	种质份数	个体数量	引种方式	来源地
HN	种子	3	c	采集	湖南
BJ	种子	6	b	采集	江西、四川

素馨花 *Jasminum grandiflorum* L.

功效主治 花蕾（素馨花）：甘，平。疏肝解郁，化滞，解痛。用于胸胁不舒，心胃气痛，下痢腹痛。

迁地栽培保存

保存地点	种质份数	个体数量	引种方式	生长状况	来源地
BJ	1	b	采集	G	北京

探春花 *Jasminum floridum* Bunge

功效主治 根（小柳拐）：微苦、涩，温。生肌，收敛。用于刀伤。

迁地栽培保存

保存地点	种质份数	个体数量	引种方式	生长状况	来源地
BJ	2	b	采集	G	陕西，待确定
CQ	1	a	采集	C	重庆

野迎春 *Jasminum mesnyi* Hance

功效主治 全株：清热解毒，发汗。用于肿毒，跌打损伤。

迁地栽培保存

保存地点	种质份数	个体数量	引种方式	生长状况	来源地
JS1	1	a	采集	D	江苏

迎春花 *Jasminum nudiflorum* Lindl.

功效主治 叶（迎春花叶）：苦、涩，平。活血解毒，消肿止痛。用于肿毒恶疮，跌打损伤，创伤出血。花（迎春花）：苦，平。发汗，解热利尿。用于发热头痛，小便涩痛。

迁地栽培保存

保存地点	种质份数	个体数量	引种方式	生长状况	来源地
BJ	2	d	采集	G	北京、山西
CQ	1	a	购买	C	重庆
JS1	1	a	购买	C	江苏
SH	1	b	采集	A	待确定
GD	1	f	采集	G	待确定
GZ	1	d	采集	C	贵州

重瓣茉莉 *Jasminum sambac* var. *trifoliatum* Vahl

迁地栽培保存

保存地点	种质份数	个体数量	引种方式	生长状况	来源地
YN	1	b	购买	C	云南

探春花属 *Chrysojasminum*

浓香茉莉 *Chrysojasminum odoratissimum* (L.) Banfi

迁地栽培保存

保存地点	种质份数	个体数量	引种方式	生长状况	来源地
SH	1	b	采集	A	待确定

雪柳属　*Fontanesia*

雪柳　*Fontanesia fortunei* Carrière

功效主治　根：用于脚气病。

迁地栽培保存

保存地点	种质份数	个体数量	引种方式	生长状况	来源地
BJ	1	a	购买	G	北京
CQ	1	a	采集	C	河南
JS1	1	a	购买	D	江苏

夜花属　*Nyctanthes*

夜花　*Nyctanthes arbor-tristis* L.

功效主治　枝、叶：祛风除湿。

迁地栽培保存

保存地点	种质份数	个体数量	引种方式	生长状况	来源地
YN	1	b	采集	A	云南

种质库保存

保存地点	保存方式	种质份数	个体数量	引种方式	来源地
BJ	种子	6	b	采集	重庆、云南

黏木科　Ixonanthaceae

黏木属　*Ixonanthes*

黏木　*Ixonanthes reticulata* Jack

濒危等级　广西壮族自治区重点保护植物，中国植物红色名录评估为易危（VU）。

迁地栽培保存

保存地点	种质份数	个体数量	引种方式	生长状况	来源地
HN	1	a	采集	C	海南

牛栓藤科　Connaraceae

单叶豆属　*Ellipanthus*

单叶豆　*Ellipanthus glabrifolius* Merr.

濒危等级　中国特有植物，中国植物红色名录评估为濒危（EN）。

迁地栽培保存

保存地点	种质份数	个体数量	引种方式	生长状况	来源地
HN	1	a	采集	C	海南

红叶藤属　*Rourea*

红叶藤　*Rourea minor*（Gaertn.）Leenh.

功效主治　全株：解热毒，生肌，收敛止血。外用于跌打损伤，刀伤，小儿热疮。

濒危等级　中国植物红色名录评估为无危（LC）。

迁地栽培保存

保存地点	种质份数	个体数量	引种方式	生长状况	来源地
GX	3	f	采集	G	广西
HN	1	a	采集	C	海南

小叶红叶藤　*Rourea microphylla*（Hook. & Arn.）Planch.

功效主治　根、叶：甘、涩，微温。止血止痛，活血通经。用于闭经，跌打损伤，各种出血。

濒危等级　中国植物红色名录评估为无危（LC）。

迁地栽培保存

保存地点	种质份数	个体数量	引种方式	生长状况	来源地
GD	1	a	采集	D	待确定
HN	1	a	采集	C	海南
GX	*	f	采集	G	广西

种质库保存

保存地点	保存方式	种质份数	个体数量	引种方式	来源地
HN	种子	1	b	采集	海南

牛栓藤属 *Connarus*

牛栓藤 *Connarus paniculatus* Roxb.

功效主治 茎叶：用于感冒。

濒危等级 中国植物红色名录评估为无危（LC）。

迁地栽培保存

保存地点	种质份数	个体数量	引种方式	生长状况	来源地
YN	1	a	购买	C	云南

云南牛栓藤 *Connarus yunnanensis* G. Schellenb.

濒危等级 中国植物红色名录评估为无危（LC）。

迁地栽培保存

保存地点	种质份数	个体数量	引种方式	生长状况	来源地
GX	*	f	采集	G	广西

泡桐科　Paulowniaceae

泡桐属　*Paulownia*

川泡桐　*Paulownia fargesii* Franch.

迁地栽培保存

保存地点	种质份数	个体数量	引种方式	生长状况	来源地
HB	1	a	采集	C	湖北

毛泡桐　*Paulownia tomentosa*（Thunb.）Steud.

功效主治　近成熟果实（泡桐果）：淡、微甘，温。祛痰，止咳，平喘。用于咳嗽，多痰，气喘。嫩根（泡桐根）、根皮（泡桐根）：苦，寒。祛风，解毒，消肿，止痛。用于肠胃热毒，风湿腿痛，筋骨疼痛，肠风下血，痔疮，疮疡肿毒，崩漏，带下病。木质部（桐木）：用于下肢浮肿。树皮（泡桐树皮）：用于痔疮，淋证，丹毒，跌打损伤。叶：苦，寒。用于痈疽，疔疮，创伤出血。花（泡桐花）：用于外感风邪，风热咳嗽，乳蛾，痢疾，泄泻，目赤红痛，痄腮，疖肿。

迁地栽培保存

保存地点	种质份数	个体数量	引种方式	生长状况	来源地
JS1	1	a	采集	D	江苏

白花泡桐　*Paulownia fortunei*（Seem.）Hemsl.

功效主治　根：解毒，祛风除湿，消肿止痛。果实：化痰止咳。种子：用于伤寒发狂。鲜花（泡桐花）：功效同毛泡桐。

迁地栽培保存

保存地点	种质份数	个体数量	引种方式	生长状况	来源地
GZ	1	b	采集	C	贵州
SH	1	b	采集	A	待确定

续表

保存地点	种质份数	个体数量	引种方式	生长状况	来源地
BJ	1	b	购买	G	北京
GD	1	f	采集	G	待确定
CQ	1	a	采集	F	重庆
GX	*	f	采集	G	河北

种质库保存

保存地点	保存方式	种质份数	个体数量	引种方式	来源地
HN	种子	2	b	采集	海南
BJ	种子	9	a	采集	湖北、山西、云南

南方泡桐　*Paulownia australis* T. Gong

濒危等级　中国特有植物，中国植物红色名录评估为无危（LC）。

迁地栽培保存

保存地点	种质份数	个体数量	引种方式	生长状况	来源地
CQ	1	a	采集	C	重庆

葡萄科　Vitaceae

白粉藤属　*Cissus*

白粉藤　*Cissus repens* Lamk. Encycl.

功效主治　根：淡、微辛，凉。清热解毒，消肿止痛，强壮，补血。用于咽喉痛，疔疮，毒蛇咬伤。全株（白粉藤）：苦，寒。拔毒消肿。用于痰火瘰疬，水肿，痢疾；外用于蛇咬伤。

濒危等级　中国植物红色名录评估为无危（LC）。

迁地栽培保存

保存地点	种质份数	个体数量	引种方式	生长状况	来源地
BJ	1	a	购买	G	北京
GD	1	f	采集	G	待确定
HN	1	a	采集	C	待确定
YN	1	a	购买	C	云南

种质库保存

保存地点	保存方式	种质份数	个体数量	引种方式	来源地
BJ	种子	1	a	采集	广西

翅茎白粉藤 *Cissus hexangularis* Thorel ex Planch.

功效主治　藤（六万藤）：微苦，凉。祛风通络，散瘀活血。用于风湿关节痛，腰肌劳损，跌打损伤。

濒危等级　中国植物红色名录评估为无危（LC）。

迁地栽培保存

保存地点	种质份数	个体数量	引种方式	生长状况	来源地
HN	2	a	采集	C	海南
GD	1	f	采集	G	待确定
BJ	1	a	交换	G	北京

鸡心藤 *Cissus kerrii* Craib

功效主治　根、藤：甘、苦，凉。清热解毒，散结行血。用于水肿，痈疽疮疡，瘰疬，跌打损伤。叶（独脚乌桕叶）：苦，寒。有小毒。拔毒消肿。用于痈疮，瘰疬，疔疽。

濒危等级　中国植物红色名录评估为无危（LC）。

迁地栽培保存

保存地点	种质份数	个体数量	引种方式	生长状况	来源地
GX	*	f	采集	G	广西

种质库保存

保存地点	保存方式	种质份数	个体数量	引种方式	来源地
BJ	种子	1	a	采集	待确定

锦屏藤 *Cissus verticillata* (L.) Nicolson et C. E. Jarvis

功效主治　地上部分：用于膝关节、踝关节痹痛。

迁地栽培保存

保存地点	种质份数	个体数量	引种方式	生长状况	来源地
CQ	1	a	赠送	C	云南

苦郎藤 *Cissus assamica* (M. A. Lawson) Craib

功效主治　根（风叶藤）：淡、微涩，平。拔毒消肿，散瘀止痛。用于跌打损伤，扭伤，风湿关节痛，骨折，痈疮肿毒。

濒危等级　中国植物红色名录评估为无危（LC）。

迁地栽培保存

保存地点	种质份数	个体数量	引种方式	生长状况	来源地
GX	*	f	采集	G	广西

青紫葛 *Cissus javana* DC.

功效主治　全株（花斑叶）：辛，温。疏风解毒，消肿散瘀，续筋接骨。用于瘾疹，湿疹，疥癣，骨折筋伤，跌打损伤，风湿麻木。

濒危等级　中国植物红色名录评估为无危（LC）。

迁地栽培保存

保存地点	种质份数	个体数量	引种方式	生长状况	来源地
YN	1	a	购买	C	云南

种质库保存

保存地点	保存方式	种质份数	个体数量	引种方式	来源地
BJ	种子	8	b	采集	待确定

四棱白粉藤 *Cissus subtetragona* Planch.

濒危等级 中国植物红色名录评估为无危（LC）。

迁地栽培保存

保存地点	种质份数	个体数量	引种方式	生长状况	来源地
BJ	1	a	交换	G	北京
GX	*	f	采集	G	广西

掌叶白粉藤 *Cissus triloba* (Lour.) Merr.

濒危等级 中国植物红色名录评估为无危（LC）。

迁地栽培保存

保存地点	种质份数	个体数量	引种方式	生长状况	来源地
YN	1	a	购买	A	云南

地锦属 *Parthenocissus*

地锦 *Parthenocissus tricuspidata* (Siebold & Zucc.) Planch.

功效主治 根、茎：甘，温。活血通络，祛风，止痛，解毒。用于风湿关节痛，跌打损伤，痈疖肿毒。

濒危等级 中国植物红色名录评估为无危（LC）。

迁地栽培保存

保存地点	种质份数	个体数量	引种方式	生长状况	来源地
FJ	2	a	采集	A	福建
LN	2	c	采集	B	辽宁
JS2	1	e	购买	C	江苏

第三章 国家药用植物种质资源保存平台迁地保护药用植物名录 / 1917

续表

保存地点	种质份数	个体数量	引种方式	生长状况	来源地
BJ	1	c	购买	G	北京
SH	1	b	采集	A	待确定
GX	*	f	采集	G	山东

种质库保存

保存地点	保存方式	种质份数	个体数量	引种方式	来源地
HN	种子	2	c	采集	湖南

花叶地锦 *Parthenocissus henryana*（Hemsl.）Graebn. ex Diels & Gilg

功效主治 全株：酸、苦，寒。破血散瘀。消肿解毒。用于疮毒。

濒危等级 中国特有植物，中国植物红色名录评估为无危（LC）。

迁地栽培保存

保存地点	种质份数	个体数量	引种方式	生长状况	来源地
CQ	1	a	采集	C	重庆

三叉虎 *Parthenocissus heterophylla*（Blume）Merr.

迁地栽培保存

保存地点	种质份数	个体数量	引种方式	生长状况	来源地
HN	2	a	采集	C	海南

三叶地锦 *Parthenocissus semicordata*（Wall.）Planch.

功效主治 全株（三爪金龙）：辛，温。接骨祛瘀，祛风，除湿。用于风湿筋骨痛；外用于骨折，跌打损伤。

濒危等级 中国植物红色名录评估为无危（LC）。

迁地栽培保存

保存地点	种质份数	个体数量	引种方式	生长状况	来源地
GX	*	f	采集	G	重庆

种质库保存

保存地点	保存方式	种质份数	个体数量	引种方式	来源地
HN	种子	2	b	采集	广东

五叶地锦 *Parthenocissus quinquefolia* (L.) Planch.

功效主治 茎皮、幼枝、根：强壮，利尿，祛痰。茎：祛风除湿。用于风湿痛。

迁地栽培保存

保存地点	种质份数	个体数量	引种方式	生长状况	来源地
GZ	1	c	采集	C	贵州
BJ	1	a	购买	G	待确定

异叶地锦 *Parthenocissus dalzielii* Gagnep.

功效主治 叶、茎、根：止血。用于皮肤病。

濒危等级 中国特有植物，中国植物红色名录评估为无危（LC）。

迁地栽培保存

保存地点	种质份数	个体数量	引种方式	生长状况	来源地
GZ	1	d	采集	C	贵州
GX	*	f	采集	G	广西

种质库保存

保存地点	保存方式	种质份数	个体数量	引种方式	来源地
BJ	种子	8	b	采集	重庆

火筒树属 *Leea*

大叶火筒树 *Leea macrophylla* Roxb. ex Hornem.

功效主治 根：消肿定痛，愈溃生肌。

迁地栽培保存

保存地点	种质份数	个体数量	引种方式	生长状况	来源地
YN	1	a	采集	C	云南

单羽火筒树 *Leea crispa* L.

功效主治 根：利湿退黄。用于黄疸。

濒危等级 中国植物红色名录评估为无危（LC）。

迁地栽培保存

保存地点	种质份数	个体数量	引种方式	生长状况	来源地
GX	*	f	采集	G	广西

火筒树 *Leea indica*（Burm. f.）Merr.

功效主治 全株或根：淡，平。清热解毒。外用于疮疡。茎髓、果实：淡，平。清热解毒。外用于疮疡，金创。

濒危等级 中国植物红色名录评估为无危（LC）。

迁地栽培保存

保存地点	种质份数	个体数量	引种方式	生长状况	来源地
HN	1	a	采集	C	海南
YN	1	a	采集	C	云南
GX	*	f	采集	G	广东、云南

种质库保存

保存地点	保存方式	种质份数	个体数量	引种方式	来源地
BJ	种子	6	b	采集	云南
HN	种子	1	a	采集	海南

密花火筒树　*Leea compactiflora* Kurz

功效主治　块根：养阴润肺，活络止痛。用于百日咳，肺结核，咳嗽，咽喉痛，疟腮，跌打损伤。

濒危等级　中国植物红色名录评估为无危（LC）。

迁地栽培保存

保存地点	种质份数	个体数量	引种方式	生长状况	来源地
YN	1	a	采集	C	云南

种质库保存

保存地点	保存方式	种质份数	个体数量	引种方式	来源地
BJ	种子	1	a	采集	待确定

台湾火筒树　*Leea guineensis* G. Don

功效主治　全株：清热解毒。

濒危等级　中国植物红色名录评估为无危（LC）。

种质库保存

保存地点	保存方式	种质份数	个体数量	引种方式	来源地
BJ	种子	6	b	采集	云南

窄叶火筒树　*Leea longifolia* Merr.

濒危等级　中国特有植物，中国植物红色名录评估为无危（LC）。

迁地栽培保存

保存地点	种质份数	个体数量	引种方式	生长状况	来源地
HN	1	a	采集	C	海南

葡萄属　*Vitis*

变叶葡萄　*Vitis piasezkii* Maxim.

功效主治　幼茎的汁液（麻羊藤）：微苦、涩，平。消食，清热，凉血。用于肠胃实热，头痛发热，骨蒸劳热，目赤，鼻衄。

濒危等级　中国特有植物，中国植物红色名录评估为无危（LC）。

迁地栽培保存

保存地点	种质份数	个体数量	引种方式	生长状况	来源地
GX	*	f	采集	G	湖北

刺葡萄　*Vitis davidii*（Rom. Caill.）Foëx

功效主治　根：甘，平。祛风湿，利小便。用于关节痛，跌打损伤。

濒危等级　中国特有植物，中国植物红色名录评估为无危（LC）。

迁地栽培保存

保存地点	种质份数	个体数量	引种方式	生长状况	来源地
BJ	1	a	采集	G	江西
GZ	1	a	采集	C	贵州
SH	1	b	采集	A	待确定
GX	*	f	采集	G	广西

葛藟葡萄　*Vitis flexuosa* Thunb.

功效主治　根（葛藟根）：甘，平。滋补气血，续筋骨，长肌肉。用于关节酸痛，跌打损伤。藤汁（葛藟汁）：甘，平。补五脏，续筋骨，益气，止渴。用于五脏虚弱，筋骨痛，气虚，干渴。果实（葛藟果）：甘，平。润肺止咳，清热凉血，消食。用于咳嗽，吐血，积食。

濒危等级　中国植物红色名录评估为无危（LC）。

迁地栽培保存

保存地点	种质份数	个体数量	引种方式	生长状况	来源地
GX	*	f	采集	G	日本

菱叶葡萄 *Vitis hancockii* Hance

功效主治 根：活血祛瘀。

濒危等级 中国特有植物，中国植物红色名录评估为无危（LC）。

迁地栽培保存

保存地点	种质份数	个体数量	引种方式	生长状况	来源地
ZJ	1	c	购买	B	浙江

毛葡萄 *Vitis heyneana* Roem. & Schult.

功效主治 根：用于风湿痛，跌打损伤。

濒危等级 中国植物红色名录评估为无危（LC）。

迁地栽培保存

保存地点	种质份数	个体数量	引种方式	生长状况	来源地
GZ	1	a	采集	C	贵州
ZJ	1	c	购买	A	山西
GX	*	f	采集	G	湖南、广西

种质库保存

保存地点	保存方式	种质份数	个体数量	引种方式	来源地
BJ	种子	7	b	采集	江西

绵毛葡萄 *Vitis retordii* Rom. Caill. ex Planch.

功效主治 根：用于风湿痛，跌打损伤。

濒危等级 中国植物红色名录评估为无危（LC）。

迁地栽培保存

保存地点	种质份数	个体数量	引种方式	生长状况	来源地
GX	*	f	采集	G	广西

闽赣葡萄　*Vitis chungii* F. P. Metcalf

功效主治　全株（红扁藤）：甘、涩，平。消肿拔毒。用于疮痈疖肿。

濒危等级　中国特有植物，中国植物红色名录评估为无危（LC）。

迁地栽培保存

保存地点	种质份数	个体数量	引种方式	生长状况	来源地
BJ	1	a	采集	G	北京
GX	*	f	采集	G	广西

葡萄　*Vitis vinifera* L.

功效主治　根（葡萄根）、藤：甘、涩，平。除风湿，利小便。用于风湿骨痛，水肿；外用于骨折。茎叶（葡萄藤叶）：甘、涩，平。利小便，通小肠，消肿满。用于小便淋痛。果实（葡萄）：甘、酸，平。解表透疹，利尿，安胎。用于小便淋痛，胎动不安，麻疹不透。

迁地栽培保存

保存地点	种质份数	个体数量	引种方式	生长状况	来源地
HN	1	a	购买	C	待确定
JS1	1	a	购买	C	江苏
SH	1	b	采集	A	待确定
CQ	1	a	购买	C	重庆
HB	1	a	采集	C	湖北
GZ	1	a	采集	C	贵州
HLJ	1	a	购买	A	黑龙江
GD	1	f	采集	G	待确定

种质库保存

保存地点	保存方式	种质份数	个体数量	引种方式	来源地
BJ	种子	6	b	采集	河北、湖北

秋葡萄 *Vitis romanetii* Rom. Caill.

功效主治 茎（秋葡萄）：甘、微涩，凉。祛瘀止血，生肌。用于吐血，目翳，跌打损伤。

濒危等级 中国特有植物，中国植物红色名录评估为无危（LC）。

种质库保存

保存地点	保存方式	种质份数	个体数量	引种方式	来源地
BJ	种子	8	b	采集	海南

桑叶葡萄 *Vitis heyneana* subsp. *ficifolia* (Bge.) C. L. Li

濒危等级 中国特有植物，中国植物红色名录评估为无危（LC）。

种质库保存

保存地点	保存方式	种质份数	个体数量	引种方式	来源地
BJ	种子	1	a	采集	吉林

山葡萄 *Vitis amurensis* Rupr.

功效主治 根、茎（山藤藤秧）：酸，凉。祛风，止痛。用于外伤痛，风湿骨痛，胃痛，腹痛，头痛。果实（山藤藤果）：酸，凉。清热利尿。用于烦热口渴，膀胱湿热。

濒危等级 中国特有植物，中国植物红色名录评估为无危（LC）。

迁地栽培保存

保存地点	种质份数	个体数量	引种方式	生长状况	来源地
BJ	1	a	采集	G	北京
CQ	1	a	采集	C	重庆
LN	1	c	采集	B	辽宁

种质库保存

保存地点	保存方式	种质份数	个体数量	引种方式	来源地
BJ	种子	6	b	采集	山西、黑龙江

网脉葡萄 *Vitis wilsoniae* H. J. Veitch

功效主治 根：用于骨髓炎。全株：用于骨关节酸痛。

濒危等级 中国特有植物，中国植物红色名录评估为无危（LC）。

种质库保存

保存地点	保存方式	种质份数	个体数量	引种方式	来源地
BJ	种子	8	a	采集	海南、贵州

小果葡萄 *Vitis balansana* Planch.

功效主治 根皮：涩，平。舒筋活络，清热解毒，利尿。用于骨折，风湿瘫痪，劳伤，疮疡肿毒，痢疾。

濒危等级 中国植物红色名录评估为无危（LC）。

迁地栽培保存

保存地点	种质份数	个体数量	引种方式	生长状况	来源地
HN	1	a	采集	C	海南
GX	*	f	采集	G	广西

蘡薁 *Vitis bryoniifolia* Bunge

功效主治 全株（蘡薁）或根（蘡薁）、茎（蘡薁）、叶（蘡薁）、果实（蘡薁）：酸、甘、涩，平。清热解毒，祛风除湿。用于肝毒症，肺痈，肠痈，乳痈，多发性脓肿，风湿关节痛，疮痈肿毒，耳闭，蛇虫咬伤。

濒危等级 中国植物红色名录评估为无危（LC）。

迁地栽培保存

保存地点	种质份数	个体数量	引种方式	生长状况	来源地
GX	*	f	采集	G	山东

蛇葡萄属 *Ampelopsis*

白蔹 *Ampelopsis japonica*（Thunb.）Makino

功效主治 根：祛风除湿。

濒危等级 中国植物红色名录评估为无危（LC）。

迁地栽培保存

保存地点	种质份数	个体数量	引种方式	生长状况	来源地
BJ	3	b	采集	G	浙江、安徽、北京
LN	1	c	采集	B	辽宁

东北蛇葡萄 *Ampelopsis glandulosa* var. *brevipedunculata*（Maximowicz）Momiyama

功效主治 根、茎：利尿，消肿，止血。用于无名肿毒，腰痛。

迁地栽培保存

保存地点	种质份数	个体数量	引种方式	生长状况	来源地
HN	1	a	采集	C	海南
GX	*	f	采集	G	日本

牯岭蛇葡萄 *Ampelopsis glandulosa* var. *kulingensis*（Rehder）Momiy.

濒危等级 中国特有植物，中国植物红色名录评估为无危（LC）。

迁地栽培保存

保存地点	种质份数	个体数量	引种方式	生长状况	来源地
GX	*	f	采集	G	广西

光叶蛇葡萄 *Ampelopsis glandulosa* var. *hancei*（Planch.）Momiy.

濒危等级 中国植物红色名录评估为无危（LC）。

迁地栽培保存

保存地点	种质份数	个体数量	引种方式	生长状况	来源地
GD	1	f	采集	G	待确定
GX	*	f	采集	G	广西

广东蛇葡萄 *Ampelopsis cantoniensis*（Hook. et Arn.）Planch.

功效主治 全株（山甜藤）：甘、微苦，凉。清热解毒，解暑。用于暑热感冒，皮肤湿疹。

濒危等级 中国植物红色名录评估为无危（LC）。

种质库保存

保存地点	保存方式	种质份数	个体数量	引种方式	来源地
BJ	种子	1	a	采集	待确定
HN	种子	1	b	采集	湖南

蓝果蛇葡萄 *Ampelopsis bodinieri*（Lévl. et Vant.）Rehd.

功效主治 根（上山龙）：酸、涩、微辛，平。消肿解毒，止痛止血，排脓生肌，祛风除湿。用于跌打损伤，骨折，风湿腿痛，便血，崩漏，带下病。

濒危等级 中国特有植物，中国植物红色名录评估为无危（LC）。

迁地栽培保存

保存地点	种质份数	个体数量	引种方式	生长状况	来源地
GZ	1	a	采集	C	贵州
GX	*	f	采集	G	广西

种质库保存

保存地点	保存方式	种质份数	个体数量	引种方式	来源地
BJ	种子	2	b	采集	安徽

葎叶蛇葡萄 *Ampelopsis humulifolia* Bunge

功效主治 根皮（七角白蔹）：辛，热。活血散瘀，解毒，生肌长骨，祛风除湿。用于跌打损伤，骨折，疮疖肿痛，风湿关节痛。

濒危等级 中国特有植物，中国植物红色名录评估为无危（LC）。

迁地栽培保存

保存地点	种质份数	个体数量	引种方式	生长状况	来源地
BJ	2	b	采集	G	北京、山东
GX	*	f	采集	G	山东

种质库保存

保存地点	保存方式	种质份数	个体数量	引种方式	来源地
BJ	种子	1	a	采集	山西

毛三裂蛇葡萄 *Ampelopsis delavayana* var. *setulosa* (Diels et Gilg) C. L. Li

濒危等级 中国特有植物，中国植物红色名录评估为无危（LC）。

迁地栽培保存

保存地点	种质份数	个体数量	引种方式	生长状况	来源地
BJ	1	b	采集	G	四川

三裂蛇葡萄 *Ampelopsis delavayana* Planch.

功效主治 根皮（金刚散）：辛，平。消肿止痛，舒筋活血，止血。用于外伤出血，骨折，跌打损伤，风湿关节痛。

濒危等级 中国特有植物，中国植物红色名录评估为无危（LC）。

迁地栽培保存

保存地点	种质份数	个体数量	引种方式	生长状况	来源地
BJ	1	b	采集	G	四川
GX	*	f	采集	G	广西

种质库保存

保存地点	保存方式	种质份数	个体数量	引种方式	来源地
BJ	种子	3	b	采集	贵州、河南

蛇葡萄　*Ampelopsis glandulosa*（Wall.）Momiy.

功效主治　根（蛇葡萄根）、茎叶（蛇葡萄）：苦，平。清热解毒，祛风活络，止痛，止血。用于风湿关节痛，呕吐，泄泻，溃疡；外用于跌打损伤，疮疡肿毒，外伤出血，烫火伤。

濒危等级　中国植物红色名录评估为无危（LC）。

迁地栽培保存

保存地点	种质份数	个体数量	引种方式	生长状况	来源地
GX	3	f	采集	G	广西
BJ	1	b	采集	G	北京
SH	1	b	采集	A	待确定
JS1	1	a	采集	D	江苏
GZ	1	b	采集	C	贵州

乌头叶蛇葡萄　*Ampelopsis aconitifolia* Bunge

功效主治　根皮：涩、微辛，平。散瘀消肿，去腐生肌。用于骨折，跌打损伤，痈肿，风湿关节痛。

迁地栽培保存

保存地点	种质份数	个体数量	引种方式	生长状况	来源地
JS2	1	b	购买	C	江苏
BJ	1	b	采集	G	河北

显齿蛇葡萄　*Ampelopsis grossedentata*（Hand.-Mazz.）W. T. Wang

功效主治　全株（甜茶藤）：甘、淡，凉。清热解毒。用于黄疸，风热感冒，咽喉肿痛，痈疖。

濒危等级　中国植物红色名录评估为无危（LC）。

迁地栽培保存

保存地点	种质份数	个体数量	引种方式	生长状况	来源地
YN	1	b	采集	A	云南
GX	*	f	采集	G	广西

异叶蛇葡萄 *Ampelopsis glandulosa* var. *heterophylla* (Thunb.) Momiy.

功效主治 根皮：用于风湿关节痛，呕吐，泄泻，溃疡；外用于疮疡肿毒，外伤出血，烫火伤。

濒危等级 中国植物红色名录评估为无危（LC）。

迁地栽培保存

保存地点	种质份数	个体数量	引种方式	生长状况	来源地
BJ	1	b	采集	C	江西
GX	*	f	采集	G	广西

种质库保存

保存地点	保存方式	种质份数	个体数量	引种方式	来源地
BJ	种子	5	b	采集	山西、云南、河南

掌裂蛇葡萄 *Ampelopsis delavayana* var. *glabra* (Diels et Gilg) C. L. Li

功效主治 块根：甘、苦，寒。清热解毒，豁痰。用于慢惊风，痰多胸闷，疮疡痈肿。

迁地栽培保存

保存地点	种质份数	个体数量	引种方式	生长状况	来源地
BJ	2	a	采集	G	山东、黑龙江

酸蔹藤属　*Ampelocissus*

东北蛇葡萄　*Ampelocissus brevipedunculata* Maxim.

迁地栽培保存

保存地点	种质份数	个体数量	引种方式	生长状况	来源地
GX	*	f	采集	G	广西

乌蔹莓属　*Cayratia*

白毛乌蔹莓　*Cayratia albifolia* C. L. Li

濒危等级　中国特有植物，中国植物红色名录评估为无危（LC）。

迁地栽培保存

保存地点	种质份数	个体数量	引种方式	生长状况	来源地
GZ	1	b	采集	C	贵州
HB	1	a	采集	C	待确定
GX	*	f	采集	G	广西

华中乌蔹莓　*Cayratia oligocarpa* (H. Lévl. & Vaniot) Gagnep.

功效主治　根（大母猪藤）、叶（大母猪藤）：微苦，平。祛风湿，通经络。用于牙痛，风湿关节痛，无名肿毒。

濒危等级　中国特有植物，中国植物红色名录评估为无危（LC）。

迁地栽培保存

保存地点	种质份数	个体数量	引种方式	生长状况	来源地
GX	*	f	采集	G	贵州

尖叶乌蔹莓　*Cayratia japonica* var. *pseudotrifolia* (W. T. Wang) C. L. Li

功效主治　根：苦，寒。有毒。清热解毒。外用于蛇咬伤，疮毒，跌打损伤。

濒危等级　中国特有植物，中国植物红色名录评估为无危（LC）。

种质库保存

保存地点	保存方式	种质份数	个体数量	引种方式	来源地
BJ	种子	1	a	采集	待确定

角花乌蔹莓　*Cayratia corniculata*（Benth.）Gagnep.

功效主治　块根（九牛薯）：甘，平。润肺，止咳，化痰，止血。用于肺痨，咳嗽，血崩。

濒危等级　中国植物红色名录评估为无危（LC）。

迁地栽培保存

保存地点	种质份数	个体数量	引种方式	生长状况	来源地
GX	*	f	采集	G	广西

种质库保存

保存地点	保存方式	种质份数	个体数量	引种方式	来源地
BJ	种子	3	a	采集	海南、福建

澜沧乌蔹莓　*Causonis* * *timoriensis* var. *mekongensis*（C. Y. Wu）G. Parmar & L. M. Lu

濒危等级　中国特有植物，中国植物红色名录评估为无危（LC）。

种质库保存

保存地点	保存方式	种质份数	个体数量	引种方式	来源地
BJ	种子	1	a	采集	待确定

毛乌蔹莓　*Causonis mollis*（Wall. ex M. A. Lawson）G. Parmar & J. Wen

濒危等级　中国植物红色名录评估为无危（LC）。

---

　*　注：原则上该拉丁名中属名（*Causonis*）应与上文属名（*Cayratia*）一致，由于物种分类学地位变化，本书采用"*Causonis*"。余同。

迁地栽培保存

保存地点	种质份数	个体数量	引种方式	生长状况	来源地
YN	1	b	购买	A	云南
GX	*	f	采集	G	广西

鸟足乌蔹莓　*Cayratia pedata*（Lam.）Juss. ex Gagnep.

功效主治　叶、果实、茎：用于胃病。

濒危等级　中国植物红色名录评估为无危（LC）。

迁地栽培保存

保存地点	种质份数	个体数量	引种方式	生长状况	来源地
GX	*	f	采集	G	广西

三叶乌蔹莓　*Cayratia trifolia*（L.）Domin

功效主治　根：散瘀活血，祛风除湿。用于跌打损伤，骨折，风湿骨痛，腰肌劳损，湿疹，疖疮。

濒危等级　中国植物红色名录评估为无危（LC）。

种质库保存

保存地点	保存方式	种质份数	个体数量	引种方式	来源地
BJ	种子	9	b	采集	云南，待确定

乌蔹莓　*Cayratia japonica*（Thunb.）Gagnep.

功效主治　全株（红母猪藤）：淡，寒。清热毒，消痈肿。用于小便出血，目赤肿痛，肺痈，跌打损伤。

迁地栽培保存

保存地点	种质份数	个体数量	引种方式	生长状况	来源地
SC	5	f	待确定	G	四川
BJ	2	b	采集	G	四川、山东
GZ	1	d	采集	C	贵州
GD	1	a	采集	D	待确定

续表

保存地点	种质份数	个体数量	引种方式	生长状况	来源地
CQ	1	a	采集	B	重庆
JS1	1	b	采集	C	江苏
SH	1	b	采集	A	待确定
ZJ	1	c	采集	B	浙江
HB	1	a	采集	C	湖北
GX	*	f	采集	G	广西

种质库保存

保存地点	保存方式	种质份数	个体数量	引种方式	来源地
HN	种子	1	b	采集	湖南
BJ	种子	11	b	采集	贵州、云南、安徽、湖北、江西

膝曲乌蔹莓 *Cayratia geniculata* (Blume) Gagnep.

功效主治 茎：平喘。用于哮喘。

濒危等级 中国植物红色名录评估为无危（LC）。

迁地栽培保存

保存地点	种质份数	个体数量	引种方式	生长状况	来源地
GX	*	f	采集	G	广西

崖爬藤属 *Tetrastigma*

扁担藤 *Tetrastigma planicaule* (Hook. f.) Gagnep.

功效主治 全株（扁担藤）：辛、涩，温。祛风除湿，舒筋活络。用于风湿骨痛，腰肌劳损，跌打损伤，半身不遂。

濒危等级 中国植物红色名录评估为无危（LC）。

迁地栽培保存

保存地点	种质份数	个体数量	引种方式	生长状况	来源地
BJ	1	a	采集	G	待确定
GD	1	a	采集	D	待确定
GZ	1	a	采集	C	贵州
HN	1	a	采集	C	海南
YN	1	a	采集	C	云南

种质库保存

保存地点	保存方式	种质份数	个体数量	引种方式	来源地
BJ	种子	6	b	采集	云南

草崖藤　*Tetrastigma apiculatum* Gagnep.

濒危等级　中国植物红色名录评估为无危（LC）。

迁地栽培保存

保存地点	种质份数	个体数量	引种方式	生长状况	来源地
GX	*	f	采集	G	广西

叉须崖爬藤　*Tetrastigma hypoglaucum* Planch. ex Franch.

功效主治　全株（五爪金龙）或根（五爪金龙）：苦、涩，温。祛风通络，活血止痛。用于风湿骨痛，跌打损伤，骨折，外伤出血。

濒危等级　中国特有植物，中国植物红色名录评估为无危（LC）。

迁地栽培保存

保存地点	种质份数	个体数量	引种方式	生长状况	来源地
GX	*	f	采集	G	广西

大果西畴崖爬藤 *Tetrastigma sichouense* var. *megalocarpum* C. L. Li

迁地栽培保存

保存地点	种质份数	个体数量	引种方式	生长状况	来源地
GX	*	f	采集	G	广西

海南崖爬藤 *Tetrastigma papillatum* (Hance) C. Y. Wu

功效主治 全株：用于骨折，疔疮。

濒危等级 中国特有植物，中国植物红色名录评估为无危（LC）。

迁地栽培保存

保存地点	种质份数	个体数量	引种方式	生长状况	来源地
GX	*	f	采集	G	广西

厚叶崖爬藤 *Tetrastigma pachyphyllum* (Hemsl.) Chun

功效主治 茎：消肿，祛风。叶：外用于跌打损伤。

濒危等级 中国植物红色名录评估为无危（LC）。

迁地栽培保存

保存地点	种质份数	个体数量	引种方式	生长状况	来源地
GX	*	f	采集	G	广西

种质库保存

保存地点	保存方式	种质份数	个体数量	引种方式	来源地
BJ	种子	1	a	采集	待确定

柬埔寨崖爬藤 *Tetrastigma cambodianum* Pierre ex Gagnep.

种质库保存

保存地点	保存方式	种质份数	个体数量	引种方式	来源地
BJ	种子	1	a	采集	待确定

角花崖爬藤 *Tetrastigma ceratopetalum* C. Y. Wu

濒危等级 中国植物红色名录评估为无危（LC）。

迁地栽培保存

保存地点	种质份数	个体数量	引种方式	生长状况	来源地
GX	*	f	采集	G	广西

茎花崖爬藤 *Tetrastigma cauliflorum* Merr.

濒危等级 中国植物红色名录评估为无危（LC）。

种质库保存

保存地点	保存方式	种质份数	个体数量	引种方式	来源地
BJ	种子	1	a	采集	待确定

毛脉崖爬藤 *Tetrastigma pubinerve* Merr. & Chun

功效主治 叶：用于刀伤。

濒危等级 中国植物红色名录评估为无危（LC）。

迁地栽培保存

保存地点	种质份数	个体数量	引种方式	生长状况	来源地
GX	*	f	采集	G	广西

毛枝崖爬藤 *Tetrastigma obovatum* (M. A. Lawson) Gagnep.

功效主治 根（红五加）：辛、涩，温。行气活血，强筋壮骨。用于劳伤，骨折。

濒危等级 中国植物红色名录评估为无危（LC）。

迁地栽培保存

保存地点	种质份数	个体数量	引种方式	生长状况	来源地
YN	1	a	采集	C	云南

种质库保存

保存地点	保存方式	种质份数	个体数量	引种方式	来源地
BJ	种子	6	b	采集	云南

蒙自崖爬藤 *Tetrastigma henryi* Gagnep.

功效主治 根：活血化瘀，解毒。

濒危等级 中国特有植物，中国植物红色名录评估为无危（LC）。

迁地栽培保存

保存地点	种质份数	个体数量	引种方式	生长状况	来源地
YN	1	a	采集	C	云南

七小叶崖爬藤 *Tetrastigma delavayi* Gagnep.

功效主治 根、藤（一把蔑）：酸、麻，寒。清热利尿，散瘀活血，祛风除湿。用于小便涩痛，淋证，风湿骨痛，跌打损伤，毒蛇咬伤，疮疖肿毒。

濒危等级 中国植物红色名录评估为无危（LC）。

种质库保存

保存地点	保存方式	种质份数	个体数量	引种方式	来源地
BJ	种子	8	b	采集	云南

柔毛网脉崖爬藤 *Tetrastigma retinervium* Planch. var. *pubescens* C. L. Li

濒危等级 中国特有植物，中国植物红色名录评估为无危（LC）。

迁地栽培保存

保存地点	种质份数	个体数量	引种方式	生长状况	来源地
GX	*	f	采集	G	广西

柔毛崖爬藤 *Tetrastigma henryi* var. *mollifolium* W. T. Wang

迁地栽培保存

保存地点	种质份数	个体数量	引种方式	生长状况	来源地
GX	*	f	采集	G	广西

三叶崖爬藤 *Tetrastigma hemsleyanum* Diels & Gilg

功效主治 全株（三叶青）或块根（三叶青）：微苦，平。清热解毒，祛风化痰，活血止痛。用于白喉，小儿高热惊厥，肝毒症，痢疾，毒蛇咬伤，乳蛾，瘰疬，带下病，痈疮，跌打损伤。

濒危等级 浙江省重点保护植物，中国植物红色名录评估为无危（LC）。

迁地栽培保存

保存地点	种质份数	个体数量	引种方式	生长状况	来源地
CQ	1	a	采集	C	重庆
GD	1	a	采集	B	待确定
YN	1	a	采集	C	云南
BJ	1	b	采集	G	广东
GX	*	f	采集	G	广西

种质库保存

保存地点	保存方式	种质份数	个体数量	引种方式	来源地
BJ	种子	1	a	采集	待确定

十字崖爬藤 *Tetrastigma cruciatum* Craib & Gagnep.

迁地栽培保存

保存地点	种质份数	个体数量	引种方式	生长状况	来源地
YN	1	a	采集	C	云南

种质库保存

保存地点	保存方式	种质份数	个体数量	引种方式	来源地
BJ	种子	8	a	采集	云南

网脉崖爬藤 *Tetrastigma retinervium* Planch.

功效主治　根：用于习惯性流产。果实：避孕。

迁地栽培保存

保存地点	种质份数	个体数量	引种方式	生长状况	来源地
GX	*	f	采集	G	广西

尾叶崖爬藤 *Tetrastigma caudatum* Merr. & Chun

濒危等级　中国植物红色名录评估为无危（LC）。

迁地栽培保存

保存地点	种质份数	个体数量	引种方式	生长状况	来源地
GX	*	f	采集	G	广西

显孔崖爬藤 *Tetrastigma lenticellatum* C. Y. Wu ex W. T. Wang

功效主治　根（大五爪金龙）、茎（大五爪金龙）：辛，温。祛风，活血，消肿。用于风湿关节痛，口腔破溃，鼻塞流涕，跌打损伤，骨折。

濒危等级　中国特有植物，中国植物红色名录评估为易危（VU）。

种质库保存

保存地点	保存方式	种质份数	个体数量	引种方式	来源地
BJ	种子	7	b	采集	云南

崖爬藤 *Tetrastigma obtectum*（Wall. ex M. A. Lawson）Planch. ex Franch.

功效主治　全株：用于跌打损伤，风湿痛，痢疾。

濒危等级　中国植物红色名录评估为无危（LC）。

迁地栽培保存

保存地点	种质份数	个体数量	引种方式	生长状况	来源地
CQ	1	a	采集	C	重庆
YN	1	a	采集	C	云南

种质库保存

保存地点	保存方式	种质份数	个体数量	引种方式	来源地
BJ	种子	8	b	采集	云南

越南崖爬藤 *Tetrastigma tonkinense* Gagnep.

濒危等级　中国植物红色名录评估为无危（LC）。

迁地栽培保存

保存地点	种质份数	个体数量	引种方式	生长状况	来源地
GX	*	f	采集	G	广西

俞藤属 *Yua*

大果俞藤 *Yua austro-orientalis*（F. P. Metcalf）C. L. Li

濒危等级　中国特有植物，中国植物红色名录评估为无危（LC）。

迁地栽培保存

保存地点	种质份数	个体数量	引种方式	生长状况	来源地
SH	1	b	采集	A	待确定

俞藤 *Yua thomsonii* (M. A. Lawson) C. L. Li

功效主治 根：微甘、辛，平。清热解毒，祛风除湿。用于无名肿毒，风湿关节痛，带下病。茎：微甘、辛，平。清热解毒，祛风除湿。用于关节痛。

濒危等级 中国植物红色名录评估为无危（LC）。

迁地栽培保存

保存地点	种质份数	个体数量	引种方式	生长状况	来源地
GX	2	f	采集	G	广西

桤叶树科　Clethraceae

桤叶树属　*Clethra*

华南桤叶树 *Clethra fabri* Hance

濒危等级 中国植物红色名录评估为无危（LC）。

迁地栽培保存

保存地点	种质份数	个体数量	引种方式	生长状况	来源地
GX	*	f	采集	G	广西

髭脉桤叶树 *Clethra barbinervis* Siebold & Zucc.

功效主治 根（山柳）：清热解毒。用于疖毒痈肿。

濒危等级 中国植物红色名录评估为无危（LC）。

迁地栽培保存

保存地点	种质份数	个体数量	引种方式	生长状况	来源地
GX	*	f	采集	G	日本

漆树科　Anacardiaceae

槟榔青属　*Spondias*

槟榔青　*Spondias pinnata*（L. f.）Kurz

功效主治　茎皮：酸、涩，凉。用于心悸气促，子痫。

濒危等级　中国植物红色名录评估为无危（LC）。

迁地栽培保存

保存地点	种质份数	个体数量	引种方式	生长状况	来源地
HN	1	c	采集	C	海南
YN	1	a	采集	A	云南
GX	*	f	采集	G	广西

种质库保存

保存地点	保存方式	种质份数	个体数量	引种方式	来源地
BJ	种子	4	a	采集	云南

厚皮树属　*Lannea*

厚皮树　*Lannea coromandelica*（Houtt.）Merr.

功效主治　树皮（厚皮树皮）：淡、涩，凉。解毒。用于河豚中毒，木薯中毒，地菠萝中毒。

濒危等级　中国植物红色名录评估为无危（LC）。

迁地栽培保存

保存地点	种质份数	个体数量	引种方式	生长状况	来源地
HN	2	a	采集	C	海南

种质库保存

保存地点	保存方式	种质份数	个体数量	引种方式	来源地
BJ	种子	4	a	采集	重庆，待确定

黄连木属 *Pistacia*

黄连木 *Pistacia chinensis* Bunge

功效主治 叶芽（黄练芽）：苦、涩，寒。清热解毒，止渴。用于暑热口渴，霍乱，痢疾，咽喉痛，口舌糜烂，湿疮，漆疮初起。树皮（黄连木皮）：苦，寒。有小毒。清热解毒。用于痢疾，皮肤瘙痒，疮痒。

濒危等级 中国特有植物，江西省三级保护植物、河北省重点保护植物，中国植物红色名录评估为无危（LC）。

迁地栽培保存

保存地点	种质份数	个体数量	引种方式	生长状况	来源地
CQ	1	a	采集	C	重庆
FJ	1	a	购买	B	福建
JS1	1	a	采集	D	江苏
SH	1	a	采集	A	待确定
BJ	1	b	采集	G	安徽

种质库保存

保存地点	保存方式	种质份数	个体数量	引种方式	来源地
BJ	种子	10	b	采集	重庆、河北、河南、山西、四川、江西

清香木　*Pistacia weinmanniifolia* J. Poiss. ex Franch.

功效主治　茎、叶（柴油木）：酸，平。清热利湿，解毒消肿。用于痢疾，泄泻，外伤出血，疮疡湿疹。

迁地栽培保存

保存地点	种质份数	个体数量	引种方式	生长状况	来源地
GX	2	f	采集	G	福建、广西
GZ	1	b	采集	C	贵州
YN	1	a	采集	C	云南

种质库保存

保存地点	保存方式	种质份数	个体数量	引种方式	来源地
BJ	种子	8	a	采集	贵州、云南

黄栌属　*Cotinus*

粉背黄栌　*Cotinus coggygria* var. *glaucophylla* C. Y. Wu

濒危等级　中国特有植物，中国植物红色名录评估为无危（LC）。

迁地栽培保存

保存地点	种质份数	个体数量	引种方式	生长状况	来源地
GZ	1	a	采集	C	贵州

红叶　*Cotinus coggygria* var. *cinerea* Engl.

功效主治　根、木材（黄栌）：苦，凉。清热利湿，用于黄疸，麻疹不透，烦热。枝叶（黄栌枝叶）：苦，寒。清热利湿。用于黄疸，烫伤（皮肤未破），丹毒，漆疮。

濒危等级　中国植物红色名录评估为无危（LC）。

迁地栽培保存

保存地点	种质份数	个体数量	引种方式	生长状况	来源地
BJ	1	a	购买	G	北京
GX	*	f	采集	G	山东

黄栌 *Cotinus coggygria* Scop.

功效主治 根：祛风毒，活血散瘀。用于皮肤瘙痒，跌打损伤，骨折虚肿。

濒危等级 中国植物红色名录评估为无危（LC）。

迁地栽培保存

保存地点	种质份数	个体数量	引种方式	生长状况	来源地
BJ	1	b	采集	G	北京
CQ	1	a	采集	C	重庆
JS1	1	a	购买	C	江苏

毛黄栌 *Cotinus coggygria* var. *pubescens* Engl.

濒危等级 中国植物红色名录评估为无危（LC）。

迁地栽培保存

保存地点	种质份数	个体数量	引种方式	生长状况	来源地
GX	*	f	采集	G	湖北

九子母属 *Dobinea*

羊角天麻 *Dobinea delavayi* (Baill.) Baill.

功效主治 根茎（大九股牛）：微苦，凉。清热解毒，止痛止咳。用于肺热咳嗽，痄腮，乳痈，疔疮肿毒。

濒危等级 中国特有植物，中国植物红色名录评估为无危（LC）。

种质库保存

保存地点	保存方式	种质份数	个体数量	引种方式	来源地
BJ	种子	1	a	采集	待确定

杧果属 *Mangifera*

杧果 *Mangifera indica* L.

功效主治 果实（杧果）：甘、酸，凉。止咳，益胃，活血通经。用于咳嗽，晕船，呕吐，坏血病，闭经。

果核（杧果核）：酸、涩，平。行气，消滞。用于疝气，子痈，食滞。叶（杧果叶）：酸、甘，凉。清热止咳，健胃消滞。用于咳嗽，消化不良；外用于湿疹瘙痒。树皮：用于暑热，腹股沟肿痛。

迁地栽培保存

保存地点	种质份数	个体数量	引种方式	生长状况	来源地
FJ	3	a	购买	A	福建
BJ	1	a	采集	G	广西
CQ	1	a	购买	C	四川
HN	1	a	采集	C	海南
YN	1	a	采集	A	云南

南酸枣属 *Choerospondias*

毛脉南酸枣 *Choerospondias axillaris* var. *pubinervis*（Rehd. et Wils.）Burtt et Hill

濒危等级 中国特有植物，中国植物红色名录评估为易危（VU）。

种质库保存

保存地点	保存方式	种质份数	个体数量	引种方式	来源地
BJ	种子	6	a	采集	重庆

南酸枣 *Choerospondias axillaris*（Roxb.）B. L. Burtt & A. W. Hill

功效主治 树皮：杀蛔虫。

濒危等级 中国植物红色名录评估为无危（LC）。

迁地栽培保存

保存地点	种质份数	个体数量	引种方式	生长状况	来源地
BJ	2	a	采集	G	广西、湖北
GD	1	f	采集	G	待确定
GZ	1	a	采集	C	贵州
HN	1	c	赠送	C	海南

续表

保存地点	种质份数	个体数量	引种方式	生长状况	来源地
JS1	1	a	购买	C	江苏
SC	1	f	待确定	G	四川
SH	1	a	采集	A	待确定
CQ	1	a	采集	C	重庆

种质库保存

保存地点	保存方式	种质份数	个体数量	引种方式	来源地
BJ	种子	49	b	采集	四川、江西、云南、江苏、贵州、福建
HN	种子	2	a	采集	福建

漆属 *Toxicodendron*

黄毛漆 *Toxicodendron fulvum*（W. G. Craib）C. Y. Wu & T. L. Ming

濒危等级 中国植物红色名录评估为无危（LC）。

种质库保存

保存地点	保存方式	种质份数	个体数量	引种方式	来源地
BJ	种子	4	a	采集	云南

尖叶漆 *Toxicodendron acuminatum*（DC.）C. Y. Wu & T. L. Ming

功效主治 根、叶、果实、树脂：清热解毒，散瘀消肿，止血。

濒危等级 中国植物红色名录评估为无危（LC）。

迁地栽培保存

保存地点	种质份数	个体数量	引种方式	生长状况	来源地
YN	1	a	采集	C	云南

种质库保存

保存地点	保存方式	种质份数	个体数量	引种方式	来源地
BJ	种子	1	a	采集	待确定

木蜡树 *Toxicodendron sylvestre* (Siebold & Zucc.) Kuntze

功效主治　叶：用于蛔虫病，创伤出血，胼胝。根：用于气郁，胸肺受伤，咯血，吐血，腰痛。

濒危等级　中国植物红色名录评估为无危（LC）。

迁地栽培保存

保存地点	种质份数	个体数量	引种方式	生长状况	来源地
SH	1	a	采集	A	待确定
GX	*	f	采集	G	浙江

种质库保存

保存地点	保存方式	种质份数	个体数量	引种方式	来源地
BJ	种子	6	b	采集	江西

漆 *Toxicodendron vernicifluum* (Stokes) F. A. Barkley

功效主治　树脂加工后的干燥品（干漆）：辛，温。有毒。破瘀，消积杀虫。用于闭经，癥瘕，瘀血痛，虫积腹痛。生漆：有毒。用于水蛊，虫积。根（漆树根）：辛，温。有毒。用于跌打损伤。心材（漆树木心）：辛，温。微有小毒。行气，镇痛。用于心胃气痛。干皮或根皮（漆树皮）：辛，温。有小毒。接骨。用于骨折。叶（漆叶）：辛，温。有小毒。用于外伤出血，疮疡溃烂。种子（漆子）：有毒。用于便血，尿血。

迁地栽培保存

保存地点	种质份数	个体数量	引种方式	生长状况	来源地
HB	1	c	采集	C	湖北

种质库保存

保存地点	保存方式	种质份数	个体数量	引种方式	来源地
BJ	种子	25	b	采集	山西、福建、云南、广西

小漆树 *Toxicodendron delavayi* (Franch.) F. A. Barkley

功效主治 根（小漆树）、叶（小漆树）：苦、辛，温。祛风，除湿，消肿止痛。用于风湿痛。

濒危等级 中国特有植物，中国植物红色名录评估为无危（LC）。

迁地栽培保存

保存地点	种质份数	个体数量	引种方式	生长状况	来源地
GX	*	f	采集	G	湖北

种质库保存

保存地点	保存方式	种质份数	个体数量	引种方式	来源地
BJ	种子	8	b	采集	云南、河南、山西、安徽、四川

野漆 *Toxicodendron succedaneum* (L.) Kuntze

功效主治 根（野漆树）、叶（野漆树）、树皮（野漆树）、果实（野漆树）：苦、涩，平。有小毒。平喘解毒，散瘀消肿，止痛止血。用于哮喘，胁痛，胃痛，跌打损伤；外用于骨折，创伤出血。

濒危等级 中国植物红色名录评估为无危（LC）。

迁地栽培保存

保存地点	种质份数	个体数量	引种方式	生长状况	来源地
BJ	1	a	采集	G	北京
YN	1	a	采集	C	云南
HN	1	a	采集	C	待确定
GX	*	f	采集	G	广西

种质库保存

保存地点	保存方式	种质份数	个体数量	引种方式	来源地
BJ	种子	26	b	采集	甘肃、湖北、贵州、江西、海南、云南、四川
HN	种子	15	e	采集	海南、广东

人面子属　*Dracontomelon*

大果人面子　*Dracontomelon macrocarpum* H. L. Li

濒危等级　中国特有植物，中国植物红色名录评估为濒危（EN）。

迁地栽培保存

保存地点	种质份数	个体数量	引种方式	生长状况	来源地
GX	*	f	采集	G	云南

人面子　*Dracontomelon duperreanum* Pierre

功效主治　果实（人面果）：酸，凉。健脾消食，生津止渴。用于消化不良，食欲不振，热病口渴。叶：外用于烂疮，褥疮。

濒危等级　中国植物红色名录评估为无危（LC）。

迁地栽培保存

保存地点	种质份数	个体数量	引种方式	生长状况	来源地
GD	1	f	采集	G	待确定
HN	1	a	采集	C	海南
YN	1	a	购买	A	云南

种质库保存

保存地点	保存方式	种质份数	个体数量	引种方式	来源地
BJ	种子	1	a	采集	待确定

三叶漆属 *Terminthia*

三叶漆 *Terminthia paniculata*（Wall. ex G. Don）C. Y. Wu & T. L. Ming

功效主治 树皮：苦、涩，凉。解毒，收敛，舒筋活络。用于风湿关节痛，乳蛾，消化不良。

濒危等级 中国植物红色名录评估为无危（LC）。

种质库保存

保存地点	保存方式	种质份数	个体数量	引种方式	来源地
BJ	种子	1	a	采集	云南

山樣子属 *Buchanania*

豆腐果 *Buchanania latifolia* Roxb.

功效主治 果仁：作杏仁用。

濒危等级 中国植物红色名录评估为无危（LC）。

迁地栽培保存

保存地点	种质份数	个体数量	引种方式	生长状况	来源地
YN	1	a	购买	C	云南

藤漆属 *Pegia*

利黄藤 *Pegia sarmentosa*（Lecomte）Hand.-Mazz.

功效主治 茎（大飞天蜈蚣）、叶（大飞天蜈蚣）：酸，平。清热利湿，解毒消肿。用于毒蛇咬伤，黄疸，风湿痹痛；外用于疮疡溃烂，湿疹。

濒危等级 中国植物红色名录评估为无危（LC）。

迁地栽培保存

保存地点	种质份数	个体数量	引种方式	生长状况	来源地
GX	2	f	采集	G	广西

藤漆　*Pegia nitida* Colebr.

功效主治　全株：通经，驱虫，镇咳。

濒危等级　中国植物红色名录评估为无危（LC）。

种质库保存

保存地点	保存方式	种质份数	个体数量	引种方式	来源地
BJ	种子	4	b	采集	云南

盐麸木属　*Rhus*

安南漆　*Rhus succedanea* var. *dumoutieri* Kudo et Matsura

种质库保存

保存地点	保存方式	种质份数	个体数量	引种方式	来源地
BJ	种子	1	a	采集	待确定

滨盐麸木　*Rhus chinensis* var. *roxburghii* (DC). Rehd.

濒危等级　中国特有植物，中国植物红色名录评估为无危（LC）。

种质库保存

保存地点	保存方式	种质份数	个体数量	引种方式	来源地
BJ	种子	4	a	采集	云南、广西

红麸杨　*Rhus punjabensis* var. *sinica* (Diels) Rehd. et Wils.

功效主治　树叶上五倍子蚜的虫瘿（五倍子）：酸、涩，寒。敛肺降火，涩肠止泻，敛汗，止血，收湿敛疮。用于肺虚久咳，肺热咳嗽，久泻久痢，自汗盗汗，消渴，便血痔血，外伤出血，痈肿疮毒，皮肤湿烂。根（红麸杨根）：涩肠。用于痢疾，腹泻。

濒危等级　中国特有植物，中国植物红色名录评估为无危（LC）。

迁地栽培保存

保存地点	种质份数	个体数量	引种方式	生长状况	来源地
SC	1	f	待确定	G	四川
CQ	1	a	采集	C	重庆
HB	1	a	采集	C	湖北
GX	*	f	采集	G	湖南

种质库保存

保存地点	保存方式	种质份数	个体数量	引种方式	来源地
BJ	种子	*	b	采集	安徽、河北、山西、贵州、内蒙古、吉林、重庆、宁夏、青海

火炬树　*Rhus typhina* Linn.

功效主治　树皮、根皮：止血。用于外伤出血。

迁地栽培保存

保存地点	种质份数	个体数量	引种方式	生长状况	来源地
BJ	1	c	采集	G	北京

种质库保存

保存地点	保存方式	种质份数	个体数量	引种方式	来源地
BJ	种子	6	a	采集	甘肃、四川、吉林

青麸杨　*Rhus potaninii* Maxim.

功效主治　树叶上五倍子蚜的虫瘿（五倍子）：功效同红麸杨。根（青麸杨根）：辛，热。祛风解毒。用于小儿缩阴症，瘰疬。

濒危等级　中国特有植物，中国植物红色名录评估为无危（LC）。

种质库保存

保存地点	保存方式	种质份数	个体数量	引种方式	来源地
BJ	种子	4	b	采集	山西

盐麸木 *Rhus chinensis* Mill.

功效主治 根：酸、咸，寒。清热解毒，散瘀止血。用于感冒发热，咳嗽，咯血，泄泻，痢疾，痔疮出血。

叶：酸、咸，寒。清热解毒，散瘀止血。外用于跌打损伤，毒蛇咬伤，漆疮。

濒危等级 中国植物红色名录评估为无危（LC）。

迁地栽培保存

保存地点	种质份数	个体数量	引种方式	生长状况	来源地
BJ	3	a	采集	G	广西、陕西、辽宁
SC	1	f	待确定	G	四川
YN	1	a	采集	C	云南
SH	1	a	采集	A	待确定
HN	1	a	采集	C	海南
HB	1	a	采集	C	湖北
GZ	1	b	采集	C	贵州
JS1	1	b	采集	B	江苏
CQ	1	a	采集	C	重庆
FJ	1	a	采集	A	福建

种质库保存

保存地点	保存方式	种质份数	个体数量	引种方式	来源地
BJ	种子	57	d	采集	江苏、陕西、云南、重庆、海南、四川、江西、贵州、湖北、山西、安徽、福建
HN	种子	1	a	采集	湖南

腰果属 *Anacardium*

腰果 *Anacardium occidentale* L.

功效主治 树皮（鸡腰果皮）：淡，平。有毒。截疟，杀虫。用于疟疾。果壳（腰果壳）：用于癣疾。

迁地栽培保存

保存地点	种质份数	个体数量	引种方式	生长状况	来源地
HN	2	a	采集	C	海南

千屈菜科 Lythraceae

八宝树属 *Duabanga*

八宝树 *Duabanga grandiflora*（Roxb. ex DC.）Walp.

濒危等级 中国植物红色名录评估为无危（LC）。

迁地栽培保存

保存地点	种质份数	个体数量	引种方式	生长状况	来源地
HN	1	a	采集	C	海南
YN	1	a	采集	A	云南
GX	*	f	采集	G	广西

种质库保存

保存地点	保存方式	种质份数	个体数量	引种方式	来源地
BJ	种子	8	a	采集	云南

海桑属 *Sonneratia*

杯萼海桑 *Sonneratia alba* Sm.

功效主治 发酵后的果汁：用于中风。

濒危等级　中国植物红色名录评估为易危（VU）。

迁地栽培保存

保存地点	种质份数	个体数量	引种方式	生长状况	来源地
HN	2	a	采集	C	海南

海桑　*Sonneratia caseolaris*（L.）Engl.

功效主治　果实：用于扭伤。

濒危等级　中国植物红色名录评估为近危（NT）。

迁地栽培保存

保存地点	种质份数	个体数量	引种方式	生长状况	来源地
HN	1	a	采集	C	海南

萼距花属　*Cuphea*

萼距花　*Cuphea hookeriana* Walp.

迁地栽培保存

保存地点	种质份数	个体数量	引种方式	生长状况	来源地
YN	1	e	采集	A	云南
CQ	1	b	购买	C	重庆
GX	*	f	采集	G	海南

火红萼距花　*Cuphea platycentra* Lem.

迁地栽培保存

保存地点	种质份数	个体数量	引种方式	生长状况	来源地
GX	*	f	采集	G	广西

披针叶萼距花 *Cuphea lanceolata* W. T. Aiton

功效主治　叶：促进分娩。

迁地栽培保存

保存地点	种质份数	个体数量	引种方式	生长状况	来源地
BJ	1	d	采集	G	待确定

细叶萼距花 *Cuphea hyssopifolia* Kunth

功效主治　叶：在中美洲用于毒蛇咬伤。

迁地栽培保存

保存地点	种质份数	个体数量	引种方式	生长状况	来源地
CQ	1	a	购买	F	重庆

香膏萼距花 *Cuphea balsamona* Cham. & Schltdl.

功效主治　花的提取物：用于肺痿。

种质库保存

保存地点	保存方式	种质份数	个体数量	引种方式	来源地
BJ	种子	1	a	采集	江西

小瓣萼距花 *Cuphea micropetala* Kunth

迁地栽培保存

保存地点	种质份数	个体数量	引种方式	生长状况	来源地
HN	2	a	采集	C	海南

节节菜属 *Rotala*

圆叶节节菜 *Rotala rotundifolia* (Buch.-Ham. ex Roxb.) Koehne

功效主治　全草：甘、淡，凉。清热解毒，健脾利湿，消肿。用于肺热咳嗽，痢疾，黄疸，小便淋痛；外用于痈疖肿毒。

濒危等级　中国植物红色名录评估为无危（LC）。

迁地栽培保存

保存地点	种质份数	个体数量	引种方式	生长状况	来源地
HN	2	a	赠送	C	海南
CQ	1	a	采集	F	重庆
GD	1	f	采集	G	待确定
GZ	1	c	采集	C	贵州
GX	*	f	采集	G	广西

菱属 *Trapa*

欧菱 *Trapa natans* L.

功效主治　果实、叶柄：甘、涩，平。健胃止痢。用于胃溃疡，痢疾，噎膈，乳石痈，胞门积结。果柄：外用于皮肤多发性疣赘。烧成灰的果壳：外用于黄水疮，痔疮。

迁地栽培保存

保存地点	种质份数	个体数量	引种方式	生长状况	来源地
ZJ	1	e	购买	A	浙江

细果野菱 *Trapa maximowiczii* Korsh.

功效主治　果实：甘、涩，平。健胃止痢。用于胃痛，乳房结块，便血。

濒危等级　国家重点保护野生植物名录（第一批）二级，中国植物红色名录评估为数据缺乏（DD）。

迁地栽培保存

保存地点	种质份数	个体数量	引种方式	生长状况	来源地
ZJ	1	e	购买	A	江西

千屈菜属 *Lythrum*

多枝千屈菜 *Lythrum virgatum* Linn.

功效主治 全草：清热，止血，止泻。用于高热，血崩，痢疾，腹泻。

濒危等级 中国植物红色名录评估为无危（LC）。

迁地栽培保存

保存地点	种质份数	个体数量	引种方式	生长状况	来源地
GX	*	f	采集	G	法国

千屈菜 *Lythrum salicaria* L.

功效主治 地上部分（千屈菜）：苦，寒。清热解毒，凉血止血。用于肠痈，便血，血崩，高热，月经不调，腹泻，外伤出血。

濒危等级 中国植物红色名录评估为无危（LC）。

迁地栽培保存

保存地点	种质份数	个体数量	引种方式	生长状况	来源地
BJ	2	d	采集、赠送	G	德国，中国北京
JS1	1	b	购买	C	江苏
SH	1	b	采集	A	待确定
JS2	1	d	购买	C	江苏
HEN	1	a	采集	A	河南
GZ	1	b	采集	C	贵州
HN	1	a	赠送	C	广西
GX	*	f	采集	G	法国、荷兰

种质库保存

保存地点	保存方式	种质份数	个体数量	引种方式	来源地
BJ	种子	6	b	采集	内蒙古、山西、上海、重庆

散沫花属　*Lawsonia*

散沫花　*Lawsonia inermis* L.

功效主治　叶：苦，凉。清热解毒。用于外伤出血，疮疡。树皮：用于黄疸，癫狂病。

迁地栽培保存

保存地点	种质份数	个体数量	引种方式	生长状况	来源地
HN	1	a	采集	C	海南

种质库保存

保存地点	保存方式	种质份数	个体数量	引种方式	来源地
HN	种子	1	b	采集	海南
BJ	种子	7	b	采集	云南、福建、山西

水苋菜属　*Ammannia*

长叶水苋菜　*Ammannia coccinea* Rottboll

濒危等级　中国植物红色名录评估为无危（LC）。

迁地栽培保存

保存地点	种质份数	个体数量	引种方式	生长状况	来源地
GX	*	f	采集	G	山东

多花水苋菜 *Ammannia multiflora* Roxb.

濒危等级 中国植物红色名录评估为无危（LC）。

迁地栽培保存

保存地点	种质份数	个体数量	引种方式	生长状况	来源地
GX	*	f	采集	G	山东

种质库保存

保存地点	保存方式	种质份数	个体数量	引种方式	来源地
BJ	种子	1	a	采集	湖北

水苋菜 *Ammannia baccifera* L.

功效主治 全草（水苋菜）：苦、涩，凉。消瘀止血，接骨。用于内伤吐血，劳伤痛，外伤出血，跌打损伤，骨折，毒蛇咬伤。

濒危等级 中国植物红色名录评估为无危（LC）。

迁地栽培保存

保存地点	种质份数	个体数量	引种方式	生长状况	来源地
HN	2	a	赠送	C	海南
BJ	1	c	采集	G	北京

水芫花属 *Pemphis*

水芫花 *Pemphis acidula* J. R. Forst.

濒危等级 海南省重点保护植物，中国植物红色名录评估为无危（LC）。

种质库保存

保存地点	保存方式	种质份数	个体数量	引种方式	来源地
HN	种子	1	b	采集	海南

虾子花属　*Woodfordia*

虾子花　*Woodfordia fruticosa*（L.）Kurz

功效主治　花：调经活血，通经活络，止血，凉血，收敛。用于痢疾，月经不调，痔疮，血崩，鼻衄，咯血，风湿关节炎，腰肌劳损。在印度用于痢疾，肝毒，烫伤，痔疮。根：调经活血，通经活络，止血，凉血，收敛。用于痢疾，月经不调，痔疮，血崩，鼻衄，咯血，风湿关节炎，腰肌劳损；外用于风湿病。叶：用于哮喘，咳嗽。果实：滋补。

濒危等级　中国植物红色名录评估为无危（LC）。

迁地栽培保存

保存地点	种质份数	个体数量	引种方式	生长状况	来源地
YN	1	a	采集	C	云南
GX	*	f	采集	G	广东

种质库保存

保存地点	保存方式	种质份数	个体数量	引种方式	来源地
BJ	种子	4	b	采集	云南

紫薇属　*Lagerstroemia*

川黔紫薇　*Lagerstroemia excelsa*（Dode）Chun ex S. Lee & L. F. Lau

濒危等级　中国特有植物，中国植物红色名录评估为无危（LC）。

迁地栽培保存

保存地点	种质份数	个体数量	引种方式	生长状况	来源地
HB	1	a	采集	C	待确定

种质库保存

保存地点	保存方式	种质份数	个体数量	引种方式	来源地
BJ	种子	1	a	采集	待确定

大花紫薇 *Lagerstroemia speciosa* (L.) Pers.

功效主治 根：收敛。用于痈疮肿毒。树皮、叶：泻下。种子：麻醉。

迁地栽培保存

保存地点	种质份数	个体数量	引种方式	生长状况	来源地
HN	2	a	购买	C	海南
YN	1	a	购买	C	云南

种质库保存

保存地点	保存方式	种质份数	个体数量	引种方式	来源地
BJ	种子	4	b	采集	待确定

福建紫薇 *Lagerstroemia limii* Merr.

濒危等级 中国特有植物，中国植物红色名录评估为近危（NT）。

迁地栽培保存

保存地点	种质份数	个体数量	引种方式	生长状况	来源地
HB	1	a	采集	C	待确定
GX	*	f	采集	G	四川

桂林紫薇 *Lagerstroemia guilinensis* S. Lee et L. Lau

濒危等级 中国特有植物，中国植物红色名录评估为濒危（EN）。

迁地栽培保存

保存地点	种质份数	个体数量	引种方式	生长状况	来源地
GX	*	f	采集	G	湖北

毛紫薇 *Lagerstroemia villosa* Wall. ex Kurz

濒危等级 中国植物红色名录评估为易危（VU）。

迁地栽培保存

保存地点	种质份数	个体数量	引种方式	生长状况	来源地
YN	1	b	购买	C	云南

南紫薇 *Lagerstroemia subcostata* Koehne

功效主治　花（拘那花）、根（拘那花）：淡、微苦，凉。败毒消瘀。用于疟疾，鹤膝风。

濒危等级　中国植物红色名录评估为无危（LC）。

迁地栽培保存

保存地点	种质份数	个体数量	引种方式	生长状况	来源地
ZJ	1	d	购买	A	浙江
HB	1	a	采集	C	待确定
CQ	1	a	采集	C	重庆
GX	*	f	采集	G	重庆

种质库保存

保存地点	保存方式	种质份数	个体数量	引种方式	来源地
BJ	种子	3	b	采集	江西

绒毛紫薇 *Lagerstroemia tomentosa* C. Presl

功效主治　叶：用于疮疖肿毒，顽癣，疥疮。

濒危等级　中国植物红色名录评估为无危（LC）。

迁地栽培保存

保存地点	种质份数	个体数量	引种方式	生长状况	来源地
HN	2	a	购买	C	待确定

种质库保存

保存地点	保存方式	种质份数	个体数量	引种方式	来源地
BJ	种子	1	a	采集	湖北

尾叶紫薇 *Lagerstroemia caudata* Chun et How ex S. Lee et L. Lau

濒危等级 中国特有植物，中国植物红色名录评估为近危（NT）。

种质库保存

保存地点	保存方式	种质份数	个体数量	引种方式	来源地
BJ	种子	1	a	采集	江西

西双紫薇 *Lagerstroemia venusta* Wall. ex C. B. Clarke

濒危等级 中国植物红色名录评估为无危（LC）。

种质库保存

保存地点	保存方式	种质份数	个体数量	引种方式	来源地
BJ	种子	3	b	采集	待确定

紫薇 *Lagerstroemia indica* L.

功效主治 根（紫薇根）、树皮：微苦、涩，平。活血止血，解毒消肿。用于各种出血，骨折，乳痈，湿疹，胁痛，臌胀。茎：苦，平。祛风利湿，凉血散瘀。用于风湿痹痛，湿热腹泻，咽喉肿痛，风疹，暴聋，身痒，跌打损伤。叶（紫薇叶）：苦、微涩，寒。清热解毒，止血。用于痢疾，黄疸；外用于湿疹，痈疮肿毒。花（紫薇花）：微酸，寒。活血止血，清热。用于胎动不安，月经不调，痢疾，偏头痛，跌打损伤，痈疮肿毒。

迁地栽培保存

保存地点	种质份数	个体数量	引种方式	生长状况	来源地
SH	3	a	采集	A	待确定
BJ	3	b	购买、赠送	G	中国北京，德国
HB	1	a	采集	C	湖北
YN	1	a	购买	D	云南
SC	1	f	待确定	G	四川
JS2	1	d	购买	C	江苏
GZ	1	b	采集	C	贵州

保存地点	种质份数	个体数量	引种方式	生长状况	来源地
GD	1	a	采集	D	待确定
CQ	1	a	购买	C	重庆
HN	1	a	购买	C	海南
JS1	1	b	购买	C	江苏
GX	*	f	采集	G	福建

种质库保存

保存地点	保存方式	种质份数	个体数量	引种方式	来源地
BJ	种子	61	c	采集	云南、江西、安徽、江苏、湖北、上海、广西
HN	种子	1	b	采集	湖北

石榴属　*Punica*

白石榴　*Punica granatum* 'Albescens' DC.

功效主治　根（白石榴）：苦、涩，微温，祛风湿，杀虫。用于风湿痹痛，蛔虫病，绦虫病，姜片虫病。花（白石榴花）：酸、甘，平。止血，涩肠。用于咯血，吐血，衄血，便血，久痢。

迁地栽培保存

保存地点	种质份数	个体数量	引种方式	生长状况	来源地
GX	*	f	采集	G	广西

石榴　*Punica granatum* L.

功效主治　果皮（石榴皮）：酸、涩，温。涩肠止泻，止血，驱虫。用于痢疾，泄泻，便血，脱肛，崩漏，带下病，蛔虫病，绦虫病；外用于牛皮癣。根（石榴根）：苦、涩，温。杀虫，涩肠，止泻。用于蛔虫病，绦虫病，久泻久痢，带下病。叶（石榴叶）：用于跌打损伤，痘风疮，风癞。花（石榴花）：酸、涩，平。止血。用于鼻衄，吐血，创伤出血，月经不调，崩漏，带下病。味酸的肉质外种皮（酸石榴）：酸，温。收敛止泻。用于泻下，遗精，崩漏，带下病。味甜的肉质外种皮（甜石榴）：甘、酸、涩，温。生津，止渴，杀虫。用于咽燥口渴，虫积，久泻。

迁地栽培保存

保存地点	种质份数	个体数量	引种方式	生长状况	来源地
SH	2	b	采集	A	待确定
CQ	2	a	购买	C	重庆
BJ	2	b	购买	G	北京
GD	1	b	采集	D	待确定
YN	1	a	采集	C	云南
SC	1	f	待确定	G	四川
JS1	1	a	购买	C	江苏
HN	1	a	赠送	C	北京
HLJ	1	a	购买	C	黑龙江
ZJ	1	c	购买	B	江苏
GZ	1	b	采集	C	贵州
HB	1	a	采集	C	湖北

种质库保存

保存地点	保存方式	种质份数	个体数量	引种方式	来源地
BJ	种子	51	e	采集	重庆、江西、福建、辽宁、吉林、河北、江苏、湖北、甘肃

重瓣红石榴　*Punica granatum* ' Pleniflora' Hayne

迁地栽培保存

保存地点	种质份数	个体数量	引种方式	生长状况	来源地
GX	*	f	采集	G	广西

荨麻科　Urticaceae

艾麻属　*Laportea*

艾麻　*Laportea cuspidata*（Wedd.）Friis

功效主治　全草：祛风除湿，镇痛。

濒危等级　中国植物红色名录评估为无危（LC）。

迁地栽培保存

保存地点	种质份数	个体数量	引种方式	生长状况	来源地
BJ	1	b	采集	G	北京

种质库保存

保存地点	保存方式	种质份数	个体数量	引种方式	来源地
BJ	种子	3	a	采集	四川

珠芽艾麻　*Laportea bulbifera*（Sieb. & Zucc.）Wedd.

功效主治　块根：辛，温。祛风除湿，调经。用于风湿关节痛，皮肤瘙痒，月经不调。全草：用于疳积。

濒危等级　中国植物红色名录评估为无危（LC）。

迁地栽培保存

保存地点	种质份数	个体数量	引种方式	生长状况	来源地
CQ	1	a	采集	F	重庆
GX	*	f	采集	G	广西

赤车属　*Pellionia*

赤车　*Pellionia radicans*（Sieb. & Zucc.）Wedd.

功效主治　全草：辛、甘，温。祛瘀消肿，解毒止痛。用于挫伤血肿，毒蛇咬伤，牙痛，疖。

濒危等级 中国植物红色名录评估为无危（LC）。

迁地栽培保存

保存地点	种质份数	个体数量	引种方式	生长状况	来源地
SC	4	f	待确定	G	四川
CQ	1	a	采集	C	重庆
GD	1	a	采集	D	待确定
GX	*	f	采集	G	广西

短角赤车 *Pellionia brachyceras* W. T. Wang

濒危等级 中国特有植物，中国植物红色名录评估为数据缺乏（DD）。

迁地栽培保存

保存地点	种质份数	个体数量	引种方式	生长状况	来源地
GX	*	f	采集	G	广西

华南赤车 *Pellionia grijsii* Hance

濒危等级 中国特有植物，中国植物红色名录评估为无危（LC）。

迁地栽培保存

保存地点	种质份数	个体数量	引种方式	生长状况	来源地
GX	*	f	采集	G	广西

蔓赤车 *Pellionia scabra* Benth.

功效主治 全草：甘、淡，凉。清热解毒，活血散瘀。用于眼热红肿，疟腮，扭挫伤，牙痛，蛇串疮，闭经，毒蛇咬伤。

濒危等级 中国植物红色名录评估为无危（LC）。

迁地栽培保存

保存地点	种质份数	个体数量	引种方式	生长状况	来源地
GD	1	f	采集	G	待确定
GX	*	f	采集	G	广东

吐烟花　*Pellionia repens*（Lour.）Merr.

功效主治　全草：甘、微涩，凉。清热利湿。用于胁痛，肾虚；外用于疥癣，下肢溃疡及疖肿。

濒危等级　中国植物红色名录评估为无危（LC）。

迁地栽培保存

保存地点	种质份数	个体数量	引种方式	生长状况	来源地
HN	1	b	采集	C	海南
YN	1	a	采集	C	云南

花点草属　*Nanocnide*

毛花点草　*Nanocnide lobata* Wedd.

功效主治　全草：苦、辛，凉。清热解毒，活血祛瘀。用于烫火伤，跌打损伤，肺痨咳嗽，疮毒。

迁地栽培保存

保存地点	种质份数	个体数量	引种方式	生长状况	来源地
CQ	1	a	采集	C	重庆
ZJ	1	e	采集	A	浙江

火麻树属　*Dendrocnide*

火麻树　*Dendrocnide urentissima*（Gagnep.）Chew

功效主治　树皮：有毒。驱蛔虫。用于蛔虫病。

濒危等级　广西壮族自治区重点保护植物，中国植物红色名录评估为无危（LC）。

迁地栽培保存

保存地点	种质份数	个体数量	引种方式	生长状况	来源地
GX	*	f	采集	G	广西

全缘火麻树 *Dendrocnide sinuata*（Bl.）Chew

功效主治 全株：用于跌打骨折。

濒危等级 中国植物红色名录评估为无危（LC）。

迁地栽培保存

保存地点	种质份数	个体数量	引种方式	生长状况	来源地
GX	*	f	采集	G	广西

冷水花属 *Pilea*

波缘冷水花 *Pilea cavaleriei* Lévl.

功效主治 全草：甘、淡，凉。清热解毒，润肺止咳，消肿。用于跌打损伤，烫火伤，肺痨，哮喘，疔肿。

迁地栽培保存

保存地点	种质份数	个体数量	引种方式	生长状况	来源地
HB	1	b	采集	C	湖北
GX	*	f	采集	G	广西

长序冷水花 *Pilea melastomoides*（Poir.）Wedd.

功效主治 全草：清热解毒，利水，消肿止痛。用于淋证，咽喉痛；外用于丹毒，无名肿毒，跌打损伤，骨折，烫火伤。

濒危等级 中国植物红色名录评估为无危（LC）。

迁地栽培保存

保存地点	种质份数	个体数量	引种方式	生长状况	来源地
GX	*	f	采集	G	广西

种质库保存

保存地点	保存方式	种质份数	个体数量	引种方式	来源地
BJ	种子	4	a	采集	重庆、云南

粗齿冷水花　*Pilea sinofasciata* C. J. Chen

濒危等级　中国植物红色名录评估为无危（LC）。

迁地栽培保存

保存地点	种质份数	个体数量	引种方式	生长状况	来源地
CQ	1	a	采集	C	重庆
BJ	*	b	采集	G	待确定

大叶冷水花　*Pilea martinii* (Lévl.) Hand.-Mazz.

功效主治　全草：清热解毒，消肿止痛，利尿。用于扭伤，骨折。

濒危等级　中国植物红色名录评估为无危（LC）。

迁地栽培保存

保存地点	种质份数	个体数量	引种方式	生长状况	来源地
BJ	1	b	采集	G	广西
YN	1	d	采集	A	云南
GX	*	f	采集	G	湖北

点乳冷水花　*Pilea glaberrima* (Bl.) Bl.

功效主治　全草：用于跌打损伤。

濒危等级　中国植物红色名录评估为无危（LC）。

迁地栽培保存

保存地点	种质份数	个体数量	引种方式	生长状况	来源地
GX	*	f	采集	G	广西

盾叶冷水花　*Pilea peltata* Hance

功效主治　全草：用于跌打骨折，刀伤出血。

濒危等级　中国特有植物，中国植物红色名录评估为无危（LC）。

迁地栽培保存

保存地点	种质份数	个体数量	引种方式	生长状况	来源地
GX	*	f	采集	G	中国

钝齿冷水花　*Pilea penninervis* C. J. Chen

濒危等级　中国植物红色名录评估为濒危（EN）。

迁地栽培保存

保存地点	种质份数	个体数量	引种方式	生长状况	来源地
GX	*	f	采集	G	广西

花叶冷水花　*Pilea cadierei* Gagnep.

功效主治　全草：淡，凉。清热解毒，利尿。用于疮疖肿毒。

濒危等级　中国植物红色名录评估为无危（LC）。

迁地栽培保存

保存地点	种质份数	个体数量	引种方式	生长状况	来源地
BJ	1	b	采集	G	待确定
HN	1	a	采集	B	海南
SH	1	b	采集	A	待确定
GZ	1	b	赠送	C	广西
GD	1	f	采集	G	待确定
CQ	1	a	购买	C	重庆

基心叶冷水花　*Pilea basicordata* W. T. Wang

功效主治　全草：清热解毒，散瘀消肿。用于烫火伤，跌打肿痛，骨折，疮疖。

濒危等级　中国特有植物，中国植物红色名录评估为数据缺乏（DD）。

迁地栽培保存

保存地点	种质份数	个体数量	引种方式	生长状况	来源地
GX	*	f	采集	G	广西

冷水花 *Pilea notata* C. H. Wright

功效主治　全草：淡，凉。清热利湿，破瘀消肿。用于湿热黄疸，肺痨，跌打损伤，外伤感染。

迁地栽培保存

保存地点	种质份数	个体数量	引种方式	生长状况	来源地
HN	1	b	采集	B	广西
JS1	1	c	采集	C	江苏
CQ	1	b	采集	C	重庆

种质库保存

保存地点	保存方式	种质份数	个体数量	引种方式	来源地
BJ	种子	4	a	采集	山西

瘤果冷水花 *Pilea dolichocarpa* C. J. Chen

濒危等级　中国植物红色名录评估为无危（LC）。

迁地栽培保存

保存地点	种质份数	个体数量	引种方式	生长状况	来源地
GX	*	f	采集	G	广西

隆脉冷水花 *Pilea lomatogramma* Hand.-Mazz.

功效主治　全草：用于烫火伤，凉寒腹痛。

濒危等级　中国特有植物，中国植物红色名录评估为无危（LC）。

迁地栽培保存

保存地点	种质份数	个体数量	引种方式	生长状况	来源地
GX	*	f	采集	G	湖北

念珠冷水花 *Pilea monilifera* Hand.-Mazz.

功效主治　全草：清热解毒，利湿。

濒危等级　中国特有植物，中国植物红色名录评估为无危（LC）。

迁地栽培保存

保存地点	种质份数	个体数量	引种方式	生长状况	来源地
GX	*	f	采集	G	湖北

泡叶冷水花 *Pilea nummulariifolia*（Sw.）Wedd.

迁地栽培保存

保存地点	种质份数	个体数量	引种方式	生长状况	来源地
BJ	*	b	采集	G	待确定

山冷水花 *Pilea japonica*（Maxim.）Hand.-Mazz.

功效主治　全草：甘，凉。清热解毒，渗湿利尿，调经。用于乳蛾，小便淋痛，宫颈糜烂，带下病。

濒危等级　中国植物红色名录评估为无危（LC）。

种质库保存

保存地点	保存方式	种质份数	个体数量	引种方式	来源地
HN	种子	1	b	采集	湖南

湿生冷水花 *Pilea aquarum* Dunn

功效主治　全草：清热解毒，止痛。

濒危等级　中国植物红色名录评估为无危（LC）。

迁地栽培保存

保存地点	种质份数	个体数量	引种方式	生长状况	来源地
CQ	1	a	采集	C	重庆

石筋草　*Pilea plataniflora* C. H. Wright

功效主治　全草（石筋草）：辛、酸，温。舒筋活络，消肿止痛，解毒。用于风寒湿痹，筋骨疼痛，手足麻木，水肿。

濒危等级　中国植物红色名录评估为无危（LC）。

迁地栽培保存

保存地点	种质份数	个体数量	引种方式	生长状况	来源地
GX	2	f	采集	G	广西
YN	1	a	采集	C	云南
CQ	1	a	采集	C	重庆

透茎冷水花　*Pilea pumila* (L.) A. Gray

功效主治　全草：甘，寒。清热利尿，消肿解毒，安胎。用于消渴，胎动不安，先兆流产，水肿，小便淋痛，阴挺，带下病。叶：止血。

迁地栽培保存

保存地点	种质份数	个体数量	引种方式	生长状况	来源地
BJ	1	b	采集	G	广西

五萼冷水花　*Pilea boniana* Gagnep.

濒危等级　中国植物红色名录评估为无危（LC）。

迁地栽培保存

保存地点	种质份数	个体数量	引种方式	生长状况	来源地
GX	*	f	采集	G	广西

小叶冷水花 *Pilea microphylla*（L.）Liebm.

功效主治 全草：淡、涩，凉。清热解毒。用于痈疮肿毒，无名肿毒；外用于烫火伤。

濒危等级 中国植物红色名录评估为无危（LC）。

迁地栽培保存

保存地点	种质份数	个体数量	引种方式	生长状况	来源地
CQ	1	a	采集	C	重庆
GD	1	f	采集	G	待确定
HN	1	a	采集	B	待确定
YN	1	d	采集	A	云南

种质库保存

保存地点	保存方式	种质份数	个体数量	引种方式	来源地
BJ	种子	1	a	采集	江西

楼梯草属 *Elatostema*

粗齿楼梯草 *Elatostema grandidentatum* W. T. Wang

濒危等级 中国植物红色名录评估为无危（LC）。

迁地栽培保存

保存地点	种质份数	个体数量	引种方式	生长状况	来源地
CQ	1	a	采集	C	重庆

楼梯草 *Elatostema involucratum* Franch. & Sav.

功效主治 全草（赤车使者）：微苦，平。清热利湿，活血消肿。用于痢疾，风湿痛，黄疸，水肿，无名肿毒，骨折。根（赤车使者根）：辛、苦，温。用于风寒。

濒危等级 中国植物红色名录评估为无危（LC）。

迁地栽培保存

保存地点	种质份数	个体数量	引种方式	生长状况	来源地
HB	1	a	采集	C	待确定
CQ	1	b	采集	B	重庆
GX	*	f	采集	G	云南

庐山楼梯草　*Elatostema stewardii* Merr.

功效主治　根：用于骨折。茎叶：用于咳嗽。全草：淡，温。活血祛瘀，消肿解毒，止咳。用于挫伤，扭伤，骨折，疟腮，肺痨，发热咳嗽。

濒危等级　中国特有植物，中国植物红色名录评估为无危（LC）。

迁地栽培保存

保存地点	种质份数	个体数量	引种方式	生长状况	来源地
GX	*	f	采集	G	浙江

深绿楼梯草　*Elatostema atroviride* W. T. Wang

迁地栽培保存

保存地点	种质份数	个体数量	引种方式	生长状况	来源地
GX	*	f	采集	G	广西

疏毛楼梯草　*Elatostema albopilosum* W. T. Wang

濒危等级　中国特有植物，中国植物红色名录评估为无危（LC）。

迁地栽培保存

保存地点	种质份数	个体数量	引种方式	生长状况	来源地
GX	*	f	采集	G	广西

托叶楼梯草　*Elatostema nasutum* Hook. f.

功效主治　全草：清热解毒，接骨。用于附骨疽。

濒危等级 中国植物红色名录评估为无危（LC）。

迁地栽培保存

保存地点	种质份数	个体数量	引种方式	生长状况	来源地
GX	*	f	采集	G	广西

狭叶楼梯草 *Elatostema lineolatum* Wight

功效主治 全草：清热，接骨。

濒危等级 中国植物红色名录评估为无危（LC）。

迁地栽培保存

保存地点	种质份数	个体数量	引种方式	生长状况	来源地
GX	*	f	采集	G	广东

显脉楼梯草 *Elatostema longistipulum* Hand.-Mazz.

迁地栽培保存

保存地点	种质份数	个体数量	引种方式	生长状况	来源地
GX	*	f	采集	G	中国

星序楼梯草 *Elatostema asterocephalum* W. T. Wang

濒危等级 中国特有植物，中国植物红色名录评估为无危（LC）。

迁地栽培保存

保存地点	种质份数	个体数量	引种方式	生长状况	来源地
CQ	1	a	采集	F	重庆

宜昌楼梯草 *Elatostema ichangense* H. Schroter

濒危等级 中国特有植物，中国植物红色名录评估为无危（LC）。

迁地栽培保存

保存地点	种质份数	个体数量	引种方式	生长状况	来源地
GX	*	f	采集	G	广西

疣果楼梯草 *Elatostema trichocarpum* Hand.-Mazz.

功效主治 全草：清热解毒，祛瘀止痛。

濒危等级 中国特有植物，中国植物红色名录评估为无危（LC）。

迁地栽培保存

保存地点	种质份数	个体数量	引种方式	生长状况	来源地
GX	*	f	采集	G	湖北

糯米团属 *Gonostegia*

糯米团 *Gonostegia hirta* (Bl.) Miq.

功效主治 全草（糯米团）：淡、微苦，凉。清热解毒，健脾止血。用于消化不良，食积胃痛，带下病。

迁地栽培保存

保存地点	种质份数	个体数量	引种方式	生长状况	来源地
BJ	3	b	采集	G	四川、浙江、湖北
HN	1	a	采集	C	海南
HB	1	c	采集	C	湖北
YN	1	d	采集	A	云南
JS1	1	d	采集	C	江苏
GZ	1	b	采集	C	贵州
CQ	1	a	采集	C	重庆
SH	1	b	采集	A	待确定

荨麻属 *Urtica*

宽叶荨麻 *Urtica laetevirens* Maxim.

功效主治 全草：苦、辛，温。有小毒。祛风定惊，消积通便。用于风湿关节痛，小儿惊风，大便不通，痿病，肝阳上亢，消化不良；外用于瘰疬，毒蛇咬伤。

濒危等级 中国植物红色名录评估为无危（LC）。

迁地栽培保存

保存地点	种质份数	个体数量	引种方式	生长状况	来源地
CQ	1	a	采集	C	重庆

种质库保存

保存地点	保存方式	种质份数	个体数量	引种方式	来源地
BJ	种子	1	a	采集	山西

裂叶荨麻 *Urtica lotabifolia* S. S. Ying

迁地栽培保存

保存地点	种质份数	个体数量	引种方式	生长状况	来源地
BJ	1	b	采集	G	待确定

荨麻 *Urtica fissa* E. Pritz.

功效主治 全草（白活麻）：甘、淡，凉。有小毒。祛风除湿。用于风湿骨痛，小儿吐乳，皮肤湿疹。

濒危等级 中国植物红色名录评估为无危（LC）。

迁地栽培保存

保存地点	种质份数	个体数量	引种方式	生长状况	来源地
BJ	1	b	采集	G	河北

种质库保存

保存地点	保存方式	种质份数	个体数量	引种方式	来源地
BJ	种子	8	b	采集	云南、四川、山西、湖北

乌苏里荨麻 *Urtica laetevirens* Maxim. subsp. *cyanescens*（Kom.）C. J. Chen

濒危等级　中国植物红色名录评估为无危（LC）。

迁地栽培保存

保存地点	种质份数	个体数量	引种方式	生长状况	来源地
BJ	1	b	采集	G	河北

狭叶荨麻 *Urtica angustifolia* Fisch. ex Hornem

功效主治　全草：苦、辛，温。有小毒。祛风定惊，消积，通便，解毒。用于风湿关节痛，产后抽风，小儿惊风，小儿麻痹后遗症，肝阳上亢，消化不良。

迁地栽培保存

保存地点	种质份数	个体数量	引种方式	生长状况	来源地
BJ	1	c	采集	G	河北

咬人荨麻 *Urtica thunbergiana* Sieb. & Zucc.

功效主治　叶：用于蛇咬伤，风疹。

濒危等级　中国植物红色名录评估为无危（LC）。

迁地栽培保存

保存地点	种质份数	个体数量	引种方式	生长状况	来源地
GZ	1	b	采集	C	贵州

异株荨麻 *Urtica dioica* L.

功效主治　地上部分：祛风湿，解痉，活血。

濒危等级 中国植物红色名录评估为无危（LC）。

迁地栽培保存

保存地点	种质份数	个体数量	引种方式	生长状况	来源地
GX	*	f	采集	G	法国

舌柱麻属 *Archiboehmeria*

舌柱麻 *Archiboehmeria atrata*（Gagnep.）C. J. Chen

濒危等级 广西壮族自治区重点保护植物，中国植物红色名录评估为易危（VU）。

迁地栽培保存

保存地点	种质份数	个体数量	引种方式	生长状况	来源地
GX	*	f	采集	G	广西

水麻属 *Debregeasia*

长叶水麻 *Debregeasia longifolia*（Burm. f.）Wedd.

功效主治 根、叶：清热利湿，活血。用于牙痛。

濒危等级 中国植物红色名录评估为无危（LC）。

迁地栽培保存

保存地点	种质份数	个体数量	引种方式	生长状况	来源地
GX	2	f	采集	G	广西
SC	1	f	待确定	G	四川
YN	1	a	购买	C	云南

种质库保存

保存地点	保存方式	种质份数	个体数量	引种方式	来源地
BJ	种子	3	b	采集	云南

鳞片水麻 *Debregeasia squamata* King ex Hook. f.

功效主治　全株：止血。用于跌打损伤，刀伤出血。

濒危等级　中国植物红色名录评估为无危（LC）。

种质库保存

保存地点	保存方式	种质份数	个体数量	引种方式	来源地
BJ	种子	6	b	采集	山西、云南

水麻 *Debregeasia orientalis* C. J. Chen

功效主治　茎、叶：辛、微苦，平。清热利湿，止血解毒。用于小儿急惊风，风湿关节痛，咯血，痈疖肿毒。

濒危等级　中国植物红色名录评估为无危（LC）。

迁地栽培保存

保存地点	种质份数	个体数量	引种方式	生长状况	来源地
BJ	1	b	采集	G	云南
CQ	1	a	采集	C	重庆
GZ	1	b	采集	C	贵州
HB	1	a	采集	C	湖北
SC	1	f	待确定	G	四川
GX	*	f	采集	G	湖北

种质库保存

保存地点	保存方式	种质份数	个体数量	引种方式	来源地
BJ	种子	9	c	采集	云南、贵州

雾水葛属　*Pouzolzia*

红雾水葛 *Pouzolzia sanguinea* (Bl.) Merr.

功效主治　根（大粘药）：辛、涩，热。祛风除湿，舒筋活络，消肿散毒。用于风湿筋骨痛，乳痈，疮疖红肿，骨折。

濒危等级 中国植物红色名录评估为无危（LC）。

迁地栽培保存

保存地点	种质份数	个体数量	引种方式	生长状况	来源地
YN	1	a	采集	C	云南

雾水葛 *Pouzolzia zeylanica*（L.）Benn.

功效主治 全草（雾水葛）：甘，凉。清热利湿，去腐生肌，消肿散毒。用于疮，疽，乳痈，风火牙痛。

迁地栽培保存

保存地点	种质份数	个体数量	引种方式	生长状况	来源地
GD	1	f	采集	G	待确定
HN	1	a	赠送	C	海南
ZJ	1	e	采集	A	浙江

蝎子草属 *Girardinia*

大蝎子草 *Girardinia diversifolia*（Link）Friis

功效主治 全草：苦、辛，凉。有毒。祛痰，利湿，解毒。用于伤风咳嗽，胸闷痰多，皮肤发痒，疮毒。

濒危等级 中国植物红色名录评估为无危（LC）。

迁地栽培保存

保存地点	种质份数	个体数量	引种方式	生长状况	来源地
GZ	1	b	采集	C	贵州
HB	1	a	采集	C	待确定
JS1	1	a	采集	D	江苏
GX	*	f	采集	G	贵州

种质库保存

保存地点	保存方式	种质份数	个体数量	引种方式	来源地
BJ	种子	1	a	采集	云南

红火麻 *Girardinia diversifolia* subsp. *triloba*（C. J. Chen）C. J. Chen & Friis

濒危等级 中国特有植物，中国植物红色名录评估为无危（LC）。

种质库保存

保存地点	保存方式	种质份数	个体数量	引种方式	来源地
BJ	种子	6	b	采集	四川、云南

蝎子草 *Girardinia suborbiculata* C. J. Chen subsp. *suborbiculata*

功效主治 根：祛风除湿，清热解表，活血。用于风寒感冒，咳嗽，多痰，胸闷，风疹瘙痒，风湿痛，跌打损伤，骨折，疮毒。

濒危等级 中国植物红色名录评估为无危（LC）。

迁地栽培保存

保存地点	种质份数	个体数量	引种方式	生长状况	来源地
CQ	1	a	采集	C	重庆

种质库保存

保存地点	保存方式	种质份数	个体数量	引种方式	来源地
BJ	种子	8	b	采集	四川、云南

苎麻属 *Boehmeria*

糙叶水苎麻 *Boehmeria macrophylla* var. *scabrella*（Roxb.）Long

功效主治 根：用于疟疾。全草：用于风湿痛，疮毒。

濒危等级 中国植物红色名录评估为无危（LC）。

迁地栽培保存

保存地点	种质份数	个体数量	引种方式	生长状况	来源地
GX	*	f	采集	G	广西

长序苎麻 *Boehmeria dolichostachya* W. T. Wang

濒危等级 中国特有植物，中国植物红色名录评估为无危（LC）。

迁地栽培保存

保存地点	种质份数	个体数量	引种方式	生长状况	来源地
GX	2	f	采集	G	广西

长叶苎麻 *Boehmeria penduliflora* Wedd. ex Long

功效主治 根茎：祛风。用于感冒，产妇腰酸，月内风，手足酸软无力，月经不调，手风，头风，手脚湿肿，黄疸。

迁地栽培保存

保存地点	种质份数	个体数量	引种方式	生长状况	来源地
GX	*	f	采集	G	广西

种质库保存

保存地点	保存方式	种质份数	个体数量	引种方式	来源地
BJ	种子	1	a	采集	贵州

赤麻 *Boehmeria silvestrii* (Pamp.) W. T. Wang

功效主治 全草：用于跌打损伤。

濒危等级 中国植物红色名录评估为无危（LC）。

迁地栽培保存

保存地点	种质份数	个体数量	引种方式	生长状况	来源地
GX	*	f	采集	G	日本

歧序苎麻　*Boehmeria polystachya* Wedd.

濒危等级　中国植物红色名录评估为无危（LC）。

种质库保存

保存地点	保存方式	种质份数	个体数量	引种方式	来源地
BJ	种子	1	a	采集	待确定

青叶苎麻　*Boehmeria nivea* var. *tenacissima*（Gaudich.）Miq.

濒危等级　中国植物红色名录评估为无危（LC）。

迁地栽培保存

保存地点	种质份数	个体数量	引种方式	生长状况	来源地
HN	1	a	采集	C	海南
GX	*	f	采集	G	广西

水苎麻　*Boehmeria macrophylla* Hornem.

功效主治　全株：用于附骨疽。

濒危等级　中国植物红色名录评估为无危（LC）。

迁地栽培保存

保存地点	种质份数	个体数量	引种方式	生长状况	来源地
GX	*	f	采集	G	广西

小赤麻　*Boehmeria spicata*（Thunb.）Thunb.

功效主治　全草：涩、微苦，平。清热解毒，除风止痒，利湿。用于皮肤发痒，湿毒。

迁地栽培保存

保存地点	种质份数	个体数量	引种方式	生长状况	来源地
GX	2	f	采集	G	中国山东，日本
BJ	1	c	采集	G	山东

序叶苎麻 *Boehmeria clidemioides* var. *diffusa*（Wedd.）Hand.-Mazz.

功效主治　根及根茎：祛风解毒，止痒消肿，止血安胎。全草：祛风除湿。用于水肿。

濒危等级　中国植物红色名录评估为无危（LC）。

迁地栽培保存

保存地点	种质份数	个体数量	引种方式	生长状况	来源地
GX	*	f	采集	G	湖北

种质库保存

保存地点	保存方式	种质份数	个体数量	引种方式	来源地
BJ	种子	6	b	采集	江西、海南

悬铃叶苎麻　*Boehmeria tricuspis*（Hance）Makino

功效主治　叶：解表，生肌。用于头风，发热。根：用于关节痛。全株或根：淡，温。解表，生肌。用于头痛发热，跌打损伤，痔疮。

濒危等级　中国植物红色名录评估为无危（LC）。

迁地栽培保存

保存地点	种质份数	个体数量	引种方式	生长状况	来源地
GX	2	f	采集	G	重庆
CQ	1	a	采集	C	重庆
HB	1	a	采集	C	湖北

种质库保存

保存地点	保存方式	种质份数	个体数量	引种方式	来源地
BJ	种子	6	b	采集	海南、江西

野线麻　*Boehmeria japonica*（Linnaeus f.）Miquel

功效主治　全株或根：淡，温。祛风除湿，接骨，解表寒。

濒危等级　中国植物红色名录评估为无危（LC）。

迁地栽培保存

保存地点	种质份数	个体数量	引种方式	生长状况	来源地
BJ	1	d	采集	G	山东
CQ	1	a	采集	F	重庆

种质库保存

保存地点	保存方式	种质份数	个体数量	引种方式	来源地
HN	种子	1	b	采集	湖南
BJ	种子	6	b	采集	海南、江西

腋球苎麻　*Boehmeria malabarica* Wedd.

濒危等级　中国植物红色名录评估为无危（LC）。

迁地栽培保存

保存地点	种质份数	个体数量	引种方式	生长状况	来源地
GX	*	f	采集	G	广西

种质库保存

保存地点	保存方式	种质份数	个体数量	引种方式	来源地
BJ	种子	1	a	采集	云南

帚序苎麻　*Boehmeria zollingeriana* Wedd.

功效主治　叶：用于小儿积食。

濒危等级　中国植物红色名录评估为无危（LC）。

种质库保存

保存地点	保存方式	种质份数	个体数量	引种方式	来源地
BJ	种子	3	b	采集	云南

苎麻　*Boehmeria nivea* (L.) Gaudich.

功效主治　根（苎麻根）：甘，寒。清热解毒，止血散瘀。用于热病大渴，血淋，带下病，痈肿，丹毒。皮

（苎麻皮）：甘，寒。清烦热，利小便，散瘀，止血。用于瘀热，心烦，小便淋痛，血淋。叶（苎麻叶）：甘，寒。止血凉血，散瘀。用于咯血，吐血，尿血，乳痈，创伤出血。花（苎麻花）：清心，利肠胃，散瘀。用于麻疹。

濒危等级 中国植物红色名录评估为无危（LC）。

迁地栽培保存

保存地点	种质份数	个体数量	引种方式	生长状况	来源地
SC	3	f	待确定	G	四川
CQ	2	a	采集	B	重庆
SH	1	b	采集	A	待确定
JS2	1	d	购买	C	江苏
JS1	1	b	采集	C	江苏
HN	1	a	采集	C	海南
HB	1	a	采集	C	湖北
GZ	1	a	采集	C	贵州
FJ	1	a	采集	B	福建
ZJ	1	c	采集	A	广西
BJ	1	d	采集	G	广西
GD	1	b	采集	D	待确定

种质库保存

保存地点	保存方式	种质份数	个体数量	引种方式	来源地
BJ	种子	45	d	采集	海南、福建、重庆、江西、贵州、山西、广西、四川
HN	种子	7	e	采集	湖南

紫麻属 *Oreocnide*

倒卵叶紫麻 *Oreocnide obovata*（C. H. Wright）Merr.

功效主治 根：接骨，祛风除湿，祛瘀止痛。用于小儿麻疹，水痘，风湿痹痛，跌打损伤，瘀血青紫疼痛，骨折。

濒危等级 中国植物红色名录评估为无危（LC）。

迁地栽培保存

保存地点	种质份数	个体数量	引种方式	生长状况	来源地
GX	*	f	采集	G	广西

红紫麻 *Oreocnide rubescens*（Bl.）Miq.

濒危等级　中国植物红色名录评估为无危（LC）。

种质库保存

保存地点	保存方式	种质份数	个体数量	引种方式	来源地
BJ	种子	6	b	采集	云南、河北

全缘叶紫麻 *Oreocnide integrifolia*（Gaudich.）Miq.

濒危等级　中国植物红色名录评估为无危（LC）。

迁地栽培保存

保存地点	种质份数	个体数量	引种方式	生长状况	来源地
GX	*	f	采集	G	广西

细齿紫麻 *Oreocnide serrulata* C. J. Chen

濒危等级　中国植物红色名录评估为无危（LC）。

迁地栽培保存

保存地点	种质份数	个体数量	引种方式	生长状况	来源地
GX	*	f	采集	G	广西

紫麻 *Oreocnide frutescens*（Thunb.）Miq.

功效主治　全株：甘，平。行气活血。用于跌打损伤，牙痛。叶：透发麻疹，止血。果实：用于咽喉痛。

濒危等级　中国植物红色名录评估为无危（LC）。

迁地栽培保存

保存地点	种质份数	个体数量	引种方式	生长状况	来源地
CQ	1	a	采集	C	重庆
GD	1	f	采集	G	待确定

种质库保存

保存地点	保存方式	种质份数	个体数量	引种方式	来源地
HN	种子	2	b	采集	湖南

茜草科　Rubiaceae

爱地草属　Geophila

爱地草　*Geophila herbacea* K. Schum.

功效主治　全草（爱地草）：消肿，排脓，止痛。用于胃痛；外用于蛇咬伤，跌打损伤，骨折，外伤肿痛。

濒危等级　中国特有植物，中国植物红色名录评估为无危（LC）。

迁地栽培保存

保存地点	种质份数	个体数量	引种方式	生长状况	来源地
GX	*	f	采集	G	广西

巴戟天属　Morinda

巴戟天　*Morinda officinalis* F. C. How

功效主治　根：补肾阳，强筋骨，祛风湿。用于阳痿，遗精，宫冷不孕，月经不调，小腹冷痛，风湿痹痛，筋骨痿软，胃脘寒痛。茎：补肾壮阳，强筋骨。用于腰膝酸软，阳痿，早泄。

濒危等级　国家重点保护野生植物名录（第二批）二级，中国植物红色名录评估为易危（VU）。

迁地栽培保存

保存地点	种质份数	个体数量	引种方式	生长状况	来源地
FJ	3	b	购买	A	福建、广东
YN	1	b	购买	C	云南
HN	1	a	采集	B	海南
BJ	1	b	采集	G	广西
GD	1	f	采集	G	待确定

种质库保存

保存地点	保存方式	种质份数	个体数量	引种方式	来源地
BJ	种子	3	a	采集	福建

大果巴戟 *Morinda cochinchinensis* DC.

功效主治　根：清热解毒，祛风除湿，止咳。用于风湿痹痛，感冒，咳嗽。

濒危等级　中国植物红色名录评估为无危（LC）。

迁地栽培保存

保存地点	种质份数	个体数量	引种方式	生长状况	来源地
HN	2	a	采集	B	海南
GX	*	f	采集	G	广西

种质库保存

保存地点	保存方式	种质份数	个体数量	引种方式	来源地
BJ	种子	1	a	采集	待确定

顶花木巴戟 *Morinda leiantha* Kurz

濒危等级　中国植物红色名录评估为数据缺乏（DD）。

迁地栽培保存

保存地点	种质份数	个体数量	引种方式	生长状况	来源地
YN	1	a	购买	C	云南

短柄鸡眼藤 *Morinda brevipes* S. Y. Hu

濒危等级　中国特有植物，中国植物红色名录评估为无危（LC）。

迁地栽培保存

保存地点	种质份数	个体数量	引种方式	生长状况	来源地
HN	2	a	采集	B	海南

海滨木巴戟 *Morinda citrifolia* L.

功效主治　叶：在马来西亚用于腹泻。

濒危等级　中国植物红色名录评估为无危（LC）。

迁地栽培保存

保存地点	种质份数	个体数量	引种方式	生长状况	来源地
GX	2	f	采集	G	法国
HN	2	a	采集	B	海南
CQ	1	a	赠送	F	云南
BJ	1	a	采集	G	广西
YN	1	b	赠送	A	云南

种质库保存

保存地点	保存方式	种质份数	个体数量	引种方式	来源地
BJ	种子	6	b	采集	云南、海南
HN	种子	2	b	采集	海南

海南巴戟 *Morinda hainanensis* Merr. & F. C. How

濒危等级　中国特有植物，中国植物红色名录评估为无危（LC）。

迁地栽培保存

保存地点	种质份数	个体数量	引种方式	生长状况	来源地
HN	1	b	采集	B	海南
GX	*	f	采集	G	柬埔寨

种质库保存

保存地点	保存方式	种质份数	个体数量	引种方式	来源地
BJ	种子	1	a	采集	待确定

鸡眼藤 *Morinda parvifolia* Bartl. ex DC.

功效主治　全株（百眼藤）或根（百眼藤）：甘，凉。清热利湿，化痰止咳，散瘀止痛。用于感冒咳嗽，痰咳，顿咳，消化不良，泄泻，大便秘结，跌打损伤，腰肌劳损，湿疹。

濒危等级　中国植物红色名录评估为无危（LC）。

迁地栽培保存

保存地点	种质份数	个体数量	引种方式	生长状况	来源地
GD	1	f	采集	G	待确定
HN	1	a	采集	B	海南
GX	*	f	采集	G	广西

种质库保存

保存地点	保存方式	种质份数	个体数量	引种方式	来源地
HN	种子	3	c	采集	海南
BJ	种子	6	b	采集	海南、重庆

毛巴戟天 *Morinda officinalis* var. *hirsuta* How

濒危等级　中国特有植物，中国植物红色名录评估为易危（VU）。

迁地栽培保存

保存地点	种质份数	个体数量	引种方式	生长状况	来源地
HN	2	a	采集	B	海南

羊角藤 *Morinda umbellata* subsp. *obovata* Y. Z. Ruan

迁地栽培保存

保存地点	种质份数	个体数量	引种方式	生长状况	来源地
HN	1	a	采集	C	海南

种质库保存

保存地点	保存方式	种质份数	个体数量	引种方式	来源地
BJ	种子	3	b	采集	海南、江西
HN	种子	1	a	采集	湖南

印度羊角藤 *Morinda umbellata* L.

功效主治 根（羊角藤）、根皮（羊角藤）：辛、微甘，温。祛风湿，补肾，止痛。用于风湿关节痛，肾虚腰痛，胃痛。全株：有毒。清热，泻火，解毒。叶：外用于创伤出血，毒蛇咬伤。

迁地栽培保存

保存地点	种质份数	个体数量	引种方式	生长状况	来源地
GX	*	f	采集	G	日本

白马骨属 *Serissa*

白马骨 *Serissa serissoides* (DC.) Druce

功效主治 全株（六月雪）：淡、微辛，凉。疏风解表，清热利湿，舒筋活络。用于感冒，咳嗽，牙痛，乳蛾，咽喉肿痛，肝阳上亢，泄泻，痢疾，小儿疳积，头痛，偏头痛，目赤肿痛，风湿关节痛，带下病，痈疽，瘰疬。根：清热解毒。用于小儿惊风，带下病，风湿关节痛，雷公藤中毒。

迁地栽培保存

保存地点	种质份数	个体数量	引种方式	生长状况	来源地
GD	1	b	采集	C	待确定
ZJ	1	d	购买	A	浙江

续表

保存地点	种质份数	个体数量	引种方式	生长状况	来源地
SH	1	a	采集	A	待确定
HN	1	a	赠送	C	广西
CQ	1	a	采集	C	重庆
GZ	1	b	采集	C	贵州
GX	*	f	采集	G	广西

六月雪　*Serissa japonica*（Thunb.）Thunb.

功效主治　全株（六月雪）：淡、微辛，凉。疏肝解郁，清热利湿，消肿拔毒，止咳化痰。用于胁痛，带下病，目翳，肠痈，狂犬病。

迁地栽培保存

保存地点	种质份数	个体数量	引种方式	生长状况	来源地
BJ	2	b	采集	G	浙江、云南
CQ	1	b	采集	C	重庆
YN	1	a	购买	C	云南
SH	1	a	采集	A	待确定
JS1	1	a	购买	C	江苏
HN	1	a	赠送	C	广西
HLJ	1	a	购买	C	福建
GZ	1	b	采集	C	贵州
GD	1	b	采集	A	待确定
GX	*	f	采集	G	广西

种质库保存

保存地点	保存方式	种质份数	个体数量	引种方式	来源地
BJ	种子	4	a	采集	安徽
HN	种子	1	a	采集	湖南

长隔木属 *Hamelia*

长隔木 *Hamelia patens* Jacq.

功效主治 茎皮：用于毒蛇咬伤。

迁地栽培保存

保存地点	种质份数	个体数量	引种方式	生长状况	来源地
YN	1	a	购买	C	云南

长柱山丹属 *Duperrea*

长柱山丹 *Duperrea pavettifolia*（Kurz）Pit.

濒危等级 中国植物红色名录评估为无危（LC）。

迁地栽培保存

保存地点	种质份数	个体数量	引种方式	生长状况	来源地
YN	1	a	购买	A	云南
HN	2	a	采集	C	海南

车叶草属 *Asperula*

车叶草 *Asperula arvensis* L.

迁地栽培保存

保存地点	种质份数	个体数量	引种方式	生长状况	来源地
BJ	1	a	赠送	G	保加利亚

粗叶木属 *Lasianthus*

粗叶木 *Lasianthus chinensis*（Champ. ex Benth.）Benth.

功效主治 根：甘、涩，平。补肾活血，行气，祛风，止痛。用于风湿腰腿痛，骨痛。全株或叶：清热，解毒，除湿。用于湿热黄疸。

濒危等级　中国植物红色名录评估为无危（LC）。

迁地栽培保存

保存地点	种质份数	个体数量	引种方式	生长状况	来源地
GX	2	f	采集	G	广西
HN	2	a	采集	B	海南
GD	1	f	采集	G	待确定

广东粗叶木　*Lasianthus curtisii* King & Gamble

濒危等级　中国植物红色名录评估为无危（LC）。

迁地栽培保存

保存地点	种质份数	个体数量	引种方式	生长状况	来源地
GX	*	f	采集	G	广西

种质库保存

保存地点	保存方式	种质份数	个体数量	引种方式	来源地
HN	种子	1	a	采集	海南

鸡屎树　*Lasianthus hirsutus* (Roxb.) Merr.

濒危等级　中国植物红色名录评估为无危（LC）。

迁地栽培保存

保存地点	种质份数	个体数量	引种方式	生长状况	来源地
HN	1	a	采集	B	海南

罗浮粗叶木　*Lasianthus fordii* Hance

濒危等级　中国植物红色名录评估为无危（LC）。

迁地栽培保存

保存地点	种质份数	个体数量	引种方式	生长状况	来源地
GX	*	f	采集	G	广西

日本粗叶木 *Lasianthus japonicus* Miq.

功效主治 全株：行气活血，祛风利湿。用于风湿关节痛，腰痛，跌打损伤。

濒危等级 中国植物红色名录评估为无危（LC）。

迁地栽培保存

保存地点	种质份数	个体数量	引种方式	生长状况	来源地
GX	*	f	采集	G	湖北

斜基粗叶木 *Lasianthus wallichii* (Wight & Arn.) Wight

功效主治 全株：解毒，止痛。用于毒蛇咬伤，犬咬伤。根：舒筋活血。用于跌打损伤。

濒危等级 中国植物红色名录评估为无危（LC）。

迁地栽培保存

保存地点	种质份数	个体数量	引种方式	生长状况	来源地
GX	*	f	采集	G	广西

斜脉粗叶木 *Lasianthus obliquinervis* Merr.

濒危等级 中国植物红色名录评估为无危（LC）。

种质库保存

保存地点	保存方式	种质份数	个体数量	引种方式	来源地
BJ	种子	1	a	采集	海南

云广粗叶木 *Lasianthus longicaudus* Hook. f.

功效主治 全株：清热解毒，止痒。用于肝毒症，水肿；外用于皮肤瘙痒，湿疹。

濒危等级　中国植物红色名录评估为无危（LC）。

迁地栽培保存

保存地点	种质份数	个体数量	引种方式	生长状况	来源地
GX	*	f	采集	G	广西

钟萼粗叶木　*Lasianthus trichophlebus* Hemsl.

功效主治　茎：利湿。用于面黄，肢软无力。

濒危等级　中国植物红色名录评估为无危（LC）。

迁地栽培保存

保存地点	种质份数	个体数量	引种方式	生长状况	来源地
HN	2	a	采集	B	海南

种质库保存

保存地点	保存方式	种质份数	个体数量	引种方式	来源地
BJ	种子	1	a	采集	四川

大沙叶属　*Pavetta*

大沙叶　*Pavetta arenosa* Lour.

功效主治　根：用于肺结核。叶：清暑利湿，活血祛瘀。用于跌打损伤，肝毒症，疮疥，小儿淋痛，风湿痹痛。

濒危等级　中国植物红色名录评估为无危（LC）。

迁地栽培保存

保存地点	种质份数	个体数量	引种方式	生长状况	来源地
GX	2	f	采集	G	广西

滇丁香属 *Luculia*

滇丁香 *Luculia pinceana* Hook.

功效主治 根：祛风除湿，理气止痛，补肾强身。

濒危等级 中国植物红色名录评估为无危（LC）。

迁地栽培保存

保存地点	种质份数	个体数量	引种方式	生长状况	来源地
SC	1	f	待确定	G	四川
GX	*	f	采集	G	广西

种质库保存

保存地点	保存方式	种质份数	个体数量	引种方式	来源地
BJ	种子	6	a	采集	云南

耳草属 *Hedyotis*

白花蛇舌草 *Hedyotis diffusa* Willd.

功效主治 全草（白花蛇舌草）：甘、淡，凉。清热解毒，利湿消痈。用于恶核，肠痈，咽喉肿痛，湿热黄疸，小便不利，疮疖肿毒，毒蛇咬伤。

迁地栽培保存

保存地点	种质份数	个体数量	引种方式	生长状况	来源地
FJ	3	b	采集	A	福建
GD	1	b	采集	E	待确定
ZJ	1	e	采集	A	安徽
HN	1	b	采集	C	海南
BJ	1	c	采集	G	江西
JS2	1	e	购买	C	江苏

种质库保存

保存地点	保存方式	种质份数	个体数量	引种方式	来源地
HN	种子	6	d	采集	海南、广东
BJ	种子	14	d	采集	安徽、江西、湖南、四川、福建、甘肃、江苏，待确定

败酱耳草 *Hedyotis capituligera* Hance

功效主治　全草（一柱香）：辛，凉。清热散瘀，接骨。用于肝毒症，风湿骨痛，眼红肿；外用于无名肿毒，骨折，外伤出血。

迁地栽培保存

保存地点	种质份数	个体数量	引种方式	生长状况	来源地
SC	1	f	待确定	G	四川

闭花耳草 *Hedyotis cryptantha* Dunn

濒危等级　中国特有植物，中国植物红色名录评估为无危（LC）。

迁地栽培保存

保存地点	种质份数	个体数量	引种方式	生长状况	来源地
HN	1	a	采集	C	海南

粗毛耳草 *Hedyotis mellii* Tutcher

功效主治　全草：甘、酸，凉。清热解毒，消食化积，消肿，止血。用于感冒咳喘，脚气病，湿疹，小儿疳积，乳痈，痢疾，腰痛，外阴瘙痒，刀伤出血，毒蛇咬伤，毒蜂螫伤。叶：外用于疖疮肿毒。

濒危等级　中国特有植物，中国植物红色名录评估为无危（LC）。

种质库保存

保存地点	保存方式	种质份数	个体数量	引种方式	来源地
BJ	种子	1	a	采集	待确定

粗叶耳草 *Hedyotis verticillata* (L.) Lam.

功效主治　全草（粗叶耳草）：苦，凉。清热解毒，消肿止痛。用于感冒发热，咽喉肿痛，小儿麻痹症，吐泻；外用于毒蛇咬伤，蜈蚣咬伤，狂犬咬伤。

种质库保存

保存地点	保存方式	种质份数	个体数量	引种方式	来源地
BJ	种子	1	a	采集	甘肃

耳草 *Hedyotis auricularia* L.

功效主治　全草（耳草）：苦，凉。清热解毒，凉血消肿。用于感冒发热，肺热咳嗽，咽喉肿痛，便血，痢疾，小儿疳积，小儿惊风，湿疹，皮肤瘙痒，痈疮肿毒，毒蛇咬伤，跌打损伤。

濒危等级　中国植物红色名录评估为无危（LC）。

迁地栽培保存

保存地点	种质份数	个体数量	引种方式	生长状况	来源地
GZ	1	a	采集	C	贵州
HN	1	a	采集	C	海南

种质库保存

保存地点	保存方式	种质份数	个体数量	引种方式	来源地
BJ	种子	1	a	采集	云南

广花耳草 *Hedyotis ampliflora* Hance

功效主治　全草：祛风湿，强筋骨，补气益胃。

濒危等级　中国特有植物，中国植物红色名录评估为无危（LC）。

迁地栽培保存

保存地点	种质份数	个体数量	引种方式	生长状况	来源地
HN	1	a	采集	C	海南

剑叶耳草 *Hedyotis caudatifolia* Merr. & F. P. Metcalf

迁地栽培保存

保存地点	种质份数	个体数量	引种方式	生长状况	来源地
GX	*	f	采集	G	广西

金毛耳草 *Hedyotis chrysotricha* (Palib.) Merr.

功效主治 全草（黄毛耳草）：苦，凉。清热利湿，消肿解毒，舒筋活血。用于外感风热，吐泻，痢疾，黄疸，淋证，耳闭，咽喉肿痛，小便淋痛，血崩，便血；外用于毒蛇咬伤，蜈蚣咬伤，跌打损伤，外伤出血，疔疮肿毒，骨折，刀伤。

迁地栽培保存

保存地点	种质份数	个体数量	引种方式	生长状况	来源地
ZJ	1	e	采集	A	浙江
GZ	1	a	采集	C	贵州
GX	*	f	采集	G	广西

阔托叶耳草 *Hedyotis platystipula* Merr.

功效主治 全草：用于小儿腹痛，妇女风肿，产后骨痛。
濒危等级 中国植物红色名录评估为无危（LC）。

迁地栽培保存

保存地点	种质份数	个体数量	引种方式	生长状况	来源地
GX	*	f	采集	G	广西

牛白藤 *Hedyotis hedyotidea* (DC.) Merr.

功效主治 全株或根（牛白藤）：甘、淡，凉。清热解暑，祛风湿，续筋骨。用于中暑，感冒咳嗽，吐泻，风湿关节痛，痔疮出血，疮疖痈肿，跌打损伤，骨折。外用于皮肤湿疹，瘙痒，蛇串疮。
濒危等级 中国植物红色名录评估为无危（LC）。

迁地栽培保存

保存地点	种质份数	个体数量	引种方式	生长状况	来源地
GD	1	f	采集	G	待确定

种质库保存

保存地点	保存方式	种质份数	个体数量	引种方式	来源地
BJ	种子	6	b	采集	福建

攀茎耳草 *Hedyotis scandens* Roxb.

功效主治 全株（凉喉茶）：辛、苦，平。润肺化痰，接骨生肌，截疟消炎。用于咳嗽痰喘，肺痨，口疮，疟疾；外用于骨折。根：清热，止咳，化痰，截疟。

濒危等级 中国植物红色名录评估为无危（LC）。

迁地栽培保存

保存地点	种质份数	个体数量	引种方式	生长状况	来源地
YN	1	a	采集	C	云南

伞房花耳草 *Hedyotis corymbosa* (L.) Lam.

功效主治 全草（水线草）：甘，平。清热解毒，活血，利尿。用于恶核，乳蛾，肝毒症，小便淋痛，咽喉痛，肠痈，疟疾，跌打损伤；外用于疮疖痈肿，毒蛇咬伤，烫伤。

迁地栽培保存

保存地点	种质份数	个体数量	引种方式	生长状况	来源地
GD	1	f	采集	G	待确定
HN	1	b	采集	C	海南
YN	1	a	采集	C	云南

种质库保存

保存地点	保存方式	种质份数	个体数量	引种方式	来源地
BJ	种子	2	a	采集	待确定

双花耳草　*Hedyotis biflora* (L.) Lam.

功效主治　全草：外用于疖疮。

濒危等级　中国植物红色名录评估为无危（LC）。

迁地栽培保存

保存地点	种质份数	个体数量	引种方式	生长状况	来源地
HN	1	a	采集	C	海南

松叶耳草　*Hedyotis pinifolia* Wall. ex G. Don

功效主治　全草（鹩哥舌）：辛，凉。消肿止痛，消积，止血。用于小儿疳积；外用于跌打损伤，毒蛇咬伤。

濒危等级　中国植物红色名录评估为无危（LC）。

迁地栽培保存

保存地点	种质份数	个体数量	引种方式	生长状况	来源地
HN	1	a	采集	C	海南

种质库保存

保存地点	保存方式	种质份数	个体数量	引种方式	来源地
BJ	种子	1	a	采集	海南

纤花耳草　*Hedyotis tenelliflora* Bl.

功效主治　全草（纤花耳草）：苦、辛，凉。清热解毒，消肿止痛，行气活血。用于胁痛，肺热咳嗽，肝腹水，肠痈，痢疾，小儿疝气，闭经，风湿关节痛，风火牙痛，跌打损伤，毒蛇咬伤，刀伤出血。

迁地栽培保存

保存地点	种质份数	个体数量	引种方式	生长状况	来源地
GD	1	f	采集	G	待确定
HN	1	a	采集	C	海南
YN	1	a	采集	C	云南

中华耳草 *Hedyotis cathayana* Ko

濒危等级 中国特有植物，中国植物红色名录评估为无危（LC）。

迁地栽培保存

保存地点	种质份数	个体数量	引种方式	生长状况	来源地
HN	1	a	采集	C	海南

丰花草属 Borreria

丰花草 *Borreria stricta*（L. f.）G. Mey.

功效主治 全草：清热止痛，散瘀活血。用于痈疽肿毒，跌打损伤，骨折，毒蛇咬伤。

迁地栽培保存

保存地点	种质份数	个体数量	引种方式	生长状况	来源地
HN	1	d	采集	B	海南
YN	1	a	购买	C	云南
GX	*	f	采集	G	澳门

种质库保存

保存地点	保存方式	种质份数	个体数量	引种方式	来源地
BJ	种子	1	a	采集	待确定

阔叶丰花草 *Borreria latifolia*（Aubl.）K. Schum.

功效主治 全草：用于疟疾发热。

迁地栽培保存

保存地点	种质份数	个体数量	引种方式	生长状况	来源地
ZJ	1	e	采集	A	浙江

种质库保存

保存地点	保存方式	种质份数	个体数量	引种方式	来源地
BJ	种子	1	a	采集	河北

风箱树属　*Cephalanthus*

风箱树　*Cephalanthus tetrandrus*（Roxb.）Ridsdale & Bakh. f.

功效主治　根：清热化湿，散瘀消肿。用于肺热咳嗽，感冒，咽喉肿痛，肠痈，细菌性痢疾，痈肿，跌打损伤。

濒危等级　中国植物红色名录评估为无危（LC）。

迁地栽培保存

保存地点	种质份数	个体数量	引种方式	生长状况	来源地
HN	2	a	采集	C	海南
LN	1	b	采集	C	辽宁
BJ	1	a	采集	G	河北
GX	*	f	采集	G	待确定

钩藤属　*Uncaria*

毛钩藤　*Uncaria hirsuta* Havil.

功效主治　带钩茎枝（钩藤）：甘，凉。清热平肝，息风定惊。用于头痛眩晕，感冒夹惊，小儿癫痫，妊娠子痫，肝阳上亢。根：用于风湿关节痛，腰腿痛。

濒危等级　中国特有植物，中国植物红色名录评估为无危（LC）。

迁地栽培保存

保存地点	种质份数	个体数量	引种方式	生长状况	来源地
YN	1	a	采集	A	云南

白钩藤 *Uncaria sessilifructus* Roxb.

功效主治　带钩茎枝：甘，凉。清热平肝，息风定惊。用于头痛眩晕，感冒夹惊，小儿癫痫，妊娠子痫，
肝阳上亢。

濒危等级　中国植物红色名录评估为无危（LC）。

迁地栽培保存

保存地点	种质份数	个体数量	引种方式	生长状况	来源地
YN	1	a	采集	A	云南

种质库保存

保存地点	保存方式	种质份数	个体数量	引种方式	来源地
BJ	种子	1	a	采集	云南

大叶钩藤 *Uncaria macrophylla* Wall.

功效主治　带钩茎枝（钩藤）：功效同毛钩藤。根：用于风湿关节痛，腰腿痛。

濒危等级　中国植物红色名录评估为无危（LC）。

迁地栽培保存

保存地点	种质份数	个体数量	引种方式	生长状况	来源地
HN	1	a	采集	C	海南
YN	1	a	采集	A	云南

种质库保存

保存地点	保存方式	种质份数	个体数量	引种方式	来源地
BJ	种子	8	a	采集	云南

钩藤 *Uncaria rhynchophylla* (Miq.) Miq. ex Havil.

功效主治　带钩茎枝（钩藤）：功效同毛钩藤。

濒危等级　中国植物红色名录评估为无危（LC）。

迁地栽培保存

保存地点	种质份数	个体数量	引种方式	生长状况	来源地
FJ	3	a	采集	A	福建
YN	1	a	采集	A	云南
BJ	1	a	采集	C	贵州
CQ	1	a	采集	C	重庆
GD	1	f	采集	G	待确定
JS1	1	a	赠送	D	江苏
SC	1	f	待确定	G	四川

种质库保存

保存地点	保存方式	种质份数	个体数量	引种方式	来源地
BJ	种子	6	b	采集	江西
HN	种子	1	a	采集	海南

侯钩藤　*Uncaria rhynchophylloides* How

功效主治　带钩茎枝：甘，凉。清热平肝，息风定惊。用于头痛眩晕，感冒夹惊，小儿癫痫，妊娠子痫，肝阳上亢。

濒危等级　中国特有植物，中国植物红色名录评估为易危（VU）。

迁地栽培保存

保存地点	种质份数	个体数量	引种方式	生长状况	来源地
BJ	1	a	采集	G	广西

华钩藤　*Uncaria sinensis*（Oliv.）Havil.

功效主治　带钩茎枝（钩藤）：功效同毛钩藤。

濒危等级　中国特有植物，中国植物红色名录评估为无危（LC）。

迁地栽培保存

保存地点	种质份数	个体数量	引种方式	生长状况	来源地
CQ	1	a	采集	C	重庆
GZ	1	a	采集	C	贵州
GX	*	f	采集	G	重庆

攀茎钩藤　*Uncaria scandens*（Sm.）Hutch.

功效主治　带钩茎枝：甘，凉。清热平肝，息风定惊。用于头痛眩晕，感冒夹惊，小儿癫痫，妊娠子痫，肝阳上亢。根：祛风除湿，舒筋活血。用于风湿骨痛，腰腿痛。

濒危等级　中国特有植物，中国植物红色名录评估为无危（LC）。

迁地栽培保存

保存地点	种质份数	个体数量	引种方式	生长状况	来源地
HN	2	a	采集	C	海南
YN	1	a	采集	A	云南

平滑钩藤　*Uncaria laevigata* Wall. ex G. Don

功效主治　带钩茎枝（倒挂金钩）：甘，微寒。清热平肝，息风定惊，活血通经，镇痛。用于头痛眩晕，感冒夹惊，小儿癫痫，妊娠子痫，肝阳上亢。

濒危等级　中国植物红色名录评估为无危（LC）。

迁地栽培保存

保存地点	种质份数	个体数量	引种方式	生长状况	来源地
YN	1	a	采集	A	云南

狗骨柴属　*Diplospora*

狗骨柴　*Diplospora dubia*（Lindl.）Masam.

功效主治　根（狗骨柴）：苦，凉。消肿散结，解毒排脓。用于瘰疬，背痈，头疔，跌打损伤。

濒危等级　中国植物红色名录评估为无危（LC）。

迁地栽培保存

保存地点	种质份数	个体数量	引种方式	生长状况	来源地
CQ	1	a	采集	C	重庆
GD	1	f	采集	G	待确定
GX	*	f	采集	G	日本

种质库保存

保存地点	保存方式	种质份数	个体数量	引种方式	来源地
BJ	种子	1	a	采集	待确定
HN	种子	1	b	采集	广东

红芽大戟属 *Knoxia*

红大戟 *Knoxia valerianoides* Thorel ex Pit.

濒危等级 中国植物红色名录评估为易危（VU）。

迁地栽培保存

保存地点	种质份数	个体数量	引种方式	生长状况	来源地
HN	1	b	采集	B	海南

红芽大戟 *Knoxia corymbosa* Willd.

功效主治 全草：用于闭经，贫血，跌打损伤。根：用于小儿风热咳喘。

濒危等级 中国植物红色名录评估为无危（LC）。

迁地栽培保存

保存地点	种质份数	个体数量	引种方式	生长状况	来源地
HN	1	b	采集	B	海南
GX	*	f	采集	G	广西

种质库保存

保存地点	保存方式	种质份数	个体数量	引种方式	来源地
BJ	种子	1	a	采集	云南

虎刺属 *Damnacanthus*

短刺虎刺 *Damnacanthus giganteus*（Makino）Nakai

功效主治 根：苦、甘，平。补养气血，舒筋活血，收敛止血，祛风除湿。用于肾虚，贫血，黄疸，风湿痹痛，瘰疬，附骨疽，咳嗽，小儿疳积，肝脾肿大，月经不调，肠风下血，体弱血虚，跌打损伤。全株：清热利湿，舒筋活血，祛风止痛。

濒危等级 中国植物红色名录评估为无危（LC）。

迁地栽培保存

保存地点	种质份数	个体数量	引种方式	生长状况	来源地
GX	*	f	采集	G	广西

虎刺 *Damnacanthus indicus* C. F. Gaertn.

功效主治 全株（虎刺）或根（虎刺）：甘、苦，平。祛风利湿，清热解毒，活血消肿，止痛。用于咽喉肿痛，风湿关节痛，痛风，风湿痹痛，感冒咳嗽，黄疸，肝脾肿大，肺痈，水肿，闭经，小儿疳积，跌打损伤，龋齿痛。花（伏牛花）：甘、苦，平。祛风除湿，舒筋止痛。用于风湿痹痛，头痛，四肢拘挛。

濒危等级 中国植物红色名录评估为无危（LC）。

迁地栽培保存

保存地点	种质份数	个体数量	引种方式	生长状况	来源地
BJ	1	b	采集	G	待确定
GD	1	f	采集	G	待确定
HLJ	1	a	购买	B	四川
YN	1	a	购买	C	云南

柳叶虎刺　*Damnacanthus labordei*（H. Lévl.）Lo

功效主治　根：清热利湿，舒筋活血，祛风止痛。

濒危等级　中国植物红色名录评估为无危（LC）。

迁地栽培保存

保存地点	种质份数	个体数量	引种方式	生长状况	来源地
GX	*	f	采集	G	广西

四川虎刺　*Damnacanthus officinarum* Huang

功效主治　根：微甘，平。用于肾虚腰痛，头晕。

濒危等级　中国特有植物，中国植物红色名录评估为近危（NT）。

迁地栽培保存

保存地点	种质份数	个体数量	引种方式	生长状况	来源地
GX	*	f	采集	G	湖北

浙皖虎刺　*Damnacanthus macrophyllus* Sieb. & Miq.

功效主治　根：补养气血，收敛止血。用于妇女血崩，肠风下血，体弱血虚。

迁地栽培保存

保存地点	种质份数	个体数量	引种方式	生长状况	来源地
GX	*	f	采集	G	湖北

鸡矢藤属　*Paederia*

白毛鸡屎藤　*Paederia pertomentosa* Merr. ex Li

功效主治　根：用于肺痨。全株：用于痈疮肿毒，毒蛇咬伤。叶：消积食，祛风湿。

濒危等级　中国特有植物，中国植物红色名录评估为无危（LC）。

种质库保存

保存地点	保存方式	种质份数	个体数量	引种方式	来源地
BJ	种子	1	a	采集	四川

耳叶鸡屎藤 *Paederia cavaleriei* Lévl.

功效主治　全株或根：祛风利湿，消食化积，止咳，止痛。

濒危等级　中国植物红色名录评估为无危（LC）。

种质库保存

保存地点	保存方式	种质份数	个体数量	引种方式	来源地
BJ	种子	1	a	采集	内蒙古

鸡矢藤 *Paederia scandens* (Lour.) Merr.

功效主治　全株（鸡矢藤）：甘、微苦，平。祛风利湿，消食化积，止咳，活血止痛。用于黄疸，积食饱胀，闭经，痢疾，胃气痛，风湿疼痛，泄泻，肺痨咯血，顿咳，消化不良，小儿疳积，气虚浮肿；外用于湿疹，疮疡肿毒，毒蛇咬伤，毒虫螫伤。全株的汁液：用于毒虫螫伤，冻疮。

迁地栽培保存

保存地点	种质份数	个体数量	引种方式	生长状况	来源地
FJ	3	a	采集	A	福建
HN	2	b	采集	B	海南
SC	2	f	待确定	G	四川
GX	2	f	采集	G	广西、重庆
BJ	2	d	采集	G	浙江
YN	1	a	采集	C	云南
SH	1	b	采集	F	待确定
CQ	1	a	采集	C	重庆
JS2	1	e	购买	C	江苏
JS1	1	a	采集	C	江苏
ZJ	1	d	采集	B	浙江

续表

保存地点	种质份数	个体数量	引种方式	生长状况	来源地
B	1	a	采集	C	湖北
GZ	1	b	采集	C	贵州
HEN	1	b	采集	A	河南
GD	1	a	采集	D	待确定

种质库保存

保存地点	保存方式	种质份数	个体数量	引种方式	来源地
BJ	种子	71	c	采集	海南、云南、重庆、四川、贵州、山西、湖北、安徽、福建、江西
HN	种子	2	a	采集	海南、湖南

狭序鸡屎藤　*Paederia stenobotrya* Merr.

濒危等级　中国特有植物，中国植物红色名录评估为无危（LC）。

迁地栽培保存

保存地点	种质份数	个体数量	引种方式	生长状况	来源地
HN	1	a	采集	B	海南

狭叶鸡屎藤　*Paederia stenophylla* Merr.

濒危等级　中国特有植物，中国植物红色名录评估为无危（LC）。

迁地栽培保存

保存地点	种质份数	个体数量	引种方式	生长状况	来源地
GX	*	f	采集	G	重庆

云南鸡屎藤　*Paederia yunnanensis*（Lévl.）Rehd.

功效主治　根、藤茎：甘、微苦，凉。清热，止痛，消食，接骨。用于肝毒症，消化不良，目赤肿痛，骨折，跌打损伤。

濒危等级　中国植物红色名录评估为无危（LC）。

迁地栽培保存

保存地点	种质份数	个体数量	引种方式	生长状况	来源地
GZ	1	a	采集	C	贵州

种质库保存

保存地点	保存方式	种质份数	个体数量	引种方式	来源地
BJ	种子	4	b	采集	云南、贵州

鸡仔木属　*Sinoadina*

鸡仔木　*Sinoadina racemosa* (Sieb. & Zucc.) Ridsdale

功效主治　茎：清热解毒，杀虫。用于感冒发热，吐泻，痢疾，咳嗽痰喘，风火牙痛，湿疹，疖疮。叶：散瘀活血，清热解毒，止痛。用于跌打损伤，扭伤，骨折，创伤出血，痈疽肿毒，皮肤湿疹。

濒危等级　中国植物红色名录评估为无危（LC）。

迁地栽培保存

保存地点	种质份数	个体数量	引种方式	生长状况	来源地
BJ	1	a	交换	G	北京
CQ	1	a	采集	C	重庆

种质库保存

保存地点	保存方式	种质份数	个体数量	引种方式	来源地
BJ	种子	6	b	采集	山西

尖叶木属　*Urophyllum*

尖叶木　*Urophyllum chinense* Merr. & Chun

功效主治　茎、叶：外用于疖疮。

濒危等级　中国植物红色名录评估为无危（LC）。

迁地栽培保存

保存地点	种质份数	个体数量	引种方式	生长状况	来源地
GX	*	f	采集	G	广西

蒋英木属　*Tsiangia*

蒋英木　*Tsiangia hongkongensis*（Seem.）But，H. H. Hsue & P. T. Li

迁地栽培保存

保存地点	种质份数	个体数量	引种方式	生长状况	来源地
GX	*	f	采集	G	海南

金鸡纳属　*Cinchona*

金鸡纳树　*Cinchona ledgeriana*（Howard）Moens ex Trimen

功效主治　树皮、根皮、枝皮：强壮健胃，解热镇痛，抗疟，解酒醒脾。用于疟疾，高热，时行感冒，消化不良，饮酒过度，头痛头昏，烦渴，胸膈饱胀，呕吐酸水。

迁地栽培保存

保存地点	种质份数	个体数量	引种方式	生长状况	来源地
BJ	1	a	交换	G	北京
YN	1	a	购买	C	云南

九节属　*Psychotria*

滇南九节　*Psychotria henryi* H. Lévl.

功效主治　根：健脾除湿，理气止痛。

濒危等级　中国植物红色名录评估为无危（LC）。

迁地栽培保存

保存地点	种质份数	个体数量	引种方式	生长状况	来源地
YN	1	a	购买	C	云南

黄脉九节 *Psychotria straminea* Hutch.

功效主治　全株：消肿，解毒，止血。用于风湿骨痛，外伤出血，木薯、断肠草中毒。

濒危等级　中国植物红色名录评估为无危（LC）。

迁地栽培保存

保存地点	种质份数	个体数量	引种方式	生长状况	来源地
GX	*	f	采集	G	广西

九节 *Psychotria rubra* (Lour.) Poir.

功效主治　根（山大颜）：苦，寒。清热解毒，消肿拔毒。用于感冒发热，白喉，乳蛾，咽喉肿痛，痢疾，胃痛，风湿骨痛。叶（山大颜）：苦，寒。清热解毒，消肿拔毒。外用于跌打肿痛，外伤出血，毒蛇咬伤，疮疡肿毒，下肢溃疡。全株：用于风湿骨痛，牙痛，胃痛，感冒高热，咳嗽，木薯中毒；外用于跌打损伤，骨折。

濒危等级　中国植物红色名录评估为无危（LC）。

迁地栽培保存

保存地点	种质份数	个体数量	引种方式	生长状况	来源地
GD	1	a	采集	D	待确定
HN	1	a	采集	B	海南
YN	1	b	购买	C	云南
FJ	1	a	采集	B	福建
GX	*	f	采集	G	广西

种质库保存

保存地点	保存方式	种质份数	个体数量	引种方式	来源地
HN	DNA	1	a	采集	海南
BJ	种子	43	b	采集	海南、福建、广西、云南

聚果九节　*Psychotria morindoides* Hutch.

濒危等级　中国植物红色名录评估为无危（LC）。

种质库保存

保存地点	保存方式	种质份数	个体数量	引种方式	来源地
BJ	种子	1	a	采集	待确定

蔓九节　*Psychotria serpens* L.

功效主治　全株（穿根藤）：苦、微辛，微温。祛风除湿，舒筋活络，消肿止痛。用于虚弱无力，风湿关节痛，头风痛，小儿疳积，手足麻木，腰腿痛，腰肌劳损，附骨疽，多发性脓肿，跌打损伤，骨折，毒蛇咬伤。

濒危等级　浙江省重点保护植物，中国植物红色名录评估为无危（LC）。

迁地栽培保存

保存地点	种质份数	个体数量	引种方式	生长状况	来源地
HN	1	a	采集	B	海南
BJ	1	b	采集	G	待确定
GD	1	f	采集	G	待确定
GX	*	f	采集	G	广西

种质库保存

保存地点	保存方式	种质份数	个体数量	引种方式	来源地
HN	种子	9	b	采集	海南

毛九节　*Psychotria pilifera* Hutch.

濒危等级　中国特有植物，中国植物红色名录评估为无危（LC）。

种质库保存

保存地点	保存方式	种质份数	个体数量	引种方式	来源地
BJ	种子	1	a	采集	待确定

美果九节 *Psychotria calocarpa* Kurz

功效主治 全株：苦，凉。清热解毒，祛风利湿，镇静，镇痛。用于痢疾，泄泻，咳嗽，癫痫，水肿，小便涩痛，风湿腰腿痛。

濒危等级 中国植物红色名录评估为无危（LC）。

迁地栽培保存

保存地点	种质份数	个体数量	引种方式	生长状况	来源地
YN	1	a	购买	C	云南

山矾叶九节 *Psychotria symplocifolia* Kurz

濒危等级 中国植物红色名录评估为无危（LC）。

种质库保存

保存地点	保存方式	种质份数	个体数量	引种方式	来源地
BJ	种子	1	a	采集	江西

吐根九节 *Psychotria ipecacuanha* (Brot.) Standl.

功效主治 根：催吐，解毒。用于发热，感冒，咳嗽，鼻塞，腹泻，皮疹，肿痛，溃疡，鸦片毒。

迁地栽培保存

保存地点	种质份数	个体数量	引种方式	生长状况	来源地
YN	1	a	购买	C	云南

溪边九节 *Psychotria fluviatilis* Chun ex W. C. Chen

濒危等级 中国特有植物，中国植物红色名录评估为无危（LC）。

迁地栽培保存

保存地点	种质份数	个体数量	引种方式	生长状况	来源地
GX	*	f	采集	G	云南

云南九节　*Psychotria yunnanensis* Hutch.

功效主治　全株：用于风湿骨痛，跌打损伤。

濒危等级　中国特有植物，中国植物红色名录评估为无危（LC）。

种质库保存

保存地点	保存方式	种质份数	个体数量	引种方式	来源地
BJ	种子	1	a	采集	云南

咖啡属　*Coffea*

小粒咖啡　*Coffea arabica* L.

功效主治　种子：苦、涩，平。助消化，利尿，提神。

迁地栽培保存

保存地点	种质份数	个体数量	引种方式	生长状况	来源地
BJ	1	a	交换	G	北京
CQ	1	a	赠送	B	云南
HN	1	a	赠送	B	海南

种质库保存

保存地点	保存方式	种质份数	个体数量	引种方式	来源地
BJ	种子	10	a	采集	云南

大粒咖啡　*Coffea liberica* W. Bull ex Hiern

功效主治　种子：功效同小粒咖啡。

迁地栽培保存

保存地点	种质份数	个体数量	引种方式	生长状况	来源地
YN	1	a	采集	C	云南
HN	1	a	赠送	B	海南
GX	*	f	采集	G	云南

种质库保存

保存地点	保存方式	种质份数	个体数量	引种方式	来源地
BJ	种子	1	a	采集	四川

中粒咖啡 *Coffea canephora* Pierre ex A. Froehner

功效主治 种子：醒神，利尿。

迁地栽培保存

保存地点	种质份数	个体数量	引种方式	生长状况	来源地
HN	1	a	赠送	B	海南
YN	1	b	采集	C	云南

种质库保存

保存地点	保存方式	种质份数	个体数量	引种方式	来源地
BJ	种子	1	a	采集	云南
HN	种子	4	a	采集	海南

拉拉藤属 *Galium*

北方拉拉藤 *Galium boreale* L.

功效主治 全草：苦，寒。清热解毒，利尿渗湿，活血止痛。用于瘰疬，水肿，风湿头痛，风热咳嗽，皮肤病，带下病，闭经。

种质库保存

保存地点	保存方式	种质份数	个体数量	引种方式	来源地
BJ	种子	1	a	采集	云南

车叶葎 *Galium asperuloides* Edgew.

功效主治 全草：清热解毒，止痛，止血。用于感冒，肠痈，小儿口疮，痈疖肿毒，跌打损伤。

濒危等级 中国植物红色名录评估为无危（LC）。

迁地栽培保存

保存地点	种质份数	个体数量	引种方式	生长状况	来源地
GZ	1	c	采集	C	贵州

蓬子菜　*Galium verum* L.

功效主治　全草（蓬子菜）：辛、苦，寒。清热解毒，活血破瘀，利尿，通经，止痒。用于肝毒症，风热咳嗽，水肿，咽喉肿痛，稻田皮炎，瘾疹，疔疮痈肿，跌打损伤，骨折，妇女血气痛，阴道毛滴虫病，毒蛇咬伤。根：甘，寒。清热止血，活血祛瘀。用于吐血，衄血，便血，血崩，尿血，月经不调，腹痛，瘀血肿痛，跌打损伤，痢疾。

迁地栽培保存

保存地点	种质份数	个体数量	引种方式	生长状况	来源地
BJ	2	d	采集	G	江苏、陕西

四叶葎　*Galium bungei* Steud.

功效主治　全草：清热解毒，利尿消肿，止血，消食，接骨。用于小便涩痛，风热咳嗽，小儿疳积，淋浊，带下病；外用于痈疖疮肿，跌打损伤，骨折。

迁地栽培保存

保存地点	种质份数	个体数量	引种方式	生长状况	来源地
BJ	1	b	采集	G	内蒙古
GZ	1	b	采集	C	贵州
SH	1	b	采集	A	待确定

香猪殃殃　*Galium odoratum* (Linn.) Scop.

功效主治　叶、花：健胃。用于刀伤，创伤，肝胆结石。全草：杀菌，镇静。

濒危等级　中国植物红色名录评估为无危（LC）。

迁地栽培保存

保存地点	种质份数	个体数量	引种方式	生长状况	来源地
GX	2	f	采集	G	法国，待确定

原拉拉藤 *Galium aparine* L.

功效主治　全草：清热解毒，活血通络，利尿，止血。

迁地栽培保存

保存地点	种质份数	个体数量	引种方式	生长状况	来源地
BJ	1	b	采集	G	云南
GX	*	f	采集	G	广西

种质库保存

保存地点	保存方式	种质份数	个体数量	引种方式	来源地
BJ	种子	3	a	采集	云南、甘肃

沼猪殃殃 *Galium uliginosum* L.

功效主治　全草：清热解毒，消肿止痛，利尿消食。

濒危等级　中国植物红色名录评估为无危（LC）。

迁地栽培保存

保存地点	种质份数	个体数量	引种方式	生长状况	来源地
GX	*	f	采集	G	法国

猪殃殃 *Galium spurium* L.

功效主治　全草（猪殃殃）：辛、苦，凉。清热解毒，利尿消肿。用于感冒，肠痈，小便淋痛，水肿，牙龈出血，痛经，带下病，崩漏，月经不调，淋证，乳石痈，白血病；外用于乳痈初起，痈疖肿毒，跌打损伤。

迁地栽培保存

保存地点	种质份数	个体数量	引种方式	生长状况	来源地
SH	1	b	采集	A	待确定
GZ	1	c	采集	C	贵州
JS1	1	b	采集	B	江苏

种质库保存

保存地点	保存方式	种质份数	个体数量	引种方式	来源地
BJ	种子	7	b	采集	河南、云南、四川、江苏、湖北、贵州、甘肃

浓子茉莉属　*Fagerlindia*

浓子茉莉　*Fagerlindia scandens* (Thunb.) Tirveng.

濒危等级　中国植物红色名录评估为无危（LC）。

迁地栽培保存

保存地点	种质份数	个体数量	引种方式	生长状况	来源地
HN	2	a	采集	C	海南
GX	*	f	采集	G	澳门

裂果金花属　*Schizomussaenda*

裂果金花　*Schizomussaenda dehiscens* (Craib) Li

功效主治　根（大树甘草）、茎（大树甘草）：甘，平。清热解毒，利尿。用于风热感冒，肺热咳嗽，咽喉肿痛，乳蛾，水肿，小便涩痛，疟疾。叶：用于感冒咳嗽，声哑。

濒危等级　中国植物红色名录评估为无危（LC）。

迁地栽培保存

保存地点	种质份数	个体数量	引种方式	生长状况	来源地
GX	*	f	采集	G	广西

种质库保存

保存地点	保存方式	种质份数	个体数量	引种方式	来源地
BJ	种子	1	a	采集	云南

岭罗麦属 *Tarennoidea*

岭罗麦 *Tarennoidea wallichii*（Hook. f.）Tirveng. & Sastre

功效主治 树皮：消食化气。

濒危等级 中国植物红色名录评估为无危（LC）。

种质库保存

保存地点	保存方式	种质份数	个体数量	引种方式	来源地
BJ	种子	4	b	采集	云南

流苏子属 *Coptosapelta*

流苏子 *Coptosapelta diffusa*（Champ. ex Benth.）Steenis

功效主治 根：杀菌。用于疥癣，皮肤瘙痒。

濒危等级 中国植物红色名录评估为无危（LC）。

迁地栽培保存

保存地点	种质份数	个体数量	引种方式	生长状况	来源地
GX	*	f	采集	G	广西

龙船花属 *Ixora*

白花龙船花 *Ixora henryi* H. Lévl.

功效主治 全株：外用于疮疡肿毒，跌打损伤，骨折。

濒危等级 中国植物红色名录评估为无危（LC）。

迁地栽培保存

保存地点	种质份数	个体数量	引种方式	生长状况	来源地
BJ	1	a	采集	G	浙江
HN	1	a	采集	B	海南

种质库保存

保存地点	保存方式	种质份数	个体数量	引种方式	来源地
BJ	种子	1	a	采集	云南

抱茎龙船花　*Ixora amplexicaulis* C. Y. Wu & Ko

濒危等级　中国特有植物，中国植物红色名录评估为近危（NT）。

迁地栽培保存

保存地点	种质份数	个体数量	引种方式	生长状况	来源地
GX	*	f	采集	G	云南

海南龙船花　*Ixora hainanensis* Merr.

濒危等级　中国特有植物，中国植物红色名录评估为无危（LC）。

迁地栽培保存

保存地点	种质份数	个体数量	引种方式	生长状况	来源地
HN	2	a	采集	B	海南
GX	*	f	采集	G	海南

黄花龙船花　*Ixora coccinea* f. *lutea* (Hutch.) Fosberg & Sachet

功效主治　全株：甘，凉。清热凉血，消肿止痛，续筋接骨。用于咯血，胃痛，疮疡，风湿痛，月经不调，闭经，肝阳上亢，跌打损伤。

迁地栽培保存

保存地点	种质份数	个体数量	引种方式	生长状况	来源地
HN	1	b	购买	B	待确定

龙船花 *Ixora chinensis* Lam.

功效主治 全株或花（龙船花）：甘、辛，凉。调经，活血。用于月经不调，闭经，肝阳上亢。根（龙船花根）：苦、微涩，凉。行气止痛，活血通络。用于肺痨咯血，咳嗽，风湿关节痛，胃痛，跌打损伤。茎叶（龙船花茎叶）：苦、微涩，凉。祛风活络，散瘀止痛。用于跌打损伤，瘀血疼痛，疮疖痈肿，湿疹。

濒危等级 中国植物红色名录评估为无危（LC）。

迁地栽培保存

保存地点	种质份数	个体数量	引种方式	生长状况	来源地
HN	1	e	购买	B	待确定
BJ	1	b	采集	G	云南
YN	1	d	购买	A	云南
GD	1	b	采集	A	待确定
CQ	1	a	赠送	F	广西
GX	*	f	采集	G	广东

种质库保存

保存地点	保存方式	种质份数	个体数量	引种方式	来源地
BJ	种子	3	a	采集	待确定

密花龙船花 *Ixora congesta* Stapf

迁地栽培保存

保存地点	种质份数	个体数量	引种方式	生长状况	来源地
YN	1	a	购买	C	云南

泡叶龙船花　*Ixora nienkui* Merr. & Chun

功效主治　全株：清热解毒。用于胁痛。

濒危等级　中国植物红色名录评估为无危（LC）。

迁地栽培保存

保存地点	种质份数	个体数量	引种方式	生长状况	来源地
BJ	1	a	采集	G	云南

散花龙船花　*Ixora effusa* Chun & K. C. How ex Ko

濒危等级　中国植物红色名录评估为无危（LC）。

迁地栽培保存

保存地点	种质份数	个体数量	引种方式	生长状况	来源地
HN	2	a	采集	B	海南

小仙龙船花　*Ixora philippinensis* Merr.

濒危等级　中国植物红色名录评估为极危（CR）。

迁地栽培保存

保存地点	种质份数	个体数量	引种方式	生长状况	来源地
BJ	1	a	采集	G	海南

小叶龙船花　*Ixora coccinea* 'Xiaoye'

功效主治　全株：清热凉血，消肿止痛，活血化瘀，续筋接骨。用于咯血，胃痛，疮疡，跌打肿痛，风湿病，月经不调，闭经，肝阳上亢。

迁地栽培保存

保存地点	种质份数	个体数量	引种方式	生长状况	来源地
YN	2	c	购买	A	云南

种质库保存

保存地点	保存方式	种质份数	个体数量	引种方式	来源地
BJ	种子	1	a	采集	泰国

洋红龙船花　*Ixora casei* Hance

迁地栽培保存

保存地点	种质份数	个体数量	引种方式	生长状况	来源地
YN	1	c	购买	A	云南

螺序草属　*Spiradiclis*

螺序草　*Spiradiclis caespitosa* Bl.

濒危等级　中国植物红色名录评估为无危（LC）。

迁地栽培保存

保存地点	种质份数	个体数量	引种方式	生长状况	来源地
GX	*	f	采集	G	广西

毛茶属　*Antirhea*

毛茶　*Antirhea chinensis*（Champ. ex Benth.）Benth. & Hook. f. ex F. B. Forbes & Hemsl.

濒危等级　中国特有植物，中国植物红色名录评估为无危（LC）。

迁地栽培保存

保存地点	种质份数	个体数量	引种方式	生长状况	来源地
HN	2	a	采集	C	海南
GX	*	f	采集	G	澳门

帽蕊木属　*Mitragyna*

帽蕊木　*Mitragyna rotundifolia*（Roxb.）Kuntze

濒危等级　中国植物红色名录评估为无危（LC）。

种质库保存

保存地点	保存方式	种质份数	个体数量	引种方式	来源地
BJ	种子	1	a	采集	待确定

密脉木属　*Myrioneuron*

密脉木　*Myrioneuron fabri* Hemsl.

功效主治　全株：用于跌打损伤。

濒危等级　中国特有植物，中国植物红色名录评估为无危（LC）。

迁地栽培保存

保存地点	种质份数	个体数量	引种方式	生长状况	来源地
CQ	1	a	采集	C	重庆
GX	*	f	采集	G	广西

越南密脉木　*Myrioneuron tonkinense* Pit.

濒危等级　中国植物红色名录评估为无危（LC）。

迁地栽培保存

保存地点	种质份数	个体数量	引种方式	生长状况	来源地
GX	*	f	采集	G	广西

墨苜蓿属 *Richardia*

墨苜蓿 *Richardia scabra* L.

功效主治 根：发汗，催吐。

濒危等级 中国植物红色名录评估为无危（LC）。

迁地栽培保存

保存地点	种质份数	个体数量	引种方式	生长状况	来源地
GX	*	f	采集	G	法国

种质库保存

保存地点	保存方式	种质份数	个体数量	引种方式	来源地
BJ	种子	6	b	采集	待确定

南山花属 *Prismatomeris*

南山花 *Prismatomeris connata* Y. Z. Ruan

濒危等级 中国特有植物，中国植物红色名录评估为无危（LC）。

迁地栽培保存

保存地点	种质份数	个体数量	引种方式	生长状况	来源地
HN	1	a	采集	C	海南

种质库保存

保存地点	保存方式	种质份数	个体数量	引种方式	来源地
BJ	种子	1	a	采集	云南

钮扣草属 *Spermacoce*

长管糙叶丰花草 *Spermacoce articularis* L. f.

功效主治 全草：外用于鱼骨刺伤。

迁地栽培保存

保存地点	种质份数	个体数量	引种方式	生长状况	来源地
HN	2	a	采集	B	海南

种质库保存

保存地点	保存方式	种质份数	个体数量	引种方式	来源地
HN	种子	1	c	采集	海南

茜草属　*Rubia*

柄花茜草　*Rubia podantha* Diels

功效主治　根及根茎：清热解毒，凉血止血，活血祛瘀，祛风降湿。用于痢疾，腹痛，泄泻，吐血，崩漏下血，风湿骨痛，跌打肿痛，外伤出血。

濒危等级　中国特有植物，中国植物红色名录评估为无危（LC）。

种质库保存

保存地点	保存方式	种质份数	个体数量	引种方式	来源地
BJ	种子	1	a	采集	云南

长叶茜草　*Rubia dolichophylla* Schrenk

种质库保存

保存地点	保存方式	种质份数	个体数量	引种方式	来源地
BJ	种子	1	a	采集	海南

大叶茜草　*Rubia schumanniana* E. Pritz.

功效主治　根茎：苦，寒。凉血止血，祛瘀通经，健胃。用于吐血，衄血，崩漏下血，外伤出血，闭经瘀阻，关节痹痛，小儿疳积，跌打肿痛。

濒危等级　中国特有植物，中国植物红色名录评估为无危（LC）。

迁地栽培保存

保存地点	种质份数	个体数量	引种方式	生长状况	来源地
GX	*	f	采集	G	云南

钩毛茜草 *Rubia oncotricha* Hand.-Mazz.

功效主治　根及根茎：苦，寒。行血止血，通经活络，祛瘀止痛。用于便血，衄血，病后虚弱，月经不调，闭经腹痛，关节疼痛，跌打肿痛。

迁地栽培保存

保存地点	种质份数	个体数量	引种方式	生长状况	来源地
GX	*	f	采集	G	广西

种质库保存

保存地点	保存方式	种质份数	个体数量	引种方式	来源地
BJ	种子	1	a	采集	云南

金剑草 *Rubia alata* Wall.

功效主治　根及根茎：苦，寒。行血活血，通经活络，止痛。用于吐血，衄血，崩漏，闭经，月经不调，风湿骨痛，跌打损伤，牙痛。

濒危等级　中国植物红色名录评估为无危（LC）。

种质库保存

保存地点	保存方式	种质份数	个体数量	引种方式	来源地
HN	种子	3	a	采集	湖南

卵叶茜草 *Rubia ovatifolia* Z. Y. Zhang

功效主治　根及根茎：涩，平。清热解毒，利尿，消肿，退黄，止血。用于黄疸，水肿。

濒危等级　中国特有植物，中国植物红色名录评估为无危（LC）。

种质库保存

保存地点	保存方式	种质份数	个体数量	引种方式	来源地
BJ	种子	1	a	采集	待确定

茜草　*Rubia cordifolia* L.

功效主治　根及根茎（茜草）：苦，寒。凉血，止血，祛瘀，通经。用于吐血，衄血，崩漏，外伤出血，闭经瘀阻，关节痹痛，跌打肿痛。茎、叶：辛，微寒。活血消肿，止血，祛瘀。用于吐血，血崩，跌打损伤，风湿痹痛，腰痛，痈疮疔毒。

迁地栽培保存

保存地点	种质份数	个体数量	引种方式	生长状况	来源地
SC	2	f	待确定	G	四川
LN	2	d	采集	B	辽宁
BJ	2	d	采集	G	辽宁、北京
HB	2	a	采集	C	湖北
HEN	1	b	采集	A	河南
JS2	1	c	购买	C	江苏
SH	1	b	采集	A	待确定
HN	1	e	采集	B	海南
GD	1	f	采集	G	待确定
CQ	1	a	采集	C	重庆
JS1	1	a	采集	D	江苏
GX	*	f	采集	G	法国

种质库保存

保存地点	保存方式	种质份数	个体数量	引种方式	来源地
HN	种子	1	c	采集	湖南
BJ	种子	71	c	采集	安徽、重庆、云南、海南、四川、山西、辽宁、黑龙江、江西、吉林、甘肃、陕西

染色茜草 *Rubia tinctorum* L.

功效主治 根及根茎：行血止血，通经活络，止咳祛痰。

濒危等级 中国植物红色名录评估为无危（LC）。

迁地栽培保存

保存地点	种质份数	个体数量	引种方式	生长状况	来源地
GX	*	f	采集	G	法国

山东茜草 *Rubia truppeliana* Loes.

功效主治 根及根茎：凉血止血，活血祛瘀，通经，祛风湿。用于吐血，衄血，崩漏，痛经，闭经瘀阻，外伤出血，水肿，黄疸，风湿，跌打肿痛，痈疽肿毒。茎、叶：活血消肿，止血祛瘀。用于吐血，血崩，跌打损伤，风湿痹痛，腰痛，痈疮疔毒。

濒危等级 中国特有植物，中国植物红色名录评估为近危（NT）。

迁地栽培保存

保存地点	种质份数	个体数量	引种方式	生长状况	来源地
BJ	1	b	采集	G	山东

四叶茜草 *Rubia schugnanica* B. Fedtsch. ex Pojark.

濒危等级 中国植物红色名录评估为无危（LC）。

迁地栽培保存

保存地点	种质份数	个体数量	引种方式	生长状况	来源地
SC	1	f	待确定	G	四川

中国茜草 *Rubia chinensis* Regel & Maack

功效主治 根及根茎（细茜草）：苦，寒。行血止血，通经活络，止咳祛痰。用于吐血，衄血，血崩，闭经，肿痛，跌打损伤。

濒危等级 中国植物红色名录评估为无危（LC）。

迁地栽培保存

保存地点	种质份数	个体数量	引种方式	生长状况	来源地
HLJ	1	c	采集	A	黑龙江

紫参 *Rubia yunnanensis* Diels

功效主治　根及根茎（小红参）：甘、微苦，温。通经活血，祛风除湿，镇静，止痛。用于月经不调，跌打损伤，风寒湿痹，胃痛，闭经。全草：甘，平。补血活血，祛风除湿，软坚破积。用于贫血，跌打损伤，慢性胃痛，肉瘤，月经不调。

迁地栽培保存

保存地点	种质份数	个体数量	引种方式	生长状况	来源地
JS1	1	a	采集	D	江苏

茜树属　*Aidia*

茜树　*Aidia cochinchinensis* Lour.

功效主治　茎、叶：解毒，消肿。根：清热利湿，润肺止咳。用于痢疾，咳嗽。

濒危等级　中国植物红色名录评估为无危（LC）。

迁地栽培保存

保存地点	种质份数	个体数量	引种方式	生长状况	来源地
CQ	1	a	采集	C	重庆
GX	*	f	采集	G	广西

种质库保存

保存地点	保存方式	种质份数	个体数量	引种方式	来源地
HN	种子	1	b	采集	湖南

香楠　*Aidia canthioides*（Champ. ex Benth.）Masam.

功效主治　茎、叶：外用于刀伤。

濒危等级 中国植物红色名录评估为无危（LC）。

迁地栽培保存

保存地点	种质份数	个体数量	引种方式	生长状况	来源地
GX	*	f	采集	G	湖北

染木树属 *Saprosma*

染木树 *Saprosma ternatum*（Wall.）Hook. f.

功效主治 茎：用于疟疾，淋证。

濒危等级 中国植物红色名录评估为无危（LC）。

迁地栽培保存

保存地点	种质份数	个体数量	引种方式	生长状况	来源地
CQ	1	a	采集	C	重庆

瑞丽茜树属 *Fosbergia*

瑞丽茜树 *Fosbergia shweliensis*（J. Anthony）Tirveng. & Sastre

濒危等级 中国特有植物，中国植物红色名录评估为濒危（EN）。

迁地栽培保存

保存地点	种质份数	个体数量	引种方式	生长状况	来源地
GX	*	f	采集	G	云南

山石榴属 *Catunaregam*

山石榴 *Catunaregam spinosa*（Thunb.）Tirveng.

功效主治 果肉：外用于乳蛾。

濒危等级 中国植物红色名录评估为无危（LC）。

迁地栽培保存

保存地点	种质份数	个体数量	引种方式	生长状况	来源地
GD	1	a	采集	D	待确定
HN	1	a	采集	C	海南

种质库保存

保存地点	保存方式	种质份数	个体数量	引种方式	来源地
BJ	种子	5	b	采集	河北、四川、云南
HN	种子	27	c	采集	海南

蛇根草属　*Ophiorrhiza*

短小蛇根草　*Ophiorrhiza pumila* Champ. ex Benth.

功效主治　全草：苦，寒。清热解毒，止痛。用于感冒高热，顿咳，外伤感染，痈疽肿毒，毒蛇咬伤。根、叶：消肿解毒。

濒危等级　中国植物红色名录评估为无危（LC）。

迁地栽培保存

保存地点	种质份数	个体数量	引种方式	生长状况	来源地
HN	2	a	采集	C	海南
GD	1	f	采集	G	待确定

广西蛇根草　*Ophiorrhiza kwangsiensis* Merr. ex Li

迁地栽培保存

保存地点	种质份数	个体数量	引种方式	生长状况	来源地
BJ	1	b	采集	G	广西

广州蛇根草　*Ophiorrhiza cantonensis* Hance

功效主治　根：清热解毒，消肿止痛。用于吐泻，月经不调，跌打损伤。

濒危等级　中国特有植物，中国植物红色名录评估为无危（LC）。

迁地栽培保存

保存地点	种质份数	个体数量	引种方式	生长状况	来源地
GX	*	f	采集	G	广西

日本蛇根草　*Ophiorrhiza japonica* Bl.

功效主治　全草（蛇根草）：淡，平。止咳祛痰，活血调经。用于肺痨咯血，劳伤吐血，咳嗽痰喘，大便下血，月经不调；外用于扭挫伤。

濒危等级　中国植物红色名录评估为无危（LC）。

迁地栽培保存

保存地点	种质份数	个体数量	引种方式	生长状况	来源地
BJ	1	b	采集	G	安徽
CQ	1	a	采集	C	重庆
GZ	1	b	采集	C	贵州
GX	*	f	采集	G	广东

蛇根草　*Ophiorrhiza mungos* Linnaeus

功效主治　根：用于毒蛇咬伤。

迁地栽培保存

保存地点	种质份数	个体数量	引种方式	生长状况	来源地
GX	*	f	采集	G	广西

双扇金花属 *Pseudomussaenda*

拟玉叶金花 *Pseudomussaenda flava* Verdc.

迁地栽培保存

保存地点	种质份数	个体数量	引种方式	生长状况	来源地
YN	1	a	采集	C	云南

水锦树属 *Wendlandia*

垂枝水锦树 *Wendlandia pendula*（Wall.）DC.

濒危等级 中国植物红色名录评估为无危（LC）。

迁地栽培保存

保存地点	种质份数	个体数量	引种方式	生长状况	来源地
YN	1	a	采集	C	云南

粗毛水锦树 *Wendlandia tinctoria* subsp. *barbata* Cowan

濒危等级 中国植物红色名录评估为无危（LC）。

迁地栽培保存

保存地点	种质份数	个体数量	引种方式	生长状况	来源地
YN	1	a	采集	C	云南

红皮水锦树 *Wendlandia tinctoria* subsp. *intermedia*（F. C. How）W. C. Chen

濒危等级 中国特有植物，中国植物红色名录评估为无危（LC）。

迁地栽培保存

保存地点	种质份数	个体数量	引种方式	生长状况	来源地
YN	1	a	采集	C	云南

水锦树　*Wendlandia uvariifolia* Hance

功效主治　根（水锦树）：微苦，凉。祛风除湿，散瘀消肿。用于风湿关节痛，跌打损伤。叶：止血生肌。外用于外伤出血，疮疡溃烂久不收口。全株：用于膀胱湿热，小便淋痛，风湿痹痛，烫火伤。

濒危等级　中国植物红色名录评估为无危（LC）。

迁地栽培保存

保存地点	种质份数	个体数量	引种方式	生长状况	来源地
HN	2	a	采集	C	海南
GD	1	f	采集	G	待确定

水团花属　*Adina*

水团花　*Adina pilulifera*（Lam.）Franch. ex Drake

功效主治　全株或花（水团花）、果实（水团花）：苦、涩，凉。清热解毒，散瘀消肿。用于感冒发热，咳嗽，痄腮，咽喉肿痛，吐泻，浮肿，痢疾；外用于跌打损伤，骨折，疮疡肿痛，皮肤瘙痒，创伤出血。根（水团花银）：苦、涩，凉。清热利湿，行瘀消肿。用于感冒咳嗽，肝毒症，痄腮，关节痛；外用于跌打损伤。

濒危等级　中国植物红色名录评估为无危（LC）。

迁地栽培保存

保存地点	种质份数	个体数量	引种方式	生长状况	来源地
HN	2	a	采集	C	海南
GD	1	f	采集	G	待确定
GZ	1	a	采集	C	贵州
GX	*	f	采集	G	北京

种质库保存

保存地点	保存方式	种质份数	个体数量	引种方式	来源地
BJ	种子	2	b	采集	河北

细叶水团花 *Adina rubella* Hance

功效主治　全株或花（水杨梅）、果实（水杨梅）：苦、涩，凉。清热解毒，祛风解表，消肿止痛，利湿杀虫。用于风火牙痛，痢疾，皮肤湿疹，疔疮，稻田皮炎，吐泻，阴道毛滴虫病，跌打损伤，骨折，创伤出血。根（水杨梅根）：淡，平。清热解毒，散瘀止痛。用于感冒发热，痄腮，咽喉肿痛，肝毒症，风湿疼痛，肺热咳嗽，小儿惊风，跌打损伤，疖肿，下肢溃疡。

濒危等级　中国植物红色名录评估为无危（LC）。

迁地栽培保存

保存地点	种质份数	个体数量	引种方式	生长状况	来源地
BJ	2	a	采集	G	浙江、江西
LN	1	c	采集	A	辽宁

种质库保存

保存地点	保存方式	种质份数	个体数量	引种方式	来源地
BJ	种子	2	b	采集	待确定

土连翘属　*Hymenodictyon*

土连翘　*Hymenodictyon flaccidum* Wall.

功效主治　树皮：抗疟。用于疟疾。

濒危等级　中国植物红色名录评估为无危（LC）。

迁地栽培保存

保存地点	种质份数	个体数量	引种方式	生长状况	来源地
YN	1	a	采集	C	云南
GX	*	f	采集	G	广西

种质库保存

保存地点	保存方式	种质份数	个体数量	引种方式	来源地
BJ	种子	6	b	采集	云南、贵州

团花属　*Neolamarckia*

团花　*Neolamarckia cadamba*（Roxb.）Bosser

功效主治　树皮：解热。

濒危等级　中国植物红色名录评估为无危（LC）。

迁地栽培保存

保存地点	种质份数	个体数量	引种方式	生长状况	来源地
HN	1	a	赠送	C	广西
YN	1	a	采集	C	云南

种质库保存

保存地点	保存方式	种质份数	个体数量	引种方式	来源地
BJ	种子	8	b	采集	云南

弯管花属　*Chassalia*

弯管花　*Chassalia curviflora*（Wall.）Thwaites

功效主治　全株：祛风止痛，舒筋活络。用于风湿痹痛，腰腿酸痛，腰肌劳损，跌打损伤，骨折，妇女贫血，闭经。根、叶：清热解毒。

濒危等级　中国植物红色名录评估为无危（LC）。

迁地栽培保存

保存地点	种质份数	个体数量	引种方式	生长状况	来源地
HN	2	a	采集	C	海南
YN	1	a	采集	C	云南
GX	*	f	采集	G	广西

种质库保存

保存地点	保存方式	种质份数	个体数量	引种方式	来源地
HN	种子	1	b	采集	海南

乌口树属　*Tarenna*

白花苦灯笼　*Tarenna mollissima*（Hook. & Arn.）B. L. Rob.

功效主治　根（麻糖风）：辛、微苦，凉。清热解毒，祛风利湿，补脾肾。用于感冒发热，头痛，咳嗽，腰腿痛，水肿，风湿关节痛。叶：消肿，止痛。外用于枪伤，疮疖脓肿。

濒危等级　中国植物红色名录评估为无危（LC）。

迁地栽培保存

保存地点	种质份数	个体数量	引种方式	生长状况	来源地
GX	*	f	采集	G	广西

种质库保存

保存地点	保存方式	种质份数	个体数量	引种方式	来源地
BJ	种子	1	a	采集	待确定

白皮乌口树　*Tarenna depauperata* Hutch.

功效主治　叶：外用于疮疖溃烂。

濒危等级　中国植物红色名录评估为无危（LC）。

迁地栽培保存

保存地点	种质份数	个体数量	引种方式	生长状况	来源地
GX	*	f	采集	G	广西

假桂乌口树　*Tarenna attenuata*（Hook. f.）Hutch.

功效主治　全株：酸、辛、微苦。祛风消肿，散瘀止痛。用于跌打扭伤，风湿骨痛，痈，脓肿，胃肠绞痛，肝毒症。叶：外用于口疮，跌打损伤。

濒危等级 中国植物红色名录评估为无危（LC）。

迁地栽培保存

保存地点	种质份数	个体数量	引种方式	生长状况	来源地
GX	*	f	采集	G	澳门

种质库保存

保存地点	保存方式	种质份数	个体数量	引种方式	来源地
HN	种子	1	b	采集	海南

乌檀属 *Nauclea*

乌檀 *Nauclea officinalis*（Pierre ex Pit.）Merr. & Chun

功效主治 根、茎（胆木）、树皮（胆木）：苦，寒。清热解毒，止痛。用于感冒发热，乳蛾，咽喉肿痛，乳痈，泄泻，痢疾，胆胀，小便淋痛，下肢溃疡，外耳道疖肿，皮肤湿疹，疔疮。

濒危等级 海南省重点保护植物，中国植物红色名录评估为易危（VU）。

迁地栽培保存

保存地点	种质份数	个体数量	引种方式	生长状况	来源地
HN	2	a	采集	C	海南
GX	*	f	采集	G	广东

腺萼木属 *Mycetia*

华腺萼木 *Mycetia sinensis*（Hemsl.）Craib

功效主治 根：祛风除湿，利尿。用于风湿痹痛，腰痛，小便不利。

濒危等级 中国特有植物，中国植物红色名录评估为无危（LC）。

迁地栽培保存

保存地点	种质份数	个体数量	引种方式	生长状况	来源地
GX	2	f	采集	G	广西

那坡腺萼木 *Mycetia anlongensis* var. *multiciliata* H. S. Lo ex Tao Chen

濒危等级　中国特有植物，中国植物红色名录评估为近危（NT）。
迁地栽培保存

保存地点	种质份数	个体数量	引种方式	生长状况	来源地
GX	*	f	采集	G	广西

纤梗腺萼木 *Mycetia gracilis* W. G. Craib

濒危等级　中国植物红色名录评估为无危（LC）。
种质库保存

保存地点	保存方式	种质份数	个体数量	引种方式	来源地
BJ	种子	1	a	采集	云南

腺萼木 *Mycetia glandulosa* W. G. Craib

濒危等级　中国植物红色名录评估为无危（LC）。
种质库保存

保存地点	保存方式	种质份数	个体数量	引种方式	来源地
BJ	种子	1	a	采集	海南

香果树属　*Emmenopterys*

香果树 *Emmenopterys henryi* Oliv.

功效主治　根、树皮：用于反胃，呕吐。
濒危等级　中国特有植物，国家重点保护野生植物名录（第一批）二级，中国植物红色名录评估为近危（NT）。

迁地栽培保存

保存地点	种质份数	个体数量	引种方式	生长状况	来源地
HB	1	a	采集	C	湖北
BJ	1	a	采集	G	湖北
CQ	1	a	采集	C	重庆
GZ	1	a	采集	C	贵州
GX	*	f	采集	G	湖北

种质库保存

保存地点	保存方式	种质份数	个体数量	引种方式	来源地
BJ	种子	3	b	采集	云南

新耳草属　*Neanotis*

薄叶新耳草　*Neanotis hirsuta*（L. f.）Lewis

功效主治　全草：清热解毒，利尿退黄，解毒止痛。用于黄疸，水肿，毒蛇咬伤，中痧呕吐。

濒危等级　中国植物红色名录评估为无危（LC）。

迁地栽培保存

保存地点	种质份数	个体数量	引种方式	生长状况	来源地
GZ	1	a	采集	C	贵州

臭味新耳草　*Neanotis ingrata*（Wall. ex Hook. f.）W. H. Lewis

功效主治　全草：辛，凉。清热解毒，散瘀活血。用于赤眼红肿，无名肿毒，跌打损伤，毒蛇咬伤。

濒危等级　中国植物红色名录评估为无危（LC）。

种质库保存

保存地点	保存方式	种质份数	个体数量	引种方式	来源地
BJ	种子	1	a	采集	待确定

穴果木属　*Coelospermum*

穴果木　*Coelospermum kanehirae* Merr.

功效主治　茎：舒筋活络，祛风除湿。用于风湿痹痛，腰腿酸痛，风湿关节痛。

濒危等级　中国特有植物，中国植物红色名录评估为近危（NT）。

迁地栽培保存

保存地点	种质份数	个体数量	引种方式	生长状况	来源地
GX	*	f	采集	G	海南

种质库保存

保存地点	保存方式	种质份数	个体数量	引种方式	来源地
BJ	种子	1	a	采集	海南

岩黄树属　*Xanthophytum*

岩黄树　*Xanthophytum kwangtungense*（Chun & F. C. How）Lo

濒危等级　中国植物红色名录评估为无危（LC）。

迁地栽培保存

保存地点	种质份数	个体数量	引种方式	生长状况	来源地
GX	*	f	采集	G	广西

鱼骨木属　*Canthium*

大叶鱼骨木　*Canthium simile* Merr. & Chun

功效主治　根、茎、叶：接骨。用于跌打损伤，骨折。树皮：用于痢疾。

濒危等级　中国植物红色名录评估为近危（NT）。

种质库保存

保存地点	保存方式	种质份数	个体数量	引种方式	来源地
HN	种子	3	b	采集	海南

小叶铁屎米 *Canthium parvifolium* Roxb.

功效主治 根：驱虫。

种质库保存

保存地点	保存方式	种质份数	个体数量	引种方式	来源地
BJ	种子	5	b	采集	云南

鱼骨木 *Canthium dicoccum* (Gaertn.) Teysmann & Binnedijk

功效主治 树皮：解热止痛。用于感冒发热，头痛。

濒危等级 中国植物红色名录评估为无危（LC）。

迁地栽培保存

保存地点	种质份数	个体数量	引种方式	生长状况	来源地
GX	*	f	采集	G	广西

猪肚木 *Canthium horridum* Bl.

功效主治 根：用于黄疸；外用于跌打肿痛。树皮、果实：用于肝毒症。根皮：用于痢疾。叶：用于肺痨，指疗。

濒危等级 中国植物红色名录评估为无危（LC）。

迁地栽培保存

保存地点	种质份数	个体数量	引种方式	生长状况	来源地
HN	1	a	采集	C	海南
YN	1	a	购买	C	云南
GX	*	f	采集	G	广西

种质库保存

保存地点	保存方式	种质份数	个体数量	引种方式	来源地
BJ	种子	6	a	采集	河北、河南
HN	种子	2	a	采集	海南

玉叶金花属　*Mussaenda*

粗毛玉叶金花　*Mussaenda hirsutula* Miq.

功效主治　根、叶：清热，解毒，抗疟。全株：清热，疏风。

濒危等级　中国特有植物，中国植物红色名录评估为无危（LC）。

迁地栽培保存

保存地点	种质份数	个体数量	引种方式	生长状况	来源地
HN	2	a	采集	C	海南

种质库保存

保存地点	保存方式	种质份数	个体数量	引种方式	来源地
BJ	种子	3	b	采集	待确定
HN	种子	1	d	采集	海南

大叶白纸扇　*Mussaenda shikokiana* Makino

功效主治　根：祛风，降气，化痰，消炎，止痛。用于风湿关节痛，腰痛，咳嗽，毒蛇咬伤。茎、叶：甘、苦，凉。清热解毒，消肿排脓。用于感冒，小儿高热，小便不利，痢疾，无名肿毒。

濒危等级　中国植物红色名录评估为无危（LC）。

迁地栽培保存

保存地点	种质份数	个体数量	引种方式	生长状况	来源地
GX	*	f	采集	G	浙江

种质库保存

保存地点	保存方式	种质份数	个体数量	引种方式	来源地
HN	种子	1	d	采集	湖南
BJ	种子	3	a	采集	江西

大叶玉叶金花 *Mussaenda macrophylla* Wall.

濒危等级 中国植物红色名录评估为无危（LC）。

种质库保存

保存地点	保存方式	种质份数	个体数量	引种方式	来源地
BJ	种子	3	b	采集	云南

短裂玉叶金花 *Mussaenda breviloba* S. Moore

功效主治 全株：清热解毒。

濒危等级 中国植物红色名录评估为无危（LC）。

种质库保存

保存地点	保存方式	种质份数	个体数量	引种方式	来源地
BJ	种子	1	a	采集	待确定

多毛玉叶金花 *Mussaenda mollissima* C. Y. Wu ex H. H. Hsue & H. Wu

濒危等级 中国特有植物，中国植物红色名录评估为无危（LC）。

迁地栽培保存

保存地点	种质份数	个体数量	引种方式	生长状况	来源地
YN	1	a	采集	C	云南

粉叶金花　*Mussaenda hybrida* ' Alicia'

迁地栽培保存

保存地点	种质份数	个体数量	引种方式	生长状况	来源地
YN	1	b	购买	C	云南

海南玉叶金花　*Mussaenda hainanensis* Merr.

功效主治　根：祛热解毒。

濒危等级　中国特有植物，中国植物红色名录评估为无危（LC）。

迁地栽培保存

保存地点	种质份数	个体数量	引种方式	生长状况	来源地
HN	2	a	采集	C	海南

种质库保存

保存地点	保存方式	种质份数	个体数量	引种方式	来源地
HN	种子	1	b	采集	海南
BJ	种子	1	a	采集	新疆

红毛玉叶金花　*Mussaenda hossei* Craib

功效主治　根（叶天天花）：甘、淡，平。清热解毒，凉血止血，抗疟。用于疟疾。

濒危等级　中国植物红色名录评估为无危（LC）。

迁地栽培保存

保存地点	种质份数	个体数量	引种方式	生长状况	来源地
YN	1	b	采集	C	云南

种质库保存

保存地点	保存方式	种质份数	个体数量	引种方式	来源地
BJ	种子	6	c	采集	重庆、云南

红纸扇 *Mussaenda erythrophylla* Schumach. & Thonn.

功效主治 根：开胃，祛痰。

迁地栽培保存

保存地点	种质份数	个体数量	引种方式	生长状况	来源地
HN	2	a	赠送	C	海南
YN	1	b	购买	C	云南

膜叶玉叶金花 *Mussaenda membranifolia* Merr.

濒危等级 中国特有植物，中国植物红色名录评估为近危（NT）。

迁地栽培保存

保存地点	种质份数	个体数量	引种方式	生长状况	来源地
HN	2	a	采集	C	海南

楠藤 *Mussaenda erosa* Champ. ex Benth.

功效主治 茎（大茶根）、叶（大茶根）：微甘，凉。清热解毒。用于疥疮，热积，疮疡肿毒，烫火伤。

濒危等级 中国植物红色名录评估为无危（LC）。

迁地栽培保存

保存地点	种质份数	个体数量	引种方式	生长状况	来源地
HN	2	a	采集	C	海南

椭圆玉叶金花 *Mussaenda elliptica* Hutch.

濒危等级 中国特有植物，中国植物红色名录评估为无危（LC）。

迁地栽培保存

保存地点	种质份数	个体数量	引种方式	生长状况	来源地
CQ	1	a	采集	C	重庆

无柄玉叶金花 *Mussaenda sessilifolia* Hutch.

濒危等级　中国特有植物，中国植物红色名录评估为濒危（EN）。

种质库保存

保存地点	保存方式	种质份数	个体数量	引种方式	来源地
BJ	种子	1	a	采集	待确定

洋玉叶金花 *Mussaenda frondosa* L.

功效主治　根：用于小儿咳嗽。

迁地栽培保存

保存地点	种质份数	个体数量	引种方式	生长状况	来源地
HN	2	a	赠送	C	海南

玉叶金花 *Mussaenda pubescens* W. T. Aiton

功效主治　根（玉叶金花）、茎（玉叶金花）、叶（玉叶金花）：甘、淡，凉。清热解暑，凉血解毒。用于中暑，感冒，咳嗽痰喘，乳蛾，咽喉肿痛，水肿，泄泻，崩漏，野菌中毒，烫火伤，毒蛇咬伤。

濒危等级　中国植物红色名录评估为无危（LC）。

迁地栽培保存

保存地点	种质份数	个体数量	引种方式	生长状况	来源地
GD	1	f	采集	G	待确定
GZ	1	a	采集	C	贵州
SC	1	f	待确定	G	四川
GX	*	f	采集	G	广西

种质库保存

保存地点	保存方式	种质份数	个体数量	引种方式	来源地
HN	种子	1	c	采集	海南
BJ	种子	39	c	采集	重庆、云南、广西、福建

栀子属 *Gardenia*

白蟾 *Gardenia jasminoides* var. *fortuneana*（Lindley）H. Hara

濒危等级 中国植物红色名录评估为无危（LC）。

迁地栽培保存

保存地点	种质份数	个体数量	引种方式	生长状况	来源地
CQ	1	a	购买	C	重庆
HN	1	a	购买	C	海南

种质库保存

保存地点	保存方式	种质份数	个体数量	引种方式	来源地
HN	种子	1	b	采集	海南

大黄栀子 *Gardenia sootepensis* Hutch.

功效主治 叶、花、果实：清热解毒，止血，泻火，消肿，舒筋活血。用于热毒，目赤热痛，吐血，衄血，血痢；外用于跌打损伤，痈疮肿毒。

濒危等级 中国植物红色名录评估为无危（LC）。

迁地栽培保存

保存地点	种质份数	个体数量	引种方式	生长状况	来源地
YN	1	a	购买	C	云南

海南栀子 *Gardenia hainanensis* Merr.

功效主治 果实：清热利湿，泻火解毒。

濒危等级 中国特有植物，海南省重点保护植物，中国植物红色名录评估为易危（VU）。

迁地栽培保存

保存地点	种质份数	个体数量	引种方式	生长状况	来源地
HN	2	a	采集	C	海南

雀舌栀子 *Gardenia jasminoides* ' Radicans'

功效主治　果实：苦，寒。清热解毒。用于热毒，扭伤，黄疸，鼻衄，水肿。

迁地栽培保存

保存地点	种质份数	个体数量	引种方式	生长状况	来源地
GZ	1	a	采集	C	贵州
YN	1	b	购买	C	云南

狭叶栀子 *Gardenia stenophylla* Merr.

功效主治　果实：苦，寒。清热解毒，凉血泻火。用于黄疸，感冒高热，瘰疬，水肿，流行性脑脊髓膜炎，吐血，烫火伤，疮疡肿痛，跌打损伤，断肠草、羊角拗中毒。

濒危等级　中国植物红色名录评估为无危（LC）。

迁地栽培保存

保存地点	种质份数	个体数量	引种方式	生长状况	来源地
HN	2	a	采集	C	海南
JS1	1	a	购买	D	江苏
GX	*	f	采集	G	广西

栀子 *Gardenia jasminoides* Ellis

功效主治　果实：清热解毒，凉血，止血。花：用于产后子宫收缩疼痛。

濒危等级　中国植物红色名录评估为无危（LC）。

迁地栽培保存

保存地点	种质份数	个体数量	引种方式	生长状况	来源地
FJ	6	b	采集	A	福建、江西、广西
SC	4	f	待确定	G	四川
SH	2	b	采集	A	待确定
GX	2	f	采集	G	中国海南，德国
GD	2	a	采集	D	待确定

续表

保存地点	种质份数	个体数量	引种方式	生长状况	来源地
CQ	2	a	购买	C	重庆
BJ	2	c	购买	G	北京
GZ	1	b	采集	C	贵州
JS2	1	d	购买	C	江苏
JS1	1	b	购买	C	江苏
HN	1	a	采集	C	海南
YN	1	a	购买	C	云南
HB	1	a	采集	C	湖北
HLJ	1	a	购买	A	安徽

种质库保存

保存地点	保存方式	种质份数	个体数量	引种方式	来源地
HN	种子	1	a	采集	福建
BJ	种子	69	d	采集	河南、四川、河北、湖北、安徽、云南、福建、贵州、广西、海南

蔷薇科　Rosaceae

白鹃梅属　*Exochorda*

白鹃梅　*Exochorda racemosa*（Lindl.）Rehder

功效主治　根皮、树皮：用于腰骨酸痛。

濒危等级　中国特有植物，中国植物红色名录评估为无危（LC）。

迁地栽培保存

保存地点	种质份数	个体数量	引种方式	生长状况	来源地
BJ	2	b	采集	C	浙江、湖北
JS1	1	a	购买	D	江苏

种质库保存

保存地点	保存方式	种质份数	个体数量	引种方式	来源地
BJ	种子	3	a	采集	安徽

扁核木属　*Prinsepia*

扁核木　*Prinsepia utilis* Royle

功效主治　根：虚咳，久咳。茎叶：用于痈痈毒疮，毒蛇咬伤，风火牙痛，骨折，枪伤。果实：苦、辛，温。消食健胃。用于目翳多泪，消化不良，食积。

濒危等级　中国植物红色名录评估为无危（LC）。

迁地栽培保存

保存地点	种质份数	个体数量	引种方式	生长状况	来源地
GZ	1	b	采集	C	贵州
GX	*	f	采集	G	辽宁

种质库保存

保存地点	保存方式	种质份数	个体数量	引种方式	来源地
BJ	种子	4	a	采集	四川、江西、河北

东北扁核木　*Prinsepia sinensis* (Oliv.) Oliv. ex Bean

功效主治　种子：清肝明目。

濒危等级　中国特有植物，吉林省三级保护植物，中国植物红色名录评估为近危（NT）。

迁地栽培保存

保存地点	种质份数	个体数量	引种方式	生长状况	来源地
BJ	1	a	采集	G	内蒙古

蕤核　*Prinsepia uniflora* Batalin

功效主治　种仁（蕤仁）：甘，微寒。养肝明目，疏风散热。用于目赤肿痛，睑缘赤烂，目暗羞明。

濒危等级 中国特有植物，中国植物红色名录评估为无危（LC）。

迁地栽培保存

保存地点	种质份数	个体数量	引种方式	生长状况	来源地
BJ	1	a	采集	G	内蒙古

种质库保存

保存地点	保存方式	种质份数	个体数量	引种方式	来源地
BJ	种子	7	b	采集	重庆、山西

草莓属 *Fragaria*

草莓 *Fragaria × ananassa* Duchesne

功效主治 果实：清凉止渴，健胃消食。

迁地栽培保存

保存地点	种质份数	个体数量	引种方式	生长状况	来源地
HLJ	1	c	购买	A	黑龙江
GX	*	f	采集	G	山东、广西

东方草莓 *Fragaria orientalis* Lozinsk.

功效主治 果实：止渴生津，祛痰。

濒危等级 中国植物红色名录评估为无危（LC）。

迁地栽培保存

保存地点	种质份数	个体数量	引种方式	生长状况	来源地
CQ	1	b	采集	C	重庆
GX	*	f	采集	G	湖北

黄毛草莓 *Fragaria nilgerrensis* Schltdl. ex Gay

功效主治 全草（白草莓）：甘、苦，寒。清热解毒，祛风止咳。用于风热咳嗽，顿咳，口腔破溃，痢疾，尿血，疖疮。

濒危等级　中国植物红色名录评估为无危（LC）。

迁地栽培保存

保存地点	种质份数	个体数量	引种方式	生长状况	来源地
GZ	1	b	采集	C	贵州
CQ	1	a	采集	F	重庆

纤细草莓　*Fragaria gracilis* Losinsk.

功效主治　全草：清热解毒，散瘀消肿。

濒危等级　中国特有植物，中国植物红色名录评估为无危（LC）。

迁地栽培保存

保存地点	种质份数	个体数量	引种方式	生长状况	来源地
BJ	1	b	采集	G	甘肃

野草莓　*Fragaria vesca* L.

功效主治　果实：清热解毒，补肺利咽。

濒危等级　中国植物红色名录评估为无危（LC）。

迁地栽培保存

保存地点	种质份数	个体数量	引种方式	生长状况	来源地
BJ	1	b	采集	G	内蒙古
GX	*	f	采集	G	法国

稠李属　*Padus*

斑叶稠李　*Padus maackii*（Rupr.）Kom.

功效主治　果实、叶：止痢。

濒危等级　中国植物红色名录评估为无危（LC）。

迁地栽培保存

保存地点	种质份数	个体数量	引种方式	生长状况	来源地
JS1	1	a	购买	D	江苏

稠李 *Padus racemosa*（Lam.）Gilib.

功效主治 叶：镇咳祛痰。

濒危等级 中国植物红色名录评估为无危（LC）。

迁地栽培保存

保存地点	种质份数	个体数量	引种方式	生长状况	来源地
NMG	1	a	购买	F	内蒙古
HB	1	a	采集	C	待确定
BJ	1	a	采集	G	待确定

种质库保存

保存地点	保存方式	种质份数	个体数量	引种方式	来源地
BJ	种子	7	a	采集	内蒙古、甘肃

短梗稠李 *Padus brachypoda*（Batalin）C. K. Schneid.

功效主治 根、叶、果实：用于筋骨扭伤。

濒危等级 中国特有植物，中国植物红色名录评估为无危（LC）。

迁地栽培保存

保存地点	种质份数	个体数量	引种方式	生长状况	来源地
GX	*	f	采集	G	湖北

种质库保存

保存地点	保存方式	种质份数	个体数量	引种方式	来源地
BJ	种子	6	a	采集	待确定

灰叶稠李　*Padus grayana*（Maxim.）C. K. Schneid.

濒危等级　中国植物红色名录评估为无危（LC）。

迁地栽培保存

保存地点	种质份数	个体数量	引种方式	生长状况	来源地
GX	*	f	采集	G	湖南

细齿稠李　*Padus obtusata*（Koehne）T. T. Yu & T. C. Ku

濒危等级　中国特有植物，中国植物红色名录评估为无危（LC）。

迁地栽培保存

保存地点	种质份数	个体数量	引种方式	生长状况	来源地
BJ	1	a	采集	G	江西

地榆属　*Sanguisorba*

大白花地榆　*Sanguisorba sitchensis* C. A. Mey.

功效主治　嫩茎、叶：收敛止血。

濒危等级　中国植物红色名录评估为无危（LC）。

迁地栽培保存

保存地点	种质份数	个体数量	引种方式	生长状况	来源地
BJ	1	d	采集	G	北京

地榆　*Sanguisorba officinalis* L.

功效主治　根（地榆）：苦、酸、涩，凉。凉血止血，解毒敛疮。用于便血，痔血，血痢，崩漏，烫火伤，痈肿疮毒。

濒危等级　中国植物红色名录评估为无危（LC）。

迁地栽培保存

保存地点	种质份数	个体数量	引种方式	生长状况	来源地
HB	2	e	采集	A	湖北
FJ	2	a	采集	A	福建
BJ	12	d	采集	G	广西、河北、山东、山西、辽宁
SH	1	b	采集	A	待确定
SC	1	f	待确定	G	四川
JS2	1	d	购买	C	江苏
HEN	1	b	采集	A	河南
CQ	1	a	赠送	C	贵州
LN	1	d	采集	B	辽宁
JS1	1	a	采集	B	江苏
GX	*	f	采集	G	广西

种质库保存

保存地点	保存方式	种质份数	个体数量	引种方式	来源地
BJ	种子	53	c	采集	贵州、上海、安徽、山西、吉林、重庆、辽宁、甘肃、河北、内蒙古

长叶地榆　*Sanguisorba officinalis* var. *longifolia*（Bertol.）Yü et Li

功效主治　根（地榆）：性味功效同地榆。

濒危等级　中国植物红色名录评估为无危（LC）。

迁地栽培保存

保存地点	种质份数	个体数量	引种方式	生长状况	来源地
BJ	1	d	采集	G	湖北
CQ	1	a	采集	C	重庆
SC	1	f	待确定	G	四川
GX	*	f	采集	G	重庆

种质库保存

保存地点	保存方式	种质份数	个体数量	引种方式	来源地
BJ	种子	1	a	采集	贵州

粉花地榆 *Sanguisorba officinalis* var. *carnea*（Fisch.）Regel ex Maxim.

濒危等级　中国植物红色名录评估为无危（LC）。

迁地栽培保存

保存地点	种质份数	个体数量	引种方式	生长状况	来源地
GX	*	f	采集	G	山东

宽蕊地榆 *Sanguisorba applanata* Yu & Li

濒危等级　中国特有植物，中国植物红色名录评估为无危（LC）。

迁地栽培保存

保存地点	种质份数	个体数量	引种方式	生长状况	来源地
BJ	1	d	采集	G	山东
GX	*	f	采集	G	山东

细叶地榆 *Sanguisorba tenuifolia* Fisch. ex Link

功效主治　根：凉血，止血。

迁地栽培保存

保存地点	种质份数	个体数量	引种方式	生长状况	来源地
JS2	1	c	购买	C	江苏
SH	1	b	采集	A	待确定
BJ	1	d	赠送	G	前苏联
GX	*	f	采集	G	日本

种质库保存

保存地点	保存方式	种质份数	个体数量	引种方式	来源地
BJ	种子	1	a	采集	山西

小白花地榆　*Sanguisorba tenuifolia* var. *alba* Trautv. et Mey.

濒危等级　中国植物红色名录评估为无危（LC）。

迁地栽培保存

保存地点	种质份数	个体数量	引种方式	生长状况	来源地
BJ	1	d	采集	G	北京

种质库保存

保存地点	保存方式	种质份数	个体数量	引种方式	来源地
BJ	种子	1	a	采集	黑龙江

棣棠花属　*Kerria*

棣棠花　*Kerria japonica*（L.）DC.

功效主治　枝叶、花（棣棠花）：微苦、涩，平。止咳化痰，健脾，祛风，清热解毒。用于肺热咳嗽，消化不良，风湿痹痛，痈疽肿毒，瘾疹，湿疹。

濒危等级　中国植物红色名录评估为无危（LC）。

迁地栽培保存

保存地点	种质份数	个体数量	引种方式	生长状况	来源地
HB	1	b	采集	C	湖北
JS1	1	d	购买	B	江苏
GZ	1	a	采集	C	贵州
BJ	1	b	采集	G	北京
CQ	1	a	采集	C	重庆
SH	1	a	采集	A	待确定
GX	*	f	采集	G	上海、山东

重瓣棣棠花 *Kerria japonica* f. *pleniflora*（Witte）Rehd.

迁地栽培保存

保存地点	种质份数	个体数量	引种方式	生长状况	来源地
CQ	1	a	购买	C	重庆
BJ	1	b	购买	G	北京

桂樱属 *Laurocerasus*

刺叶桂樱 *Laurocerasus spinulosa*（Siebold & Zucc.）C. K. Schneid.

功效主治 种子：用于痢疾。

濒危等级 中国植物红色名录评估为无危（LC）。

迁地栽培保存

保存地点	种质份数	个体数量	引种方式	生长状况	来源地
GX	*	f	采集	G	湖北

大叶桂樱 *Laurocerasus zippeliana*（Miq.）Browicz

功效主治 根、叶：用于鹤膝风，跌打损伤。叶：镇咳祛痰，祛风解毒。用于咳嗽，喘息，子宫痉挛；外用于全身瘙痒。

濒危等级 中国植物红色名录评估为无危（LC）。

迁地栽培保存

保存地点	种质份数	个体数量	引种方式	生长状况	来源地
GX	*	f	采集	G	云南

华南桂樱 *Laurocerasus fordiana*（Dunn）Browicz

濒危等级 中国植物红色名录评估为无危（LC）。

迁地栽培保存

保存地点	种质份数	个体数量	引种方式	生长状况	来源地
GX	*	f	采集	G	广西

尖叶桂樱 *Laurocerasus undulata*（Buch.-Ham. ex D. Don）M. Roem.

濒危等级 中国植物红色名录评估为无危（LC）。

迁地栽培保存

保存地点	种质份数	个体数量	引种方式	生长状况	来源地
GX	*	f	采集	G	广西

腺叶桂樱 *Laurocerasus phaeosticta*（Hance）C. K. Schneid.

功效主治 种子：用于闭经，疮疡肿毒，大便燥结。

迁地栽培保存

保存地点	种质份数	个体数量	引种方式	生长状况	来源地
HN	1	a	采集	C	海南
GX	*	f	采集	G	广西

红果树属 *Stranvaesia*

波叶红果树 *Stranvaesia davidiana* Dcne. var. *undulata*（Dcne.）Rehd. & Wils.

濒危等级 中国特有植物，中国植物红色名录评估为无危（LC）。

迁地栽培保存

保存地点	种质份数	个体数量	引种方式	生长状况	来源地
GX	*	f	采集	G	湖北

种质库保存

保存地点	保存方式	种质份数	个体数量	引种方式	来源地
BJ	种子	1	a	采集	甘肃

红果树　*Stranvaesia davidiana* Dcne.

功效主治　根：活血止血，祛风利湿。叶：解毒消肿。

濒危等级　中国植物红色名录评估为无危（LC）。

迁地栽培保存

保存地点	种质份数	个体数量	引种方式	生长状况	来源地
CQ	1	a	采集	C	重庆
GX	*	f	采集	G	云南

种质库保存

保存地点	保存方式	种质份数	个体数量	引种方式	来源地
BJ	种子	7	b	采集	安徽、河北、山西、贵州、内蒙古、吉林、重庆、宁夏、青海

绒毛红果树　*Stranvaesia tomentosa* T. T. Yu & T. C. Ku

功效主治　根、果实：益气活血。

濒危等级　中国特有植物，中国植物红色名录评估为无危（LC）。

迁地栽培保存

保存地点	种质份数	个体数量	引种方式	生长状况	来源地
CQ	1	a	采集	C	重庆

种质库保存

保存地点	保存方式	种质份数	个体数量	引种方式	来源地
BJ	种子	1	a	采集	河北

花楸属　*Sorbus*

湖北花楸　*Sorbus hupehensis* C. K. Schneid.

功效主治　树皮：用于咳嗽痰喘。

濒危等级　中国特有植物，中国植物红色名录评估为无危（LC）。

迁地栽培保存

保存地点	种质份数	个体数量	引种方式	生长状况	来源地
GX	*	f	采集	G	法国

花楸树　*Sorbus pohuashanensis*（Hance）Hedl.

功效主治　果实、茎（花楸）：甘、苦，寒。镇咳祛痰，健脾利水。用于肺痨，水肿，哮喘咳嗽，吐泻，胃痛。

濒危等级　中国特有植物，吉林省三级保护植物，中国植物红色名录评估为无危（LC）。

迁地栽培保存

保存地点	种质份数	个体数量	引种方式	生长状况	来源地
HLJ	1	b	购买	A	黑龙江
GX	*	f	采集	G	广西

种质库保存

保存地点	保存方式	种质份数	个体数量	引种方式	来源地
BJ	种子	1	a	采集	待确定

华西花楸　*Sorbus wilsoniana* C. K. Schneid.

濒危等级　中国特有植物，中国植物红色名录评估为无危（LC）。

种质库保存

保存地点	保存方式	种质份数	个体数量	引种方式	来源地
BJ	种子	1	a	采集	甘肃

江南花楸 *Sorbus hemsleyi* (C. K. Schneid.) Rehder

功效主治 根、树皮、果实：镇咳，祛痰，健胃利水。

濒危等级 中国特有植物，中国植物红色名录评估为无危（LC）。

迁地栽培保存

保存地点	种质份数	个体数量	引种方式	生长状况	来源地
CQ	1	a	采集	C	重庆
GX	*	f	采集	G	广西

种质库保存

保存地点	保存方式	种质份数	个体数量	引种方式	来源地
BJ	种子	4	a	采集	待确定

毛序花楸 *Sorbus keissleri* (C. K. Schneid.) Rehder

功效主治 花、叶：健胃，助消化。果实：恢复体力。用于机体疲乏无力。

濒危等级 中国特有植物，中国植物红色名录评估为无危（LC）。

迁地栽培保存

保存地点	种质份数	个体数量	引种方式	生长状况	来源地
GX	*	f	采集	G	广西

美脉花楸 *Sorbus caloneura* (Stapf) Rehder

功效主治 果实、根：消积健胃，助消化，收敛止泻。枝叶：消炎，止血。用于无名肿毒，乳痈，刀伤出血。

濒危等级 中国植物红色名录评估为无危（LC）。

迁地栽培保存

保存地点	种质份数	个体数量	引种方式	生长状况	来源地
GX	*	f	采集	G	比利时

石灰花楸 *Sorbus folgneri* (C. K. Schneid.) Rehder

功效主治 果实：用于体虚劳倦。

濒危等级 中国特有植物，中国植物红色名录评估为无危（LC）。

迁地栽培保存

保存地点	种质份数	个体数量	引种方式	生长状况	来源地
CQ	1	a	采集	C	重庆

种质库保存

保存地点	保存方式	种质份数	个体数量	引种方式	来源地
BJ	种子	4	a	采集	海南

水榆花楸 *Sorbus alnifolia* (Siebold & Zucc.) C. Koch

功效主治 果实（水榆果）：用于体虚劳倦。

濒危等级 中国植物红色名录评估为无危（LC）。

迁地栽培保存

保存地点	种质份数	个体数量	引种方式	生长状况	来源地
GX	*	f	采集	G	日本

种质库保存

保存地点	保存方式	种质份数	个体数量	引种方式	来源地
BJ	种子	6	b	采集	云南

四川花楸 *Sorbus setschwanensis* (C. K. Schneid.) Koehne

濒危等级 中国特有植物，中国植物红色名录评估为无危（LC）。

迁地栽培保存

保存地点	种质份数	个体数量	引种方式	生长状况	来源地
BJ	1	b	采集	G	待确定
GX	*	f	采集	G	西藏

疣果花楸 *Sorbus granulosa*（Bertol.）Rehder

濒危等级 中国植物红色名录评估为无危（LC）。

迁地栽培保存

保存地点	种质份数	个体数量	引种方式	生长状况	来源地
GX	*	f	采集	G	广西

火棘属 *Pyracantha*

火棘 *Pyracantha fortuneana*（Maxim.）H. L. Li

功效主治 根（红子根）：酸、涩，平。清热凉血。用于虚劳骨蒸，闭经，跌打损伤。叶（救军粮叶）：甘、酸，平。清热解毒。用于疮疡肿毒。果实（赤阳子）：甘、酸，平。消积止痢，活血，止血。用于消化不良，痢疾，崩漏，带下病，产后腹痛。

濒危等级 中国特有植物，中国植物红色名录评估为无危（LC）。

迁地栽培保存

保存地点	种质份数	个体数量	引种方式	生长状况	来源地
BJ	3	a	采集	c	四川、江西、广西
SC	2	f	待确定	G	四川
SH	2	a	采集	A	待确定
JS2	1	b	购买	C	江苏
JS1	1	b	购买	C	江苏
HB	1	b	采集	C	湖北
GZ	1	c	采集	C	贵州
GD	1	f	采集	G	待确定
CQ	1	a	采集	C	重庆
GX	*	f	采集	G	广西、浙江

种质库保存

保存地点	保存方式	种质份数	个体数量	引种方式	来源地
HN	种子	2	c	采集	湖南
BJ	种子	90	d	采集	海南、重庆、浙江、云南、四川、河南、山西、辽宁、贵州、湖北、福建、江苏

全缘火棘 *Pyracantha atalantioides*（Hance）Stapf

功效主治 果实、叶、根：清热解毒，凉血活血，消肿止痛，止血止泻，拔脓。用于腹泻，各种出血，附骨疽。

濒危等级 中国特有植物，中国植物红色名录评估为无危（LC）。

种质库保存

保存地点	保存方式	种质份数	个体数量	引种方式	来源地
BJ	种子	1	a	采集	重庆

细圆齿火棘 *Pyracantha crenulata*（D. Don）M. Roem.

功效主治 根、叶：用于劳伤腰痛，肠风下血，疔疮，盗汗。

濒危等级 中国植物红色名录评估为无危（LC）。

迁地栽培保存

保存地点	种质份数	个体数量	引种方式	生长状况	来源地
GX	*	f	采集	G	广西

种质库保存

保存地点	保存方式	种质份数	个体数量	引种方式	来源地
BJ	种子	2	a	采集	重庆、浙江

鸡麻属 *Rhodotypos*

鸡麻 *Rhodotypos scandens*（Thunb.）Makino

功效主治 根（鸡麻）、果实（鸡麻）：用于血虚肾亏。

迁地栽培保存

保存地点	种质份数	个体数量	引种方式	生长状况	来源地
BJ	1	c	采集	G	待确定
GX	*	f	采集	G	日本

假升麻属　*Aruncus*

假升麻　*Aruncus sylvester* Kostel. ex Maxim.

功效主治　根（升麻草）：用于跌打损伤，劳伤，筋骨痛。

濒危等级　中国植物红色名录评估为无危（LC）。

迁地栽培保存

保存地点	种质份数	个体数量	引种方式	生长状况	来源地
BJ	2	b	采集	G	陕西、河南
GX	*	f	采集	G	日本

种质库保存

保存地点	保存方式	种质份数	个体数量	引种方式	来源地
BJ	种子	1	a	采集	重庆

金露梅属　*Dasiphora*

伏毛金露梅　*Dasiphora arbuscula*（D. Don）Soják

濒危等级　中国植物红色名录评估为无危（LC）。

迁地栽培保存

保存地点	种质份数	个体数量	引种方式	生长状况	来源地
BJ	1	a	采集	G	陕西

金露梅　*Dasiphora fruticosa*（L.）Rydb.

功效主治　叶（药王茶）：甘，平。清暑热，益脑，清心，调经，健胃。用于暑热眩晕，两目不清，胃气不和，食滞，月经不调。

濒危等级　中国植物红色名录评估为无危（LC）。

迁地栽培保存

保存地点	种质份数	个体数量	引种方式	生长状况	来源地
BJ	3	b	采集	G	甘肃、河北、新疆
GX	*	f	采集	G	法国

种质库保存

保存地点	保存方式	种质份数	个体数量	引种方式	来源地
BJ	种子	4	a	采集	甘肃

银露梅　*Dasiphora glabra* Lodd.

功效主治　茎（银老梅）、叶（银老梅）、花（银老梅）：甘，温。理气散寒，镇痛固齿，利尿消水。用于牙痛。

迁地栽培保存

保存地点	种质份数	个体数量	引种方式	生长状况	来源地
BJ	1	a	采集	G	山西

种质库保存

保存地点	保存方式	种质份数	个体数量	引种方式	来源地
BJ	种子	1	a	采集	甘肃

梨属　*Pyrus*

川梨　*Pyrus pashia* Buch.-Ham. ex D. Don

功效主治　茎内皮：止泻，止痢。用于泄泻，痢疾。

濒危等级　中国植物红色名录评估为无危（LC）。

种质库保存

保存地点	保存方式	种质份数	个体数量	引种方式	来源地
BJ	种子	1	a	采集	重庆

豆梨 *Pyrus calleryana* Decne.

功效主治　根皮（鹿梨根皮）：甘、淡，平。止咳。果皮：甘、涩，凉。清热，生津，收敛。

濒危等级　中国植物红色名录评估为无危（LC）。

迁地栽培保存

保存地点	种质份数	个体数量	引种方式	生长状况	来源地
YN	1	a	采集	C	云南
BJ	*	a	采集	G	待确定

种质库保存

保存地点	保存方式	种质份数	个体数量	引种方式	来源地
BJ	种子	1	a	采集	待确定

杜梨 *Pyrus betulifolia* Bunge

功效主治　枝叶：用于霍乱，吐泻，转筋腹痛，反胃吐食。树皮：用于皮肤溃疡。果实：酸、甘、涩，寒。消食止痢。用于泄泻，痢疾。

濒危等级　中国植物红色名录评估为无危（LC）。

迁地栽培保存

保存地点	种质份数	个体数量	引种方式	生长状况	来源地
JS1	1	a	购买	C	江苏
GX	*	f	采集	G	山东、湖南

梨 *Pyrus × michauxii* Bosc ex Poir.

迁地栽培保存

保存地点	种质份数	个体数量	引种方式	生长状况	来源地
GZ	1	b	采集	C	贵州
BJ	1	a	采集	G	待确定
CQ	1	a	采集	C	重庆

麻梨 *Pyrus serrulata* Rehder

功效主治 果实：生津，润燥，清热，化痰。

濒危等级 中国特有植物，中国植物红色名录评估为无危（LC）。

迁地栽培保存

保存地点	种质份数	个体数量	引种方式	生长状况	来源地
CQ	1	a	采集	C	重庆
ZJ	1	c	购买	A	浙江

木梨 *Pyrus xerophila* T. T. Yu

濒危等级 中国特有植物，中国植物红色名录评估为无危（LC）。

种质库保存

保存地点	保存方式	种质份数	个体数量	引种方式	来源地
BJ	种子	8	b	采集	云南、甘肃

秋子梨 *Pyrus ussuriensis* Maxim.

功效主治 果实：祛痰止咳。用于肺热，咳嗽，多痰。叶：利水。用于水肿，小便不利。

迁地栽培保存

保存地点	种质份数	个体数量	引种方式	生长状况	来源地
NMG	1	a	购买	F	内蒙古

种质库保存

保存地点	保存方式	种质份数	个体数量	引种方式	来源地
BJ	种子	4	a	采集	吉林、辽宁

沙梨 *Pyrus pyrifolia*（Burm. f.）Nakai

功效主治 果实：甘、涩，凉。清暑解渴，生津润燥。用于热病津伤，烦渴，痰热惊狂，噎膈，便秘。

濒危等级 中国植物红色名录评估为无危（LC）。

迁地栽培保存

保存地点	种质份数	个体数量	引种方式	生长状况	来源地
CQ	1	a	采集	C	重庆
BJ	1	b	采集	C	江西

楔叶豆梨 *Pyrus calleryana* Decne. var. *koehnei*（Schneid.）Yü

濒危等级 中国特有植物，中国植物红色名录评估为无危（LC）。

迁地栽培保存

保存地点	种质份数	个体数量	引种方式	生长状况	来源地
GX	*	f	采集	G	广西

李属 *Prunus*

碧桃 *Prunus persica*' Duplex'

迁地栽培保存

保存地点	种质份数	个体数量	引种方式	生长状况	来源地
GX	*	f	采集	G	北京

垂枝碧桃 *Prunus persica* 'Pendula'

迁地栽培保存

保存地点	种质份数	个体数量	引种方式	生长状况	来源地
HB	1	a	采集	C	待确定

高盆樱桃 *Prunus cerasoides* (Buch.-Ham. ex D. Don)

功效主治 种仁：润燥滑肠，下气利水。用于便秘，瘀血肿痛，跌打损伤，风痹，闭经。

濒危等级 中国植物红色名录评估为无危（LC）。

迁地栽培保存

保存地点	种质份数	个体数量	引种方式	生长状况	来源地
YN	1	a	采集	D	云南

黑刺李 *Prunus spinosa* L.

功效主治 种子：解热生津，止痢。

迁地栽培保存

保存地点	种质份数	个体数量	引种方式	生长状况	来源地
GX	*	f	采集	G	德国、法国

红花碧桃 *Prunus persica* 'Rubro-plena'

迁地栽培保存

保存地点	种质份数	个体数量	引种方式	生长状况	来源地
SH	1	a	采集	A	待确定

红梅 *Prunus mume* f. *alphandii*（CarriŠre）Rehder

迁地栽培保存

保存地点	种质份数	个体数量	引种方式	生长状况	来源地
CQ	1	a	采集	A	重庆

李 *Prunus salicina* Lindl.

功效主治　根皮：大寒。利湿解毒。叶：甘、酸，平。清热解毒。种子：苦，平。活血祛瘀，滑肠利水。果实：甘、酸，平。清肝涤热，生津利水。

迁地栽培保存

保存地点	种质份数	个体数量	引种方式	生长状况	来源地
HN	1	a	赠送	C	海南
ZJ	1	c	购买	A	浙江
HLJ	1	a	购买	A	黑龙江
HB	1	a	采集	C	湖北
GZ	1	b	采集	C	贵州
GD	1	f	采集	G	待确定
CQ	1	a	采集	C	重庆
BJ	1	b	购买	G	待确定
GX	*	f	采集	G	广西

种质库保存

保存地点	保存方式	种质份数	个体数量	引种方式	来源地
BJ	种子	31	b	采集	云南、安徽、湖北

千瓣白桃 *Prunus persica* 'Albo-plena'

迁地栽培保存

保存地点	种质份数	个体数量	引种方式	生长状况	来源地
SH	1	a	采集	A	待确定

日本晚樱 *Prunus serrulata*（Lindl.）Loudon var. *lannesiana*（Carri.）Makino

迁地栽培保存

保存地点	种质份数	个体数量	引种方式	生长状况	来源地
BJ	1	b	购买	G	待确定
CQ	1	a	购买	C	重庆
SH	1	a	采集	A	待确定
JS2	1	e	购买	C	江苏

寿星桃 *Prunus persica* 'Densa'

迁地栽培保存

保存地点	种质份数	个体数量	引种方式	生长状况	来源地
HB	1	a	采集	C	待确定
SH	1	b	采集	A	待确定

杏李 *Prunus simonii* Carrière

功效主治 根（鸡血李）、叶（鸡血李）：苦，平。活血，调经。用于跌打损伤，闭经，吐血。

濒危等级 中国植物红色名录评估为无危（LC）。

迁地栽培保存

保存地点	种质份数	个体数量	引种方式	生长状况	来源地
BJ	1	b	购买	G	云南

野杏 *Prunus armeniaca* var. *ansu* Maxim.

功效主治 种子：苦，微温。有小毒。降气止咳平喘，润肠通便。用于咳嗽胸满痰多，血虚津枯，肠燥便秘。

濒危等级 中国植物红色名录评估为近危（NT）。

种质库保存

保存地点	保存方式	种质份数	个体数量	引种方式	来源地
BJ	种子	8	a	采集	湖北

樱桃李 *Prunus cerasifera* Ehrh.

功效主治 种子：镇咳，活血，止痢，润肠。

濒危等级 国家重点保护野生植物名录（第二批）二级，中国植物红色名录评估为无危（LC）。

迁地栽培保存

保存地点	种质份数	个体数量	引种方式	生长状况	来源地
HB	1	a	采集	C	待确定
GZ	1	b	采集	C	贵州
GX	*	f	采集	G	山东

种质库保存

保存地点	保存方式	种质份数	个体数量	引种方式	来源地
BJ	种子	6	a	采集	云南

龙牙草属 *Agrimonia*

黄龙尾 *Agrimonia pilosa* Ldb. var. *nepalensis*（D. Don）Nakai

迁地栽培保存

保存地点	种质份数	个体数量	引种方式	生长状况	来源地
BJ	1	c	采集	G	江西

种质库保存

保存地点	保存方式	种质份数	个体数量	引种方式	来源地
BJ	种子	1	a	采集	内蒙古

龙牙草 *Agrimonia pilosa* Ldb.

功效主治　地上部分（仙鹤草）：涩、辛，平。收敛止血，截疟，止痢，解毒。用于吐血，咯血，尿血，便血，劳伤。芽（鹤草芽）：苦、涩，平。驱虫。用于绦虫病。

濒危等级　中国植物红色名录评估为无危（LC）。

迁地栽培保存

保存地点	种质份数	个体数量	引种方式	生长状况	来源地
BJ	5	d	采集	A	陕西、河北、山西、内蒙古、辽宁
HEN	2	c	采集	A	河南
SC	2	f	待确定	G	四川
CQ	1	b	采集	B	重庆
HB	1	b	采集	C	待确定
GD	1	f	采集	G	待确定
SH	1	b	采集	A	待确定
GZ	1	b	采集	C	贵州
JS1	1	b	采集	C	江苏
JS2	1	e	购买	C	江苏
HLJ	1	c	采集	A	黑龙江
YN	1	b	采集	A	云南
ZJ	1	e	采集	B	浙江
LN	1	d	采集	B	辽宁
GX	*	f	采集	G	日本

种质库保存

保存地点	保存方式	种质份数	个体数量	引种方式	来源地
BJ	种子	73	c	采集	云南、贵州、内蒙古、山西、辽宁、吉林、安徽、福建、广西、四川

小花龙牙草 *Agrimonia nipponica* var. *occidentalis* Skalicky

功效主治　全草：用于咯血，吐血，崩漏下血，血痢，感冒发热。

濒危等级　中国植物红色名录评估为无危（LC）。

种质库保存

保存地点	保存方式	种质份数	个体数量	引种方式	来源地
BJ	种子	1	a	采集	海南

路边青属　*Geum*

路边青 *Geum aleppicum* Jacq.

功效主治　全草（五气朝阳草）或根（五气朝阳草）：甘、辛，平。祛风除湿，活血消肿。用于腰腿痹痛，痢疾，带下病，跌打损伤，痈疽疮疡，咽喉痛，瘰疬。

濒危等级　中国植物红色名录评估为无危（LC）。

迁地栽培保存

保存地点	种质份数	个体数量	引种方式	生长状况	来源地
BJ	4	b	采集、赠送	G	中国陕西、辽宁、山东，波兰
CQ	2	a	采集	C	重庆
SC	1	f	待确定	G	四川
GX	*	f	采集	G	重庆

种质库保存

保存地点	保存方式	种质份数	个体数量	引种方式	来源地
BJ	种子	39	b	采集	海南、四川

欧亚路边青 *Geum urbanum* L.

功效主治　全草：滋阴补肾，平肝明目。消肿止痛，收敛止泻。用于感冒，头晕头痛，肝阳上亢，贫血，胃痛，腹泻，月经不调，乳痈，疮毒。

迁地栽培保存

保存地点	种质份数	个体数量	引种方式	生长状况	来源地
BJ	1	b	赠送	G	波兰

种质库保存

保存地点	保存方式	种质份数	个体数量	引种方式	来源地
BJ	种子	6	b	采集	吉林、辽宁

日本路边青 *Geum japonicum* Thunb.

功效主治　全草：平肝，镇痉，止痛，消肿解毒，祛风除湿，补脾肾。用于小儿惊风，肝阳上亢，跌打损伤，风湿痹痛，疔疮肿毒，腹泻，痢疾，崩漏，乳痈，乳蛾，血虚。

迁地栽培保存

保存地点	种质份数	个体数量	引种方式	生长状况	来源地
BJ	1	b	采集	G	四川
SH	1	a	采集	A	待确定

柔毛路边青 *Geum japonicum* Thunb. var. *chinense* F. Bolle

功效主治　全草（柔毛水杨梅）或根（柔毛水杨梅）：辛、甘，平。平肝，镇痉，止痛，消肿解毒。用于小儿惊风，肝阳上亢，跌打损伤，风湿痹痛，疮疖肿毒。

濒危等级　中国特有植物，中国植物红色名录评估为无危（LC）。

迁地栽培保存

保存地点	种质份数	个体数量	引种方式	生长状况	来源地
BJ	3	b	采集	C	湖北、四川、贵州
CQ	1	a	采集	C	重庆

续表

保存地点	种质份数	个体数量	引种方式	生长状况	来源地
SC	1	f	待确定	G	四川
GX	*	f	采集	G	广西

种质库保存

保存地点	保存方式	种质份数	个体数量	引种方式	来源地
BJ	种子	3	b	采集	云南、重庆
HN	种子	1	a	采集	湖南

木瓜海棠属　*Chaenomeles*

毛叶木瓜　*Chaenomeles cathayensis* (Hemsl.) Schneid.

功效主治　果实：舒筋活络。用于风湿骨痛。

濒危等级　中国特有植物，中国植物红色名录评估为无危（LC）。

迁地栽培保存

保存地点	种质份数	个体数量	引种方式	生长状况	来源地
GX	*	f	采集	G	波兰

种质库保存

保存地点	保存方式	种质份数	个体数量	引种方式	来源地
BJ	种子	3	b	采集	山西

木瓜　*Chaenomeles sinensis* (Thouin) Koehne

功效主治　果实（光皮木瓜）：酸、涩，温。和脾敛肺，平肝舒筋，清暑消毒，祛风湿。用于吐泻腹痛，风湿关节痛，腰膝酸痛。

濒危等级　中国特有植物，中国植物红色名录评估为无危（LC）。

迁地栽培保存

保存地点	种质份数	个体数量	引种方式	生长状况	来源地
BJ	2	b	采集	G	江西、山东
SH	1	a	采集	A	待确定
CQ	1	a	购买	C	重庆
HLJ	1	a	购买	B	安徽
HN	1	a	采集	B	待确定
JS1	1	a	购买	C	江苏

种质库保存

保存地点	保存方式	种质份数	个体数量	引种方式	来源地
BJ	种子	65	c	采集	甘肃、重庆、山西、四川、云南、广西

日本木瓜 *Chaenomeles japonica*（Thunb.）Lindl.

功效主治 果实：化湿和胃，舒筋活络，镇痉，镇咳，利尿。

迁地栽培保存

保存地点	种质份数	个体数量	引种方式	生长状况	来源地
JS1	1	a	购买	D	江苏
GX	*	f	采集	G	中国浙江，日本

皱皮木瓜 *Chaenomeles speciosa*（Sweet）Nakai

功效主治 果实（木瓜）：酸，温。平肝舒筋，和胃化湿。用于腓肠肌痉挛，吐泻腹痛，风湿关节痛，腰膝酸痛。

迁地栽培保存

保存地点	种质份数	个体数量	引种方式	生长状况	来源地
FJ	3	a	购买	B	福建、安徽
SH	1	a	采集	A	待确定

续表

保存地点	种质份数	个体数量	引种方式	生长状况	来源地
JS2	1	a	购买	C	山东
JS1	1	a	购买	C	江苏
HB	1	d	采集	C	湖北
GZ	1	b	采集	C	贵州
CQ	1	a	购买	D	重庆
BJ	1	b	采集	G	山东
GX	*	f	采集	G	北京、山东

种质库保存

保存地点	保存方式	种质份数	个体数量	引种方式	来源地
BJ	种子	12	b	采集	云南、海南、重庆

牛筋条属　*Dichotomanthes*

牛筋条　*Dichotomanthes tristaniicarpa* Kurz

濒危等级　中国特有植物，中国植物红色名录评估为无危（LC）。

种质库保存

保存地点	保存方式	种质份数	个体数量	引种方式	来源地
BJ	种子	3	b	采集	云南

枇杷属　*Eriobotrya*

大花枇杷　*Eriobotrya cavaleriei*（H. Lévl.）Rehder

功效主治　果实：用于热病。

濒危等级　中国植物红色名录评估为无危（LC）。

迁地栽培保存

保存地点	种质份数	个体数量	引种方式	生长状况	来源地
GX	*	f	采集	G	广西

种质库保存

保存地点	保存方式	种质份数	个体数量	引种方式	来源地
BJ	种子	3	a	采集	四川、福建

南亚枇杷 *Eriobotrya bengalensis*（Roxb.）Hook. f.

功效主治 叶：清热止咳。

迁地栽培保存

保存地点	种质份数	个体数量	引种方式	生长状况	来源地
YN	1	a	采集	C	云南

枇杷 *Eriobotrya japonica*（Thunb.）Lindl.

功效主治 叶（枇杷叶）：苦，微寒。清肺止咳，降逆止呕。用于咳嗽痰喘，呕吐。果实：用于发热。

迁地栽培保存

保存地点	种质份数	个体数量	引种方式	生长状况	来源地
FJ	3	a	购买	A	福建
SC	2	f	待确定	G	四川
HN	1	a	赠送	C	海南
JS2	1	c	购买	C	江苏
SH	1	b	采集	A	待确定
YN	1	a	采集	C	云南
JS1	1	a	购买	C	江苏
BJ	1	a	购买	G	北京
GZ	1	d	采集	C	贵州
CQ	1	a	采集	B	重庆

续表

保存地点	种质份数	个体数量	引种方式	生长状况	来源地
HB	1	a	采集	C	湖北
GD	1	a	采集	D	待确定
ZJ	1	c	购买	A	浙江

种质库保存

保存地点	保存方式	种质份数	个体数量	引种方式	来源地
HN	种子	1	a	采集	福建
BJ	种子	47	a	采集	甘肃、重庆、海南、云南、四川、贵州、福建、江苏、广西

香花枇杷　*Eriobotrya fragrans* Champ. ex Benth.

功效主治　去毛的叶：清肺止咳。

濒危等级　中国植物红色名录评估为无危（LC）。

迁地栽培保存

保存地点	种质份数	个体数量	引种方式	生长状况	来源地
GX	*	f	采集	G	广东

小叶枇杷　*Eriobotrya seguinii* (H. Lévl.) Cardot ex Guillaumin

濒危等级　中国特有植物，中国植物红色名录评估为易危（VU）。

迁地栽培保存

保存地点	种质份数	个体数量	引种方式	生长状况	来源地
GX	*	f	采集	G	广西

窄叶南亚枇杷 *Eriobotrya bengalensis* (Roxb.) Hook. f. var. *angustifolia* Cardot

种质库保存

保存地点	保存方式	种质份数	个体数量	引种方式	来源地
BJ	种子	1	a	采集	云南

苹果属 *Malus*

垂丝海棠 *Malus halliana* Koehne

功效主治 花（垂丝海棠）：淡、苦，平。调经活血。用于崩漏。

迁地栽培保存

保存地点	种质份数	个体数量	引种方式	生长状况	来源地
ZJ	1	c	购买	B	浙江
SH	1	a	采集	A	待确定
JS2	1	c	购买	C	江苏
JS1	1	b	购买	C	江苏
HB	1	a	采集	C	待确定
CQ	1	a	购买	C	重庆

种质库保存

保存地点	保存方式	种质份数	个体数量	引种方式	来源地
BJ	种子	8	b	采集	江苏、四川、上海、云南

海棠花 *Malus spectabilis* (Aiton) Borkh.

功效主治 果实：理气健脾，消食导滞。

迁地栽培保存

保存地点	种质份数	个体数量	引种方式	生长状况	来源地
BJ	1	b	采集	G	河北

续表

保存地点	种质份数	个体数量	引种方式	生长状况	来源地
LN	1	b	购买	C	辽宁
HB	1	a	采集	C	待确定

湖北海棠 *Malus hupehensis*（Pamp.）Rehder

功效主治 根、果实：活血，健胃。用于食滞，筋骨扭伤。

濒危等级 中国特有植物，中国植物红色名录评估为无危（LC）。

迁地栽培保存

保存地点	种质份数	个体数量	引种方式	生长状况	来源地
HB	1	a	采集	C	湖北
GX	*	f	采集	G	湖北、浙江

种质库保存

保存地点	保存方式	种质份数	个体数量	引种方式	来源地
BJ	种子	1	a	采集	待确定

花红 *Malus asiatica* Nakai

功效主治 果实：酸、甘，平。止渴，化滞，涩精。用于消渴，泄泻，遗精。

迁地栽培保存

保存地点	种质份数	个体数量	引种方式	生长状况	来源地
GX	*	f	采集	G	法国

毛山荆子 *Malus mandshurica*（Maxim.）Kom. ex Juz.

功效主治 叶、花蕾：用于腹泻，疾病疼痛。

濒危等级 中国植物红色名录评估为无危（LC）。

迁地栽培保存

保存地点	种质份数	个体数量	引种方式	生长状况	来源地
GX	*	f	采集	G	浙江

苹果 *Malus pumila* Mill.

功效主治　果实：甘，凉。生津润肺，除烦，解暑，开胃，醒酒。

濒危等级　中国植物红色名录评估为濒危（EN）。

迁地栽培保存

保存地点	种质份数	个体数量	引种方式	生长状况	来源地
SH	1	a	采集	F	待确定
HB	1	a	采集	C	湖北
BJ	1	a	购买	G	北京

三叶海棠 *Malus sieboldii* (Regel) Rehder

功效主治　根、果实：用于肠痈，痢疾，消化不良。茎、叶：清热解毒，生津止渴。果实：代山楂入药。

濒危等级　中国植物红色名录评估为无危（LC）。

迁地栽培保存

保存地点	种质份数	个体数量	引种方式	生长状况	来源地
GX	*	f	采集	G	中国云南，日本

山荆子 *Malus baccata* (L.) Borkh.

功效主治　果实：用于吐泻，外感邪毒。

濒危等级　中国植物红色名录评估为无危（LC）。

迁地栽培保存

保存地点	种质份数	个体数量	引种方式	生长状况	来源地
BJ	1	a	采集	G	北京
HLJ	1	a	购买	A	黑龙江
LN	1	b	采集	C	辽宁

种质库保存

保存地点	保存方式	种质份数	个体数量	引种方式	来源地
BJ	种子	7	b	采集	重庆、内蒙古、安徽

台湾林檎　*Malus doumeri*（Bois）Chev.

功效主治　果实：甘、酸、涩，微温。理气健脾，消食导滞。用于消化不良。

濒危等级　中国植物红色名录评估为无危（LC）。

迁地栽培保存

保存地点	种质份数	个体数量	引种方式	生长状况	来源地
GX	*	f	采集	G	广西

西府海棠　*Malus micromalus* Makino

功效主治　果实：酸、甘，平。用于泻痢。

迁地栽培保存

保存地点	种质份数	个体数量	引种方式	生长状况	来源地
BJ	1	b	购买	G	北京
JS1	1	a	购买	D	江苏
SH	1	a	采集	A	待确定

蔷薇属　*Rosa*

扁刺峨眉蔷薇　*Rosa omeiensis* f. *pteracantha* Rehd. et Wils.

功效主治　果实：止血，止痢。用于吐血，衄血，痢疾。

迁地栽培保存

保存地点	种质份数	个体数量	引种方式	生长状况	来源地
GZ	1	a	采集	C	贵州

种质库保存

保存地点	保存方式	种质份数	个体数量	引种方式	来源地
BJ	种子	6	b	采集	云南

扁刺蔷薇 *Rosa sweginzowii* Koehne

功效主治 果实：祛风湿，活气血。

濒危等级 中国特有植物，中国植物红色名录评估为无危（LC）。

迁地栽培保存

保存地点	种质份数	个体数量	引种方式	生长状况	来源地
GX	*	f	采集	G	西藏

种质库保存

保存地点	保存方式	种质份数	个体数量	引种方式	来源地
BJ	种子	1	a	采集	云南

长白蔷薇 *Rosa koreana* Kom.

功效主治 叶：止痢，利尿。花、果实：用于胃溃疡。根：用于风湿痛。

濒危等级 中国植物红色名录评估为近危（NT）。

迁地栽培保存

保存地点	种质份数	个体数量	引种方式	生长状况	来源地
GX	*	f	采集	G	重庆

刺梗蔷薇 *Rosa setipoda* Hemsl. & Wilson

功效主治 果实：理脾健胃，止泻。用于食积，消化不良，脾虚食少，泄泻。根：清热，止泻。用于血崩，带下病。

濒危等级 中国特有植物，中国植物红色名录评估为无危（LC）。

迁地栽培保存

保存地点	种质份数	个体数量	引种方式	生长状况	来源地
BJ	1	b	采集	G	新疆

刺蔷薇　*Rosa acicularis* Lindl.

功效主治　根：用于关节痛。

濒危等级　中国植物红色名录评估为无危（LC）。

迁地栽培保存

保存地点	种质份数	个体数量	引种方式	生长状况	来源地
GX	*	f	采集	G	新疆

单瓣黄刺玫　*Rosa xanthina* f. *normalis* Rehder & Wilson

功效主治　花：理气解郁，和血散瘀。

濒危等级　中国特有植物，中国植物红色名录评估为数据缺乏（DD）。

迁地栽培保存

保存地点	种质份数	个体数量	引种方式	生长状况	来源地
BJ	1	b	采集	G	北京

淡粉七姊妹　*Rosa multiflora* 'Carnea'

迁地栽培保存

保存地点	种质份数	个体数量	引种方式	生长状况	来源地
BJ	1	b	购买	G	北京
GZ	1	b	采集	C	贵州

短脚蔷薇　*Rosa calyptopoda* Cardot

濒危等级　中国特有植物，中国植物红色名录评估为无危（LC）。

种质库保存

保存地点	保存方式	种质份数	个体数量	引种方式	来源地
BJ	种子	4	b	采集	四川

峨眉蔷薇 *Rosa omeiensis* Rolfe

功效主治 根、果实（刺石榴）：苦、涩，平。止血，止痢。用于吐血，衄血，崩漏，带下病，赤白痢。

濒危等级 中国特有植物，中国植物红色名录评估为无危（LC）。

种质库保存

保存地点	保存方式	种质份数	个体数量	引种方式	来源地
BJ	种子	1	a	采集	甘肃、四川

粉团蔷薇 *Rosa multiflora* Thunb. var. *cathayensis* Rehd. et Wils.

濒危等级 中国特有植物，中国植物红色名录评估为无危（LC）。

迁地栽培保存

保存地点	种质份数	个体数量	引种方式	生长状况	来源地
BJ	1	a	采集	G	陕西
GX	*	f	采集	G	山东

种质库保存

保存地点	保存方式	种质份数	个体数量	引种方式	来源地
BJ	种子	6	b	采集	江西

光叶蔷薇 *Rosa wichurana* Crép.

功效主治 叶：活血消肿。

迁地栽培保存

保存地点	种质份数	个体数量	引种方式	生长状况	来源地
GX	*	f	采集	G	中国广西，日本

广东蔷薇 *Rosa kwangtungensis* T. T. Yu & Tsai

功效主治 根：收敛，止泻。用于遗尿，久泻。

濒危等级 中国特有植物，中国植物红色名录评估为易危（VU）。

迁地栽培保存

保存地点	种质份数	个体数量	引种方式	生长状况	来源地
GX	*	f	采集	G	广西

华西蔷薇 *Rosa moyesii* Hemsl. & Wilson

功效主治 花、果实：清热，解毒，活血调经。用于肝毒症，食物中毒，月经不调。

濒危等级 中国特有植物，中国植物红色名录评估为无危（LC）。

迁地栽培保存

保存地点	种质份数	个体数量	引种方式	生长状况	来源地
CQ	1	a	采集	C	重庆

黄刺玫 *Rosa xanthina* Lindl.

功效主治 果实：活血舒筋，祛湿利尿。

濒危等级 中国特有植物，中国植物红色名录评估为无危（LC）。

迁地栽培保存

保存地点	种质份数	个体数量	引种方式	生长状况	来源地
BJ	1	b	采集	G	北京
NMG	1	d	购买	C	内蒙古
LN	1	b	赠送	C	辽宁
GX	*	f	采集	G	北京

黄木香花 *Rosa banksiae* Ait. f. *lutea*（Lindl.）Rehd.

迁地栽培保存

保存地点	种质份数	个体数量	引种方式	生长状况	来源地
SH	1	a	采集	A	待确定

金樱子 *Rosa laevigata* Michx.

功效主治 果实（金樱子）：甘、涩，平。固精缩尿，涩肠止泻。用于遗精滑精，遗尿尿频，崩漏，带下病，久泻久痢。根：甘、淡、涩，平。活血止血，收敛解毒。叶：苦，平。解毒消肿。

迁地栽培保存

保存地点	种质份数	个体数量	引种方式	生长状况	来源地
BJ	3	b	采集	C	四川、安徽、湖北
FJ	2	b	采集	A	福建
JS2	1	e	购买	C	江苏
SH	1	a	采集	A	待确定
JS1	1	a	采集	C	江苏
HB	1	a	采集	C	湖北
GZ	1	a	采集	C	贵州
GD	1	f	采集	G	待确定
CQ	1	a	采集	C	重庆
ZJ	1	c	采集	A	浙江
GX	*	f	采集	G	云南

种质库保存

保存地点	保存方式	种质份数	个体数量	引种方式	来源地
BJ	种子	97	c	采集	河南、河北、山西、四川、湖北、云南、安徽、辽宁、江西
HN	种子	13	c	采集	福建

卵果蔷薇 *Rosa helenae* Rehder & Wilson

功效主治 果实：涩，凉。润肺，止咳。用于咳嗽，咽喉痛。

濒危等级 中国植物红色名录评估为无危（LC）。

种质库保存

保存地点	保存方式	种质份数	个体数量	引种方式	来源地
BJ	种子	7	b	采集	重庆

玫瑰 *Rosa rugosa* Thunb.

功效主治 花蕾（玫瑰花）：甘、微苦，温。行气解郁，和血，止痛。用于肝胃气痛，食少呕恶，月经不调，跌打伤痛。

濒危等级 国家重点保护野生植物名录（第二批）二级，河北省重点保护植物、吉林省一级保护植物，中国植物红色名录评估为濒危（EN）。

迁地栽培保存

保存地点	种质份数	个体数量	引种方式	生长状况	来源地
BJ	4	b	购买	G	北京、甘肃、河北
HEN	3	b	赠送	A	河南
JS2	2	e	购买	C	江苏
GZ	2	b	采集	C	贵州
FJ	2	a	赠送	A	福建
NMG	1	d	购买	C	内蒙古
LN	1	d	采集	B	辽宁
JS1	1	a	购买	D	江苏
HN	1	a	购买	B	海南
CQ	1	a	购买	F	重庆
HB	1	a	采集	C	湖北
GD	1	f	采集	G	待确定

种质库保存

保存地点	保存方式	种质份数	个体数量	引种方式	来源地
BJ	种子	9	b	采集	四川、湖北、吉林、甘肃

美蔷薇 *Rosa bella* Rehder & Wilson

功效主治 花蕾：理气，活血。

濒危等级 中国特有植物，中国植物红色名录评估为无危（LC）。

迁地栽培保存

保存地点	种质份数	个体数量	引种方式	生长状况	来源地
BJ	1	b	采集	G	河北
NMG	1	a	购买	F	内蒙古

密刺蔷薇 *Rosa spinosissima* L.

功效主治 果实：活血舒筋，祛湿利尿。

濒危等级 中国植物红色名录评估为无危（LC）。

迁地栽培保存

保存地点	种质份数	个体数量	引种方式	生长状况	来源地
GX	*	f	采集	G	新疆

木香花 *Rosa banksiae* Aiton

功效主治 根皮：活血调经，消肿，散瘀。用于月经不调，外伤红肿，瘀血作痛。

迁地栽培保存

保存地点	种质份数	个体数量	引种方式	生长状况	来源地
JS1	1	a	购买	D	江苏
GX	*	f	采集	G	山东

种质库保存

保存地点	保存方式	种质份数	个体数量	引种方式	来源地
BJ	种子	24	b	采集	云南、四川

木香花 （原变种） *Rosa banksiae* Ait. var. *banksiae*

迁地栽培保存

保存地点	种质份数	个体数量	引种方式	生长状况	来源地
SH	1	a	采集	A	待确定

拟木香 *Rosa banksiopsis* Baker

功效主治　根皮：活血化瘀，调经。

濒危等级　中国特有植物，中国植物红色名录评估为无危（LC）。

迁地栽培保存

保存地点	种质份数	个体数量	引种方式	生长状况	来源地
GX	*	f	采集	G	湖北

七姊妹 *Rosa multiflora* Thunb. var. *carnea* Thory

迁地栽培保存

保存地点	种质份数	个体数量	引种方式	生长状况	来源地
HB	1	a	采集	C	待确定
SH	1	b	采集	A	待确定

软条七蔷薇 *Rosa henryi* Boulenger

功效主治　根、果实：辛、苦、涩，温。消肿止痛，祛风除湿，止血解毒，补脾固涩。用于月经过多，带下病，阴挺，遗尿，老年尿频，腹泻，跌打损伤，风湿痹痛，口腔破溃，疮疖肿痛，咳嗽痰喘。

濒危等级　中国特有植物，中国植物红色名录评估为无危（LC）。

迁地栽培保存

保存地点	种质份数	个体数量	引种方式	生长状况	来源地
GX	*	f	采集	G	广西

种质库保存

保存地点	保存方式	种质份数	个体数量	引种方式	来源地
BJ	种子	12	a	采集	江西、贵州，待确定
HN	种子	3	b	采集	湖南

伞房蔷薇　*Rosa corymbulosa* Rolfe

功效主治　根：活血调经，止痛。果实：收敛固涩。

濒危等级　中国特有植物，中国植物红色名录评估为无危（LC）。

种质库保存

保存地点	保存方式	种质份数	个体数量	引种方式	来源地
BJ	种子	6	b	采集	河北、重庆

缫丝花　*Rosa roxburghii* Tratt.

功效主治　果实：酸、涩，平。解暑，消食。用于中暑，食滞，痢疾。根：酸、涩，平。消食健胃，收敛止泻。用于食积腹胀，痢疾，泄泻，自汗盗汗，遗精，带下病，月经过多，痔疮出血。

濒危等级　中国植物红色名录评估为无危（LC）。

迁地栽培保存

保存地点	种质份数	个体数量	引种方式	生长状况	来源地
BJ	1	a	采集	G	河南
SH	1	b	采集	A	待确定
JS1	1	a	采集	C	江苏
SC	1	f	待确定	G	四川
CQ	1	a	采集	C	重庆
GZ	1	b	采集	C	贵州
GX	*	f	采集	G	江苏

种质库保存

保存地点	保存方式	种质份数	个体数量	引种方式	来源地
BJ	种子	10	b	采集	四川、河北、安徽、贵州、云南

山刺玫　*Rosa davurica* Pall.

功效主治　花（刺玫花）：甘、微苦，温。止血活血，健胃理气，调经，止咳祛痰，止痢止血。用于月经过多，吐血，血崩，肋间作痛，痛经。果实（刺玫果）：酸，温。助消化。用于小儿食积，消化不良，食欲不振。根：苦、涩，平。止咳化痰，止痢止血。用于咳嗽，血崩，泄泻，痢疾，跌打损伤。

濒危等级　中国植物红色名录评估为无危（LC）。

种质库保存

保存地点	保存方式	种质份数	个体数量	引种方式	来源地
BJ	种子	63	b	采集	甘肃、吉林、内蒙古、河南

疏花蔷薇　*Rosa laxa* Retz.

功效主治　果实：强壮止泻，利尿。

濒危等级　中国植物红色名录评估为无危（LC）。

迁地栽培保存

保存地点	种质份数	个体数量	引种方式	生长状况	来源地
GX	*	f	采集	G	新疆

硕苞蔷薇　*Rosa bracteata* Wendl.

功效主治　根（苞蔷薇根）：甘，温。补脾益肾，收敛涩精，祛风活血，消肿解毒。用于盗汗，久泻，脱肛，遗精，带下病。叶：微苦，凉。收敛解毒。花：甘，平。润肺止咳。用于肺痨，咳嗽。果实：甘，平。祛风，调经。用于痢疾，脚气病。

濒危等级　中国植物红色名录评估为无危（LC）。

迁地栽培保存

保存地点	种质份数	个体数量	引种方式	生长状况	来源地
ZJ	1	c	购买	B	浙江

突厥蔷薇 *Rosa damascena* Mill.

功效主治 果实：用于抑郁症。

迁地栽培保存

保存地点	种质份数	个体数量	引种方式	生长状况	来源地
GZ	1	a	采集	C	贵州

尾萼蔷薇 *Rosa caudata* Baker

种质库保存

保存地点	保存方式	种质份数	个体数量	引种方式	来源地
BJ	种子	6	b	采集	河北

现代月季 *Rosa hybrida* E. H. L. Krause

迁地栽培保存

保存地点	种质份数	个体数量	引种方式	生长状况	来源地
SH	1	b	采集	A	待确定
BJ	*	b	采集	G	北京，待确定

腺齿蔷薇 *Rosa albertii* Regel

功效主治 根：活血化瘀，祛风除湿，解毒收敛。

濒危等级 中国植物红色名录评估为无危（LC）。

迁地栽培保存

保存地点	种质份数	个体数量	引种方式	生长状况	来源地
GX	*	f	采集	G	新疆

腺果蔷薇 *Rosa fedtschenkoana* Regel

功效主治 果实：强壮止泻。

濒危等级 中国植物红色名录评估为无危（LC）。

迁地栽培保存

保存地点	种质份数	个体数量	引种方式	生长状况	来源地
GX	*	f	采集	G	比利时

香水月季 *Rosa odorata* (Andrews) Sweet

功效主治 根、叶：调和气血，止痢，止咳，定喘，清热解毒。花：活血调经，消肿止痛。

濒危等级 中国植物红色名录评估为无危（LC）。

迁地栽培保存

保存地点	种质份数	个体数量	引种方式	生长状况	来源地
BJ	1	b	购买	G	北京

小果蔷薇 *Rosa cymosa* Tratt.

功效主治 根（小金樱）、果实（小金樱子）：苦、辛、涩，温。消肿止痛，祛风除湿，止血解毒，补脾固涩。用于风湿关节病，跌打损伤，阴挺，脱肛。花（白残花）：苦、涩，寒。清热化湿，顺气和胃。叶：苦，平。解毒消肿。外用于痈疮肿毒，烫火伤。

濒危等级 中国植物红色名录评估为无危（LC）。

迁地栽培保存

保存地点	种质份数	个体数量	引种方式	生长状况	来源地
BJ	1	b	采集	G	广西
CQ	1	a	采集	C	重庆

续表

保存地点	种质份数	个体数量	引种方式	生长状况	来源地
GD	1	b	采集	D	待确定
GZ	1	c	采集	C	贵州
SC	1	f	待确定	G	四川
ZJ	1	d	购买	B	浙江

种质库保存

保存地点	保存方式	种质份数	个体数量	引种方式	来源地
BJ	种子	52	c	采集	四川、河北、江西、贵州、海南、福建
HN	种子	1	c	采集	湖南

小叶蔷薇 *Rosa willmottiae* Hemsl.

濒危等级　中国特有植物，中国植物红色名录评估为无危（LC）。

种质库保存

保存地点	保存方式	种质份数	个体数量	引种方式	来源地
BJ	种子	1	a	采集	甘肃

小月季 *Rosa chinensis* Jacq. var. *minima*（Sims.）Voss.

迁地栽培保存

保存地点	种质份数	个体数量	引种方式	生长状况	来源地
GX	*	f	采集	G	山东

悬钩子蔷薇 *Rosa rubus* H. Lévl. & Vaniot

功效主治　根：清热利湿，收敛，固涩。用于泻痢。果实：清肝热，解毒。用于肝毒症，食物中毒。果实内皮：敛毒，除湿。用于风湿肿痛，痒疹，脉管诸病。叶：止血化瘀。用于吐血，外伤出血。花：用于胃病。

濒危等级　中国特有植物，中国植物红色名录评估为无危（LC）。

迁地栽培保存

保存地点	种质份数	个体数量	引种方式	生长状况	来源地
SC	1	f	待确定	G	四川
GX	*	f	采集	G	广西

野蔷薇　*Rosa multiflora* Thunb.

功效主治　果实（营实）、根：苦、涩，凉。活血，通络，收敛。用于关节痛，面瘫，肝阳上亢，偏瘫，烫伤。花（蔷薇花）：苦、涩，寒。清暑热，化湿浊，顺气和胃。用于暑热胸闷，口渴，呕吐，不思饮食，口疮，口糜。

迁地栽培保存

保存地点	种质份数	个体数量	引种方式	生长状况	来源地
FJ	3	a	采集	A	福建
GD	1	f	采集	G	待确定
SH	1	b	采集	A	待确定
JS1	1	b	采集	C	江苏
BJ	1	b	采集	G	北京
GZ	1	c	采集	C	贵州

种质库保存

保存地点	保存方式	种质份数	个体数量	引种方式	来源地
BJ	种子	25	b	采集	云南、山西、河北、安徽、四川

月季花　*Rosa chinensis* Jacq.

功效主治　花蕾（月季花）：甘，温。活血调经。用于月经不调，痛经。

濒危等级　中国植物红色名录评估为无危（LC）。

迁地栽培保存

保存地点	种质份数	个体数量	引种方式	生长状况	来源地
GZ	2	b	采集	C	贵州

续表

保存地点	种质份数	个体数量	引种方式	生长状况	来源地
GD	1	f	采集	G	待确定
JS1	1	a	购买	C	江苏
CQ	1	a	购买	C	重庆
SH	1	b	采集	A	待确定
HB	1	a	采集	C	湖北
HN	1	b	购买	B	海南
BJ	1	d	购买	G	北京
LN	1	e	采集	B	辽宁

种质库保存

保存地点	保存方式	种质份数	个体数量	引种方式	来源地
BJ	种子	4	a	采集	甘肃、云南

山莓草属 *Sibbaldia*

楔叶山莓草 *Sibbaldia cuneata* Hornem. ex Kuntze

濒危等级 中国植物红色名录评估为无危（LC）。

种质库保存

保存地点	保存方式	种质份数	个体数量	引种方式	来源地
BJ	种子	1	a	采集	四川

山楂属 *Crataegus*

甘肃山楂 *Crataegus kansuensis* Wilson

功效主治 果实：消食化滞，散瘀止血。用于消化不良。

濒危等级 中国特有植物，中国植物红色名录评估为无危（LC）。

迁地栽培保存

保存地点	种质份数	个体数量	引种方式	生长状况	来源地
BJ	1	a	采集	G	甘肃

湖北山楂 *Crataegus hupehensis* Sarg.

功效主治　果实：酸、甘，微温。破气散瘀，消积，化痰。用于痢疾，产后瘀痛，绦虫病，肝阳上亢，肉食积滞，肝脾肿大，血脂偏高。

濒危等级　中国特有植物，中国植物红色名录评估为无危（LC）。

迁地栽培保存

保存地点	种质份数	个体数量	引种方式	生长状况	来源地
CQ	1	a	采集	C	湖北
BJ	1	a	采集	G	湖北

种质库保存

保存地点	保存方式	种质份数	个体数量	引种方式	来源地
BJ	种子	5	b	采集	湖北

山里红 *Crataegus pinnatifida* Bunge var. *major* N. E. Br.

功效主治　果实（山楂）：酸、甘，微温。消食健胃，行气散瘀。用于肉食积滞，脘腹痞满，血瘀，产后腹痛，恶露不净。

迁地栽培保存

保存地点	种质份数	个体数量	引种方式	生长状况	来源地
NMG	1	a	购买	C	内蒙古
LN	1	b	采集	C	辽宁
HLJ	1	a	购买	A	黑龙江
BJ	1	a	采集	G	待确定

种质库保存

保存地点	保存方式	种质份数	个体数量	引种方式	来源地
BJ	种子	6	b	采集	辽宁

山楂 *Crataegus pinnatifida* Bunge

功效主治 果实（山楂）：功效同山里红。

迁地栽培保存

保存地点	种质份数	个体数量	引种方式	生长状况	来源地
LN	1	b	采集	C	辽宁
NMG	1	a	购买	C	内蒙古
GZ	1	a	采集	C	贵州
BJ	1	a	购买	G	北京

种质库保存

保存地点	保存方式	种质份数	个体数量	引种方式	来源地
BJ	种子	90	b	采集	重庆、海南、云南、山东、河北、辽宁、甘肃、吉林

野山楂 *Crataegus cuneata* Siebold & Zucc.

功效主治 果实：功效同山里红。

濒危等级 中国植物红色名录评估为无危（LC）。

迁地栽培保存

保存地点	种质份数	个体数量	引种方式	生长状况	来源地
BJ	2	b	采集	C	北京、湖北
JS2	1	b	购买	E	江苏
GZ	1	a	采集	C	贵州
JS1	1	a	购买	C	江苏
SH	1	a	采集	A	待确定

保存地点	种质份数	个体数量	引种方式	生长状况	来源地
ZJ	1	d	购买	A	浙江
GX	*	f	采集	G	山东、贵州

种质库保存

保存地点	保存方式	种质份数	个体数量	引种方式	来源地
BJ	种子	7	b	采集	湖北、四川、云南、安徽

云南山楂 *Crataegus scabrifolia* (Franch.) Rehder

功效主治　果实：消食化积，散瘀。

濒危等级　中国特有植物，中国植物红色名录评估为无危（LC）。

迁地栽培保存

保存地点	种质份数	个体数量	引种方式	生长状况	来源地
GZ	1	a	采集	C	贵州
GX	*	f	采集	G	广西、云南

种质库保存

保存地点	保存方式	种质份数	个体数量	引种方式	来源地
BJ	种子	28	b	采集	贵州、云南

中甸山楂 *Crataegus chungtienensis* W. W. Sm.

濒危等级　中国特有植物，中国植物红色名录评估为无危（LC）。

种质库保存

保存地点	保存方式	种质份数	个体数量	引种方式	来源地
BJ	种子	1	a	采集	云南

蛇莓属　*Duchesnea*

蛇莓　*Duchesnea indica*（Andrews）Focke

功效主治　全草（蛇莓）：微酸、涩，寒。有小毒。清热解毒。用于白喉，痢疾，目赤，烫伤。

迁地栽培保存

保存地点	种质份数	个体数量	引种方式	生长状况	来源地
BJ	2	d	采集	G	浙江、山东
CQ	1	c	采集	B	重庆
GD	1	b	采集	D	待确定
GZ	1	d	采集	C	贵州
HN	1	a	采集	C	广西
JS1	1	b	采集	B	江苏
JS2	1	d	购买	C	江苏
LN	1	c	采集	B	辽宁
SC	1	f	待确定	G	四川
ZJ	1	e	采集	A	辽宁
SH	1	b	采集	A	待确定

种质库保存

保存地点	保存方式	种质份数	个体数量	引种方式	来源地
BJ	种子	5	b	采集	海南、贵州、山西

石斑木属　*Rhaphiolepis*

厚叶石斑木　*Rhaphiolepis umbellata*（Thunb.）Makino

濒危等级　中国植物红色名录评估为无危（LC）。

迁地栽培保存

保存地点	种质份数	个体数量	引种方式	生长状况	来源地
SH	1	a	采集	F	待确定
GX	*	f	采集	G	中国浙江，日本

柳叶石斑木　*Rhaphiolepis salicifolia* Lindl.

濒危等级　中国植物红色名录评估为无危（LC）。

迁地栽培保存

保存地点	种质份数	个体数量	引种方式	生长状况	来源地
GX	*	f	采集	G	广西

石斑木　*Rhaphiolepis indica*（L.）Lindl.

功效主治　根（春花木）：微苦、涩，寒。活血，止痛，消肿解毒。用于溃疡红肿，跌打损伤，冻伤。

濒危等级　中国植物红色名录评估为无危（LC）。

迁地栽培保存

保存地点	种质份数	个体数量	引种方式	生长状况	来源地
GD	1	f	采集	G	待确定
ZJ	1	c	采集	B	浙江
GX	*	f	采集	G	广西

种质库保存

保存地点	保存方式	种质份数	个体数量	引种方式	来源地
HN	种子	1	a	采集	海南
BJ	种子	6	a	采集	福建

细叶石斑木　*Rhaphiolepis lanceolata* Hu

功效主治　根：用于半身不遂。

濒危等级　中国特有植物，中国植物红色名录评估为无危（LC）。

迁地栽培保存

保存地点	种质份数	个体数量	引种方式	生长状况	来源地
GX	*	f	采集	G	广西

石楠属 *Photinia*

倒卵叶闽粤石楠 *Photinia benthamiana* var. *obovata* Li

濒危等级 中国特有植物,中国植物红色名录评估为极危(CR)。

迁地栽培保存

保存地点	种质份数	个体数量	引种方式	生长状况	来源地
HN	1	a	采集	B	待确定

倒卵叶石楠 *Photinia lasiogyna* (Franch.) Schneid.

濒危等级 中国特有植物,中国植物红色名录评估为无危(LC)。

迁地栽培保存

保存地点	种质份数	个体数量	引种方式	生长状况	来源地
GX	*	f	采集	G	浙江

独山石楠 *Photinia tushanensis* Yu

功效主治 根:活血化瘀。用于跌打损伤,瘀肿。

濒危等级 中国特有植物,中国植物红色名录评估为近危(NT)。

迁地栽培保存

保存地点	种质份数	个体数量	引种方式	生长状况	来源地
GZ	1	a	采集	C	贵州

光叶石楠 *Photinia glabra* (Thunb.) Maxim.

功效主治 根:辛、苦,平。有小毒。祛风止痛,补肾强筋。

濒危等级　中国植物红色名录评估为无危（LC）。

迁地栽培保存

保存地点	种质份数	个体数量	引种方式	生长状况	来源地
HB	1	a	采集	C	待确定
JS1	1	b	购买	C	江苏
GX	*	f	采集	G	云南

种质库保存

保存地点	保存方式	种质份数	个体数量	引种方式	来源地
BJ	种子	6	a	采集	云南

贵州石楠　*Photinia bodinieri* H. Lévl.

功效主治　根、叶：清热解毒。用于痈肿疮疖。

濒危等级　中国植物红色名录评估为无危（LC）。

迁地栽培保存

保存地点	种质份数	个体数量	引种方式	生长状况	来源地
ZJ	1	c	购买	A	贵州
CQ	1	b	采集	C	重庆
GZ	1	a	采集	C	贵州

种质库保存

保存地点	保存方式	种质份数	个体数量	引种方式	来源地
BJ	种子	1	a	采集	重庆

红叶石楠　*Photinia × fraseri* Dress

迁地栽培保存

保存地点	种质份数	个体数量	引种方式	生长状况	来源地
GZ	1	b	采集	C	贵州

续表

保存地点	种质份数	个体数量	引种方式	生长状况	来源地
CQ	1	a	购买	C	四川
BJ	1	b	采集	G	安徽
ZJ	1	c	购买	B	浙江

厚叶石楠 *Photinia crassifolia* H. Lévl.

功效主治 花、果实：用于久咳不止。

濒危等级 中国特有植物，中国植物红色名录评估为无危（LC）。

迁地栽培保存

保存地点	种质份数	个体数量	引种方式	生长状况	来源地
GX	*	f	采集	G	广西

柳叶闽粤石楠 *Photinia benthamiana* var. *salicifolia* Card.

濒危等级 中国植物红色名录评估为无危（LC）。

迁地栽培保存

保存地点	种质份数	个体数量	引种方式	生长状况	来源地
GX	*	f	采集	G	广西

罗汉松叶石楠 *Photinia podocarpifolia* Yu

濒危等级 中国特有植物，中国植物红色名录评估为无危（LC）。

迁地栽培保存

保存地点	种质份数	个体数量	引种方式	生长状况	来源地
GX	*	f	采集	G	广西

绒毛石楠 *Photinia schneideriana* Rehder & Wilson

功效主治 根皮：用于内热。

濒危等级　中国特有植物，中国植物红色名录评估为无危（LC）。

迁地栽培保存

保存地点	种质份数	个体数量	引种方式	生长状况	来源地
GX	*	f	采集	G	浙江

石楠　*Photinia serrulata* Lindl.

功效主治　叶（石楠叶）：辛、苦，平。有小毒。祛风止痛，补肾强筋。用于肾虚脚软，风痹，腰背酸痛。

濒危等级　中国植物红色名录评估为无危（LC）。

迁地栽培保存

保存地点	种质份数	个体数量	引种方式	生长状况	来源地
BJ	3	b	采集	G	浙江、北京、广西
HB	1	a	采集	C	待确定
HN	1	a	赠送	B	待确定
JS1	1	a	购买	C	江苏
SH	1	b	采集	A	待确定
GX	*	f	采集	G	湖北

种质库保存

保存地点	保存方式	种质份数	个体数量	引种方式	来源地
BJ	种子	39	b	采集	江西、云南、江苏、湖北

台湾石楠　*Photinia lucida*（Decne.）Schneid.

迁地栽培保存

保存地点	种质份数	个体数量	引种方式	生长状况	来源地
GX	*	f	采集	G	日本

桃叶石楠　*Photinia prunifolia*（Hook. & Arn.）Lindl.

功效主治　叶：祛风，通络，益肾。

濒危等级 中国植物红色名录评估为无危（LC）。

迁地栽培保存

保存地点	种质份数	个体数量	引种方式	生长状况	来源地
GD	1	f	采集	G	待确定
GX	*	f	采集	G	待确定

种质库保存

保存地点	保存方式	种质份数	个体数量	引种方式	来源地
BJ	种子	1	a	采集	重庆

小叶石楠 *Photinia parvifolia*（Pritz.）Schneid.

功效主治 根（小叶石楠）：苦、涩，凉。行血活血，止痛。用于黄疸，乳痈，牙痛。

濒危等级 中国特有植物，中国植物红色名录评估为无危（LC）。

种质库保存

保存地点	保存方式	种质份数	个体数量	引种方式	来源地
BJ	种子	1	a	采集	湖北

唐棣属 *Amelanchier*

唐棣 *Amelanchier sinica*（Schneid.）Chun

功效主治 树皮：活血，补虚，祛瘀止痛。用于风湿脚气痛，损伤瘀血，白崩。

濒危等级 中国特有植物，中国植物红色名录评估为无危（LC）。

种质库保存

保存地点	保存方式	种质份数	个体数量	引种方式	来源地
BJ	种子	1	a	采集	山西

桃属　*Amygdalus*

山桃　*Amygdalus davidiana*（Carrière）de Vos ex Henry

功效主治　种子（桃仁）：苦、甘，平。祛瘀活血，润肠通便。用于闭经，痛经，癥瘕痞块，跌打损伤，肠燥便秘。

濒危等级　中国特有植物，中国植物红色名录评估为无危（LC）。

迁地栽培保存

保存地点	种质份数	个体数量	引种方式	生长状况	来源地
HB	1	a	采集	C	湖北
NMG	1	d	购买	C	内蒙古
CQ	1	a	采集	A	重庆
BJ	1	b	采集	C	北京
GX	*	f	采集	G	北京

种质库保存

保存地点	保存方式	种质份数	个体数量	引种方式	来源地
BJ	种子	21	a	采集	云南、山西、四川、江西、福建

桃　*Amygdalus persica* L.

功效主治　种子：润肺止咳，祛痰平喘。

迁地栽培保存

保存地点	种质份数	个体数量	引种方式	生长状况	来源地
SC	4	f	待确定	G	四川
HB	3	a	采集	C	湖北，待确定
FJ	2	a	购买	A	福建
JS1	2	a	购买	C	江苏
GZ	2	b	采集	C	贵州

续表

保存地点	种质份数	个体数量	引种方式	生长状况	来源地
CQ	1	a	购买	A	重庆
YN	1	a	采集	D	云南
SH	1	b	采集	A	待确定
HN	1	a	赠送	C	待确定
GD	1	a	采集	D	待确定
BJ	1	b	采集、购买	C	北京

种质库保存

保存地点	保存方式	种质份数	个体数量	引种方式	来源地
HN	种子	1	a	采集	海南
BJ	种子	65	b	采集	山西、云南、河南、陕西、河北、安徽、重庆、海南、辽宁

油桃 *Amygdalus persica* L. var. *nectarina* Sol.

迁地栽培保存

保存地点	种质份数	个体数量	引种方式	生长状况	来源地
ZJ	1	d	购买	A	山东

榆叶梅 *Amygdalus triloba* (Lindl.) Ricker

功效主治 种子：润燥，滑肠，下气，利水。

濒危等级 中国植物红色名录评估为无危（LC）。

迁地栽培保存

保存地点	种质份数	个体数量	引种方式	生长状况	来源地
JS1	1	a	购买	C	江苏
SH	1	a	采集	A	待确定
HLJ	1	c	购买	A	黑龙江

续表

保存地点	种质份数	个体数量	引种方式	生长状况	来源地
BJ	1	b	购买	C	北京
NMG	1	d	购买	C	内蒙古

种质库保存

保存地点	保存方式	种质份数	个体数量	引种方式	来源地
BJ	种子	1	a	采集	甘肃

臀果木属 *Pygeum*

疏花臀果木 *Pygeum laxiflorum* Merr. ex Li

濒危等级 中国特有植物，中国植物红色名录评估为近危（NT）。

迁地栽培保存

保存地点	种质份数	个体数量	引种方式	生长状况	来源地
GX	*	f	采集	G	广西

臀果木 *Pygeum topengii* Merr.

濒危等级 中国特有植物，中国植物红色名录评估为无危（LC）。

迁地栽培保存

保存地点	种质份数	个体数量	引种方式	生长状况	来源地
GX	*	f	采集	G	广西

委陵菜属 *Potentilla*

朝天委陵菜 *Potentilla supina* L.

功效主治 全草：止血，固精，收敛，滋补。

濒危等级 中国植物红色名录评估为无危（LC）。

迁地栽培保存

保存地点	种质份数	个体数量	引种方式	生长状况	来源地
SH	1	b	采集	A	待确定
BJ	1	b	采集	G	北京
GX	*	f	采集	G	德国

多茎委陵菜 *Potentilla multicaulis* Bunge

功效主治　全草：用于痢疾。

种质库保存

保存地点	保存方式	种质份数	个体数量	引种方式	来源地
BJ	种子	1	a	采集	待确定

二裂委陵菜 *Potentilla bifurca* L.

功效主治　全草：甘、微辛，凉。止血，止痢。用于崩漏，产后出血。

濒危等级　中国植物红色名录评估为无危（LC）。

迁地栽培保存

保存地点	种质份数	个体数量	引种方式	生长状况	来源地
HLJ	1	b	采集	A	黑龙江
BJ	1	c	采集	G	甘肃

翻白草 *Potentilla discolor* Bunge

功效主治　全草（翻白草）：甘、微苦，凉。清热解毒，消肿，止血，凉血。用于痢疾，疟疾，肺痈，咯血，吐血，崩漏，痈肿，疮癣，瘰疬。

濒危等级　中国植物红色名录评估为无危（LC）。

迁地栽培保存

保存地点	种质份数	个体数量	引种方式	生长状况	来源地
BJ	6	d	采集	C	四川、山西、陕西、贵州、湖北
LN	1	d	采集	B	辽宁
SH	1	b	采集	A	待确定
HLJ	1	a	采集	A	黑龙江
HEN	1	b	采集	A	河南
JS1	1	a	采集	C	江苏
GX	*	f	采集	G	广西

黄花委陵菜　*Potentilla chrysantha* Trevir.

功效主治　全草：清热解毒，收敛止血。

濒危等级　中国植物红色名录评估为数据缺乏（DD）。

迁地栽培保存

保存地点	种质份数	个体数量	引种方式	生长状况	来源地
GX	*	f	采集	G	法国

种质库保存

保存地点	保存方式	种质份数	个体数量	引种方式	来源地
BJ	种子	1	a	采集	待确定

菊叶委陵菜　*Potentilla tanacetifolia* Willd. ex Schltdl.

功效主治　全草：清热解毒，止血。

濒危等级　中国植物红色名录评估为无危（LC）。

迁地栽培保存

保存地点	种质份数	个体数量	引种方式	生长状况	来源地
BJ	1	b	采集	G	山西

绢毛匍匐委陵菜 *Potentilla reptans* L. *var. sericophylla* Franch.

功效主治 块根（金金棒）：甘。生津止渴，补阳，除虚热。用于虚劳，带下病，虚喘。全草（结根草莓）：淡，平。止血排脓。用于肺瘀血，崩漏。

迁地栽培保存

保存地点	种质份数	个体数量	引种方式	生长状况	来源地
GX	*	f	采集	G	山东

蕨麻 *Potentilla anserina* L.

功效主治 块根（蕨麻）：甘，平。健脾益胃，生津止渴。用于贫血，营养不良。

濒危等级 中国植物红色名录评估为无危（LC）。

种质库保存

保存地点	保存方式	种质份数	个体数量	引种方式	来源地
BJ	种子	1	a	采集	海南

莓叶委陵菜 *Potentilla fragarioides* L.

功效主治 全草（雉子筵）：甘，温。补益中气。用于产后出血，肺出血，疝气。

迁地栽培保存

保存地点	种质份数	个体数量	引种方式	生长状况	来源地
LN	1	c	采集	B	辽宁
BJ	1	d	采集	G	北京
GX	*	f	采集	G	广西

耐寒委陵菜 *Potentilla gelida* C. A. Mey.

濒危等级 中国植物红色名录评估为数据缺乏（DD）。

迁地栽培保存

保存地点	种质份数	个体数量	引种方式	生长状况	来源地
BJ	1	a	赠送	G	保加利亚

匍匐委陵菜　*Potentilla reptans* L.

功效主治　块根：甘，平。生津止渴，滋阴，补虚。用于虚劳，带下病，虚咳；外用于疮疖。

濒危等级　中国植物红色名录评估为数据缺乏（DD）。

迁地栽培保存

保存地点	种质份数	个体数量	引种方式	生长状况	来源地
BJ	1	e	采集	G	北京
GX	*	f	采集	G	法国

匍枝委陵菜　*Potentilla flagellaris* Willd. ex Schltdl.

功效主治　全草：清热解毒。

濒危等级　中国植物红色名录评估为无危（LC）。

迁地栽培保存

保存地点	种质份数	个体数量	引种方式	生长状况	来源地
GX	*	f	采集	G	山东

三叶朝天委陵菜　*Potentilla supina* L. var. *ternata* Peterm.

迁地栽培保存

保存地点	种质份数	个体数量	引种方式	生长状况	来源地
GX	*	f	采集	G	山东、广西

三叶委陵菜　*Potentilla freyniana* Bornm.

功效主治　根：苦，微寒。清热解毒，敛疮止血。用于骨髓炎，外伤出血，毒蛇咬伤。全草：清热解毒，散瘀止血。用于骨痨，口腔破溃，瘰疬，跌打损伤，外伤出血。

濒危等级 中国植物红色名录评估为无危（LC）。

迁地栽培保存

保存地点	种质份数	个体数量	引种方式	生长状况	来源地
BJ	2	b	采集	G	北京、安徽
HB	1	a	采集	C	湖北
GX	*	f	采集	G	浙江

蛇含委陵菜 *Potentilla kleiniana* Wight & Arn.

迁地栽培保存

保存地点	种质份数	个体数量	引种方式	生长状况	来源地
GZ	1	b	采集	C	贵州
CQ	1	b	采集	C	重庆
BJ	1	a	采集	G	北京
HB	1	b	采集	C	湖北
GX	*	f	采集	G	广西

委陵菜 *Potentilla chinensis* Ser.

功效主治 全草（委陵菜）：苦，寒。清热解毒，凉血止痛。用于赤痢腹痛，久痢不止，痔疮出血，痈肿
疮毒。

迁地栽培保存

保存地点	种质份数	个体数量	引种方式	生长状况	来源地
BJ	6	d	采集	G	北京、陕西、山西、辽宁、河南、河北
HEN	1	b	采集	A	河南
HLJ	1	a	采集	A	黑龙江
JS1	1	a	采集	C	江苏

种质库保存

保存地点	保存方式	种质份数	个体数量	引种方式	来源地
BJ	种子	25	c	采集	山西、四川、辽宁、甘肃、福建

西南委陵菜 *Potentilla fulgens* Wall. ex Hook.

功效主治 全草（管仲）：苦、涩，寒。凉血止血，清热解毒，收敛止泻。用于赤白痢，吐泻，胃痛，肺痨，咯血，鼻衄，便血，血崩，外伤出血，疔疮。

濒危等级 中国植物红色名录评估为无危（LC）。

迁地栽培保存

保存地点	种质份数	个体数量	引种方式	生长状况	来源地
GX	*	f	采集	G	重庆，待确认

种质库保存

保存地点	保存方式	种质份数	个体数量	引种方式	来源地
BJ	种子	1	a	采集	云南

细裂委陵菜 *Potentilla chinensis* Ser. var. *lineariloba* Franch. & Sav.

濒危等级 中国植物红色名录评估为无危（LC）。

迁地栽培保存

保存地点	种质份数	个体数量	引种方式	生长状况	来源地
GX	*	f	采集	G	山东

腺毛委陵菜 *Potentilla longifolia* Willd. ex Schltdl.

功效主治 全草或根：收敛止血，止痢，清热解毒。用于阿米巴痢疾，细菌性痢疾，肠痛，小儿消化不良，腹泻，吐血，咯血，便血，功能失调性子宫出血，风湿痹痛，咽喉肿痛，百日咳；外用于外伤出血，痈疖肿毒。

濒危等级 中国植物红色名录评估为无危（LC）。

迁地栽培保存

保存地点	种质份数	个体数量	引种方式	生长状况	来源地
NMG	1	d	采集	C	内蒙古

银背委陵菜 *Potentilla argentea* L.

功效主治 全草：清热解毒，收敛，止血，解痉。用于关节痹痛，痛经。

迁地栽培保存

保存地点	种质份数	个体数量	引种方式	生长状况	来源地
BJ	1	c	赠送	G	保加利亚

掌叶多裂委陵菜 *Potentilla multifida* var. *ornithopoda*（Tausch）Wolf

濒危等级 中国植物红色名录评估为无危（LC）。

迁地栽培保存

保存地点	种质份数	个体数量	引种方式	生长状况	来源地
BJ	1	c	采集	G	甘肃

直立委陵菜 *Potentilla recta* L.

濒危等级 中国植物红色名录评估为无危（LC）。

迁地栽培保存

保存地点	种质份数	个体数量	引种方式	生长状况	来源地
BJ	1	b	赠送	G	保加利亚

榅桲属 *Cydonia*

榅桲 *Cydonia oblonga* Mill.

功效主治 果实：舒筋活络，祛湿解暑，消食。

濒危等级　中国植物红色名录评估为无危（LC）。

迁地栽培保存

保存地点	种质份数	个体数量	引种方式	生长状况	来源地
GX	*	f	采集	G	波兰

蚊子草属　*Filipendula*

蚊子草　*Filipendula palmata*（Pall.）Maxim.

功效主治　全草或根：用于风湿痹痛，刀伤出血。叶：发汗。用于热病，冻疮，烧伤。

濒危等级　中国植物红色名录评估为无危（LC）。

迁地栽培保存

保存地点	种质份数	个体数量	引种方式	生长状况	来源地
LN	1	d	采集	B	辽宁
BJ	1	b	采集	G	黑龙江

种质库保存

保存地点	保存方式	种质份数	个体数量	引种方式	来源地
BJ	种子	1	a	采集	云南

无尾果属　*Coluria*

无尾果　*Coluria longifolia* Maxim.

功效主治　全草：苦，凉。止血，止痛，清热解毒，平肝息风。用于肝阳上亢，肝毒症。

濒危等级　中国特有植物，中国植物红色名录评估为无危（LC）。

种质库保存

保存地点	保存方式	种质份数	个体数量	引种方式	来源地
BJ	种子	3	b	采集	辽宁

鲜卑花属　*Sibiraea*

鲜卑花　*Sibiraea laevigata* (L.) Maxim.

濒危等级　中国植物红色名录评估为无危（LC）。

种质库保存

保存地点	保存方式	种质份数	个体数量	引种方式	来源地
BJ	种子	4	b	采集	甘肃、吉林

小石积属　*Osteomeles*

华西小石积　*Osteomeles schwerinae* Schneid.

功效主治　根、叶：微涩，平。清热解毒，收敛止泻，祛风除湿。用于痢疾，泄泻，疟腮，肠风下血，水肿，关节痛，阴挺，宫寒不孕，外伤出血。

濒危等级　中国特有植物，中国植物红色名录评估为无危（LC）。

种质库保存

保存地点	保存方式	种质份数	个体数量	引种方式	来源地
BJ	种子	4	a	采集	云南

小叶华西小石积　*Osteomeles schwerinae* Schneid. var. *microphylla* Rehd. & Wils.

濒危等级　中国特有植物，中国植物红色名录评估为无危（LC）。

种质库保存

保存地点	保存方式	种质份数	个体数量	引种方式	来源地
BJ	种子	1	a	采集	云南

杏属　*Armeniaca*

东北杏　*Armeniaca mandshurica* (Maxim.) Skvortsov

功效主治　种子（苦杏仁）：苦，微温。有小毒。降气止咳平喘，润肠通便。用于咳嗽胸满痰多，血虚津枯，肠燥便秘。

濒危等级　中国植物红色名录评估为无危（LC）。

迁地栽培保存

保存地点	种质份数	个体数量	引种方式	生长状况	来源地
HLJ	1	a	购买	A	黑龙江

梅　*Armeniaca mume* Siebold

功效主治　花蕾（梅花）：微酸、涩，平。开郁和中，化痰，解毒。用于郁闷心烦，肝胃气痛，梅核气，瘰疬疮毒。果实（乌梅）：酸、涩，平。敛肺，涩肠，生津，安蛔。用于肺虚久咳，虚热消渴，蛔厥呕吐腹痛，胆道蛔虫病。

濒危等级　中国植物红色名录评估为无危（LC）。

迁地栽培保存

保存地点	种质份数	个体数量	引种方式	生长状况	来源地
SH	6	a	采集	A	待确定
BJ	5	b	购买	G	四川
JS1	1	b	购买	C	江苏
HB	1	b	采集	C	湖北
GZ	1	a	采集	C	贵州
GD	1	f	采集	G	待确定

种质库保存

保存地点	保存方式	种质份数	个体数量	引种方式	来源地
BJ	种子	14	b	采集	四川、云南，待确定

山杏　*Armeniaca sibirica* (L.) Lam.

功效主治　种子（苦杏仁）：功效同东北杏。

濒危等级　中国植物红色名录评估为无危（LC）。

迁地栽培保存

保存地点	种质份数	个体数量	引种方式	生长状况	来源地
LN	2	b	采集	C	辽宁
BJ	1	a	采集	C	北京
NMG	1	d	购买	C	内蒙古

种质库保存

保存地点	保存方式	种质份数	个体数量	引种方式	来源地
BJ	种子	75	b	采集	山西、内蒙古、辽宁、河北、吉林

杏 *Armeniaca vulgaris* Lam.

功效主治　种子（苦杏仁）：功效同东北杏。

濒危等级　中国植物红色名录评估为无危（LC）。

迁地栽培保存

保存地点	种质份数	个体数量	引种方式	生长状况	来源地
BJ	1	a	购买	G	北京
CQ	1	a	购买	A	重庆
JS1	1	a	购买	D	江苏

种质库保存

保存地点	保存方式	种质份数	个体数量	引种方式	来源地
BJ	种子	64	b	采集	四川、云南、重庆、海南、山西、陕西、浙江、河北、安徽

绣线菊属　*Spiraea*

白花绣线菊　*Spiraea alba* P. Watson

种质库保存

保存地点	保存方式	种质份数	个体数量	引种方式	来源地
BJ	种子	1	a	采集	安徽

博洛尼亚绣线菊　*Spiraea* × *bumalda* Burv.

迁地栽培保存

保存地点	种质份数	个体数量	引种方式	生长状况	来源地
JS1	1	a	购买	D	江苏

粉花绣线菊　*Spiraea japonica* L. f.

功效主治　根：止咳，明目，镇痛。叶：清热止咳。果实：用于痢疾。

迁地栽培保存

保存地点	种质份数	个体数量	引种方式	生长状况	来源地
GX	*	f	采集	G	日本

光叶粉花绣线菊　*Spiraea japonica* L. f. var. *fortunei* (Planchon) Rehd.

功效主治　根、叶、果实：苦，凉。清热，利湿，祛风，止咳。

濒危等级　中国特有植物，中国植物红色名录评估为无危（LC）。

迁地栽培保存

保存地点	种质份数	个体数量	引种方式	生长状况	来源地
CQ	1	a	采集	C	重庆
GX	*	f	采集	G	广西

种质库保存

保存地点	保存方式	种质份数	个体数量	引种方式	来源地
BJ	种子	6	a	采集	江西、甘肃

广西绣线菊 *Spiraea kwangsiensis* Yu

濒危等级　中国特有植物，中国植物红色名录评估为濒危（EN）。

迁地栽培保存

保存地点	种质份数	个体数量	引种方式	生长状况	来源地
GX	*	f	采集	G	广西

华北绣线菊 *Spiraea fritschiana* Schneid.

功效主治　根、果实：清热止咳。用于发热，咳嗽。

濒危等级　中国特有植物，中国植物红色名录评估为无危（LC）。

种质库保存

保存地点	保存方式	种质份数	个体数量	引种方式	来源地
BJ	种子	1	a	采集	江西

渐尖叶粉花绣线菊 *Spiraea japonica* L. f. var. *acuminata* Franch.

功效主治　全株（吹火筒）：微苦，平。解毒生肌，通经，通便，利尿。用于闭经，月经不调，便结腹胀，小便淋痛。

濒危等级　中国特有植物，中国植物红色名录评估为无危（LC）。

迁地栽培保存

保存地点	种质份数	个体数量	引种方式	生长状况	来源地
CQ	2	a	采集	C	重庆
SH	1	b	采集	A	待确定

金丝桃叶绣线菊　*Spiraea hypericifolia* L.

功效主治　花：生津止渴，利水。

濒危等级　中国植物红色名录评估为无危（LC）。

迁地栽培保存

保存地点	种质份数	个体数量	引种方式	生长状况	来源地
GX	*	f	采集	G	新疆

金焰绣线菊　*Spiraea japonica* ‘Goldflame’

迁地栽培保存

保存地点	种质份数	个体数量	引种方式	生长状况	来源地
JS2	1	b	购买	C	江苏

李叶绣线菊　*Spiraea prunifolia* Siebold & Zucc.

功效主治　根（笑靥花）：用于咽喉痛。

迁地栽培保存

保存地点	种质份数	个体数量	引种方式	生长状况	来源地
JS1	1	b	购买	C	江苏
GX	*	f	采集	G	江苏

麻叶绣线菊　*Spiraea cantoniensis* Lour.

功效主治　根、叶、果实：清热，凉血，祛瘀，消肿止痛。用于跌打损伤，疥癣。

迁地栽培保存

保存地点	种质份数	个体数量	引种方式	生长状况	来源地
SH	1	b	采集	A	待确定
GZ	1	a	采集	C	贵州
CQ	1	a	采集	C	重庆
GX	*	f	采集	G	云南

毛枝绣线菊 *Spiraea martini* H. Lévl.

功效主治 根、叶：清热止咳。

濒危等级 中国特有植物，中国植物红色名录评估为无危（LC）。

迁地栽培保存

保存地点	种质份数	个体数量	引种方式	生长状况	来源地
GX	*	f	采集	G	湖北

蒙古绣线菊 *Spiraea mongolica* Maxim.

功效主治 花：生津止渴，利水。

濒危等级 中国特有植物，中国植物红色名录评估为无危（LC）。

迁地栽培保存

保存地点	种质份数	个体数量	引种方式	生长状况	来源地
NMG	1	b	购买	C	内蒙古

南川绣线菊 *Spiraea rosthornii* Pritz.

濒危等级 中国特有植物，中国植物红色名录评估为无危（LC）。

迁地栽培保存

保存地点	种质份数	个体数量	引种方式	生长状况	来源地
GX	*	f	采集	G	重庆

种质库保存

保存地点	保存方式	种质份数	个体数量	引种方式	来源地
BJ	种子	1	a	采集	待确定

三裂绣线菊 *Spiraea trilobata* L.

功效主治 叶、果实：活血祛瘀，消肿止痛。

濒危等级 中国植物红色名录评估为无危（LC）。

迁地栽培保存

保存地点	种质份数	个体数量	引种方式	生长状况	来源地
BJ	3	b	采集	G	北京、山东、山西
NMG	1	a	购买	F	内蒙古

石蚕叶绣线菊　*Spiraea chamaedryfolia* L.

功效主治　花：生津止咳，利水。

迁地栽培保存

保存地点	种质份数	个体数量	引种方式	生长状况	来源地
GX	*	f	采集	G	法国

土庄绣线菊　*Spiraea pubescens* Turcz.

功效主治　茎髓：用于水肿。

濒危等级　中国植物红色名录评估为无危（LC）。

迁地栽培保存

保存地点	种质份数	个体数量	引种方式	生长状况	来源地
NMG	1	a	购买	D	内蒙古
BJ	1	b	采集	G	北京

细枝绣线菊　*Spiraea myrtilloides* Rehder

功效主治　根：消肿解毒，去腐生新。

濒危等级　中国特有植物，中国植物红色名录评估为无危（LC）。

种质库保存

保存地点	保存方式	种质份数	个体数量	引种方式	来源地
BJ	种子	1	a	采集	甘肃

绣球绣线菊 *Spiraea blumei* G. Don

功效主治 根（麻叶绣球）：辛，微温。调气止痛，散瘀，利湿。用于瘀血，腹胀满，带下病，跌打内伤，疮毒。

迁地栽培保存

保存地点	种质份数	个体数量	引种方式	生长状况	来源地
BJ	1	a	采集	G	江西
GX	*	f	采集	G	广西

种质库保存

保存地点	保存方式	种质份数	个体数量	引种方式	来源地
BJ	种子	6	b	采集	江西

绣线菊 *Spiraea salicifolia* L.

功效主治 全株（空心柳）或根（空心柳）：苦，平。通经活血，通便利水。用于关节痛，周身酸痛，咳嗽多痰，刀伤，闭经。

濒危等级 中国植物红色名录评估为无危（LC）。

迁地栽培保存

保存地点	种质份数	个体数量	引种方式	生长状况	来源地
SC	3	f	待确定	G	四川
JS1	1	a	购买	C	江苏
HLJ	1	b	购买	A	黑龙江

种质库保存

保存地点	保存方式	种质份数	个体数量	引种方式	来源地
BJ	种子	25	c	采集	云南、山西、甘肃、吉林

珍珠绣线菊 *Spiraea thunbergii* Siebold ex Blume

功效主治　根：用于咽喉痛。

迁地栽培保存

保存地点	种质份数	个体数量	引种方式	生长状况	来源地
GX	*	f	采集	G	日本

中华绣线菊 *Spiraea chinensis* Maxim.

功效主治　根：用于咽喉痛。

濒危等级　中国特有植物，中国植物红色名录评估为无危（LC）。

迁地栽培保存

保存地点	种质份数	个体数量	引种方式	生长状况	来源地
CQ	1	a	采集	C	重庆
GX	*	f	采集	G	广西

种质库保存

保存地点	保存方式	种质份数	个体数量	引种方式	来源地
BJ	种子	6	b	采集	重庆

绣线梅属　*Neillia*

毛果绣线梅 *Neillia thyrsiflora* D. Don var. *tunkinensis* Vidal

濒危等级　中国植物红色名录评估为无危（LC）。

迁地栽培保存

保存地点	种质份数	个体数量	引种方式	生长状况	来源地
GX	*	f	采集	G	广西

毛叶绣线梅　*Neillia ribesioides* Rehder

功效主治　根：酸、苦，温。利水除湿，清热止血。用于水肿，咯血。

濒危等级　中国特有植物，中国植物红色名录评估为无危（LC）。

迁地栽培保存

保存地点	种质份数	个体数量	引种方式	生长状况	来源地
CQ	1	a	采集	C	重庆

绣线梅　*Neillia thyrsiflora* D. Don

功效主治　花：用于肺痨。

濒危等级　中国植物红色名录评估为无危（LC）。

迁地栽培保存

保存地点	种质份数	个体数量	引种方式	生长状况	来源地
GX	*	f	采集	G	湖北

种质库保存

保存地点	保存方式	种质份数	个体数量	引种方式	来源地
BJ	种子	4	b	采集	云南

中华绣线梅　*Neillia sinensis* Oliv.

功效主治　根（钓杆柴）：苦、酸、甘，凉。利水除湿，清热止血。用于水肿，咯血。

濒危等级　中国特有植物，中国植物红色名录评估为无危（LC）。

迁地栽培保存

保存地点	种质份数	个体数量	引种方式	生长状况	来源地
CQ	1	a	采集	C	重庆
GX	*	f	采集	G	湖北

悬钩子属　*Rubus*

白花悬钩子　*Rubus leucanthus* Hance

功效主治　根：用于泄泻，赤痢。

濒危等级　中国植物红色名录评估为无危（LC）。

迁地栽培保存

保存地点	种质份数	个体数量	引种方式	生长状况	来源地
HN	2	a	采集	B	海南
GD	1	f	采集	G	待确定
GX	*	f	采集	G	广西

白叶莓　*Rubus innominatus* S. Moore

功效主治　根（早谷蘸）：用于小儿风寒咳喘。

濒危等级　中国特有植物，中国植物红色名录评估为无危（LC）。

迁地栽培保存

保存地点	种质份数	个体数量	引种方式	生长状况	来源地
GX	*	f	采集	G	重庆

插田泡　*Rubus coreanus* Miq.

功效主治　根（倒生根）：酸、咸，平。行气活血，补肾固精，助阳明目，缩尿。用于劳伤吐血，衄血，月经不调，跌打损伤。

濒危等级　中国植物红色名录评估为无危（LC）。

迁地栽培保存

保存地点	种质份数	个体数量	引种方式	生长状况	来源地
JS1	1	a	采集	C	江苏

川莓 *Rubus setchuenensis* Bureau & Franch.

功效主治 根（大乌泡根）、叶：酸、咸，平。祛风除湿，活血止血。用于劳伤吐血，咯血，月经不调，痢疾，瘰疬，骨折。

濒危等级 中国特有植物，中国植物红色名录评估为无危（LC）。

迁地栽培保存

保存地点	种质份数	个体数量	引种方式	生长状况	来源地
SC	2	f	待确定	G	四川
GX	*	f	采集	G	贵州

种质库保存

保存地点	保存方式	种质份数	个体数量	引种方式	来源地
HN	种子	1	b	采集	湖南
BJ	种子	4	a	采集	重庆

粗叶悬钩子 *Rubus alceifolius* Poir.

功效主治 根、叶：甘、淡，平。活血祛瘀，清热止血。用于胁痛，肝脾肿大，乳痈，外伤出血，口腔破溃。

濒危等级 中国植物红色名录评估为无危（LC）。

迁地栽培保存

保存地点	种质份数	个体数量	引种方式	生长状况	来源地
HN	2	a	采集	B	海南
JS2	1	b	购买	F	江苏
GD	1	b	采集	D	待确定
SH	1	a	采集	A	待确定
GX	*	f	采集	G	广西

种质库保存

保存地点	保存方式	种质份数	个体数量	引种方式	来源地
BJ	种子	4	b	采集	广西、福建

大乌泡　*Rubus multibracteatus* H. Lévl. & Vaniot

功效主治　根（大乌泡）：微涩，凉。清热利湿，凉血，止血。用于痢疾，泄泻，风湿痹痛，咯血，倒经，骨折。

濒危等级　中国植物红色名录评估为无危（LC）。

迁地栽培保存

保存地点	种质份数	个体数量	引种方式	生长状况	来源地
BJ	1	a	采集	G	广西
CQ	1	a	采集	C	重庆
GZ	1	b	采集	C	贵州
GX	*	f	采集	G	广西

大叶鸡爪茶　*Rubus henryi* Hemsl. Kuntze var. *sozostylus*（Focke）Yü et Lu

濒危等级　中国特有植物，中国植物红色名录评估为无危（LC）。

迁地栽培保存

保存地点	种质份数	个体数量	引种方式	生长状况	来源地
GZ	1	a	采集	C	贵州

单茎悬钩子　*Rubus simplex* Focke

功效主治　根：散血止痛，通经。叶：止血。

濒危等级　中国特有植物，中国植物红色名录评估为无危（LC）。

迁地栽培保存

保存地点	种质份数	个体数量	引种方式	生长状况	来源地
GX	*	f	采集	G	湖北

东南悬钩子 *Rubus tsangiorum* Hand.-Mazz.

濒危等级 中国特有植物，中国植物红色名录评估为无危（LC）。

迁地栽培保存

保存地点	种质份数	个体数量	引种方式	生长状况	来源地
GX	*	f	采集	G	广西

盾叶莓 *Rubus peltatus* Maxim.

功效主治 果实：涩，凉。利尿，清热排石。

濒危等级 中国植物红色名录评估为无危（LC）。

迁地栽培保存

保存地点	种质份数	个体数量	引种方式	生长状况	来源地
HB	1	b	采集	B	湖北
BJ	1	b	采集	C	湖北

钝齿悬钩子 *Rubus raopingensis* var. *obtusidentatus* Yü et Lu

濒危等级 中国特有植物，中国植物红色名录评估为数据缺乏（DD）。

种质库保存

保存地点	保存方式	种质份数	个体数量	引种方式	来源地
BJ	种子	1	a	采集	山西

多腺悬钩子 *Rubus phoenicolasius* Maxim.

功效主治 根、叶：辛，温。解毒，补肾，活血止痛，祛风除湿。用于风湿骨痛，跌打损伤。

濒危等级 中国植物红色名录评估为无危（LC）。

迁地栽培保存

保存地点	种质份数	个体数量	引种方式	生长状况	来源地
SH	1	a	采集	A	待确定

耳叶悬钩子　*Rubus latoauriculatus* Metcalf

濒危等级　中国特有植物，中国植物红色名录评估为无危（LC）。

迁地栽培保存

保存地点	种质份数	个体数量	引种方式	生长状况	来源地
GX	*	f	采集	G	广西

覆盆子　*Rubus idaeus* L.

功效主治　果实：固精补肾，明目。

迁地栽培保存

保存地点	种质份数	个体数量	引种方式	生长状况	来源地
LN	1	b	采集	C	辽宁
SC	1	f	待确定	G	四川

种质库保存

保存地点	保存方式	种质份数	个体数量	引种方式	来源地
BJ	种子	8	b	采集	浙江、四川

高粱泡　*Rubus lambertianus* Ser.

功效主治　根：酸、涩，微温。疏风解表，活血调经，补肾固精。用于感冒，产后腹痛，出血，产褥热，痛经，带下病，阴挺，遗精，痔疮。

迁地栽培保存

保存地点	种质份数	个体数量	引种方式	生长状况	来源地
SH	1	a	采集	A	待确定
CQ	1	a	采集	C	重庆
HB	1	a	采集	C	待确定

种质库保存

保存地点	保存方式	种质份数	个体数量	引种方式	来源地
BJ	种子	1	a	采集	重庆

菰帽悬钩子 *Rubus pileatus* Focke

功效主治 果实、根：解热，生津，止渴。固精补肾，缩尿。

濒危等级 中国特有植物，中国植物红色名录评估为无危（LC）。

种质库保存

保存地点	保存方式	种质份数	个体数量	引种方式	来源地
BJ	种子	1	a	采集	待确定

光滑高粱泡 *Rubus lambertianus* Ser. var. *glaber* Hemsl.

濒危等级 中国植物红色名录评估为无危（LC）。

迁地栽培保存

保存地点	种质份数	个体数量	引种方式	生长状况	来源地
GX	*	f	采集	G	湖北

种质库保存

保存地点	保存方式	种质份数	个体数量	引种方式	来源地
BJ	种子	1	a	采集	贵州

光滑悬钩子 *Rubus tsangii* Merr.

濒危等级 中国特有植物，中国植物红色名录评估为无危（LC）。

迁地栽培保存

保存地点	种质份数	个体数量	引种方式	生长状况	来源地
SC	1	f	待确定	G	四川
GX	*	f	采集	G	广西

广西悬钩子　*Rubus kwangsiensis* Li

功效主治　根、叶：祛风止痛。用于牙痛，筋骨痛，跌打损伤，肿痛，疮疖肿毒，哮喘。

濒危等级　中国特有植物，中国植物红色名录评估为无危（LC）。

迁地栽培保存

保存地点	种质份数	个体数量	引种方式	生长状况	来源地
GX	*	f	采集	G	广西

寒莓　*Rubus buergeri* Miq.

功效主治　根（寒莓根）：甘、淡、酸，寒。活血凉血，清热解毒，和胃止痛。用于胃痛吐酸，黄疸，泄泻，带下病，痔疮。全株或叶（寒莓叶）：酸，平。补阴益精，强壮补身。用于肺痨咯血，黄水疮。

濒危等级　中国植物红色名录评估为无危（LC）。

迁地栽培保存

保存地点	种质份数	个体数量	引种方式	生长状况	来源地
CQ	1	a	采集	C	重庆
GX	*	f	采集	G	日本

红蕈刺藤　*Rubus niveus* Thunb.

功效主治　根（硬枝黑琐梅）、叶：涩、微苦，平。收敛，止血，止咳，消炎。用于脱肛，泄泻，顿咳，月经不调。

濒危等级　中国植物红色名录评估为无危（LC）。

种质库保存

保存地点	保存方式	种质份数	个体数量	引种方式	来源地
BJ	种子	6	b	采集	贵州、云南

红毛悬钩子　*Rubus pinfaensis* H. Lévl. & Vaniot

功效主治　根（老虎泡）、叶（老虎泡）：酸、咸，平。祛风，除湿，散瘀，补肾。用于风湿关节痛，刀伤，吐血，月经不调，黄水疮，肾虚阳痿，尿血。

濒危等级　中国植物红色名录评估为无危（LC）。

迁地栽培保存

保存地点	种质份数	个体数量	引种方式	生长状况	来源地
CQ	1	a	采集	C	重庆
GZ	1	a	采集	C	贵州

黄蔍　*Rubus pectinellus* Maxim.

濒危等级　中国植物红色名录评估为无危（LC）。

迁地栽培保存

保存地点	种质份数	个体数量	引种方式	生长状况	来源地
GX	*	f	采集	G	重庆

种质库保存

保存地点	保存方式	种质份数	个体数量	引种方式	来源地
BJ	种子	8	b	采集	云南

黄脉莓　*Rubus xanthoneurus* Focke

功效主治　根：止血，消肿。用于跌打肿痛，外伤出血。

濒危等级　中国植物红色名录评估为无危（LC）。

迁地栽培保存

保存地点	种质份数	个体数量	引种方式	生长状况	来源地
GX	*	f	采集	G	湖北

灰白毛莓　*Rubus tephrodes* Hance

功效主治　根（乌龙摆尾）：酸、涩。收敛，凉血，活血，止血。用于闭经，产后感冒，腰腿痛，筋骨酸痛、麻木。果实（蓬藟）：甘、酸，温。补肝肾，缩尿。

濒危等级　中国特有植物，中国植物红色名录评估为无危（LC）。

种质库保存

保存地点	保存方式	种质份数	个体数量	引种方式	来源地
BJ	种子	1	a	采集	重庆
HN	种子	1	a	采集	湖南

灰毛莓　*Rubus irenaeus* Focke

功效主治　根（地五泡藤根）、叶（地五泡藤叶）：咸，平。理气止痛，散毒生肌。用于气瘀腹痛，口角生疮。

迁地栽培保存

保存地点	种质份数	个体数量	引种方式	生长状况	来源地
GX	*	f	采集	G	湖北

鸡爪茶　*Rubus henryi* Hemsl. & Kuntze

功效主治　根：除风湿，舒筋络。用于风湿骨痛，跌打损伤。

濒危等级　中国特有植物，中国植物红色名录评估为无危（LC）。

迁地栽培保存

保存地点	种质份数	个体数量	引种方式	生长状况	来源地
CQ	1	a	采集	C	重庆
HB	1	a	采集	C	湖北

角裂悬钩子　*Rubus lobophyllus* Shih ex Metcalf

濒危等级　中国特有植物，中国植物红色名录评估为无危（LC）。

迁地栽培保存

保存地点	种质份数	个体数量	引种方式	生长状况	来源地
GX	*	f	采集	G	广西

空心藨 *Rubus rosifolius* Smith

功效主治　根（倒触伞）：辛、微苦，凉。清热解毒，活血止痛，止带，止汗，止咳，止痢。用于倒经，咳嗽痰喘，盗汗，脱肛，赤白痢，小儿顿咳。

迁地栽培保存

保存地点	种质份数	个体数量	引种方式	生长状况	来源地
FJ	3	a	采集	A	福建
BJ	1	a	采集	G	广西
GD	1	b	采集	D	待确定
LN	1	b	采集	C	辽宁
SH	1	b	采集	A	待确定
GX	*	f	采集	G	广西

梨叶悬钩子 *Rubus pirifolius* Sm.

功效主治　根：淡、涩，凉。凉血，清肺热。用于肺热咳嗽，胸闷，咯血。

濒危等级　中国植物红色名录评估为无危（LC）。

迁地栽培保存

保存地点	种质份数	个体数量	引种方式	生长状况	来源地
GX	*	f	采集	G	广西

毛萼莓 *Rubus chroosepalus* Focke

功效主治　根：清热，解毒，止泻。

濒危等级　中国植物红色名录评估为无危（LC）。

迁地栽培保存

保存地点	种质份数	个体数量	引种方式	生长状况	来源地
GX	*	f	采集	G	湖北

毛叶高粱泡　*Rubus lambertianus* Ser. var. *paykouangensis*（Lévl.）Hand.-Mazz.

濒危等级　中国植物红色名录评估为无危（LC）。

迁地栽培保存

保存地点	种质份数	个体数量	引种方式	生长状况	来源地
GX	*	f	采集	G	广西

茅莓　*Rubus parvifolius* L.

功效主治　根（茅莓根）：苦，凉。清热解毒，祛风利湿，活血止血，利尿通淋。用于感冒高热，咽喉痛，风湿痹痛，肝炎，泄泻，水肿，小便淋痛。地上部分（薅田藨）：甘、酸，平。散瘀，止痛，解毒，杀虫。用于吐血，跌打刀伤，产后瘀滞腹痛，痢疾，痔疮，疖疮，瘰疬。

迁地栽培保存

保存地点	种质份数	个体数量	引种方式	生长状况	来源地
BJ	2	b	采集	G	山东、辽宁
ZJ	1	d	采集	A	浙江
GD	1	a	采集	D	待确定
GZ	1	b	采集	C	贵州
JS2	1	c	购买	C	江苏
SH	1	b	采集	A	待确定

绵果悬钩子　*Rubus lasiostylus* Focke

功效主治　果实：固肾涩精，止遗。用于肾虚腰痛，阳痿早泄，遗尿。

濒危等级　中国特有植物，中国植物红色名录评估为无危（LC）。

迁地栽培保存

保存地点	种质份数	个体数量	引种方式	生长状况	来源地
GX	*	f	采集	G	湖北

木莓　*Rubus swinhoei* Hance

功效主治　根、叶：苦、涩，平。凉血止血，活血调经，收敛解毒。用于牙痛，疮漏，疔疮肿毒，月经不调。

濒危等级　中国植物红色名录评估为无危（LC）。

迁地栽培保存

保存地点	种质份数	个体数量	引种方式	生长状况	来源地
GX	*	f	采集	G	湖北

牛叠肚　*Rubus crataegifolius* Bunge

功效主治　根：清热解毒，调经活血。

濒危等级　中国植物红色名录评估为无危（LC）。

迁地栽培保存

保存地点	种质份数	个体数量	引种方式	生长状况	来源地
BJ	2	b	采集	G	辽宁，待确定
GX	*	f	采集	G	山东

种质库保存

保存地点	保存方式	种质份数	个体数量	引种方式	来源地
BJ	种子	1	a	采集	待确定

欧洲木莓　*Rubus caesius* L.

功效主治　叶、根：收敛，利尿，止泻，清热解毒。用于口疮，咽喉肿痛，月经过多，腹泻，皮肤病。

濒危等级　中国植物红色名录评估为无危（LC）。

迁地栽培保存

保存地点	种质份数	个体数量	引种方式	生长状况	来源地
GX	*	f	采集	G	法国

蓬蘽　*Rubus hirsutus* Thunb.

功效主治　根（刺菠）、叶（刺菠）：酸，平。清热解毒，活血止痛。用于伤暑吐泻，风火头痛，感冒，黄疸。

迁地栽培保存

保存地点	种质份数	个体数量	引种方式	生长状况	来源地
JS2	1	b	购买	C	江苏

黔桂悬钩子　*Rubus feddei* H. Lévl. & Vaniot

功效主治　根、叶：止血。

濒危等级　中国植物红色名录评估为无危（LC）。

迁地栽培保存

保存地点	种质份数	个体数量	引种方式	生长状况	来源地
GX	*	f	采集	G	广西

浅裂锈毛莓　*Rubus reflexus* var. *hui*（Diels apud Hu）Metc.

功效主治　果实：活血止血，补肾接骨。用于跌打损伤，局部青肿疼痛，伤口出血，创伤骨折。

濒危等级　中国特有植物，中国植物红色名录评估为无危（LC）。

迁地栽培保存

保存地点	种质份数	个体数量	引种方式	生长状况	来源地
GX	*	f	采集	G	广西

琴叶悬钩子　*Rubus panduratus* Hand.-Mazz.

濒危等级　中国特有植物，中国植物红色名录评估为无危（LC）。

迁地栽培保存

保存地点	种质份数	个体数量	引种方式	生长状况	来源地
GX	*	f	采集	G	广西

三花悬钩子　*Rubus trianthus* Focke

功效主治　根、叶：苦、涩，平。凉血止血，活血调经，收敛解毒。

濒危等级 中国植物红色名录评估为无危（LC）。

迁地栽培保存

保存地点	种质份数	个体数量	引种方式	生长状况	来源地
CQ	1	a	采集	C	重庆
GX	*	f	采集	G	湖北

三叶悬钩子 *Rubus delavayi* Franch.

功效主治 全株（倒钩刺）：甘、微酸，平。清热解毒，除湿止痢，驱蛔。用于乳蛾，目赤肿痛，痢疾，疥疮，风湿关节痛，蛔虫病，痄腮，乳痈，无名肿毒。

濒危等级 中国特有植物，中国植物红色名录评估为无危（LC）。

迁地栽培保存

保存地点	种质份数	个体数量	引种方式	生长状况	来源地
GX	*	f	采集	G	广西

山莓 *Rubus corchorifolius* L. f.

功效主治 果实（悬钩子）：酸，平。醒酒，止渴，祛痰，解毒。用于痛风，丹毒，遗精。根：苦、涩，平。凉血止血，活血调经，收敛解毒。用于吐血，痔血，血崩，带下病，泄泻，遗精，腰痛，疟疾。

濒危等级 中国植物红色名录评估为无危（LC）。

迁地栽培保存

保存地点	种质份数	个体数量	引种方式	生长状况	来源地
BJ	4	b	采集	G	河北、黑龙江、陕西，待确定
FJ	3	a	采集	A	福建
CQ	1	a	采集	C	重庆
HEN	1	a	赠送	A	河南
LN	1	c	采集	A	辽宁
ZJ	1	c	采集	B	浙江
GX	*	f	采集	G	广西

种质库保存

保存地点	保存方式	种质份数	个体数量	引种方式	来源地
BJ	种子	4	b	采集	福建、云南

蛇蘑筋　*Rubus cochinchinensis* Tratt.

功效主治　根（五叶泡）、叶（五叶泡）：苦、辛，温。祛风，除湿，行气。用于腰腿痛，四肢痹痛，风湿骨痛。

濒危等级　中国植物红色名录评估为无危（LC）。

迁地栽培保存

保存地点	种质份数	个体数量	引种方式	生长状况	来源地
HN	2	a	采集	B	海南

种质库保存

保存地点	保存方式	种质份数	个体数量	引种方式	来源地
BJ	种子	1	a	采集	安徽

深裂锈毛莓　*Rubus reflexus* var. *lanceolobus* Metc.

功效主治　根：苦、涩、酸，平。祛风湿，强筋骨。用于风湿痛，痢疾，风火牙痛，带下病。

濒危等级　中国特有植物，中国植物红色名录评估为无危（LC）。

迁地栽培保存

保存地点	种质份数	个体数量	引种方式	生长状况	来源地
GD	1	f	采集	G	待确定

石生悬钩子　*Rubus saxatilis* L.

功效主治　果实：甘、酸，温。补肾固精，助阳明目，缩尿。用于遗精。全株：苦、微酸，平。补肝健胃，祛风止痛。用于肝毒症，食欲不振，风湿关节痛。

濒危等级　中国植物红色名录评估为无危（LC）。

迁地栽培保存

保存地点	种质份数	个体数量	引种方式	生长状况	来源地
BJ	1	b	采集	G	内蒙古

棠叶悬钩子 *Rubus malifolius* Focke

功效主治　根、叶：消肿，止痛，收敛。

濒危等级　中国特有植物，中国植物红色名录评估为无危（LC）。

迁地栽培保存

保存地点	种质份数	个体数量	引种方式	生长状况	来源地
CQ	1	a	采集	C	重庆

甜茶 *Rubus chingii* Hu var. *suavissimus* (S. Lee) L. T. Lu

功效主治　叶：清热生津，补肾平肝。用于消渴，阴虚阳亢。

濒危等级　中国特有植物，中国植物红色名录评估为易危（VU）。

迁地栽培保存

保存地点	种质份数	个体数量	引种方式	生长状况	来源地
HN	2	a	采集	C	海南
GX	*	f	采集	G	广西

乌藨子 *Rubus parkeri* Hance

功效主治　根（小乌泡根）：咸，凉。行血调经。用于劳伤，吐血，月经不调，闭经，血崩。

濒危等级　中国特有植物，中国植物红色名录评估为无危（LC）。

迁地栽培保存

保存地点	种质份数	个体数量	引种方式	生长状况	来源地
YN	1	a	采集	C	云南

无腺白叶莓　*Rubus innominatus* var. *kuntzeanus*（Hemsl.）Bailey

功效主治　根（早谷藨）：平喘止咳。用于小儿风寒咳逆，气喘。

濒危等级　中国特有植物，中国植物红色名录评估为无危（LC）。

迁地栽培保存

保存地点	种质份数	个体数量	引种方式	生长状况	来源地
GX	*	f	采集	G	湖北

五裂悬钩子　*Rubus lobatus* Yu & Lu

濒危等级　中国特有植物，中国植物红色名录评估为无危（LC）。

种质库保存

保存地点	保存方式	种质份数	个体数量	引种方式	来源地
BJ	种子	1	a	采集	贵州

狭萼多毛悬钩子　*Rubus lasiotrichos* var. *blinii*（H. Léveillé）L. T. Lu

功效主治　全草：舒筋活络，活血散瘀，止痛。用于跌打损伤，风湿疼痛，腓肠肌痉挛，手指挛急，痧证。

濒危等级　中国特有植物，中国植物红色名录评估为近危（NT）。

迁地栽培保存

保存地点	种质份数	个体数量	引种方式	生长状况	来源地
CQ	1	a	采集	C	重庆
GX	*	f	采集	G	广西

锈毛莓　*Rubus reflexus* Ker

功效主治　根：祛风湿，强筋骨。叶：止血，清热解毒。

濒危等级　中国特有植物，中国植物红色名录评估为无危（LC）。

迁地栽培保存

保存地点	种质份数	个体数量	引种方式	生长状况	来源地
GX	*	f	采集	G	广西

宜昌悬钩子 *Rubus ichangensis* Hemsl. & Kuntze

功效主治 根（牛尾泡）、叶（牛尾泡）：酸、涩，平。清热解毒，收敛止血。用于吐血，痔疮出血，黄水疮，湿热疮毒。

濒危等级 中国特有植物，中国植物红色名录评估为无危（LC）。

迁地栽培保存

保存地点	种质份数	个体数量	引种方式	生长状况	来源地
CQ	1	a	采集	C	重庆
GZ	1	a	采集	C	贵州
GX	*	f	采集	G	湖北

种质库保存

保存地点	保存方式	种质份数	个体数量	引种方式	来源地
HN	种子	1	b	采集	湖南

硬毛莓 *Rubus hispidus* Marshall

种质库保存

保存地点	保存方式	种质份数	个体数量	引种方式	来源地
BJ	种子	1	a	采集	云南

栽秧藨 *Rubus ellipticus* var. *obcordatus* (Franch.) Focke

功效主治 根：苦、涩，平。通络，消肿，清热，止泻。用于筋骨痛，痿软麻木，乳蛾，肿毒，黄疸，细菌性痢疾。叶（黄锁梅叶）：用于湿疹。果实（黄泡果）：酸，平。补肾涩精。用于肾虚，多尿，遗精，早泄。

濒危等级 中国植物红色名录评估为无危（LC）。

种质库保存

保存地点	保存方式	种质份数	个体数量	引种方式	来源地
BJ	种子	4	b	采集	贵州、云南

掌叶覆盆子　*Rubus chingii* Hu

功效主治　果实（覆盆子）：甘、酸，温。益肾，固精，缩尿。用于肾虚遗尿，小便频数，阳痿早泄，遗精滑精。

濒危等级　中国植物红色名录评估为无危（LC）。

迁地栽培保存

保存地点	种质份数	个体数量	引种方式	生长状况	来源地
FJ	6	b	采集	A	福建
BJ	2	b	采集	G	安徽、河南
JS2	1	e	购买	C	江苏
ZJ	1	c	采集	A	江西
GX	*	f	采集	G	广西

周毛悬钩子　*Rubus amphidasys* Focke

功效主治　全株（全毛悬钩子）：苦，平。活血调经，止痛。用于产后受风，月经不调，四肢酸麻。

濒危等级　中国特有植物，中国植物红色名录评估为无危（LC）。

迁地栽培保存

保存地点	种质份数	个体数量	引种方式	生长状况	来源地
ZJ	1	d	采集	B	浙江
GX	*	f	采集	G	湖北

竹叶鸡爪茶　*Rubus bambusarum* Focke

功效主治　叶：用于肺痨。

濒危等级　中国特有植物，中国植物红色名录评估为无危（LC）。

迁地栽培保存

保存地点	种质份数	个体数量	引种方式	生长状况	来源地
GX	*	f	采集	G	重庆

棕红悬钩子 *Rubus rufus* Focke

濒危等级 中国植物红色名录评估为无危（LC）。

迁地栽培保存

保存地点	种质份数	个体数量	引种方式	生长状况	来源地
GX	*	f	采集	G	湖北

栒子属 *Cotoneaster*

矮生栒子 *Cotoneaster dammeri* Schneid.

功效主治 根皮：清热解毒，消肿除湿。用于风湿病，月经不调，红肿恶毒，疥疮。

迁地栽培保存

保存地点	种质份数	个体数量	引种方式	生长状况	来源地
GX	*	f	采集	G	湖北

暗红栒子 *Cotoneaster obscurus* Rehder & E. H. Wilson

濒危等级 中国特有植物，中国植物红色名录评估为无危（LC）。

迁地栽培保存

保存地点	种质份数	个体数量	引种方式	生长状况	来源地
GX	*	f	采集	G	法国

种质库保存

保存地点	保存方式	种质份数	个体数量	引种方式	来源地
BJ	种子	8	b	采集	四川、重庆

藏边栒子 *Cotoneaster affinis* Lindl.

濒危等级　中国植物红色名录评估为无危（LC）。

迁地栽培保存

保存地点	种质份数	个体数量	引种方式	生长状况	来源地
GX	*	f	采集	G	法国

大果栒子 *Cotoneaster conspicuus* Comber ex Marquand

濒危等级　中国特有植物，中国植物红色名录评估为无危（LC）。

迁地栽培保存

保存地点	种质份数	个体数量	引种方式	生长状况	来源地
GX	*	f	采集	G	法国

钝叶栒子 *Cotoneaster hebephyllus* Diels

功效主治　果实、枝叶：止血，除湿，止痒。用于鼻衄，牙龈出血，月经过多，风湿病，痒疹，体内积水，脓肿。

濒危等级　中国特有植物，中国植物红色名录评估为无危（LC）。

迁地栽培保存

保存地点	种质份数	个体数量	引种方式	生长状况	来源地
GX	*	f	采集	G	法国

恩施栒子 *Cotoneaster fangianus* Yu

濒危等级　中国特有植物，中国植物红色名录评估为近危（NT）。

迁地栽培保存

保存地点	种质份数	个体数量	引种方式	生长状况	来源地
HB	1	a	采集	C	湖北

粉叶栒子 *Cotoneaster glaucophyllus* Franch.

功效主治 根、茎：用于消化不良，食滞。用于胃脘胀满。

濒危等级 中国特有植物，中国植物红色名录评估为无危（LC）。

迁地栽培保存

保存地点	种质份数	个体数量	引种方式	生长状况	来源地
GX	*	f	采集	G	法国

高山栒子 *Cotoneaster subadpressus* Yu

濒危等级 中国特有植物，中国植物红色名录评估为无危（LC）。

迁地栽培保存

保存地点	种质份数	个体数量	引种方式	生长状况	来源地
GX	*	f	采集	G	法国

光叶栒子 *Cotoneaster glabratus* Rehder & E. H. Wilson

濒危等级 中国特有植物，中国植物红色名录评估为无危（LC）。

迁地栽培保存

保存地点	种质份数	个体数量	引种方式	生长状况	来源地
GX	*	f	采集	G	法国

光泽栒子 *Cotoneaster nitens* Rehder & E. H. Wilson

濒危等级 中国特有植物，中国植物红色名录评估为近危（NT）。

迁地栽培保存

保存地点	种质份数	个体数量	引种方式	生长状况	来源地
GX	*	f	采集	G	法国

黑果栒子 *Cotoneaster melanocarpus* Lodd.

功效主治　枝叶、果实：祛风湿，止血，消炎。用于风湿痹痛，刀伤出血。

濒危等级　中国植物红色名录评估为无危（LC）。

迁地栽培保存

保存地点	种质份数	个体数量	引种方式	生长状况	来源地
BJ	1	b	采集	G	河北
GX	*	f	采集	G	中国新疆，波兰

厚叶栒子 *Cotoneaster coriaceus* Franch.

功效主治　根（野苦梨根）：苦，凉。消肿，解毒。用于红肿恶疮。

濒危等级　中国特有植物，中国植物红色名录评估为无危（LC）。

迁地栽培保存

保存地点	种质份数	个体数量	引种方式	生长状况	来源地
GX	*	f	采集	G	法国

黄杨叶栒子 *Cotoneaster buxifolius* Wall. ex Lindl.

濒危等级　中国植物红色名录评估为无危（LC）。

迁地栽培保存

保存地点	种质份数	个体数量	引种方式	生长状况	来源地
GX	*	f	采集	G	法国

种质库保存

保存地点	保存方式	种质份数	个体数量	引种方式	来源地
BJ	种子	3	a	采集	贵州

灰栒子 *Cotoneaster acutifolius* Turcz.

功效主治　枝叶（灰栒子）、果实（灰栒子）：苦、涩，平。凉血止血。用于鼻衄，牙龈出血，月经过多。

迁地栽培保存

保存地点	种质份数	个体数量	引种方式	生长状况	来源地
GX	*	f	采集	G	法国

康巴栒子 *Cotoneaster sherriffii* G. Klotz

濒危等级 中国植物红色名录评估为无危（LC）。

迁地栽培保存

保存地点	种质份数	个体数量	引种方式	生长状况	来源地
GX	*	f	采集	G	法国

柳叶栒子 *Cotoneaster salicifolius* Franch.

功效主治 全株（翻白柴）：苦，凉。除风热，祛风湿，止血利尿。用于干咳失音，湿热发黄，肠风下血，小便短少。

濒危等级 中国特有植物，中国植物红色名录评估为无危（LC）。

迁地栽培保存

保存地点	种质份数	个体数量	引种方式	生长状况	来源地
SC	1	f	待确定	G	四川
HB	1	a	采集	C	待确定
GX	*	f	采集	G	法国

种质库保存

保存地点	保存方式	种质份数	个体数量	引种方式	来源地
BJ	种子	1	a	采集	重庆

麻核栒子 *Cotoneaster foveolatus* Rehder & E. H. Wilson

迁地栽培保存

保存地点	种质份数	个体数量	引种方式	生长状况	来源地
GX	*	f	采集	G	波兰

麻叶栒子 *Cotoneaster rhytidophyllus* Rehder & E. H. Wilson

濒危等级　中国特有植物，中国植物红色名录评估为无危（LC）。

迁地栽培保存

保存地点	种质份数	个体数量	引种方式	生长状况	来源地
GX	*	f	采集	G	法国

毛叶水栒子 *Cotoneaster submultiflorus* Popov

濒危等级　中国植物红色名录评估为无危（LC）。

迁地栽培保存

保存地点	种质份数	个体数量	引种方式	生长状况	来源地
GX	*	f	采集	G	北京

木帚栒子 *Cotoneaster dielsianus* Pritz.

功效主治　枝叶：止血。用于外伤出血。

濒危等级　中国特有植物，中国植物红色名录评估为无危（LC）。

迁地栽培保存

保存地点	种质份数	个体数量	引种方式	生长状况	来源地
CQ	1	a	采集	C	重庆
GZ	1	a	采集	C	贵州
GX	*	f	采集	G	法国

种质库保存

保存地点	保存方式	种质份数	个体数量	引种方式	来源地
BJ	种子	1	a	采集	待确定

耐寒栒子 *Cotoneaster frigidus* Wall. ex Lindl.

功效主治　果实：用于痹病。

濒危等级　中国植物红色名录评估为无危（LC）。

迁地栽培保存

保存地点	种质份数	个体数量	引种方式	生长状况	来源地
GX	*	f	采集	G	法国

泡叶栒子 *Cotoneaster bullatus* Bois

功效主治　根、叶：清热解毒，止痛。

濒危等级　中国特有植物，中国植物红色名录评估为无危（LC）。

迁地栽培保存

保存地点	种质份数	个体数量	引种方式	生长状况	来源地
GX	*	f	采集	G	湖北

平枝栒子 *Cotoneaster horizontalis* Decne.

功效主治　枝叶（水莲沙）、根（水莲沙根）：酸、涩，凉。清热化湿，止血止痛。用于泄泻，腹痛，吐血，痛经，带下病。

濒危等级　中国植物红色名录评估为无危（LC）。

迁地栽培保存

保存地点	种质份数	个体数量	引种方式	生长状况	来源地
CQ	1	a	采集	C	重庆
SC	1	f	待确定	G	四川
GX	*	f	采集	G	法国

种质库保存

保存地点	保存方式	种质份数	个体数量	引种方式	来源地
BJ	种子	6	a	采集	云南

匍匐枸子 *Cotoneaster adpressus* Bois

濒危等级 中国植物红色名录评估为无危（LC）。

迁地栽培保存

保存地点	种质份数	个体数量	引种方式	生长状况	来源地
BJ	1	b	采集	G	四川
CQ	1	a	采集	C	重庆

散生枸子 *Cotoneaster divaricatus* Rehder & E. H. Wilson

功效主治 果实：除湿，止痒。用于风湿痹痛，痒疮，体内积水，脓肿。枝叶：止血。用于鼻衄，牙龈出血，月经过多。

濒危等级 中国特有植物，中国植物红色名录评估为无危（LC）。

迁地栽培保存

保存地点	种质份数	个体数量	引种方式	生长状况	来源地
CQ	1	a	采集	C	重庆

少花枸子 *Cotoneaster oliganthus* Pojark.

濒危等级 中国植物红色名录评估为无危（LC）。

迁地栽培保存

保存地点	种质份数	个体数量	引种方式	生长状况	来源地
GX	*	f	采集	G	法国

水栒子 *Cotoneaster multiflorus* Bunge

功效主治　枝叶：用于烫火伤。

濒危等级　中国植物红色名录评估为无危（LC）。

迁地栽培保存

保存地点	种质份数	个体数量	引种方式	生长状况	来源地
LN	1	b	采集	C	辽宁
GX	*	f	采集	G	法国

种质库保存

保存地点	保存方式	种质份数	个体数量	引种方式	来源地
BJ	种子	6	b	采集	山西、甘肃

陀螺果栒子 *Cotoneaster turbinatus* Craib

濒危等级　中国特有植物，中国植物红色名录评估为无危（LC）。

迁地栽培保存

保存地点	种质份数	个体数量	引种方式	生长状况	来源地
GX	*	f	采集	G	法国

西北栒子 *Cotoneaster zabelii* C. K. Schneid.

功效主治　枝叶、果实：止血，凉血。

濒危等级　中国特有植物，中国植物红色名录评估为无危（LC）。

迁地栽培保存

保存地点	种质份数	个体数量	引种方式	生长状况	来源地
BJ	1	b	采集	G	北京
GX	*	f	采集	G	法国

种质库保存

保存地点	保存方式	种质份数	个体数量	引种方式	来源地
BJ	种子	1	a	采集	甘肃

西南栒子 *Cotoneaster franchetii* Bois

功效主治　根（马蝗果）：苦、涩，凉。清热解毒，消肿止痛。用于疳腮，瘰疬，瘾疹。

濒危等级　中国植物红色名录评估为无危（LC）。

迁地栽培保存

保存地点	种质份数	个体数量	引种方式	生长状况	来源地
GX	*	f	采集	G	法国

小叶栒子 *Cotoneaster microphyllus* Wall. ex Lindl.

功效主治　叶（耐冬果）：甘、微酸、涩，温。有毒。止血，生肌。用于刀伤出血。

濒危等级　中国植物红色名录评估为无危（LC）。

迁地栽培保存

保存地点	种质份数	个体数量	引种方式	生长状况	来源地
GX	*	f	采集	G	法国

毡毛栒子 *Cotoneaster pannosus* Franch.

濒危等级　中国特有植物，中国植物红色名录评估为无危（LC）。

迁地栽培保存

保存地点	种质份数	个体数量	引种方式	生长状况	来源地
GX	*	f	采集	G	法国

皱叶柳叶栒子 *Cotoneaster salicifolius* Franch. var. *rugosus*（Pritz.）Rehd. & Wils.

濒危等级 中国特有植物，中国植物红色名录评估为无危（LC）。

迁地栽培保存

保存地点	种质份数	个体数量	引种方式	生长状况	来源地
CQ	1	a	采集	C	重庆
GX	*	f	采集	G	重庆

种质库保存

保存地点	保存方式	种质份数	个体数量	引种方式	来源地
BJ	种子	1	a	采集	云南

紫果水栒子 *Cotoneaster multiflorus* Bunge var. *atropurpureus* Yü

濒危等级 中国特有植物，中国植物红色名录评估为无危（LC）。

迁地栽培保存

保存地点	种质份数	个体数量	引种方式	生长状况	来源地
GX	*	f	采集	G	法国

小米空木属　*Stephanandra*

华空木 *Stephanandra chinensis* Hance

功效主治 根：用于咽喉痛。

濒危等级 中国特有植物，中国植物红色名录评估为无危（LC）。

迁地栽培保存

保存地点	种质份数	个体数量	引种方式	生长状况	来源地
GX	*	f	采集	G	湖北

小米空木 *Stephanandra incisa* (Thunb.) Zabel

濒危等级 中国植物红色名录评估为无危（LC）。

迁地栽培保存

保存地点	种质份数	个体数量	引种方式	生长状况	来源地
BJ	1	b	采集	G	山东
GX	*	f	采集	G	日本

移核属 *Docynia*

移核 *Docynia indica* (Wall.) Dcne.

功效主治 果实：消食健胃，收敛杀菌。用于烫伤，湿疹，腹泻。

濒危等级 中国植物红色名录评估为无危（LC）。

种质库保存

保存地点	保存方式	种质份数	个体数量	引种方式	来源地
BJ	种子	1	a	采集	待确定

云南移衣 *Docynia delavayi* (Franch.) Schneid.

功效主治 茎叶（移核）：酸、涩，凉。消炎，收敛，接骨。用于烧伤，骨折。果实（移核果）：酸，凉。舒筋活血，消食健胃，驱虫。用于风湿关节痛，蛔虫病，疳积。

濒危等级 中国特有植物，中国植物红色名录评估为无危（LC）。

迁地栽培保存

保存地点	种质份数	个体数量	引种方式	生长状况	来源地
YN	1	a	采集	C	云南
GX	*	f	采集	G	广西

种质库保存

保存地点	保存方式	种质份数	个体数量	引种方式	来源地
BJ	种子	1	a	采集	待确定

樱属　*Cerasus*

刺毛樱桃　*Cerasus setulosa*（Batalin）Yu & Li

功效主治　果实、种子：清热解毒，排脓生肌，益肾，透疹，除湿，杀虫。用于咽喉肿痛，声哑，湿热毒痢，赤白痢，下痢不爽，肛门灼烧，麻疹初起，疹出不透，疮疖痈肿，无名肿毒。

濒危等级　中国特有植物，中国植物红色名录评估为无危（LC）。

迁地栽培保存

保存地点	种质份数	个体数量	引种方式	生长状况	来源地
GX	*	f	采集	G	湖北

翠绿东京樱花　*Cerasus yedoensis* ' Nikaii'

迁地栽培保存

保存地点	种质份数	个体数量	引种方式	生长状况	来源地
CQ	1	a	购买	C	重庆

东京樱花　*Cerasus yedoensis*（Matsum.）Yu & Li

功效主治　树皮：镇咳。

迁地栽培保存

保存地点	种质份数	个体数量	引种方式	生长状况	来源地
BJ	3	b	采集、购买	G	中国北京，日本，待确定
JS1	1	d	购买	C	江苏
HB	1	a	采集	C	湖北
GZ	1	d	采集	C	贵州
CQ	1	a	购买	F	重庆

华中樱桃 *Cerasus conradinae* (Koehne) Yu & Li

功效主治　叶：杀虫止痒。用于阴道毛滴虫病，疥癣。

濒危等级　中国特有植物，中国植物红色名录评估为无危（LC）。

迁地栽培保存

保存地点	种质份数	个体数量	引种方式	生长状况	来源地
LN	1	b	采集	C	辽宁

麦李 *Cerasus glandulosa* (Thunb.) Loisel.

功效主治　种子：辛、苦、甘，平。润燥滑肠，下气，利水。用于津枯肠燥，食积气滞，腹胀便秘，水肿，脚气病，小便淋痛。

迁地栽培保存

保存地点	种质份数	个体数量	引种方式	生长状况	来源地
HB	1	a	采集	C	湖北
BJ	1	a	采集	G	待确定

毛樱桃 *Cerasus tomentosa* (Thunb.) Wall. ex T. T. Yu & C. L. Li

功效主治　种子：辛，平。润燥滑肠，下气，利水。用于津枯肠燥，食积气滞，腹胀便秘，水肿，脚气病，小便淋痛不利。

濒危等级　中国特有植物，中国植物红色名录评估为无危（LC）。

迁地栽培保存

保存地点	种质份数	个体数量	引种方式	生长状况	来源地
BJ	2	c	购买	G	陕西、辽宁
HLJ	1	a	购买	A	黑龙江
LN	1	b	采集	C	辽宁

种质库保存

保存地点	保存方式	种质份数	个体数量	引种方式	来源地
BJ	种子	3	b	采集	吉林、甘肃

欧李 *Cerasus humilis*（Bunge）Sokoloff

功效主治 种子（郁李仁）：辛、苦、甘，平。润燥滑肠，下气，利水。用于津枯肠燥，食积气滞，腹胀便秘，水肿，脚气病，小便淋痛。

濒危等级 中国特有植物，中国植物红色名录评估为无危（LC）。

迁地栽培保存

保存地点	种质份数	个体数量	引种方式	生长状况	来源地
BJ	4	b	采集	G	北京、山西、辽宁
LN	1	b	采集	C	辽宁
NMG	1	a	购买	F	内蒙古

欧洲甜樱桃 *Cerasus avium*（L.）Moench

功效主治 果实：生津，开胃，利尿。

迁地栽培保存

保存地点	种质份数	个体数量	引种方式	生长状况	来源地
GX	*	f	采集	G	日本

山樱花 *Cerasus serrulata*（Lindl.）Loudon

功效主治 种子：解毒，利尿，透疹。

种质库保存

保存地点	保存方式	种质份数	个体数量	引种方式	来源地
HN	种子	1	b	采集	湖南

四川樱桃　*Cerasus szechuanica*（Batalin）Yu & Li

功效主治　根、果实、种子：清热，益肾，调经活血。

濒危等级　中国特有植物，中国植物红色名录评估为无危（LC）。

迁地栽培保存

保存地点	种质份数	个体数量	引种方式	生长状况	来源地
GX	*	f	采集	G	湖北

微毛樱桃　*Cerasus clarofolia*（C. K. Schneid.）T. T. Yu & C. L. Li

功效主治　叶、树皮：解毒，杀虫。

濒危等级　中国特有植物，中国植物红色名录评估为无危（LC）。

迁地栽培保存

保存地点	种质份数	个体数量	引种方式	生长状况	来源地
CQ	1	a	采集	C	重庆
GX	*	f	采集	G	湖北

尾叶樱桃　*Cerasus dielsiana*（C. K. Schneid.）T. T. Yu & C. L. Li

濒危等级　中国特有植物，中国植物红色名录评估为无危（LC）。

迁地栽培保存

保存地点	种质份数	个体数量	引种方式	生长状况	来源地
CQ	1	a	采集	C	重庆

细齿樱桃　*Cerasus serrula*（Franch.）T. T. Yu & C. L. Li

功效主治　种子、根、叶：清肺热，透托斑疹。用于麻疹不透。

濒危等级　中国特有植物，中国植物红色名录评估为无危（LC）。

迁地栽培保存

保存地点	种质份数	个体数量	引种方式	生长状况	来源地
GZ	1	b	采集	C	贵州

樱桃 *Cerasus pseudocerasus* (Lindl.) Loudon

功效主治　果核（樱桃核）：辛，热。发表，透疹。用于麻疹不透。叶：平喘，杀虫。用于咳嗽痰喘，阴痒。果实：甘，温。益气，祛风湿。

濒危等级　中国特有植物，中国植物红色名录评估为无危（LC）。

迁地栽培保存

保存地点	种质份数	个体数量	引种方式	生长状况	来源地
SH	1	b	采集	A	待确定
JS1	1	a	购买	C	江苏
BJ	1	b	购买	G	北京
CQ	1	a	购买	C	重庆

种质库保存

保存地点	保存方式	种质份数	个体数量	引种方式	来源地
BJ	种子	28	a	采集	四川、江苏、湖北、甘肃

郁李 *Cerasus japonica* (Thunb.) Loisel.

功效主治　种子：润燥滑肠。

迁地栽培保存

保存地点	种质份数	个体数量	引种方式	生长状况	来源地
BJ	2	b	采集	G	浙江、四川
JS1	1	a	购买	D	江苏
SH	1	b	采集	A	待确定

种质库保存

保存地点	保存方式	种质份数	个体数量	引种方式	来源地
BJ	种子	3	b	采集	云南

圆叶樱桃 *Cerasus mahaleb* (L.) Mill.

功效主治 叶、树皮：在土耳其用于糖尿病。

迁地栽培保存

保存地点	种质份数	个体数量	引种方式	生长状况	来源地
GX	*	f	采集	G	德国

云南樱桃 *Cerasus yunnanensis* (Franch.) T. T. Yu & C. L. Li

濒危等级 中国特有植物，中国植物红色名录评估为无危（LC）。

迁地栽培保存

保存地点	种质份数	个体数量	引种方式	生长状况	来源地
GX	*	f	采集	G	广西

重瓣郁李 *Cerasus japonica* (Thunb.) Loisel. var. *kerii* Koehne

迁地栽培保存

保存地点	种质份数	个体数量	引种方式	生长状况	来源地
SH	2	a	采集	A	待确定

羽叶花属 *Acomastylis*

大萼羽叶花 *Acomastylis macrosepala* (Ludlow) T. T. Yu & C. L. Li

濒危等级 中国植物红色名录评估为数据缺乏（DD）。

迁地栽培保存

保存地点	种质份数	个体数量	引种方式	生长状况	来源地
GX	*	f	采集	G	法国

羽衣草属　*Alchemilla*

羽衣草　*Alchemilla japonica* Nakai & H. Hara

功效主治　全草：止血收敛，止痛。

濒危等级　中国植物红色名录评估为无危（LC）。

种质库保存

保存地点	保存方式	种质份数	个体数量	引种方式	来源地
BJ	种子	1	a	采集	吉林

沼委陵菜属　*Comarum*

沼委陵菜　*Comarum palustre* L.

功效主治　全草：止血，止泻。

濒危等级　中国植物红色名录评估为无危（LC）。

迁地栽培保存

保存地点	种质份数	个体数量	引种方式	生长状况	来源地
GX	*	f	采集	G	法国

珍珠梅属　*Sorbaria*

高丛珍珠梅　*Sorbaria arborea* C. K. Schneid.

功效主治　茎皮（珍珠梅）：活血祛瘀，消肿止痛。用于骨折，跌打损伤。

濒危等级　中国特有植物，中国植物红色名录评估为无危（LC）。

迁地栽培保存

保存地点	种质份数	个体数量	引种方式	生长状况	来源地
GX	*	f	采集	G	湖北

华北珍珠梅　*Sorbaria kirilowii*（Regel）Maxim.

功效主治　根、叶、果实：清热凉血，祛痰，消肿，止痛。

濒危等级　中国特有植物，中国植物红色名录评估为无危（LC）。

迁地栽培保存

保存地点	种质份数	个体数量	引种方式	生长状况	来源地
BJ	1	c	采集	G	北京

珍珠梅　*Sorbaria sorbifolia*（L.）A. Braun

功效主治　茎皮：苦，寒。活血祛瘀，消肿止痛。

濒危等级　中国植物红色名录评估为无危（LC）。

迁地栽培保存

保存地点	种质份数	个体数量	引种方式	生长状况	来源地
BJ	3	b	采集	G	陕西、黑龙江、北京
LN	1	b	采集	C	辽宁
NMG	1	c	购买	C	内蒙古

种质库保存

保存地点	保存方式	种质份数	个体数量	引种方式	来源地
BJ	种子	5	b	采集	甘肃，待确定

鞘柄木科　Torricelliaceae

鞘柄木属　*Toricellia*

角叶鞘柄木　*Toricellia angulata* Oliv.

濒危等级　中国特有植物，中国植物红色名录评估为无危（LC）。

迁地栽培保存

保存地点	种质份数	个体数量	引种方式	生长状况	来源地
HB	1	a	采集	C	待确定

鞘柄木　*Toricellia tiliifolia* DC.

濒危等级　中国植物红色名录评估为无危（LC）。

迁地栽培保存

保存地点	种质份数	个体数量	引种方式	生长状况	来源地
YN	1	a	采集	C	云南
GX	*	f	采集	G	广西

有齿鞘柄木　*Torricellia angulata* Oliv. var. *intermedia*（Harms）Hu

功效主治　根、叶、花：苦、辛，温。活血祛瘀，祛风利湿，舒筋接骨。用于骨折，跌打损伤，干血劳伤，哮喘，乳蛾。

迁地栽培保存

保存地点	种质份数	个体数量	引种方式	生长状况	来源地
GZ	1	a	采集	C	贵州